PATHOLOGIE UND BAKTERIOLOGIE DER ENDOKARDITIS

VON

R. BÖHMIG UND P. KLEIN

MIT 104 ABBILDUNGEN

SPRINGER-VERLAG
BERLIN · GÖTTINGEN · HEIDELBERG
1953

ISBN-13: 978-3-642-87788-9 e-ISBN-13: 978-3-642-87787-2
DOI: 10.1007/978-3-642-87787-2

Reprint of the original edition 1953

Vorwort.

25 Jahre sind vergangen seit der letzten zusammenfassenden Darstellung der Herzklappenerkrankungen in dem deutschen Schrifttum der pathologischen Anatomie. Eine gleichartige bakteriologische Bearbeitung hat es bislang in Deutschland nicht gegeben. Es erschien uns darum an der Zeit, eine Gemeinschaftsarbeit anzugehen, in der die pathologische Anatomie und die Bakteriologie der Endokarditis gleichermaßen zu Wort und Darstellung kommt. Wäre eine solche Synthese dieser beiden Forschungsgebiete früher erfolgt, wären bei beiden Disziplinen manche schwerwiegend erscheinende Irrtümer unterblieben. Eine solche Gemeinschaftsarbeit ist unseres Erachtens darum ein unbedingtes Erfordernis nicht nur für Beurteilung und Darstellung dieser Erkrankung, sondern für die *aller* pathologisch-anatomischen Veränderungen bei bakteriell-toxischen Erkrankungen. Diese Forderung und Grundlage war im vergangenen Jahrhundert und in dem ersten Dezennium dieses Jahrhunderts noch theoretisches und praktisches Allgemeingut der Pathologen in Deutschland. Wie vieles andere ist sie einem Spezialistentum zum Opfer gefallen. Wie wenig die Bakteriologie in kausaler und formaler Genese der Endokarditis bewertet wurde, geht aus der Darstellung aller Lehrbücher der speziellen pathologischen Anatomie und ebenso aus der Abhandlung im Handbuch der speziellen pathologischen Anatomie und Histologie hervor. In der praktischen und theoretischen Auswertung *beider* Fachdisziplinen sehen wir darum eine der Hauptaufgaben. Wir haben ernsthaft erwogen, ob nicht die Ausdehnung der Gemeinschaftsarbeit auf die Klinik möglich wäre. Die Forderung hierzu steht außer Zweifel. Jedoch waren zur Zeit unseres Arbeitsbeginnes die Vorbedingungen nicht gegeben. Zudem entgeht auch heute noch die Mehrzahl der verschiedenen Formen einer Herzklappenentzündung dem klinischen Nachweis, stellt die Mehrzahl einen Überraschungsbefund bei der Sektion dar.

Unsere Darstellung soll sich an die Bearbeitung der „Erkrankungen des Endokards" von H. RIBBERT aus dem Jahre 1924 im Handbuch der speziellen pathologischen Anatomie und Histologie (Verlag Springer) anschließen. RIBBERT hat hier die normale Anatomie und Histologie, die Veränderungen entzündlicher wie nicht entzündlicher Art und auch die Degenerationen sowohl der Herzklappen wie des Wandendokards beschrieben. Wir werden uns auf die Entzündungen der Herzklappen allein beschränken und der degenerativen Veränderungen der Herzklappen wie den pathologischen Befunden des Wandendokards nur insoweit Erwähnung tun, als sie Beziehungen zur Klappenendokarditis erkennen lassen.

Das Studium des pathologischen Schrifttums seit 1924 ergibt, daß nur in Amerika der allgemeinen und speziellen Pathologie der Endokarditis zahlreiche und umfangreiche Untersuchungen wie auch Tierversuche gewidmet wurden. In der Schweiz haben GRUMBACH und VON ALBERTINI großangelegte Tierversuche durchgeführt, auf die VON ALBERTINI seine neue Lehre gründete. In Deutschland fand die Endocarditis lenta nach dem ersten Weltkrieg in den Jahren 1917—1922 besondere Beachtung und klinische Beschreibung. Dann folgte ein großes Intervall, das nur von der einzelnen anatomisch-pathologischen Bearbeitung durch KRISCHNER 1927 unterbrochen wurde, bis am Ende des zweiten Weltkriegs und in der Nachkriegszeit erneut eine große Erkrankungswelle an Endocarditis lenta zu vielfacher, aber nur klinischer Mitteilung führte.

Erwähnenswert sind noch spezielle Untersuchungen in Frankreich aus dem Jahre 1936/37 und eine große Gemeinschaftsarbeit von Klinik, Pathologie und Bakteriologie in Spanien aus dem Jahre 1949.

Die Bearbeitung und Darstellung beruht auf der Beobachtung und Untersuchung von 300 obduzierten Endokarditisfällen der Jahre 1947—1951. Die Blutkulturstudien sind sowohl zu Lebzeiten an den obduzierten Kranken, an laufendem Krankenmaterial der Kliniken als auch an Kranken der Lehranstalt für Dentisten ausgeführt worden. Die pathologisch-anatomischen Kapitel hat B., die bakteriologisch-immunbiologischen Abschnitte hat K. bearbeitet.

Wir möchten nicht versäumen, an dieser Stelle den wissenschaftlichen und technischen Mitarbeitern des Instituts für die vielfältige und bereitwillige Hilfe bei der Ausführung der Untersuchungen zu danken. Desgleichen richtet sich unser Dank an alle Stellen, die uns durch Überlassung von Material und Schrifttum unterstützt haben, und an den Springer-Verlag für die schöne Ausstattung und alles Entgegenkommen.

Karlsruhe, September 1952 **R. Böhmig. P. Klein.**

Inhaltsverzeichnis.

Leitende Gesichtspunkte der Endokarditisforschung seit 1924.

Ein Überblick über die pathogenetischen Vorstellungen der letzten 3 Jahrzehnte erweist eindrucksvoll, wie sehr allgemein-medizinische Zeitströmungen das Denken beeinflußt haben. Hierbei ist die Erkennung der Wichtigkeit bisher unbeachteter Probleme wohl ebensooft erfolgt wie Fehlleitungen der Forschung in folgenschwere Irrtümer. Die im Laufe dieser Zeit formulierten Theorien über die Pathogenese der Endokarditis lassen in allen Fällen eine ganz bestimmte Einstellung oder „Haltung" des Autors biologischen Grundfragen gegenüber erkennen; dementsprechend sind sowohl die formal- als auch die kausalgenetischen Anschauungen sehr verschieden. Im deutschen Sprachgebiet wird keine scharfe Trennung zwischen abakterieller und bakterieller Endokarditis durchgeführt, wie es z. B. im anglo-amerikanischen Schrifttum üblich ist. Vielmehr hat sich in unserem Land ein gewisser Unitarismus entwickelt. Während frühere Forscher (SCHOTTMÜLLER) noch streng bakterielle von abakteriellen Formen trennten und auf dem Boden der klassischen Postulate der bakteriologischen Frühära in den inhärenten Eigenschaften der Erreger den Hauptfaktor für das klinische und morphologische Erscheinungsbild sahen, hat diese „bakteriozentrische" Auffassung allmählich eine Ablösung durch eine anthropozentrisch-unitaristische Betrachtungsweise erfahren, deren Wurzeln in zwei bedeutsamen Forschungsrichtungen liegen.

Für die Endokarditis hat die Schule von DIETRICH an Hand von Tierexperimenten auf den bestimmenden Einfluß der „Reaktionslage", des (unspezifischen) „Immunitätsfaktors" in dem bakteriell-entzündlichen Geschehen hingewiesen. Das Verdienst dieser Forscher ist die glückliche Zuordnung morphologisch faßbarer Zustände des Mesenchyms zu bestimmten funktionell zu verstehenden Intensitätsgraden der geweblichen Abwehrleistung, der „resorptiven" Funktion.

Der weitere Ausbau dieser Lehre ist einmal durch den Einbau der von RÖSSLE eingeführten Begriffe der Normergie, Hyperergie und Anergie erfolgt; zum andern erfuhr diese Richtung durch die Allergielehre einen neuen Impuls und einen neuen Inhalt (KLINGE). Durch diese Arbeiten schien es möglich, den RÖSSLEschen Reaktionsqualitäten ein histologisches Korrelat zuzuordnen. Es ist nicht verwunderlich, daß man die verschiedenen histologischen Bilder aller Formen der Endokarditis unter dem Einfluß dieser Lehre als verschiedene, vorwiegend von der „Reaktionslage" des Makroorganismus abhängige Ausdrucksformen eines dem Wesen nach gleichen nosologischen Prozesses ansah. Diese unitaristische Auffassung, die alle Formen auf den gemeinschaftlichen Nenner der „Reaktionslage" zu bringen suchte, involvierte in ihrer ursprünglichen Fassung nicht notwendig auch eine dem Wesen nach gleichartige auslösende Noxe. Unter dem Einfluß der Tierexperimente ist dann aber — zunächst nicht scharf formuliert — die Auslösung *aller* entzündlichen Herzklappenprozesse durch bakterielle Besiedlung angenommen worden, wobei die Lehre von der Einheit der Streptokokken und die Lehre von der Herdinfektion diese Anschauung maßgeblich beeinflußt haben. Um die Mitte der 30er Jahre wurden diese Anschauungen dann vereinigt. Hierbei nahm man zwar für alle Formen der Endokarditis eine bakterielle Auslösung an. Trotz der Betonung sowohl der Virulenz als auch der Resistenz als Hauptkomponenten ist die Art der Keime aber gegenüber der Reaktionslage für weniger wichtig gehalten worden; es wurde an Hand älterer Vorstellungen erneut die These vertreten, daß die Pathogenitätsqualitäten der Mikroorganismen, insbesondere der Streptokokken, unter dem Einfluß der Immunität abgewandelt werden könnten (v. ALBERTINI); die Auffindung sehr verschiedener Keimarten bei der Endokarditis tat das Ihrige hinzu, die Reaktionsart des Gewebes stärker zu bewerten als ihre auslösende Ursache.

Immer wieder stoßen wir beim Verfolgen der Entwicklungslinien der Forschung auf die Tatsache, daß sich die Ideen über das Primat der Reaktionslage als ungemein fruchtbare Arbeitshypothesen erwiesen haben. In das Gebiet des Zweifelhaften und Unsicheren, der reinen Hypothese und Spekulation aber wurden diese Vorstellungen immer dann hineingezogen, sobald sie sich der Bakteriologie zuwandten. Immer dann, wenn die bakteriologischen Befunde in Einklang mit den histologischen Beobachtungen und experimentellen Tatsachen gebracht werden sollten, mußten Hypothesen zu Hilfe genommen werden, die sich später als unhaltbar erwiesen haben, wie die Umwandlung der Streptokokken, die Virulenzdrosselung u. a. m. Die Gründe zu diesem Mißton, den — rückschauend betrachtet — die Bakteriologie in diesen Fragenkomplex gebracht hat, sind dahingehend zu formulieren, daß diese Disziplin zu jener Zeit überfordert wurde. Die Irrtümer der Streptokokkenunitaristen sind letzten Endes nichts anderes als eine Resignation in bakteriensystematischer Hinsicht. Erst durch die Klarheit und Logik des serologischen Einteilungsprinzips der Streptokokken sind die Voraussetzungen dazu geschaffen worden, die Bakteriologie und Immunbiologie sinnvoll in die Lehre von der Pathogenese der Endokarditis einzufügen, wobei unter anderem auch die Rheumaforschung mächtige Impulse erhalten hat.

Die *Morphogenese* der Endokarditis ist von der Erforschung der „abgestimmten" entzündlichen Gewebsreaktionen in Deutschland nicht in entsprechender Weise befruchtet worden. Man hat in Deutschland wie in Amerika entweder die alte Annahme von der „primären" Endothelschädigung übernommen oder neu zu bestätigen versucht. Eine gleiche Überbewertung wie dem Endothel widerfuhr der Thrombenbildung, obwohl in Einzeldarstellungen wie Lehrbüchern (KAUFMANN 1922) zum Teil schon seit Jahrzehnten die Herzklappenthrombose als ein „sekundärer" und „akzessorischer" Prozeß erkannt und dargestellt wurde. Die „fibrinoide Entzündung" (Entartung, Degeneration, Nekrose) hat in den letzten beiden Jahrzehnten unter der Führung KLINGEs eine beherrschende Stellung auch in der Morphogenese der Endokarditis bei amerikanischen Forschern eingenommen, die den größten Beitrag zur Morphologie der Endokarditis seit 20 Jahren leisteten. Im amerikanischen Schrifttum wird dabei Fibrinoid oft als Hyalin bezeichnet. Bei aller Anerkennung differentialdiagnostischer Schwierigkeiten, mit denen auch wir noch kämpfen, haben weder die Fibrinoidforschung noch diese Nomenklaturunterschiede einen Fortschritt in der Morphogenese der Endokarditis bedeutet oder gebracht.

Diese differentialdiagnostischen Schwierigkeiten in Verein mit der morphologischen Bewertung der „Abstimmung" oder „Reaktionslage" des Gewebes gestatteten keine starre Grenzziehung mehr, sondern nur noch die Annahme einer „gleitenden" Gewebsreaktion und Gewebsanpassung. Und damit geriet auch die Morphogenese ins Gleiten oder, wie bei v. ALBERTINI, ausschließlich in den Blickpunkt der „Immunitätsreaktionen" im Sinne einer zusammenfassenden Charakterisierung der Abwehrfähigkeit des Makroorganismus.

Bei dieser Sachlage war es gegeben, daß auch die *Einteilung* der Endokarditis die Plattform wechselte und bald kausale, bald formale, bald klinische Kennzeichen zugrunde gelegt wurden. Die Zurückhaltung der Klinik bezüglich der Einteilung der Pathologen oder ihre Ablehnung besteht heute noch und hat weder der Sache noch der Verständigung genützt. Während in Deutschland sich seit alters her die Einteilung in Endocarditis verrucosa und Endocarditis ulcero-polyposa gehalten hat, unterscheiden die amerikanischen Forscher bakterielle und abakterielle Endokarditis als Hauptgruppen. Im allgemeinen decken sich beide Einteilungsprinzipien. Weiterhin entspricht im Sprachgebrauch die Endocarditis verrucosa der rheumatischen, die Endocarditis ulcerosa der septischen Endokarditis. Auffallend in den Hintergrund tritt in den Lehrbüchern der pathologischen Anatomie die nicht-rheumatische Endocarditis simplex und Endocarditis recurrens sowie teilweise die Endocarditis chronica fibroplastica. Die Stellung der letzteren als Endokarditisform oder als Narbenstadium ist umstritten. Die amerikanischen Forscher haben eine weitere Gruppe als Endocarditis terminalis bzw. nonbacterial thrombotic Endocarditis LIBMAN-SACKS, ferner eine atypische verruköse Endokarditis abgegrenzt. Die beiden letztgenannten Formen laufen im amerikanischen Schrifttum unter der Gruppe der von LIBMAN als „indeterminate Endocarditis“ bezeichneten Herzklappenentzündungen.

Von den *Klinikern* hat EDENS in der klaren Sicht vom kranken Menschen aus den anatomischen Formen ihre Bedeutung abgesprochen und eine Zweiteilung in gutartige und bösartige Endokarditis bzw. in solche mit Neigung zur Ausheilung und solche ohne Ausheilungstendenz vorgenommen. So vorteilhaft diese Vereinfachung am Krankenbett sein mag, soviel Nachteile bringt die darin enthaltene Abwertung der anatomischen und Ursachenforschung. EDENS begründet diesen Schritt mit der Notwendigkeit einer Trennung zwischen „klinischem Bedürfnis“ und anatomischer Unterscheidung. Wir erkennen darin nicht nur eine Warnung für den Pathologen, sondern auch ein mangelndes „morphologisches Bedürfnis“ (ERNST) des Klinikers, das wohl auch die Ursache ist für einige antiquierte anatomische und bakteriologische Anschauungen in klinischen Lehrbüchern. So vertritt EDENS (1929) die Meinung, daß „gehäufte Embolien eine mehr verruköse Endocarditis wahrscheinlich machen . . .“ Bei FREY (1936) finden wir: „Die Bezeichnung Endocarditis simplex gehört zu einer Zeitperiode, während der das synthetische Denken, die Zusammenfassung der Symptome und die Beachtung des Organismus als funktionelle Einheit noch nicht üblich war“ (S. 220). BRUGSCH spricht noch 1947 von einer „Immunität gegenüber dem infektiösen Agens“ bei der Endokarditis simplex. Er lehnt bei der Endocarditis rheumatica die Streptokokkenätiologie ab und hält eine Virusinfektion für wahrscheinlich. Er nimmt ebenso wie VEIL (1939) an, „daß der Streptococcus viridans im Organismus eine Abwandlung aus dem Streptococcus haemolyticus erfahren hat, sofern nicht etwa eine depressorische Immunität im Organismus zustande gekommen sein sollte, die sich nur gegen den hämolytischen Streptococcus richtet, während die Viridansstreptokokken sich an ihren Wirt angepaßt haben“ (S. 276). Von diesen und anderen Vorstellungen abgesehen, finden wir jedoch in den klinischen Monographien — und nur dort — sehr klare Bekenntnisse über das bisherige diagnostische Unvermögen im Erkennen einer beginnenden Endokarditis *vor* dem Auftreten von Insuffizienzerscheinungen, über die Breite diagnostischer Fehler im Erkennen auch fortgeschrittener Herzklappenentzündungen und die immer wieder im Sektionssaal auftretende Diskrepanz zwischen klinischem und anatomischem Befund. Ferner weisen alle klinischen Darstellungen auf die Häufigkeit der Kombinations- und Übergangsfälle hin mit der in unseren Augen keineswegs zwingenden Folgerung, daß darum anatomische oder klinische Formengrenzen oder Einteilungen sich erübrigen.

Dies Interesse der Klinik an der Pathologie der Endokarditis ist in den letzten Jahren, abgesehen von der Morbiditätssteigerung, vor allem durch die Möglichkeiten der antibiotischen Therapie erneut wachgerufen worden. Wenn ihre Anwendung naturgemäß dem Kliniker vorbehalten bleibt, so haben sich die Hauptprobleme ihrer Grundlagen gerade auf dem Gebiet der Endokarderkrankungen konzentriert und im speziellen Zusammenhang mit der Endokarditis eine derartige Fülle von mikrobiologischen und anatomischen Fragen aufgeworfen, daß wir an ihrer Darstellung, bezogen auf die Verhältnisse an der Herzklappe, nicht vorbeigehen zu dürfen glauben.

Wenn bei manchen in dieser Darstellung behandelten Problemen zunächst die Frage nach ihrem unmittelbaren Zusammenhang mit den speziellen Bedürfnissen der Endokarditisforschung auftauchen sollte, so möchten wir hier der Ansicht Ausdruck geben, daß die spezielle Pathologie ebenso wie die Bakteriologie und Immunbiologie nur dann heuristisch wertvolle Resultate liefert, wenn sie mit möglichst breiten Berührungsflächen in allgemein-biologischen Grundfragen ruht. Dabei wird es sich vielfach als notwendig erweisen, die erwähnten Einflüsse auf die heutigen Vorstellungen von der Pathogenese der Endokarditis aufzuzeigen und kritisch zu prüfen. Es ist dabei notwendig, auch Arbeiten zu erwähnen, die heute überholt sind. Mehr als in anderen Gebieten ergeben sich nämlich bei einer Durchsicht auch des neueren Schrifttums eine Reihe von Unklarheiten, die erst dann zu bereinigen sind, wenn Bedeutung und Benutzung bestimmter Begriffe in der Vergangenheit skizziert werden. Da wir so im Interesse der Klarheit gelegentlich gezwungen sind zu historisieren, haben wir auf eine zusammenfassende geschichtliche Einleitung verzichtet.

Wir sind uns bewußt, nur Rohmaterial liefern zu können, da wir, durch die Abgrenzung unserer Fächer bedingt, nur Teilsynthesen bilden können. Zu einer umfassenden Synthese aller Probleme der Endokarditis im Hinblick auf den kranken Menschen ist der Kliniker berufen. Dessen Einstellung aber wird zum guten Teil von der Solidität und Kritik der Darstellung der Grundlagen abhängen.

A. Allgemeine Pathologie der Endokarditis.

I. Bemerkungen zur normalen Anatomie.

Makroskopisch normal-anatomische Herzklappen gibt es nur beim Säugling und im frühen Kindesalter. In späterer Jugend und in höherem Lebensalter sind sie eine Ausnahme. Das ist eine sehr späte Erkenntnis! So wurden in allen bisherigen Darstellungen der normalen und pathologischen Anatomie und Histologie — auch in unseren eigenen früheren Untersuchungen — eine Fülle von Irrtümern und Fehldiagnosen verschuldet. Das geht so weit, daß *alle* bis in die neueste Zeit uns zugänglich gewordenen makrophotographischen Abbildungen als „normal" oder „unverändert" bezeichneter Herzklappen oder Herzklappenabschnitte unerkannte krankhafte Veränderungen aufweisen! Die Lehrbuchabbildungen müssen dementsprechend eine Korrektur erfahren. Verquellung, Verdickung von Klappenrand und Schließungsleiste, Schwund der schwimmhautartigen Ausziehungen (Ribbert) am Segelklappenrand, knotige Verdickung des Nodulus Arantii und seine Verlagerung oder Verlängerung zum Taschenklappenrand, geringfügige Verwachsung der Aortenklappencommissuren, Verdickung oder Verwachsung von Sehnenfäden werden noch heute entweder nicht beachtet oder bagatellisiert oder als Varianten abgetan. Unsere eigene Erfahrung zeigt im Gegensatz zu dieser „Lehrmeinung" des In- und Auslandes, daß es eine große Ausnahme bedeutet, eine makroskopisch und mikroskopisch „normale" Herzklappe vom 20. Lebensjahr aufwärts demonstrieren zu können.

Die „normale" Histologie der Herzklappen ist vornehmlich das Werk der Pathologen. Dabei bestehen heute noch störende Unterschiede der Bezeichnung und Abgrenzung der einzelnen Klappenschichten stärker in Deutschland als in Amerika, wo man sich um eine Vereinheitlichung sehr bemüht hat. Unter den Beschreibungen der normalen Anatomie legt z. B. Petersen noch 1935 keinen Wert auf die Unterscheidung von Klappenschichten. Er bildet Gefäße ab (Abb. 388, S. 326) an der Mitralis eines 1jährigen Kindes. Benninghoff (1936) fußt auf der alten Darstellung von Königer (1903), Ribbert (1924), Mönckeberg

(1904) und gibt dem lockeren Gewebe am freien Klappenrand „die Bedeutung einer Verschiebeschicht“ für eine „größere Geschmeidigkeit“ und „zugleich als Polster der Abdichtung der geschlossenen Klappe“ (S. 177). Den Streit um das Vorhandensein von Gefäßen hält er für erledigt zugunsten der Gefäßlosigkeit.

In Amerika haben GROSS und KUGEL 1931 eingehende topographische und histologische Untersuchungen vorgelegt, die in Deutschland unter den Anatomen keine und unter den Pathologen nicht die gebührende Beachtung gefunden haben. Sie unterscheiden an allen Klappen zwei hauptsächliche Schichten: die Fibrosa und die Spongiosa, bei letzterer die Ringspongiosa (= Annulus) und Klappenspongiosa. Bei den Aortenklappen beschreiben sie ein unterschiedliches Verhalten der Aortenelastica im Sinus der Taschenklappen und im Bereich der Commissuren. Die Elastica der Media geht bald höher oder tiefer im Grund der Sinustasche in das kollagene Gewebe der Ringspongiosa über. Sie benutzen folgende Klappenschichtenbezeichnung für die Aortenklappen (von außen nach innen): Ventricularis, Spongiosa, Fibrosa, Arterialis; für die Mitralis (von oben nach unten): Auricularis, Spongiosa, Fibrosa, Ventricularis. Diese Bezeichnungen sind kurz und unmißverständlich, werden in Amerika einheitlich benutzt. Wir empfehlen ihre Übernahme und eine solche Vereinheitlichung auch den deutschen Anatomen und Pathologen! — Nicht beistimmen können wir dieser Darstellung in 4 Punkten: 1. Die beiden Untersucher beschreiben in Spongiosa und Fibrosa der Aortenklappen und der Mitralis Mononucleäre „with round dense nuclei and rather scant protoplasm“. Wir haben niemals Mononucleäre in normalem Klappengewebe gefunden. — 2. Als Befund normaler Klappen wird in der Fibrosa der Aortenklappen und in der Auricularis der Mitralis myxomatöses, gelatinöses, embryonales Bindegewebe beschrieben, das nach unseren darauf gerichteten Untersuchungen [BÖHMIG: 11 (1950)] als pathologisch und als Zeichen einer Endocarditis serosa angesprochen werden muß. — 3. Ebensowenig können wir folgenden Befund als „normal“ anerkennen: „Between this endothelial layer and the most superficial elastic band there is an almost imperceptible jelly-like zone containing an occasional mononuclear cell“ (S. 463). Ist doch das Subendothel seit den Untersuchungen von SIEGMUND (1933) und PFUHL (1929) die erste Reaktionsbasis aller pathologischer Prozesse und jede „jelly-like“ Aufquellung der erste Beginn einer solchen. Dasselbe gilt bezüglich der Verlagerung der elastischen Lamelle in die Klappentiefe an der Schließungslinie der Mitralis durch verdicktes Subendothel. Auch dieser Befund ist nicht als „normal“ zu bezeichnen. — 4. Der letzte Punkt betrifft die LAMBLschen Excrescenzen, die GROSS und KUGEL als normal anatomischen Befund anführen. Wir verweisen auf unsere Besprechung im Abschn. III (S. 59).

Dann müssen wir uns gegen einen Befund von GROSS und FRIEDBERG (1936) wenden, denen wir die eingehendsten Untersuchungen von Herzklappenentzündungen verdanken. Sie rechnen zu Altersveränderungen normaler Klappen (S. 861) nicht nur „isolated patches of witish opake thickening . . . at the closure line and free margin“, sondern auch „the broadening of the heads of the chordae tendineae“, Verdoppelung des Endokards und Verwachsung der Sehnenfäden. Das entspricht nicht den allgemein-pathologischen und speziellen Kenntnissen.

Auf die Planmessungen von Aortenklappen durch GROSS und MOORE (1932) sei hier nur hingewiesen.

Wir haben in zwei Untersuchungsreihen (BÖHMIG und KRÜCKEBERG 1934 und BÖHMIG 1950) ausführliche Beiträge zur normalen Histologie der Herzklappen gebracht. Wir haben dort die allmähliche Differenzierung und Abgrenzung der Klappenschichten, der kollagenen und elastischen Elemente der fetalen und kindlichen Herzklappen geschildert. In der 2. Bearbeitung ist uns dabei die Bedeutung der Zwischensubstanzen deutlich geworden, die nun in der vorliegenden Abhandlung eine beherrschende Rolle spielen. Wir haben nach Kenntnis der Befunde an kindlichen Herzklappen unsere Ansicht über Wesen und Bedeutung der Zwischensubstanzveränderungen, besonders über das „basophile Gallertgewebe“ von TRETJAKOFF (1927), revidieren müssen und vertreten heute mit besserem Wissen eine andere Meinung über die noch 1934 (S. 196) beschriebene „chondroide Degeneration“ und demzufolge auch über die „zentrale Hyperplasie“ (FELSENREICH und v. WIESNER). Wir verweisen hierzu auf Abschn. A, II, 1 u. 2 (S. 6) und A, III, 4 (S. 41).

Besondere Erwähnung verdient noch die Frage der *Blutgefäße* der Herzklappen, die so lange recht umstritten war. Wir haben oben schon PETERSEN und BENNINGHOFF angeführt. GROSS und KUGEL (1931) stimmen mit der heute gültigen Ansicht überein, daß die freie Klappe nur im Bereich der etwa vorhandenen Muskulatur Capillaren aufweist (ebenfalls spärlich der Annulus), sonst aber gefäßfrei ist. Wir kommen im Abschn. A, III, 5 (S. 44) hierauf zurück. Die *Blutcysten* kindlicher Herzklappen als wohl traumatisch entstandene Erweiterungen von Gewebsspalten hat neuestens BOYD (1949, Literatur) untersucht.

Durch die Untersuchungen von FOXE (1929) konnte nachgewiesen werden, daß die *Fensterung der Taschenklappen* keine angeborene Fehlbildung, sondern Folge mechanischer Einflüsse ist, da sie zahlenmäßig vom Fetalstadium bis zur 4. Lebensdekade zunehmen.

II. Die Formen der akuten Entzündung.

1. Seröse Entzündung.

Wenn wir versuchen wollen, die allgemein-pathologischen Grundlagen der Endokarditis und ihre verschiedenen Entwicklungsstufen und Entzündungsformen kennenzulernen, so müssen wir beginnen bei den ersten sich bietenden und morphologisch faßbaren Anzeichen eines „Klappenschadens". Als solche finden wir am menschlichen Herzen und — wie in einem späteren und besonderen Abschnitt (S. 265) unten auszuführen ist — auch im Tierversuch makroskopisch umschriebene oder flächenhafte Gewebsverquellungen, die mikroskopisch durch eine offensichtliche Vermehrung der Gewebsflüssigkeit, ein Ödem, gekennzeichnet sind. Ein solches Gewebsödem finden wir als *erste* Gewebsveränderung und *vor* dem Auftreten jeglicher Art cellulärer Reaktion. Da die Herzklappe gefäßlos ist, aus straffem Bindegewebe nach Art einer Sehne mit vorwiegend kollagenen und nur spärlichen elastischen Fasern besteht, kommt einer solchen Gewebsdurchtränkung besondere Bedeutung zu. Sie stellt einerseits nur eine Steigerung des physiologischen nutritiven Vorgangs dar. Andererseits bringt eine solche Steigerung zwangsmäßig eine Gefüge- und Stoffwechseländerung mit sich, die von ganz anderer Auswirkung sein muß als bei von Blut- und Lymphgefäßen versorgten Gewebsarten.

Diese Aufquellungen und Durchtränkungen bindegewebiger Organe wurden von VIRCHOW (1856) untersucht. Seine Darlegungen sind darum für uns von besonderer Bedeutung, weil er die „Imbibition flüssiger Bestandteile", „gallertartiger oder albuminöser Exsudationen" auch an Sehnen und am Herzklappenapparat untersuchte. Er lehnt die Exsudatnatur ab und nimmt eine Imbibition von Blutbestandteilen an. — Schon 1901 haben dann RICKER *und Mitarbeiter* die Bedeutung der Gewebsflüssigkeit als Ursache von Gefäßwandveränderungen herausgestellt und die „Verflüssigung der Bindegewebsfaser", die Lösung der kollagenen Substanz als eine „flüssige Modifikation" beschrieben. Beschreibungen ähnlicher Durchtränkungsbefunde folgten (BRAUN 1907, KROMPECHER 1911). — RIBBERT (1924) führt bei der Herzklappe und ihrer Entzündung eine Quellung des Bindegewebes, eine Veränderung der Zwischensubstanz nach Art „embryonalen Schleimgewebes" an und bildet diese Strukturänderungen ab (Abb. 9 u. 11). — RÖSSLE (1934) hat dann an Milz, Leber und Herzmuskel aufgezeigt, daß Durchtränkungen für diese Parenchyme mehr bedeuten als einfache Ödeme, nämlich „eine wenig beachtete Grenzform der Entzündung". Seine aufsehenerregende Konzeption der „serösen Entzündung" war der Anlaß, den Vorgängen des Flüssigkeitshaushaltes im Gewebe besondere Aufmerksamkeit zu schenken. Denn als „Begleit- und Folgeerscheinungen der serösen Entzündung" und zugleich als Beweis bzw. Kriterium des entzündlichen Charakters solcher Durchtränkungsformen stellte RÖSSLE heraus: „Die Lösung von Zellverbindungen (Dissoziationen und Katarrhe der Epithelien), die Desmolyse des Bindegewebes (verdeutscht Entleimung), Mobilisation von Fibrocyten und Histiocyten, trübe Schwellung (durch celluläre Aufnahme des Exsudateiweißes), unter Umständen auch Histolyse bis zur Nekrose" (S. 9). — In der Folgezeit wurden nun zahlreiche einschlägige Beobachtungen vornehmlich am Gefäßsystem beschrieben: Die „mucoide Verquellung und Vermehrung der subendothelialen Grundsubstanz" mit Auflösung und fortschreitender Histolyse an Nierenarterien (SCHÜRMANN und MACMAHON 1933), an Gefäßen und Herzklappen beim Verbrennungstod (ZINCK 1940), in der Gefäßintima der Lungen- und Hauptschlagader als Teilbilder oder Vorstufen der Arteriosklerose (BREDT 1932, HOLLE 1940), Eiweißablagerungen mit Zell- und Faseruntergang als Vorstadien einer interstitiellen fibrinösen Entzündung ebenfalls an Gefäßen (W. W. MEYER 1949). — Gewebsmetachromasie und Verfettung, auf die wir später noch mehrmals einzugehen haben, erfuhren neue Bearbeitung und Deutung, Zustandsbilder neue Definitionen wie EPPINGERS (1935) „Albuminurie ins Gewebe", SCHÜRMANNS (1933) „Dysorie", W. W. MEYERS (1949) „Blutplasmaphorese".

Vergleichen wir mit diesen Einzeldarstellungen und den Kriterien der Definitionen den von uns beobachteten initialen Klappenschaden in Form der Gewebsdurchtränkung und -aufquellung. *Makroskopisch* (Abb. 40—42) finden sich an Segel- und Taschenklappen glasige, durchscheinende, flächenhafte Polster oder umschriebene warzige Verdickungen mit stets glatter Oberfläche. Sie bevorzugen Klappen- und Schließungsrand, Vorhof wie Kammerseite, auch Sehnenfäden und hier besonders deren Ansatzstellen. Nur stärkere Verquellungen sind mit bloßem Auge erkennbar, kleine mit Lupe; alle beginnenden werden erst bei der mikroskopischen Untersuchung entdeckt. Das *mikroskopische* Verhalten stellt sich folgendermaßen dar: Als *beginnende* Veränderung findet sich eine Lockerung des kollagenen Fasergefüges mit Auseinanderdrängung und Sichtbarwerden der Einzelfibrillen, mit Auftreten einer interfibrillären Zwischensubstanz. Letztere ist entweder farblos — dann kann man eine solche Zwischensubstanz nicht

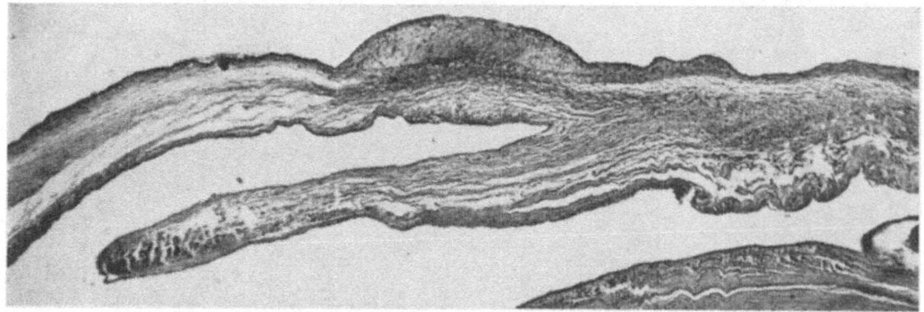

Abb. 1. Mitralis. 42 J., ♂ (Chron. E. ulcero-polyposa). Zarte dünne Klappe mit umschriebenem serösem Polster am Übergang von der Klappenplatte zum Schließungsrand. Nur Ödem, noch keine seröse Entzündung, stärkste Basophilie des Polsters und der Subendokardialschicht der ganzen Klappe. (30 ×.)

beweisen und nur eine Bildung von spalt- oder loch- oder netzartigen Gewebslücken im Schnitt erkennen; oder die Zwischensubstanz ist andeutungsweise homogen, körnig, flockig oder schollig anfärbbar, wechselnd schwach oder intensiv basophil, wobei dann auch die kollagenen Fibrillen dieselbe Basophilie zeigen (Abb. 1 u. 2). Schon in diesem Stadium sieht man an einzelnen oder mehreren benachbarten kollagenen Fibrillen bei Azan-Färbung eine Verschmälerung und ein Abblassen der intensiven Blaufärbung, an den Kernen Chromatinverlust,

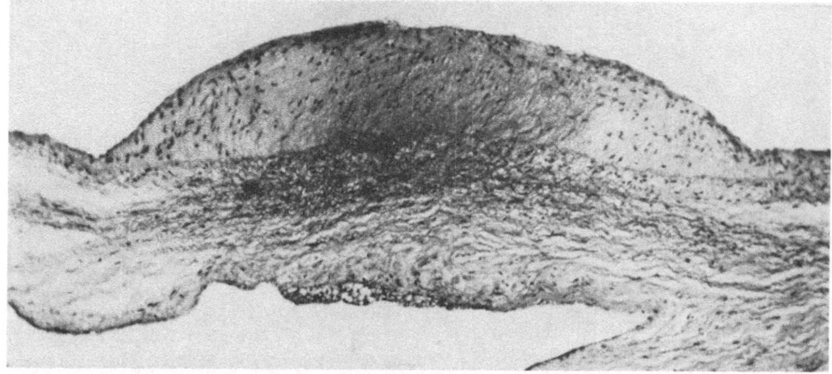

Abb. 2. Starke Vergrößerung von Abb. 1. Man erkennt mit Lupe das erhaltene Endothel über dem Polster, die vermehrte Zwischensubstanz mit dunklen Schlieren der Basophilie und noch erhaltenen Kernen. (86 ×.)

vacuolige Degeneration, Pyknose oder ein Verdämmern bis zum völligen Schwund. Bei *fortgeschrittener* Veränderung sind die kollagenen Fibrillen bis zum völligen Schwund atrophisch, und es tritt ein weitmaschiges oder netzartiges Gewebe aus entkollagenisierten, argentophilen, reticulären Fibrillen mit Kernschwund in unregelmäßig fleckigen Bezirken in Erscheinung (Abb. 3 u. 4). Die Zwischensubstanz zeigt denselben Wechsel, wie angeführt. Bei Fettfärbung ist in beginnender Aufquellung eine sehr wechselvolle feintropfige Ablagerung oder Speicherung einzelner Endothelien, bei stärkerer Insudatbildung auch eine gleich wechselnde Verfettung von Bindegewebskernen des Subendothels, bei Basophilie kleintropfiger bis kleinfleckiger Fettgehalt der Zwischensubstanz erkennbar.

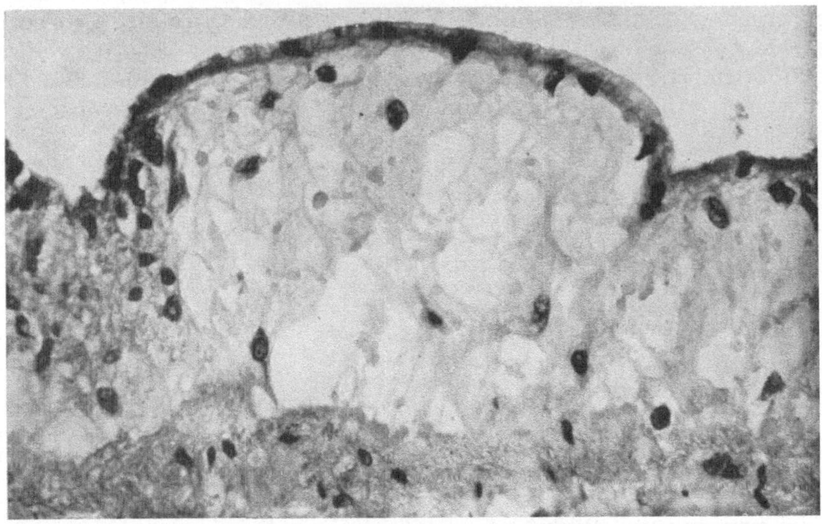

Abb. 3. Aortenklappe. 34 J., ♂ (Chron. E. ulcero-polyposa). Warzenförmige seröse Entzündung unmittelbar am oberen Klappenansatz. Intaktes Endothel, mächtiges seröses Insudat mit starkem Kernuntergang und Schwund der kollagenen Fasern. (440 ×.)

Nach Maßgabe der Lokalisation werden beim Auftreten der Zwischensubstanz die elastischen Lamellen aufgesplittert, die elastischen Fasern zerfallen und werden

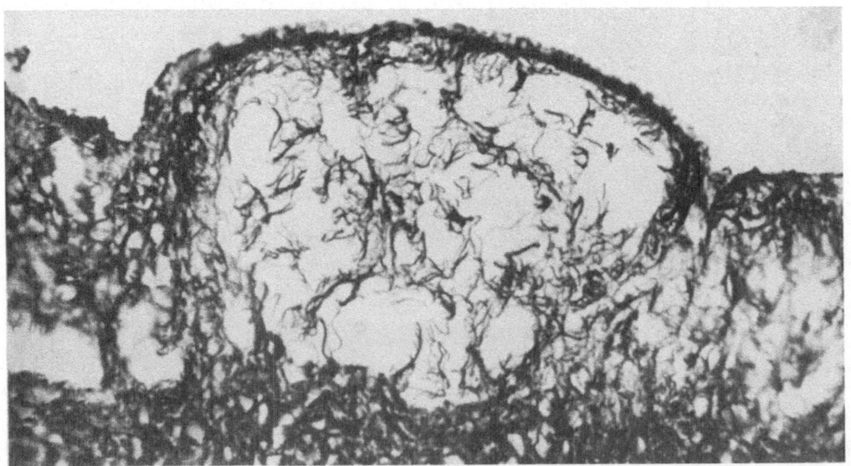

Abb. 4. Dieselbe seröse Warze wie Abb. 3, BIELSCHOFSKY-Färbung. Man erkennt nur noch Reste von kollagenen, dafür Sichtbarwerden zahlreicher Silberfasern. Das Insudat kommt in den weiten Maschen nicht zur Darstellung. (440 ×.)

auseinandergedrängt bis zu Atrophie und Schwund derselben. Außer einer Entkollagenisierung läßt sich somit auch eine Entelastinisierung erkennen. Dem wechselnden makroskopischen Bild entspricht eine verschiedene mikroskopische *Lokalisation*, von der es abhängt, ob eine mehr flächenhafte oder mehr warzenförmige Verquellung entsteht. Wir haben bei unseren ausgedehnten Untersuchungen Beginn und Fortschreiten in *allen* Klappenschichten einzeln und allein oder vorwiegend in mehreren Klappenschichten gleichzeitig beobachtet. Hierbei können die Entstehungsorte oft weit voneinander entfernt liegen. Beginnt die Verquellung im Subendothel, dann entstehen umschriebene rundliche oder wurstförmige Warzen zwischen Endothel und elastischer Lamelle (Abb. 2 u. 3). Liegt der Beginn in der subendokardialen Schicht oder in der fibrösen Grundschicht, dann kommt eine flächenhafte Verdickung des betroffenen Klappenabschnittes oder Sehnenfadens zustande (Abb. 5—8), gelegentlich sogar bis zum Achtfachen der gewöhnlichen Klappendicke (Abb. 49). Bevorzugt im Gebiet des Klappenrandes, öfters auch in dem des Schließungsrandes, bilden sich dann eigentümliche knotige

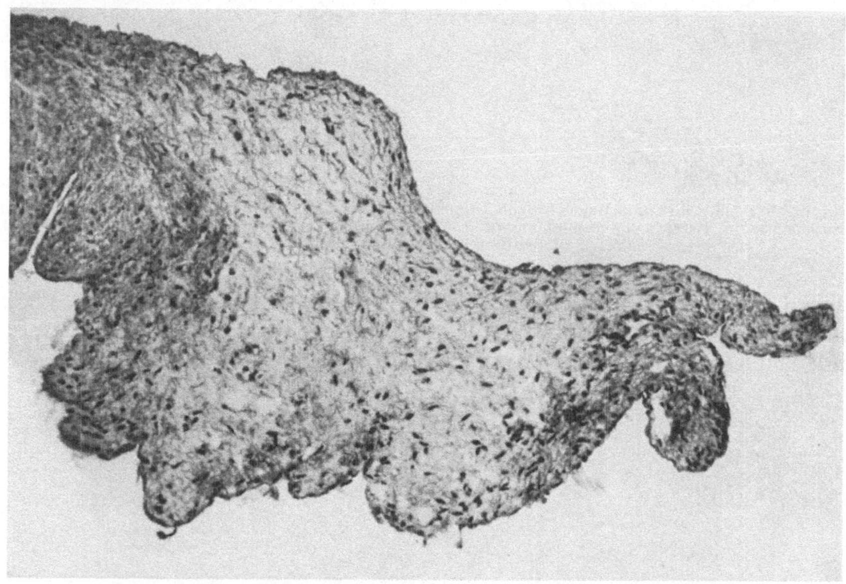

Abb. 5. Tricuspidalis. 7 Mon., ♀ (Rachitis). Ausgeprägte seröse Entzündung des Klappenrandes mit starker Verdickung desselben. Vielfacher Kernuntergang, fast völliger Schwund der kollagenen Fasern, eiweißreiches Insudat. Das Oberflächenendothel ist an der Oberfläche des Klappenrandes teilweise geschwunden, dagegen an der ganzen Unterfläche völlig erhalten. (112 ×.)

Verdickungen mit Wirbelstrukturen, die früher als „zentrale Hyperplasien“ (Felsenreich und v. Wiesner 1916) beschrieben wurden (Abb. 50). Beim Fortschreiten der Verquellung sieht man ein Übergreifen von einer Klappenschicht zur anderen: vom Subendothel auf subendokardiale und fibröse Grundschicht oder umgekehrt. Diese Unterschiedlichkeit des Beginns und der Weiterentwicklung von den äußeren Klappenschichten zum Klappeninnern wie auch vom Klappengrundstock zur Klappenober- bzw. -unterfläche ist mit Sicherheit festzustellen und erscheint uns bedeutsam für die formale und kausale Genese.

Die einfache oder reine Form dieser serösen Entzündung läßt jegliche celluläre Infiltration oder Proliferation vermissen. Es finden sich höchstens einige kleinumschriebene Bezirke mit Histiocytenvermehrung unter dem Endothel, selten auch mit wirklich spärlichsten intakten oder zerfallenen Leukocyten an gleicher Stelle. Über das Verhalten des Endothels siehe unten (Abschn. A, III, 1, S. 36).

Aus unseren Befunden an den Herzklappen geht hervor, daß diese in vieler Beziehung ein Paradigma zum Verhalten der Gefäßintima darstellen. Wir beobachten alle Übergänge vom einfachen Klappenödem bis zur warzenartigen Verquellung und Auftreibung des Klappengewebes. Wir finden ferner eine kontinuierliche Reihe von der einfachen reaktionslosen Gewebsdurchtränkung bis zur

Gewebsreaktion in Gestalt von Kernveränderungen, Kernverlust und Kollagenschwund. Diese früheste Gewebsreaktion muß als ein Gewebsschaden angesprochen werden, der das Kollagen betrifft. Wir haben an anderer Stelle aus-

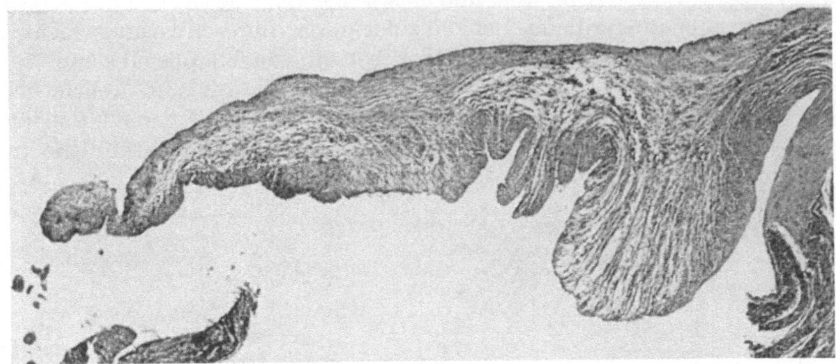

Abb. 6. Mitralis. 5 J., ♀ (Tod 3 Wochen nach Impfencephalitis). Beginnendes interstitielles Ödem der tiefen Klappenschichten im Bereich von Schließungsrand, Klappenplatte und Abgang der Sehnenfäden. Der oberste Sehnenfadenabgang ist dadurch auf das Vierfache des Normalen verdickt.

führlich begründet (Böhmig: 12, S. 672), daß es sich hierbei um die Wirkung cellulär gesteuerter Enzyme handeln muß, da aus chemisch-thermodynamischen Gründen eine Sprengung der Längs- und Querverbindungen des Kollagenmoleküls

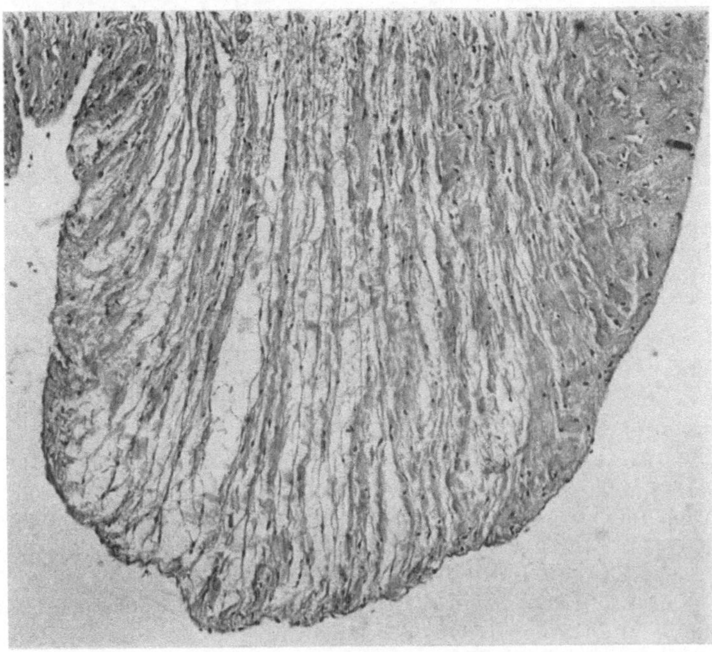

Abb. 7. Starke Vergrößerung von Abb. 6 mit Teilausschnitt des stark verdickten Sehnenfadens III. Ordnung. Starkes Ödem mit Kollagenschwund und Kernverlust, also seröse Entzündung der fibrösen Grundschicht des Sehnenfadens.

die Anwesenheit eines Biokatalysators bzw. einen energieliefernden Prozeß reklamiert (s. auch F. Lange 1924). Damit ist aber bereits eine besondere Stoffwechselleistung der den Kollagenmetabolismus steuernden Zellen gefordert. Es muß danach ein „Reizzustand" (Aschoff 1936) der Zellen angenommen werden, der sich hier nicht als Zellvermehrung oder grobe Zellstrukturänderung, sondern im Ansprechen der Kollagenfaser in Form der Entkollagenisierung äußert und manifestiert. Der Frage, ob man diese initiale Veränderung des Klappengewebes nicht besser in das Gebiet der areaktiven Stoffwechselstörung verweisen sollte, halten wir entgegen, daß jede Entzündung im Beginn ein unspezifisches oder uncharakteristisches Stadium durchläuft, das wir trotzdem zum Entzündungsprozeß rechnen, wenn es den Anfang des „Schadens" darstellt. Daß dieser Gewebs- bzw. Kollagenschaden reversibel ist oder sein kann, erscheint uns theoretisch

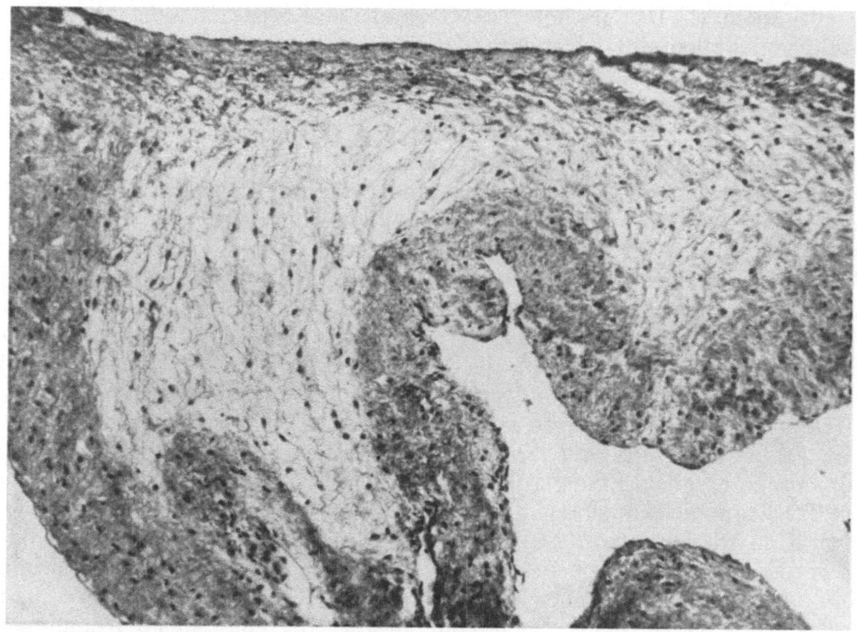

Abb. 8. Tricuspidalis. 7 Mon., ♀ (Gehirnschwellung). Starke seröse Entzündung der subendokardialen und teilweise fibrösen Grundschicht mit sichtbarem Insudat und Schwund von Kernen und kollagenen Fasern. (112 ×.)

gegeben, wurde von uns aber an der Herzklappe nicht beobachtet. Da er von uns als Vorstadium seit alters anerkannter Herzklappenentzündungen gefunden und erkannt wurde, müssen wir ihn sinngemäß zum Entzündungskomplex gehörig betrachten, auch wenn er dessen wechselnde morphologische Definitionskriterien nicht ganz erfüllt. Die Zurechnung dieser Durchtränkungsprozesse mit Gewebsschaden zum Formenkreis der „serösen Entzündung" erscheint uns darum gerechtfertigt. Dem etwaigen Einwand, daß Rössles Beobachtungen an parenchymatöse Organe gebunden seien, begegnen wir mit dem Hinweis, daß das Charakteristikum der serösen Entzündung nicht Parenchymzellen oder Capillaren, sondern der patho-physiologische Komplex: Gewebsdurchtränkung → Gewebsschaden → mesenchymale Reparationstendenz darstellt. Auf Grund dieser Überlegungen glauben wir uns berechtigt, die beschriebenen Herzklappenveränderungen als „seröse Endokarditis" zu bezeichnen. Die Grenzziehung zum „entzündlichen Klappenödem" ist natürlich unscharf. Das Besondere einer serösen Entzündung der Herzklappe sehen wir darin, daß hier einmal ein gefäßloses kollagenes Bindegewebe mit einem relativ einfachen und trägen Stoffwechsel betroffen wird, wobei der komplizierende Faktor des Parenchyms wegfällt und nur die morphologische und metabolische Einheit einer einzigen Gewebsart vorliegt, die zum andern nach Lage und Funktion einen Teil des Gefäßrohres darstellt. Der Einwand, daß im Gegensatz zur Arterie das Klappengewebe gefäßlos sei, erscheint uns nicht wesentlich. Die peripheren Blutgefäße aller Bauarten haben nur bis zu einer bestimmten Kalibergröße Vasa vasorum. Gefäße geringerer Kaliberweiten entbehren solche zusätzliche Blutversorgung und erhalten ihre Durchströmung allein aus dem Blutstrom, also von innen nach außen. Das normale *gefäßfreie* Herzklappengewebe wird an beiden Flächen vom Blut umspült. Seine Gewebeströmung ist „wohl" oder „vielleicht", da Belege fehlen, von der systolischen und diastolischen Druckwirkung abhängig und von dieser wechselweise ausgerichtet. Das pathologisch veränderte Klappengewebe hat in einer Großzahl von Fällen eine sekundäre Vascularisation durch Neubildung von Gefäßen erfahren, die hier nun die Funktion von Vasa vasorum übernehmen können. Es ist nun wichtig, festzustellen, daß auf Grund unserer Untersuchungen im Auftreten seröser Durchtränkungen kein allgemeiner Unterschied besteht zwischen gefäßfreien und gefäßhaltigen Herzklappen. Auf Unterschiede zwischen den einzelnen Klappenschichten kommen wir später zurück. Bei der allgemeinen Betrachtung aber können wir die Herzklappe einem sonstigen Gefäßwandabschnitt gleichsetzen.

Versuchen wir zum tieferen Verständnis der Pathogenese dieser initialen Herzklappenveränderung eine Analyse, so müssen wir vom Gleichgewichtszustand zwischen dem Blut, dem Endothel als Blutgewebsschranke und dem Klappengewebe ausgehen. Eine Änderung der Blutzusammensetzung, beispielsweise eine starke Verminderung des kolloidosmotischen (onkotischen) Druckes kann zur Ödembildung führen. Bis heute ist nur spekulativ zu erwägen, in keinem Fall aber exakt bewiesen, ob es Klappendurchtränkungen auf Grund falscher Blutzusammensetzung gibt. Eine vergleichende und kritische Untersuchung beispielsweise über Klappenverquellungen bei Unterernährten und Wohlgenährten fehlt bislang. Eine überzeugende Darlegung eines solchen Zusammenhanges kann nur aus der Anwendung neuester Eiweißfraktionierungsmethoden gewonnen werden. Auch die experimentelle Zufuhr hoher Eiweißdosen zur Erzeugung einer Endocarditis ist heute noch kein Beweis für eine solche Annahme (s. Abschn. E, I, 3, S. 256). Dasselbe gilt für chemische Gifte, Toxine und eine bei der experimentellen Endokarditis anzuführende Wirkung von Antigenen und Antikörpern.

Im deutschen Schrifttum haben einen historischen bzw. kritischen Rück- und Überblick über die Deutung der Durchtränkungsvorgänge an Gefäßen und serösen Häuten SCHÜRMANN und MACMAHON (1933), RÖSSLE (1933), BAHRMANN (1937), BÜCHNER (1944), TERBRÜGGEN (1937), DOERR (1948) und W. W. MEYER (1949) gegeben, auf deren Darstellung verwiesen wird. Wir können darum auf eine ausführliche geschichtliche Wiederholung verzichten und brauchen nur die heute wichtigen Ausgangspunkte klar gegenüberzustellen: Es ist das Verdienst von P. SCHÜRMANN, die „Grenzstörungen zwischen Blut und Parenchym" am Beispiel der malignen Sklerose beschrieben und dem Begriff der „Dysorie" allgemeine Bedeutung verliehen zu haben. — Während SCHÜRMANN eine Störung der Schrankenfunktion des Gefäßwandendothels, also einen Permeabilitätsschaden annimmt, ist für RÖSSLE die gewebliche Erkrankung „von der Gefäßwand über das Bindegewebe bis in die Zellen" (S. 7) maßgebend. Hierbei „kann der Ausgangspunkt sowohl das Blut ... als das Gewebe sein" (S. 8). Verstehen wir diese Abgrenzung recht, so meint RÖSSLE, daß eine Dysorie nur *eine* mögliche Ursache einer serösen Entzündung darstellt. — EPPINGER (1935) hat bei Untersuchung von entzündungauslösenden Giften den Austritt von Plasmaeiweiß aus der Blutbahn auf einen physikalischen Permeabilitätsschaden der Gefäßwand zurückgeführt und dabei der Störung der Sauerstoffdiffusion besondere Bedeutung beigelegt. — ZINCK (1940) verweist auf die Ergebnisse von EPPINGER (1935), HOLZLÖHNER und SEELICH (1938), die ihm bedeutsam sind für den ganzen Prozeß der „Entparenchymisierung bei fast fehlender Zellulation" (S. 58). Er hebt die große Bedeutung der Serumwirkung auf das Gewebe hervor. — BÜCHNER (1944) hat mit zahlreichen Mitarbeitern die Stoffwechselstörungen unter dem Einfluß des allgemeinen Sauerstoffmangels untersucht: das Verhalten von Glykogen, Fett und Eiweiß. Sie ergaben, ,,daß der Sauerstoffmangel eine Änderung der Blutgewebsschranke, also im SCHÜRMANNschen Sinne eine Dysorie herbeiführt ..." ,,Nach diesen Untersuchungen stellt das Erscheinungsbild der ,serösen Entzündung' einen typischen Befund bei hohen Graden der akuten allgemeinen Hypoxydose dar" (S. 30). — SIEGMUND (1944) hat zu den Korreferaten von RÖSSLE und BÜCHNER folgendermaßen Stellung genommen: ,,Die Grenzziehung zwischen Transsudaten und Exsudaten, die mit dem Eiweißreichtum der exsudierten Flüssigkeit in Zusammenhang steht, ist meines Erachtens keine grundsätzliche Angelegenheit, da es durchaus fließende Übergänge auch in ein und demselben Fall zwischen eiweißarmen und eiweißreichen Exsudationen gibt. Ausschlaggebend dafür ist der Grad der Permeabilitätsstörung der Endothelmembranen, wodurch Durchtrittsmöglichkeiten für verschieden große Moleküle geschaffen werden. Die Permeabilitätsstörungen sind in erster Linie Folge von Durchblutungsstörungen und eines damit in Zusammenhang stehenden Sauerstoffmangels. Ob es auch Permeabilitätsstörungen der Capillarwände auf anderer Grundlage gibt, ist mir fraglich. Das Schicksal der Exsudate jenseits der Capillarwand wird nicht nur von seiner Beschaffenheit bestimmt, sondern ist auch von dem Zustand und der augenblicklichen Funktion des örtlichen Gewebes abhängig, so daß Exsudate einmal liegenbleiben oder präcipitiert werden können, ein anderes Mal an Fibrillen adsorbiert werden und sie zur Quellung bringen und ein drittes Mal in die Zellen eintreten können, um dort verschiedene Veränderungen hervorzurufen. Die Änderung der Membranpermeabilität ist auch für das Austreten von Giftstoffen aus dem Blut in die Gewebe verantwortlich zu machen, wobei auch hier die Molekülgröße der Giftstoffe eine Rolle spielt. Die Beimengung solcher Giftstoffe zu den Exsudaten beeinflußt weitgehend das Schicksal der anliegenden Gewebe" (S. 75). — TERBRÜGGEN (1937) hat bei Untersuchungen über den Einfluß des Blutserums auf die Nekrobiose einen thermolabilen Serumkörper festgestellt, dem eine direkte ,,Giftwirkung" auf Parenchym wie Bindegewebs- und Endothelzelle zuzuschreiben ist. Er konnte allerdings bei diesen ersten Versuchen weder das Sauerstoffbedürfnis des Explantats noch die Wirkung des Komplements berücksichtigen. In gemeinschaftlichen Untersuchungen mit DENEKE (1947) beobachtete er bei der Allylformiatvergiftung in Gegensatz zu EPPINGER einen so schnellen und starken Eiweißverlust der Leber, ,,daß der Angriffsort des Giftes von vornherein in der Zellmembran liegt, und daß die vorhandene schwere, seröse Entzündung als gleichzeitig ablaufender Prozeß betrachtet werden kann" (S. 507). Durch Vergleich mit der Histaminvergiftung ließ sich zeigen, daß hier derselbe pericapilläre Plasmaaustritt zur ,,Aufnahme von Exsudateiweiß in die Leberzellen (Eiweißanbau) führt" (S. 509). — FLECKENSTEIN (1944) hat ebenso bei experimenteller Allylformiatvergiftung durch Bestimmung des Gesamtsauerstoffverbrauchs und der anaeroben Glykolyse eine Störung des Kohlenhydratstoffwechsels mit Verminderung der Zellatmung und Glykolyse nachgewiesen, die auf eine Fermentschädigung der Parenchymzelle selbst zurückzuführen ist. Das Auftreten eines Ödems ist nach ihm Folge einer Transmineralisation mit Veränderung des Ionenverhältnisses von Kalium : Natrium. — Wie UMEDA (1936), A. SCHULTZ (1922) und W. DIETRICH (1936) hat auch DOERR (1948) im Myxödemherz eine eigentümliche ,,mucoide Degeneration" des Herzmuskels und des Bindegewebes beobachtet, die er auf eine ,,Störung des Wasserwechsels" (S. 667), auf eine Wasserretention, zurückführt. Er ist ,,von der Kohlenhydrat- und Lipoidnatur der Degenerate vorläufig noch nicht vollständig überzeugt" und hält nur die genetische Beziehung zu den Eiweißkörpern ... für sicher" (S. 667), nach LETTERER (1931) die ,,Anreicherung von Stickstoff im Gewebe" für wichtig. — DOERR (1949) hat vergleichende morphologische Untersuchungen über die Veränderungen nach experimenteller Vergiftung mit verschiedenen Glykolen vorgelegt und dabei hydropisch-vacuoläre Zelldegeneration sowie die Erscheinungen der serösen Entzündung beobachtet. In Gegenüberstellung zu den Befunden von BREDT (1937) und HOLLE (1940) einerseits, TERBRÜGGEN und DENEKE (1947), FLECKENSTEIN (1944) andererseits reiht er die ,,wahrscheinlich" cellulären Fermentstörungen gedanklich an die Anschauung von BREDT und HOLLE, daß Gewebsalteration durch Ernährungsstörung auch als ,,Ausgleichsreaktion" bei Stoffwechselstörung und damit als Entzündungsvorgang zu deuten sei. Er präzisiert Verbindendes wie notwendig zu Unterscheidendes in folgender Gruppierung: ,,1. Die klassische, primär dyshorische, seröse Entzündung im engeren Sinne (RÖSSLE); Beispiel: Serum-, Histamin- und Verbrennungsschock. 2. Die primär celluläre, von der jeweils bodenständigen Gewebszelle ausgehende, nicht dyshorische, seröse Entzündung (BREDT, HOLLE); Beispiel: Oxalat- und Glykolvergiftung. 3. Die zunächst nicht entzündliche Zelldegeneration mit eiweißarmem Erguß (TERBRÜGGEN, FLECKENSTEIN); Beispiel: Vergiftung mit Allylformiat" (S. 45).

Von entscheidender Bedeutung sind letztlich die Untersuchungen der gewebschemischen Veränderungen bei Gewebsschwellung, Ödem und Fibrinoidbildung durch die amerikanischen Autoren. Sie stellen wichtige Ergänzungen dar zu den bisherigen analytischen Bestimmungen von EPPINGER (1935), KROGH (1919), PFEIFFER (1925), HOLZLÖHNER (1931), BÜCHNER (1944), FLECKENSTEIN (1944), TERBRÜGGEN (1947), DOERR (1949). Wir bringen diese amerikanischen Ergebnisse im Abschnitt II, 2 (S. 16f.).

Versuchen wir nun, aus dieser kurzen Wiedergabe der kausalgenetischen Faktoren der „Dysorie“ und „serösen Entzündung“ zu einer Systematik der Vorgänge an der Herzklappe zu gelangen. Wir glauben, daß heute nicht mehr als eine Rahmenvorstellung als Einteilungs- und Unterscheidungsversuch gegeben werden kann:

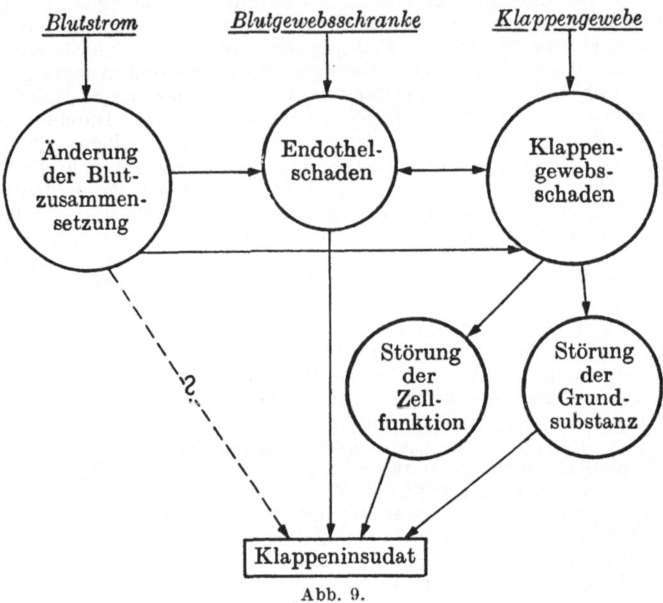

Abb. 9.

Welche Zurückhaltung heute noch nötig ist, welche Kenntnisse heute noch fehlen, geht beispielsweise daraus hervor, daß bei den bisherigen Darstellungen die Wirkung von Komplement, Antigenen (auch der sog. Autoantigene) und Antikörpern in Serum und Zelle ebensowenig gewürdigt oder gewertet wurde wie die genauere Analyse des Zellstoffwechsels. Diese Faktoren spielen bei allen Infektionskrankheiten eine entscheidende Rolle im Ablauf der Gewebsreaktionen.

Wir haben früher an anderer Stelle (Böhmig: 11, S. 672ff.) versucht, die seröse Endokarditis — eine seröse Entzündung des primär gefäßlosen Stützgewebes der Herzklappe — zu analysieren und den desmolytischen Vorgang des Kollagen- und Elastinabbaues den Störungen einer Schrankenfunktion der Gefäßwand gegenüberzustellen. Wir haben damals die Überzeugung gewonnen, daß in den dabei vorliegenden Korrelationssystemen: Zelle—Grundsubstanz, Blut—Gewebsflüssigkeit eine Steuerung durch die ortsständigen Gewebszellen angenommen werden muß.

Die seröse Entzündung gerade in der gefäßlosen Herzklappe beweist, daß hier ortsständige Transport-, Diffusions- und Abbaustörungen vorliegen müssen, die nicht anders denn als celluläre Leistungen oder celluläre Leistungsausfälle angesprochen und gedeutet werden können. Gerade die Gefäßlosigkeit des kollagenen Herzklappengewebes einerseits, die ortsständige Begrenzung in den einzelnen Schichten zu Beginn der Erkrankung andererseits sind eine Stütze für die Annahme, daß hier kein flüchtiges Ödem, sondern ein echtes irreversibles Gewebspathos vorliegt. Dieses kann ausgelöst werden von heterogenen Noxen, die sicher jederzeit irgendwie durch Menge, Konzentration, Dauer primär „gewebsfeindlich“ wirken *können* oder bei zusätzlicher lokaler Fermentschädigung der Zellen „gewebsfeindlich“ wirken *müssen*. Ob hierbei flüchtige oder anhaltende

Änderungen der geweblichen O : CO_2-Spannung (Hypoxydose Büchner), der H-Ionenkonzentration, Störungen der Glykolyse oder des oxybiotischen Kohlenhydratabbaues oder des Eiweißstoffwechsels sowie die bei diesen Vorgängen meist nicht erwähnten immunbiologischen Reaktionen auslösend oder unterhaltend wirken — das läßt sich heute noch nicht entscheiden. Wir möchten aber herausstellen, daß 1. im Reaktionsgefälle Blut $\rightleftarrows$ Zelle gleichwertige Partner vorliegen; daß 2. der Schauplatz dieser Reaktion zwischen Blut und Zelle die Grundsubstanz der einzelnen Gewebe und Gewebsflüssigkeit sein muß. Und das ist das nicht hoch genug einzuschätzende Verdienst von Rössle (1933), die Bedeutung dieses Schauplatzes, die Abgrenzung einfacher passagerer oder quantitativer Änderungen der Gewebsflüssigkeit ohne Folgen von anhaltenden oder qualitativen mit Folgen herausgearbeitet zu haben.

Wir müssen uns auch heute bescheiden, mehr auszusagen, wollen wir nicht in Hypothesen und Spekulationen abgleiten.

2. Sogenannte fibrinoide Degeneration bzw. Nekrose und interstitielle fibrinöse Entzündung.

Gewebefibrin und -fibrinoid haben wie kaum ein anderes pathologisches Entzündungsprodukt Bearbeitung und Diskussion gefunden. Sie sind sowohl in ihrer Genese wie in ihrer Deutung noch heute umstritten. Sie spielen eine Hauptrolle unter den pathologischen Erscheinungen der Herzklappenentzündungen und wandeln erst in neuester Zeit anscheinend ihr Gesicht durch den Nachweis der ihnen vorangehenden Gewebsveränderungen einerseits, durch ihre chemische Analyse andererseits. Im Laufe ihrer Erforschung ist dabei immer deutlicher geworden, daß sie die engste Beziehung zum Blutplasma aufweisen und darum sehr häufig bei Erkrankung der Gefäßwand auftreten. Ihre Untersuchung im Rahmen der Rheumaforschung schien zunächst nahezulegen, daß sie für die rheumatische Entzündung nicht nur charakteristisch, sondern spezifisch seien. Dem ist nicht so. Ihre Bedeutung für die formale Genese des rheumatischen Gewebsschadens ist unverändert, jedoch werden unsere Untersuchungen zeigen, daß sie in gleicher Erscheinungsform auch bei nicht-rheumatischer Herzklappenentzündung vorkommen. Das erscheint uns ebenso bedeutsam für die rheumatischen wie für die nicht-rheumatischen Erkrankungen. Zum Verständnis dessen für die Endokarditis müssen wir den Stand des heutigen Wissens in kurzen Auszügen entwickeln.

Schon Rokitansky (1844) hat vor 100 Jahren als erster zwischen „ursprünglicher, konsistenter, plastischer Exsudation“ = „Gewebsvegetation“ und „sekundärem, lockerem, zottigem Niederschlag“ = Thrombose unterschieden. — 12 Jahre später zog Virchow (1856) in Erwägung, ob die Fibrinschicht einer serösen Membran „nur umgewandelte Intercellularsubstanz des Bindegewebes“ sei (S. 136). — Dieselbe Annahme des „desmoiden Ursprunges“ haben Buhl (1863) und E. Neumann (1896) vertreten. Besonders letzterer hat in ausführlicher Beschreibung und in Abbildungen das Auftreten der homogenen Ausschwitzung *unter* dem Endothel seröser Häute und ferner das Übergehen von Bindegewebsfasern in die homogene Masse dargetan. Er lehnt damit „eine Auflagerung von Fibrin aus einem Exsudat“ (S. 213) ab und nimmt eine interstitielle Entstehung im Bindegewebe der betreffenden serösen Membran „als Umwandlungsprodukt des Gewebes selbst“ (S. 214) an. Bei Beobachtung der Endokarditis fand er in den „Efflorescenzen“ ein „aus breiten, glänzenden, homogenen Bändern zusammengesetztes und durch seinen geringen Gehalt an zelligen Elementen ausgezeichnetes Gewebe, welches aus den Klappen gewissermaßen hervorquoll und nach unten in das mehr oder weniger zellig infiltrierte fibrilläre Klappengewebe ohne bestimmte Grenze überging“ (S. 232). — Am Objekt bindegewebiger Geschwülste und bei Hygromen beschreibt Ricker (1901) dieselben Befunde und deutet sie als Zwischenglied zu einer mit Verflüssigung einhergehenden Bindegewebsdegeneration. — Erst 20 Jahre später wird das Problem von Askanazy (1921) am Beispiel des Magen-Darm-Geschwürs wieder aufgenommen. Er postuliert als primären Vorgang eine Nekrose des Bindegewebes bzw. seiner Grundsubstanz, die dann eine Umwandlung von Fibrinogen in Fibrin und eine Adsorption bedinge. Er spricht darum von fibrinoider Nekrose.

Ribbert (1924) schildert homogene Gerinnungsmassen thrombotischer Herzklappenauflagerungen in „Beziehung der Niederschläge zum Gewebe". „Jene zuweilen nur streifenförmigen oder in schmäleren und breiteren Bändern auftretenden Beläge sind mit dem Gewebe so innig verschmolzen, daß sie wie seine oberflächlichsten Schichten aussehen. Der Zusammenhang wird dadurch noch enger, daß jene Massen sich vielgestaltig in das Gewebe einsenken ... Man sieht die homogene Substanz in netzförmiger Anordnung nach unten sich zwischen die Zellen fortsetzen, weiter abwärts immer zarter werden und wurzelförmig in feinen Fäserchen enden. Ein solches Bild kann nur so gedeutet werden, daß die aus dem Blute sich gerinnend niederschlagende Substanz zugleich auch in das Gewebe hineingepreßt wurde und hier ebenfalls gerann. Das geschieht aber nicht immer so ausgedehnt ... Das Netz kann weniger ausgebildet, die Wurzeln können kürzer sein, und manchmal sind die Massen der Oberfläche nur mit kurzen und spärlichen Fädchen in dem Gewebe befestigt (s. die Abbildungen bei Königer). Die gerinnende Blutflüssigkeit kann aber auch tiefer in die Klappe hineingepreßt und dann nach ihrer Gerinnung im einzelnen Schnitt ohne Zusammenhang mit den Belägen der Oberfläche gefunden werden. Es ist auch möglich, daß eine solche nachweisbare Verbindung überhaupt oder wenigstens im Schnitt nicht besteht. Man findet in solchen Fällen in den tieferen Lagen des subendothelialen Gewebes zwischen den Fibrillen und mit ihnen verschmolzen kleine, dem freien Rande parallele Streifen und Ballen einer homogenen Substanz. Königer hat darüber genauere Mitteilungen gemacht. So entstehen die Bilder, die Neumann als fibrinoide Degeneration aufgefaßt hat" (S. 216/17). — Klinge (1933) und Mitarbeiter beobachteten bei ihren umfangreichen Untersuchungen über den Rheumatismus das Vorkommen sowohl einer Nekrose wie einer echten Fibrinexsudation unter Annahme von immunbiologischen Faktoren. Unter Anwendung der Versilberungsmethoden, mit dem Nachweis von Silberfasern innerhalb der fibrinoiden Degeneration, nimmt er eine Entartung, Aufquellung und Auflösung der mesenchymalen Grundsubstanz an, ohne die Ausfällung echten Fibrins völlig in Abrede zu stellen.

Beneke (1935) beschreibt bei Endocarditis verrucosa die Verschmelzung von Bindegewebsfibrillen. Er deutet das als „Altersvorgang". Er beschreibt ferner „das sekundäre Auftreten rein blaugefärbter Substanz" in Form „allerfeinster Körnchen oder auch diffuser, wabenförmiger, nicht aber netzförmiger Verbände ... als Niederschlag eines ursprünglich gelösten Materials", das „mit zunehmender Annäherung an die Klappenoberfläche an Breite zunimmt, d. h. also, daß von der Oberfläche aus andauernd neues Material eindringt, versintert und sich mit dem alten Gewebe verbindet ... Die Injektion eines gerinnenden Plasmas dringt allmählich abklingend bis in erhebliche Tiefen vor, wobei es zweifelhaft bleibt, ob überall Kontinuität der tiefstgelegenen geronnenen Infiltrate mit den oberflächlichen besteht." „Das Eindringen plasmatischer Flüssigkeit in die ‚subendothelialen' Schichten findet kein Hemmnis in der Endothellage selbst ..." Beneke lehnt damit die „fibrinoide Umwandlung der Kollagensubstanz" im Sinne Neumanns ab.

Bahrmann (1937) hat mit der Versilberungsmethode nach de Oliveira an akut-entzündeten serösen Häuten die Befunde von Neumann bestätigt und „eine fibrinartige Färbbarkeit strukturlos gewordener kollagener Faserbündel", die verquollen und zusammengesintert sind, beschrieben. Nach ihm splittern sich kollagene Fasern unter dem Einfluß von Exsudatfibrin, entzündlichem Ödem, „Stauungsödem und histolytischen Fermenten" ... „in versilberbare Fasern auf, welche der Auflösung verfallen können" (S. 355). Er bestätigt damit die Befunde von Neumann, lehnt nur dessen Annahme einer primären Faserquellung ab und stützt sich hierbei auf die Anschauungen von Schade (1926) über das Verhalten der kollagenen Fasern und ihrer Grundsubstanz bei Verschiebung der Wasserstoffionenkonzentration und über eine damit einhergehende „Dyskolloidität". Unter Hinweis auf die Abhängigkeit aller Bindegewebsfärbungen von den „Unterschieden der Dichte der Gewebe und der Diffusionsfähigkeit der Farbstoffe und ihrem beiderseitigen Haftvermögen" schließt er, daß die Zusammensinterung und fibrinartige Färbbarkeit ausschließlich auf einer Veränderung des kollagenen Bindegewebes im Sinne einer möglicherweise bis zur Gerinnung fortschreitenden Entquellung beruhen kann" (S. 358). Als zweite Entstehungsmöglichkeit nimmt Bahrmann „eine innige Durchtränkung der Bindegewebsfasern mit einer löslichen Vorstufe des Fibrins nach Art des Fibrinogens" an, wie es Neumann postulierte. Bahrmann betrachtet und deutet in Verfolg seiner Befunde die Funktion des Fibrins als Filter, Adsorptionsfläche (auch für Antigene), Gewebsgrenze in seiner engen Beziehung zum Bindegewebe.

Nachdem Schosnig schon 1932 das Auftreten von Fibrinoid bei „Rheumatismus und anderen Entzündungen", Wu (1937) bei unspezifischer mechanischer Gewebsschädigung beschrieb, Doljanski und Roulet (1933) spezielle Untersuchungen über Faserbildung und Grundsubstanz des Bindegewebes anstellten, wurden im neuen amerikanischen Schrifttum wichtige Untersuchungsergebnisse mitgeteilt, die einmal nach Klemperer, Pollak und Baehr (1941/42) sowie Klemperer (1947) das Auftreten des Fibrinoids als „Disease of the collagen system“ am Beispiel des disseminierten Lupus erythematodes und des diffusen Skleroderms als unspezifische Reaktion auf Grund chemischer und physikalischer Eigenschaften bei Änderung der „hematoparenchymal permeability“ darlegen. Zum andern liegen gleich wichtige Untersuchungen vor über Gewebspermeabilität sowie die Beeinflussung der intercellulären Dichtigkeit durch den „spreading factor“ und dessen Beziehungen zur Hyaluronidase von: DURAN-REYNALS (1942), K. MEYER (1947), CLARK und CLARK (1933), BENSLEY (1934), CHAIN und DUTHIE (1940), McCLEAN (1930), J. M. WIAME (1947), E. G. KELLEY und E. G. MILLER (1935), G. B. WISLOCKI, H. BUNTING und E. W. DEMPSEY (1947), E. W. DEMPSEY, H. BUNTING, M. SINGER und G. B. WISLOCKI (1947), L. MICHAELIS and S. GRANICK (1945). Demzufolge wird angenommen, daß „die amorphe Grundsubstanz des Bindegewebes eine Gel-artige Struktur hat infolge ihres Gehaltes an Mucopolysacchariden“ (ALTSHULER und ANGEVINE 1949). Hyaluronsäure kann in saurem Milieu mit Protein reagieren und Co-Präcipitate oder Co-Acervate bilden. Alkalische Hyaluronsäure erzeugt hingegen Schwellung. Dieselben Charakteristika weisen die sauren Mucopolysaccharide auf nach Maßgabe der Höhe ihrer Polymerisation. Auch die Fähigkeit, Metachromasie hervorzurufen, hängt hiervon ab. — ALTSHULER und ANGEVINE (1949) haben Untersuchungen mit der Leukofuchsin-, FEULGEN-Methode, SAKAGUCHI-Reaktion und Hyaluronidasebestimmung an verschiedensten Organen mit fibrinoider Degeneration angestellt. Ihre Schlüsse waren folgende: ”The occurence of fibrinoid or equivalents ... would seem to rule out collagen, reticulum, elastin or muscle as invariable components. ... If a basic protein is the precipitant, as would be suggested, it is quite conceivable that the necrosis of collagen, elastin or muscle, or the liberation of a basic toxin, might give rise to this substance” (S. 1071). Fibrinoide Veränderung kann auch ohne vorangehende Metachromasie eintreten. Bei Metachromasie läßt sich vermehrter Gehalt an sauren Mucopolysacchariden nachweisen, so auch bei dem „mucinous edema of *Talalajew*“.

WOLPERS (1949) konnte bei elektronenmikroskopischer Untersuchung der kollagenen Fasern bei deren Zerfall das Auftreten von Schleim beobachten. Er stellte zwei Stadien der Querstreifung fest, bei Nekrose das Lamellenstadium. Von Bedeutung ist das Verhalten der Kollagenstreifung bei Quellungszuständen durch Säure oder Alkali. Er fand als reversible Zustandsänderungen eine Verbreiterung mit Verkürzung der Querstreifensegmente oder Schwund derselben. Bei der Prüfung von „fibrinoiden Verquellungen oder Degenerationen“ beim Arthus-Phänomen und rheumatischen Knötchen sah er hingegen praktisch unveränderte Kollagenfasern mit erhaltener Querstreifung im Scheibenstadium, aber Verklebung der Fasern durch Fibrin. Er möchte darum die Bezeichnung „fibrinoide Degeneration“ ersetzt wissen durch „fibrinoide Verklebung“.

Dieser Entwicklungsgang der Auffassungen von Art und Auftreten des Fibrinoids seit der Konzeption von ROKITANSKY und den ersten, früher so viel angegriffenen Untersuchungen von NEUMANN bis zur chemischen Analyse und einer echten Grundlagenforschung durch die amerikanischen Autoren bildet die Basis aller heutigen Diskussion und Kritik über das Vorkommen von Fibrinoid bei Erkrankungen der Herzklappen. Die älteren deutschen und die zahlreichen neuen amerikanischen Arbeiten zeigen eine weite Verbreitung dieser Substanz bei sehr heterogenen Erkrankungen und Organen an. Das Auftreten bei der Endocarditis ist also in keiner Weise der Ausdruck einer bestimmten Art der Schädigung oder Entzündung des Herzklappengewebes allein. Da aber die Herzklappe zum „kollagenen System“ gehört, ist das Fibrinoid in weiterem Sinne ein Charakteristikum der Herzklappenerkrankung. Da es ferner seit alters her immer nur bei unzweifelhaften „Entzündungen“ der Herzklappen beschrieben und gefunden wurde, müssen wir sein Vorkommen als Kriterium einer „entzündlichen“ Erkrankung und nicht als degenerativen Vorgang werten. Die Bezeichnung „fibrinoide Degeneration“ wird den neuen Grundlagen nicht mehr gerecht, wie schon W. W. MEYER (1949) hervorhebt. Auch die Bestimmung als „fibrinoide Nekrose“ entspricht nicht dem Ergebnis einer „Präcipitation der kollagenen Grundsubstanz“. Wir neigen darum mehr dazu, von einer präcipitierenden Entzündung des Mesenchyms und entsprechend der besonderen und charakteristischen Erscheinungsform von einer „fibrinösen Entzündung“ des Bindegewebes der Herzklappe zu sprechen.

Wie der Name, so sind Ort und Art des Auftretens von Fibrinoid eng verbunden mit dem Vorkommen echten Fibrins. Eine gesonderte Darstellung der

„interstitiellen fibrinösen Entzündung" der Herzklappe ist darum nicht durchführbar, wie wir zunächst geplant hatten. Schon der kurze historische Überblick der Befunde über das Fibrinoid läßt die Zusammengehörigkeit und das gemeinschaftliche oder voneinander abhängige Auftreten deutlich werden. Jedoch ist erst in neuerer Zeit das Vorkommen von „interstitiellem Fibrin" als Charakteristikum einer abgrenzbaren Entzündung des Bindegewebes herausgearbeitet und gewürdigt worden. In Verfolg der „serösen Entzündung" von RÖSSLE (1933) hat W. W. MEYER (1949) neue Untersuchungen vorgelegt über die entzündlichen Vorgänge der Aortenwand bei der Arteriosklerose. Nachdem schon BREDT (1932) und HOLLE (1940) ganz gleichartige Befunde erheben konnten, hat W. W. MEYER (1947/49) in seinen Untersuchungen zur Arteriosklerose als „ständige Begleiterscheinung der ödematösen Durchtränkung der Polster ... Fibrinablagerungen

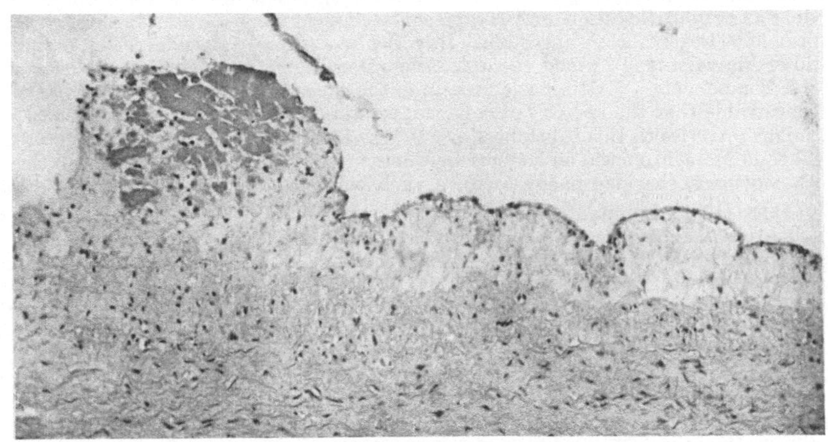

Abb. 10. Aortenklappe. 34 J., ♂ (E. ulcero-polyposa). Ausgeprägte warzenförmige seröse Entzündung. Die kleinen Warzen auf der rechten Seite der Abbildung enthalten nur seröses Insudat bei intaktem Endothel. Die große Warze auf der linken Seite der Abbildung zeigt außerdem fibrinöses Insudat mit beginnendem Aufbruch an der Warzenoberfläche. Hier Endothelschwund. (100 ×.)

im Intimagewebe" festgestellt als „netzartige Ausfällungen ... zwischen auseinandergedrängten Bindegewebsfibrillen" (S. 285). In anderen Fällen bleibt jedoch die lichtungsnahe ödematös aufgelockerte Polsterschicht vollkommen frei von Fibrinausfällungen, und man trifft erst in den tiefer gelegenen Polsteranteilen Fibrinsterne um die absterbenden Intimazellen. Den gröberen Fibrinlagen begegnet man häufig erst an der Grenze des aufgelockerten Intimagewebes zu festeren Gewebsschichten (tiefere, hyaline Partien der Polster, Intima-Mediagrenze). Dieser Ausfällung des Fibrins an den „inneren Grenzflächen" geht eine Stauung der Ödemflüssigkeit voraus, die in die Gefäßwand vorgedrungen ist und durch die festen Gewebsmembranen der tieferen Gefäßwand aufgehalten wird" (S. 284). Aus diesen Ausfällungen entstehen durch mechanische Beanspruchung „kompakte hyaline Gerinnsel". In kritischer Würdigung früherer Untersucher und der eigenen Befunde lehnt er das Vorkommen einer fibrinoiden Degeneration und Nekrose ab. Cellulärer Abbau, Auflösung des Fibrins mit Hohlraumbildung als Vorgang parenteraler Verdauung folgen. Auftreten und Wandel dieses „fibrinösen Insudates" faßt er als „interstitielle fibrinöse Entzündung" auf und als „eine schwerere Stufe der serösen interstitiellen Entzündung RÖSSLEs". Vorbedingung hierfür ist eine „Dysorie" (SCHÜRMANN), eine „Permeabilitätsstörung" (EPPINGER), die er als „Blutplasmaphorese" (W. W. MEYER) bezeichnet. Er läßt hierbei offen, wieweit als Ursache eine primäre Störung der Blutgewebsschranke oder eine „gewebsfeindliche Wirkung des Blutplasmas" eine Rolle spielen.

Unsere *eigenen Untersuchungen* an Herzklappen haben uns zunächst gelehrt, daß der färberische Nachweis von echtem Fibrin in altem, formalinfixiertem

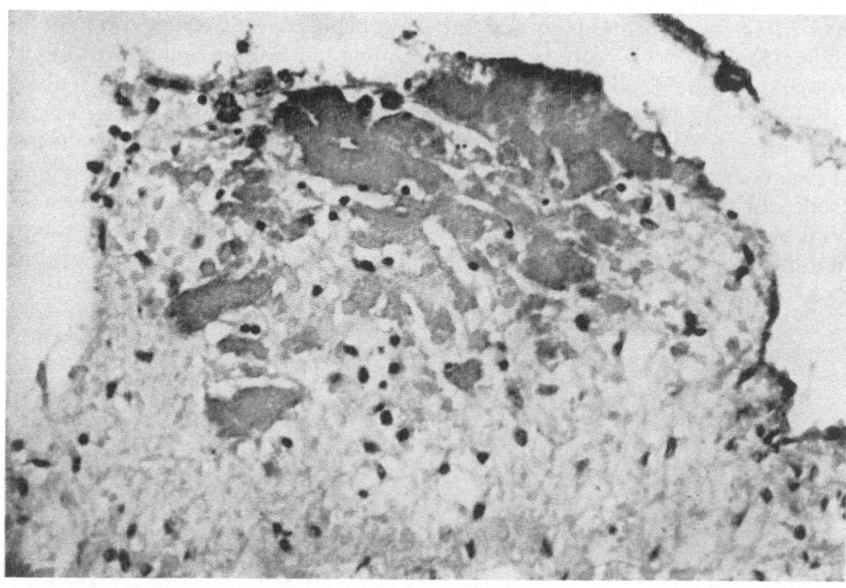

Abb. 11. Starke Vergrößerung der großen Warze von Abb. 10. Das seröse Insudat mit Kern- und Faserschwund ist in der Tiefe und an den beiden Seiten der Warze deutlich erkennbar. Die dunklen Flecken im Zentrum der Warze stellen das Fibrin dar. (270 ×.)

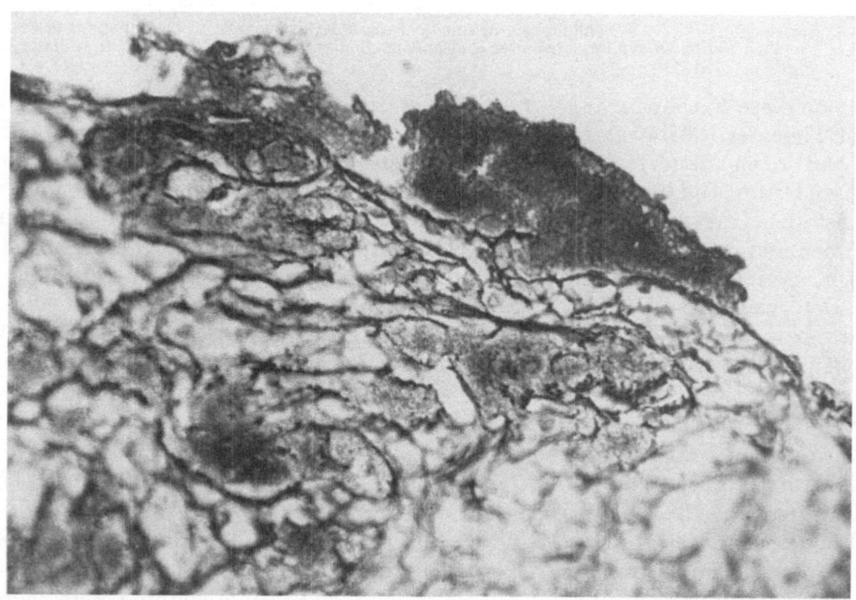

Abb. 12. Stärkere Vergrößerung des Teilausschnittes der großen sero-fibrinösen Warze bei Silberfärbung. Dunkelgefärbt sind die Fibrinmassen. Der Aufbruch an der Warzenoberfläche mit Fibrinaustritt ist deutlich erkennbar. (440 ×.)

Material nicht oder nur teilweise, bei frischem, mit streng neutralisiertem Formol kurzfristig behandeltem Material dagegen in hohem Ausmaß gelingt. Die färberische Ausbeute wird noch besser, wenn die Organstücke nach Formolbehandlung mit 1%igem Natriumcarbonat behandelt werden. Bei diesen technischen Vorsichtsmaßnahmen und Regeln lassen sich Farbunterschiede beobachten, die auf das Alter der Fibrinablagerung im Gewebe bezogen werden können. Ist es doch die Regel, daß wir stets bei einer beginnenden interstitiellen Ausfällung bei Azan-Färbung leuchtend rote Farbtöne und eine homogene Beschaffenheit der Ausfällung sehen. Erst bei größeren, kompakteren oder flächenhaften und offensichtlich älteren Ausfällungen, erst bei gleichzeitigen Untergangserscheinungen von kollagenen Fasern oder reaktiver Histiocytenwucherung treten gemischte Farbtöne in Erscheinung. Die Azan-Färbung zeigt dann ein schmutziges Rot oder ein Violett. Damit verbunden ist meist eine leicht körnige oder wolkige Beschaffenheit der Ausfällung. Liegen beispielsweise größere Fibrinwarzen vor, so

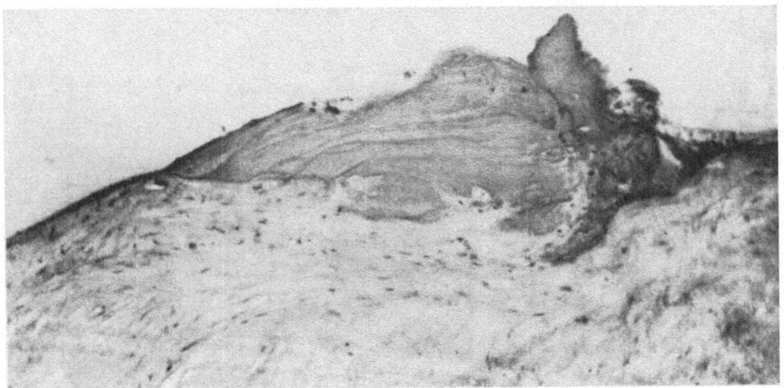

Abb. 13. Aortenklappe. 35 J., ♀ (Schilddrüsencarcinom). Reine Fibrinwarze mit teilweise erhaltenem Endothel ohne jede Zellreaktion an der Basis bei alter abgelaufener Endocarditis verrucosa rheumatica. (86 ×.)

beginnen diese Farbänderungen mit Verlust der Homogenität stets im Innern und in der Tiefe der Fibrinwarze. Wir pflichten damit W. W. Meyer bei und nehmen an, daß nach dem färberischen Verhalten diagnostiziertes und bestimmtes Fibrinoid zum Teil degeneriertes Fibrin darstellt. Als zweiter bestimmender Einfluß ist der Untergang der Kollagensubstanz zu nennen, der sich histologisch erkennen und nachweisen läßt. Bei weitgehend erhaltener Struktur der kollagenen Fasern, zwischen denen eine Ausfällung erst beginnt, haben wir Fibrinoid nie gefunden, wohl aber immer bei Entkollagenisierung. Es scheint dann eine Mischung bzw. gegenseitige Durchtränkung von Fibrin mit gelöstem Kollagen vorzuliegen. Wir müssen darum nach dem histologischen Verhalten wie schon Bahrmann (1937) zwei verschiedene Arten der Fibrinoidentstehung annehmen. Aber es gibt deren noch mehr. Finden wir doch gleiches färberisches Verhalten und gleiche optische Veränderung an der Oberfläche von Fibrinwarzen bei Abscheidung, Auflagerung und Durchmischung mit Thrombocyten, ferner mit Bakterien ebenfalls an der Oberfläche von warzigem oder flächenhaftem Fibrin.

Ehe wir hier fortfahren, müssen wir die Lokalisation der Fibrinabscheidungen an der Herzklappe anführen. Ebenso wie bei der „serösen Entzündung" sehen wir eine Bevorzugung des Subendothels, in dem die Fibrinausfällung stets beginnt. Ebenso wie dort beobachten wir warzenartige und flächenhafte bzw. beetartige Fibrinablagerungen in dieser oberflächlichen Gewebsschicht. Das Klappenendothel ist in beginnenden Fällen stets vorhanden und erhalten, so daß die „innergewebliche" Ausfällung als „Insudat" (W. W. Meyer) eindeutig sicherzustellen ist. Es läßt sich ferner beweisen, daß sich die Fibrinwarzen aus umschriebenen Fibrinbeeten entwickeln, wenn sich diese nach der Oberfläche zu — wohl zufolge des Insudatdrucks — vorwölben und schließlich unter Zerreißung des deckenden Endothels bersten können. Nach der Tiefe zu drängt das fibrinöse Insudat die kollagenen oder elastischen Fasern auseinander und liegt wie in einem Maschenwerk. So kann eine unregelmäßige Abgrenzung der Fibrinausfällung

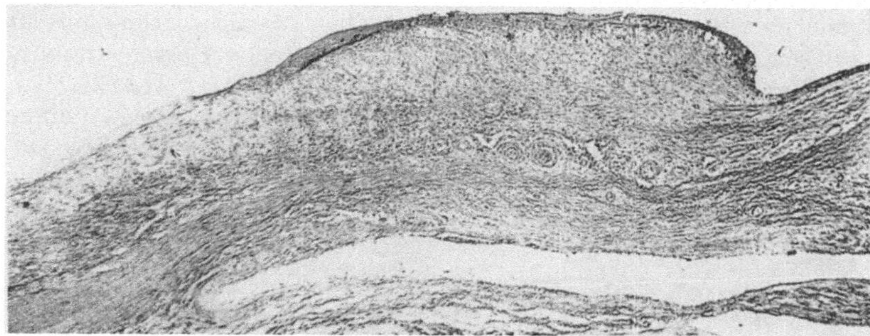

Abb. 14. Tricuspidalis. 34 J., ♂ (Rheumatismus). Flächenhafte seröse Entzündung mit flächenhaftem fibrinösem Insudat an der Oberfläche. Erst beginnende Palisadenstellung der Histiocyten. Als Zeichen der rezidivierenden Erkrankung finden sich in der Tiefe unter dem Polster zahlreiche dickwandige Gefäße. Unmittelbar darunter die aufgesplitterte ehemalige elastische Lamelle. Nach ihrer Lage (Gefäße und Lamelle) kann man die ehemalige Klappenoberfläche rekonstruieren. (30 ×.)

nach der Tiefe zu oder bei Erhaltensein der elastischen Lamelle eine scharfe Begrenzung vorliegen. Wenn auch eine Bevorzugung von Klappenrand und Schließungsrand erkennbar ist, so deckt doch eingehende Untersuchung auf, daß solche fibrinöse Entzündung an jeder Stelle der Ober- und Unterfläche der Herzklappe,

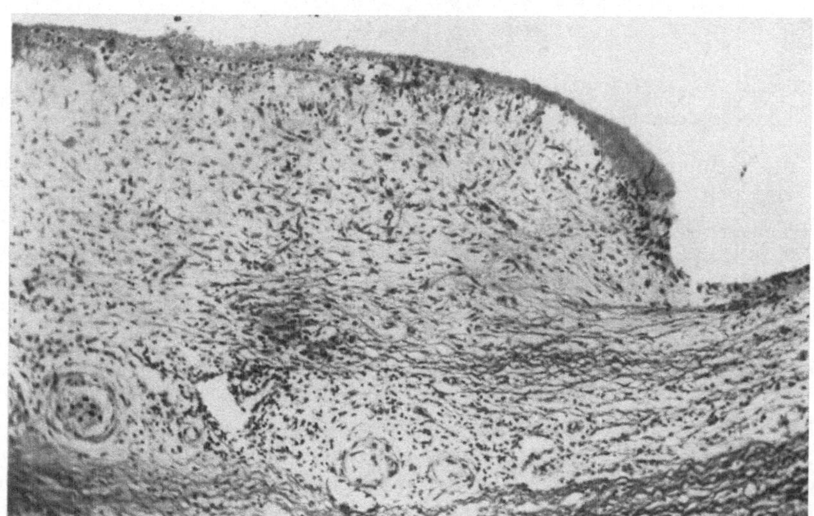

Abb. 15. Teilausschnitt von Abb. 14 bei starker Vergrößerung. Flächenhafter Endotheldefekt an der Oberfläche. Fibrinablagerung teils amorph, teils in dünnen Streifen und Fäden zwischen den Histiocyten unter der Oberfläche. (86 ×.)

auch der Sehnenfäden, auftreten kann. In der subendokardialen Klappenschicht haben wir Fibrin nur bei Aufsplitterung oder Schwund der elastischen Fasern, in der fibrösen Grundschicht haben wir Fibrin nie nachweisen können.

Die örtlichen Beziehungen zwischen „seröser Entzündung“ und „fibrinöser Entzündung“ sind sehr auffallend und eindrucksvoll (Abb. 10—12, 14, 15). Ein

Nebeneinander beider Entzündungsformen in ein und demselben Klappenabschnitt haben wir vielfach beobachtet und eine Ausfällung von Fibrin innerhalb seröser Warzen oder flächenhafter seröser Aufquellungen nachweisen können. Nach unseren bisherigen Befunden gibt es aber auch Fibrinwarzen und Fibrinbeete im Subendothel, die ohne das Zwischenstadium einer serösen Entzündung vorkommen (Abb. 13, 16).

Vergleichen wir nun rückblickend die Angaben des Schrifttums mit unseren mikroskopischen Ergebnissen, so besteht eine auffallende Übereinstimmung mit den alten Beschreibungen von NEUMANN und RIBBERT an Herzklappen, von BREDT, HOLLE und W. W. MEYER an Gefäßen (Aorta und Arteria pulmonalis). Wir erkennen nur bei den ersteren einen Unterschied der Deutung. Diese Differenz

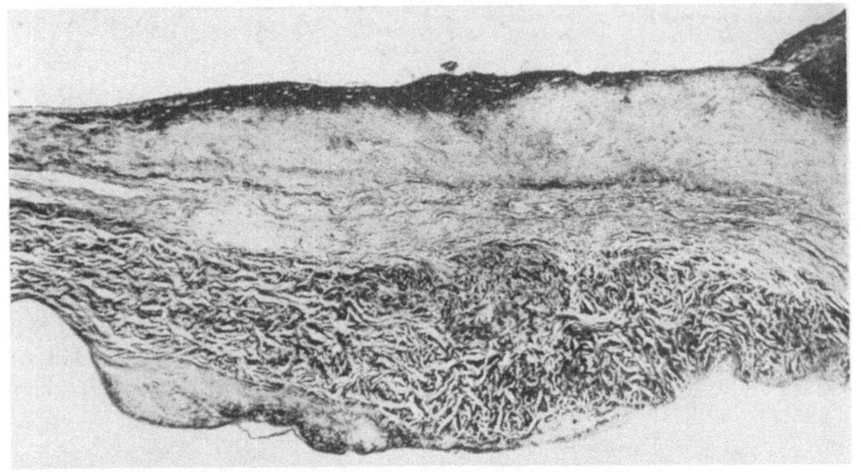

Abb. 16. Mitralis. 76 J., ♂ (Essentielle Hypertonie). Flächenhafte Fibrinablagerung unter der Klappenoberfläche mit und ohne Endotheldefekt. An der Klappenunterfläche warzenartige seröse Entzündung mit beginnendem fibrinösem Insudat. Fibrin dunkel oder schwarz gefärbt. (30 ×.)

scheint uns jedoch durch die Darlegungen von W. W. MEYER schon bereinigt, so daß wir auch für die Herzklappen das Auftreten eines fibrinösen „Insudats" als Steigerung seröser Durchtränkung und als „interstitielle fibrinöse Entzündung" auffassen müssen. Wir glauben auch die Meinungsverschiedenheit über Vorkommen und Wesen des „Fibrinoids" dahingehend geklärt, daß der primäre Vorgang immer eine innergewebliche Fibrinausfällung ist, die allein oder in Gemeinschaft mit anderen eingeschwemmten Bestandteilen des Blutplasmas: Proteinen, Lipoiden und pathogenen Substanzen wie Bakterientoxinen oder sonstigen Giften eine frühzeitige Änderung erfahren mag. Andererseits ist eine ganz ähnliche Beeinflussung des eingeströmten Fibrinogens und ausgefällten Fibrins von seiten des vorher veränderten Klappengewebes (z. B. seröse Entzündung, Fibrose, Hyalinose usw.) wie auch des durch das fibrinöse Insudat sich verändernden Klappengewebes nicht nur theoretisch möglich, sondern gegeben. Wie schon in früherer Besprechung der serösen Herzklappenentzündung [BÖHMIG: 11 (1950)], so legen wir auch hier besonderen Wert auf die Anerkennung der *beiden* Einflußsphären: Blut und Gewebe und ihrer Gleichwertigkeit. Aus dieser Überlegung und Gegebenheit möchten wir auch einen Teil der Ergebnisse von ALTSHULER und ANGEVINE aus dem Formenkreis der interstitiellen fibrinösen Entzündung herausnehmen. Denn — nach dem oben angeführten Zitat — Nekrose von Kollagen und Elastin muß nicht Ursache einer innergeweblichen Fibrinausfällung sein, wie unsere Befunde bei seröser Entzündung der Herzklappe beweisen.

Nekrose von Kollagen und Elastin kann aber Anlaß zur Abwandlung von Fibrin in Fibrinoid sein. Wohl aber erweisen die Befunde von ALTSHULER und ANGEVINE die Bedeutung innergeweblicher Veränderungen und Einflüsse und sind bezüglich der Allgemeingültigkeit für alles kollagene Gewebe wie bezüglich des Aspektes innergeweblicher Präcipitatbildungen zukunftsweisend. Dann wird auch die Behelfsbezeichnung „Fibrinoid“ nicht nur ihre Überbewertung verlieren, sondern überhaupt verschwinden.

3. Entzündung mit Wärzchenbildung.

So alt die Bezeichnung oder Begriffsbestimmung einer Endocarditis verrucosa ist, eine reinliche Scheidung zwischen Warzenbildung als *Gewebs*veränderung und solcher als *Abscheidungs*vorgang aus dem Blut ist im Schrifttum des In- und Auslandes bis heute nicht durchgeführt worden. In den deutschen Lehrbüchern der speziellen pathologischen Anatomie ist vielmehr einmütig die Anschauung vertreten, daß die Bildung der Wärzchen durch Abscheidungsthrombose zustande kommt (RIBBERT, KAUFMANN, ASCHOFF, DIETRICH, HUECK, HAMPERL). Hiervon macht nur KLINGE eine Ausnahme in seiner monographischen Darstellung der rheumatischen Endocarditis (s. unten). Die Entstehung solcher warzenartiger Thrombosen wird geschildert als primärer Vorgang mit nachfolgender Schädigung des Klappenendothels (KAUFMANN) oder als sekundärer Prozeß nach vorangegangener Endothelschädigung (RIBBERT, ASCHOFF, DIETRICH, HUECK, HAMPERL). Bei der Angabe der morphologischen Bestandteile dieser thrombotischen Warzen betonen die einen das Vorhandensein von Blutplättchen (ASCHOFF), die andern von Fibrin (DIETRICH) oder homogenen Massen (RIBBERT). Bei längerem Bestehen erfolgt dann Organisation. Unterschiedlich ist dagegen die Darstellung des Verhaltens der oberflächlichen Klappenschichten. KAUFMANN (1922) und HUECK (1937) beschreiben Nekrose, RIBBERT (1924) teils scharfe Grenze zwischen Abscheidung und Gewebe, teils ein Einsenken und Einpressen in das Gewebe. ASCHOFF (1936) hebt bei den Thromben hervor: Sie „liegen der vom Endothel entblößten, gequollenen, mehr oder weniger homogenisierten, oberflächlichen Schicht des Klappengewebes direkt auf“ (S. 20). Nach HAMPERL (1942) bilden sich zunächst typische ASCHOFFsche Knötchen in der Grundsubstanz der Klappe, dann folgt ein Einreißen des Endothels und letztlich Thrombenbildung. KRISCHNER (1927) erwähnt bei der Endocarditis simplex seu verrucosa die Warzenbasis nur bei stark verdickten und vascularisierten Klappen und beobachtete hier homogene, nach VAN GIESON gelb gefärbte Massen ohne Fibrinreaktion. Bei Fällen mit Organisation der Auflagerungen bemerkt er: „So kamen Bilder zustande, die den Anschein erweckten, als dränge die Auflagerung in das Klappengewebe ein“ (S. 555). Bei der Endocarditis rheumatica schildert er Zellwucherung und Klappenverdickung. — Erst KLINGE (1933) beschreibt im akuten Stadium der rheumatischen Klappenerkrankung „herd- und streifenförmige (fibrinoide! Ref.) Verquellungen des Klappengewebes“ unter dem Endothel, „zugleich Ödem und eine Durchsetzung mit Wanderzellen“. „Darauf können sich aus dem Blut stammende Wärzchen abscheiden oder nicht. Allein die Quellung (fibrinoide! Ref.) kann aber auch ganz aus sich zur Wärzchenbildung führen (Abb. 13, 14)“ (S. 48/50). Er hebt dabei hervor, es seien die „Wärzchen aus Thromben nicht so bedeutungsvoll . . . wie die entzündliche Schädigung des Klappengewebes selbst“ (S. 51). Aus diesen Beobachtungen zieht er den Schluß, daß

„1. Wärzchenbildung durch Auflagerung von thrombotischen Massen an . . . geschädigter Klappenstelle“ und

„2. Wärzchenbildung . . .“ durch „ödematöse, schleimige, hyaline, fibrinoide“ Umwandlung des Klappengewebes, die „buckelförmig das Endothel vortreibt“, in dieser klassischen Form „nur Ausnahmen sind", daß eine scharfe Unterscheidung der rheumatischen von anderen Endokarditiden „ein Trugschluß ist". Er weist darauf hin, daß unter den thrombotischen Auflagerungen bakterieller Endokarditiden „auch kleine, umschriebene Schädigungen im subendothelialen Klappengewebe zu sehen sind, die völlig denen bei rheumatischer Endokarditis gleichen". „Es handelt sich nicht um wesensverschiedene, sondern um den *Grad* der Schädigung nach voneinander abweichenden Formen der Klappenentzündung."

Aus dieser kurzen Wiedergabe geht hervor, daß nach der noch heute gültigen Lehrmeinung das morphologische Hauptelement der wärzchenbildenden Entzündung der Abscheidungsthrombus des Blutes darstellt, daß nur KLINGE neben diesem eine Umwandlung des Klappengewebes als zweite Erscheinungsform stellt. Dabei wird in den Lehrbüchern meist nur von „Abscheidungen" gesprochen ohne genaue Angabe, welcher Art dieselben seien. Erst nach Anführung der sekundären Organisationsvorgänge werden in diesen Darstellungen „strukturlose zusammengesinterte Massen" und „neuer Endothelüberzug" (DIETRICH), „hyaline Umwandlung" (ASCHOFF), „feinkrümelige, nach VAN GIESON gelb bis leicht bräunlichgelb gefärbte Massen" (KRISCHNER), „homogeneous hyaline vegetation" (MAC CALLUM) als Substanz der Warzen beschrieben. Es ist ferner auffällig, daß dieselben Angaben vorliegen bei der Schilderung der Endocarditis simplex, sofern diese von der rheumatischen getrennt wird. Nur HUECK charakterisiert die Endocarditis simplex unterschiedlich von der rheumatischen als: „Lockerung des Gewebsgefüges ... und fibrinoid-hyaline Degeneration der Grundsubstanz ...", „oft ohne thrombotische Abscheidungen". Es ist dieselbe Form, die KLINGE als 2. Warzentyp beschrieben hat. Es hat jedoch schon RIBBERT (S. 215) auf die unterschiedliche und geringe Färbbarkeit dieser Thrombensubstanz hingewiesen, besonders der „flachen, bandartigen Beläge", der „homogenen bandförmigen Gerinnungsmassen". Er schreibt: „Danach bestehen die Thromben teils aus deutlich ausgeprägtem Fibrin, teils aus körnig-homogenen Massen, die entweder, was sich meist nicht mehr erkennen läßt, aus dicht zusammengesinterten Blutplättchen bestehen oder ein etwas anderes Eiweißausfällungsprodukt darstellen als das typische Fibrin, aber mit diesem innig verschmolzen sind" (S. 216).

Die *Morphogenese* der Entzündung mit Wärzchenbildung ist auf Grund unserer eigenen Untersuchungen nur zu verstehen in Zusammenhang mit der Morphogenese einer serösen und einer fibrinösen Entzündung, die wir in den vorangehenden Abschnitten darzustellen uns bemühten. Vorgreifend den Angaben über Häufigkeit und Lebensalter der Träger einer „serösen Endokarditis" im speziellen Teil dieser Abhandlung (Abschn. C, I, 1, S. 108), haben unsere Befunde dargetan, daß eine seröse Entzündung zeitlich allen sonstigen Entzündungsformen der Herzklappen — und nicht nur dieses Organs! — vorangeht. Neben flächenhafter Ausbildung gibt es auch eine umschriebene warzenartige seröse Endokarditis (BÖHMIG: 12, Abb. 6—8). Diese „serösen Warzen" entwickeln sich aus dem Subendothel der Herzklappe an Ober- und Unterfläche der Segelklappen bzw. Kammer- und Sinusfläche der Taschenklappen. Wie mein Mitarbeiter BEISCH (1950) nachweisen konnte, kann zu dem serösen „Insudat" (MEYER) ein fibrinöses „Insudat" hinzutreten, so daß die „serofibrinöse Warze" unter dem Druck des „Insudates" an der Oberfläche aufbricht und die amorphen Fibrinmassen wie eine Rauchfahne in Pilzform vorquellen und nun die von allen angeführten Voruntersuchern beschriebenen „homogenen, strukturlosen, zusammengesinterten Gerinnungsmassen oder Abscheidungen" bilden, die bisher als die „eigentlichen" Warzen beschrieben wurden (s. Abb. 10—13). Allerdings haben wir diesen Übergang, die Umwandlung einer umschriebenen oberflächlichen warzenartigen serösen Endokarditis in eine aufgepfropfte umschriebene oberflächliche warzenartige fibrinöse Endokarditis bei Kleinkindern und Jugendlichen nie beobachten können. BEISCH und wir selbst haben sie aber bei Erwachsenen bei typischer Endocarditis verrucosa rheumatica und bei Kombinationsfällen von alter vernarbender Endocarditis rheumatica mit chronischer bakterieller Endokarditis gefunden und beschrieben [BEISCH, (1950)]. Das ist die *eine* Entstehungsart und -form der endokarditischen Warze: die Kombination von lokaler seröser Durchtränkung als primärem und lokaler fibrinöser Durchtränkung und Ausfällung als sekundärem Vorgang. Theoretisch ist ein synchrones Auftreten ebenfalls gegeben. Die Beobachtung von RIBBERT entspricht ganz unseren Befunden, nur seine Deutung, daß die Veränderung der „Zwischensubstanz" der oberflächlichen „Abscheidung" nachfolgt, entspricht nicht unseren Ergebnissen. Der Beginn ist stets *in* das Klappengewebe, subendothelial — wie auch KLINGE eigentlich hervorhebt (S. 48) — zu verlegen.

Die 2. Entstehungsform der Warzen haben BEISCH und *wir* bei Herzklappen gefunden, die durch vorangegangene Entzündungen eine Vernarbung und Sklerosierung im betreffenden Klappenabschnitt erlitten haben mit Hyalinose und Schwund der elastischen Fasern, so daß die Klappenschichten zu einem einzigen hyalinen Gewebe verschmolzen sind. In solchen Fällen fehlt ein erkennbares und abgrenzbares Subendothel. Trotzdem kann es auch hier zu einer allerdings seltenen, umschriebenen Ödembildung oder serösen Entzündung unter dem Endothel und — häufiger — ohne dieses Vorstadium direkt zu einer umschriebenen warzenartigen fibrinösen Entzündung kommen (Abb. 13). Wir finden dann unter dem vorgebuckelten, noch vorhandenen oder schon geborstenen Endothel amorphe Fibrinmassen, die nach der Tiefe zu durch zellarmes hyalines Bindegewebe scharf abgegrenzt sind. Hier ist eine vorangegangene oder noch bestehende „seröse" Warzenbildung nicht erkennbar.

Die Entzündung mit Wärzchenbildung der Herzklappen erweist sich auf Grund unserer eigenen Untersuchungen und der von BEISCH als „interstitielle" Entzündung des Klappengewebes selbst. Sie tritt in 3 Erscheinungsformen auf als

1. subendotheliale seröse Endokarditis,
2. subendotheliale fibrinöse Endokarditis,
3. subendotheliale serofibrinöse Endokarditis (Kombinationsform von 1 u. 2).

Das Hinzutreten einer angedeuteten oder nennenswerten Abscheidungsthrombose zu diesem primären Vorgang warzenartiger Reliefveränderung hat mit der eigentlichen Morphogenese der Wärzchen nichts zu tun.

4. Entzündung mit Abscheidungsthrombose.

Wir haben uns im vorangehenden Abschnitt bemüht um eine reinliche Scheidung der bislang miteinander vermischten Vorgänge von Wärzchenbildung und Abscheidungsthrombose an den Herzklappen. Wir können somit auf die zu Beginn des letzten Kapitels wiedergegebenen bisherigen Anschauungen über Thrombenbildung verweisen. Wir sehen, daß KLINGE als einziger eine Trennung beider Vorgänge durchführte. Es ist ferner hervorzuheben, daß von KAUFMANN und von HUECK allein bei der Endocarditis simplex das Fehlen einer selbst erst mikroskopisch erkennbaren Thrombose betont wird, von ASCHOFF diese dagegen als bestimmendes Merkmal in den Vordergrund gestellt wird, so daß er beide Erscheinungsformen der Herzklappenentzündung als „Thromboendocarditis" bezeichnet. Den Beschreibungen von HAMPERL, DIETRICH und BEITZKE ist zu entnehmen, daß sie das Vorhandensein einer Thrombose als „regelmäßig" ansehen. Das gilt bei den angeführten Autoren sowohl für Endocarditis verrucosa wie

Endocarditis ulcerosa seu polyposa. Mit Ausnahme von HUECK, der der Endocarditis simplex eine Sonderstellung zuweist, zeigen diese Lehrbuchdarstellungen

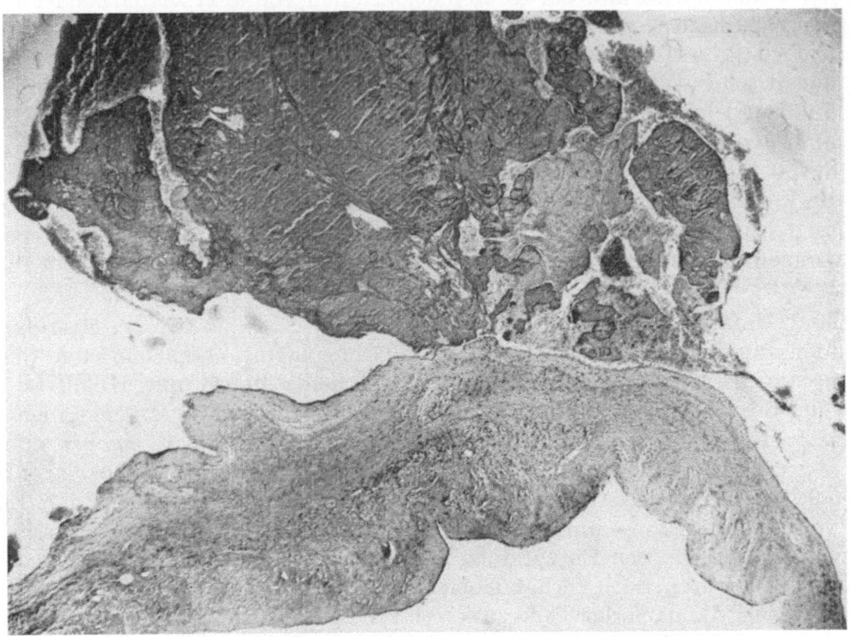

Abb. 17. Aortenklappe. 54 J., ♀ (Ovarialcarcinom). An der Klappenoberfläche verdicktes Subendothel mit flächenhafter seröser Entzündung und starker Basophilie. An Stelle des Endothels flächenhaftes fibrinöses Insudat in hauchdünner Lage, das in der Abbildung links außerhalb des großen Thrombus als dunkle Oberflächenbegrenzung der Klappe zu erkennen ist. Unmerklicher Übergang des fibrinösen Insudates in das Abscheidungsfibrin, das an der Oberfläche von Blutplättchen untermischt ist. (30 ×.)

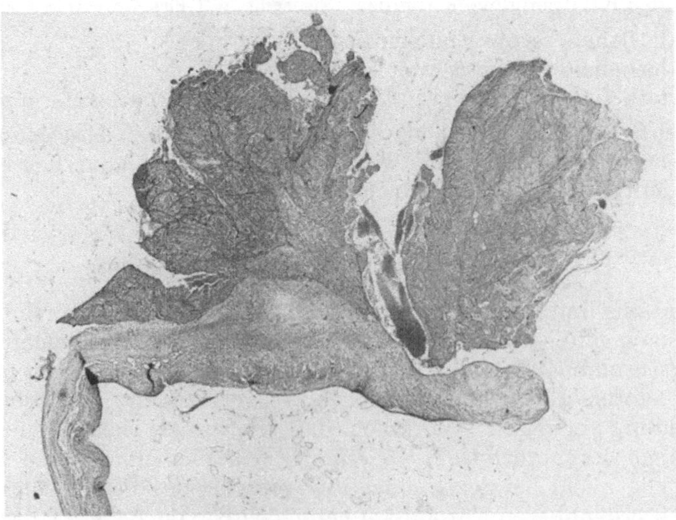

Abb. 18. Aortenklappe. 54 J., ♀ (Ovarialcarcinom). Typische Abscheidungsthrombose mit verästeltem Bau des Thrombus an der Oberfläche einer polsterartigen serösen Entzündung mit fortgeschrittenem Kernuntergang. Auch außerhalb der Thrombuswurzel seröse Entzündung des Subendothels mit beginnendem fibrinösem Insudat (rechts). Makroskopisch: E. chronica fibrosa recurrens. (11 ×.)

also bezüglich Art und Zusammensetzung der Thromben keine Unterschiede bei den verschiedenen Endokarditisformen. Nur ASCHOFF und BEITZKE fanden bei der Endocarditis verrucosa „vorwiegend“ Blutplättchen und wenig Fibrin, bei der polypösen Form „überwiegend“ Fibrin und „ganze Schwärme von roten und weißen Blutkörperchen“ (Beitzke). Wohl wegen der K gebotenenürze der Darstellung einerseits, wegen der wohl vorausgesetzten Gleichartigkeit dieser Klappenthrombose mit sonstiger Thrombenbildung in der Blutbahn andererseits, fehlen alle Angaben über den mikroskopischen Aufbau solcher Thromben. Allein Ribbert schildert eingehend bei der Endocarditis verrucosa das mikroskopische Bild: „Feinkörnige Substanz ... wechselnde Anordnung ... undeutlich fädig ... wellenförmige Anordnung von dunkleren Streifen und Bändern ... Zellfreiheit“, wechselnder Bestand an Leukocyten (S. 215). Erwähnt oder ebenso vorausgesetzt wird, daß diese Thromben bei der Endocarditis verrucosa simplex sive rheumatica bakterienfrei sind. Bei der Endocarditis ulcerosa sive polyposa wird dagegen der Einschluß von Bakterienrasen oder -massen hervorgehoben. Da in allen Darstellungen die Zerstörung des Klappengewebes bei der Endocarditis ulcerosa „durch die Einwirkung nachweisbarer Mikroorganismen“ (Aschoff) zustande kommt, ist das Vorhandensein von Bakterien in den Thrombenmassen in den Beschreibungen offensichtlich und gegeben. Nur Hueck schreibt, daß die Bakterien in polypösen Auflagerungen „zunächst noch nicht beweisen, daß diese Keime auch die Ursache dieses ganzen Vorganges waren“.

Wir müssen nach unseren Befunden dieser allgemeinen Lehrmeinung gegenüber mit Nachdruck hervorheben, daß jegliche Abscheidungsthrombose an den Herzklappen, gleichgültig welche Form der Endokarditis vorliegt, ein seltenes Ereignis ist, unabhängig auch von vorangegangenen umschriebenen Oberflächenveränderungen wie etwa Wärzchenbildung. Nur bei einem kleinen Prozentsatz der mehreren hundert Fälle selbst untersuchter entzündeter Herzklappen können wir eine Abscheidung von Blutplättchen oder Fibrin aus dem Blut an der Klappenoberfläche mit Sicherheit nachweisen oder wahrscheinlich machen (Abb. 17 u. 18). Ja, es gibt bei Endocarditis polyposa (Endocarditis lenta) zahlreiche Klappen und Excrescenzen *ohne* Abscheidungsthromben an der vielgestaltigen, zerklüfteten Oberfläche! Thrombenbildung ist also nicht einmal für die Endocarditis ulcerosa seu polyposa kennzeichnend, geschweige denn für die Endocarditis verrucosa charakteristisch. — Eine gewisse Einschränkung erfährt diese Darstellung bei der mikroskopischen Untersuchung zahlreicher Einzelstücke solcher Polypen. Dann entdeckt man immer wieder sog. Mikrothromben in Nischen oder Krypten aus zusammengeballten Erythrocyten, Leukocyten, Blutplättchen und Fibrin. Sie sind winzig und oft nur wie ein Schleier oder zeigen unmerkliche Übergänge zur Gewebsfläche oder dem aufgebrochenen fibrinösem Insudat. Die Einzelbestandteile solcher Mikrothromben wechseln außerordentlich nicht nur in jedem Fall, sondern an den verschiedenen Stellen einer polypösen Excrescenz.

Die Beziehung der Thromben zu den polypösen Vegetationen bei der ulcerösen Endokarditis müssen wir nochmals gesondert betrachten. In allen Darstellungen der Lehrbücher und auch bei Ribbert werden die polypösen Vegetationen als unregelmäßige und oft mächtige Thrombenmassen oder „Auflagerungen“ beschrieben, die in der *Folge* vorangegangener geschwüriger Klappendefekte entstehen. Zwar spricht Kaufmann von nur graduellen Unterschieden zur verrukösen Form. Aber er meint hierbei anscheinend nicht die Thromben. Aschoff hingegen betont bei den polypösen Massen „alle Übergänge zu dem Typus der Thromboendocarditis simplex“. Umschreibungen finden wir bei Hueck, wenn er von „polypösen Überlagerungen“ spricht, und bei Dietrich: Bei der polypösen Form „ist wohl das Klappengewebe in der Tiefe kernlos und zerfallen, aber darüber haben sich festere Massen gebildet ...“. Ribbert beschreibt „frühzeitige Veränderungen des Endokards von schmierigem, grünlichem Aussehen, durch dünne, mit Kokken reichlich durchsetzte weiche thrombotische Niederschläge bedingt“ (S. 224). Bei den schwereren Veränderungen spricht er ebenfalls nur von Niederschlägen und Thromben und beschreibt diese folgendermaßen: „Die Thromben bilden sehr vielgestaltige knollige, gelappte, höckerige, rundliche oder hammerförmige, eingekerbte und eingerissene, zuweilen mit schmaler Basis polypös aufsitzende, in den früheren Stadien stets weiche Massen.

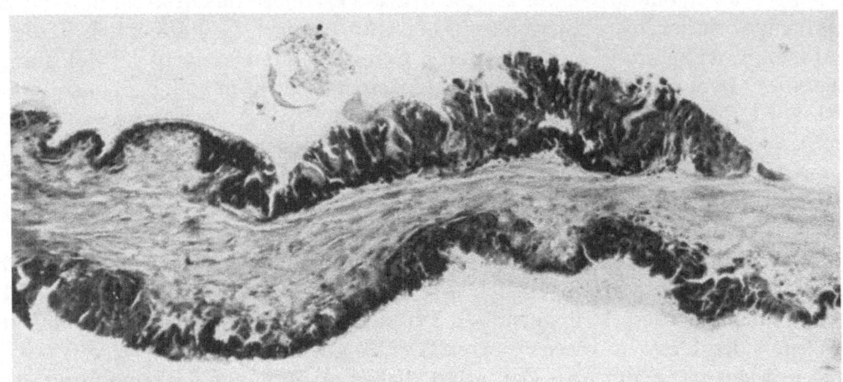

Abb. 19. Aortenklappe. 36 J., ♂ (E. ulcero-polyposa). Flächenhafte fibrinöse Entzündung an Ober- und Unterfläche einer polypösen Excrescenz. Azan-Färbung. (30 ×.)

Bei ihrer Konsistenz versteht man es, daß sie leicht in kleinen und größeren Partikeln abreißen und verschleppt werden können. Auch werden zuweilen große Thromben in ganzem Umfang abgelöst. Solche embolischen Vorgänge sind so naheliegend, daß man sich wundert, wenn sie nicht häufig oder regelmäßig gefunden werden“ (S. 225).

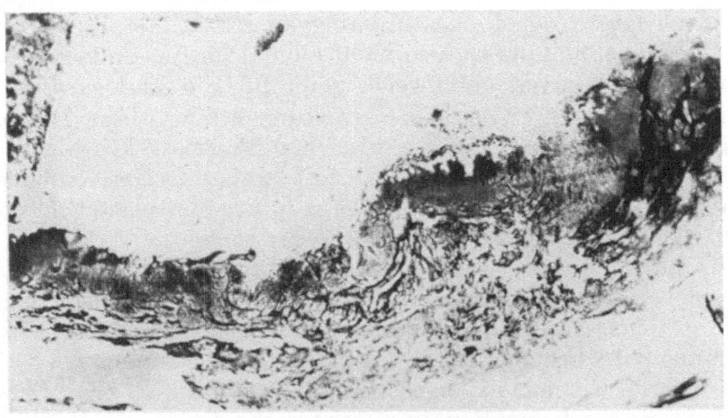

Abb. 20. Dasselbe Präparat wie Abb. 19 bei Silberfärbung. Man erkennt deutlich mit Lupe die Silberfibrillen und argentophilen Fasersysteme innerhalb des interstitiellen ausgefallenen Fibrins. (60 ×.)

Krischner hebt zunächst die Ähnlichkeit mit einer diphtherischen Pseudomembran mit dichtem Fibrinnetz hervor. Hiervon unterscheidet er: „Nächst dem Fibrin bestand die Hauptmasse der Auflagerung aus einem feinkörnigen Material, das sich nach van Gieson im Gegensatz zu dem mehr bräunlich gefärbten Fibrin mehr gelb färbte und sich im übrigen genau so verhielt wie die Blutplättchen, aus denen die Auflagerung bei der Endocarditis simplex bestand“ (S. 570).

Im Gegensatz zu dieser bisherigen Darstellung der polypösen Vegetationen als „thrombotische Auflagerungen und Niederschläge“ stehen nun unsere eigenen

Beobachtungen, die BEISCH bearbeitete. Er konnte im Widerspruch auch zu unserer eigenen früheren Auffassung nachweisen, daß die sog. „polypösen

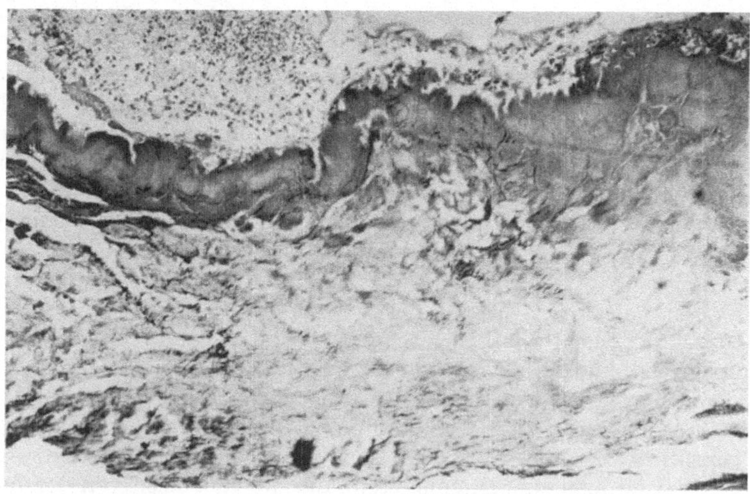

Abb. 21. Dasselbe Präparat wie Abb. 19 und 20 bei Elastica-Färbung. Aufgesplitterte elastische Fasern oder Bruchstücke derselben reichen bis in die Zone der Fibrinausfällung hinein. (90 ×.)

Auflagerungen“ nicht einer Abscheidungsthrombose ihre Entstehung verdanken, sondern abgerissenes Klappengewebe darstellen mit und ohne zusätzliche

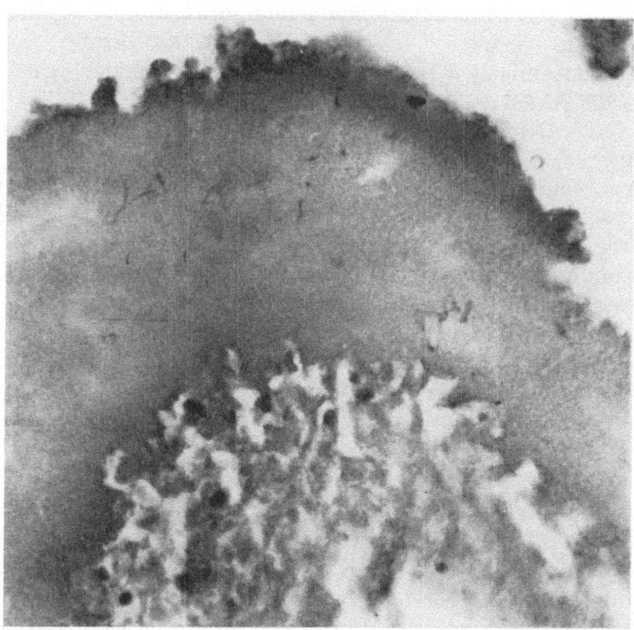

Abb. 22. Aortenklappe. 39 J., ♂ (E. ulcero-polyposa). Kein Thrombus, sondern interstitielle fibrinöse Entzündung im ehemaligen Subendothel eines Klappenpolypen mit noch Bruchstücken elastischer Fasern innerhalb des Fibrins. (500 ×.)

Thrombenbildung (Abb. 19—22). Er fand ebenso wie SUAREZ LOPEZ (1935) oft noch auf der Höhe bzw. am distalen Ende der Polypen Bruchstücke elastischer

Fasern oder sonstige Reste ehemaligen Klappengewebes. Danach erweisen sich die polypösen Thromben als primäre Gewebspolypen und echte Vegetationen im Sinne der guten alten Bezeichnung. Ihre unregelmäßige, oft vielgestaltige Oberfläche ist das Produkt neuer Fibrinwarzen und zusätzlicher Ulceration und nur zum geringsten Teil durch thrombotische Abscheidungen aus dem Blut bedingt. Das Stroma der Polypen setzt sich aus altem Klappengewebe und neugebildetem Granulationsgewebe zusammen, in dem alte Hyalinose und frische Nekrose oft nur bei Anwendung verschiedener Spezial- und Bindegewebsfärbungen unterscheidbar sind. Auf Grund dieser Ergebnisse hat die Bezeichnung „Thromboendokarditis" ihre Berechtigung verloren, ist die übliche Darstellung der embolischen Verschleppung thrombotischer Herzklappenauflagerungen endgültig zu korrigieren.

5. Ulceröse Entzündung.

Die Entstehung eines Klappengeschwüres setzt in allen bisherigen Darstellungen eine Besiedlung der Klappenoberfläche mit Bakterien voraus. Anfangsstadien einer solchen Geschwürsbildung wurden nicht gesondert beschrieben, weil sie dem Pathologen nicht zu Gesicht kommen. Schon aus der Wiedergabe der von den verschiedenen Autoren getroffenen Einteilung der Entzündungsformen geht hervor, daß im allgemeinen eine Trennung der ulcerösen von der polypösen Endokarditis nicht möglich erscheint wegen der Häufigkeit des gemeinschaftlichen Vorkommens. Die Vielgestaltigkeit von Ätiologie, anatomischer Erscheinungsform miteinander kombinierter Veränderungen und des klinischen Verlaufs lassen auch den alten Einteilungsversuch von Königer ungeeignet erscheinen, wie Ribbert dartut. Wir pflichten Ribbert ganz bei, wenn er sagt: „Aber wenn man, wie es in unserer Darstellung geschehen sollte, nur anatomische Merkmale zur Unterscheidung verwertet, dann stößt man auf große Schwierigkeiten" (S. 223). Diese anatomischen Schwierigkeiten bei der Endocarditis ulcerosa sind durch 3 Faktoren gekennzeichnet:

1. „Eine scharfe Grenze gegenüber der verrukösen Endokarditis gibt es freilich nicht" (Ribbert, S. 222).

2. Die morphologischen Substrate der Endocarditis verrucosa und der Endocarditis ulcerosa kommen häufig gleichzeitig an ein und derselben Herzklappe oder gleichzeitig an verschiedenen Herzklappensystemen desselben Herzens vor.

3. „Mit besonderer Vorliebe entwickelt sich die maligne Endokarditis auf schon pathologisch veränderten Klappen" (Ribbert, S. 223).

Zu *Punkt 1* haben sich gleichsinnig ausgesprochen: „nur graduelle Verschiedenheit" (Kaufmann), „alle Übergänge zu dem Typus der Thromboendocarditis simplex" (Aschoff), „Übergänge" (Dietrich), keine „scharfe Grenze zwischen den einzelnen Formen", „alle Zwischenstufen" vorhanden (Klinge).

Zu *Punkt 2* finden wir Bestätigungen bei Kaufmann, Ribbert, Krischner.

Bezüglich *Punkt 3* besteht eine einheitliche Auffassung bei allen Voruntersuchern sowohl im allgemeinen wie bezüglich der bevorzugten Entwicklung auf allen rheumatischen Klappennarben. Ribbert führt als „Prädilektionsstellen" zusätzlich auch „arteriosklerotische Klappenläsionen" (S. 223) an. — Wenn wir die „Lehrmeinungen" recht verstehen, wenn Ribbert von „besonderer Vorliebe", alle andern Autoren von „bevorzugtem" Auftreten der Endocarditis ulcerosa an „veränderten" Herzklappen sprechen, dann muß die allgemeine Beobachtung dahingehend ausgelegt werden, daß eine Endocarditis ulcerosa auf *unveränderter* Herzklappe selten ist. Im Schrifttum scheint mir diese Auslegung nicht ausreichend gewürdigt. Besagt sie doch, daß die Entstehungsbedingungen eben vorwiegend oder bevorzugt in vorangegangenen *Gewebs*veränderungen der Herzklappe und demnach weniger in einer Bakterienbesiedlung gegeben sind. Kontrollieren wir andererseits die Literaturangaben bezüglich des Beginns der Endocarditis ulcerosa, so wird entweder als erstes das Haften von Bakterien oder die Schädigung des Endothelüberzuges angeführt. Wir haben aber dieselbe Endothelschädigung als Veränderung bei der Endocarditis verrucosa in der bisherigen Darstellung kennengelernt. Wenn von einem Haften der Bakterien gesprochen wird, dann gilt — so nehmen wir an — wahrscheinlich die bei den meisten Autoren unausgesprochene Übernahme der alten Beobachtung von KÖNIGER, der phagocytierte Kokken in Endothelien beschrieb. Auf dieser Grundlage steht RIBBERT, und er bespricht sie eingehend. DIETRICH ist der einzige, der dem Vorgang der Bakterienhaftung eine Erklärung widmet: Notwendige Mehrfachinfektion, Sensibilisierung, Gewebsabstimmung bzw. Reaktionslage des Organismus. Es sind aber unseres Erachtens doch zwei sehr verschiedene Dinge, wenn das Schrifttum einerseits die große Häufigkeit „alter" mit Vernarbung und Sklerosierung einhergehender Klappenveränderungen hervorhebt, andererseits eine bestimmte „Reaktionslage" und Gewebsabstimmung im Sinne einer gesteigerten Reaktivität des Gewebes annimmt. Logischerweise schließt das eine eigentlich das andere aus — und so nicht nur beim Herzklappengewebe. Wir folgern daraus, daß eine Bakterienhaftung *ausschließlich* auf einer *„pathologisch* veränderten Klappe" (RIBBERT) in des Wortes eigener Bedeutung und bezogen auf die Veränderung des Klappengewebes als Ganzes zustande kommen kann.

Das morphologische Substrat solcher vorangehender Klappenveränderungen haben wir in früheren Untersuchungen in gemeinsamer Veröffentlichung mit KRÜCKEBERG und WALDOW (1934, 1935), in neueren Beobachtungen an Herzklappen von Kindern und Jugendlichen [BÖHMIG: 12 (1950)] und in den vorangehenden Abschnitten dieser Darstellung (Abschn. A, II, 1 u. 2, S. 6f) aufgezeigt. Weiteres Beobachtungsgut wird in den Abschnitten der speziellen Pathologie der Endokarditis (Abschn. C, I u. II, S. 108) wie auch der experimentellen Endokarditis (Abschnitt E, II, S. 264) vorgelegt. Aus diesen im wesentlichen eigenen Untersuchungen wie aus dem Vergleich mit dem speziellen Schrifttum geht hervor, daß ganz bestimmte morphologische Gewebsveränderungen und wahrscheinlich ebenso bestimmte, aber heute noch wenig erforschte und bekannte serologische und immunbiologische Veränderungen vorangegangen sein müssen, um eine Keimhaftung im Herzklappengewebe zu bedingen. Wir werden auf diese sehr komplexen Vorgänge später zurückzukommen haben. Hier möchten wir ordnungsgemäß nur die anatomisch-mikroskopischen Veränderungen wiedergeben.

Nachdem *wir* das Vorkommen einer serösen Endokarditis schon beim Feten in utero, die Häufung bei Kleinkindern und Jugendlichen, die große Zahl täglich im Sektionssaal aufzeigbarer „Endokardreaktionen" in Form von Quellungssklerosen nachweisen konnten — nachdem im internationalen Schrifttum die überwältigende Zahl rheumatischer Herzklappenerkrankungen in früher Jugend beschrieben wurde, haben wir in Übereinstimmung mit den alten Beobachtungen von BALDASSARI (1909) sowie FELSENREICH und v. WIESNER (1916) früher dargelegt, daß es schon im 1. und 2. Lebensjahrzehnt *keine* „normale" oder „unveränderte" Herzklappe mehr gibt. Wir haben in diesen angeführten Veröffentlichungen ferner nachweisen können, daß alle diese frühjugendlichen Veränderungen zum makroskopisch erkennbaren Schwund der häutchenförmigen Ausläufer des Klappenrandes (sog. Schwimmhaut), Verdickung und Ausbuchtung des Schließungsrandes, Verwachsung und Verdickung der Sehnenfäden führen. Mikroskopisch entspricht diesem Befund eine Sklerosierung, Hyalinisation und Vernarbung *aller* Klappenschichten mit Entkollagenisierung, Entelastinisierung und Degeneration der bindegewebigen Grundsubstanz. Entgegen unserer bisherigen Bewertung solcher Vernarbungsprozesse ist das solchermaßen „pathologisch veränderte" Klappengewebe weiterhin reaktionsfähig zur Entwicklung von allerdings nur kleinumschriebenen und nur in den oberflächlichen Klappenschichten auftretenden „serösen" oder „fibrinösen" Entzündungsherden (= Insudaten W. W. MEYER). Nur diese werden Haftstellen oder Lagerplätze für Bakterien! Vielleicht sind es nicht beide, sondern sogar *nur* das fibrinöse Insudat. Als Argumente dieser Annahme führen wir an:

1. Die moderne Bakteriologie kann beweisen, daß das Vorkommen „passagerer Bakteriämien" im menschlichen Leben Legion ist (s. Abschn. B, I, 6, S. 81 und C, VI, 2, S. 201).

2. Das Vorkommen bakterieller Endokarditis ist demgegenüber als Krankheit wenigstens selten und in der Mehrzahl der Fälle erst ab 3. Lebensjahrzehnt beobachtet. Es muß also noch eine besondere Disposition der Klappe angenommen werden.

3. Für Keimhaftung an „normalen" Herzklappen überhaupt oder an kindlichen Herzklappen im besonderen hat sich ein morphologischer Beweis nie erbringen lassen. Alle hierher gehörenden Beobachtungen des Schrifttums halten heutiger morphologischer Kritik und Differenzierung nicht mehr stand.

4. Alle einer Keimhaftung vorausgehenden pathologischen Gewebsveränderungen der Herzklappe lassen zwar nicht die Wirkung von Bakterientoxinen ausschließen, aber einen Nachweis ihrer direkten bakteriellen Genese vermissen. Die ausführliche Auseinandersetzung mit den gegenteiligen Ansichten s. Abschn. E, I, 5, S. 262. Wir selbst wie unsere Mitarbeiter BEISCH und KLEIN konnten bei „seröser Endokarditis" *nie*, bei der „interstitiellen fibrinösen Endokarditis" nur in weiter unten näher zu bestimmenden Fällen bakterioskopisch, bakteriologisch oder morphologisch-histologisch Bakterien nachweisen. Hierbei kann es sich nur um sekundäre Besiedlung handeln (s. Abschn. B, II, S. 87).

5. Formal- und kausalgenetisch haben, wie wir oben in Abschnitt A, II, 1 u. 2 ausführten, seröse und fibrinöse Insudation primär nichts gemein mit lokaler Bakterienansiedlung im Gewebe.

6. Die nachweisbaren Prädilektionsstellen einer Keimhaftung im Herzklappengewebe sind die Bezirke der serösen (?) und fibrinösen Entzündung.

Nachdem von alters her die Genese der ulcerösen Endokarditis identifiziert wurde mit der lokalen Ansiedlung, Haftung, Vermehrung und desmolytischen Wirkung von Bakterien, nachdem fast ebensolang ihr Vorkommen „bevorzugt" auf „pathologisch veränderten" Klappen beobachtet wurde, müssen wir aus der Begründung in den 6 Punkten folgern, daß eine ulceröse Entzündung der Herzklappen ein *sekundärer* Vorgang ist.

Das Vorkommen von einfachen Defekten des Endothels und ganzer umschriebener Bezirke der Ober- und Unterfläche der Herzklappe an Schließungs- und Klappenrand durch bakterienfreie „interstitielle fibrinöse Entzündung" steht ganz im Vordergrund unserer Beobachtung, wie wir in Abschn. A, II, 1 u. 2 darlegten. Ein derartiger Gewebedefekt ist in diesen Fällen das Produkt 1. eines von innen heraus entstandenen, durch den Innendruck eines (serösen oder) fibrinösen Insudats erfolgten Aufbruchs der Klappenoberfläche oder 2. eines durch die Klappenmechanik von außen erfolgenden Einrisses der (serösen oder) fibrinösen Klappenpolster. Diese Vorgänge können wir histologisch beweisen. Daß außerdem Bakterien bei serösen oder fibrinösen Insudaten durch Toxine eine Oberflächenläsion bewirken, ist theoretisch zwar gegeben und zu erwarten, im mikroskopischen Schnitt aber erst beim Vorliegen von Umgebungsnekrose in fortgeschrittenen Fällen zu erkennen. Auf Grund unserer eigenen Beobachtungen stehen die

Bakterien jedoch erst an 3. Stelle in der Ursachenreihe einer Geschwürsbildung, aber an erster Stelle der Bedingungen, Geschwüre zu unterhalten und ihre Ausheilung zu verhindern oder wenigstens zu erschweren. Diesem Ergebnis muß bei zukünftigen Darstellungen Rechnung getragen werden.

6. Bakterielle Entzündung.

Wie Lehrmeinungen, älteres und neueres Schrifttum übereinstimmen, daß bei der Endocarditis verrucosa (sowohl simplex wie rheumatica) Bakterien fehlen, so wird gleichermaßen hervorgehoben, daß Keime aller Art eine ausschlaggebende Rolle bei der Endocarditis ulcerosa seu polyposa (Endocarditis mycotica maligna) spielen, ganz besonders bei der chronischen Form (Endocarditis lenta).

Wir haben in den vorangehenden Abschnitten diese bisherige Annahme und Darstellung einer allgemeinen und speziell-morphologischen Kritik unterzogen. Wir haben Gegengründe und Ergebnisse umfangreicher eigener Untersuchungen beigebracht, die eine ganz andere Morphogenese der Geschwürs- und Polypenbildung an Herzklappen wahrscheinlich machen. Die Bakterienhaftung an der Klappenoberfläche oder -unterfläche erwies sich bei beiden Erscheinungsformen, der ulcerösen wie der polypösen Endokarditis als ein sekundärer Vorgang, als ein zusätzliches Geschehen. Damit finden die vielen, als Widersprüche gedeuteten, auf falsche Technik der Blutkultur oder der bakteriologischen Sektionssaaltechnik, auf besondere Keimarten bezogenen Beobachtungen und Befunde, sowie die als Sonderform der subakuten bakteriellen Endokarditis abgegrenzte „abakterielle Endocarditis" (LIBMAN-SACKS) ihre Erklärung. Wir verweisen hierbei auf Kritik, Befunde und Darlegung der Spezialfragen in Abschnitten der bakteriologischen Kapitel. Hiernach gibt es bei der ulcerösen oder polypösen Endokarditis keine *primäre*, sondern nur eine *sekundäre* bakterielle Entzündung der Herzklappe. Damit steht in Einklang, daß schon die damals noch bakteriologisch geschulte Pathologengeneration bis zu RIBBERTS Handbuchdarstellung (1924) bei der bakteriellen Endokarditis dieselben morphologischen Klappenveränderungen beobachtete und bei ganz verschiedener Keimbesiedlung der Klappen beschrieb. Schon aus diesen alten oder älteren Beschreibungen geht hervor, daß auch damals keine für eine bestimmte Keimart charakteristische bakterielle Entzündung der Herzklappen gefunden wurde. Ferner wird schon in diesen älteren Beschreibungen hervorgehoben, daß ganz heterologe Erreger dasselbe morphologische Erscheinungsbild der bakteriellen Endokarditis hervorrufen. Als Erklärung hierfür galt, daß das Herzklappengewebe in seinen Reaktionsmöglichkeiten beschränkt sei, daß andererseits der Bakterienwirkung auf das Gewebe kein spezifisches Verhalten eigen sei, mit Ausnahme der Tuberkulose. Für diesen Tatbestand liegt seit fast 100 Jahren ein umfangreiches Beweismaterial vor, aber ohne die Schlußfolgerung, daß die Bakterien nicht die primäre kausal- und formalgenetische Ursache sein können. Ja, im anglo-amerikanischen Schrifttum ist man unter Einfluß und Bedeutung von LIBMAN sogar mit vermeintlich notwendiger Kritik seit 1912 dazu übergegangen, aus kausalgenetischer Betrachtung die Termini ulceroese oder polypoese Endokarditis auszumerzen und dafür die Bezeichnung „subacute bacterial Endocarditis" einzuführen und nunmehr ausschließlich anzuwenden. Wir werden uns in einem späteren Kapitel mit der Bezeichnung und Abgrenzung der einzelnen Endokarditisformen auseinanderzusetzen haben. Hier möchten wir nur hervorheben, daß diese Bezeichnung der amerikanischen Forscher nach unseren neuen, hier vorgelegten Befunden und Schlußfolgerungen keine ätiologische ist, wie sie vermeinen.

Auf Grund unserer eigenen Untersuchungen, der Beobachtungen unserer Mitarbeiter und der kritischen Würdigung des Schrifttums gibt es — auf das

Geschehen an der Herzklappe bezogen — folgende 2 Formen der „bakteriellen Herzklappenentzündung“:

1. Eine (weitgehend) primäre Form bei massiver Bakteriämie durch plötzliche und anhaltende Keimeinschwemmung hochpathogener (pyogener) Erreger in die Blutbahn. Beispiel: Akute schwere Sepsis oder Pyämie bei oder nach eitriger Thrombophlebitis, nach Tonsillitis, infiziertem Abort, Osteomyelitis, experimenteller Infektion.

2. Eine sekundäre Form bei passagerer Bakteriämie, also geringgradiger Keimeinschwemmung relativ apathogener Erreger in die Blutbahn. Beispiel: Klinisch unbemerkte Keimeinbrüche bei Zahnfleischerkrankungen, bei operativen Eingriffen in der Mundhöhle, an den Harnwegen, im Bauchraum, Darmerkrankungen (?). Nähere Angaben s. Abschnitt C, VI, 2 (S. 201).

Die *1. Form* kann vielleicht auftreten unabhängig vom Zustand der Herzklappen, unabhängig von Art, Grad und Ausmaß vorangegangener, pathologischer Klappenveränderungen. Hier sind wohl Pathogenität und Keimzahl von ausschlaggebender kausalgenetischer Bedeutung. Es sind dies die Erkrankungsfälle, die das Gros des Untersuchungsmaterials von KÖNIGER (1903) darstellten, und die heutzutage der Pathologe dank der Erfolge der Sulfonamid- und Penicillintherapie nicht oder nur als sehr seltene Ausnahme erlebt. Aus diesem Grunde können wir zu dieser Form auch keine neuen morphologischen und bakteriologischen Befunde beim Menschen beibringen. — Die Abgrenzung der 1. Form — das muß einschränkend betont werden — stellt so lange ein theoretisches Postulat dar, bis an neuem Untersuchungsmaterial der endgültige Nachweis erbracht ist, daß keine bestimmten oder charakteristischen Klappenveränderungen vorliegen, die die Keimansiedlung bedingen.

Die *2. Form* tritt auf allein in Abhängigkeit von einer zur Zeit der (passageren) Bakteriämie bestehenden interstitiellen (serösen?) fibrinösen Herzklappenentzündung. Letztere kann später bakterienhaltig oder bakterienfrei sein nach Maßgabe der bakteriellen Sekundärinfektion. Theoretisch schließt das nicht aus, daß beide Vorgänge auch synchron auftreten können. Wir verweisen hierzu auf unsere Ergebnisse in Abschn. C, VI, 3 (S. 209).

Naturgemäß sind früheste Stadien einer interstitiellen fibrinösen Endocarditis oft Zufallsbefunde oder erst bei langwierigen Untersuchungen in Stufenschnitten zu finden. Diese sind allerdings *stets* bakterienfrei, soweit darauf gerichtete histologische Untersuchungen Auskunft geben und mit der Einschränkung, die allem Bakteriennachweis im Schnittpräparat eignet. Sie sind ferner bakterienfrei bei *verschiedenen* Formen der Endokarditis, bei denen eine interstitielle fibrinöse Entzündung beobachtet wird, wie wir im speziellen Teil auszuführen haben werden. In unseren Überlegungen ist jedoch mit dieser histologischen Methode keinerlei Beweis zu erbringen, daß nicht doch einige wenige Bakterien im fibrinösen Insudat enthalten sind. Ist somit eine direkte Beweisführung nicht möglich, so läßt sich auf indirektem Wege die Bakterienfreiheit des fibrinösen Insudates wenigstens wahrscheinlich machen, da wir ja verschiedene Formen der fibrinösen Endokarditis kennen, die sich in ihrem weiteren Verlauf als völlig abakteriell erweisen: E. verrucosa simplex, E. verrucosa rheumatica. Die dieser Auffassung entgegenlaufende Anschauung von v. ALBERTINI werden wir im Abschnitt E, I, 5 (S. 262) diskutieren. Wir müssen also feststellen, daß die Anfangsstadien einer bakteriellen Endokarditis nicht erfaßbar sind. Die fortgeschrittenen Stadien dagegen kommen *ausschließlich* in Gemeinschaft mit einer fibrinösen Entzündung vor. Wir sehen in diesem Verhalten, das sich immer wieder neu bestätigen läßt, einen Beweis für die Richtigkeit unserer Einteilung und eine Bestätigung unserer Beweisführung, daß die Keimhaftung und damit auch die bakterielle Entzündung sekundäre Vorgänge sind. Wir finden die Bakterien in diesen Stadien sowohl an der Oberfläche wie in der Tiefe der Fibrinablagerungen und wesentlich seltener auch unterhalb derselben in dem Demarkationswall und Granulationsgewebe der tieferen Herzklappenschichten. Sie liegen hier als wolkige Kolonien oder geballte Haufen, wie auch in diffuser Verteilung. Bei Beurteilung ihrer Menge muß stets die postmortale Anreicherung in Rechnung gestellt werden. Das gilt vor allem bei den Massen, die oft bei der chronischen polypösen Endokarditis oberflächennahe angetroffen werden.

Wir haben nun die Gewebsreaktionen solcher bakterieller Entzündung anzuführen und entsprechend unserer bisherigen Darlegung dabei die Unterschiede zur abakteriellen fibrinösen Entzündung einerseits, die Beziehung zur Entzündung mit Abscheidungsthrombose andererseits besonders herauszustellen. Die *eigenen Untersuchungen* haben hierzu in Ergänzung der eben schon angeführten Befunde ergeben: Ebenso wie ein fibrinöses Herzklappeninsudat anscheinend längere Zeit reaktionslos bezüglich des Insudats selbst wie bezüglich des umgebenden Klappengewebes liegen bleiben kann — ebenso reaktionslos scheinen sich oft die Bakterien in der Fibrinwarze oder dem bandartigen subendothelialen Fibrinbeet verhalten zu können. Sie bilden „Kolonien“ wechselnder Größe wie in einem künstlichen Nährboden und führen eine anscheinend sehr langsame Zersetzung nur des Fibrins herbei. Solche ist erkennbar an körnigem Fibrinzerfall und metachromatischer wolkiger Verfärbung. Bei fortgeschrittenen Fällen haben wir eine Bakterienverbreitung ebenfalls bevorzugt nach Art des Auswachsens einer Kolonie beobachtet. Spät erst scheinen die Leukocyten einzuwandern, wobei beide Wege von seiten des Blutes und der Klappenoberfläche wie von seiten der Klappentiefe vorkommen. Den 2. Zuwanderungsweg haben wir nur in Klappen mit vorangegangener Vascularisation beobachtet. Außer dieser anscheinend ersten cellulären Reaktion folgen nun Reaktionen an der Oberfläche des infizierten fibrinösen Insudats und damit an der Klappenoberfläche dieser Stelle wie auch an der unteren Begrenzung zum tiefen Klappengewebe. An der Oberfläche ist stets ein Endotheldefekt erkennbar und oft eine Ablagerung eines Gemisches von intakten oder zerfallenen Erythrocyten, Leukocyten und Thrombocyten. Beide mischen sich mit dem Fibrin des Klappeninsudats. Bei guter Färbetechnik ist anfangs eine Unterscheidung möglich. In fortgeschrittenen Fällen und nach Untermischung gelingt eine Grenzziehung zwischen ehemaligem fibrinösem Insudat und erythro-thrombocytärer Abscheidung nicht mehr. In der Klappentiefe beginnt eine Wucherung von Histiocyten, Fibroblasten, eine Capillarsprossung und wechselnd starke leuko- und lymphocytäre Infiltration. Es kommt also unterhalb des infizierten fibrinösen Insudats zur Ausbildung eines Granulationsgewebes, das außerordentliche Mächtigkeit erreichen kann und zu beträchtlicher Klappenverdickung führt. In fortgeschrittenen Fällen ist diese Granulationsgewebsbildung das beherrschende morphologische Symptom, das ausdehnungsmäßig die schmalen bandartigen Fibrinbänder an der Oberfläche um ein Vielfaches übertrifft. Die bakterielle Herzklappenentzündung ist morphologisch gesehen im wesentlichen stets eine „granulierende Entzündung“. Darum werden wir sie im speziellen Teil auch als solche von der „serösen Endokarditis“ und „fibrinösen Endokarditis“ abgrenzen.

Weitere und spätere Folgen sind an der Oberfläche neue Abscheidungen von Blutbestandteilen, darunter auch feine oberflächenparallele Fibrinfäden oder dünne Fibrinlagen. Solche echte Abscheidungsthromben halten sich aber stets in auffallend geringem Ausmaß. Innerhalb des fibrinösen Insudats wie in der Klappentiefe beobachten wir beginnende oder flächenhafte Nekrose ganz unregelmäßiger Begrenzung. Sie tritt sowohl innerhalb alter hyaliner Sklerose der subendokardialen Schicht wie innerhalb des erwähnten Granulationsgewebes auf. Zweifellos in Abhängigkeit von der Pathogenität der betreffenden Bakterien und der nekrotisierenden Wirkung ihrer Toxine folgt in frühen oder späten Stadien der bakteriellen Entzündung eine stets innerhalb des infizierten fibrinösen Insudats beginnende Ulceration mit kryptenartigen Gewebsdefekten. Allerdings können wir auch bakteriologisch eine solche Toxinwirkung nicht beweisen — jedenfalls nicht bei den so häufigen vergrünenden Streptokokken. Die Ulcerationen stellen stets eine Kontinuitätstrennung der Klappenoberfläche dar und führen so einmal zu der eigentümlichen und vielgestaltigen Polypenbildung, andererseits zu *Gewebs*abrissen mit embolischer Verschleppung.

Wir haben bei Besprechung und Schilderung der bakteriellen Entzündung bislang nur der Annahme Rechnung getragen, daß eine Keimbesiedlung der Herzklappen von dem strömenden Blut der Herzhöhlen aus erfolgt. Demgegenüber sind im Schrifttum als 2. Infektionsweg die Herzklappengefäße angegeben worden. Voraussetzung für diese Annahme ist das Vorhandensein von Herzklappengefäßen. Wie wir in den Abschnitten A, I und A, III, 5 ausführen, ist diese Voraussetzung nur bei der rheumatischen Entzündung gegeben. Folglich kommt der 2. Infektionsweg ausschließlich bei einer bakteriellen Entzündung in Frage, die sich sekundär einer rheumatischen Endokarditis aufpfropft. Diese Entwicklung auf einer Rheumanarbe ist häufig bei der Endocarditis ulcero-polyposa. Der Nachweis einer Entwicklung dieser Endokarditisform aus einer Keimbesiedlung über die Herzklappengefäße ist jedoch nur im frühesten Initialstadium möglich aber bis heute im internationalen Schrifttum nicht erbracht, soviel theoretische Erwägungen hierüber auch vorliegen. Unsere eigenen Beobachtungen und Befunde sprechen gegen eine solche Annahme, wie aus den vorangegangenen und folgenden Darlegungen hervorgeht.

III. Das Verhalten der Gewebe.

Obwohl in den vorangehenden Abschnitten bei der Schilderung der einzelnen Entzündungsformen die einzelnen Klappenschichten und ihre verschiedenen Gewebsarten im Spiel der Erscheinungen schon vielfache Erwähnung gefunden haben, so kann bei einer monographischen Darstellung doch nicht auf eine gesonderte Besprechung verzichtet werden. Unsere eigenen Untersuchungen früher und jetzt, wie auch das spezielle Schrifttum hierzu haben in den letzten Jahrzehnten gezeigt, daß jede einzelne Gewebsart der Herzklappe eine gesonderte Stellung einnimmt bei normaler und pathologischer Funktion und bei der Reaktion auf pathologische Reize. Wenn wir uns von vornherein bewußt bleiben, daß solche getrennte Betrachtung einer in Wirklichkeit funktionellen und reaktiven Gewebseinheit nur dazu dienen soll, die Einzelleistung dieser zusammengesetzten Reaktion besser kennen, erfassen und bewerten zu lernen — dann haften solchem Beginnen nicht mehr Gefahren und Fehler an als jeder allgemein-pathologischen Darstellung. Wir haben schon mehrfach Gelegenheit genommen, auf die morphologische Besonderheit des Herzklappengewebes als gefäßfreies Mesenchym in dessen weiterer Grenzziehung und als Anteil der Gefäßwand in funktioneller Bedeutung hinzuweisen. Diese beiden Gesichtspunkte haben uns auch bei der folgenden Einzelbetrachtung zu leiten.

1. Endothel.

Nach den bedeutsamen Untersuchungen von Metschnikoff (1901), Ribbert (1924), Goldmann (1910), Aschoff und Kiyono (1914) wurden die Endothelien der Blut- und Lymphgefäße weder dem reticulo-endothelialen System im engeren noch im weiteren Sinne zugerechnet. „Sie speichern nur bei besonders hochgetriebener Färbung und nur in Gestalt allerfeinster Körnchen“ (ASCHOFF, S. 142). Das haben auch die neueren Untersuchungen zu dieser Frage bestätigt, wie wir in Abschnitt I (S. 4) anführten. Jedoch beweisen alle neueren Untersuchungen von Gefäßwänden (SCHÜRMANN und MACMAHON 1933, JÄGER 1932, VON ALBERTINI 1944, BREDT 1932/41, HOLLE 1940, W. W. MEYER 1949), daß diese Ausschaltung der Gefäßendothelien aus der Reihe der reagierenden Mesenchymzellen in dieser starren Form nicht haltbar ist und einseitig auf körniger Farbstoff- und grob-disperser Stoffspeicherung beruhende Ergebnisse nicht genügen. Der fruchtbaren Konzeption von SCHÜRMANN von der Schrankenfunktion dieser Gefäßwandanteile, dem Nachweis einer Durchlässigkeit des Endothels für feindisperse Stoffe durch SIEGMUND (1933) sind die Befunde von RANDERATH, BREDT, HOLLE, W. W. MEYER gefolgt und haben gerade dem Gefäßendothel seine Filterfunktion erneut zugesprochen. Diese Untersuchungen haben ferner gezeigt, daß bei allen Unterschieden zwischen dem Endothel der Capillaren und dem von Arterien und Venen dem letzteren als Blut-Gewebsschranke eine nicht mindere Bedeutung zukommt; daß unsere Kenntnisse zum andern hier erst am Anfang stehen, wenn wir die Eiweiß- und Lipoidfraktionen in den Rahmen solcher Betrachtungen stellen. Die Ergebnisse von BENNHOLD (1938) haben bei den Morphologen noch keinen ausreichenden Widerhall gefunden, und die Bedeutung der Eiweiß-Lipoidkomplexe hat auf Grund des neuen Anstoßes durch M. B. SCHMIDT (1944) neuerdings erst E. MÜLLER (1949) in das rechte Licht gerückt. Bei allen diesen Untersuchungen ist der Serologe noch nicht zu Wort gekommen, ist das Wechselverhältnis Blut-Gewebe bezüglich aller serologischer Antigen-Antikörperreaktionen bislang noch außer acht gelassen. Wir müssen uns darum freimachen von der Annahme, solche komplizierte Teil- und Mosaikfunktionen morphologisch am Endothel selbst erfassen zu können. Wir können sie nur am Funktions- und Reaktions*erfolg* nachträglich erkennen. Das mindert nicht unser Bemühen um die Verfeinerung morphologischer Methoden.

Wir haben früher schon dargelegt (BÖHMIG 11, S. 652), daß „es keine Herzklappe und keinen mikroskopischen Schnitt gibt, bei dem sich nicht Veränderungen des Endothels fänden“. Zelldefekte und Kerndegenerationen stehen hier an erster Stelle. Auf Vorsicht und Kritik in der Beurteilung und Abgrenzung intravitaler und postmortaler Veränderungen verweisen wir auch hier besonders. Neben der Schwierigkeit dieser Auswertung steht die Frage, inwieweit hier „physiologischer“ Wechsel von Untergang mit Regenerat oder echte pathologische Degeneration vorliegen? Halten wir uns aber gerade diese physiologische Notwendigkeit dauernden Zellersatzes gegenwärtig, dann sind dessen Störung oder Unterbrechung theoretisch sowohl von der Blut- wie Gewebsseite her gegeben und ebenso ein damit einhergehender Funktionsausfall. Trotz der berechtigten Einwände LETTERERs (1931) gegen die Annahme einer groben „Zellblockade“ besteht dieses Wechselspiel Blut-Gewebe bei jeder Zelleinheit und ist Grundlage aller Vorstellungen pathologischer Morphogenese. Wir glauben darum, umschriebene Zelldefekte und Kerndegenerationen als pathologische Erscheinungen dann werten zu dürfen, wenn wir am benachbarten „Subendothel“ beginnende Veränderungen an Zellen und Grundsubstanz feststellen können. Solche direkte Beziehung erkennen wir jedoch keineswegs bei den Entzündungsformen: seröse oder fibrinöse Endocarditis (s. z. B. Abb. 3, 5 u. 10). Jedenfalls haben wir bei beiden diese Endothelveränderungen nicht häufiger gefunden als an unveränderten Klappenabschnitten. Eine ursächliche Beziehung ist hier also nicht zu erbringen. Ein pathologischer Funktionszustand ohne morphologisches Substrat ist ja aber nicht nur einer Endothelzelle eigen! Ein intaktes Endothel im Abschnitt ausgeprägter seröser oder fibrinöser Entzündung läßt zudem die Annahme offen, daß ein morphologisches Substrat zu Beginn der Entzündung bestand, aber „passageren Charakter" hatte. Hier muß die pathologische Morphologie den Vorstellungen einer funktionellen Pathologie nachgeben. — Dasselbe gilt bezüglich der *Endothelverfettung*. Wir haben ihr erst spät nachgehen können und Reihenuntersuchungen an verschiedenen Herzklappen aller Altersklassen und aller Entzündungsformen an Gelatinepräparaten angestellt. Gegenüber den folgenden Gewebsarten der Herzklappe fanden wir eine Endothelverfettung selten, beim Kleinkind nie, häufiger beim Erwachsenen. Eine Beziehung zu bestimmten Entzündungsformen bestand nicht. Auch hier ist an der Einzelzelle ein passagerer Funktionszustand vom Beginn einer pathologischen Schädigung morphologisch nicht zu unterscheiden. Wir können nur mit folgendem Rückschluß eine Entscheidung fällen: Alle Speicherungsversuche (besonders die von Pfuhl 1929 und Siegmund 1933) haben eindeutig gezeigt, daß das Endothel des Endokards *nicht* an der Phagocytose von grobdispersen oder körnigen Substanzen teilnimmt. Neutralfette und Lipoide des Blutplasmas gehören zu diesen Stoffen.

Unsere darauf gerichteten Untersuchungen haben nun ergeben, daß nur sehr selten und dann nur eine Endothelzelle oder eine kleine Gruppe solcher winzige Fetttropfen enthält. Dabei ist es gleichgültig, ob ein im wesentlichen unveränderter oder ein mit Verdickung und Sklerose ausgezeichneter Klappenabschnitt vorliegt. Aus diesen theoretischen Erwägungen und morphologischen Befunden geht hervor, daß weder eine funktionelle Speicherung von Fettsubstanzen noch eine degenerative Verfettung des Klappenendothels eine Rolle spielt.

Proliferationen des Endothels treten dagegen häufig in Erscheinung und werden auch vielfach im Schrifttum erwähnt. Bei laufenden Untersuchungen gewinnt man schnell ein Maß dafür, in welchem Abstand und welcher Zahl die Endothelien die Klappenoberfläche bekleiden. Als erste morphologische Anzeichen einer Endothelreaktion außer der Schwellung der Einzelzelle und ihrer Kernvergrößerung finden wir eine Verringerung des Zellabstandes, die ja nur durch Zellvermehrung und förmliches Einschieben neugebildeter Endothelien in das bisher weitere Mosaikfeld zustande kommen kann. Stets ist damit Vergrößerung von Zelle und Kern und auch eine Hyperchromasie verbunden. Diese Vergrößerung kann so stark sein, daß sie mit einer Zellaufrichtung und Kernstellung senkrecht zur Klappenoberfläche einhergeht. Hierbei können kleine oder größere Oberflächenabschnitte betroffen sein, auch solche mit umschriebener oder flächenhafter Verdickung des Subendothels durch seröse Entzündung. — Ferner beobachten wir selten und vereinzelt Mikrowarzen in Gestalt kleinster Erhebungen ausschließlich des Endothels, die wie kleine Zapfen senkrecht zur Oberfläche stehen. Das Endothel bleibt dabei einreihig. Eigentliche Zellknospen des Endothels aus übereinandergelagerten Endothelien haben wir nicht angetroffen.

Wir sehen, daß die morphologische Ausbeute bei Betrachtung des Klappenendothels allein gering ist. Seine große funktionelle Bedeutung im Problemkreis der Permeabilitätspathologie findet wenig Ausdruck in seiner morphologischen Reaktivität. Teleologisch gesehen, werden in diesem Verhalten Kontinuität und verminderter Reibungswiderstand der Herzklappe als Teil des Blutgefäßrohres garantiert.

2. Tiefe Klappenschichten.

In unseren eigenen früheren Veröffentlichungen haben wir eine gesonderte Befundbesprechung, getrennt nach Klappenschichten, durchgeführt. Wir müssen hier darauf verweisen. Der morphologischen Reaktionsarmut des Endothels steht ein Reichtum an Strukturänderungen des übrigen Klappengewebes gegenüber. Wie die unten anzuführenden (Abschnitt E, I, 2, S. 252) normal-anatomischen Untersuchungen und die Speicherungsversuche ergeben haben, ist hierbei das Verhalten des Subendothels wichtig. Hieraus beruht die Bezeichnung „Keimschicht", die SIEGMUND (1933) anwandte. Es will uns scheinen, als ob nicht bloß beim speziellen Gefäßwandabschnitt „Herzklappe", sondern auch bei allen übrigen Gefäßbezirken nicht dem Endothel, sondern diesem Subendothel die größere Reaktionsbreite zuzuerkennen ist. Das ist auch aus unseren Befunden bei der serösen und fibrinösen Entzündung hervorgegangen, die sich zwar keineswegs ausschließlich, aber doch vorwiegend in dieser Klappenschicht abspielen. Wir vermuten hier das Reaktionsfeld zwischen Blut und Gewebsflüssigkeit. Dabei ist der Nachweis eines Grenzhäutchens im Sinne SCHÜRMANNs (1933) an der Herzklappe nicht erbracht. Wir finden ein sehr wechselndes Verhalten in der Abgrenzung aller pathologischer Vorgänge nach der Tiefe zu, unabhängig von der Art des Vorganges. Sowohl bei seröser wie fibrinöser, wie auch der seltenen cellulären Entzündung kann die Tiefengrenze des Subendothels, gebildet durch die elastische Membran, gewahrt sein oder nicht. Ebenso wie es polsterartige oder flächenhafte Verdickungen des Subendothels allein gibt, kommen solche der übrigen Klappenschichten, also der subendokardialen und der fibrinösen Schicht allein vor (Abb. 5 bis 8). Wir müssen darum annehmen, daß die Reaktion zwischen Blut- und Gewebsflüssigkeit auch das Subendothel auslassen oder passieren und sich primär in der Klappentiefe abspielen kann. Das gilt nur für die seröse Entzündung, nicht für die fibrinöse. Bei dieser ist die Lokalisation auf das Subendothel beschränkt, solange ein solches abgrenzbar ist. Liegt eine weitgehende Zerstörung der Klappenschichten und ihrer Grenzen vor wie bei der Endokarditis mit Polypenbildung, dann ist der Nachweis dieses Verhaltens nicht mehr möglich. Dann bleibt aber trotzdem als Regel bestehen, daß die bandartigen fibrinösen Insudate nur oberflächennahe liegen. Insoweit ist also eine Tiefenabstufung abzulesen und hierbei zu vermuten, daß diese Lokalisation stärker abhängig ist von der Reaktionsursache bzw. dem Reaktionsgefälle als von der Gewebsart.

Nur insoweit können wir bis heute Erklärungsversuche beibringen zur Frage nach der Lokalisation der entzündlichen Klappenveränderungen innerhalb der tiefen Klappenschichten. Welche Faktoren sonst wirksam sind, daß umschriebene oder flächenhafte, nur oberflächliche oder tiefe Ausbreitung der Entzündung oder Kombinationen beider auftreten, bleibt uns noch verschlossen. Diese Fragen haben immer wieder zur Suche und Betonung von Einzelfaktoren geführt, die das Geschehen vereinfachen, aber kaum allein erklären können.

Was wir an Befunden in den folgenden Abschnitten über Grundsubstanz und Gewebsarten sowie Gefäße noch aufzuzeigen haben — alle diese oft schweren und ausgedehnten Veränderungen scheinen keinen Einfluß zu haben auf das neuerliche Eintreten und Hinzukommen einer serösen oder fibrinösen Endocarditis (Abb. 13 u. 30). Insoweit scheint die Pathogenese dieser beiden Entzündungsformen unabhängig zu sein von vorangegangenen Gewebsveränderungen (Sklerosen, Narben). Diese Feststellung ist von Bedeutung sowohl für kausale wie formale Genese der Entzündungen der Herzklappen wie anderer kollagener Systeme als auch für jedes Entzündungsrezidiv. Wir können darum — jedoch erst mit dieser Begründung — HOLSTI (1928) beipflichten, wenn er schreibt: „Die Pathogenese des Rezidivs ist im allgemeinen dieselbe wie bei der ersten Attacke" (S. 404). Nun erlaubt zwar nicht jede Herzklappe einen solchen Schluß. Oft ist die Entscheidung schwierig, ob eine Sklerosierung oder Fibrose oder Hyalinisierung einer umschriebenen serösen oder fibrinösen Entzündung vorliegt *oder* umgekehrt diese Entzündungsformen in alter Narbe neu im Entstehen sind. Wir haben aber hinreichende Belege für beides Geschehen bei allen rezidivierenden oder chronischen Endokarditiden gewonnen, um herausstellen zu können, daß auch sklerosierte und in dem Sinne vernarbte Herzklappen nichts an Reaktionsfähigkeit verloren haben gegenüber unvernarbten.

Eine Ausnahme von dem eben Ausgeführten machen nur die Entzündungen mit cellulärer Infiltration. Die tiefen Klappenschichten zeigen eine solche nur beim Vorhandensein von Gefäßen, und dann vornehmlich in Form perivasculärer Infiltrate.

Kehren wir nochmals zum Ausgangspunkt dieses Abschnittes zurück, so läßt sich als Regel erkennen, daß eine seröse Entzündung ohne vorangehende oder begleitende Erscheinungen jede oberflächliche oder tiefe Klappenschicht allein oder mehrere gleichzeitig betreffen kann. Die fibrinöse Entzündung dagegen ist an das Subendothel gebunden, die celluläre an Gefäße und letztere wieder an die Subendokardialschicht.

3. Sehnenfäden.

Ebenso wie im Schrifttum die ausgiebige und regelmäßige Beteiligung der Unterfläche der Segel- und der Innenfläche der Taschenklappen bei der Endokarditis vernachlässigt wurde, so auch die Häufigkeit der Mitbeteiligung der Sehnenfäden. Das geht so weit, daß wir ohne Übertreibung aussprechen können, daß *alle* Abbildungen „normaler" Segelklappen des In- und Auslandes falsch sind, weil schon die abgebildeten Sehnenfäden Verdickungen und Verwachsungen aufweisen. Dabei sind bei keinem Herzklappenanteil die morphologischen und strukturellen Verhältnisse makroskopisch und mikroskopisch so übersichtlich wie bei den Sehnenfäden. Makroskopisch besteht nur die Schwierigkeit der Deutung bei der Verästelung eines Sehnenfadens, da hierüber keine Spezialuntersuchungen vorliegen. Ansonsten sind makroskopisch nur abzugrenzen: Verdickung und Verwachsung. Sie sind ungemein häufig und die Regel bei jeder Segelklappe der Mitralis und etwas weniger häufig bei der Tricuspidalis. Könnte man makroskopisch bei der Verdickung noch einen vielleicht einfach hypertrophischen Prozeß vermuten, so müßte eigentlich die Verwachsung zweier Sehnenfäden schon makroskopisch als abgelaufener Entzündungsvorgang gewertet werden. Denn welcher andere Prozeß sollte sonst die Verwachsung zweier getrennter kollagener Bindegewebsanteile herbeiführen? Es mag erscheinen, als trieben wir die gedankliche Zergliederung an einem so kleinen Objekt, wie es der Sehnenfaden darstellt, zu weit, wenn wir erwähnen, daß die spezielle Pathologie bis heute keine Antwort gefunden hat auf die Frage, wie im ununterbrochenen Ablauf der funktionellen Beanspruchung eine solche Verwachsung durch Entzündung zustande kommt? Mikroskopisch wird offenbar, daß sich die makroskopisch erkennbare Anzahl von Verwachsungen im Einzelfall noch wesentlich erhöht. Man entdeckt ferner mikroskopisch, daß die Mehrzahl der Verdickungen ebenfalls auf einer Verwachsung ganzer Bündel von Einzelsehnenfäden beruht. Die Anerkennung, daß Verdickung und Verwachsung von Sehnenfäden ausschließlich Narbenstadien entzündlicher Veränderungen an der Herzklappe darstellen, ist gleichzeitig eine Bestätigung der Häufigkeit der Herzklappenentzündung überhaupt. Damit verlieren die alten Angaben über das Vorkommen „nicht-entzündlicher Herzklappenerkrankungen" den letzten Boden.

Die *Verdickungen* der Sehnenfäden lassen sich demnach trennen in eigentliche und vorgetäuschte. Die eigentlichen Verdickungen beginnen stets an der Abgangsstelle aus der Klappenunterfläche. Sie entstehen als Folge einer serösen Entzündung des Subendothels oder der fibrösen Grundschicht. Wir haben diese Veränderungen früher eingehend beschrieben und abgebildet [BÖHMIG: 11 (1950),

S. 658 u. 660, Abb. 9, 10 u. 13]. Es gibt hier ebenso wie am eigentlichen Klappengewebe warzenartiges oder flächenhaftes Auftreten am Subendothel oder flächenhafte Verdickung der fibrösen Grundschicht. Diese seröse Entzündung kann an einem oder an mehreren Sehnenfäden einer Klappe oder in Gemeinschaft mit derselben Klappenveränderung oder als Fortsetzung derselben vorliegen. Das letztere scheint am häufigsten vorzukommen, denn die Mehrzahl so verdickter Sehnenfäden zeigt, daß diese an dem Klappenansatz zu beobachtende Verdickung sich abwärts schnell verjüngt und nach 0,5—1,0 cm endet. Dieses Verhalten ist schon makroskopisch an der Ventrikel- oder Aortenfläche des vorderen Mitralsegels zu erkennen sowie nach Abtrennen der Sehnenfäden des hinteren Mitralsegels bei Betrachtung der stets vernachlässigten Unterfläche. Die seröse Entzündung führt später zur Sklerose und Hyalinose der Verdickungen.

Die vorgetäuschten Verdickungen und die schon makroskopischen *Verwachsungen* bieten prinzipiell dieselben mikroskopischen Veränderungen: seröse Entzündung oder Sklerose des Subendothels, das hier nun als *eine* Hülle zwei oder mehrere fibröse Zentralfäden der verschiedenen Sehnenfäden umschließt. Im Gegensatz zu der eigentlichen Verdickung beginnen solche Verwachsungen am häufigsten am Papillarmuskelansatz, bestehen dann aufwärts für verschieden lange Strecken und enden bei den Sehnenfäden I. Ordnung meist erst am Klappenrand, bei denen II. und III. Ordnung unterhalb und vor der Klappenunterfläche.

Das Verhalten der elastischen Lamelle wechselt bei Verdickung und Verwachsung. Im Gegensatz zum umgekehrten Verhalten derselben Veränderungen am eigentlichen Klappengewebe ist bei den Sehnenfäden die elastische Lamelle viel häufiger noch erhalten, seltener aufgesplittert oder unterbrochen. — Die neuesten amerikanischen Untersuchungen über Sklerose und Verwachsung der Sehnenfäden führen wir bei den Formen der chronischen Entzündung (S. 52) an.

4. Grundsubstanz.

Können wir bei der Herzklappe sagen: So viel verschiedene Gewebsarten — so viel verschiedene Grundsubstanz? Es möchte fast so scheinen, wenn wir die Veränderungen der Einzelelemente für sich betrachten. Oder müssen wir eine einheitliche Grundsubstanz mit verschiedener Stoffwechselleistung verschieden differenzierter Einzelelemente annehmen? Gibt es bei einheitlicher Grundsubstanz isolierte Schädigungen der differenzierten Einzelelemente oder nur verschiedene Empfindlichkeit bei einheitlich geänderter Grundsubstanz? — Solche Fragen müssen wir heute stellen, wenn wir der Gewebsflüssigkeit Rechnung tragen und ihrem Wechsel grundsätzliche Bedeutung zuerkennen für alle physiologischen und pathologischen Vorgänge an den festen Bestandteilen der Grundsubstanz und den von ihr eingeschlossenen Zellen.

Seit den grundlegenden Untersuchungen von Hueck (1920), die nicht nur die „allgemeine Bedeutung der zwischenzelligen Substanz“ wieder hervorheben, sondern auch ihre embryonale Entwicklung und Differenzierung, ihre „Ausgestaltung“ zu ganz verschiedenen Geweben vermitteln, ist die Grundlage geschaffen für die Annahme, daß jedenfalls in der Entwicklung der Grundsubstanz verschiedene Stadien und Differenzierungen erkennbar sind, die die Wandelbarkeit der „zwischenzelligen Substanz“ dokumentieren.

Auch die Herzklappe zeigt in ihrem postnatalen Leben nicht nur Wachstum, sondern Entwicklung und Differenzierung sowohl von Zellen wie Fasern und Fasersystemen wie der Grundsubstanz. Während beim Embryo noch ein wenig differenziertes Mesenchym vorliegt, beim Neugeborenen noch Kollagenmangel und Elasticaarmut bestehen, treten erst im Laufe der ersten Lebensjahre die einzelnen differenzierten Klappenschichten hervor und auch die Grundsubstanz erst so in Erscheinung, daß wir histologische Differenzierungen vornehmen können. Wir müssen hierbei zwischen direkten und indirekten Differenzierungsmethoden unterscheiden. Bei den *direkten* können wir anführen: Unterschiede der Färbbarkeit mit basischen oder sauren Farben, Unterschiede der Dichte, wolkige oder körnige Niederschlagsbildungen. Als *indirekte* Methoden möchten wir Befunde anführen, die sich aus dem Strukturwechsel im Korrelationsbild Zelle: Grundsubstanz bzw. Faser: Grundsubstanz als Hinweise auf eine dabei zu fordernde oder zu erschließende Änderung *auch* der zwischenzelligen Substanz ergeben.

1. Die **Metachromasie** ist ein altes Problem der Histologie besonders der Gefäßwände und so auch der Herzklappen als eines Gefäßwandabschnittes. Wir verweisen auf A. SCHULTZ (1922), ASCHOFF (1936), TALALAJEW (1929), BREDT (1932, 1941), HOLLE (1940) und die von diesen Forschern herausgestellten Beziehungen zum elastischen Gewebe einerseits, zur Verfettung, Verkalkung und Arteriosklerose andererseits, wie neuerdings zur Entzündung der Gefäßwand. HUECK hat mit Begriff und Vorstellung der „Saftstauung“ und wechselnder Quellungszustände die Starre der alten Auffassungen von der „amorphen“ Grundsubstanz gebrochen und den Weg freigemacht für die Erforschung des Wechsels im fermentativen und kolloidalen Aufbau und Stoffwechsel dieser lebenden Zwischensubstanz. Er hat damit diesen Erscheinungen den Charakter der „Degeneration“ endgültig genommen, wenn auch dessenungeachtet das Schrifttum immer noch von „Entartung“ spricht. Damit ist als neue Aufgabe erstanden, die Grenze zwischen passageren, reversiblen, irreversiblen (echten) Degenerationen einerseits sowie zwischen den an die Zellen gebundenen und von der Gewebsflüssigkeit ausgehenden Wirkungen andererseits neu zu errichten und festzulegen. Wir stehen hier allerdings noch ganz am Anfang unseres Wissens und sehen erst in den neuesten Arbeiten von ALTSCHULER und ANGEVINE (1949) den Beginn einer Grundlagenforschung.

Im Schrifttum ist die Gewebsmetachromasie in Parallele gestellt oder sogar identifiziert mit der *mucoiden Verquellung* bzw. Degeneration, nachdem analoge Färbungen wie bei der Mucinreaktion beobachtet wurden. Es waren besonders BJÖRLING (1911) — von dem auch die Bezeichnung stammt — und A. SCHULTZ (1922), die diesen Nachweis führten und Beziehungen dieser Substanz zu kollagenen und elastischen Fasern herstellten. Die Untersuchungen von HOLMGREN (1940), LETTERER (1932), HAMMARSTEN (1926), SCHMIEDEBERG (1891), LEVENNES (1916), SUAREZ-LOPEZ (1935), HOWELL (1926), LISON (1935), ZEIGER (1938) und SYLVÉN (1939) ergaben dann das Vorliegen hochmolekularer Esterschwefelsäuren und deren Vermehrung bei proliferativen Prozessen (A. SCHULTZ 1922, SSOLOJEW 1926, SCHÜRMANN und MACMAHON 1933, SYLVÉN 1939, HOLLE 1940). Wir verweisen auf HOLLE, der Verstärkung und Abschwächung der Gewebschromotropie und ihre Beziehung sowohl zu proliferativen und regressiven Veränderungen wie auch zur cellulären und intercellulären Verfettung ausführlich bei Besprechung seiner Befunde an der Aorta darlegte. Er beobachtete Herabsetzung der Chromotropie bis zum Verschwinden „im Bereich der staubförmigen Grundsubstanzverfettung“ (S. 243).

Wie wir oben im Zusammenhang mit der fibrinösen Entzündung (S. 15) referierten, haben amerikanische Forscher, insbesondere ALTSCHULER und ANGEVINE (1949), enge Beziehungen erarbeitet zwischen der Metachromasie und der Hyaluronsäure einerseits und sauren Mucopolysacchariden andererseits. So steht zu erwarten, daß der Ausbau dieser gewebschemischen Untersuchungen zu einer feineren Analyse der Veränderungen der Grundsubstanz führt. Es ist dabei zunächst erstaunlich, daß das Auftreten chromotroper und fibrinoider Substanzen mit gleichem gewebschemischen Substrat (Mucopolysaccharid) und sogar in möglicher Entwicklungsfolge dargestellt wird.

In dem uns vorliegenden Herzklappenmaterial können wir zur Frage des Vorliegens einer Gewebschromotropie anführen: Wir beobachten in jeder Herzklappe einen außerordentlichen Wechsel in der Färbbarkeit der Grundsubstanz bei Kleinkindern, Jugendlichen und Erwachsenen. Wir sehen darin einen eindringlichen Hinweis auf die Teilnahme der Grundsubstanz am allgemeinen Blutchemismus und lokalen Gewebsstoffwechsel. Umschriebene Klappenabschnitte mit völlig regelrechter Struktur können intensive Blauverfärbung zeigen, so besonders die fibröse Grundschicht bei Säuglingen und Kleinkindern. Dabei können im Einzelfall die ganze fibröse Grundschicht oder nur wechselnd große Bezirke im Bereich der Klappenplatte oder des Schließungsrandes betroffen sein. Denselben Wechsel finden wir bei dem umschriebenen Klappenödem und der serösen Entzündung. Während warzenartige oder flächenhafte subendotheliale Polster starke Abblassung der Grundsubstanz durch das seröse Insudat erfahren, weisen knollige oder kugelige Bezirke in der Klappentiefe — z. B. die früher als zentrale Hyperplasie beschriebenen — gehäuft intensive metachromatische Verfärbung auf. Die zentrale fibröse Grundschicht der Sehnenfäden verhält sich wie die der Klappen. Die Ausbreitung und Abgrenzung wechselt ebenfalls. Es finden sich ganz scharf begrenzte Bezirke, so besonders bei seröser Entzündung, in der Tiefe von Klappen- und Schließungsrand. Oder die Verfärbung verdämmert abblassend am Rande und geht ganz allmählich in die gewöhnlichen Farbtöne der umgebenden Grundsubstanz über. Auch in der Farbdichte ist derselbe Wechsel zu beobachten: gleichmäßige oder fleckförmige Verfärbung, letztere mitunter anscheinend an einige Zellterritorien gebunden. Bezüglich des Verhaltens der Zellen und Kerne wie der Lipoidose innerhalb metachromatischer Bezirke stimmen unsere Befunde ganz überein mit denen von Schürmann und MacMahon und Holle. Nur empfehlen wir in der Deutung solange Zurückhaltung, bis die Grundlagenforschung die chemischen Komponenten von Grundsubstanz und Metachromasie weiter analysiert hat.

2. **Saftstauung** (Hueck), **Ödem, Quellungsnekrose** (Holle). Wir haben vielerorts und in vielerlei Beziehung auf die Stoffwechselvorgänge der Grundsubstanz hingewiesen und uns die Vorstellung von Hueck zu eigen gemacht von dem mit solchen Stoffwechselvorgängen verbundenen Wechsel des Gewebswassers. Wir haben — wie schon Veraguth 1895 (!) — wiederholt betont, daß unter physiologischen und pathologischen Bedingungen die Bluträume: Kammer und Vorhof bei den Herzklappen die Rolle der Blutgefäße übernehmen. Hierbei stellt bei der geringen Dicke der Herzklappen die Blut-Gewebeschranke eine ungewöhnlich große Fläche dar. Wie kaum ein anderes Gewebe im Körper sind die Herzklappen in des Wortes voller Bedeutung „umspült“ von Blut. Wie kaum ein anderes Gewebe sind sie ferner mechanischer Beanspruchung und einem ununterbrochenen Wechsel derselben unterworfen. So ist es kein Wunder, daß wir bei den Herzklappen exzeptionelle Bedingungen des Stoffaustausches zwischen Blut und Gewebe und eine Sonderstellung im Eigenstoffwechsel annehmen müssen. Da wir eben aufzeigten, wie sehr wir noch am Anfang unserer Kenntnisse über die chemischen Konstituanten normalen kollagenen Gewebes stehen, müssen wir uns heute noch mit diesen Hinweisen bescheiden. Es mag scheinen, als ob diese Hinweise dem Herzklappengewebe nur eine passive Rolle bei den eigenen funktionellen und anatomischen Reaktionen zubilligen. Dagegen sprechen jedoch mancherlei Befunde: Reaktionsarmut auf der einen, elektive Reaktion auf der anderen Seite. Wenn wir bedenken, welchem Wandel das Blutplasma unter physiologischen und pathologischen Bedingungen unterworfen ist, dann nimmt das Klappengewebe im

allgemeinen daran unzweifelhaft nicht teil, weder aktiv noch passiv. Im Gegensatz hierzu haben wir aber früher und hier erneut aufzeigen können, wie frühzeitig bei Kleinkindern, ja gelegentlich schon im intrauterinen Leben, die Herzklappen Ödem und seröse Entzündung aufweisen, die nicht als passagere Stoffwechselphasen gedeutet werden können. Wir müssen daraus den Schluß ziehen, daß diese Veränderungen nicht durch allgemeine Stoffwechselvorgänge, sondern durch ganz spezifische chemisch-toxische oder immunbiologische Faktoren hervorgerufen werden und ferner in konstanter Reaktion an Grundsubstanz und Zellen angreifen. Diese Reaktion zeigt ihre Konstanz im Auftreten einer Vermehrung des Gewebswassers, einer Saftstauung, eines Ödems. Da dieses Ödem offensichtlich als gebundene Gewebsflüssigkeit lange bestehen bleibt, kann hier kein passiver Vorgang, sondern muß hier vielmehr eine aktive Zellreaktion angenommen werden.

Die aktive Reaktion kollagenen Gewebes auf proponierte spezifisch chemisch-toxische Faktoren ist anscheinend immer dieselbe. Da wir nicht annehmen können, daß diese chemisch-toxischen Wirkstoffe bei allen Menschen und allen Krankheiten gleichartig sind, müssen wir folgern, daß entweder die Reaktionsarmut kollagenen Gewebes nur *eine* Reaktion gestattet, oder daß aus dem Angebot verschiedenster Wirkstoffe des Blutplasmas nur einer *elektiv* adsorbiert wird. Die letztere Möglichkeit käme in Frage bei einer Antigen-Antikörperreaktion als Ursache von Ödem und seröser Entzündung der Herzklappe.

Wir haben früher und in Abschn. A, II, 1 (S. 6) die Folgen eines gebundenen Ödems und den Übergang in seröse Entzündung mit Zelluntergang und desmolytischen Veränderungen beschrieben. Es sind dies Befunde, die in ganz analoger Weise HOLLE (1940) in der Aortenwand erhob und in sorgfältiger Analyse darstellte. Er beobachtete dieselben regressiven Veränderungen mit Faserquellung, zunehmender Kernlosigkeit bis zur vollkommenen Nekrose der Grundsubstanz. Er hat hierfür die Bezeichnung „Quellungsnekrose“ eingeführt. Wir sehen hierin volle Übereinstimmung der Befunde bei zwei verschiedenen Gewebsabschnitten. Ein Unterschied besteht nur in quantitativer Beziehung, ferner darin, daß die Herzklappen in viel früherem Lebensalter betroffen sind. Wenn HOLLE in kritischer Abwägung ebenso wie BREDT (1941) und neuerdings W. W. MEYER (1947, 1949, 1950) diese Gefäßwandveränderungen als Gewebsentzündung auffassen und sich dabei auf die Untersuchungen von RÖSSLE (1933, 1943) und SCHÜRMANN (1933) stützen, so müssen dieselben Veränderungen in einem anderen Gefäßwandabschnitt — der Herzklappe — demselben Formenkreis zugerechnet werden.

3. **Kollagen — Elastica — Silberfibrille.** Wir waren genötigt, die hierher gehörenden Befunde und Besprechungen im Abschnitt über seröse Entzündung (S. 6) und über Desmolyse (S. 46) zu bringen. Wir können hierauf wie auch auf unsere frühere Darstellung [BÖHMIG: 12 (1950)] und auf die später anzuführenden Befunde bei den einzelnen Entzündungsformen im speziellen Teil Abschn. C, I (S. 108 ff.) verweisen. Dort sind auch Befunde, Ergebnisse und Auswertungen der vielen Voruntersucher zu finden.

5. Vascularisation — Gefäße.

Bis in die neueste Zeit ist den Gefäßen in den Herzklappen besondere Aufmerksamkeit geschenkt worden. Ihr physiologisches Vorkommen haben wir oben angeführt (s. Abschn. A, I, S. 4). Hier haben wir nun 2 Fragen zu beantworten:

1. Unter welchen Bedingungen werden gefäßlose Klappen vascularisiert?

2. Welche morphologischen Eigentümlichkeiten und Lokalisation bieten solche neugebildeten Gefäße?

1. Wenn man das Glück hat, eine wirklich frische und beginnende Endokarditis als Zufallsbefund makroskopisch am Sektionstisch zu entdecken, dann sind sowohl die Stellen dieser umschriebenen Entzündung wie auch die übrigen Klappenabschnitte mikroskopisch gefäßfrei. Wenn man zum anderen makroskopisch eine Klappenvascularisation erkennt, dann liegt mikroskopisch eine chronische Entzündung oder eine Narbe oder ein Rezidiv vor. So sehen die tatsächlichen Befunde aus. Es bleiben dann noch die Fälle übrig, bei denen man erst mikroskopisch Gefäße vorfindet.

Die *makroskopische* Gefäßdiagnostik ist ungenau und unsicher, da man bei der Sektion bestrebt sein soll, die Herzklappen weder instrumentell zu berühren noch abzuwischen. Einige diagnostische Sicherheit besteht allein beim vorderen Mitralsegel, das man auch als einziges beim durchfallenden Licht betrachten kann. Dasselbe gilt für die Tricuspidalis. Schon die hinteren Segel der Segelklappen bieten keine Sicherheit. Die Erkennbarkeit der Gefäße mit bloßem Auge hängt von Gefäßkaliber, Gefäßfüllung und Klappenverdickung ab. Demzufolge findet man mikroskopisch stets mehr Gefäße als makroskopisch. Ja, wir haben mehrfach Korrekturen vornehmen müssen: Makroskopisch als „Endokardreaktionen" bezeichnete Herzklappenveränderungen erwiesen sich mikroskopisch als gefäßhaltig und damit als chronische oder abgelaufene Endokarditis.

Die Gefäßbildung in der Herzklappe ist, wie schon KÖNIGER (1903) und FELSENREICH (1916) erkannten, unabhängig von der Lokalisation der Endokarditis an Oberfläche oder Tiefe der Klappe, unabhängig von der Intensität der Entzündung und nach LANGER (1887) nur abhängig von Dauer und Zeit.

Wenn auch eine Reihe alter Beobachtungen vorliegt, daß Klappenentzündungen *ohne* Gefäßneubildung ausheilen *können* (KÖNIGER 1903, FELSENREICH 1916, JEGOROW 1926, KAUFMANN 1922), so scheint die allgemeine Auffassung heute dahin zu gehen, daß fast zwangsläufig jede Heilung, jedes reparative Stadium von einer Vascularisation als „gewöhnliche Erscheinung" (HOLSTI 1928) begleitet ist. Diese „allgemeine" Annahme besteht heute nicht mehr zu Recht. Wir kennen in der allgemeinen Pathologie zahlreiche Beispiele für „gefäßlose" Reparation und Proliferation, wobei allerdings der Standpunkt des einzelnen Untersuchers zum Entzündungsbegriff und zur Grenzziehung entzündlicher Veränderungen ausschlaggebend sind. Auf Grund unserer Beobachtungen ist die Herzklappe als solche, ihr kollagenes Gewebe im speziellen, ein sehr geeignetes Untersuchungsgebiet für die allgemein-pathologische Frage, unter welchen Bedingungen Gefäßproliferationen „hinzu"-kommen oder nicht. Wir haben damit schon angedeutet, daß sie keineswegs obligat sind. Wir können ferner feststellen, daß sie weder zum Formenkreis der „serösen" noch der „fibrösen" Entzündung gehören, auch nicht obligat zur „rezidivierenden" Entzündung, gleichgültig welcher Genese dieses Rezidiv ist. Eine Vascularisation ist aber ein Kennzeichen der „rheumatischen" Endokarditis und als solches sehr zuverlässig in der Differentialdiagnose (KOLETSKY 1946). Wir glauben aber nicht, daß die Gefäßneubildung hierbei als „reparativer" Vorgang gewertet werden darf, denn sie ist auch hier völlig unabhängig von Art, Grad, Stadium und Schwere der bestehenden oder abgelaufenen rheumatischen Gewebsveränderung. Es findet auch keine Rückbildung der Gefäße statt, die noch WILLER (1933) als einziger annimmt, wenn sicher nur noch ein hyalines Narbengewebe erkennbar ist. Auch dieses Persistieren spricht gegen die Annahme eines lokalen reparativen Prozesses. Es ist uns nicht gelungen, Sicherheit zu gewinnen, in welcher zeitlichen oder etwa kausalen Folge die Gefäße bei der rheumatischen Endokarditis auftreten. Es muß der Bekanntgabe späterer Zufallsbeobachtungen ganz frischer und beginnender rheumatischer Herzklappenentzündungen vorbehalten bleiben, diese Frage zu klären. Im übrigen verweisen wir auf die amerikanischen Befunde im Abschnitt C, II, 6 (S. 126). Dieses Privileg der rheumatischen Endokarditis, als einzige Herzklappenentzündung mit Gefäßneubildung einherzugehen, wird gestützt durch die Untersuchungen aller amerikanischer Autoren. Wir werden auf die Bedeutung dieses Privilegs bei Besprechung der rheumatischen Endokarditis zurückzukommen haben.

2. Schon LANGER (1887) und RIBBERT (1924), später KRISCHNER (1927) und HOLSTI (1928) und neuerlich WILLER (1932, 1933) und KOLETSKY (1946) haben außer der Bedeutung der Herzklappengefäße für die Entzündung und als Kriterium derselben der *Morphologie* der Gefäße besondere Aufmerksamkeit geschenkt. Als morphologische Besonderheit beschrieb besonders RIBBERT: Auffallend wandverdickte muskuläre elasticafreie Arterien mit enger Lichtung; nur mit Endothelrohr ausgestattete, selten mit fibröser Media versehene Venen. Dieser Kennzeichnung ist auch heute nichts hinzuzufügen. Wir möchten nur die Frage aufwerfen, warum die Ausbildung der Elastica unterbleibt? Eine Antwort kann vorläufig nur aus teleologischen Erwägungen kommen: daß Innendruck der Herzhöhlen sowie Funktion und Gewebselastizität der Herzklappe eine eigene elastische Funktion dieser Gefäßwände überflüssig machen. Diese Deutung legt Vergleiche mit der funktionellen Anpassung in anderen kollagenen oder elastischen oder muskulären Geweben nahe, die wir uns aber hier versagen müssen.

Über die Lokalisation dieser neugebildeten Gefäße ist zu sagen, daß sie ausschließlich in der elastisch-fibrösen Schicht (Subendokardialschicht) sowohl im Bereich der Klappenplatte wie am Schließungsrand angetroffen werden. Sie sind hier eingelagert in die lockeren elastischen Fasern dieser Gewebslage. Diese Lagerung ist so charakteristisch, daß man auch bei Auffaserung oder Schwund der elastischen Lamelle oder der elastisch-fibrösen Schicht an der Gefäßlage die ehemalige Klappenschicht rekonstruieren kann. — Es ist eine alte Erfahrung, daß Klappengefäße bevorzugt in der elastisch-fibrösen Schicht der Vorhofseite (Oberfläche) der Segelklappen und der Kammerseite (Außenfläche) der Taschenklappen vorkommen und seltener wie auch erst bei stärkerer Verdickung und gröberer Verunstaltung der Klappen auch in der entsprechenden Schicht der anderen Fläche.

Über die *Herkunft* der Gefäße besteht seit alters her Übereinstimmung, daß die Neubildung aus dem Gebiet der Klappenwurzel, dem Annulus fibrosus erfolgt mit oder ohne Beteiligung von noch vorhandenen Capillaren der Klappenmuskeln bei den Segelklappen. Über die Besonderheit der Vascularisation aus dem Annulus bei rheumatischer Endokarditis s. Abschn. C, II, 6 S. 126.

6. Desmolytische Prozesse (Kollagen — Elastica — Silberfibrille).

Der Vorgang der Desmolyse ist von RÖSSLE (1943) in den Formenkreis der serösen Entzündung gestellt und als besonderes Kriterium einer solchen charakterisiert worden. Er besagt, daß — in des Wortes Bedeutung — lytische Erscheinungen am Mesenchym beobachtet werden. Wir haben diesen Veränderungen am kollagenen und elastischen Bindegewebe der Herzklappe besondere Aufmerksamkeit geschenkt, da gerade sie eine der wesentlichsten Stützen der Lehre RÖSSLEs und die entscheidenden Merkmale darstellen, eine einfache, passagere Flüssigkeitsdurchtränkung von Geweben nach Art der verschiedenen Formen des Ödems von einer serösen Entzündung im Sinne RÖSSLEs abzugrenzen. Bei einer solchen Abgrenzung im Herzklappengewebe stehen uns bei der Kleinheit des

Objekts leider nur morphologische Befunde zur Verfügung. Sie lassen sich stützen durch gleichartige Beobachtungen anderer Untersucher an anderen Gefäßabschnitten und anderen kollagenen Geweben. Wir verweisen hierzu auf unsere Ausführungen im Abschn. II, 1 (seröse Entzündung) und Abschn. III, 4 (Grundsubstanz) und Abb. 3—11, 23. Wir glauben, dort ausreichende Befunde und Vergleiche beigebracht zu haben zum Nachweis desmolytischer Prozesse am kollagenen und elastischen Bindegewebe der Herzklappe. Beim *kollagenen* Bindegewebe erkennen wir dabei eine Verbreiterung der Einzelfaser, eine Lösung der Faserverbindungen, Schwund der Färbbarkeit und schließlich der Kerne und

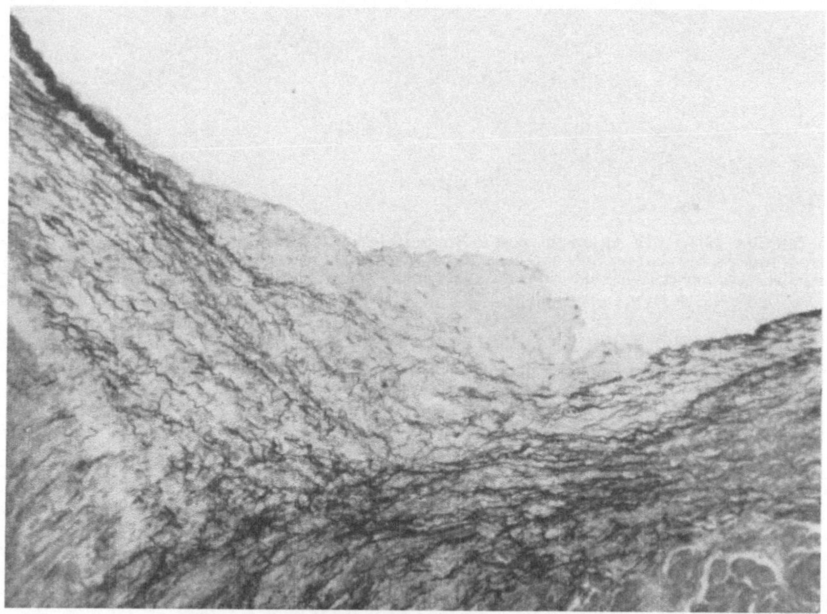

Abb. 23. Mitralis. 2. J., ♀ (Kehlkopfdiphtherie). Warzenartige seröse Entzündung am Übergang von Klappenplatte zu Schließungsrand mit Auffaserung (rechts) und Unterbrechung (links) der elastischen Lamelle. (Elastica-Färbung.)

Fasern selbst. An Stelle der kollagenen Geflechte treten bei Spezialfärbungen Silberfibrillen in Erscheinung (Abb. 4 u. 12). Dennoch handelt es sich bei diesem Vorgang nicht um einen vollständigen Gewebsuntergang, sondern nur um einen Teilvorgang auf diesem Weg, um eine Demaskierung, um einen Kollagenschwund. Wir haben darum von einer „Entkollagenisierung" gesprochen. Sie kann in allen Abschnitten der Herzklappe kleinumschrieben oder flächenhaft eintreten. So eindeutig — wie uns scheint — dieser morphologische Befund und seine Deutung ist, so ungeklärt sind heute noch seine oft eigentümliche Begrenzung und seine kausale Entstehung. Gerade das Auftreten in umschriebenen Bezirken legt nahe, in Gegensatz zum Ödem *zellgebundene* Reaktionen anzunehmen. Die dabei mitwirkenden Stoffe werden vielleicht auf dem Diffusionsweg mit dem Gewebswasser angeführt und greifen an bestimmten Zellgruppen an, die nun erst als Reaktion hierauf, wahrscheinlich durch Vermittlung von Biokatalysatoren, den „Entleimungsvorgang" einleiten *und* unterhalten. Dabei scheint uns die Frage nicht geklärt, ob wir solche Entleimung nur als Degeneration ansprechen oder auch der Vorstellung Raum geben müssen, daß Kollagenanbau und -abbau reversibel sind. Da ein Kollagenanbau zu den physiologischen Erscheinungen gehört und Kollagenabbau bei mehr physiologischer als pathologischer Gewebsatrophie ebenso wahrscheinlich zu machen ist, erscheint es uns gegeben, Schwankungen im Kollagengehalt in gewissen Grenzen annehmen zu müssen. Welcher Art die Wirkstoffe

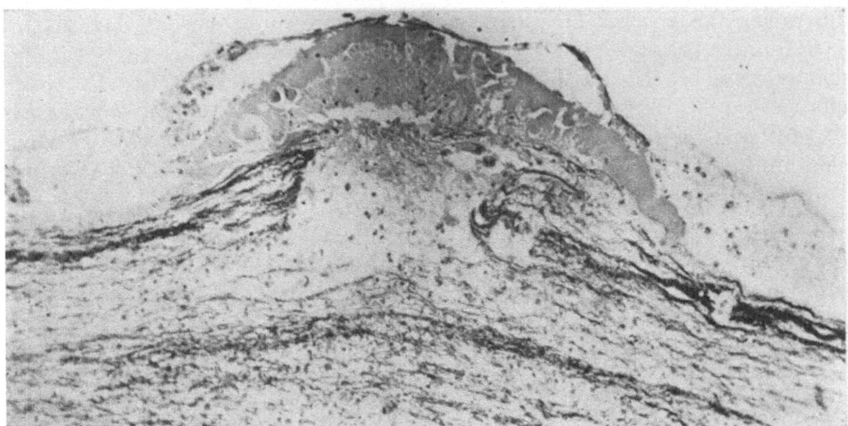

Abb. 24. Mitralis. 39 J., ♂ (E. ulcero-polyposa). Breite Unterbrechung der aufgesplitterten elastischen Lamelle durch sero-fibrinöses Insudat im Subendothel und der subendokardialen Schicht. Aufbruch des Insudates mit Sprengung der Warzenoberfläche und kappenförmig hervorgequollenem nunmehr Exsudat, das einen Thrombus vortäuscht (Elastica-Färbung). (120 ×.)

sind, die solches bedingen — das gehört in denselben Fragenkomplex wie die Änderung der Grundsubstanz und muß durch weitere Forschung geklärt werden.

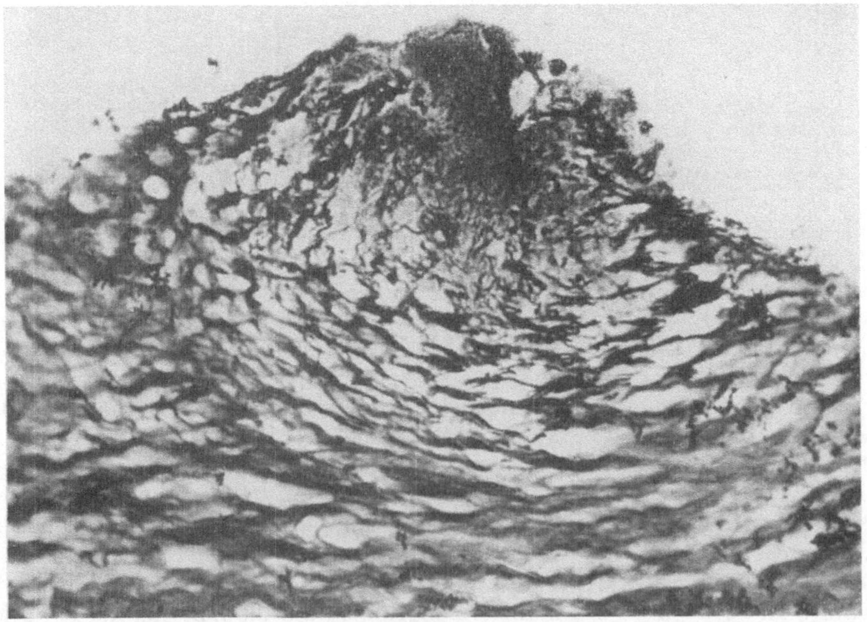

Abb. 25. Dasselbe Präparat wie Abb. 24 bei Silberimprägnation. Außerhalb der Warze graue kollagene Fasern, innerhalb der Warze schwarze argentophile Fasern. (500 ×.)

Die *elastischen* Fasern der Herzklappe unterliegen einem ähnlichen desmolytischen Prozeß. Die elastische Substanz ist den Wirkstoffen gegenüber anscheinend stabiler. Die elastischen Fasern bleiben länger erhalten als die kollagenen, zeigen zunächst nur Auseinanderdrängung und Aufsplitterung ohne

Elastinverlust oder Änderung der Fäfbbarkeit. Daneben ist echte Vermehrung zu erkennen. Erst bei fortgeschrittener Klappenverdickung ist ein Schwund der elastischen Fasern zu beobachten, und zwar in zwei Formen: scharf begrenzte, wie plötzlich abgeschnittene Unterbrechung der elastischen Lamelle oder elastisch-fibrösen Schicht (Abb. 23 u. 24), oder nach vorangegangener Aufsplitterung ein Verdämmern der feinen elastischen Fasern. Die erste Erscheinungsform entspricht ganz dem Bild der scharfen Elasticaunterbrechung bei Arteriitis. Solche scharfumschriebenen und begrenzten Ausfälle elastischen Gewebes sind stets Folge umschriebener zerstörender Entzündung. Das Bild der Aufsplitterung mit und ohne echten Schwund finden wir ansonst in anderen Gefäßwandabschnitten bei allen Änderungen der Gewebsflüssigkeit, bei Vermehrung derselben oder der Grundsubstanz oder bei kollagener Faserneubildung innerhalb der elastischen Fasern. Wir sind geneigt, ein Verdämmern elastischer Fasern *auch* als Folge veränderter Druck- und Spannungsverhältnisse anzusehen und demzufolge hier offen zu lassen, ob ein oder mehrere Faktoren wirksam sind. Auch hier gilt es wie bei den kollagenen Fasern, daß die Ausbildung des elastischen Gewebes physiologischen Schwankungen unterliegt und vom Maß der Druck- und Zugbeanspruchung abhängig ist. Sehen wir doch auch an der Herzklappe in den Kinderjahren eine offensichtliche Zunahme der elastischen Substanz, eine erst allmähliche Ausbildung der elastischen Lamelle.

Das Verhalten der *Silberfibrillen* bei der Desmolyse hat schon mehrfach Erwähnung in früheren Abschnitten gefunden. Ihr Verhalten ist nur an Stellen der Demaskierung erkennbar. Dabei bieten die Färbungsmethoden leicht Anlaß zu Irrtümern auf Grund der Technik. Die Silberfibrillen scheinen trotz dieser Einschränkung die stabilsten und langlebigsten Gewebselemente zu sein, die immer Kollagen und Elastin bei Abbauprozessen überdauern. Auch sie erfahren eine Strukturänderung bei mengenmäßiger Änderung der Gewebsflüssigkeit. Ob die Silberfibrillen als Matrix allen Mesenchyms außer solcher Strukturänderung auch eine numerische Atrophie in der Herzklappe erfahren, wagen wir bei der serösen Entzündung nicht mit aller Sicherheit zu sagen. Bei der fibrinösen Entzündung im Subendothel ist solcher Schwund in älteren Stadien erkennbar (Abb. 25). Über die Beziehungen der Silberfibrillen zum Hyalin s. Abschn. A, IV, 1 (S. 52).

7. Proliferative Erscheinungen.

Alle kollagenen Gewebe sind träge im cellulären Ersatz und in proliferativer Neubildung. So auch die Herzklappe. Sie haben dies gemein mit allen Gewebsarten, die über eine „zwischenzellige Substanz" verfügen. Es liegt darum nahe, diese Trägheit damit in ursächlichen Zusammenhang zu bringen. Das führt zur zweiten Folgerung, daß die Grundsubstanz als „Umschalter" aller Reize und Wirkstoffe fungiert, daß diese nie direkt und unmittelbar auf Zellen und Fasern einwirken. Entsprechend unseren Darlegungen in den beiden vorangehenden Abschnitten nehmen wir an, daß noch nicht näher zu bestimmende Änderungen der Grundsubstanz, wie vielleicht Chromotropie und Auftreten von Hyaluronsäure sowie sauren Mucopolysacchariden notwendig sind, um Wachstumserscheinungen im kollagenen Gewebe zu ermöglichen. Wie bei allen Geweben dieser Art können wir auch bei der Herzklappe „Wachstumszonen" erkennen, d. h. Bezirke, in denen allein oder vorwiegend über den physiologischen Ersatz hinausgehende Proliferationen auftreten. Als solche ist das Subendothel schon vielfach angeführt worden.

Wir können nur auf indirektem Wege und bislang nur mutmaßend Ursachen erschließen, wenn wir zusammenstellen, bei welchen morphologischen Symptomenkomplexen wir Gewebsproliferationen finden. Beginnen wir bei der serösen Entzündung, so fehlen bei dieser alle nennenswerten Proliferationen außer bei der rheumatischen Form. Nur vereinzelt und umschrieben finden wir bei warzenartigen Verdickungen Zellvermehrungen des Endothels, wie oben beschrieben. Ob bei der serösen Entzündung eine Faservermehrung vorkommt, ist nicht sicher zu erweisen, wie wir ebenfalls schon früher anführten. Hiernach fallen — außer beim Initialstadium der rheumatischen Endokarditis — Proliferationen im Erscheinungsbild der serösen Entzündung praktisch aus. — Die fibrinöse Entzündung tritt mit und ohne Proliferationen auf. Sie fehlen stets bei ihrem Beginn und fehlen ferner weitgehend bei nicht rheumatischer Endokarditis (Abb. 11, 13 u. 15), d. h. sie sind hier so gering und spärlich, daß man sie meist übersieht. Dagegen ist es ein Charakteristikum der fibrinösen Entzündung bei der rheumatischen Endokarditis, daß hier frühzeitiger und gehäuft Histiocyten

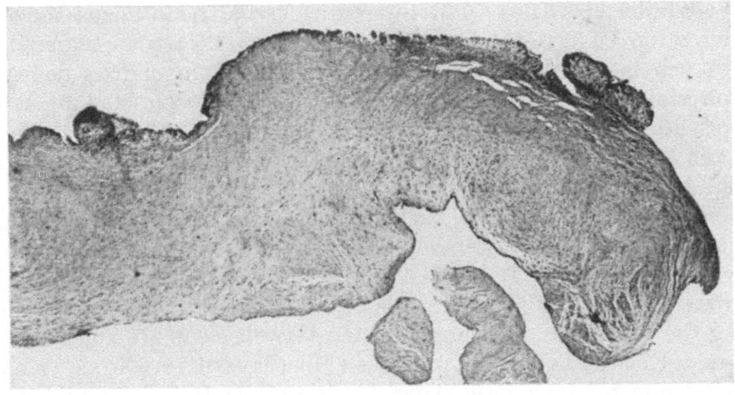

Abb. 26. Tricuspidalis. 12 J., ♀ (E. verrucosa rheumatica). Übersichtsaufnahme mit teils warzenartiger seröser (rechts), flächenhafter seröser (Mitte rechts) und fibrinöser Entzündung an der Klappenoberfläche (links) bei starker Verdickung von Schließungsrand und Klappenrand mit Klappenvascularisation. Auch an der Unterfläche Ödem und seröse Entzündung im Subendothel. (30 ×.)

auftreten, im vorangegangenen serösen Insudat vorhanden waren oder in das fibrinöse Insudat einwandern (Abb. 26 u. 27). Sie sind es auch, die Fibrillenneubildung an gleicher Stelle bewirken. Die rheumatische Endokarditis stellt damit die reinste Form dar einer zunächst histiocytären und später fibrillären Proliferation nach vorangegangener seröser und fibrinöser Insudation. Diese ortsständige proliferative Gewebsreaktion ist anscheinend schon in den ersten Anfängen ein gutes Unterscheidungsmerkmal zur Endokarditis serosa und Endocarditis simplex. Damit ist gekennzeichnet, daß der rheumatischen Herzklappenerkrankung nicht ein spezifischer Gewebs*schaden*, sondern eine besondere Gewebs*reaktion* eigentümlich ist. Wir müssen ferner hervorheben, daß wir in keinem unserer Fälle von rheumatischer Endokarditis ein von Klinge (1933) u. a. auch in den Herzklappen beschriebenes rheumatisches „Granulom" oder eine damit vergleichbare Gewebsstruktur gefunden haben. Wir werden auf diesen abweichenden Befund unter Bezug auf das Schrifttum im Abschn. C, II, b (S. 126) einzugehen haben. — Die wechselnde Fülle der Gewebsreaktionen bei der makroskopisch mit Geschwürs- und Polypenbildung einhergehenden Entzündung ist mannigfaltig und setzt sich zusammen aus seröser, fibrinöser und proliferativer Reaktion, so daß man hier nur von einem Granulationsgewebe mit den hierbei selbstverständlichen proliferativen Erscheinungen sprechen kann.

Wenn wir unterstellen, daß alle Proliferationen in den Formenkreis „reparativer" Entzündung gehören, dann könnten wir bei den verschiedenen Formen der Herzklappenentzündung folgende Abstufung aufstellen:

1. seröse Entzündung: nur Schaden;
2. fibrinöse Entzündung:
   a) ohne Reparationstendenz (= Endocarditis verrucosa simplex),
   b) mit Reparationstendenz (= Endocarditis verrucosa rheumatica);
3. granulierende Entzündung: Mischform von 1. und 2. kombiniert mit Exsudation.

Ob diese Unterschiede allein von der Reizstärke oder allein von dem Grad der Schädigung oder von der Kombination beider abhängen, ist bei der Herzklappe ebensowenig ohne weiteres zu entscheiden, wie in anderen Geweben und Organen. Offensichtlich ist nur das eine: der auffällige Unterschied bei der interstitiellen

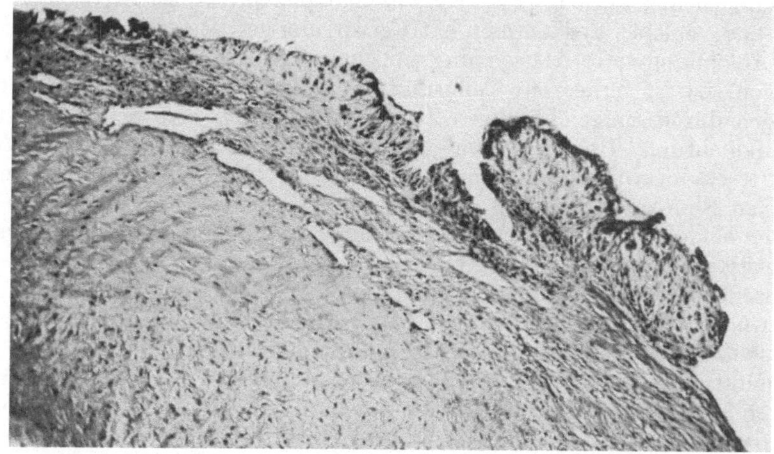

Abb. 27. Starke Vergrößerung eines Teilausschnittes der Oberfläche von Abb. 25. Flächenhafte fibrinöse (ganz links), flächenhafte seröse (Mitte) und warzenförmige seröse Entzündung mit beginnendem fibrinösem Insudat an der Warzenoberfläche (rechts) an der Klappenoberfläche. Proliferation der Histiocyten innerhalb der flächenhaften und warzenförmigen serösen Entzündung. Zahlreiche Gefäße in der subendokardialen Schicht als Beweis eines akuten Rezidivs auf alter Rheumanarbe. (86 ×.)

fibrinösen Entzündung. Wir lernen daraus, daß einem fibrinösen Insudat nicht obligat eine reparative oder proliferative Entzündung folgt, daß es auch in der Herzklappe in dem Sinne fast amorphe innergewebliche Fibrineinlagerungen gibt, die praktisch keine Gewebsreaktion auslösen.

Zwei Arten von Proliferation treten wie in allen kollagenen Geweben so auch in der Herzklappe in Erscheinung: eine histiocytäre und eine fibrilläre. Die histiocytäre geht der fibrillären anscheinend stets voraus. Die *Histiocyten* sind lokalisatorisch, wie oben erwähnt, entweder an das Subendothel oder an die Grenze des fibrinösen Insudates gebunden. Dieses überschreitet ja manchmal die Grenzen des Subendothels in der Tiefe zur elastisch-fibrösen Schicht. Der oben angeführte Keimschichtcharakter des Subendothels kommt in dieser Zellproliferation deutlich zum Ausdruck. Bei beginnender Vermehrung der Histiocyten liegen diese ungeordnet am Rande des Fibrins. Später und nach dem Eindringen in das fibrinöse Insudat richten sich diese Zellen auf und bilden die bekannte „Palisadenstellung". Wir erklären diese Eigentümlichkeit damit, daß in der amorphen Masse des Fibrins Spannung und Zug des Gewebes durch das als puffernde Zwischensubstanz eingelagerte Fibrin abgeändert, wenn nicht aufgehoben sind. Nach Maßgabe des Eindringens und der Phagocytose durch die Histiocyten verringert sich die Masse des Fibrins, verstärken sich die Silberfibrillen, beginnt eine neue Kollagenisierung. Während dieses Vorganges schwindet auch hier und da oder sogar flächenhaft die charakteristische Färbbarkeit des Fibrins, so daß nun das „Fibrinoid" vorliegt, wie es bisher bezeichnet wurde. Auf Grund unserer eigenen und der von BEISCH durchgeführten Untersuchungen muß als Ursache dieser färberischen Umwandlung eine Gewebssäuerung angenommen werden (s. oben S. 19). Über Wandel, Um- und Abbau des Fibrins *ohne* histiocytäre Proliferation s. oben (Abschn. A, II, 2, S. 20).

Wir haben bisher nur die proliferativen Erscheinungen bei der fibrinösen Entzündung und im Subendothel besprochen. Wir haben dabei erwähnt, daß auch die elastisch-fibröse Schicht mit einbezogen sein kann. In den tieferen Klappenschichten kommen Histiocyten und fibrilläre Proliferationen praktisch nur vor bei der granulierenden Entzündung, der chronischen Endocarditis ulcero-polyposa. Sie finden sich hier auch in örtlicher Unabhängigkeit von seröser und fibrinöser Entzündung. Solches Vorkommen hat Verwirrung gestiftet und ist ein Teilgrund für die Ablehnung einer Abgrenzung einzelner Endokarditisformen durch einige Pathologen, sie ist ferner ein Teilgrund für die Ablehnung der Einteilung der Pathologen durch einige Kliniker. Zweifellos bestehen hier Schwierigkeiten in der Befunddeutung. Unsere Befunde und Darlegungen werden jedoch aufzeigen, daß in der Endocarditis granulomatosa sich eben alle vorangehenden und umschriebenen Endokarditisformen vereinen. So gesehen wird es verständlich, daß bei dieser Endokarditisform als Zeichen ihres granulierenden Charakters auch diffuse histiocytäre und fibrilläre Wucherungen auftreten. Sie sind dann an keine Klappenschichten mehr gebunden, weil in diesem Entzündungsstadium solche gar nicht mehr bestehen. Die Klappenschichten sind dann alle mehr oder minder in das kennzeichnende Granulationsgewebe umgewandelt.

Proliferationen bei der granulierenden Entzündung entsprechen ganz den bekannten histiocytären und fibrillären Wucherungserscheinungen eines gewöhnlichen Granulationsgewebes mit reicher Capillarsprossung, wobei bald der eine, bald der andere Faktor stärker im Vordergrund des morphologischen Bildes steht. Ihnen parallel laufen leukocytäre und lymphocytäre Infiltrationen. Diese Granulationsgewebsbildung ist Ursache der Polypenbildung. An der Oberfläche der Polypen findet sich meist ausgebreitete fibrinöse und oft umschriebene seröse Entzündung mit gleichartigen proliferativen Erscheinungen bei der ersteren.

Über Gefäßneubildungen im Herzklappengewebe, die man auch zu den proliferativen Prozessen rechnen muß, haben wir im Abschn. A, III, 5 (S. 44) berichtet.

IV. Die Formen der chronischen Entzündung.

1. Sklerose und Hyalinose.

Der Begriff der *Sklerose* ist ursprünglich ein solcher der makroskopischen Diagnostik, kann aber heute hierfür nicht mehr reserviert bleiben. HUECK (1937) als Urheber der Grundsubstanzforschung hat wohl als einziger in seinem Lehrbuch eine Einteilung der Sklerosearten nach morphogenetischen Gesichtspunkten vorgenommen, und das am Beispiel der Gefäßwand und Arteriosklerose. Er nennt hier: „Sklerose als Ausheilungszustand von Gefäßwandentzündungen" (S. 526), „Sklerose als Ausheilung von Zirkulationsstörungen" (S. 532) und „Sklerose als Folge von Wachstums- und Anpassungsvorgängen" (S. 533). In dieser Dreiteilung kommen die gestaltenden Kräfte zum Ausdruck, die die mit Verhärtung einhergehenden „Umformungen" der Gefäßwand bewirken. Die Herzklappe als anatomischer und funktioneller Teil des Gefäßsystems ist gleichem Umbau auf gleicher Grundlage unterworfen, wobei nach heutiger Kenntnis die entzündliche Genese beherrschend im Vordergrund steht. Für die Sklerosen der Herzklappe verbinden, erweitern und spezifizieren sich die von HUECK beschriebenen Faktoren durch RÖSSLEs (1943) Untersuchung der „serösen Entzündung“ und seinen Nachweis, daß solche entzündlichen, serösen Durchtränkungen Ursache von Sklerosen sind. Damit ist durch RÖSSLE und HUECK den Sklerosen auch ein mikroskopisches Äquivalent zugeordnet in Gestalt bindegewebig-hyperplastischer Prozesse, die sich — wie wir gleich zu schildern haben — in solche der kollagenen Fibrillen und solche der Grundsubstanz, der ungeformten Zwischensubstanz, gliedern. BREDT (1932), HOLLE (1940) und W. W. MEYER (1949) konnten die Lehre RÖSSLEs bei den sklerosierenden Erkrankungen der Gefäße bestätigen und mit zahlreichen Einzelbefunden beweisen. Damit sind die Sklerosen des Bindegewebes und somit auch die der Herzklappen dem in heutiger Erkenntnis „pathologischer Umformungen“ immer kleiner werdenden Formenkreis der primären „Degenerationen“ entnommen.

Einer der Altmeister der Pathologie, P. ERNST, hat nochmals 1928 Stellung genommen zur *Hyalin*bildung. Er betont, daß der Begriff Degeneration keine scharfe Definition bedeutet, „keine naturwissenschaftliche Erscheinung bezeichnet“, sondern ein Werturteil darstellt. „Im Bereich der Degeneration herrscht die Dissimilation, der Abbau zu unspezifischen Produkten unter qualitativer Änderung der Substanzen, die Umwandlung der Stoffe in einen unbrauchbaren, ja schädlichen, sogar giftigen Zustand ...“ (S. 1247). Er hält darum „eine schematische Einordnung aller pathologischer Ablagerungen unter das Gebiet der Degeneration“ für falsch. „In der überwiegenden Mehrzahl aller Fälle handelt es sich um Ablagerungs-, Abscheidungs- und Durchtränkungsvorgänge ...“ (S. 1248). ERNST unterscheidet 3 Formen der Hyalinbildung (S. 1262): 1. Fibrinoides Hyalin = aus Fibrin durch Quellung entstanden. 2. Sekretorisches Hyalin = Sekret epithelialer Zellen; deckt sich mit Kolloid. 3. Infiltriertes Hyalin = durch Ablagerung und Quellung im Bindegewebe entstanden. Er vermutet, „daß auch Hyalin durch Ablagerung unvollkommen abgebauter Eiweißstoffe zustande kommt oder nach LOESCHKE das Erzeugnis einer Antigen-Antikörperbindung ist“ (S. 1263). — HUECK charakterisiert das Hyalin folgendermaßen: „Die einzelnen Bindegewebsfibrillen werden durch eine eigentümliche Änderung der Grundsubstanz zu einer dicken, homogenen, „hyalinen“ Masse miteinander verbacken. ... Dabei werden die Fibrillen entweder mit einbezogen und zusammen mit der Grundsubstanz in eine homogene Masse umgewandelt oder — wie meist beim Amyloid — sie zerbröckeln und zerfallen allmählich“ (S. 40). — E. MÜLLER (1936) hat mit seinen Untersuchungen einmal eine Unterscheidung von „Oberflächenhyalin“ und „Infiltrationshyalin“ ermöglicht und ferner eine Trennung zwischen „Adsorptionshyalin“ und „Präcipitathyalin“ durchgeführt. Beim „Adsorptionshyalin“ „wurde damit die schon morphologisch längst vermutete Aufnahme von Eiweißmassen eines Exsudates an Bindegewebe bewiesen“ (S. 66), eine „Anhäufung globulinartiger Eiweißkörper“ infolge unvollkommenen fermentativen Abbaues von Fibrin und Eiweiß oder infolge einer Präcipitation im Gewebe. Letztere ist möglich auf Grund der von LOESCHKE (1927) begründeten und von LETTERER (1931) erweiterten Anschauung vom Zusammentreffen eines hohen geweblichen Antikörpertiters mit niedrigem Antigentiter.

Wenn wir uns immer wieder vor Augen halten, daß die Herzklappen einen Gefäßwandabschnitt darstellen, wenn wir aus unserer Darstellung erfahren, daß die ersten feststellbaren Klappenveränderungen auf Gewebsquellung, auf Flüssigkeitsaufnahme, seröse oder fibrinöse Durchtränkung zurückzuführen sind — dann wird offenbar, daß hierbei chemische und physikalische Änderungen der Grundsubstanz ganz das Bild beherrschen und bei der Frühzeitigkeit ihres Auftretens alle Vorbedingungen bieten zu Sklerose und Hyalinose. Die angeführten Voruntersuchungen haben hierzu ergeben, daß sowohl bei Sklerose wie Hyalinose Hyperplasien reticulärer wie kollagener Fibrillen (Hyperkollagenose E. MÜLLERs) wie Hyperplasien der Grundsubstanz vorkommen, und dies wohl meist auf Kosten des korrespondierenden Anteils. So gesehen, entwirrt sich das komplexe Bild der sklerosierenden Entzündung der Herzklappen. Die von uns schon in früherer Untersuchung [BÖHMIG: 15 (1934)] beschriebenen Klappensklerosen sind ausgezeichnet durch einen bunten Wechsel (von Fall zu Fall) von kollagener und elastischer Hyperplasie wie Schwund beider Anteile und Ersatz durch Hyalin. Nach Maßgabe von Art und Lokalisation der vorangegangenen Entzündung betrifft diese Sklerose alle Klappenschichten (nach seröser Entzündung) oder nur das Subendothel (nach fibrinöser Entzündung). Dabei sind kollagene Hyperplasie

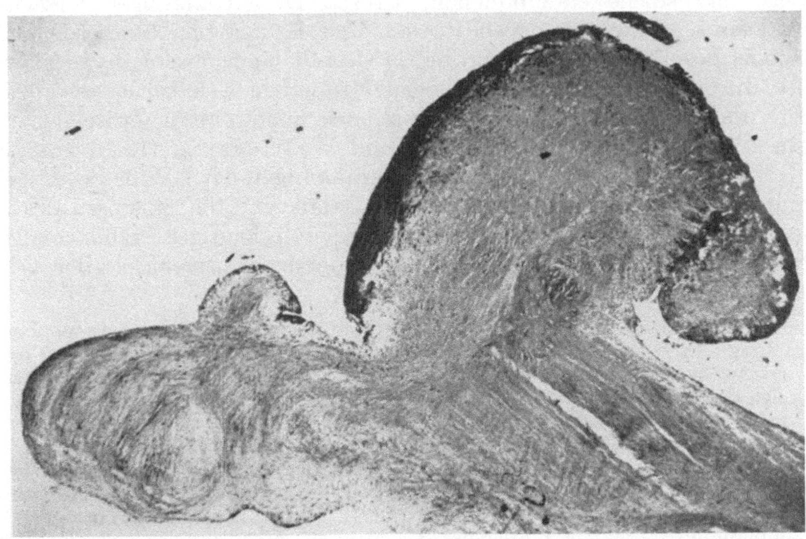

Abb. 28. Mitralis. 15 J., ♀ (E. verrucosa rheumatica bei Lungentuberkulose). Mächtige kollagene Hyperplasie sowohl innerhalb wie an der Basis von zwei Warzen, die an ihrer Oberfläche eine rezidivierende sero-fibrinöse Entzündung (kleine Warze links) oder eine fibrinöse interstitielle Entzündung im Bereich des Subendothels (große Warze rechts) aufweisen. Jetzt noch bestehende oder frische Histiocytenwucherung. An der Unterfläche des Klappenrandes frische flächenhafte seröse Entzündung im Subendothel. Innerhalb des verdickten Klappenrandes Wirbelbildung der kollagenen Fasern.

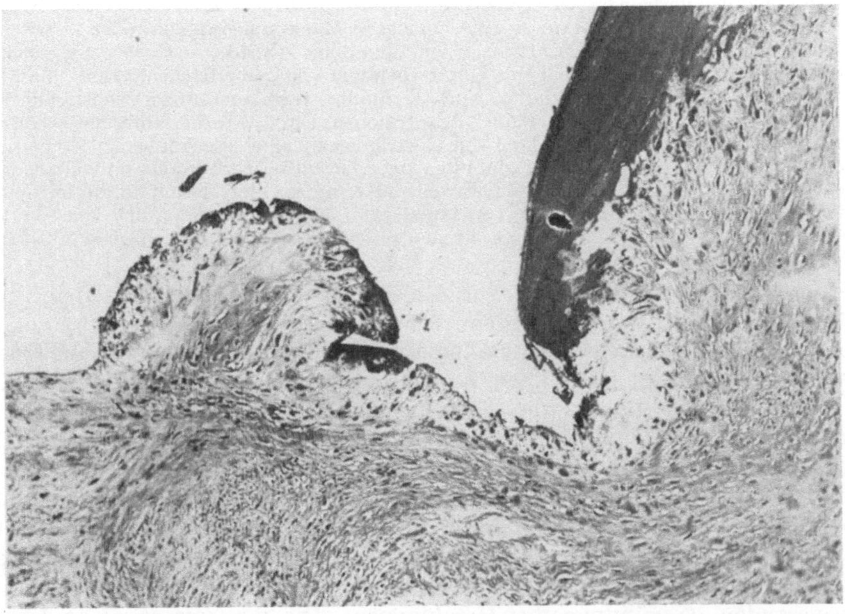

Abb. 29. Teilausschnitt der beiden Warzen von Abb. 28 zur Verdeutlichung sowohl der Histiocytenwucherung wie der kollagenen Proliferation.

und Hyalinose wesentlich hochgradiger und häufiger vertreten als Hyperplasie der elastischen Fasern (Abb. 28 u. 29). Da letztere empfindlicher erscheinen gegenüber den entzündlichen Noxen, unterbleibt ihre Neubildung infolge abgeänderter Druck- und Zugbelastung nach Einbau von kollagenen Fasern, Grundsubstanz und Hyalin (Abb. 30). Soweit spezielle Bindegewebsfärbungen (Azan-, MALLORY- und BIELSCHOWSKY-Färbung) ein Urteil erlauben, ist die Hyalinose häufiger zu beobachten und ausgedehnter als die kollagene Hyperplasie. Eine morphologische Unterscheidung zwischen einfachem Adsorptionshyalin und Präcipitathyalin ist noch nicht möglich. Wenn E. MÜLLER (1936) die Wasserbindung des Hyalins in Abhängigkeit von Eiweißgehalt *und* Säurewert stellt, so kann man unter Hinweis auf unsere Darlegungen oben (S. 17) im Stadium der Quellung

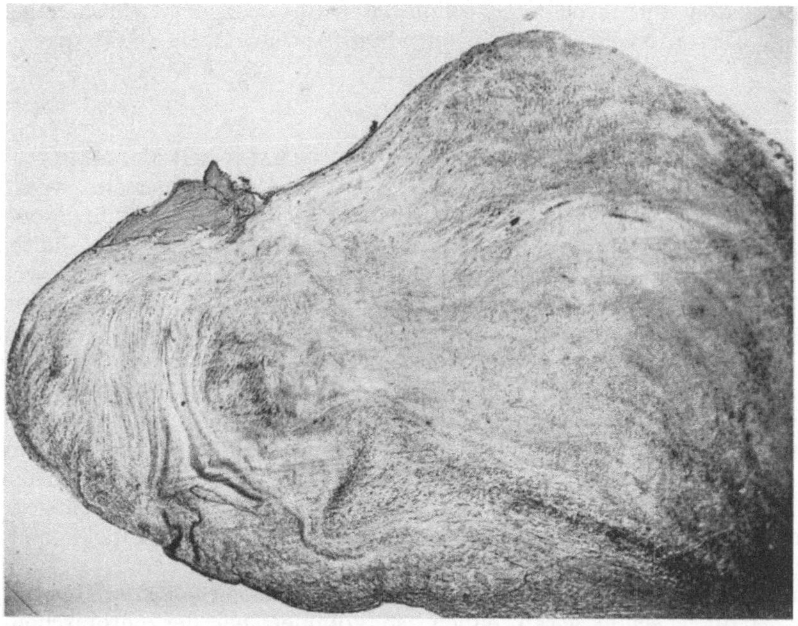

Abb. 30. Aortenklappe. 35 J., ♀ (Schilddrüsencarcinom). Übersichtsaufnahme von Klappen- und Schließungsrand einer auf das Fünf- bis Achtfache verdickten Klappe mit mächtiger kollagener Hyperplasie bei fast völligem Schwund der elastischen Fasern. Warzenförmige fibrinöse Entzündung links oben am Klappenrand. (30 ×.)

und serösen Durchtränkung der Herzklappe die Vorbedingungen zur Bildung von Adsorptionshyalin wie für Präcipitathyalin erkennen. Denn solche Präcipitationen im Gewebe sind ja nicht an chronische Eiweißzerfallsherde gebunden. Für eine solche Annahme und Vorstellung fehlt noch der Antikörpernachweis im Bindegewebe der Herzklappe. Wertvolle Ergänzungen der MÜLLERschen Vorstellungen zur Frage der Hyalinbildung haben die physiko-chemischen Untersuchungen von RATZENHOFER und SCHAUENSTEIN (1951) gebracht. UV-spektrographisch, röntgenographisch, polarisationsmikroskopisch sowie mikrochemisch scheint danach festzustehen, daß das Hyalin eine kollagene Grundstruktur besitzt, die eine „Zwischenstruktur“ im Sinne eines homogenisierenden, aromatische Aminosäuren enthaltenden Eiweißkörpers in sich schließt. Durch fermentative Herauslösung der Zwischenstruktur kann das kollagene Grundgerüst demaskiert und damit demonstriert werden, wobei die Bausteine der Zwischenstruktur (Tyrosin) in dem Lösungsmittel nachweisbar sind.

Wir haben keine Sicherheit in der Beurteilung gewinnen können, ob und welche Bedeutung den sekundären Herzklappengefäßen bei Sklerose und Hyalinose zukommt. Zwar hatten wir in vielen Fällen den Eindruck, daß bei chronischer rheumatischer Endokarditis, die allein mit Gefäßneubildung einhergeht, die kollagene Hyperplasie häufiger und ausgedehnter vorhanden sei als bei chronischer nichtrheumatischer, gefäßfreier Endokarditis. Aber einfache oder direkte Beziehungen können darum nicht angenommen werden, weil als gleichberechtigter Faktor das Alter des Umbauprozesses zu werten ist. Und dessen Bestimmung entzieht sich leider ganz der Beurteilung.

Man kann die Frage aufwerfen, mit welcher Berechtigung wir Sklerose und Hyalinose der Herzklappen als Erscheinungsform chronischer Entzündung hinstellen. Diese Darstellung steht und fällt einmal mit der Annahme der Lehre RÖSSLEs, zum andern mit dem Nachweis von umschriebenen serösen und fibrinösen Insudaten und meist auch cellulären Infiltrationen synchron neben den Sklerosen. Diesen Nachweis erbringen wir in Abschn. C, III (S. 149).

2. Lipoidose.

Durch die neueren Untersuchungen von SCHÜRMANN und MACMAHON (1933), BREDT (1932), HOLLE (1940) und W. W. MEYER (1949) einerseits, von M. B. SCHMIDT (1944) und E. MÜLLER (1949) andererseits haben die lipoiden Speicherungen und Infiltrationen der Gefäßwände eine andere Stellung erhalten und ihren degenerativen Charakter weitgehend eingebüßt. Nach dem Nachweis von M. B. SCHMIDT, daß „das Plasmaeiweiß adsorbiertes Fett ins Gewebe mit hineintrage“, konnte E. MÜLLER aufzeigen, daß demzufolge auch primär fetthaltiges Hyalin als „eingeschlepptes Plasmafett“ vorkommt, wenn solche Plasmaeiweiße als Hyalin ausfallen. E. MÜLLER rollt damit die Frage nach der „Bedeutung der Lipoide für die Erhöhung der Gefäßwanddurchlässigkeit . . . und für die Extravasation von sonst in der Zirkulation verbleibenden Proteinen“ (S. 302) auf. Bei der Arteriosklerose weist er auf die ödematösen Verquellungen — auch hyaliner Faserzüge, auf die „Quelleiweiße“ hin und unterscheidet eine „plasmogene, mit dem Eiweißvehikel eingeschleppte *Früh*lipoidose und . . . *späte* Lipoid- und Fettphanerose“ (S. 305).

Betrachten wir unter diesem Aspekt die Lipoidablagerungen der Herzklappen, wie wir es oben schon getan haben, so kommen bei der chronischen Entzündung mit akuten Rezidiven Früh- *und* Spätlipoidosen in Frage. Ist doch der „Umbau“ bei der chronischen Endokarditis nie abgeschlossen und der Nachweis neuer akuter Verquellungen auch im höheren Alter stets zu erbringen. In einigen Fällen möchte man vermuten, daß die oberflächennahen Lipoidablagerungen jünger sind als die der Klappentiefe. Meist haben wir geringe Grade der Lipoidose als diffuse staubförmige Verfettung oder als einzelne intracelluläre Verfettung, z. B. der Endothelzellen angetroffen. Starke Lipoidose beobachten wir vorwiegend und elektiv innerhalb der elastischen Lamelle und innerhalb der fibrösen Grundschicht von Klappe und auch Sehnenfäden. Es ist uns bei der letztgenannten Verfettung nicht gelungen, Ursache oder Beziehung zu ermitteln. Da wir eine gleichartige Lokalisation der Verfettung auch ohne die Zeichen chronischer Endokarditis fanden, steht sie jedenfalls nicht in Abhängigkeit von dieser.

In diesem Zusammenhang ist anzuführen, daß schon TROITZKI-ANDREJEWA (1926) bei der Untersuchung von 129 Mitralsegeln feststellte: „Lipoidablagerungen fehlen nur im Alter bis etwa 3 Wochen“. Von da an nehmen sie zu; es sind dann nur Quantitätsunterschiede erkennbar. Hierher gehören ferner die von HOLLE (1940) beschriebenen Verfettungen von Zellen und Grundsubstanz in der Aortenwand als Begleiterscheinung entzündlichen Ödems wie als sekundäre Lipoide bei regressiven Veränderungen. HOLLE sah bei staubförmiger Verfettung der Grundsubstanz eine Herabsetzung der Metachromasie; er erblickt darin eine Herabsetzung des Gewebsstoffwechsels und ebenso wie SCHÜRMANN und MACMAHON (1933) ein Liegenbleiben eingeströmter Plasmalipoide. Aus den übereinstimmenden Befunden, Deutungen und Anschauungen der angeführten Forscher wird der gleitende Übergang physiologisch in das Gewebe einströmender Blutlipoide, ihre Steigerung bei seröser Insudation und Entzündung durch Bindung des Insudates bis zur Lipoidose bei Zell- und Gewebsuntergang deutlich.

3. Verkalkung.

Verkalkungen kommen sowohl innerhalb von Excrescenzen wie innerhalb des Klappengewebes sowie innerhalb des Annulus fibrosus vor. Während die ersteren schon makroskopisch auffallen, werden die letzteren oft durch die allgemeine Sklerose und Verhärtung der Klappen verdeckt und erst bei Durchschnitten oder sogar erst mikroskopisch erkannt. (Wir haben hierüber keine speziellen Untersuchungen angestellt. Wir müssen darum die Frage offen lassen, ob allen Verkalkungen ein Verfettungsstadium vorausgeht. Wir können nur mit weitgehender Sicherheit aussagen, daß alle einer lokalen Nekrose zu folgen scheinen mit Ausnahme der Verkalkungen innerhalb des Annulus fibrosus.) Nach KAUFMANN (1922) und unseren eigenen Beobachtungen von 21 Verkalkungen bereitet — teilweise in Gegensatz zu GIESE (1932) — die makroskopische Differentialdiagnose oft Schwierigkeiten. Wir meinen einmal die Unterscheidung, ob eine Annulusverkalkung auf die Unterfläche der Mitralis oder die Innenfläche der Aortenklappen übergreifend fortgeschritten ist, oder ob hier zwei getrennte und erst sekundär verschmolzene Verkalkungsherde vorliegen, oder ob eine primäre Klappenverkalkung auch sekundär auf den Annulus übergreifen kann. Beobachten wir doch öfters eine knollige Verkalkung unmittelbar am Ansatzwinkel der Klappe, die sich sowohl nach dem Annulus wie klappenwärts fortsetzt. Wenn man sich wie GIESE nach den alten Anschauungen orientiert, daß die „Endokarditis der Aortenklappen immer in der ersten, dem Ventrikel zugewandten Schicht sitzt“ (S. 26), daß „bei der verkalkten Endokarditis der Prozeß mit Vorliebe an der Vorhofseite lokalisiert ist . . . und die Klappenwurzel stets freiläßt“ (S. 27), so sind die differentialdiagnostischen Schwierigkeiten geringer. Seine schönen und eindrucksvollen Röntgenbilder wie auch die Befunde von MARTENS (1933) zeigen jedoch die großen Variationen der Ausbreitung auch innerhalb der Klappen, seine mikroskopischen Befunde Verfettung, Nekrosen und Hyalinbildung im Subendothel und in der fibrösen Grundschicht, so daß wir nach heutiger Kenntnis erwägen, ob diese der Verkalkung vorangehenden Veränderungen nicht zum Teil entzündlichen Prozessen zugeordnet werden müssen.

4. Verwachsung und Schrumpfung.

Der bisherigen Darstellung dieser beiden Prozesse haben wir nur eine allgemeine Bemerkung hinzuzufügen. Es gibt keine Verwachsung von Herzklappen oder Sehnenfäden ohne vorangegangene Entzündung! Wenn dieser lapidare Satz Allgemeingut der makroskopischen Diagnostik wäre, bestände keine Meinungsverschiedenheit über die Häufigkeit entzündlicher Klappenveränderungen. Die Nichtbeachtung dieser allgemeinen Feststellung läßt leider alle bisherigen Statistiken wertlos erscheinen. Die Verwachsung der Aortenklappencommissuren (Abb. 31 u. 32) und der Sehnenfäden, ferner Querverbindungen im Bereich der Segelklappenrandarkaden werden noch heute durchweg nicht beachtet oder gewertet. Dabei deckt die mikroskopische Untersuchung sofort die Genese auf. An den Segelklappen bestehen darin keine diagnostischen Schwierigkeiten, vielleicht aber solche bei den Aortencommissuren. Wir haben an einigen fetalen

Herzen den gemeinsamen Abgang zweier benachbarter Aortenklappenränder aus einer Scheidewand aus der Aorta beobachtet, ohne entscheiden zu können, ob hier eine Variante oder ein pathologischer Prozeß vorliegt. Hier müssen normalanatomische Untersuchungen eine Klärung herbeiführen. Zur Differentialdiagnose bei chronischer Endokarditis der Aortenklappen zwischen angeborenen

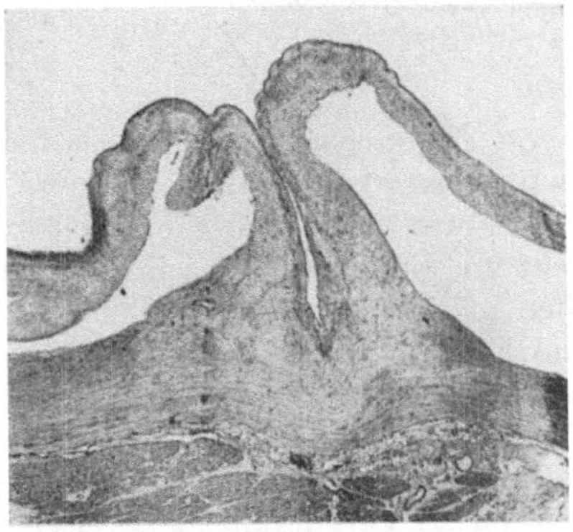

Abb. 31. Aortenklappen. 40 J., ♀ (Lungentuberkulose). Übersichtsaufnahme von zwei verwachsenen Aortencommissuren mit seröser Entzündung im Subendothel. (11 ×.)

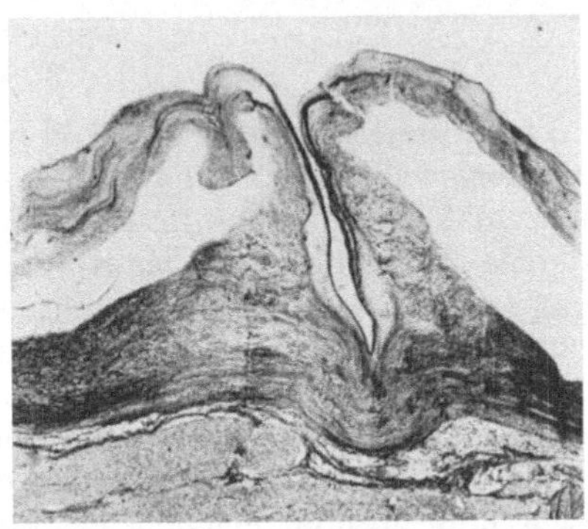

Abb. 32. Dasselbe Präparat bei Elastica-Färbung. Man sieht die vielfache Unterbrechung der elastischen Lamelle innerhalb der beiden abgebildeten Aortenklappen. (11 ×.)

zwei statt drei Taschenklappen und Schrumpfung bzw. Schwund der Scheidewände zweier benachbarter und miteinander verwachsener Klappen liegen Untersuchungen von GROSS (1937) und KOLETSKY (1943) vor, dessen instruktive Abbildungen wir wiedergeben (s. Abb. 33). — Den neuesten Untersuchungsergebnissen von SOKOLOFF, ELSTER und RIGHTHAND (1950) über die Sklerose der

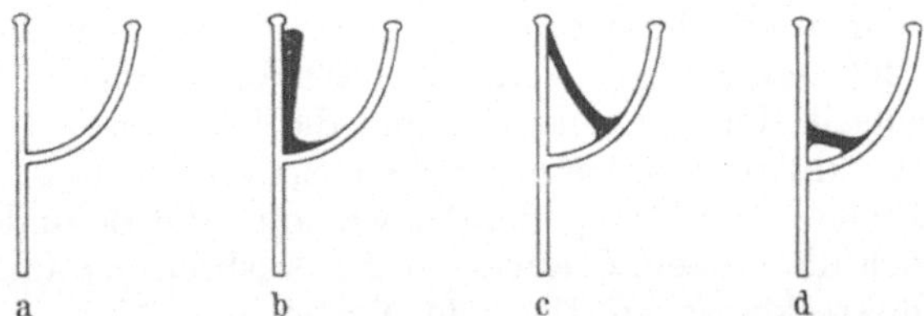

Abb. 33 a—d. Schematische Darstellung der „bicuspid aortic valves" nach S. KOLETSKY. a normale Aortenklappe, b gratartige Leiste (schwarz) zwischen 2 kongenital verwachsenen Aortenklappen, c—d Rest der Scheidewand zwischen 2 sekundär verwachsenen Aortenklappen nach Entzündung (schwarz).

Sehnenfäden können wir nicht beipflichten. Sie sprechen sich gegen ein Übergreifen entzündlicher Prozesse auf Sehnenfäden aus, nehmen aber ein solches Übergreifen bei einer Klappenatherosklerose und mechanische Faktoren an. So unterscheiden sie „1. Thickening as a normal structural pattern" und „2. Acquired sclerotic thickening". — Auf die Untersuchungen von FOXE (1929) über die mechanisch bedingte Entstehung der „Fensterung" des Klappengewebes, zunehmend bis zum 40. Lebensjahr, sei hier nur hingewiesen.

5. Endokardsklerosen.

Wir sehen hier ab von den diffusen Sklerosen, wie sie bei Säuglingen als angeborene Fehlbildung oder als Narbenstadium alter Herzwandinfarkte oder Herzwandaneurysmen vorkommen. Wir führen hier nur die umschriebenen Sklerosen des Wandendokards an, wie sie bei chronischer Endokarditis mit Klappeninsuffizienz unterhalb der Aortenklappen an der Kammerzwischenwand und unterhalb der Mitralis an Papillarmuskeln und Trabekeln häufig zur Beobachtung kommen. Während Krasso in 2 Arbeiten (1925, 1929, Literatur), Kaewel (1928) und Saphir (1930) eine mechanische Genese vertreten, nimmt Böger (1928) eine entzündliche Ursache und eine „Kontaktendocarditis" an. Die alte Streitfrage scheint sich nun zugunsten der alten Zahnschen Theorie zu entscheiden. Krasso, den Saphir bestätigt, unterscheidet nach der Herzspitze offene systolische und nach der Aorta offene diastolische Endokardtaschen. *Wir* selbst haben so oft ein Übergreifen bzw. eine Fortsetzung entzündlicher Infiltrate auf das Wandendokard (und ebenso auf die Aortenintima in Höhe des Klappenrandes) ohne Sklerose beobachtet, daß an dem häufigen Auftreten solcher entzündlicher Kontakte kein Zweifel sein kann. Zum andern weisen umschriebene Endokardsklerosen als Flecke, Leisten oder Taschen so häufig und so nahe örtliche Beziehungen zur Lokalisation des Klappendefekts auf, daß dem sklerosierenden Prozeß wohl sicher eine mechanische Ursache zugrunde liegt.

Weitere umschriebene Endokardsklerosen in Form von glatten oder wellenförmigen, verzweigten oder halbmondartigen Leisten haben *wir* (Böhmig 1936) als „Endokardriffelung" am Vorhofendokard oberhalb des hinteren Mitralsegels beschrieben. Wir haben sie indessen nur als ausgebildete Sklerosen bei Mitralklappen mit unregelmäßigem und verdicktem Klappenrelief beobachtet und nie dabei Entzündungszeichen gefunden. Sie haben örtliche Beziehungen zu der von MacCallum (1924) und von Glahn (1926) mitgeteilten rheumatischen Wandendokarditis des linken Vorhofes. Es ist uns bei der Untersuchung dieser „Endokardriffelung" nie gelungen, rheumatische Gewebsveränderungen zu finden. Wir verweisen diesbezüglich auf unsere Besprechung in Abschn. C, II, b (S. 148). Eine anderweitige entzündliche Genese können wir auf Grund unserer heutigen Kenntnisse nicht völlig ausschließen, halten aber bis zu deren Nachweis an einer mechanischen Entstehung fest.

6. Lamblsche Excrescenzen (L.E.).

Im neueren Schrifttum liegen nur 5 Arbeiten über die L.E. vor von Krischner (1927), Grant, Wood und Jones (1928), Günzel (1933), Terada (1938) und Magarey (1949).

Ribbert (1924) nimmt an, daß die L.E. „entweder als das Resultat der Organisation eines Thrombus oder einer Aufquellung und Wucherung der subendothelialen Schicht anzusehen sind" (S. 255). Krischner (1927) beschreibt unter gleichzeitiger Annahme mechanischer Wirkungen: „Homogene Massen dringen ins Klappengewebe ein und bringen es in seinen obersten Schichten zur Auflösung" (S. 450). Günzel (1933) wiederum lehnt die von Krischner vertretenen entzündlichen Faktoren ab und entscheidet sich „lediglich für die mechanische Genese im Sinne von hyalinen Einlagerungen und feinen Zerreißungen kollagener und elastischer Fasern" (S. 316). Er fand sie in Gegensatz zu Krischner „gerade auf völlig gesunden Klappen" (S. 320). Magarey (1949) beobachtete eine Organisation von Fibrin an der Klappenoberfläche.

Wir haben oft als Zufallsbefund bei der Untersuchung zahlloser Herzklappenentzündungen L.E. gefunden und zusätzlich 60 Fälle durch Hutt untersuchen lassen. Aus seinen und den eigenen Beobachtungen (85 Fälle) können wir zunächst die Angaben von Grant, Wood und Jones (70%), Günzel und Magarey (85%) bestätigen, daß die L.E. außerordentlich häufig sind und außer an den Aortenklappen auch oft an den Segelklappen vorkommen (Abb. 34). Ihre geringe Größe erschwert die makroskopische Diagnose so, daß die Mehrzahl der L.E. an Segelklappen erst mikroskopisch entdeckt wird. In striktem Gegensatz zu GRANT, WOOD und JONES sowie GÜNZEL pflichten wir RIBBERT und KRISCHNER völlig bei, daß L.E. *ausschließlich* an verdickten und vernarbten Herzklappen vorkommen. Mikroskopisch läßt sich stets und leicht überzeugend nachweisen, daß die Klappenverdickung Folge abgelaufener Entzündungsprozesse ist. Dem in den neueren Arbeiten gut dargestellten makroskopischen Erscheinungsbild haben wir nichts hinzuzufügen: ihre bevorzugte Lokalisation am Nodulus Arantii und an den Schließungsleisten ist auch in unserem Material gegeben. Wir verfügen aber auch über 5 Fälle, bei denen meist nur eine L.E. auf der Klappenplatte der Mitralis oder an der Unterfläche von Klappen- oder Schließungsrand vorgefunden wurde. In pathogenetischer Hinsicht sind diese Ausnahmen bedeutsam.

Von ausschlaggebender Bedeutung für die Entstehung sind unseres Erachtens neben dem Eigenbefund der L.E. die *mikroskopischen Veränderungen der Klappen-*

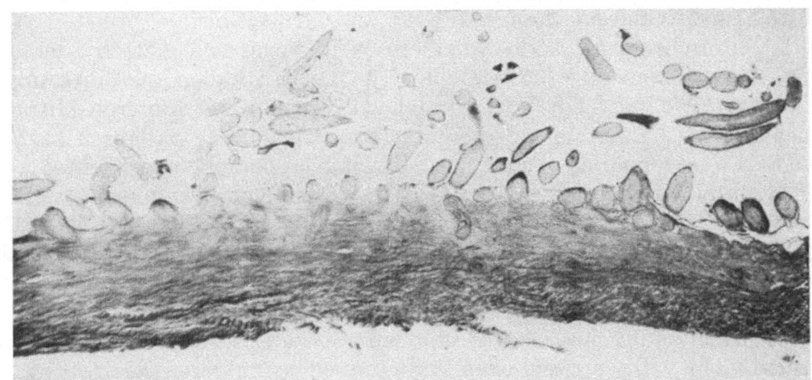

Abb 34. Tricuspidalis. 53 J., ♀ (Chron. E. verrucosa rheumatica). Zahllose kleinste LAMBLsche Excrescenzen an der Klappenoberfläche bei Elastica-Färbung. Außer den freien, filiformen, flottierenden Excrescenzen finden sich zahlreiche innerhalb und in der Tiefe der jetzt oberflächlichen Klappenschicht eingemauert. Darunter die stark aufgesplitterte elastische Lamelle und die vielfach unterbrochenen elastischen Fasern der elastisch-fibrösen Schicht. (30 ×.)

basis, aus der sie hervorgehen. Unter diesen stehen ganz im Vordergrund die Verdickung der oberflächlichen Klappenschichten, also des Subendothels und der elastisch-fibrösen Schicht. Diese Verdickung findet sich stets in flächenhafter Ausdehnung weit über die kleine Ansatzstelle der L.E. hinaus. Sie besteht entweder aus hyalinem oder kollagenem Bindegewebe, zeigt meist auffallende Kernarmut, Schwund der elastischen Lamelle oder starke Auffaserung derselben. Noch weiter in der Tiefe, innerhalb der elastisch-fibrösen Schicht oder unter dieser in der fibrösen Grundschicht sieht man oft seröse Verquellung mit wechselnd starker Basophilie (s. Abb. 36). Aus diesen Befunden geht schon hervor, daß hier hyperplastische Narbenbezirke vorliegen, die gemäß unserer Darstellung nur als Folgen intravalvulärer Entzündungsprozesse gedeutet werden können. Diese Veränderungen sind charakteristisch für die von uns früher als „Endokardreaktion", jetzt als „Quellungssklerosen" bezeichneten umschriebenen oder auch diffusen Klappenverdickungen. — Von Wichtigkeit sind noch zusätzliche Einzelbefunde. Sie betreffen zunächst die *elastischen Fasern*. Verfolgt man an der Klappenoberfläche die wechselnd stark oder schwach ausgeprägte elastische Lamelle als gewöhnliche Tiefenbegrenzung des Subendothels, so fehlt diese — bei elasticahaltigen L.E. — stets beim Planschnitt an der einen oder anderen Klappenfläche neben der Ursprungsstelle der L.E. Abb. 35 und 38 sollen das verdeutlichen. Die elastische Lamelle ist in besonders prägnanten Fällen abrupt unterbrochen und findet sich erst wieder an der kontralateralen Fläche der L.E. selbst. Mißt man die Länge dieser Unterbrechung der elastischen Lamelle seitlich neben dem

Ansatz der L.E., so entspricht die Länge des Defekts häufig weitgehend der Länge der L.E. und der in ihr enthaltenen elastischen Faserschicht! An der Defektstelle fehlt in einigen Fällen das elastische Gewebe vollständig, in anderen Fällen nur die elastische Lamelle, während aufgesplitterte Fasern der elastisch-fibrösen Schicht in der Tiefe noch vorhanden sind und unter der Ansatzstelle der L.E. weiterziehen, z. B. bis zum Klappenrand. Beim vornehmlichen Sitz der L.E. an der Schließungsleiste haben wir solche Elasticadefekte sowohl nach der Klappenplatte zu wie nach dem Klappenrand zu angetroffen. Wir beobachteten auch Einzelfälle, bei denen im Planschnitt an beiden Seiten neben der Ansatzstelle der L.E. eine solche Unterbrechung der elastischen Lamelle vorlag. Ferner gibt es

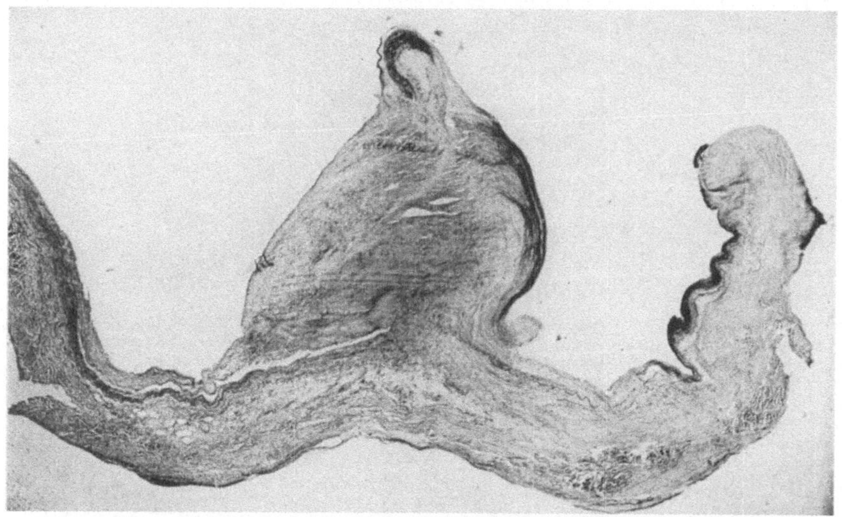

Abb. 35. Aortenklappe. 75 J., ♀ (Lungentuberkulose). Kegelförmige LAMBLsche Excrescenz am Schließungsrand. Nur die rechte Außenfläche der Excrescenz zeigt elastische Fasern. Die linke Oberfläche ist frei davon. Man erkennt bei Elastica-Färbung deutlich, wie die elastische Lamelle der Aortenklappe genau am linken Rand (Lupe) der Excrescenz abgerissen ist. Am rechten Basisrand der Excrescenz ist nur eine ganz feine elastische Lamelle mit Unterbrechung noch vorhanden. Sie ist stark hyperplastisch im weiteren Verlauf zum Klappenrand (rechts). (30 ×.)

Fälle, bei denen in der unmittelbaren Nachbarschaft der L.E. keine solche Unterbrechung der elastischen Lamelle, sondern nur eine Auffaserung derselben zu erkennen ist. Um diese Befunde richtig zu deuten, müssen wir noch die morphologische Struktur der L.E. im nächsten Abschnitt heranziehen.

Zunächst müssen wir eines weiteren zusätzlichen Einzelbefundes der Klappenverdickung an der Basis einer L.E. Erwähnung tun, den wir in unserem Material 6mal angetroffen haben. Innerhalb der Klappenverdickung an der Basis der L.E. — direkt unter deren Ansatz oder auch seitlich davon — finden wir in diesen Fällen rundliche oder ovale oder langgestreckte schmale Einlagerungen mit scharfer Begrenzung und von gleicher Struktur wie die über die Oberfläche herausragenden L.E. (Abb. 36). Diese Funde sind nur so zu deuten, daß hier ehemals oberflächliche, frei bewegliche, filiforme L.E. in neu gebildetes und gewuchertes Klappengewebe sekundär eingeschlossen, förmlich eingemauert wurden. Diese Annahme findet eine Stütze einmal wiederum bei der Kontrolle der Lage der elastischen Fasersysteme. Es erweist sich nämlich, daß diese intravalvulären L.E. stets oberhalb der in der Tiefe der Klappenverdickung verlaufenden, erhaltenen oder aufgesplitterten oder nur noch in Resten vorhandenen elastischen Lamelle liegen. Damit ist offensichtlich, daß in Höhe dieser eingemauerten ehemaligen L.E. früher die Klappenoberfläche gelegen hat. Als weiteren Beleg unserer Deutung ist anzuführen, daß die gewöhnlichen über die Oberfläche herausragenden L.E. vielfach ihren Ursprung nicht von der *jetzigen* Oberflächen-

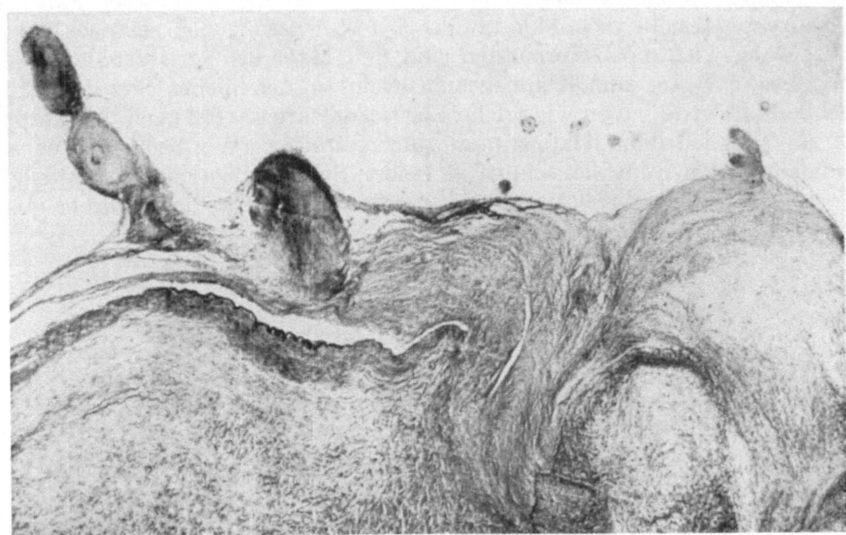

Abb. 36. Aortenklappe. 73 J., ♂ (Prostatahypertrophie). Mächtige kollagene Hyperplasie am Schließungsrand mit Wirbelbildung durch zentrale seröse Entzündung. Elastica-Färbung. Die elastische Lamelle ist links unterhalb der freien und auch der eingemauerten Excrescenz erhalten und genau am rechten Rand der letzteren unterbrochen. Reste der elastischen Lamelle finden sich dagegen oberflächennahe rechtsseitig der eingemauerten Excrescenz. (56 ×.)

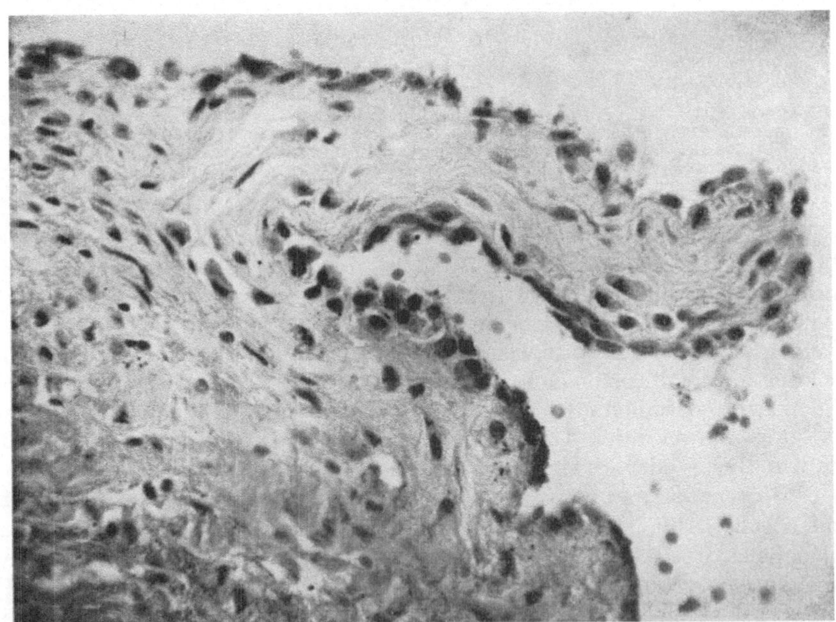

Abb. 37. Mitralis. 12 J., ♀ (E. verrucosa rheumatica). Abgerissenes Subendothel ohne elastische Fasern mit starker Histiocyten- und Endothelproliferation an der Oberfläche des Schließungsrandes. (360 ×.)

schicht der Klappenverdickung, sondern aus tieferer Klappenschicht nehmen. Sowohl diesen Ursprung aus der Klappentiefe wie den geweblichen „Einschluß" ehemals freier Oberflächenzöttchen bilden Krischner und Magarey ab.

Die *Eigenstruktur der L.E.* bietet sehr wechselvolle mikroskopische Bilder, die von den angeführten Voruntersuchern schon ausführlich wiedergegeben wurden. Man kann folgende 3 Arten von L.E. unterscheiden:

1. feine filiforme L.E. aus Gewebsbestandteilen der oberflächlichen Klappenschicht: Endothel und Subendothel, Ursprung aus letzterem (Abb. 36 u. 37);

2. dickere spindelige L.E. aus Gewebsbestandteilen der tieferen Klappenschichten mit Ursprung aus den letzteren: Endothel und hyaliner Grundstock;
   a) mit Anteilen der elastischen Lamelle (Abb. 38),
   b) mit Anteilen der elastisch-fibrösen Schicht.

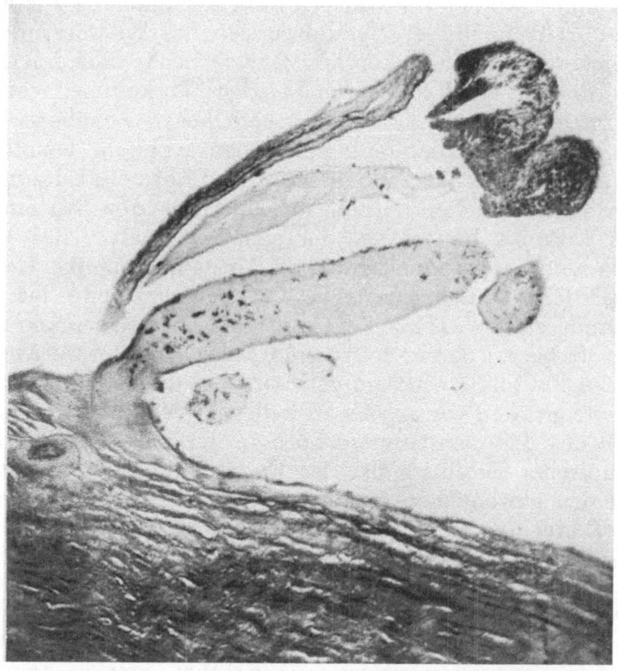

Abb. 38. Mitralis. 72 J., ♂ (Thrombangitis). Büschelförmige LAMBLsche Excrescenzen bei Elastica-Färbung. Der oberste fingerartige Fortsatz enthält noch parallel verlaufende elastische Fasern. Der mittlere ist praktisch elasticafrei. Der große untere enthält krümelige elastische Bruchstücke. Die elastische Lamelle unter dem Subendothel (rechts) ist aufgesplittert, aber noch erhalten. Sie fehlt an der Klappenoberfläche links vom Ansatz der Excrescenz (auf der Abbildung nicht mehr getroffen). (86 ×.)

Zur ersten Erscheinungsform ist schon alles gesagt. Bei der zweiten Art entscheidet das Verhalten der elastischen Fasern, die wiederum in offensichtlicher Abhängigkeit stehen von den oben beschriebenen Veränderungen des elastischen Gewebes an der Abgangsstelle der betreffenden L.E. Bei der Untergruppe a) sehen wir nur an der einen Seitenfläche der L.E. unter dem intakten Endothel geschlossen oder mit Unterbrechungen die elastische Lamelle der Klappenoberfläche verlaufen. Diese elastische Lamelle innerhalb der L.E. steht in kontinuierlicher Verbindung mit der elastischen Lamelle an der Basis der L.E. und derjenigen der Klappenoberfläche dieser Seitenfläche. An der anderen Seitenfläche der L.E. und der benachbarten Klappenoberfläche fehlt die elastische Lamelle in einer Länge, die der Länge der L.E. entspricht. — Bei der Untergruppe b) liegen elastische Fasern gestreckt oder in Knäueln oder in wirren Bruchstücken oder körnchen- bzw. staubartigen Niederschlägen oft in Haufen im Zentrum des hyalinen Grundstockes bald mehr an der Spitze, bald mehr basisnahe in der L.E.

Oft grenzen sich eiförmige Gebilde homogener Substanz im Innern der L.E. ab, die von elastischer Haut umgeben sind. — Ebenso wie die Voruntersucher haben wir vielfach eine starke Verfettung der elastischen Fasern oder des Grundstockhyalins der L.E. angetroffen.

Auf Grund dieses mikroskopischen Verhaltens des Klappenmilieus und der L.E. selbst ist die Annahme berechtigt, daß die L.E. durch *Abriß von Klappengewebe* entstehen und ihre eigene Gewebsstruktur abhängig ist von 3 Faktoren: 1. von den vorangegangenen Gewebsveränderungen der kollagenen und elastischen Fasern des Klappenmilieus; 2. von der Art des Gewebsabrisses oberflächlicher oder tieferer Klappenschichten; 3. von sekundären, im wesentlichen degenerativen Veränderungen innerhalb der L.E. selbst. Zum 1. Punkt und zur Frage nach der Bewertung und Deutung dieser Veränderungen des Klappenmilieus bedarf es keiner ausführlichen Besprechung, entsprechen sie doch völlig den desmolytischen Erscheinungen, die wir so oft ohne gleichzeitiges Vorkommen von L.E. an verschiedenen Herzklappen mit ganz unterschiedlicher Lokalisation angetroffen haben. Wir haben uns in den entsprechenden Kapiteln bemüht darzulegen, daß hierfür als auslösende Faktoren nur seröse und fibrinöse Entzündung in Frage kommen. Diese Gleichartigkeit enthebt uns einer erneuten Begründung an dieser Stelle. — Der 2. Punkt basiert auf der genauen Analyse des Verhaltens der Klappenelastica und ihrer offensichtlichen Mitnahme in das Gerüst der L.E. Abrupte Abrisse der elastischen Lamelle auf der einen Seite, ihr Fehlen an der Basis der L.E. andererseits wie auch ein kontinuierlicher Übergang an der anderen Seite der L.E. oft bis zu deren Spitze sind Belege für unsere Anschauung, daß hier mechanische Faktoren wirksam gewesen sein müssen. Sie sind uns darum besonders bedeutsam, weil wir ansonsten weder im Wandel der Auffassungen von der Physiologie des Klappenschlusses noch in der meist begründungslosen Anführung mechanischer Einflüsse bei der Entstehung einer (meist bakteriellen) Endokarditis einen geweblichen Beweis für die Richtigkeit dieser Behauptung finden. Die L.E. gibt uns nun einen solchen Beweis in die Hand. Darum können die L.E. eine größere Bedeutung beanspruchen, als ihnen bislang die Morphologie und Pathologie zuerkannte. Vorbedingungen solcher folgenschweren mechanischen Wirkung sind die oben angeführten Klappenverquellungen mit Auflockerung des bindegewebigen Klappengefüges und Desmolyse. Grad und Lokalisation solcher Verquellungen im Subendothel oder in tieferen Klappenschichten entscheiden, an welcher Stelle der Abriß erfolgt, und welche Klappenschichtenbestandteile im abgerissenen Gewebsstück zu finden sind. — Es ist einleuchtend, daß nach Form und Lage der Endokardzöttchen diese noch stärker als die übrige Oberfläche der Herzklappe schädigenden Einflüssen der Blutströmung und des Klappenschlusses ausgesetzt sind und damit Veränderungen ihrer Struktur — insbesondere Sklerosen — zu erwarten sind. Da einmal die primäre gewebliche Struktur wechselt nach Maßgabe der Zusammensetzung der abgerissenen Klappenanteile, da ferner die sekundären Veränderungen einem steten Wandel unterliegen, ist bei Punkt 3 der herausgestellten Faktoren beidem Rechnung zu tragen. Der Befund im Eigengerüst der L.E. muß ein anderer sein, wenn nur Anteile des Subendothels oder auch Anteile der elastischen Schichten, wenn Gewebsstücke mit seröser Entzündung oder solche mit fibrinösem Insudat zum Abriß kommen.

Der letzte Punkt gibt eine Erklärung für die sehr wechselnden Befunde im Schrifttum und die Widersprüche in der Deutung. Auf Grund unserer Besprechung ist es durchaus gegeben, daß in frisch entstandenen L.E. Fibrin gefunden werden kann. Nur liegt dann keine Abscheidungsthrombose, sondern abgesprengtes Insudatfibrin vor. Der Streit um entzündliche oder mechanische Genese entfällt mit dem Entweder-Oder durch unsere Befunde und die Darlegung, daß sich Belege für *beide* Wirksamkeiten erbringen lassen. Dasselbe gilt — wie nur am Rande bemerkt sei — für Lageveränderung und Verdickung des Nodulus Arantii, wie HUTT (1952) feststellt.

B. Grundlagen der Bakteriologie der Endokarditis.

I. Erregernachweis in vivo.

1. Aktuelle Bedeutung.

Für eine kritische Bewertung zahlreicher, mit der Bakteriologie der Endokarderkrankungen zusammenhängender Fragen ist heute mehr denn je eine Analyse der Möglichkeiten und Grenzen des Keimnachweises notwendig. Die positive Blutkultur, die von den Klassikern der Klinik — bis zu einem gewissen Grade ist nur LIBMAN (1912) hiervon ausgenommen — als eines der wichtigsten, ja obligaten diagnostischen Kriterien der Endocarditis lenta angesehen wurde, ist in ihrer diagnostischen Wertigkeit in letzter Zeit zweifellos erschüttert worden (s. Abschnitt C, VI, 6). Zum größten Teil ist dies der Tatsache zuzuschreiben, daß speziell in der Nachkriegsliteratur Fälle an Häufigkeit in den Vordergrund treten, bei denen zu Lebzeiten trotz größter Mühe der Keimnachweis nicht gelingt. Da ebenso der postmortale Keimnachweis an der Herzklappe bei klinisch nicht erkannten und daher nicht behandelten Patienten dieser Art oftmals fehlschlägt, erhebt sich die Frage, ob diesen Formen überhaupt eine durch Mikroorganismen direkt unterhaltene oder ausgelöste Entzündung zugrunde liegt, oder ob es sich hier um Klappenläsionen handelt, welche von vorneherein ohne Beteiligung von Bakterien progressiv und subakut verlaufen. Zum andern haben ausgedehnte Untersuchungen, die hauptsächlich gegen Ende der 20er Jahre teilweise an anderen Fragestellungen einsetzten, klargestellt, daß auch beim Gesunden eine Bakteriämie passagerer Art ohne klinisch faßbare Folgen vorkommen kann und in einem gewissen Prozentsatz auch stets aufgefunden wird (s. Abschnitt C, VI, 2). Aus diesem Grunde ist die Bedeutung auch positiver Befunde bis zu einem gewissen Grade relativiert worden. Um ein Urteil über pathogenetische Fragen der oben erwähnten Art abgeben zu können, ist daher die Erkennung der besonderen Bedingungen und Schwierigkeiten, welche die Keimzüchtung bei den Herzklappenkrankheiten bieten kann, unerläßlich.

Die Aufgabe des Keimnachweises beim Kranken berührt 3 Fragenkomplexe:

1. Das bakterienphysiologische Problem der optimalen Keimzüchtung.
2. Das immunbiologische Problem der Wachstumsbehinderung durch humorale und celluläre Blutelemente.
3. Das Schicksal der in die Blutbahn gelangten Keime, soweit dieses für Zeitpunkt und Ort der Materialentnahme Bedeutung hat.

2. Keimphysiologische Voraussetzungen.

Bei der Erörterung der bakterienphysiologischen Grundlagen der Keimzüchtung können wir uns im wesentlichen auf die Frage der Kultivierung der Streptokokken der Viridansgruppe beschränken. Diese Keime repräsentieren, was ihre Züchtung aus dem Blut anlangt, in den meisten Fällen den Prototyp eines „fragilen“ (KLEIN und ENGELHARDT 1951) relativ schwer züchtbaren Erregers. Die übrigen Streptokokken — besonders gilt dieses für den größten Teil der Enterokokken — sind im allgemeinen weniger anspruchsvoll, und keiner von ihnen reklamiert Bedingungen, welche mit den Ansprüchen der Viridansstreptokokken kollidieren[1]. Sie werden daher durch eine auf die Bedürfnisse der Viridansstreptokokken ausgerichtete Technik mit erfaßt. Dies letztere gilt auch von anderen, seltener anzutreffenden Keimarten, wie z. B. Pneumokokken u. a. Wegen der Züchtung der Parainfluenzabacillen muß auf die Spezialliteratur verwiesen werden. Sie sind bei E. selten. Die bakteriophysiologische Aufgabe der Viridanszüchtung resümiert sich auf das Problem, einen Nährboden ausfindig zu machen, der bei allerkleinsten Einsaaten rascheste Vermehrung bei guter Ausbeute und relativ langer Haltbarkeit der Kultur gewährleistet.

Die Grundlagen der Wachstumsphysiologie kleiner Einsaaten sind sehr früh studiert worden. Die diesbezüglichen klassischen Arbeiten haben auch heute Gültigkeit. — Impft man eine kleine Zahl Keime in einen der üblichen Nährböden, so erfolgt zunächst keine meßbare Vermehrung. Diese „lag phasis" genannte stationäre Phase (Latenzzeit) geht dem Abschnitt der logarithmischen Vermehrung voraus. Über die Ursachen dieses anfänglichen Sistierens der Keimvermehrung wissen wir nichts Sicheres (s. STEPHENSON 1950, MONOD 1942). Je älter die eingesäte Kultur ist, um so größer ist die Latenzzeit (CAPLANS 1910). Ebenso wird die lag phasis durch vorherige Abkühlung verlängert (LANE CLAYPON 1909, PENFOLD 1914). Verkürzt wird die Latenzzeit unter anderem durch einen bestimmten Ionengehalt (SHERMAN, HOLM und ALBUS 1922). Die lag phasis wird auf ein Minimum verkürzt, wenn die eingesäten Keime sich vorher in der logarithmischen Phase befunden haben (PENFOLD 1914, SALTER 1919). Aus den vorliegenden Beobachtungen können wir vorläufig nur entnehmen, daß offenbar eine gewisse „Anpassung" der Bakterien an das Milieu erforderlich ist, deren Ausdruck die Latenzzeit zum Teil darstellt. Vielleicht spielt auch die Begünstigung von Mutanten eine gewisse Rolle (PENFOLD 1914, DUBOS 1948).

Auf die Verhältnisse „fragiler" Mikroorganismen bezogen, sind diese Fragestellungen deshalb so schwer zu prüfen, weil dem sofort beginnenden messenden bzw. zählenden Verfolgen des Schicksals der eingesäten Population sich fast unüberwindliche Hindernisse in den Weg stellen. Die Zählung in der Kammer ist bei den uns interessierenden exzessiv kleinen Einsaatmengen zu ungenau; die Zählung der lebendigen Keime nach dem Gußplattenverfahren ist völlig aussichtslos, da die in Frage stehenden Einsaatmengen auf festen Nährböden u. U. gar nicht angehen. Eine Verfolgung der Atmung bzw. Glykolyse ist wegen der kleinen Beträge ebensowenig durchführbar. Wir können lediglich die Beobachtung verwerten, daß es offenbar für jeden Stamm des Streptococcus salivarius in einer bestimmten „Stoffwechselphase" (KLEIN und ENGELHARDT 1951) für den gleichen Nährboden eine gewisse Dosis inoculatoria minima gibt, unterhalb derer die eingesäten Keime nicht zur Entwicklung kommen (eigene Beobachtung). Wir müssen demnach praktisch jeden Nährboden für exzessiv kleine Einsaaten zunächst als wachstumshindernd ansehen. Diese Deutung hat schon HENRICI (zit. nach STEPHENSON 1950) ausgesprochen. Weiteres Material hierzu liefern uns die Arbeiten von DUBOS (1929, 1930), O'MEARA und MACSWEEN (1936) sowie HARRIS (1943).

Unter Zugrundelegung der erläuterten Vorstellungen über die „lag phasis" ergibt sich an Hand der Beobachtungen über die Dosis inoculatoria minima bei dem Streptococcus viridans, daß zunächst auch die eingesäten Viridanskeime entsprechend der Latenzzeit am Wachstum behindert sind. Eine Bakteriostase geht aber nun immer mit einer progressiven Abnahme der lebenden Keime vor sich (HIRSCH 1942), die im großen ganzen logarithmisch erfolgt. Es setzt also eine durch die ganze Latenzphase andauernde Reduktion der Zahl der vermehrungsfähigen Keime ein (Abb. 39, Kurven a, b, c).

Ist die benötigte „Anpassungszeit" — sei es durch den Zustand der eingesäten Keime oder durch die Qualitäten des Nährbodens bedingt — sehr lang, so wird bei einer sehr kleinen Einsaat die Zahl der lebensfähigen Keime unter Umständen vor Eintreten der logarithmischen Phase bis auf Null reduziert werden — die Kultur bleibt unbewachsen (Kurve a). Bei einer größeren Zahl eingesäter

[1] Diese Charakterisierung der Züchtbarkeit bezieht sich auf natürliche Nährböden in den Routinekulturverfahren. Die Verhältnisse liegen, was die „essential metabolits" betrifft (Prüfung in synthetischen Nährgemischen), anders. Hier zeigt sich z. B. der Streptococcus salivarius als relativ anspruchsloser Keim (SMILEY, NIVEN und SHERMAN 1943). In unseren Erörterungen spielt die reklamierte Komplexität der synthetischen Medien keine Rolle; die Schwierigkeiten der Züchtung sind anderer Natur.

Bakterien wird bei gleicher Latenzzeit die Zeitspanne bis zum Verschwinden der letzten lebensfähigen Keime größer sein (Kurve b). Hat schließlich die Einsaat eine Größe erreicht, bei der die „Absterbezeit" größer ist als die Latenzzeit, so kann Wachstum erfolgen — die logarithmische Phase setzt früher ein als das Zugrundegehen der Einsaat (Kurve c).

In dem schematischen obigen Beispiel ist angenommen worden, daß für den gleichen Stamm unter gleichen Entnahmebedingungen (gleiches Alter der Kultur usw.) bei gleichem Nährboden die Latenzzeit sowie die Absterbegeschwindigkeit der Latenzzeitbakteriostase, unabhängig von der Größe der Einsaat, konstant bleiben. Diese Annahmen sind aber beide willkürlich der Klarheit zuliebe getroffen worden. Zunächst ist nämlich das Auftreten der ersten *meßbaren* Keimzahl davon abhängig, wieviel vermehrungsfähige Keime nach Überleben der Latenzzeit mit der Vermehrung beginnen. Je größer die Zahl der vermehrungsfähigen Keime am Umschlagspunkt (U) ist, um so rascher wird von

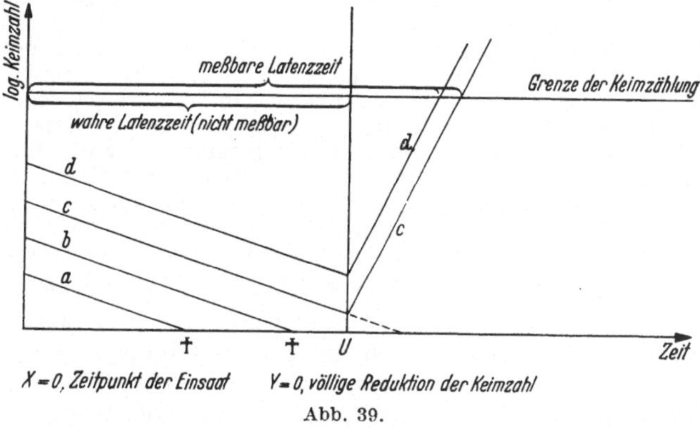

Abb. 39.

Punkt „U" aus gerechnet der erste meßbare Wert auftreten (Kurve d). Der Unterschied zwischen „wahrer" und „meßbarer" Latenzzeit ist also variabel. Außerdem werden bei größeren Einsaaten eine Reihe von „Acceleratoren" (Hirsch 1942) übertragen, die ihrerseits die meßbare Latenzphase verkürzen können[1]. Zugrunde gehende Streptokokken enthalten Stoffe, die wachstumsfördernd wirken. Bei entsprechend kleinen Einsaaten fand Fleming (1940) eine Vermehrung von Streptokokken nur in mit gekochten Streptokokken desselben Stammes beschickten Nährböden. Stamp (1939) berichtet über ähnliche Ergebnisse. Es gelang ihm, aus Streptokokken einen Körper zu isolieren, der in Verdünnung von 1 : 100000 das Wachstum beschleunigte. Ob diese Substanzen mit den bisher bekannten Wuchsstoffen identisch sind — vor allem mit der p-Aminobenzoesäure —, bleibt zweifelhaft, obwohl Flemings und Stamps Stoffe einen deutlichen Antagonismus gegen Sulfonamide ausübten. Eine rechnerische Auswertung des Einflusses von zugrunde gehenden Zellen auf das Wachstum der überlebenden haben jüngst Druckrey, Küpfmüller und Trappe (1949) am Beispiel der Carcinommetastasierung versucht. Abgesehen vom Einfluß der zugrunde gehenden Zellen ist die reduzierende Tätigkeit der Einsaat geeignet, Schädigungsfaktoren, z. B. zu positives Redoxpotential, zu vermindern und so das Wachstum erst zu ermöglichen. Wir haben dies für Endokarditiserreger mit

[1] Während Hirsch (1942) bei der Begriffsbestimmung dieser Körper Wert auf die Beeinflussung der Teilungsgeschwindigkeit legt, möchten wir das Gewicht bei Benutzung dieses von Hirsch übernommenen Ausdruckes vor allem auf die Verkürzung der Latenzzeit legen. Die Begriffe decken sich also vorläufig nicht ganz.

Methylenblau gezeigt (KLEIN 1949). Auch auf diese Weise kann die Latenzzeit unabhängig von unserem Schema *zusätzlich* verkürzt werden. Schließlich ist bei größeren Einsaaten an das Eingesätwerden von besonders geeigneten Spontanmutanten (FILDES und WHITAKER 1948) zu denken.

Trotz dieser komplizierenden Faktoren ist die Dauer der meßbaren Latenzzeit bei *vergleichenden* Prüfungen verschiedener Nährböden ein guter Anhaltspunkt für deren Eignung. Je kürzer die meßbare Latenzzeit eines Nährbodens im Vergleich zu anderen Chargen mit gleich großer Einsaat demselben Stamm gegenüber ist, desto kleiner werden die eben noch angehenden Inoculationsdosen sein, und um so günstigere Bedingungen bietet der Nährboden. Voraussetzung ist auch hier, daß der Teststamm die Ansprüche und züchterischen Schwierigkeiten einer großen Zahl von in der Praxis in Frage kommenden Stämmen in besonders krasser Form repräsentiert.

Gewisse der Streptokokkengruppe und speziell dem Streptococcus viridans innewohnende Stoffwechseleigentümlichkeiten werden sich auf die Auswahl des Nährbodens besonders bedeutsam auswirken. Unter diesen verdient besonders die Tatsache Berücksichtigung, daß die ganze Gruppe der Streptokokken einschließlich der Pneumokokken keinerlei eisenhaltige Respirationsfermente und auch keine Katalase besitzt (FUJITA und KODAMA 1934). Wie wir uns an Hand von Gasstoffwechselmessungen überzeugen konnten, ist dementsprechend in Dextrosenährböden die O_2-Aufnahme gering. Wir haben sogar Stämme erlebt, die beim Schütteln mit reinem Sauerstoff trotz üppigsten Wachstums jede Sauerstoffaufnahme vermissen ließen. Falls wir als wahrscheinlichen Weg der Sauerstoffverwertung das gelbe Atmungsferment annehmen, müssen wir mit dem Auftreten von H_2O_2 rechnen, welches giftig wirkt. In der Praxis stellt dies wohl keine wesentliche Fehlerquelle dar, da das verarbeitete Blut genügend Katalase enthält, um Kumulation zu verhindern.

Eine wichtigere Folgerung aus dem Fehlen der eisenhaltigen Respirationssysteme ist aber der exzessive Zuckerhunger der Streptokokken. Bei der zu erwartenden geringen Energieausbeute der reinen Glykolyse wird der Zuckerumsatz gewaltig sein, wie sich durch Messungen der aeroben Glykolyse und Bezug auf den in der Zeit assimilierten Stickstoff zeigen läßt (DUBOS 1948). Viele Streptokokken wachsen nun zwar auch auf zuckerfreien Nährböden, zahlreiche Stämme gehen jedoch, wie wir zeigen konnten, bei kleiner Einsaat nicht an. Wenn man einige Tage altes 50% mit physiologischer Kochsalzlösung verdünntes zuckerfreies Serum als Nährboden nimmt, läßt sich dies besonders eindeutig demonstrieren. Inoculationsdosen, die auf diesem Nährboden nicht mehr angehen, kommen zur Vermehrung, sobald man 1% Dextrose zusetzt. Danach scheint Dextrose latenzzeitverkürzend zu wirken. In gleichem Sinne sind die alten Versuche von PENFOLD und NORRIS (1912) zu verstehen, nach denen bei suboptimalen Peptonkonzentrationen Dextrose die Generationsgeschwindigkeit erhöht. Bei Überschuß an Pepton fanden die Autoren die Erhöhung geringer. Die diesen Befunden widersprechenden praktischen Angaben von HARTOCH. MURATOWA und SCHWISCHTSCHEWSKAJA (1927) für die Viridansstreptokokken sind ebenso wie die Angaben von SCHMID (1951) wohl mehr vom Gesichtspunkt der kurzen Lebensdauer der Kulturen infolge Säurebildung zu verstehen. Die Wichtigkeit dieser Verhältnisse läßt sich erst dann abschätzen, wenn man bedenkt, daß zahlreiche Autoren (MASSA und BATTISTINI 1934, NIESNER und VOLENCOVA 1934, AUXILIA 1934, FRIEDMANN 1935, SGALITZER 1935, DE GARA und SOGLIANI 1936, VAN DER HOEDEN 1937) empfehlen, das entnommene Blut unter Zusatz von Liquoid (polyanetholsulfonsaurem Natrium) in toto zu bebrüten. Der durchschnittliche Zuckergehalt des Blutes von 100 mg-% ist, wie wir mit der HAGEDORN-JENSENschen Methode feststellen konnten, in spätestens 24 Std durch die Eigenglykolyse der Blutzellen aufgezehrt.

Ein wesentlicher Faktor zur Verkürzung der Latenzzeit von Viridansstreptokokken ist das Pepton. Wir konnten in der erwähnten Versuchsanordnung

(50% Serum) feststellen, daß Einsaatmengen, welche in dem verdünnten Serum nicht mehr angingen, nach Zufügung von 1% Pepton zur Entwicklung kamen. Diese Erfahrungen sind ja nichts Neues. Der Acceleratorgehalt des Peptons ist von HIRSCH (1942) betont worden. Es handelt sich wahrscheinlich um labile, vielleicht polypeptidartige Körper, deren Reinigung auf große Schwierigkeiten stößt. Vielleicht fällt das Streptogenin in diese Gruppe (s. Zusammenfassung von RUDOLPH 1948). Ebenso ist die Benutzung von höher konzentrierten Peptonnährböden seit langem bekannt und gerade in der Blutkulturtechnik relativ früh empfohlen worden (LE BLANC 1921, SCHULTEN 1924, SURANYI und FORRO 1928, BURBANK 1929). Die mit hohen Peptonkonzentrationen erzielten guten Ergebnisse sind neben dem Acceleratorgehalt auch auf die Komplementbindung durch Pepton zurückzuführen, durch welche die Blutbactericidie herabgesetzt wird (MACKIE und FINKELSTEIN 1928). Die handelsüblichen Peptone weisen übrigens nicht unerhebliche Differenzen auf. So konnten wir ebenso wie HIRSCH (1942) und DOLE (1946) wesentliche Unterschiede, was Latenzzeit, Proliferationsgeschwindigkeit und Ernte betrifft, feststellen. Am geeignetsten erwies sich das Proteosepepton Nr. 3 der Difco-Laboratories. Ein Zusatz von Tryptose ist zu empfehlen, wie ja überhaupt verschiedentlich auf die Vorteile des tryptischen vor dem peptischen Pepton hingewiesen worden ist (LEIFSON 1943, MACKIE und MACCARTNEY 1945, MESSERSCHMIDT und PÖHLIG 1950). Eine Einschränkung erfährt die Anwendung des Peptons durch die Befunde von DUBOS (1929, 1930) sowie O'MEARA und MACSWEEN (1936). Nach diesen Autoren enthalten die käuflichen Peptonsorten autooxydable in oxydiertem Zustand giftige Körper (nach O'MEARA und MACSWEEN Kupfersalze), die kleine Inocula zum Absterben bringen. Sie können durch Kochen beseitigt werden; nach unseren Erfahrungen wirkt als bestes „Entgiftungsmittel" das seinerzeit schon DUBOS (1929) zur Verfügung stehende, von BREWER (1940) in die Praxis eingeführte Thioglykolat, indem es offenbar als kräftiges Reduzens die Peptongifte inaktiviert. Mit dieser Tatsache finden unsere eigenen guten Erfahrungen mit dem Thioglykolatnährboden bei der Blutkultur eine plausible Erklärung (s. S. 78). So kann unter Umständen bei kleinen Einsaaten eine Mikroaerophilie vorgetäuscht werden, die lediglich eine Empfindlichkeit gegen Peptongifte darstellt.

Unsere Versuche an A-Streptokokken bei Schüttelung in WARBURG-Trögen in reinem Sauerstoff und hochkonzentrierter (15%) Peptonbouillon sind in diesem Zusammenhang von Interesse. Es folgte bei dieser Anordnung nach außerordentlich langer Latenzzeit ein sehr langsames und kümmerliches Wachstum. Erst nach Zugabe kleinster Mengen Serum trat nach relativ kurzer Latenzzeit ein schnelles und kräftiges Wachstum auf. Es ist also die Inaktivierung von Peptongiftstoffen bis zu einem gewissen Grade auch durch Serum möglich. Eine Adsorptionswirkung erscheint nicht ausgeschlossen (s. DUBOS 1929, 1946). Vielleicht spielt auch die Serumkatalase eine Rolle.

Die Verwendung eines Reduktionsmittels erscheint auch aus anderen Gründen angezeigt. Eine Reihe von Streptokokkenstämmen zeigt nämlich auch unabhängig von der toxischen Wirkung des Peptons eine „relative Anaerobiose" (Mikroaerophilie). Diese Erscheinung ist in der amerikanischen Literatur bekannt und in den größeren Lehrbüchern zu finden. In gewissem Widerspruch dazu stehen nur die Berichte von PRESSMANN und BENDER (1944), die bei gleichzeitiger anaerober und aerober Bebrütung eine wesentlich geringere Ausbeute in den anaeroben Kulturen hatten, während sie niemals Stämme antrafen, die *nur* anaerob wuchsen (Material: Bakteriämie nach Zahnextraktion). In Deutschland ist auf die O_2-Empfindlichkeit mancher Stämme in jüngster Zeit nur kurz hingewiesen worden (ROEMER 1948, 1949, OSTERTAG 1949). Die Sauerstoffempfindlichkeit verliert sich nach diesen Autoren meistens nach einigen Passagen (s. auch PESCH und RULAND 1935, sowie PRÉVOT 1925). Wir können diese Erfahrungen bestätigen (KLEIN und

ENGELHARDT 1951). Bei den aerob nur kümmerlich oder gar nicht, anaerob dagegen besser gedeihenden Stämmen ist eine Entscheidung, ob es sich um eine Beeinträchtigung des Wachstums durch den Sauerstoff, direkt oder auf dem Umweg über die autooxydablen Peptonfaktoren handelt, im Einzelfall schwer zu erbringen. Für die Praxis brauchen wir damit auch nicht zu rechnen. Wichtig erscheint uns indessen noch, daß im leicht alkalischen Bereich des p_H die Sauerstoffsensibilität besonders stark in Erscheinung tritt, wie wir 1949 an Enterokokken zeigen konnten. Dies hat eine gewisse Bedeutung für die p_H-Einstellung. Von einigen amerikanischen Autoren (TODD und HEWITT 1932, DOLE 1946) wird für Streptokokken ein p_H von 7,6—8,0 empfohlen. Stark alkalisierte Bouillon ist auch vorher unter anderem von PIORKOWSKY (1922) und SALUS (1920) empfohlen worden. Wir haben aber, abgesehen von unseren Beobachtungen an Enterokokken, wo wir mit extremen p_H-Verschiebungen arbeiteten (KLEIN 1949), wiederholt die Erfahrung gemacht, daß eine über $p_H = 7,1$ hinausgehende Milieureaktion auch bei anderen Streptokokkenarten eine gewisse Oxydationsempfindlichkeit verursacht.

Wir haben diesen Sachverhalt dadurch entdeckt, daß er als Meßfehler bei der Gefäßpaarmethode nach WARBURG in Erscheinung trat. Wenn man einen anspruchsvollen Streptokokkenstamm bei mittlerer Einsaat in mit $NaHCO_3$ gepufferter, auf $p_H = 7,6$ eingestellter Bouillon in atmosphärischer Luft oder in 95% O_2 + 5% CO_2 nach dieser Methode bebrütet, so werden die atmosphärischen Bedingungen im Laufe des Wachstums ungleich (s. auch BROCK, DRUCKREY und HERKEN 1938). In dem einen Gefäß ist nach einer gewissen Zeit ein Überschuß an gasförmiger Kohlensäure. In diesem Gefäß erfolgt nun das Wachstum bedeutend schneller. Eine direkte Wirkung der Kohlensäure als Accelerator kommt hier wegen des großen Überschusses an HCO_3-Ion nicht in Frage. Reduziert man das p_H bei gleicher Versuchsanordnung auf $p_H = 7,3$, so ist der Unterschied in der Wachstumsgeschwindigkeit in beiden Gefäßen geringer, und bei $p_H = 7,0 — 7,1$ ist er praktisch gleich Null. Die direkte Verfolgung der Wachstumsgeschwindigkeit und der Latenzzeit gab uns analoge Resultate. Diese Fakten erscheinen uns deshalb wichtig, weil bei der Bebrütung des Liquoidblutes in toto das p_H durch Abdampfen der gelösten Kohlensäure sowie durch hydrolytische Dissoziation des polyanetholsulfonsauren Natriums ins Alkalische bis zu Werten von $p_H = 7,9 — 8,1$ verschoben wird. Von der hier zu erwartenden Sensibilisierung gegen Sauerstoff abgesehen (die Wirkung ist vielleicht durch Fehlen von Pepton geringer), ist dieses p_H sicher direkt als wachstumsbehindernd anzusehen. LEIFSON (1943) beobachtet ebenso bei p_H 7,1 — 7,3 besseres Wachstum von Streptokokken als bei $p_H = 7,8$.

Von großer Bedeutung bei der Viridanszüchtung ist schließlich das ausgesprochene Kohlensäurebedürfnis. Dies ist für hämolytische Streptokokken von HIRSCH (1941) mittels Laugenabsorption demonstriert worden; wir haben mit derselben Methode die gleichen Befunde an vergrünenden Streptokokken erheben können. (Ältere Literatur bei KNIGHT 1936, neuere Literatur bei STEPHENSON 1950.) Es sei hier noch erwähnt, daß wir bei Absorption der Kohlensäure eine Verkürzung der oft sehr langen Latenzzeit nicht nur durch Zugabe von $NaHCO_3$, sondern auch durch Methylenblauzusätze erzielen konnten. Dieses ist vielleicht für die Erklärung des Wirkungsmechanismus der Kohlensäure als eines unspezifischen Wuchsstoffes von Bedeutung. Es besteht jedenfalls kein Zweifel daran, daß Kohlensäure die Latenzphase wesentlich verkürzt (WALKER 1932, GLADSTONE, FILDES und RICHARDSON 1935).

Was nun die Berücksichtigung der Wuchsstoffphysiologie betrifft, so ist es praktisch ein einziger Körper, dessen Zufügung in Reinsubstanz zu den Blutkulturmedien diskutiert worden ist. Es ist die p-Aminobenzoesäure, deren antagonistische Wirkung zum Sulfanilamidgrundkörper 1940 durch WOODS (1940) und FILDES (1940) im Sinne der bekannten Verdrängungstheorie aufgefaßt wurde. In der Folgezeit haben zahlreiche Autoren einen Zusatz von para-Aminobenzoesäure zu den Hämokulturnährböden empfohlen (JANEWAY 1941, STRAUSS, LOWELL und FINLAND 1941, BALS 1944, WALTER, REIMOLD und HEILMEYER 1948,

SUREAU und BOYER 1947). GERMER (1951) empfiehlt orale Verabreichung von PAB vor der Blutabnahme. Die als Nährbodenzusatz empfohlenen Mengen gehen bis zu 5 mg-%. Die Frage des Optimums ist dabei nicht leicht zu beantworten, da Erfahrungen über die Toleranz an einer großen Anzahl von Stämmen fehlen. Außerdem ist der Zusatz von den ersten Autoren weniger im Sinne einer allgemeinen Wachstumsförderung, als vielmehr zur „Entgiftung" sulfonamidgeschädigter Keime verstanden worden. Eindeutige Untersuchungen über die Verkürzung der Latenzphase bei den in Frage kommenden Keimen fehlen zudem unseres Wissens, so daß die Zugabe von para-Aminobenzoesäure zu natürlichen Nährböden problematisch erscheint. Wir möchten nicht verhehlen, daß wir selbst unter Wirkung von para-Aminobenzoesäure Befunde erhoben haben (KLEIN, ENGELHARD und ALTENBACH 1949), die wir als „Erholungserscheinungen" auffassen (KLEIN und ENGELHARDT 1951). Nach diesen Befunden scheint para-Aminobenzoesäure tatsächlich durch andere Faktoren als Sulfonamide geschädigte, „fragile" Keime günstig zu beeinflussen und ihre Züchtbarkeit zu erhöhen (s. auch BRAUSS 1948). Dies sind jedoch Beobachtungen, die eine routinegemäße Verwendung der para-Aminobenzoesäure in der Praxis — soweit es sich nicht um sulfonamidbehandelte Patienten handelt, und das wird bei der Endocarditis lenta heute kaum in Frage kommen — vorläufig rein intuitiv erscheinen lassen. Überhaupt soll an dieser Stelle zum Ausdruck gebracht werden, daß für eine rationelle und systematische Entwicklung besserer Züchtungsmethoden immer mehr die bakterienphysiologische Analyse der einzelnen Faktoren, wie sie oben skizziert worden ist, in den Vordergrund treten muß, wenn die reine Empirie, auf die sich dieses Gebiet vorderhand stützt, einer systematischen Auswertung Platz machen soll. So ist vieles aus dem eben Dargelegten mehr als Programm bzw. Anregung wie als endgültige Darstellung aufzufassen.

3. Die Blutbactericidie.

Ein wesentliches Hindernis für den Erregernachweis ist die bactericide Wirkung des mitverarbeiteten Patientenblutes. Wir verstehen darunter die antimikrobielle Wirkung des Blutes in vitro gegenüber kleinen Inocula gewisser Keime, besonders der Viridansstreptokokken.

Die experimentelle Grundanordnung für die Demonstration dieser Erscheinung ist für die uns hier interessierenden Streptokokken von SCHOTTMÜLLER und BARFURTH (Literatur bei LEHMANN 1930) angegeben worden. Dabei werden 6—10 cm³ defibriniertes Menschenblut mit 1 Öse einer Bouillonaufschwemmung des betreffenden Stammes (1 Öse von einem gut bewachsenen Plattenimpfstrich in 10 cm³ Bouillon verrieben und gut verteilt) beimpft und gemischt. Sofort nach Beimpfung Anlegung einer Gußplatte, ebenso nach 3, 6 und 12 Std sowie am nächsten Tag in Abständen von 6—8 Std. Die Platten werden 24 Std bebrütet. Nach SCHOTTMÜLLER (1910) ist ein charakteristisches Merkmal des Streptococcus viridans sein Zugrundegehen unter diesen Bedingungen in wenigen Stunden (die noch zugrunde gehende Einsaat kann nach LEHMANN 1926 mehrere Millionen Keime betragen). Hämolytische Streptokokken sowie andere, nicht zur Viridansgruppe gehörige vergrünende Keime kommen dagegen zur Entwicklung (vgl. SEELEMANN 1948). (Über die Methoden der Bactericidiebestimmung s. FULLER, COLEBROOK und MAXTED 1939; „bakteriostatische" Methode: ROTHBARD 1945.)

Es ist nach unseren Darlegungen einleuchtend, daß dieser Versuch zunächst nur das Verhalten des Viridansstreptococcus gegenüber einer Summe offenbar ungünstiger Milieubedingungen erweist. Eine exakte, experimentell eindeutig realisierbare Herausschälung des besonderen bactericiden Faktors, d. h. seine Trennung von rein ernährungsphysiologischen Defekten des Nährbodens ist schwierig und nur indirekt möglich. Wie weiter oben ausgeführt wurde, ist bei einem defekten, „acceleratorarmen" Nährboden die theoretische Latenzzeit kleiner Inocula unter Umständen größer als die Zeitspanne bis zum spontanen

Absterben des Inoculums. Wir können aber, strenggenommen, im Einzelfall nicht entscheiden, ob der die Einsaat reduzierende Absterbevorgang mit „normaler" Geschwindigkeit oder „beschleunigt" erfolgt. Dies liegt, wie ausgeführt, an den Meßmethoden, aber auch daran, daß wir keine scharfe Grenze zwischen dem „natürlichen" Absterbevorgang einer lediglich an der Vermehrung behinderten Einsaat einerseits und dem „beschleunigten" Absterben bei Einwirkung von besonderen Schädigungsfaktoren andererseits ziehen können; das Zugrundegehen der Keime kann seine Ursache also in einer zu langen Latenzzeit des Nährbodens (Acceleratormangel) haben, aber auch darin, daß eine Einsaat, die die Latenzzeit an sich vermehrungsfähig überstehen würde, durch einen zusätzlichen Mechanismus so schnell reduziert wird, daß am Ende der Latenzzeit erst recht keine vermehrungsfähigen Keime vorhanden sind. Mit Recht weisen FULLER, COLEBROOK und MAXTED (1939) darauf hin, daß ungünstige ernährungsphysiologische Verhältnisse eine Bactericidie vortäuschen können, wobei besonders die Rolle der Kohlensäure als Fehlerquelle hervorgehoben wird.

Trotz dieser Kritik besteht kein Zweifel darüber, daß, gegenüber bestimmten Keimen, Blut einen über seine „Acceleratordefekte" hinausgehenden aktiv keimvernichtenden Faktor besitzt. Nach LEHMANN (1926) erklären sich die Mißerfolge bei Blutkulturen hauptsächlich durch die nicht genügend ausgeschaltete Blutbactericidie. Die Einzelkomponenten der Blutbactericidie sind quantitativ schwierig zu beurteilen. Einmal enthält schon das Serum antibakterielle Stoffe, deren Wirkung von WULF (1934) und TILLET (1937) gezeigt worden ist. GORDON und HOYLE (1936) sowie GORDON und JOHNSTONE (1940) konnten einen Teil der bactericiden Wirkung des Serums durch vorherige Absorption mit homologen Stämmen beseitigen. Allerdings ist die Beurteilung dieser Befunde wieder dadurch erschwert, daß die zur Absorption benutzten Bakterien eventuell Acceleratoren abgeben, die nun die bactericide Wirkung kompensieren können. Diese Möglichkeit wird von den Autoren bis zu einem gewissen Grade auch eingeräumt. Die Spezifität der absorbierbaren Faktoren ist unklar, da auch heterologe Stämme von der Absorption profitieren können (s. auch KELLEY 1932). Sicherlich spielen hier komplementbindende Antikörper eine Rolle (GORDON und WORMALL 1928, GORDON und HOYLE 1936). Dieser Schluß wird auch dadurch nahegelegt, daß das antikomplementäre Liquoid die Dosis minima inoculatoria in 50% verdünntem Serum herabsetzt, also Einsaaten zur Entwicklung bringt, die in liquoidfreiem Serum nicht mehr angehen (eigene Beobachtung). Nach v. HAEBLER und MILES (1938) wirkt allerdings das Liquoid außerdem noch auf die Gesamtheit der im Serum vorhandenen, als β-Lysine bezeichneten bactericiden Körper. Freilich wirkt ein Zuckerzusatz in gleichem Sinne (eigene Beobachtung). Auch hier ist also die Grenze zwischen Acceleratorwirkung und Bactericidieunterdrückung nicht leicht zu ziehen. Eine Kompensation der „Serumbactericidie" durch den Accelerator Glucose ist also offenbar ebenfalls möglich. Diese Schwierigkeiten haben vermutlich H. SCHMIDT (1940) dazu gebracht, vorerst die bactericide Wirkung des Serums Streptokokken gegenüber zurückhaltend zu beurteilen.

Wir wissen heute, daß der Hauptanteil der Keimvernichtung in defibriniertem Blut den Leukocyten zufällt, wie es von FRIEDMANN, KATZ und HOWELL (1938) für Viridansstreptokokken erneut gezeigt worden ist. Diese Autoren konnten in Übereinstimmung mit LEHMANN (1926) nachweisen, daß Blut gegenüber Viridanskeimen auch bei hohen Einsaaten (4000000 auf 10 cm³) bactericid (sterilisierend) wirkt. Hundeserum mit gewaschenen weißen Blutkörperchen vom Hund zeigte denselben Effekt. Dagegen gingen die Keime in Hundeserum + Hundeerythrocyten an. Die bactericide Wirkung des reinen Normal- und Immunserums sowie des Serums von Endocarditis lenta-Patienten wird negiert. Allerdings arbeiteten die Autoren mit sehr großen Einsaaten.

Die Grenze zwischen den „natürlichen" und den spezifischen, erworbenen Bactericidiefaktoren ist nicht leicht zu ziehen. Bei einem Teil der Erwachsenen müssen wir zusätzlich mit spezifischen, erworbenen Bactericidiefaktoren rechnen.

Für die A-Streptokokken sind diese von ROTHBARD (1945) untersucht worden. Es sind typenspezifische, gegen die M-Substanz (LANCEFIELD 1940) gerichtete Antikörper, die im Zusammenwirken mit dem Komplement und einem nicht näher bekannten thermostabilen Faktor die Phagocytose auch bei virulenten Stämmen ermöglichen. Sie finden sich in der Rekonvaleszenz nach Streptokokkeninfektionen. Ein großer Teil der Erwachsenen besitzt sie von früheren Infektionen her, während sie beim Säugling praktisch nicht vorkommen. Inwieweit gegenüber Viridansstreptokokken spezifische, erworbene Antikörper eine Rolle spielen, ist vorläufig nicht eindeutig zu beantworten. SWIFT (1951) rechnet mit ihrem Auftreten bei Endocarditis lenta 4 Wochen nach Krankheitsbeginn (s. Abschn. C, VI, 5 u. 6). Es ist jedenfalls sicher, daß die relativ apathogenen Viridansstreptokokken an sich viel phagocytosefähiger sind als A-Streptokokken. Wir können ihre Vernichtung in der SCHOTTMÜLLERschen Anordnung ohne weiteres mit dem Komplex der „Normalopsonine" und der Leukocyten erklären. Auch hierbei spielt zweifellos das Komplement eine obligate Rolle (KRACKE und TEASLEY 1930, LYONS und WARD 1935).

Für unsere Fragestellung ist zusammenfassend festzuhalten, daß bei der Phagocytose — betreffe sie nun durch spezifische, erworbene Immunkörper sensibilisierte Keime oder Erreger, die auch ohne spezifische Sensibilisierung phagocytosefähig sind — ein Zusammenwirken von humoralen und cellulären Faktoren notwendig ist. Die reine, ohne Mitwirkung der Leukocyten erfolgende Serumbactericidie ist schwieriger zu formulieren und nicht allzu hoch zu veranschlagen. Die Blutbactericidie kann im Verlaufe einer Auseinandersetzung mit Mikroorganismen für diese beträchtlich ansteigen. Bewiesen ist dies für A-Streptokokken, wahrscheinlich ist es aber auch für die übrigen Streptokokken, speziell die Viridansstreptokokken. Die Blutbactericidie ist bei zahlreichen Zuständen wie fieberhaften Erkrankungen (WULF 1934, TILLET 1937) und unspezifischer Reizkörpertherapie (PFANNENSTIEL 1943) erhöht.

Die Ausschaltung der Blutbactericidie kann nun an verschiedenen Angriffspunkten ansetzen. Prinzipiell sind 4 Wege gangbar:

1. Man kann die Leukocyten des Blutes von den Bakterien räumlich trennen, indem man beide in einem festen Nährboden immobilisiert und so den dauernden Kontakt zwischen Leukocyten und Bakterien, der nach FULLER, COLEBROOK und MAXTED (1939) Vorbedingung für die Keimvernichtung ist, unterbindet. Dies ist das Prinzip der von SCHOTTMÜLLER seinerzeit (1903) angegebenen Gußplatte. Nun ist es aber eine alte Erfahrungstatsache, daß das Plattengußverfahren oft versagt, wenn in flüssigen Medien noch Wachstum erfolgt. Die Dosis inoculatoria minima ist bei der Gußplatte erheblich größer als bei flüssigen Medien. Einmal ist nämlich anzunehmen, daß die unvermeidbare Hitzeeinwirkung die Zahl der vermehrungsfähigen Keime reduziert. Außerdem ist zu bedenken, daß durch die räumliche Trennung einzelner Bakterien oder kleinerer Bakterienaggregate die gegenseitige Stoffwechselbeeinflussung (reduzierende Körper, aus abgestorbenen Individuen freiwerdende Wuchsstoffe) praktisch wegfällt. Da die einzelnen Bakterien bzw. die Einsaataggregate isoliert voneinander liegen, kann man die Einsaat im Sinne der Allelokatalyse (ROBERTSON 1923) nicht als ein Ganzes betrachten, wie wir es in den flüssigen Nährböden tun konnten, sondern das Inoculum wird noch einmal in kleinste Teileinsaaten zerlegt. Aus diesem Grunde ist von der Leistung der Gußplatte nicht viel zu erwarten. Immerhin ist ihre Anfertigung bei jeder Blutkultur notwendig, um eine Kontrolle bei Verunreinigungen zu haben, außerdem als grober Anhaltspunkt für die Keimzahl, wobei im positiven Falle die Kolonien ausgezählt und auf 1 cm³ Blut bezogen werden und im

negativen Falle (Wachstum nur in flüssigen Medien) notiert wird, daß die Keimzahl unter der Nachweisbarkeitsgrenze in festen Nährböden liege.

2. Durch eine entsprechende Verdünnung mit Bouillon kann man die bactericide Wirkung des Blutes weitgehend ausschalten. Durch die Verdünnung werden die bei der Phagocytose mitwirkenden Serumkörper inaktiviert und auch der intime Kontakt der Leukocyten mit den Bakterien durch Volumvergrößerung vermindert. Dies Prinzip liegt fast allen Methoden mit flüssigen Nährböden zugrunde. Besonders in Amerika ist es die Methode der Wahl und allgemein bekannt. Die exakten experimentellen Belege hierzu stammen von KRACKE und TEASLEY (1930), nach deren Befunden eine Verdünnung des Blutes von 1 : 20 das Optimum darstellt. Das Blut wird dabei durch Citrat am Gerinnen verhindert. Die Verdünnung des Blutes beträgt durchschnittlich 1 : 10 — 1 : 20 (MURRAY und KALZ 1948). SWIFT (1951) empfiehlt eine progressive Verdünnung des Blutes im Reihenversuch. Er beimpft mit je 1—5 cm³ Blut 10, 50 und 250 cm³ Bouillon. Dies hat den Vorteil, daß die gerade eben notwendige Verdünnung erfaßt wird, denn eine übermäßige Verdünnung ist ja als eine Verminderung des Inoculums zu betrachten. Das gleiche progressive Verdünnungsverfahren (1 : 100, 1 : 300, 1 : 500) ist 1932 von REITH und SQUIER empfohlen worden. Dieses Prinzip des „to dilute out the bactericidal power" hat gute Erfolge erzielt, ist aber recht kostspielig. Eine Blutkulturmethode, die mit großen Kosten verbunden ist, wird in Deutschland zwangsläufig die so wichtigen Wiederholungen einschränken müssen. Außerdem ist es dann notwendig, daß sich das Laboratorium in unmittelbarer Nähe des Krankenbettes befindet, da das verwendete Citrat wohl die Blutgerinnung, aber nur unvollkommen die Bactericidie unterdrückt. Das Blut muß infolgedessen raschestens verarbeitet werden. Einen anderen Weg sind KRACKE und TEASLEY (1930) gegangen. Sie fügen der Bouillon komplementbindende Körper wie Hirnbrei und Herzmuskelextrakt zu und schalten durch die so erfolgende Komplementinaktivierung die Blutbactericidie aus (s. auch FEDER und ANDERSON 1937). Auf einem ähnlichen Mechanismus basiert auch die Trypsinbouillon von OWEN und Mitarbeiter (1916) sowie von HOARE (1939).

3. Der dritte Weg ist die Zerstörung der cellulären Blutelemente, z. B. durch Saponin (ELLIOTT 1938, SGALITZER 1935, PENFOLD 1940, DIMMLING 1950). Es wird meist in Kombination mit einer gewissen Verdünnung des Materials (Auffangen des Blutes in 1% Saponinbouillon) empfohlen. Die Erfolge werden als befriedigend bezeichnet. PENFOLD (1940) empfiehlt das Saponin in Form fester Nährböden (Saponinplatten). Diese sollen bessere Ergebnisse aufweisen als die Liquoidmethode, während SGALITZER (1935) bei einer nicht eindeutigen Überlegenheit der Saponinbouillon diese wie die Liquoidblutbebrütung bewertet. Auch ELLIOTT (1938) hält die Saponinbouillon für nicht erwiesenermaßen überlegen.

4. Auf Grund der Arbeiten von DEMOLE und REINERT (1930) haben MASSA und BATTISTINI (1934) das polyanetholsulfonsaure Natrium als Mittel zur Minderung der Blutbactericidie angegeben. Dabei ist der Wirkungsmechanismus bezüglich der Abschwächung der Blutbactericidie nicht eindeutig geklärt. Es steht fest, daß das Liquoid stark antikomplementär wirkt (BATTISTINI 1932, HAEBLER und MILES 1938, REGAMEY 1938). Vielleicht greift aber Liquoid bei der Bactericidiehemmung auch an den Leukocyten an (AUXILIA 1934).

Während MASSA und BATTISTINI (1934) u. a. (s. S. 68) die einfache Bebrütung des Liquoidblutgemisches (0,17% Liquoid) empfehlen (die Bedenken gegen dies Verfahren haben wir bereits geäußert), propagieren andere Untersucher die weitere Aufarbeitung des Liquoidblutes in flüssigen und festen Nährböden (DE ANTONI und CARTOLARI 1933, REGAMEY 1938). Dies ist mit Rücksicht auf die breite Verwendung als die Methode der Wahl zu bezeichnen. Über die wirksame Abschwächung der Blutbactericidie durch Liquoid besteht nämlich kein Zweifel. Wir möchten aber in Übereinstimmung mit den eben erwähnten Autoren das Liquoid nur als „Transportschutz“ des Blutes auffassen. Die Methode der direkten Bebrütung des Liquoidblutes ist trotz ihrer verführerischen Einfachheit nicht zu empfehlen; trotzdem ist sie in Deutschland weit verbreitet.

4. Die Verfahren der Praxis.

Wenn wir nun die in der Praxis geübten Verfahren kurz diskutieren, so möge gleich eingangs gesagt werden, daß die angegebenen und empfohlenen Verfahren seit SCHOTTMÜLLERS (1923) Arbeiten so zahlreich sind, daß es unmöglich ist, sich durch ausgedehnte eigene Erfahrungen ein Bild von *allen* zu machen. Bei Durchsicht der Literatur hat man den Eindruck, daß die Bewertung recht subjektiv erfolgt und die oftmals stark betonten Unterschiede, was die Leistung der einzelnen Verfahren betrifft, nicht immer signifikant erscheinen. Die Bewertung der Leistungsfähigkeit eines Blutkulturverfahrens geschieht meistens an einem mehr oder weniger großen Krankengut. Die meisten Aufschlüsselungen der deutschen Literatur beziehen sich nun auf die Frequenz der positiven Befunde an einem bestimmten Material, welches zudem oftmals recht heterogen ist, da positive Befunde, die z. B. Typhusbacillen oder Staphylokokken ergeben, mitberücksichtigt werden. Soweit zu Vergleichszwecken das Blut in mehreren Verfahren verarbeitet wird, werden meistens alle positiven Befunde, die sehr heterogene Erreger zusammenfassen, je nach Kulturverfahren verglichen. Wenn man dann aber die Statistik auf Streptokokken allein bezieht, so ergeben sich meistens im Gegensatz zu der auf die Gesamtzahl der positiven Befunde bezogenen scheinbaren Überlegenheit einer Methode keine signifikanten Unterschiede mehr. Zudem ist in den meisten Statistiken das Material der positiven Streptokokkenfälle zu klein, um daraus Schlüsse irgendwelcher Art zu ziehen.

So vergleicht z. B. DIMMLING (1950) die Leistungen der LEVINTHAL-Gußplatte, der 1% Saponinbouillon, der 1% Glucosebouillon und der Leberbouillon (Subkultur auf 5% Hammelblutagar). Auf die Gesamtzahl der Befunde bezogen, ergibt sich eine gewisse Überlegenheit der Saponinbrühe (Saponinbrühe 88% der positiven Ausbeute, Leber 77%, Glucose 73%, Levinthal 71%). Vergleicht man nun aber die Resultate, was die vergrünenden Streptokokken betrifft, so ergibt sich keine eindeutige Überlegenheit eines der Verfahren (von 17 positiven Fällen wurden 17 durch Levinthal, 16 durch Leberbrühe, 15 durch Glucose und 15 durch Saponin erfaßt).

So ist die Bevorzugung einer Methode oft nur darauf begründet, daß in einzelnen Fällen andere Methoden versagt haben. Dies kann an Zufällen bei der Abimpfung zur Subkultur liegen.

Die korrekte Bewertung eines Blutkulturverfahrens in der Praxis wird sich nach orientierenden Modellversuchen in vitro mit kleinen, abgestuften Einsaatmengen so gestalten, daß an einem Patientengut gearbeitet wird, das große Ausbeute an positiven Fällen verspricht. Der dafür geeignete Fall sind Patienten innerhalb der ersten 5 min nach der Zahnextraktion (s. S. 204). Wir haben uns in unseren eigenen Versuchen an diesen Fällen orientiert. Das entnommene Blut wird in den verschiedenen zu prüfenden Verfahren aufgearbeitet. Auf diese Weise steht ohne langes Warten bei einer positiven Rate von etwa 40—50% der Gesamtzahl der Patienten ein ausreichendes Material zur Verfügung. Eine systematische Prüfung der verschiedenen Verfahren im Modellversuch sowie am Patienten in der eben skizzierten Art ist unseres Erachtens dringend erforderlich. Eine kritische Beurteilung der folgenden Methoden im einzelnen erübrigt sich nach diesen einleitenden Bemerkungen.

SALUS (1920) verdünnt das Blut 1 : 50 mit alkalischer Bouillon und bebrütet dann. Die Erfolgsbelege sind nicht eindeutig. — PIORKOWSKI (1922) verwendet eine Hühnereiweiß-Traubenzuckerbouillon, die mit NaOH alkalisiert ist, und gibt wenige Tropfen Patientenblut dazu. — CLAWSON und BELL (1926) bebrüten den Blutkuchen von 50 cm³ Blut in 250 cm³ Fleischbouillon mit 0,2% Dextrose. — Eine ähnliche Technik befolgen FREUND und BERGER (1924): 50 cm³ 10%ige Pferdeserumbouillon, dazu der Blutkuchen von 5—10 cm³ Patientenblut; Statistik zweifelhaft. LEHMANN (1930) zieht den Wert dieser Methode in Zweifel. — BINGOLD (1923) bringt das Blut in 10—15% Nährgelatine und läßt bei 37° die Blutzellen sedimentieren. Später erfolgt von selbst Erstarrung. Die Sedimentierung soll die Bactericidie unterdrücken. Der halbstarre Nährboden gewährleistet halbanaerobe Bedingungen. — LE BLANC (1921) schlägt eine 10%ige Peptonbouillon vor, die mit dem Blut von selbst einen halbstarren Körper bilden soll. Das Erstarren erfolgt nicht immer. Es sind komplizierte Vorversuche erforderlich. SCHULTEN (1924) empfiehlt hierzu den Zusatz von Gummiarabicum und $CaCl_2$. — SURANYI und FORRO (1928) schlagen vor, die Blutbactericidie durch Abzentrifugieren des Citratplasmas und Verwerfen desselben zu vermindern. Mit dem Schleudersatz sollen Gußplatten angelegt werden. Ein Teil des Bodensatzes wird in 10%iger Peptonbouillon bebrütet. — Dasselbe Verfahren unter Bebrütung des Bodensatzes in 1,5%iger Traubenzuckerbouillon empfiehlt ALIVISATOS (1933, 1935) sowie PATOCKA (1936); letzterer unter Zugabe von Leberstückchen. — Die ausführliche Darstellung der an der SCHOTTMÜLLERschen Klinik üblichen Blutkulturtechnik findet sich bei LEHMANN (1930). Außer der Anlage von Gußplatten werden hier noch folgende Methoden praktiziert: Das entnommene defibrinierte Blut wird in toto zur „Anreicherung" spärlicher Keime bebrütet. Außerdem wird eine andere Blutcharge in Nährbouillon mit Glasperlen geschüttelt und dann bebrütet. Der „Zylinderagar" SCHOTTMÜLLERS (1923) besteht aus 2%igem Agar mit 2% Glucose. 75—100 cm³ dieses Agars werden mit 20 cm³ Patientenblut bei 45° vermischt und in einem Glaszylinder von 5 cm Durchmesser zum Erstarren gebracht und bebrütet. Der Agar wird dann zur Beurteilung und Weiterverimpfung etwaiger Kolonien in Scheiben zerschnitten. Zum Unterschied von der Gußplatte herrschen im Zylinder anaerobe Bedingungen. Allerdings fügt SCHOTTMÜLLER zum Agar weder Pepton noch Fleischextrakt zu. Das Schütteln des Blutes nach der Entnahme, wie es SCHOTTMÜLLER empfiehlt, ist unvorteilhaft, weil dabei Leukocyten zugrunde gehen und bactericide Stoffe abgeben. KRACKE und TEASLEY (1930) haben dieses in eindeutigen Versuchen bewiesen.

Die Züchtungsverfahren mit Liquoid sind teilweise vorweggenommen. Über die optimale Konzentration des Liquoids sind eine Reihe zunächst widersprechender Arbeiten erschienen. v. HAEBLER und MILES (1938) halten eine Endkonzentration von 0,03—0,05 für den günstigsten Kompromiß, um zwischen Wachstumsbehinderung durch zu hohe Konzentrationen und mangelhafter Bactericidieunterdrückung durch zu geringe Dosis die zweckmäßigste, auch die Sensibilitätsbreite der verschiedenen Stämme gegen Liquoid berücksichtigende Endkonzentration zu gewährleisten. — HOARE (1939) findet beim Liquoid eine gewisse Unterlegenheit des Verfahrens für anaerobe Streptokokken im Vergleich zu trypsinbehandelten Nährböden. HIRSH und Mitarbeiter (1949) arbeiten mit 0,3%iger Liquoidbouillon. PRESSMANN und BENDER (1944) fügen der Hirn-Herzbouillon 0,033 Liquoid zu. — Wir selbst pflegen die von MASSA und BATTISTINI (1934) vorgeschlagene Endkonzentration von 0,17% zu benutzen. Diese wird ja dann durch die sofortige Verarbeitung des Blutes in flüssigen Nährböden noch weiter herabgesetzt. — PENFOLD und Mitarbeiter (1940) halten die Liquoidmethode mit 0,17 Endkonzentration der Saponinplatte (1%) für unterlegen, stützt sich aber auf kein großes Material (11 Fälle). — Die amerikanischen Autoren der 30er Jahre haben eine gewisse Routinetechnik entwickelt, um bei Rheumatikern nach Streptokokken im Blut zu fahnden. Das Prinzip all dieser Methoden ist die Verwendung einer möglichst großen Zahl von verschiedenen flüssigen und festen Nährböden, um ein möglichst breites „Spektrum" an Züchtungsbedingungen anbieten zu können. Die Blutbactericidie wird fast ausnahmslos durch Verdünnung auszuschalten versucht. Nach diesem System haben mehr oder weniger alle Autoren gearbeitet (s. Abschn. C, VI, 2 u. 6). So schlagen LICHTMANN und GROSS (1932) für jede Blutkultur die Verwendung von Ascitesagar, Bouillon, Dextrosebouillon, Tomatenbouillon, Leberhormon-Ascitesagar und eine anaerobe Kultur als „Grundmedien" vor, zu denen noch eine Reihe Spezialnährböden kommen. Das Prinzip des „breiten Spektrums" wird auch von LIBMAN und FRIEDBERG (1948) befürwortet. Tatsächlich erscheinen die Erfolge amerikanischer Autoren am eindrucksvollsten (s. Abschn. C, VI, 6). — Im Ausland haben PENFOLD und Mitarbeiter (1940) sowie MACKIE und MCCARTNEY (1945, Großbritannien) sowie TARNOWSKI (1944, Dänemark) dasselbe Prinzip adoptiert, wobei meistens vom Citratblut ausgegangen wird. Diese Methode der möglichst großen Zahl von Nährböden hat den Nachteil der verstärkten Verunreinigungsmöglichkeit durch die komplizierte Verarbeitung. Außerdem ist sie auch eine wirtschaftliche Frage. — Es möge noch die von KRACKE und TEASLEY (1930) vorgeschlagene Hirn-Herzbouillon erwähnt werden, die mit suspendierten Gewebsteilchen gleichzeitig anaerobe Bedingungen und eine wesentliche Reduktion der Blutbactericidie durch Komplementbildung gewährleisten soll. Auf dieser Basis haben RAPPAPORT und GLIKIN (1950) eine Mikromethode entwickelt, die bei Entnahme von Capillarblut unter Verwendung von Gentianaviolett (Unterdrückung des Wachstums von Verunreinigungen) gute Resultate liefern soll. In Amerika ist der KRACKEsche Nährboden sowie die „Brain-heart-Infusion" durch die Fabrikation als Konserve (Difco-Laboratories) weit verbreitet. — Dasselbe gilt für den Thioglykolatnährboden (BREWER 1940), von dem SCHMID (1951) in Deutschland über gute Erfolge berichtet, ohne allerdings statistische Belege zu bringen. — Die para-Aminobenzoesäure wurde bereits diskutiert. — Im Ausland hat sich der Zusatz von Penicillinase eingebürgert, um bei behandelten Patienten das mit dem Blut in den Nährboden übertragene Penicillin zu zerstören (HARPER 1943, BONDI und DIETZ 1944, UNGAR 1944, DOWLING und HIRSH 1945). Ein Penicillinasepräparat ist in Amerika bereits als Bacto-Penase im Handel, ebenso wie eine para-Aminobenzoesäurehaltige Hirn-Herzbouillon mit 5 mg-% (Difco-Laboratories). — Eine Bebrütung in mit CO_2 angereicherter Atmosphäre wird von KHAIRAT (1940) sowie MORGAN und Mitarbeitern (1947) empfohlen.

Es ist nach dem Dargelegten verständlich, daß unsere im folgenden geschilderte Technik keinen Anspruch darauf erheben kann, als endgültige Lösung angesehen zu werden. Sie ist eine Übergangslösung, die so lange verwendet wird, bis weitere bakterienphysiologische Studien eine klare Richtlinie geben können. Mit aus diesem Grunde sind wir in der Auswahl der Medien zunächst eher konservativ geblieben.

Technik. 10 cm³ Blut werden in 2 cm³ einer 1%igen Liquoidlösung „Roche" aufgefangen. Vor der Venenpunktion Abreiben mit Seifenspiritus, hierauf mit Jodtinktur und dann mit Alkohol in sukzessiv kleiner werdenden Bezirken. Das Blut wird mit einer Spritze und dicker Nadel entnommen. Sofort nach Eintreffen im Laboratorium (Transport durch Boten) wird das Blut nach folgendem Schema verarbeitet: 1. Anlegen zweier Gußplatten mit Nähragar, als Reinheitskontrolle und eventuell zur Keimzählung. — 2. Je 2 cm³ Blut werden in je ein hohes enges Röhrchen mit 8 cm³ 1%iger Traubenzuckerbouillon (Proteosepepton Nr. 3 „Difco"[1] 1%, $p_H = 7{,}0$) und ein Röhrchen mit 8 cm³ Thioglykolatbouillon (Fleischwasserbrühe mit 2% Proteosepepton Nr. 3, 1% Dextrose und „Thioglycollate-Supplement" der „Difco"-Laboratories) übertragen. Zu Vergleichszwecken haben wir den verbleibenden Blutrest (5 cm³) in toto bebrütet.

Nach 2 Tagen wird bakterioskopisch untersucht und ohne Rücksicht auf den Befund die erste Subkultur angelegt. Subkultur: 1. Auf gewöhnlicher Blutplatte (5% Menschenblut), 2. auf 10%iger Blutplatte mit 1% Dextrose, aerob und 3. auf 10%iger Blutplatte + 1% Dextrose nach dem KÜSTERschen Verfahren, halbanaerob mit CO_2-Anreicherung bebrütet. Die Bakterioskopie wird jeden 2.—3. Tag wiederholt; sie wird im Grampräparat nach den Gesichtspunkten der Tbc-Diagnostik durchgeführt (10 min Suchen). Sie soll das Vorhandensein von Keimen, die in der Subkultur nicht mehr weiterzubringen sind, anzeigen. Wir haben hier und da Fälle erlebt, daß ein bakterioskopisch nach langem Suchen entdeckter Keim nicht mehr weiterzubringen war. Allerdings ist noch öfter der Fall, daß Keime dem bakterioskopischen Nachweis entgehen und nur in der Subkultur erscheinen.

[1] Das Herstellungsverfahren dieses Peptons wird geheimgehalten. Es handelt sich aber wahrscheinlich um ein tryptisches Pepton (LEIFSON 1943).

Über die Ergebnisse unserer Technik im Vergleich mit der Bebrütungsmethode nach MASSA und BATTISTINI (1934) werden wir an anderer Stelle ausführlich berichten. In diesem Zusammenhang seien nur die Ergebnisse resümiert:

1. Es ergibt sich eine klare Überlegenheit der Thioglykolatbouillon und der Traubenzuckerbouillon (mit Proteosepepton; Einsaat: Liquoidblut) gegenüber der alleinigen Bebrütung von Liquoidblut.

2. Die Keime sind außerdem in den Fällen, in denen sie auch in Liquoidblut angehen, in den beiden Bouillonröhrchen wesentlich früher nachzuweisen (im allgemeinen spätestens nach 5 Tagen), während im bebrüteten Liquoidblut von uns einmal erst nach 16 Tagen Wachstum beobachtet wurde (vgl. LIBMAN 1948 sowie REIMOLD und WALTER 1948).

3. Die Subkultur nach dem KÜSTER-Verfahren (Blut-Zuckerplatte auf eine mit Colibouillon beschickte KÜSTER-Schale geklebt) ist als die Methode der Wahl zu bezeichnen. Sie liefert in zahlreichen Fällen Wachstum, bei Sterilbleiben der üblichen aeroben Subkultur auf Blutplatte. Die aeroben Zuckerblutplatten sind in der Nachweisquote den KÜSTER-Platten unterlegen, den zuckerfreien Blutplatten (aerob) jedoch überlegen. Bei Wachstum in Thioglykolat und Versagen der KÜSTER-Platte legen wir eine FORTNER-Platte an. Dies ist jedoch kaum notwendig. Die Anaerobiose der KÜSTER-Platte genügt für die meisten mikroaerophilen Stämme. Das Wachstum ist in diesen Fällen auf der KÜSTER-Platte bedeutend üppiger.

Über die absolute Leistungsfähigkeit der Methode ist natürlich nicht ohne weiteres auszusagen. Immerhin haben wir bei einer Serie von 51 zahnextrahierten Patienten etwa denselben Prozentsatz positiver Kulturen gefunden wie die englischen Autoren, nämlich 47%. Unter 200 Blutkulturen von fieberhaften Zuständen hatten wir etwa 4—5% positive Streptokokkenbefunde; dies entspricht etwa der Rate an Spontanbakteriämien. Unter diesen sind die Fälle von klinisch sicherer Endocarditis lenta weggelassen. Zweifellos aber kann auch diese Methode in systematischer Entwicklungsarbeit noch wesentlich verbessert werden.

Es ist evident, daß auch bei relativ einfacher Blutkulturtechnik die Gefahr besteht, daß Verunreinigungen die Kultur zerstören oder aber als „Erreger" angesprochen werden. DAWSON, OLMSTEADT und BOOTS (1932) haben sogar die außerordentlich hohe Zahl der von CECIL, NICHOLS und STAINSBY (1929) beschriebenen positiven Blutkulturbefunde bei Gelenkrheumatikern damit erklärt, daß durch die komplizierte Technik eine große Zahl von Verunreinigungen als „Erreger" angesehen wurde (vgl. auch die Kontroverse REIMOLD und WALTER 1950 — LIEBERMEISTER 1950 — ENGELHARDT und KLEIN 1950). Hierher gehört auch die Diskussion bezüglich der Dauer der Bebrütung. Während einige Autoren noch nach 2—3 Wochen Wachstum beobachtet haben wollen und dementsprechend lange beobachten (REITH und SQUIER 1932, LIBMAN und FRIEDBERG 1948, MURRAY und KALZ 1948, REIMOLD und WALTER 1948, GERMER 1951), halten andere Beobachter (GÜNTHER 1939, LIEBERMEISTER 1949) eine längere Beobachtung für zwecklos und irreführend. Bei einer Beobachtungszeit von 30—35 Tagen wurden nach GÜNTHER von 54 Kulturen 14 verunreinigt (alle 8 Tage Öffnen der Kultur). Das von REIMOLD und WALTER beschriebene langsame Wachstum bezieht sich auf das direkt bebrütete Liquoidblut. Wir können diese Beobachtungen aus eigener Erfahrung bestätigen. Auch wir haben Fälle erlebt, bei denen erst nach 12 und 16 Tagen Wachstum nachweisbar war. In den traubenzuckerhaltigen Nährböden ist die Verzögerung wesentlich geringer, aber immerhin auffallend. Die Verunreinigungsrate ist unseren Erfahrungen nach bei sorgfältiger Technik kleiner als 1%. Besondere Kritik ist in diesem Zusammenhang gegenüber Befunden am Platz, die bedingt pathogene Erreger angeben, welche auch häufig als Verunreinigungen auftreten. Sofortige Wiederholung der Blutkultur ist in jedem dieser Fälle notwendig (s. dazu noch LEHMANN 1926).

Nicht selten macht die Weiterzüchtung der aus Blutkulturen gewonnenen Stämme die größten Schwierigkeiten, und oftmals reißen die Stämme aus bisher nicht erklärbaren Gründen ab. Dies gilt anscheinend besonders für die Fälle, bei denen nur in flüssigen Nährböden Wachstum erfolgt. Es ist auch eigenartig, daß fast durchweg das Wachstum bei der Erstzüchtung sehr spät einsetzt und kümmerlich ist und oft erst nach einigen Passagen üppiges Wachstum erzielt wird. Diese Erscheinung haben auch SIKL und WAGNER (1942) beobachtet. Ein Viertel ihrer aus Endokarditis gezüchteten Stämme mußten an Bouillon durch Serumagarpassagen und sukzessive Entziehung des Serums „gewöhnt" werden. Es ist nicht anzunehmen, daß das Liquoid bzw. nicht völlig unterdrückte Schädigungsfaktoren des mitverarbeiteten Blutes im Nährboden die Ursache dieser Erscheinung sind, denn diese schlechte Züchtbarkeit hält auch nach unseren Erfahrungen über einige Passagen an. Parallel mit der späteren „Erholung" können dann auch vorher negative biochemische Tests positiv werden. Wir müssen hier doch die Möglichkeit ins Auge fassen, daß ein längerer Aufenthalt im Organismus unter Umständen durch Generationen persistierende Veränderungen des Keimstoffwechselgefüges verursacht. Ob es sich dabei um eine als „Schädigung" imponierende Modifikation oder um Selektionen handelt, ist vorerst nicht zu entscheiden. Einstweilen ist diese Erklärung freilich nur ein aus der Reversibilität dieser Veränderungen gezogener Schluß. WAGNER (1950) interpretiert die von ihm beobachteten „Erholungen" (Positivwerden einiger Resistenz- und KH-Spaltungen nach mehreren Nährbodenpassagen) als voraufgegangene Schädigung und bezeichnet die frisch isolierten Formen als „Minusvarianten". Eine experimentelle Beeinflussung im Sinne einer solchen „Schädigung" ist bei Viridansstreptokokken allerdings noch nicht gelungen und wäre im Tierexperiment auch nicht beweiskräftig, da ja Keime im Tier mobilisiert werden können. RABL und SEELEMANN (1951) lehnen den Einfluß des Makroorganismus auf „Defekte" der biochemischen Leistungen ab und betonen deren Konstanz (s. Abschn. B, III, 2).

5. Die Reinigung des Blutstromes.

Für den Erregernachweis ist schließlich der Entnahmeort und die Entnahmezeit von Bedeutung. Wir wissen heute, daß in die Blutbahn gebrachte Viridansstreptokokken durch einen „Clearancemechanismus" (WRIGHT 1927) aus dem Blut entfernt werden. Die Zeit, die dazu notwendig ist, ist relativ kurz. 1—2 Std nach dem Einbruch ist im allgemeinen kein Keim mehr nachzuweisen. Für die Frage der Blutkultur ist von Bedeutung, daß RES-reiche Organe offenbar die Hauptfilter darstellen, z. B. die Leber (BOCK 1936, BEESON, BRANNON und WARREN 1945), die Lymphknoten (SCHOTTMÜLLER 1927) und vielleicht auch die Lunge (WRIGHT 1927, TOUROFF 1942), daneben aber auch andere Capillargebiete, unter anderem das Knochenmark (HARTOCH, MURATOWA und SCHWISCHTSCHEWSKAJA 1927, BINGOLD 1947; vgl. auch OTTENBERG 1931). Daß sich Keime im strömenden Blute vermehren, ist so gut wie ausgeschlossen (SCHOTTMÜLLER 1925, 1928), wenngleich WRIGHT (1925) dies nur mit Einschränkungen verstanden wissen will, aber auch betont, daß bei der Bakteriämie der Endocarditis lenta ein Gleichgewicht zwischen „clearance" und Nachschub vom Sepsisherd her besteht. Nach SCHOTTMÜLLER (1927) bedeutete ein Absinken der Gesamtzahl der in der Blutbahn verteilten Bakterien unter 10000—100000, daß die Nachweismöglichkeit dem Zufall unterworfen ist. Findet man in 1 cm^3 Venenblut 1000 Kolonien, so sind theoretisch zu diesem Zeitpunkt etwa 5 Millionen Keime in der Blutbahn. Diese sind bei Fehlen von Nachschub innerhalb 15 min aus der Blutbahn verschwunden (SCHOTTMÜLLER 1925). Eine Unterstreichung findet diese Schätzung durch FRIEDMANN, KATZ und HOWELL (1938), die die stündliche Vernichtungsleistung des Erwachsenen auf 1000000000 Keime je Stunde beziffern. Nach REICHEL (1939) ist sie praktisch unbegrenzt und unabhängig von der allgemeinen „Resistenz". Auf Grund dieser Angaben erscheint es als sicher, daß bei *andauernder* nachweisbarer Bakteriämie ein gewaltiger Nachschub von der Klappe her erforderlich ist, es sei denn, wir nehmen sekundäre Sepsisherde oder aber eine starke Reduktion der Keimvernichtung an. Daß dieses Gleichgewicht je nach den Eigentümlichkeiten des Erregers verschieden angesetzt werden muß, zeigt die Tatsache, daß Enterokokken offenbar viel länger in der Blutbahn nachweisbar sind als Viridansstreptokokken (RABL und SEELEMANN 1951). Nach WEISS und OTTENBERG (1932) wird die *dauernd* gleichbleibende Zahl der Bakterien im Blut gelegentlich von massiveren Einbrüchen überlagert. Oft folgt auf diese ein Fieberanstieg. Die Konstanz des Nachschubes von der Klappe wird auch von BEESON *und Mitarbeitern* (1945) betont.

Es ist einleuchtend, daß mit dem Versiegen des Keimnachschubes im Zuge der Entwicklung der lokalen Verhältnisse an der Klappe (Fibrinabdeckung) die Nachweismöglichkeit im peripheren Blut sehr schnell gleich Null wird. Dies bedeutet, daß der günstigste Zeitpunkt für die Materialentnahme abgewartet werden muß. Diese von SCHOTTMÜLLER *und seiner Schule* ausgearbeiteten praktischen Hinweise gipfeln in der Vorschrift, den Schüttelfrost als ein untrügliches Zeichen eines größeren Bakterieneinbruches in die Blutbahn anzusehen und dementsprechend vorher Blut zu entnehmen. WEISS und OTTENBERG (1932) halten 1—2 Std vor dem mutmaßlichen Fieberanstieg für die beste Zeit. Demgegenüber ist neuerdings die Ansicht verfochten worden, daß eine subakute bakterielle Endokarditis der „klassischen Form" praktisch permanent streue (BEESON und Mitarbeiter 1945, DIAZ und ARJONA 1950). Die letzteren Autoren sind der Ansicht, daß, wenn überhaupt bei Vorliegen einer Endokarditis der Bakteriennachweis im Blute gelingt, dieses Resultat zu beliebigen Zeitpunkten reproduzierbar sei. Bis zu einem gewissen Grade sind auch SPANG und GABELE (1949) dieser Ansicht. Uns scheint eine strenge Trennung wenig zweckmäßig. Sicherlich gibt es alle Übergänge von der permanent streuenden über die zeitweilig streuende bis zur „abakteriämischen" Form. Auch Provokationsmethoden sind angegeben worden. So haben MORAWITZ und BOGENDÖRFER (1924) eine intramuskuläre Einspritzung von Schwefelöl empfohlen und auf der Höhe des Fieberanstiegs dann Blut entnommen. GROSSMANN und Mitarbeiter (1947) injizieren vor der Blutabnahme Adrenalin (keine näheren Angaben). Inwieweit dabei andere Keime aus Depots mobilisiert werden und so trügerische Resultate ergeben, ist schwer zu entscheiden. An den Karlsruher Kliniken wird dementsprechend an einem Tage unter Umständen mehrmals (bis zu 6mal) Blut entnommen und eingesandt.

BEESON, BRANNON und WARREN (1945) haben ebenso wie MURRAY und MOOSNICK (1940) erneut die Mehrausbeute in arteriellem Blut bei Endokarditiskranken im Vergleich zum venösen Blut zwar prinzipiell erwiesen, sie spielt jedoch bei der Entnahme aus der Cubitalvene praktisch keine Rolle. Die arterielle Blutentnahme wird in Deutschland von BOCK (1936, 1939) sowie GERMER (1951) empfohlen. Wir haben bei der Simultanverarbeitung von Blut der Femoralisarterie und der Cubitalvene im ersteren keine Mehrausbeute erzielt. Die Entnahme von Capillarblut basiert ebenfalls auf ähnlichen Überlegungen und hat sich bei HAUS und BURWINKEL (1949) sowie RAPPAPORT und GLIKIN (1950) bewährt (Entnahme am Nagelfalz). BARBAGALLO (1938) sowie BOCK (1939) haben aus gleichen Überlegungen heraus die Entnahme von Sternalblut empfohlen. Zu dieser letzteren Methode bemerken LIBMAN und FRIEDBERG (1948) mit Recht, daß die Möglichkeit besteht, im Knochenmark abgefangene Keime einer flüchtigen Bakteriämie anderer, klinisch bedeutungsloser Ursache vorschnell als nachgewiesene Erreger einer Endokarditis anzusehen. Ob Keime über längere Zeit im Knochenmark ruhen können, wissen wir allerdings nicht. HARTOCH, MURATOWA und SCHWISCHTSCHEWSKAJA (1927) fanden im Tierversuch (Kaninchen) für Viridansstreptokokken eine Blutclearance von höchstens 24 Std; in Leber, Milz, Lunge dagegen ein Persistieren der Keime bis zu 5 Tagen. Eine Ausnahme bildete die Niere, die noch längere Zeit nachweisbare Keime beherbergte. Die Autoren erklären diesen Befund mit der RES-Armut dieses Organs. NOGEIRA und SILVA (1943) fanden hingegen beim Kaninchen nach intravenöser Injektion von Viridansstreptokokken besonders in den RES-reichen Organen relativ lange lebensfähige Keime der injizierten Art. Diese halten sich mindestens 48 Std, meistens länger. Beim Meerschweinchen wiesen MIESCHER und BOHM (1947) normalerweise in verschiedenen Organen apathogene Keime nach (Milz und Leber 16%). Die Autoren betonen die lange Verweildauer der Bakterien, die sich meist in einer Bakteriämie äußert. Wir haben aus eigenen Untersuchungen am Kaninchen ebenfalls den Eindruck, daß es Keimdepots gibt, die durch sehr lange Zeit die Keime lebend erhalten. Besonders auffällig war die durch Wochen andauernde Bakteriurie des einverleibten Stammes. Allerdings haben wir mit relativ pathogenen C-Streptokokken gearbeitet. LIBMANs (1948) Einwand gegen die Sternalkultur besteht also vorläufig so lange zu Recht, bis die entsprechenden Befunde beim Menschen geklärt sind. Unseres Erachtens hat die Theorie von DIAZ und ARJONA (1949) über die Auslösung einer Endokarditis durch Fernwirkungen eines im Knochenmark befindlichen Corynebacteriums, welches in 3 Fällen bei sterilen Blutkulturen und Herzklappen dort nachgewiesen wurde, gerade die skizzierten Einwände gegen die Bewertung einer positiven Sternalkultur nicht genügend berücksichtigt. Über die Bewertung von coryneähnlichen grampositiven Stäbchen s. Abschn. B, III, 1; C, VI, 6. — Die von GERMER (1951) praktizierte Leberpunktion dürfte wegen der Kommunikation mit dem Dünndarm mit großen Fehlerquellen belastet sein. Befunde von vergrünenden Streptokokken in dem Leberpunktat sind unseres Erachtens wenig aufschlußreich. Im übrigen betont auch GERMER, daß kein Entnahmeort in der Praxis zu bevorzugen sei, da die Ergebnisse recht launisch seien.

Zusammenfassend kann also festgestellt werden, daß die wiederholte Blutentnahme wenn möglich kurz vor dem Fieberanfall (vgl. auch LIBMAN 1948) sowie eventuell in Form von Capillar- oder Arterienblut die Chancen, Keime nachzuweisen, erhöhen wird. Hindernisse sind die geringe Blutmenge bei Entnahme aus Capillargebieten sowie die Schwierigkeiten der Arterienpunktion.

6. Die Bewertung der Befunde.

Die Interpretation von positiven Hämokulturbefunden ist nun, wie schon aus obigen Ausführungen hervorgehen dürfte, weder was die diagnostische noch die theoretische Bedeutung („abakterielle Endokarditis" s. Abschn. C, VI, 6) betrifft, ohne weiteres auf eine Formel zu bringen. Positive Blutkulturen treten, wie später ausführlich belegt wird, bei gesunden Personen bis zu 6—8% auf. Wenn LICHTMAN und GROSS (1932) sowie LIBMAN und FRIEDBERG (1948) als Faustregel empfehlen, den nur in flüssigen Nährböden gelungenen Keimnachweis von vornherein mehr unter dem Aspekt einer transitorischen, interkurrenten Bakteriämie anzusehen, und für den Verdacht eines Sepsisherdes das Angehen auf festen Nährböden fordern, so sind hier nach unserer Erfahrung zweierlei Einschränkungen zu machen. Erstens können auch bei interkurrenten Bakteriämien Keime gelegentlich auf festen Nährböden spärlich angehen, wie wir es nach Zahnextraktionen gesehen haben. ROTH und Mitarbeiter (1950) sahen dies bei 11 von 14 Fällen; auch MCENTEGARD und PORTERFIELD (1949) berichten in demselben Sinne. Zweitens hat die Zahl der Endocarditis lenta-Kranken mit fehlendem oder spärlichem Keimnachweis erheblich zugenommen (s. S. 218), so daß wir gezwungenermaßen auch Blutkulturbefunde in den Kreis der diagnostischen Erwägungen einbeziehen müssen, bei denen Wachstum nur in flüssigen Medien erfolgt. Vor einer Überbewertung solcher Befunde ist unter anderem von GLOOR (zit. nach LEHMANN 1930) sowie FREUND und BERGER (1924) gewarnt worden. Ein guter Teil der „Spontanheilungen" der früheren Jahre sind sicherlich zufällige, passagere Viridansbakteriämien ,bei denen ein gleichzeitig bestehender Herzfehler zur Fehldeutung führte. Hier wird also vor allem eine Reproduzierung des Resultats angestrebt werden müssen. Gelingt diese, so ist der Verdacht auf bakterielle Endokarditis von dieser Seite her gegeben und kann nur von seiten der Klinik überzeugend entkräftet werden. Ist jedoch der Nachweis der Keime in einer größeren Reihe von Hämokulturen unregelmäßig und selten oder gar nur einmal zu erbringen, so wird die Bewertung noch mehr von der Ausprägung des klinischen Bildes abhängen. Nachdem das „klassische" Symptomenbild der Endocarditis lenta praktisch aufgelöst ist, wird die Entscheidung immer sehr schwierig sein, und es ist dem Kliniker nicht zu verdenken, wenn er den bakteriologischen Blutbefund geringer bewertet als früher und unter Umständen die Diagnose „subakute bakterielle Endokarditis" ohne Keimnachweis stellt. Die Fälle mit regelmäßig positiven Gußplattenkulturen haben natürlich das größte Gewicht; sie sind unserer Erfahrung nach sehr selten geworden. Wie schwierig aber auch hier die Entscheidung sein kann, beweist ein Fall von WIELE (1938), bei dem bei völliger Arbeitsfähigkeit und Wohlbefinden bei fehlendem klinischem Befund über 1 Jahr regelmäßig Viridansstreptokokken im Blut nachgewiesen wurden. Erst nach einer Grippe trat dann das charakteristische Bild der Endokarditis auch klinisch hervor. Mit Rücksicht auf die gerade bei Frühfällen aussichtsreiche Penicillinbehandlung wird also der Kliniker die Diagnose lieber einmal zu oft stellen als warten, bis die schulmäßige Ausprägung des Bildes jede therapeutische Aussicht vernichtet.

7. Grenzen der Nachweismöglichkeit.

Wenn wir nun abschließend die Frage nach den Grenzen des Keimnachweises in der Blutbahn erheben, so ist die Antwort darauf aus den bisherigen Ausführungen zum Teil schon gegeben. Bezogen auf den Modellversuch (Eruierung der kleinsten noch zur Vermehrung kommenden Einsaatmenge), scheint die Frage experimentell lösbar. Es sind uns sogar Verfahren bekannt, um von ernährungsphysiologisch recht anspruchsvollen Keimen, z. B. Pneumokokken, Einzellkulturen herzustellen. Damit wäre prinzipiell die äußerste Grenze der Nachweismöglichkeit erreicht. Es darf aber hier die Tatsache nicht übersehen werden, daß Einzellkulturen nur zu einem sehr kleinen Bruchteil auch wirklich zur Vermehrung kommen, und daß sie aus denkbar günstigsten Vorkulturen angelegt werden (logarithmische Phase). Für die uns beschäftigenden Verhältnisse ist es hingegen charakteristisch, daß die Keime aus einem stationären bzw. absterbenden Zustand in die Medien eingeimpft werden. Dies bedeutet, daß eine Adaptation an die das Wachstum ermöglichenden neuen Bedingungen wohl in jedem Falle eine gewisse Zeit in Anspruch nehmen wird — gleichgültig zu welchen Theorien der Latenzzeit man nun neigt. Wären die zur Rede stehenden Keime im Blut in der lebhaftesten Vermehrung begriffen, so würden sich die Verhältnisse wesentlich günstiger gestalten. Die Keime kämen zum Wachstum weitgehend adaptiert in den Nährboden. Die Latenzzeit hätte dementsprechend eine sehr kurze Dauer, und die noch angehende Einsaat wäre außerordentlich klein. Gerade die oft erstaunlich langen Zeiträume, die bei der Hämokultur bis zum bakterioskopischen oder subkulturellen

Nachweis der eben beginnenden Vermehrung vergehen können, zeigen, daß es sich um Keime handelt, die aus bisher nicht näher bekannten Gründen eine außerordentlich lange Anpassungszeit bzw. Latenzperiode benötigen. Diese ist als das Charakteristische für den Zustand der Keime in der Blutbahn anzusehen und stellt das bakterienphysiologische Hauptproblem der Keimzüchtung dar. Darüber hinausgehend aber scheinen die Erreger oftmals noch zusätzlich geschädigt zu sein, wie ihr durch einige Passagen persistierendes kümmerliches Wachstum, die O_2-Empfindlichkeit usw. beweisen. Nachdem wir vorläufig die als Mundhöhlenbewohner bekannten Streptokokken der Viridansgruppe mit dem aus der Blutbahn bei Endokarditis gezüchteten „Viridansstreptococcus" SCHOTTMÜLLERS (1910) als identisch ansehen müssen, ist es immer wieder auffällig, daß die aus Speichel gezüchteten Stämme dieses langsame und kümmerliche Wachstum und die hohen Ansprüche an das Milieu niemals zeigen, sondern nur die aus der Blutbahn bei Endokarditis gezüchteten Keime. Wir haben ein derartiges Verhalten niemals bei Stämmen gesehen, die anläßlich einer Zahnextraktion aus dem Blut isoliert wurden (Blutentnahme 3 min nach dem Eingriff), sondern immer wieder bei Fällen, die uns mit Verdacht auf Endokarditis zur Untersuchung zugeschickt wurden. Es bleibt weiteren Untersuchungen vorbehalten, ob man nicht bei zweifelhafter klinischer Bewertung einer positiven Viridanskultur durch die Mitbewertung der Züchtbarkeit wenigstens in einigen Fällen zusätzliche Anhaltspunkte für die Unterscheidung zwischen passagerer Bakteriämie oder Sepsis lenta gewinnen kann. Ob allerdings bei passageren Bakteriämien in einem späteren Stadium kurz vor der völligen „Reinigung" des Blutstromes nicht auch Schädigungen eintreten, die das Wachstum und die Adaptation betreffen, ist noch nicht klargestellt, wenn auch unwahrscheinlich, da die Filterung des Blutes zu rasch erfolgt. In diesem Sinne hat ja auch SCHOTTMÜLLER (1910) bei der Definition des Viridansstreptococcus großen Wert auf das langsame Wachstum gelegt. Es erscheint nicht unerheblich, daß dieser Autor unter anderem dieses Kennzeichen für die Diagnose „viridans" forderte und damit die Diagnose „Endocarditis lenta" doch bis zu einem gewissen Grade von dem als typisch angesehenen kümmerlichen und langsamen Wachstum der Keime abhängig machte.

Wir sehen also, daß wir weit davon entfernt sind, dafür garantieren zu können, daß der Blutstrom bakterienfrei sei. In zahlreichen Fällen werden wir die Keime eben nicht nachweisen können, weil sie eine zu lange Anpassungszeit bei zu kleiner Zahl haben, also „adaptationsgeschädigt" sind. Wenn wir nun noch berücksichtigen, daß bei der rapide arbeitenden clearance durch die Organe die meistens an sich schon geringe Keimzahl auf dem Wege zum Venensystem noch weiter dezimiert wird, so verschlechtern sich die Aussichten erheblich. Wenn WRIGHT (1925) zum Ausdruck brachte, daß eine negative Blutkultur, mit der notwendigen Sorgfalt und Technik ausgeführt, beweisend für die „Sterilität" des Blutstromes sei, so sind wir bedeutend skeptischer. Wenn PERRY (1936) aber meint, daß die Zahl der bakteriologisch bewiesenen Fälle von Endocarditis lenta je nach der Technik der Autoren stark schwankt, so möchten wir eine Beurteilung der Frage eher ins Grundsätzliche verlegen und die *prinzipielle* Unmöglichkeit, unter gewissen Umständen Keime aus dem Blute zu züchten, betonen. Die Verschiedenheiten der Keimausbeute verschiedener Autoren haben nämlich außer der differenten Technik auch noch gänzlich andere Ursachen (s. Abschn. C, VI, 6). Es sei noch einmal darauf hingewiesen, daß sich diese Erörterungen vor allem auf die Viridansgruppe beziehen. Alle anderen bei der bakteriellen Endokarditis häufigkeitsmäßig in Betracht kommenden Keime liefern bessere Züchtungsaussichten; dies gilt vor allem für Enterokokken, obwohl hier auch gewisse Schwierigkeiten auftreten können.

II. Erregernachweis post mortem.

1. Voraussetzungen und Fehlerquellen.

Wir haben gesehen, daß der Keimnachweis intra vitam auf große Hindernisse stößt. Im ganzen gesehen ist die bakteriologische Untersuchung post mortem nicht weniger schwierig. Während bei dem Erregernachweis aus dem strömenden Blut im Verhältnis zu den späteren autoptischen Kontrollen relativ selten Keime auffindbar sind, werden beim Nachweis an der Leiche zweifellos zu oft Bakterien festgestellt, öfter als es mit unseren pathogenetischen Vorstellungen in Einklang zu bringen ist. Die Fehlerquelle liegt hier also nicht an einem „Zuwenig" wie bei der Blutkultur, sondern an einem „Zuviel". Während der Frühzeit der bakteriologischen Erforschung der Endokarditis ist der postmortale Fund von Bakterien an der Herzklappe zweifellos ohne genügende Kritik bewertet worden. Die Tatsache, daß es scheinbar gelang, aus rheumatischen Klappenveränderungen vergrünende Streptokokken zu züchten (REYE 1914, 1923), hatte zur Folge, daß dieser Befund ohne weiteres als beweisend für die Ätiologie angesehen und dementsprechend die rheumatische Endokarditis als eine Infektion mit vergrünenden Streptokokken aufgefaßt wurde (ältere Literatur bei KLINGE 1933). Es ist bemerkenswert, daß diese Befunde bis zu einem gewissen Grade sogar von SCHOTTMÜLLER (1928) anerkannt wurden. Erst 1929 wurde von EPSTEIN und KUGEL eine Nachprüfung der Voraussetzungen des postmortalen Keimnachweises an der Herzklappe unternommen, die in vorzüglicher Weise die Fehlerquellen aufzeigte. Diese Befunde schienen zunächst jede Möglichkeit, den Keimnachweis an der Herzklappe zu verwerten, zunichte zu machen.

Bei einer Serie von unausgewählten Sektionen wurden 66mal Blutproben aus der Vena cava, 62mal Proben von Knochenmark (Lendenwirbel), 42mal Herzmuskelstückchen und 43mal Herzklappen (Mitralis) bakteriologisch mit einer Vielzahl von Nährböden untersucht. Die Leichen wurden 5—27 Std nach dem Tod seziert. Die Entnahme des Materials erfolgte mit sehr sorgfältiger Technik, um Kontamination zu vermeiden. Alle 66 Blutproben ergaben Wachstum von Bakterien, darunter 79% Streptokokken. Von 35 makroskopisch unveränderten Klappen wurde 14mal (40%) Wachstum in den Nährböden erzielt, auch hier größtenteils von Streptokokken. Das Knochenmark enthielt in 67% der Fälle Streptokokken, der Herzmuskel in 47%. Der größte Teil dieser Streptokokken zeigte Vergrünung. An Hand der erschöpfend referierten Literatur kommen die Autoren zum Schluß, daß die gefundenen Bakterien zum größten Teil aus agonalen Einbrüchen stammen, wobei der Einbruch vorwiegend aus dem Darm und der Mundhöhle erfolgt. Es fand sich keine Abhängigkeit der Besiedlungshäufigkeit vom zeitlichen Abstand der Sektion nach dem Todeseintritt. — In gleichem Sinne hatte sich vorher WRIGHT (1925) an Hand eines kleineren Materials geäußert.

Die Untersuchungen haben besonders bei einer Reihe amerikanischer Autoren dazu geführt, die kulturelle Methode des Keimnachweises an der Herzklappe grundsätzlich abzulehnen. In diesem Sinne äußern sich sehr entschieden LIBMAN und FRIEDBERG (1948). Sie sehen nur in dem histologischen Nachweis im Schnitt eine Möglichkeit, ohne Fehldeutungen auf eine Besiedlung der Herzklappe zu schließen. Wir halten diese Einstellung für übertrieben. Unserer eigenen Erfahrung nach sind die Befunde von EPSTEIN und KUGEL zwar grundsätzlich anzuerkennen; dabei spielt unserer Ansicht nach die früher viel diskutierte postmortale „Keimverschleppung" bzw. „Keimwanderung" keine beweisbare Rolle, denn auch wir konnten keinen Zusammenhang zwischen Besiedlungshäufigkeit verschiedener Organe und Zeitpunkt der Sektion feststellen. Bei geeigneter Technik und klaren Bewertungskriterien lassen sich aber eine Reihe von Einzelbefunden sehr wohl deuten, wie wir noch ausführen werden. Die meisten Autoren haben sich im übrigen von der grundsätzlichen Verwertbarkeit der kulturellen Herzklappenuntersuchung überzeugt und verwenden sie, besonders bei der Beurteilung der Endocarditis lenta. Die Literatur kann hier im einzelnen nicht angeführt werden; sie ist zum größten Teil in den späteren Kapiteln dieser Darstellung zitiert. Technische Hinweise neueren Datums finden sich in den bakteriologischen Laboratoriumshandbüchern, z. B. in dem Abriß von SCHAUB und FOLEY (1947). In der deutschen Literatur findet man eine ältere Darstellung bei JAKOBSTHAL im ABDERHALDENschen Handbuch der biologischen Arbeitsmethoden.

Die Hauptfehlerquelle bei der bakteriologischen Untersuchung der Herzklappe ist demnach die völlig regellos eintretende agonale Bakteriämie. Nachdem bei der Endokarditis vor allem diejenigen Keime interessieren, welche in dem „Keimreservoir" jedes Individuums, vor allem im Darm und in der Mundhöhle, normalerweise vorkommen (s. Abschn. C, VI, 1), ist eine Beurteilung aller Klappenbefunde mit normalerweise beim Menschen vorkommenden fakultativ pathogenen Saprophyten zunächst unsicher. Dies bezieht sich auf Keime wie Coli, Proteus, Enterokokken (Darm) sowie Viridansstreptokokken (Mundhöhle und Darm, s. Abschn. C, VI, 1). Eine zweite Fehlerquelle ist die Kontamination bei der Autopsie und Materialentnahme. Es hat sich nach unserer Erfahrung gezeigt, daß durch Kontamination unbrauchbare Befunde sich stets bei denselben Sekanten häufen. Hier kommen neben der in jedem Sektionssaal praktisch ubiquitären Darmflora vor allem Mikrokokken (Staphylokokken) in Frage, die unserer Erfahrung nach meistens ebenfalls aus dem Sektionssaal stammen und bei guter Technik nur in Ausnahmefällen im Laboratorium übertragen werden. Dies ist besonders bei den Fällen, wo eine Endokarditis erst bei der Obduktion entdeckt wird, zu befürchten. Die weiteren Möglichkeiten, falsche Resultate zu erhalten, beziehen sich auf die allgemeine bakteriologische Technik und sollen hier nicht näher angeführt werden, zumal die wichtigsten prinzipiellen Fragen bereits in Abschn. B, I erörtert worden sind.

2. Technik der Materialentnahme und bakteriologische Verarbeitung.

Bei der Entnahme von Leichenblut wird mit einem großen Metallspatel nach Entfernung des Brustbeins (Eröffnung von Venen vermeiden!) und Eröffnung des Herzbeutels die Herzaußenfläche über dem rechten Ventrikel im Bereich der Ausflußbahn der Arteria pulmonalis abgeglüht. Es erfolgt Einstich in den Ventrikel mit einem sterilen dünnen Messer und Einführung einer dünnen Pipette, wobei 3 cm^3 Blut entnommen werden. Man achte darauf, daß von der Umgebung keine Perikardflüssigkeit auf das abgeglühte Areal fließt. Nötigenfalls muß man die Außenfläche des Herzens mit Zellstoff abtrocknen. Die Entnahme von Blut aus dem linken Ventrikel wird nur selten in ausreichender Menge möglich sein, zumal auch die Zugänglichkeit in situ schlecht ist. Wir haben deshalb auf die Entnahme aus dem linken Herzen meist verzichtet.

Wir haben eine Zeitlang versucht, das Herz nach der Blutentnahme in situ zu eröffnen und dann Klappengewebe zu entnehmen. Wir haben keine Vorteile davon gesehen. Die Verunreinigungsmöglichkeit erhöht sich vielmehr durch die beengten Raumverhältnisse. Das Herz wird deshalb nach der üblichen Sektionstechnik zergliedert: Eröffnung des rechten Herzens mit steriler Knopfschere. Durchtrennung der großen Gefäße und der Herzbeutelumschlagfalte, wobei die Herzspitze mit der linken Hand angehoben wird. Die Eröffnung der übrigen Herzhöhlen erfolgt zweckmäßigerweise, ohne daß das Herz aus seiner senkrecht hängenden Lage gebracht wird. Die Sektion wird mit sterilisierten Knopfscheren ausgeführt, wobei sorgfältig darauf zu achten ist, die inneren Ventrikelwände und Klappen nicht mit den Handschuhen zu berühren. Die makroskopische Beurteilung der Klappen wird ebenfalls ohne jede manuelle oder instrumentelle

Berührung vorgenommen. Mit sterilem Besteck wird ein geeignetes Klappenstück mit Auflagerungen entnommen und in eine sterile Petrischale gelegt.

Die Entnahme von Organstückchen (Milz, Leber) geschieht in der üblichen Weise: nach Abglühen wird ein Würfelchen von 0,5 cm Kantenlänge aus der Tiefe mit der Schere entnommen und gleichfalls in eine sterile Petrischale verbracht. Die Entnahme von Blut aus der Vena cava erfolgt nach denselben Prinzipien wie die von Herzblut. In einem Großteil der Fälle erwies sich auch bei unseren Untersuchungen das Blut der Vena cava bakterienhaltig, gelegentlich jedoch steril. Ist dies bei sterilem Herzblut, Leber und Milz der Fall, so gilt es als ein besonders starkes Argument dafür, eine agonale Bakteriämie auszuschließen. Die Besiedlung des Cavablutes wird sehr oft ohne gleichzeitigen Keimgehalt von Herzblut, Leber und Milz festgestellt. Hier ist durch die Leber offenbar der Einbruch in den großen Kreislauf verhindert worden.

Bei der bakteriologischen Verarbeitung wird das Leichenblut auf ein Röhrchen mit 8 cm^3 Thioglykolatbouillon (s. Abschn. B, I, 4) und ein Röhrchen mit Dextrosebouillon mit Proteosepepton Nr. 3 übertragen. Die Blutbactericidie ist hier nicht in dem Ausmaß zu fürchten wie bei dem Keimnachweis intra vitam. Die weitere Bearbeitung erfolgt wie in Abschn. B, I, 4 (S. 77) geschildert.

Die Vorarbeitung der Herzklappe geschieht folgendermaßen: Das Herzklappenstück wird in 10 cm^3 Bouillon abgespült; diese Bouillon wird bebrütet. Nach der Spülung durch Bouillon erfolgt 5maliges Abspülen in je einem Reagensglas mit steriler physiologischer Kochsalzlösung (je etwa 20 cm^3) unter kräftigem Schütteln, hierauf erneutes Abspülen in Bouillon. Auch die letzte zum Abspülen verwendete Bouilloncharge wird bebrütet. Es wird nun das Klappenstück gründlich mit Pinzette und Schere mechanisch zerkleinert.

Versuche, die Klappe mit Quarzsand zu zerreiben, haben wir aufgegeben, da sie uns keine Vorteile ergaben.

Der so erhaltene Gewebsbrei wird in ein Thioglykolatröhrchen und ein Proteose-Peptonröhrchen verimpft. Die Kulturen werden ebenso behandelt wie die Blutkulturen.

Wir haben früher die Rosenow-Hirnbouillon mit Tibatinzusatz zur Anreicherung verwendet, die bei eventueller Verunreinigung mit Proteus und Coli eine Hemmung dieser Keime erzielt (Böhmig 1949, Henkel 1949, Altenbach 1949). Der Wert dieser Methode ist zwar in Zweifel gezogen worden (s. Dimmling 1950). Die Methode hat sich uns aber seinerzeit an vielen Fällen als brauchbar erwiesen. Seitdem die Möglichkeit besteht, Thioglykolat zu beschaffen, haben wir uns davon überzeugt, daß dieser Nährboden in der Unterdrückung der gramnegativen Darmkeime ebensoviel leistet wie die Tibatinbouillon, dazu auch bessere Anaerobiose erzielt und einfacher herstellbar ist. Falls gramnegative Erreger vorhanden sind, werden sie durch das Thioglykolat in der Regel nach einigen Tagen abgetötet. Mit dem von amerikanischer Seite empfohlenen Natriumazid (Snyder und Lichstein 1940) haben wir keine Erfahrungen. — Die Hemmung von gramnegativen Erregern ist nur in Ausnahmefällen auszunutzen, wenn es sich darum handelt, Keime zu isolieren, deren Bedeutung schon zu Lebzeiten feststand, und wo diese durch gramnegative Darmkeime überwuchert werden. Als Regel sind bei Vorkommen von Darmkeimen die Befunde als unbrauchbar zu verwerfen, wenn sich neben den Darmkeimen nicht Erreger finden, die durch ihr seltenes Vorkommen beim gesunden Menschen als nicht zu agonalen Einbrüchen gehörig erkannt werden können. Die Bewertung ist aber in diesen Fällen immer unsicher.

Die Verarbeitung der Organstückchen erfolgt in der gleichen Weise wie die der Herzklappenauflagerungen, aber ohne Spülung.

3. Bakteriennachweis im histologischen Schnitt.

Bei der Methode des Bakteriennachweises im Schnittpräparat setzen alle Färbemethoden (s. Schmorl 1918, Romeis 1948, Roulet 1948) besonders subtiles technisches Können voraus. Auch bei dieser Voraussetzung sind die Ergebnisse nur einigermaßen zuverlässig bei stäbchenförmigen Bakterien, bei geduldiger Untersuchung zahlreicher Schnitte einer Herzklappe und bei positivem Befund. Dieser Forderung und Kritik können die wenigsten Untersucher standhalten, sofern sie größere Untersuchungsreihen vorlegen. Das gilt auch für unsere eigenen Untersuchungen. Es würde dann der Einzelfall Wochen benötigen. Gilt dies schon für die wesentlich leichter färberisch darstellbaren und leichter bei Öl-immersion erkennbaren Stäbchen, so sind die Schwierigkeiten der Färbbarkeit und sicheren Erkennung bei den Kokken noch wesentlich größer. Wolken, „Schwärme" oder Haufen von Bakterien sind leicht zu diagnostizieren und von färberisch ähnlichen zu unterscheiden. Aber bei Keimarmut oder all den Entzündungsformen die Bakterien mit Sicherheit zu identifizieren, bei denen Initialstadien vorliegen — dazu sind diese morphologisch-histologischen Methoden nicht geeignet. Wir müssen darum mit Nachdruck hervorheben, daß ausschließlich bei positivem Ergebnis und sicher nur bei stärkerer Keimbesiedlung der Histologe einen *Beweis* erbringen kann, daß hier im Gewebe eine bakterielle Entzündung vorliegt. Das Umgekehrte ist ebenso zu betonen: Es läßt sich ebensowenig beweisen, daß in dem vorliegenden Entzündungsgebiet *keine* Bakterien vorhanden sind. Und das erscheint uns fast wichtiger, weil die Diskussion um die Initialstadien am stärksten ist. Naturgemäß bestehen große diagnostische Schwierigkeiten in einer praktisch unveränderten Klappe. In wohlerhaltenen Einzelzellen sind auch Einzelkeime eher zu eruieren als in einer schon ausgeprägten serösen Entzündung mit Gewebsnekrose oder in dem massiven Insudat einer fibrinösen Entzündung. In so veränderten Geweben muß ein jeder Histologe die Antwort schuldig bleiben, wenn er keine Bakterien findet. Hier ist dann das bakteriologische Kulturverfahren unter Umständen in der Lage, den Befund zu klären.

4. Die Bewertung der Befunde.

Bevor wir die Richtlinien für die Auswertung der Befunde festzulegen versuchen, erscheint es uns zweckmäßig, den Begriff „Besiedlung der Klappe" und die Möglichkeit, sie in ihren Anfangsstadien zu erfassen, zu untersuchen. Enthält das die Klappe umspülende Herzblut Keime, so wird naturgemäß auch der die Klappe bedeckende capillare Blutfilm Bakterien enthalten. Diese Bakterien stehen zum Klappengewebe zunächst in keiner engeren Beziehung als der der gänzlich oberflächlichen Anlagerung. Sie werden das Schicksal der in dem Herzblut befindlichen Keime teilen, d. h. falls die Bakteriämie nur von kurzer Dauer ist, mechanisch abgespült bzw. an Ort und Stelle durch Phagocytose vernichtet werden. Enthält die Klappe zunächst unbesiedelte, vielleicht sogar zerklüftete Excrescenzen, so wird sich der Flüssigkeitsfilm in den Buchten dieser Auflagerungen unter Umständen auch bei einem Vorbeistreichen einer sterilen Flüssigkeit eine gewisse Zeit halten. Das heißt, daß das Herzblut im Gegensatz zur Klappe unter Umständen durch eine kurze Zeit hindurch bakterienfrei sein kann und der bakterienhaltige Blutfilm erst nach und nach weggespült wird. Auch in diesem Falle können wir noch nicht von einer „Besiedlung" sprechen. Erst dann, wenn wir nachweisen, daß die Keime vor dem Weggespültwerden definitiv geschützt sind, können wir annehmen, daß sie in eine echte Beziehung zum Klappengewebe getreten sind und dementsprechend eine „Besiedlung" annehmen. Ob die Keime dabei zur Vermehrung kommen und nun an dem Implantationsort Veränderungen bewirken, die ohne ihre Anwesenheit nicht eintreten würden, ist damit noch nicht gesagt. Wenn wir uns vorstellen, daß der Schutz gegen das mechanische Weggespültwerden in einer — vielleicht sehr dünnen — Fibrinschicht besteht, welche die Keime abdeckt und damit ihre Situation als *in* und nicht mehr *auf* der Klappe liegend bestimmt, so ist es nicht vorherzusagen, ob diese Keime später nicht doch zugrunde gehen, weil z. B. ihre Inoculationsdosis zu klein oder ihre Latenzzeit zu groß ist, wie wir es bereits in Abschn. B, I, 2 diskutiert haben. Diese Faktoren interessieren hier vorläufig nicht, sie werden in Abschn. C, VI, 3 erörtert werden.

Schließlich ist zu erwägen, ob die Keime nicht von den Endothelzellen der Herzklappe aktiv phagocytiert und dadurch vor den Einflüssen des strömenden Blutes geschützt werden. Dies ist aber nach den im Abschn. E,I,2,5 zu besprechenden Befunden ganz unwahrscheinlich.

In den hier zu diskutierenden Anfangsstadien wird sich im Schnitt eine solche „Besiedlung" gemäß den erörterten Grenzen des histologischen Keimnachweises nicht festlegen lassen. Es wird demnach, um frühe Stadien der Besiedlung zu erfassen, nur die kulturelle Nachweismethode in Frage kommen. Dabei gehen wir nach der geschilderten Technik von der Voraussetzung aus, daß das zu untersuchende Klappenstück intensiv gewaschen und gespült wird, wobei wir als letzte Spülflüssigkeit Bouillon verwenden, die sich nach der Bebrütung als steril erweisen muß, wenn dem etwaigen kulturellen Befund der danach zerkleinerten und auf Nährböden verimpften Herzklappe Bedeutung im Sinne einer „Besiedlung" beigemessen werden soll.

Angesichts der geschilderten Fehlerquellen ist es klar, daß die Bewertung besonders der kulturellen Befunde auf Schwierigkeiten stößt. Wir haben im Laufe der Jahre hier viel dazugelernt und mußten die Zahl der verwertbaren Untersuchungsresultate immer mehr einschränken. In früheren Untersuchungen (Böhmig 1948, 1949) haben wir darauf hingewiesen, daß bei einem erstaunlich hohen Prozentsatz von Endokarditiden aller Arten bei der postmortalen Untersuchung der Herzklappe Bakterien gefunden werden (vorwiegend Streptokokken). Häufig fand sich aber auch Sterilität. Bemerkenswert waren in diesem Zusammenhang vor allem die chronisch-ulcero-polypösen Formen, bei welchen der kulturelle Keimnachweis nicht gelang. Die Diskussion dieser Erscheinung findet sich in Abschn. C, VI, 6. Wir wagten damals bezüglich der Bedeutung der angetroffenen Keime kein endgültiges Urteil abzugeben, und haben es insbesondere offenlassen müssen, woher diese Keime stammten, und ob sie als sekundäre „Besiedlung" entzündlich veränderter Klappen aufzufassen seien. Aus den damaligen Untersuchungen ergibt sich — retrograd beurteilt — lediglich ein erneuter Hinweis auf die Häufigkeit, mit der postmortal auf den Klappen Keime gefunden werden. Sie können aber nicht ohne weiteres im Sinne der definierten „Besiedlung" verstanden werden. Wenn wir die seither erhobenen Befunde von Keimen an der Herzklappe im Hinblick auf ihre Bedeutung für den aufgefundenen anatomischen Prozeß beurteilen wollen, so sind Einschränkungen notwendig, die eine große Zahl von kulturellen Resultaten als undeutbar ausfallen lassen. Dies haben uns spätere Untersuchungen gelehrt.

Werden im Herzblut sowie in der zum Spülen des Klappenstückes verwendeten Bouillon dieselben Keime gefunden wie in der Klappe, ohne daß die histologische Untersuchung Bakterien ergibt, so sind die in der Herzklappenkultur gefundenen Keime als von einer agonalen Einschwemmung nicht abgrenzbar zu betrachten. Es ist in diesem Fall keine Klärung der Frage zu erzielen, ob diese Keime in einer mehr als zufälligen Beziehung zur Klappenvegetation stehen. Die erste Spülung der Klappe gibt grundsätzlich keine Gewähr dafür, daß in einzelnen Krypten der Excrescenzen Bakterien, die der Klappe lediglich angelagert sind, entfernt werden. Ein Wahrscheinlichkeitsschluß in diesem Fall ist nur dann erlaubt, wenn zu Lebzeiten in der Blutkultur wiederholt Keime desselben Typs gezüchtet worden sind. (Die Frage des Identitätsbeweises zweier Bakterienstämme wird in Abschnitt C, VII, 5 diskutiert.) In diesem Falle kann die Besiedlung der Klappe als wahrscheinlich angenommen werden — wenigstens in der epikritischen

Beurteilung für die Klinik. Ergeben Herzblut und Organe kein Wachstum von Keimen und erweisen sich sämtliche Spülflüssigkeiten als steril, so ist beim Nachweis von Bakterien in der Klappenkultur dieser Befund dahingehend zu interpretieren, daß die Klappe von Keimen „besiedelt" war. Erweist sich die erste Spülflüssigkeit als steril und die letzte als bewachsen, ist der Befund gleichfalls nicht als verwertbar anzusehen; denn es besteht die Möglichkeit, daß in Krypten von Vegetationen Reste von bakterienhaltigem Herzblut sitzen, die erst nach mehreren Spülungen entfernt werden. Ist in der ersten Spülflüssigkeit Wachstum zu beobachten, in der letzten aber keines mehr, so ist der etwaige Bakterienbefund der Klappe ebenfalls im Sinne einer Besiedlung zu verwerten. Es ist natürlich klar, daß mit dieser Methode niemals ein Überblick über die Häufigkeit der bakteriellen Besiedlung von endokarditischen Excrescenzen gewonnen werden kann, da in vorläufig völlig undurchsichtiger Weise der Großteil der Herzklappenbefunde von nicht vermeidbaren Fehlern überlagert wird. Grundsätzlich aber erweisen auch einzelne in diesem Sinne verwertbare Befunde die Möglichkeit, sekundäre Besiedlungen von endokarditischen Klappen in frühen Stadien zu erfassen.

Unsere Untersuchungen, die seit Anfang 1949 liefen, haben uns gezeigt, daß es notwendig war, 151 Fälle von rheumatischer, chronisch-rezidivierender und E. simplex durchzuuntersuchen, bis nach Ausscheiden der nicht eindeutig verwertbaren Befunde 5 Fälle übrigblieben, bei denen an Hand des kulturellen Ergebnisses eine frische Sekundärbesiedlung mit Sicherheit angenommen werden konnte. Diese Resultate betrafen 3 Fälle von chronisch-rezidivierender E. mit einzelnen kleinen wärzchenförmigen Excrescenzen, einmal eine E. simplex (terminalis) und einmal einen frischen Schub einer rheumatischen E. (Rezidiv); (2mal Streptococcus viridans, 3mal Enterokokken). In diesen Fällen erwies sich die Peripherie (Leber, Milz, Venenblut, Herzblut) als steril, ebenso auch die zum Spülen der Herzklappe verwendete Flüssigkeit. Von den erwähnten 151 untersuchten Fällen von fibrinösen und chronisch-fibrösen Endokarditiden erwiesen sich 64mal die Klappen als steril. Von dem Rest der verbleibenden Fälle mußten bis auf 5 Fälle alle ausgesondert werden, weil sich an Hand der dargelegten Kriterien eine agonale Bakteriämie nicht mit Sicherheit ausschließen ließ, die Keime der Herzklappe beim Spülen verschwanden oder Mischkulturen erzielt wurden. Dieses im Hinblick auf die aufgewendete Mühe zunächst dürftig erscheinende Resultat ist aber doch geeignet, einige wichtige grundsätzliche Folgerungen zu gestatten: Es zeigt sich, daß bei 5 Fällen mit großer Sicherheit eine bakterielle „Besiedlung" der Klappe in dem erläuterten Sinne erfolgt ist. Den Zeitpunkt dieser Besiedlung können wir hier nicht bestimmen. Maßgeblich bleibt nur, daß es Fälle von „verrukösen" Formen gibt, bei denen die kürzlich erfolgte Besiedlung der entzündlich veränderten Klappen im Klappengewebe bei genügender Geduld bei der Sektion nachweisbar ist, ohne daß an der Oberfläche der Klappe oder im Herzblut sowie in den Organen Bakterien aufgefunden werden. Daß diese Befunde keinesfalls mit der *Entstehung* der Excrescenzen in Zusammenhang gebracht werden, sondern nur im Sinne einer sekundären Besiedlung aufgefaßt werden dürfen, werden wir noch begründen. Damit ist die zweifellos zu Lebzeiten erfolgende sekundäre Bakterienbesiedlung auch relativ geringfügig veränderter Klappen bei E. simplex und rheumatica bei der Sektion grundsätzlich aufzuzeigen, wenn es sich auch nur um besonders glücklich liegende Einzelfälle eines größeren Beobachtungsgutes handelt.

Über das Schicksal der Bakterien im Einzelfall läßt sich natürlich nichts aussagen. Immerhin scheint uns neben den noch zu diskutierenden Argumenten auch aus diesen Befunden der Schluß erlaubt, daß echte Klappenbesiedlungen im

Sinne unserer Kriterien vermutlich relativ häufig vorkommen und offenbar nicht notwendigerweise zu einer bakteriellen Endokarditis zu führen brauchen. Die weiteren Erörterungen über diesen Punkt finden sich in Abschn. C, VI, (3 S. 209).

In der Zusammenarbeit mit der Klinik erweist es sich vor allem notwendig, die Fälle von bakterieller E. zu bearbeiten. Hier werden die Kriterien der Bewertung des bakteriologischen Befundes von Fall zu Fall milder gefaßt werden können, da vorhergehende Blutkulturen unter Umständen eine eindeutige Stellungnahme eher zulassen. Wenn beispielsweise zu Lebzeiten klinisch und bakteriologisch eine Staphylokokkensepsis diagnostiziert wird und das Herzblut, die Organe sowie die Herzklappe denselben Staphylokokkentyp ergeben wie zu Lebzeiten, so wird eine Ablehnung der Verwertbarkeit dieses Herzklappenbefundes als übertrieben erscheinen. Das gleiche gilt für Fälle von E. lenta. Auch hier ist bei entsprechenden Unterlagen, die zu Lebzeiten des Patienten gewonnen wurden, unter Umständen auch der Befund von Streptokokken im Herzblut und in der Spülflüssigkeit nicht als Grund anzusehen, den Befund abzulehnen. Relativ strenge Maßstäbe möchten wir aber beim Auffinden von Bakterienarten anlegen, die bisher nur selten oder gar nicht als Erreger von E. lenta beschrieben sind. Die diesbezüglichen Bewertungsforderungen finden sich in Abschn. C, VI, 4.

Von den 18 ulcero-polypösen Endokarditiden der letzten Jahre erwiesen sich 9 als steril; 3mal fanden wir Keime nur in der Tiefe der Klappe und nicht außerhalb der Klappe (1mal coagulasepositiver Mikrococcus aureus bei klinischer Diagnose Staphylokokkensepsis und 2mal Streptococcus viridans). Verwertbare Resultate zeigten trotz gleichzeitigem Nachweis der Keime auch außerhalb der Herzklappe 3 Fälle (2mal viridans, 1mal Staphylococcus aureus). 3 Fälle erwiesen sich als unverwertbar, da sie keine Reinkulturen ergaben und der Keimnachweis zu Lebzeiten fehlte.

Die bei der Sektion vorgenommene bakteriologische Untersuchung der Herzklappe wird in vielen Fällen in der Lage sein, den Kliniker interessierende Fragen, z. B. therapeutischer Art, zu klären, besonders bei gleichzeitiger histologischer Beurteilung. Eine Erörterung finden diese in Abschn. C, VII, 5 sowie Abschn. C, VI, 6. Aus diesem Grunde halten wir, trotz der vielen auch bei bester Technik und mühevollster Arbeit in gänzlich unkontrollierbarer Weise auftretenden unverwertbaren Resultate, die bakteriologische Untersuchung der Herzklappen für die Beantwortung wichtiger Fragen für bedeutsam.

III. Prinzipien der Streptokokkenidentifizierung.

Wie bereits in der Einleitung ausgeführt, hat die bakteriologische Erforschung der Endokarditis in den letzten Jahren durch die Verbesserungen der Keimtypisierung innerhalb der Gruppe der Streptokokken in großem Maße profitiert. Dabei sind die Möglichkeiten, die uns die neue Streptokokkenlehre in die Hand gibt, weder was ihre Anwendung in der Breitenarbeit der Untersuchungsämter noch was die weitere Erforschung der pathogenen und biologischen Eigenschaften dieser Erreger betrifft, erschöpft — dies gilt besonders für unser Land, in welchem vorerst eine gewaltige assimilatorische Arbeit notwendig sein wird, um diese neuen Erkenntnisse als methodische Grundlage weiterer Arbeit der Pathologie vollkommen zu erschließen. Wenn auch ein Teil der neuen Streptokokkenbestimmungsverfahren in Deutschland nach dem Kriege in den bakteriologischen Laboratorien Eingang gefunden hat — es ist dies vor allem das große Verdienst der Arbeiten von SEELEMANN *und Mitarbeitern* (1948) sowie ROEMER (1949) — so ist bislang ihre Anwendung und Auswertung bezüglich der Pathologie der Endokarditis doch nicht in dem breiten Maße, wie es erforderlich erscheint, vorgenommen worden. Trotz der Tatsache, daß in Deutschland schon gute zusammenfassende Darstellungen über das Gebiet existieren (SEELEMANN 1948, ROEMER 1949), halten wir seine kurze Würdigung im Rahmen dieser Arbeit für erforderlich. Die Berechtigung dazu ergibt sich aus der außerordentlich engen Beziehung der Endokarditisforschung zum Streptokokkenproblem. Diese erweist ihre Aktualität nicht nur in der Tatsache, daß bei der Endocarditis lenta der Fund anderer Keime als Streptokokken eine Seltenheit darstellt, wobei sich seit den erwähnten Darstellungen besonders im Hinblick auf das Problem des Streptococcus viridans eine Fülle von neuen Tatsachen ergeben hat. Auch für die Pathogenese der verrukösen Formen eröffnen sich aus den neueren keimsystematischen Erkenntnissen im Hinblick auf die Immunität bei Streptokokken neue Ausblicke. Zum andern versetzen uns die neuen Bestimmungsverfahren in die Lage, frühere Theorien kritisch zu betrachten und zahlreiche im Schrifttum einen großen Raum einnehmende Fragen als überholt anzusehen. Schließlich haben wir die Möglichkeit, durch eine weitgehende exakte Unterteilung in Typen die Eintrittspforten besser zu erfassen. Es kann nicht unsere Aufgabe sein, einen ausführlichen historischen Überblick über die Mißverständnisse und Unklarheiten der Streptokokkenforschung der letzten 50 Jahre zu geben. Wir verweisen diesbezüglich auf die älteren Darstellungen von LEHMANN (1930) und GRUMBACH (1934). Es seien nur die Hauptlinien zusammengefaßt.

1. Morphologie und kulturelles Verhalten.

Den Anforderungen einer weitgehenden Aufspaltung der Streptokokken in konstante Individualitäten genügt die morphologische Kennzeichnung nicht. Die von LINGELSHEIM (1891, 1928) nach der Länge der Ketten abgegrenzten Arten des Streptococcus longus und Streptococcus brevis haben deshalb jeden Wert verloren. Es ist nämlich gezeigt worden, daß die Länge der Ketten ebenso wie die morphologischen Merkmale der Einzelindividuen je nach Milieu starken Schwankungen unterworfen sind (s. LEHMANN 1930). Die Beeinflussung der *Kettenstabilität* ist ja unter anderem Voraussetzung einer exakteren Technik der Agglutination gewesen (GRIFFITH 1934). Die Stabilität der Ketten hängt nach unseren eigenen Erfahrungen von dem Gehalt des Milieus an Elektrolyten, höhermolekularen Stoffen (Eiweiß), aber auch von der Sauerstoffspannung und der Peptonkonzentration ab. Abgesehen davon ist in letzter Zeit die Frage aufgerollt worden, ob überhaupt die Kennzeichnung der Streptokokken als sich in nur einer Achse teilende, kettenbildende Keime wissenschaftlich exakt ist. 1934 hat GRUMBACH bereits auf die Dürftigkeit dieses Kriteriums hingewiesen. Nach den Untersuchungen von POETSCHKE (1949) scheint es sich aufzulösen. So ist z. B. die strittige Zurechnung gewisser, gelegentlich kettenbildender vergrünender Diplokokken (RABL und SEELEMANN 1949) zu den Streptokokken eine Frage, die sich wegen der Verschwommenheit der zugrunde liegenden Kriterien morphologisch kaum lösen lassen wird (s. ENGELHARDT und KLEIN 1950). Die morphologischen Qualitäten des Einzelindividuums sind ebenso Schwankungen unterworfen. Höhere Peptonkonzentrationen, Säuerung, subbakteriostatische Dosen von Penicillin rufen, wie wir selbst erlebt haben, Stäbchenbildung hervor, die manchmal unter Beibehaltung der Kettenbildung, manchmal aber auch unter völligem Ausbleiben derselben erfolgt. Relativ oft trafen wir in der ersten Bouilloncharge bei Blutkulturen auf stäbchenähnliche Individuen, die an Diphtheroide erinnern und erst in der Subkultur als Streptokokken erkannt wurden. Die diphtheroiden Formen der Streptokokken sind übrigens bekannt (MELLON 1917, JENSEN und MORTON 1931, TUNNICLIFF und WOOLSEY 1935, WELCH und FERGUSON 1936, LAMAÑA 1944, LIBMAN und FRIEDBERG 1948). Sie sind möglicherweise ein morphologischer Ausdruck einer passageren Keimschädigung.

Seit der Einführung der Blutplatte durch SCHOTTMÜLLER (1903) ist die Einwirkung auf die roten Blutkörperchen zur Artunterscheidung herangezogen worden. Man unterschied demgemäß hämolytische, vergrünende und anhämolytische Streptokokken. BROWN hat 1919 diese Kriterien schärfer gefaßt und die Bezeichnungen α-, β- und γ-*Hämolyse* eingeführt. Die Untersuchung wird am besten in 5% Hammelblutagar ausgeführt (Tiefenkolonien, s. ROOTS 1944). In der amerikanischen Literatur findet sich die Bezeichnung „nonhemolytic streptococci" meistens als Synonym für nicht-β-hämolytische Formen. Als „indifferent" wird meist eine sehr schwache bzw. kaum wahrnehmbare Vergrünung (γ-Hämolyse) bezeichnet. Eine große Rolle spielt auch der Begriff des „absence of marked greening on blood agar". Hier scheinen schwächere Formen der α-Hämolyse bzw. γ-Hämolyse mit Vergrünung gemeint zu sein.

Der Hämolysetyp ist für sich allein nicht geeignet, eine Herausschälung von systematisch brauchbaren Einheiten zu gewährleisten. α-Hämolyse kommt bei serologisch und biologisch durchaus verschiedenen Streptokokkengruppen (z. B. Viridansgruppe, Lactisgruppe, Enterokokken, gelegentlich auch pyogenes und Gruppe H) vor. Dies gilt auch für die β-Hämolyse (pyogenes, Streptokokken der Pferdedruse, Gruppe G und N). Die Hämolyseeigenschaften können nicht mit den Pathogenitätsqualitäten des Stammes als parallellaufend angesehen werden. Auf diese Verhältnisse hat schon LEHMANN (1930) hingewiesen. In neuerer Zeit sind zum Beleg dieser Tatsache zahlreiche Fälle von hochpathogenen Streptokokken ohne β-Hämolyse der serologischen Gruppe A (Streptococcus pyogenes, normalerweise β-Hämolyse) beschrieben worden (COLEBROOK und Mitarbeiter 1942). Wir wissen heute, daß einige Virulenz- bzw. Pathogenitätseigenschaften mit bestimmten uns serologisch faßbaren Merkmalen verknüpft sind (s. S. 96). Ein direktes Gleichsetzen der Hämolyseintensität mit der Pathogenität entbehrt aber jeder Grundlage. Dazu kommt, daß der Hämolysetyp je nach den Bedingungen der Blutplatte Schwankungen unterworfen sein kann (DOLD und MÜLLER 1928). Zweifellos kann es unter gewissen Umständen auch zum dauernden oder zeitweisen Hämolyseverlust kommen (TODD 1928, LANCEFIELD 1934, WAGNER 1945, ISAACS 1947; weitere Literatur bei KLEIN, ENGELHARDT und ALTENBACH 1949). Dies hat aber mit einer Änderung der Pathogenitätseigenschaften direkt nichts zu tun. Die früher beobachteten „Umwandlungen" vergrünender Streptokokken in β-hämolytische und umgekehrt und die Rückschlüsse, die man daraus zog (s. Abschn. C, IV, 3), sind fehlerhaft. Soweit es sich nicht überhaupt um Kontamination handelt — und die wird wohl in vielen derartigen Versuchen der Fall gewesen sein, besonders bei den Tierexperimenten —, hat die Annahme, daß Vergrünung auch eine „Virulenzdrosselung" bedeute, keinerlei Berechtigung. Bei Beobachtung des Hämolysetyps können wir lediglich orientierende Anhaltspunkte für die differentialdiagnostischen Möglichkeiten gewinnen, da bestimmte Streptokokkengruppen mit überwiegender Häufigkeit einen bestimmten Hämolysetyp zeigen. Daß erfahrungsgemäß der β-hämolytische Pyogenesstreptococcus im allgemeinen eine höhere Pathogenität zeigt als der α-hämolytische Streptococcus der Viridansgruppe, ist eine Frage, die mit dem Hämolysetyp nur empirisch, aber nicht kausal verknüpft ist, denn, wie erwähnt, gibt es auch vergrünende oder anhämolytische hochpathogene Stämme des Streptococcus pyogenes A (3,5% der Stämme, ROEMER 1949; s. auch WAGNER 1945, SEELEMANN und CARSTENS 1949; eigene Beobachtungen). Außerdem denke man daran, daß die unter Umständen hochpathogenen anaeroben Streptokokken meist γ-Hämolyse zeigen.

Die *Kolonieform* schließlich ist für eine Gruppierung der Streptokokken fast völlig wertlos. Der Versuch GRUMBACHs (1934), eine diesbezügliche feinere Gliederung durchzuführen, hat sich nicht durchsetzen können. Lediglich innerhalb der Gruppe der A-Streptokokken (pyogenes) erlaubt die Koloniequalität gewisse Rückschlüsse auf die Pathogenität bzw. Virulenz (LANCEFIELD 1940; „matt forms", „glossy forms").

2. Das biologische Schema.

Schon vor nahezu 50 Jahren wurde, ausgehend von der unbefriedigenden Möglichkeit, die Streptokokken nach den erwähnten Merkmalen zu gliedern, versucht, *Stoffwechselleistungen* zur Systematik heranzuziehen. Diese wurden zuerst als Vergärungen von verschiedenen Kohlenhydraten notiert. Im Laufe der Zeit wurden diese durch verschiedene Alkohole und Glykoside erweitert. Außerdem wurden die Resistenzen gegen physikalische und chemische Noxen herangezogen, so daß sich schließlich teilweise sehr komplizierte Schemata zur Prüfung eines Streptokokkenstammes herausbildeten (SHERMAN 1937). Neben einer im Laufe der Zeit erreichten Verfeinerung der Aufspaltungsmöglichkeiten ergaben sich schwerwiegende Mißverhältnisse und Mißverständnisse, die trotz zahlreicher Diskussionen nicht geklärt werden konnten. Noch am Ende der 30er Jahre war es in Deutschland z. B. nicht möglich, den Begriff Enterokokken eindeutig zu definieren, von der leidigen „Viridansfrage" ganz zu schweigen. Es zeigte sich nämlich, daß die Vielzahl der physiologischen und pharmakologischen Tests eine fast unübersehbare Fülle von Merkmalskombinationen zutage förderten, wobei es sich nach zahllosen Diskussionen als offenbar unmöglich erwies, einzelnen der so bestimmten Merkmale als „führenden" eine höhere Wertigkeit zu geben (K. MEYER und SCHÖNFELD 1926, EHRISMANN 1935, GRUMBACH 1943). Es blieb nichts anderes übrig, als eine Reihe von Durchschnittstypen, entsprechend den „Typenzentren" HORDERs (1906), innerhalb einer gewissen konventionell festgelegten Variationsbreite aufzustellen, denen sich naturgemäß zahlreiche Stämme nur mehr oder weniger annäherten. Zwischen diesen konventionell herausgeschälten Merkmalskombinationen ergaben sich damit eine Fülle von „Übergängen" und nicht einzuordnenden Formen. Die Grenzen der so durchgeführten „biochemischen" Diagnostik sind — auch unter Zuhilfenahme des Hämolysetyps — dadurch gezogen, daß zu einer Aussage über die wahrscheinliche Zugehörigkeit eines Stammes zu einer der aufgestellten Gruppen nur eine eindeutige Kombination *mehrerer* Merkmale herangezogen werden kann und zahlreiche „atypische" Stämme, wie von WAGNER (1945), SEELEMANN und CARSTENS (1949, 1951) gezeigt worden ist, nur mit mehr oder weniger großer Wahrscheinlichkeit der einen oder anderen Gruppe zugeordnet werden können. Ein weiterer Grund, der das biochemische Verhalten der Keime als alleiniges Einteilungsprinzip weniger geeignet macht, ist die Tatsache, daß die biochemischen Prüfungen sehr schwer zu standardisieren sind. Dies fängt bei der Beurteilung der Hämolyse an (DOLD und MÜLLER 1928), gilt aber auch für die Stoffwechseltests. Durch die Tatsache, daß sich die Streptokokken teilweise als schwer züchtbar erweisen, sind die Ausgangsbedingungen von vornherein weniger günstig als beispielsweise bei der „bunten Reihe" der Salmonella-Shigella-Gruppe. Die Aussage über den Ausfall eines Stoffwechseltestes bei Streptokokken läßt weit weniger als bei jener Rückschlüsse auf die „fermentative Konstitution" zu und ist viel weniger exakt reproduzierbar, um so mehr als Züchtbarkeitsschwankungen bei ein und demselben Stamm vorkommen können, die die zu prüfenden Qualitäten indirekt beeinflussen können (WAGNER 1948, KLEIN und ENGELHARDT 1949). Trotzdem wird man auch bei der gruppenserologischen Bestimmung vorläufig die biochemischen Prüfverfahren, wenn auch vereinfacht, beibehalten, wenn auch der serologischen Bestimmung immer mehr das Primat zukommt. SEELEMANN, der in Deutschland zweifellos das größte Material überblickt, gibt die Zahl der biochemisch nicht zu bestimmenden Streptokokken mit 10% der anfallenden Stämme an. In der Kategorie der gruppenserologisch nicht faßbaren Viridansstreptokokken ist die genauere biochemische Analyse für unsere Verhältnisse zur Zeit wohl die einzige Möglichkeit, gewisse Individualitäten herauszuschälen.

Bezüglich der Technik der biochemischen Prüfverfahren muß auf die zusammenfassenden Darstellungen von SHERMAN (1937), SEELEMANN (1948), ROEMER (1949) verwiesen werden. Die in unserem Laboratorium routinemäßig herangezogenen Kriterien sind folgende:

Hämolysetyp; Wachstumscharakter in Bouillon; Vergärung von Saccharose, Lactose, Mannit, Maltose, Inulin, Raffinose, Trehalose und Sorbit; Äsculinspaltung; Resistenz gegen 40% Galle, gegen 30 min lange Einwirkung von 60° Hitze, gegen 6,5% Kochsalz, gegen 0,1% Methylenblau; Reduktion von 0,1% Methylenblau; Wachstum bei p_H 9,6, Schleimbildung aus Saccharose.

Die von SEELEMANN sowie ROEMER zusätzlich geübten Verfahren erscheinen in der Laboratoriumspraxis vorläufig entbehrlich und sind bestimmten Spezialzwecken vorbehalten. Ihre Aufführung erübrigt sich an dieser Stelle, ebenso eine Besprechung der allein auf kulturell-biochemischem Weg abgegrenzten Klassen. Sie haben wegen ihrer Unschärfe nur historische Bedeutung. Wir werden an Hand der serologischen Gruppierung die für die jeweilige Gruppe bedeutsamsten, durchschnittlich angetroffenen biochemischen Eigenschaften kurz aufzählen.

3. Die serologische Gruppeneinteilung.

In den 20er Jahren begannen in den angelsächsischen Ländern Versuche, als Basis für die Einteilung der Streptokokken deren *antigene Eigenschaften* heranzuziehen. Während bei den Pneumokokken dieser Versuch bereits zu hervorragenden Erfolgen geführt hatte, erwies sich eine Übertragung der üblichen Technik der Agglutination auf Streptokokken als außerordentlich schwierig. Wie später klargestellt wurde, besteht der Zelleib der Streptokokken nämlich aus zahlreichen Antigenbausteinen, von denen einige wegen ihrer weiten Verbreitung in den verschiedensten Species keine Gruppierung zulassen; andere sind wohl für eine bestimmte Gruppe gemeinsam und charakteristisch, lassen sich aber agglutinatorisch nicht nachweisen; weitere sind in ihrem Vorkommen noch umschriebener, nämlich auf bestimmte Typen innerhalb der Gruppen beschränkt. Vor allem diese letzteren haben Agglutinationseigenschaften. Um einen dieser Bausteine ohne störende Mitreaktion der übrigen agglutinatorisch zu erfassen, muß man wegen der Benützung eines Rohantigens (Streptokokken in toto) das Immunserum sorgfältig durch Absorption von allen störenden Antikörpern reinigen, da sonst trügerische „Über-Kreuz-Reaktionen" stattfinden können. Wenn man mit Rohseren arbeitet, müssen umgekehrt aus dem Rohantigen alle störenden Teilantigene eliminiert werden. Dieser Weg der Fraktionierung des Rohantigens und Nachweis der gereinigten Teilantigene mit dem entsprechenden, nicht absorbierten Immunserum ist 1933 von LANCEFIELD erfolgreich beschritten worden. Der Nachweis der Antigen-Antikörperreaktion erfolgt dabei durch Präcipitation. Die Reinigung des Antigens wird durch Säurebehandlung (LANCEFIELD) oder Formamidbehandlung (FULLER 1938) erreicht. Diese Technik war deshalb die einzige Lösung, weil das einzige eine brauchbare Abtrennung größerer Gruppen ermöglichende Antigen agglutinatorisch nicht faßbar ist. Es gelang LANCEFIELD (1933), mit ihrer Präcipitationsmethode eine gemeinsame Antigensubstanz in 8 aus Käse gezüchteten Streptokokkenstämmen nachzuweisen. An einem großen Material konnten dann unter anderen GRAHAM und BARTLEY (1939) sowie SMITH, NIVEN und SHERMAN (1938) zeigen, daß zahlreiche biologisch bisher als „Enterokokken" bezeichnete Stämme diesen Antigenbaustein (gruppenspezifische C-Substanz) enthielten. Als Definitionskriterium der Enterokokken wurde dementsprechend das Vorhandensein dieses spezifischen Antigenbausteines gefordert. Die so zusammengefaßte Gruppe wurde mit dem Buchstaben „D" bezeichnet. Die 1933 von LANCEFIELD angewendete Technik gestattete ihr, außerdem noch 3 weitere Gruppen von Streptokokken mit gemeinschaftlichen Gruppenantigenen (C-Substanz) aufzustellen, nämlich die Gruppe A, B und C. Der die Gruppen charakterisierende Antigenbestandteil ist, wie schon HITCHCOCK (1924) bei den A-Streptokokken vermutete, ein Polysaccharid (LANCEFIELD

1940). Das Wichtigste ist, daß sämtliche gruppenspezifische Antigene sich wohl *serologisch* unterscheiden, aber alle nach derselben Extraktionsmethode gereinigt werden können, da ihre chemischen Eigenschaften sich weitgehend gleichen. Nach dem Auffinden weiterer, für bestimmte Streptokokkengruppen gemeinschaftlicher C-Polysaccharide wurden aus der großen Zahl der bekannten Varietäten immer weitere Individualitäten in die neuen serologischen Gruppen eingeordnet, so daß heute nur noch ein Rest von Stämmen bleibt, bei dem sich bei Verwendung der LANCEFIELDschen oder FULLERschen Reinigungsmethode keine gemeinschaftlichen, bei allen Stämmen vorliegenden Polysaccharide nachweisen lassen (Viridansgruppe). Bis heute kennen wir 12 nach dieser Methode unterscheidbare Gruppen, die mit den Buchstaben A—N bezeichnet werden (Technik bei NOTTBOHM 1940, SEELEMANN 1948, ROEMER 1950). Die C-Substanz ist bei ein und demselben Stamm konstant vorhanden. Verlust scheint ganz selten vorzukommen (ISAACS 1947, WILSON 1950).

Diese neue Gliederung der Streptokokken nach den gruppenspezifischen, als Hapten durch Formamid bzw. Säurebehandlung darstellbaren Polysacchariden stürzt nun keineswegs die bisher geübte Nomenklatur und Systematik völlig um, indem sie etwa bisher als zusammengehörig betrachtete Individuen auseinanderreißt. Viele vor der serologischen Ära als „Species" betrachtete Individualitäten bleiben auch in der serologischen Systematik erhalten, so daß die bisher gebräuchlichen Namen zum Teil weiterhin ihre Gültigkeit besitzen. Wir sind durch den Nachweis der gruppenspezifischen Substanz nur in die Lage gekommen, die Grenzen der bisher aufgestellten Gruppen mit großer Schärfe zu fassen und so Stämme, die biochemisch-kulturell als Varietäten imponieren, mit Sicherheit einer bestimmten auch pathogenetisch weitgehend einheitlichen Gruppe zuzuordnen, was vorher nur wahrscheinlichkeitsmäßig möglich war. Außerdem können wir damit einige nach ihrer Pathogenität verschiedene, biologisch aber sehr ähnliche Klassen exakt voneinander trennen. Die Gruppenpräcipitation ist durch die handelsmäßige Abgabe der wichtigsten Seren (Behringwerke, Lederle Laboratories), jedem Laboratorium in Deutschland zugänglich. Der relativ hohe Preis des Serums spielt durch die von uns geübte Mikropräcipitation (KLEIN 1951) keine nennenswerte Rolle mehr.

Wie erwähnt, bleibt ein Rest von Stämmen übrig, bei dem bis heute kein gruppenspezifisches Antigen nachgewiesen werden konnte. Den Hauptvertreter dieser serologisch nicht gruppierbaren Kategorie bildet die sog. Viridansgruppe. Die Zugehörigkeit zu dieser kann gruppenserologisch nicht affirmativ, sondern nur per exclusionem gestellt werden. Innerhalb dieser Gruppe spielen die biochemisch-kulturellen Methoden deshalb noch die Hauptrolle.

4. Die einzelnen serologisch faßbaren Gruppen.

Gruppe A (Streptococcus pyogenes humanus).

Deckt sich zum größten Teil mit der früher ohne serologische Gruppenbestimmung üblichen Bezeichnung „hämolytische Streptokokken" (ROSENBACH 1884) als Erreger von Angina, Erysipel, Scharlach, Eiterungen u. a. Er zeigt auf der Blutplatte β-Hämolyse, gelegentlich α-Hämolyse oder auch γ-Hämolyse (ROEMER 1950). Ob gesunde Personen A-Streptokokken beherbergen können, wird nicht einhellig beantwortet. In Tonsillarabstrichen werden jedenfalls mit wechselnder Häufigkeit Streptokokken dieser Gruppe gefunden. Nach WIRTH (1932) ist die Anwesenheit dieser Keime im Nasenrachenraum bereits als pathologisch anzusehen. Nach RABL und WÜSTENBERG (1941) ist an der Leiche im Tonsillenmaterial der hämolytische Streptococcus recht häufig, allerdings vorwiegend bei Fällen, in denen sich auch pathologisch-anatomisch Krankheitsherde nachweisen lassen. Die sehr große Literatur über diese Frage findet sich bei ROEMER (1949) und SEELEMANN (1948). In dem weiblichen Genitale sind A-Streptokokken in gesundem Zustand, wenn überhaupt, sicher sehr selten anzutreffen. Sie gelangen erst unter der Geburt bzw. im Wochenbett hämatogen oder durch Schmierinfektion dahin (RABL und SEELEMANN 1949).

Die Bedeutung der hämolytischen Streptokokken der Gruppe A für die Herzklappenerkrankungen ist vor allem bei der akuten septischen Endokarditis gegeben. DICK (1946) gibt bei Puerperalinfektionen 48% A-Streptokokken als Erreger an. Der Rest verteilt sich auf hämolysierende Streptokokken anderer Gruppen. FRY (1938) gibt 90% Häufigkeit bei Puerperalinfektionen an. Da die Puerperalinfektionen zweifellos das größte Kontingent an septischen Endokarditiden stellen, ist die Bedeutung des A-Streptococcus ohne weiteres klar. Chronische, subakut verlaufende Endokarditiden sind dagegen nur vereinzelt beschrieben (SIKL und WAGNER 1942). Dies hat ein gewichtiges Argument für die These gegeben, daß der subakute Verlauf einer Endokarditis eine Funktion der Pathogenität der Keime ist (s. Abschn. C, VI, 5).

Von großer Bedeutung ist die Beziehung der hämolytischen A-Streptokokken zur Frage des Gelenkrheumatismus. Für die spätere Diskussion dieser Frage seien hier nur der Antigenaufbau und die extracellulären Produkte des A-Streptococcus skizziert.

Neben der gruppenspezifischen C-Substanz enthalten die Zellen des A-Streptococcus noch 2 typenspezifische Substanzen von Eiweißcharakter, deren Darstellung und chemische Charakterisierung LANCEFIELD (1940) sowie LANCEFIELD und DOLE (1946) gelang. Das M-Antigen ist präcipitatorisch und agglutinatorisch mittels abgesättigter Seren nachweisbar (Technik bei SWIFT 1948); das T-Antigen ist vor allem ein starkes Agglutinogen, kann aber ebenfalls präcipitatorisch nachgewiesen werden. Auf diese Weise unterscheiden die amerikanischen Autoren etwa 40 Typen des A-Streptococcus. In Deutschland fehlen darüber neuere Untersuchungen. Ältere Literatur bei H. SCHMIDT (1940); neuere Literatur bei SWIFT (1948, 1949).

Das M-Antigen hat enge Beziehungen zur Pathogenität des Erregers. M-arme Streptokokkenstämme (z. B. Laboratoriumsstämme), die meist an ihrer charakteristischen Kolonieform erkennbar sind (LANCEFIELD „glossy forms"), sind gegen die Phagocytose viel weniger widerstandsfähig als M-reiche Stämme („matt forms"). Nur der spezifische Anti-M-Schutzkörper immunisierter Tiere ermöglicht bei M-reichen Stämmen eine Phagocytose (ROTHBARD 1946, 1948). Die eigentliche Feiung gegen A-Streptokokken ist an diesen typenspezifischen Antikörper gegen die M-Substanz gebunden. Er hat verschiedene Darstellungsmöglichkeiten. Außer der schon erwähnten „opsonischen" Funktion, die im ROTHBARDschen (1945) Test exploriert werden kann, wirkt er als Präcipitin sowie Agglutinin und im Mäuseversuch als „Schutzfaktor".

Die T-Substanz hat in dieser Hinsicht keine nennenswerte Bedeutung. Als gereinigtes Antigen wirkt die T-Substanz aber viel schneller antikörperbildend als die M-Substanz (LANCEFIELD und DOLE 1946). Im allgemeinen hat jeder Typ des A-Streptococcus seine spezifische M- und T-Substanz; es kommen jedoch Überschneidungen vor (verschiedene M-Substanzen bei serologisch ähnlichen T-Substanzen und umgekehrt). (STEWART, LANCEFIELD, WILSON und SWIFT 1944.)

Als unspezifischer, d. h. in zahlreichen Gruppen verbreiteter Zellbaustein ist die P-Substanz, ein Nucleoprotein (LANCEFIELD 1924), erkannt worden. Sie kann weitgehend gereinigt werden und reagiert mit Seren von verschiedenen Streptokokkengruppen und auch Pneumokokken (s. S. 162). So ist die Immunität gegen Streptokokken der A-Gruppe, sofern man darunter den Schutz vor Infektion versteht, streng typenspezifisch, aber es gibt natürlich auch eine gruppenspezifische Antikörperbildung (gegen die gemeinsame C-Substanz) sowie schließlich eine weitgehend unspezifische Reaktion gegen die P-Substanz. Die Auswirkungen dieser Verhältnisse werden noch zu diskutieren sein.

Zahlreiche A-Streptokokken bilden eine Kapsel, die besonders in jungen Kulturen beobachtet werden kann (MORISON 1941). Diese besteht aus Hyaluronsäure (MCCLEAN 1941) und bietet einen Schutz gegen Phagocytose. Mit Hyaluronidase behandelte A-Streptokokken verlieren ihre Virulenz für Mäuse (ROTHBARD 1948).

An extracellulären Produkten hat das Fibrinolysin, eine fibrinverflüssigende Kinase neuerdings eine Bedeutung, denn TILLET und GARDNER haben 1933 festgestellt, daß dieses, als Antigen wirkend, die Bildung eines Antifibrinolysins veranlassen kann (Antistreptokinase). Der Nachweis dieses Antikörpers im Blute (KAPLAN 1946) läßt mit großer Wahrscheinlichkeit darauf schließen, daß der Patient vor nicht allzu langer Zeit eine Infektion mit hämolytischen A-Streptokokken durchgemacht hat. Die Streptokinase ist nicht auf die A-Gruppe beschränkt, sondern wird auch unter anderem von C-Streptokokken gebildet (Commission of the acute respiratory diseases, 1947).

Seit den Arbeiten von TODD (1932, 1938) wissen wir Genaueres über die Natur der Hämolysine (Streptolysine) der A-Streptokokken. Wir unterscheiden nach diesem Autor ein sauerstoffempfindliches (Streptolysin O) und ein mit Serum extrahierbares Streptolysin (S). Beide Körper wirken im menschlichen Körper als Antigen und bewirken die Produktion von entsprechenden Antistreptolysinen, deren Titer ebenfalls einen Fingerzeig auf stattgehabte A-Streptokokkeninfektion gibt.

Von den extracellulär wirksamen Produkten des A-Streptococcus ist schließlich noch die Hyaluronidase von Bedeutung. Sie ist wahrscheinlich mit dem DURAN-REYNALschen Spreading-factor identisch. Ihre Rolle bei der Virulenz der A-Streptokokken ist umstritten. Wichtig ist aber, daß das Vorhandensein ihres spezifischen Antikörpers, der Antihyaluronidase, beim Menschen auf den vorhergegangenen Streptokokkeninfekt schließen läßt (HARRIS und HARRIS 1950). Bezüglich des erythrogenen Toxins, der Proteinase, Desoxyribonuclease, Ribonuclease muß auf die Spezialliteratur verwiesen werden (SWIFT 1948).

Zusammenfassend ergibt sich, daß die A-Streptokokken im allgemeinen einen hohen Pathogenitätsgrad aufweisen. Sie überwiegen als Erreger der schnell verlaufenden, mit gewaltigen Klappenzerstörungen einhergehenden Endokarditisformen. Über die einzelnen für die Klappenzerstörung verantwortlichen Streptokokkenantigene bzw. -gifte wissen wir nichts Sicheres, trotzdem die intra- und extracellulären Zellbausteine bzw. -produkte hier am besten studiert sind.

Die Streptokokken der **Gruppe B** (wechselnder Hämolysetyp) haben vorwiegend milchhygienisches Interesse. Sie sind die Erreger des gelben Galtes beim Rind. In seltenen Fällen können sie Infektionen verursachen. Als Endokarditiserreger kommen sie bei akuten Formen (vor allem im Puerperium) vor (COLEBROOK und PURDIE 1937, FRY 1938). Nach diesem letzteren Autor sollen Puerperalinfektionen durch B-Streptokokken besonders leicht zur Endokarditis führen. Weitere Fälle wurden bekannt durch STONE (1940), KOLETSKY (1941), GAUSTADT (1942), HILL und BUTLER (1940), RAMSAY und GILLESPIE (1941), DOLPHIN und CRUICKSHANK (1945). ERBSLÖH und GRÜN (1949) berichten über einen Fall von E. lenta durch Galtstreptokokken im Gefolge einer länger dauernden Eiterung. LOEWE und ALTURE-WERBER (1946) fanden unter 135 aus E. lenta isolierten Stämmen 3% B-Streptokokken; ein weiterer Fall bei DAWSON, HOBBY und LIPMAN (1944). Zweifellos neigt der B-Streptococcus eher dazu, akute Formen der Endokarditis zu verursachen. Sein Vorkommen beim Menschen ist im Vergleich zu der Häufigkeit der A-Streptokokken selten.

Gruppe C.

Diese Gruppe zeigt bei vorwiegender β-Hämolyse (die Unterart des Streptococcus dysgalactiae hat α-Hämolyse) eine relativ gute Möglichkeit, innerhalb der serologisch festgestellten Gruppe biochemische Unterarten abzugrenzen. Es sind Erreger von vorwiegend veterinärer Bedeutung; hingegen spielt die durch die Sorbit- und Trehalosevergärungen abgrenzbare Untergruppe des Streptococcus pyogenes humanus C in der menschlichen Pathologie eine Rolle. Seine Pathogenität für den Menschen ist nicht sehr groß. Die Infektionen verlaufen fast immer milde (HUTCHINSON 1946). In Ausnahmefällen ist er als Erreger von Sepsis und akuter Endokarditis beschrieben (ROSENTHAL und STONE 1940). Zwei subakute Fälle von E. mit C-Streptokokken finden sich bei DAWSON, HOBBY und LIPMAN (1944). Wir haben aus Leichenblut 2mal den Streptococcus pyogenes humanus C züchten können. Interessant ist der Befund von BLAKEMORE und Mitarbeitern (1941), die bei Lämmern eine eiternde Gelenkentzündung mit regelmäßiger Endokardbeteiligung beschrieben haben. Das Bild (joint-ill) wird ausschließlich durch einen bestimmten serologischen Typ innerhalb der C-Gruppe verursacht (s. S. 208).

Mit der Aufstellung der **Gruppe D** ist der lange dauernde Streit um die „Enterokokkenfrage“ endgültig entschieden. Bis zur serologischen Ära war die Stellung der Enterokokken wegen der zahlreichen Ausnahmen in dem biologisch-kulturellen Schema umstritten (ältere Literatur bei GUNDEL 1928, 1930, 1930, MEYER 1926, 1927, 1936, KOCH 1935, EHRISMANN 1935, 1943).

Der Enterococcus zeigt α- oder γ-Hämolyse. β-Hämolyse kommt aber ebenfalls vor. Innerhalb dieser Gruppe sind nach biochemischen Merkmalen 5 Unterarten beschrieben: Streptococcus faecium, durans, glycerinaceus, liquefaciens und zymogenes (letzterer oft

β-Hämolyse). Der wichtigste, bei der Endokarditis vorkommende Vertreter ist der Streptococcus faecium. Neben der Vergärung zahlreicher Kohlenhydrate sowie Äsculinspaltung zeigt er Resistenz gegen Methylenblau 1 : 1000, 40% Galle, 60° Hitze (30 min), 6,5% NaCl sowie Wachstum bei p_H 9,6. Er ist also der Prototyp eines resistenten, „aktiven" Keimes. Oft sind die biochemischen Merkmale klassisch ausgebildet. Es kommen jedoch Abweichungen (Atypien, RABL und SEELEMANN 1951, SEELEMANN und CARSTENS 1951) vor. Diese haben wir oft erlebt. WAGNER (1950) betont ihr häufiges Vorkommen bei pathologischen Prozessen und findet sie im normalen Material kaum. Der normale Standort der D-Streptokokken ist der Darm, sehr selten die Mundhöhle (RABL und SEELEMANN 1951).

Die pathogenetische Bedeutung der Enterokokken war lange Zeit umstritten. In Deutschland ist erst durch GUNDEL (1926, 1930), FUSS (1927) sowie K. MEYER (1927) auf ihre Bedeutung als Infektionserreger hingewiesen worden. Eine sehr ausführliche Darstellung findet sich bei EHRISMANN (1935), EVANS und CHINN (1947) und ROEMER (1949). Dabei fällt auf, daß der Enterococcus trotz seiner fehlenden Tierpathogenität (DEI POLIO 1940) gelegentlich akute Sepsis mit akuter Endokarditis verursachen kann. Die berichteten Fälle betreffen meistens urologische Erkrankungen. Häufig findet man Enterokokken als Erreger der subakuten bakteriellen Endokarditis. Hier ist ihre Bedeutung heute allgemein anerkannt. Die kasuistische Literatur ist beinahe unübersehbar (s. Abschn. C, VI, 4). Enterokokken wurden interessanterweise von JAMESON und STUART (1950) als Erreger einer polypösen Endokarditis bei Lämmern entdeckt. Über die experimentelle Erzeugung von Endokarditis durch Enterokokken s. Abschn. E, I, 4.

Nach SHATTOCK (1948) sowie SEELEMANN und CARSTENS (1951) gehört zur Gruppe D auch der Streptococcus bovis. Er bildet geringe Mengen C-Substanz und kann daher nur mit einem angereicherten Extrakt präcipitatorisch erfaßt werden. Er kommt beim Rind, aber auch im Darm des Menschen vor. Wichtig ist seine Polysaccharidbildung (Dextran in Saccharosebouillon, NIVEN, KIZIUTA und WHITE 1946). MCNEAL und BLEVINS (1945) haben unter 36 Endocarditis-lenta-Stämmen 3mal den Streptococcus bovis aufgefunden. NIVEN und WHITE (1946) haben bei 100 Fällen 12mal die Diagnose „Streptococcus bovis" bzw. „dem Streptococcus bovis sehr ähnliche Keime" gestellt. NIVEN, KIZIUTA und WHITE (1946) wiesen unter 34 Stämmen 7mal Streptococcus bovis nach, LOEWE *und Mitabeiter* (1946) unter 106 Stämmen 11mal. SIKL und WAGNER (1942) hatten ohne die serologische Bestimmung unter 25 Fällen 3 Stämme mit gewissen Vorbehalten als „bovis" angesprochen. FOLEY (1947) fand unter 14 „Viridans"-Stämmen 5mal Streptococcus bovis. Auch FOX (1936) isolierte diesen Erreger bei Endocarditis lenta.

Von den seltener anzutreffenden Gruppen seien noch erwähnt:

Gruppe F (β-Hämolyse). 2 Fälle von subakuter E. bei DAWSON, HOBBY und LIPMAN (1944).

Gruppe G (β-Hämolyse). Relativ geringe Pathogenität; vereinzelte Fälle von bakterieller Endokarditis (KEITH und HEILMAN 1943, RAMSAY und GILLESPIE 1941, MCDONALD 1939). Im Material von LOEWE und ALTURE-WERBER (1946) fand sich unter 135 Kulturen aus E. lenta 1 Stamm von G-Streptokokken.

Gruppe H. Meistens β-Hämolyse (HARE 1935). Angehörige dieser Gruppe kommen in der normalen Mundhöhle offenbar häufiger vor, als angenommen wird (H-Seren waren in Deutschland bislang nicht im Handel). Besonders bedeutsam ist die Tatsache, daß es α-hämolytische Stämme gibt (PORTERFIELD 1950). Diese lassen sich biochemisch kaum von der s. b. e.-Untergruppe der Viridansstreptokokken trennen. Serologische Beziehungen der H-Streptokokken zu der s. b. e.-Gruppe sind von DODD (1949) und PORTERFIELD (1950) festgestellt worden. Der letztere Autor ist der Ansicht, daß ein Teil der s. b. e.-Gruppe in Wirklichkeit viridierende H-Streptokokken sind. Die H-Streptokokken bilden in 5% Saccharosebouillon ein serologisch und chemisch charakterisierbares Dextran (Polymer des Glucoseanhydrids, HEHRE und NEILL 1946). Bei der E. lenta werden sie in neuerer Zeit in einem überraschenden Anteil festgestellt. PORTERFIELD fand unter 29 E. lenta-Stämmen 6 H-Stämme, DAWSON, HOBBY und LIPMAN (1944) unter 39 Fällen 4 H-Stämme. HEHRE und NEILL (1946) stellten H-Streptokokken im Rachen gesunder Menschen fest.

Gruppe K. Hämolyse wie Gruppe H. Unter 34 E. lenta-Stämmen fand FOLEY (1947) einen Fall mit K-Streptokokken. Einen weiteren Fall mit K-Streptokokken beschreibt PENISTAN (1945).

Gruppe L. Von SEELEMANN und NOTTBOHM (1940) aufgestellt; α-Hämolyse. Sie ist auf Grund ihrer biologischen Eigenschaften schwer vom Enterococcus abzugrenzen. Sie kann in Ausnahmefällen Sepsis verursachen (WAGNER 1944, EHRISMANN und ROEMER 1949).

Die anaeroben Streptokokken (serologisch nicht einzuordnen) haben vor allem in der Vergangenheit als Erreger der akuten Endokarditiden nach Puerperalsepsis eine Rolle gespielt. Endokardbeteiligung ist bei diesem Sepsiserreger selten, und die Veränderungen sind auffallend geringfügig (LEHMANN 1926, COLEBROOK 1930, BINGOLD 1932, COLEBROOK und HARE 1933).

5. Das Viridansproblem.

Keine Frage ist mehr geeignet, die Schwierigkeiten der rein biologischen Streptokokkeneinteilung zu illustrieren, als die älteren Versuche der Kliniker und Bakteriologen, die von SCHOTTMÜLLER aufgestellte Species des Streptococcus viridans exakt zu definieren und mit dem klinischen Bild der Endocarditis lenta in Zusammenhang zu bringen. SCHOTTMÜLLER hatte 1910 den von ihm benannten Streptococcus viridans seu mitior als spezifischen Erreger der Endocarditis lenta bezeichnet. Dieser Keim zeigte Vergrünung auf Blutagar bei sehr langsamem Wachstum und positivem Bactericidieversuch. 1906 hatten in Amerika ANDREWES und HORDER die Species „Streptococcus salivarius" abzugrenzen versucht und diesen vergrünenden Streptococcus als Bewohner des Mundhöhlentraktes bezeichnet. Seither ist in Deutschland die Diskussion im wesentlichen darum gegangen, ob der bei Endocarditis lenta aus dem Blut gezüchtete Streptococcus viridans identisch mit dem im Speichel sich findenden Streptococcus salivarius der amerikanischen Autoren sei — in Deutschland wurden zur Bezeichnung der Speichelstreptokokken verschiedene Namen benutzt — oder ob es sich dabei um eine ausschließlich bei der Endocarditis lenta auf den Herzklappen und im Blut vorkommende Sonderform handle. Hierbei ist zu bemerken, daß SCHOTTMÜLLER seine ursprünglich 1903 als Viridansstreptokokken bezeichneten Stämme nur zum Teil aus Blut bei Endocarditis lenta (7 Fälle), zum größten Teil jedoch aus verschiedenen Eiterungen gezüchtet hatte. Das langsame feine Wachstum hat er auch nicht bei allen Stämmen der ersten Mitteilung beobachten können. Erst später (ab 1910) hat er den Begriff Streptococcus viridans ausschließlich im Zusammenhang mit der Endocarditis lenta benutzt. Eine gewisse Inkonsequenz SCHOTTMÜLLERs zeigt sich auch darin, daß er trotzdem auch weiterhin die Herkunft der Keime aus der Mundhöhle als Infektionspforte erwog (1928). Zum andern ist der Streptococcus viridans von SCHOTTMÜLLER mit den damals zu Gebote stehenden Mitteln dermaßen dürftig charakterisiert worden, daß es heute unmöglich ist, rückschauend zu beurteilen, um welche Stämme es sich im Einzelfall gehandelt haben mag. In der Folgezeit hat ein Teil der deutschen Bakteriologen die von SCHOTTMÜLLER aufgestellten, ursprünglich mehr deskriptiv formulierten Merkmale dann kategorisch zu Definitionskriterien erhoben und durch lange Zeit hindurch die in der normalen Mundhöhle vorkommenden vergrünenden Speichelstreptokokken als grundsätzlich verschieden vom Streptococcus der Endocarditis lenta angesehen. Dabei hat in erster Linie der Gedanke mitgewirkt, daß die Endocarditis lenta im Verhältnis zu der Häufigkeit der in jeder Mundhöhle befindlichen „vergrünenden" Streptokokken eine seltene Erkrankung ist (GUNDEL 1929, 1930, 1934), ebenso aber auch die Beobachtung SCHOTTMÜLLERs, daß der aus dem Blut isolierte Keim durchweg ein sehr langsames und zartes Wachstum zeigt, während der Speichelstreptococcus üppiger wächst. Diese Beobachtung läßt sich, wie wir im Kapitel über den Erregernachweis dargelegt haben, auch tatsächlich bestätigen, ist aber wohl nur als zeitweise Schädigung und nicht als „Merkmal" aufzufassen. Sie reicht nicht aus, um eine klare Unterscheidung der Endokarditisstreptokokken von den Mundstreptokokken zu rechtfertigen. Unklar bleibt auch, wie GUNDEL sich den Infektionsweg und das Keimreservoir bei der Endocarditis lenta vorgestellt haben mag. Denn die Annahme der Mundhöhle als Keimreservoir würde ja faktisch die Identität beider Formen denknotwendig machen. Er begnügt sich diesbezüglich mit phylogenetischen Erwägungen von der „Abstammung" des Endokarditiskeimes von dem Mundhöhlenbewohner bzw. mit der Annahme einer „fokalen Wirkung" (s. auch CHRYSSOWERGIS 1935). Andere Autoren der 20er Jahre erklären den Viridansstreptococcus als eine unter der biologischen Abwehrtätigkeit des Makroorganismus entstandene „virulenzgedrosselte" Form des Streptococcus pyogenes haemolyticus. Diese Auffassung ist, wie in Abschn. C, IV, 3 ausführlich begründet werden wird, unhaltbar. Die relative Seltenheit der Endocarditis lenta hat, wie wir noch ausführlich darlegen werden, andere Gründe, die mit der anatomischen Beschaffenheit der Klappe zusammenhängen, so daß es auch vom Standpunkt der Erkrankungshäufigkeit nicht notwendig erscheint, den Mundhöhlenkeim ängstlich von dem Erreger der Herzklappenentzündung abzutrennen. Die starke Wirkung der SCHOTTMÜLLERschen These von dem einheitlichen, spezifischen und obligaten Erreger der Endocarditis lenta zeigte sich später darin, daß, als die GUNDELsche Merkmalsaufstellung als ungenügend für eine rein biologische Abgrenzung der beiden strittigen Formen erkannt wurde, die Herkunft der Keime aus dem strömenden Blut bei klinisch erwiesener Endocarditis lenta als gleichberechtigtes Kriterium neben die biologischen Merkmale trat, kurz, daß empfohlen wurde, die bakteriologische Diagnose „Streptococcus viridans seu mitior" nur im Zusammenhang mit dem klinischen Bild zu stellen. Umgekehrt forderte die SCHOTTMÜLLERsche Schule mit Strenge, daß nur Fälle als Endocarditis lenta diagnostiziert würden, bei denen die Blutkultur einen „echten Viridansstreptococcus" ergäbe! (SCHOTTMÜLLER 1928, LEHMANN 1926, ROSENBERG 1932). Diese Forderung wurde vermutlich mit dieser Schärfe ausgesprochen, weil mit dieser Zeit beginnend immer mehr Mitteilungen über „lenta-ähnliche Bilder" mit dem Befund von den inzwischen biologisch einigermaßen herausgearbeiteten „Enterokokken" im Blut veröffentlicht wurden. Nach LEHMANN (1926) handelt es sich bei diesen Fällen stets um fehlerhafte Diagnosen oder unsachgemäße Blutentnahme. Trotzdem hat sich mit der in vielen Fällen ausreichenden damaligen biologischen Typisierung des Enterococcus die Doktrin der SCHOTTMÜLLERschen Schule nicht mehr halten lassen, und bereits am Anfang des 2. Weltkrieges war die „Enterokokkenendokarditis" eine öfter beobachtete und anerkannte Tatsache geworden. Eine Klärung im deutschen Schrifttum erfolgte stufenweise, nachdem 1942 SIKL und WAGNER mit der SHERMANschen Methodik der biologischen Typisierung bei Endocarditis lenta Keime isolierten, die sich nach diesem Bestimmungsschlüssel von dem Streptococcus salivarius der amerikanischen Autoren nicht unterscheiden ließen, darüber hinaus aber auch Enterokokken und hämolytische A-Streptokokken bei der Endocarditis lenta auffanden. Weitere Klärung brachten dann die Untersuchungen von SEELEMANN (1947, 1948) sowie SEELEMANN und RABL (1947). Diese Autoren haben in einer sehr kritischen Studie die Verhältnisse mit dem neueren Rüstzeug der Streptokokkenbestimmungsverfahren untersucht und kommen, wie vorweggenommen sei, zu dem Schluß, daß der Streptococcus viridans der Endocarditis lenta in das biologische Schema der SHERMANschen Einteilung zwanglos eingefügt werden kann, und daß die Notwendigkeit der Annahme einer besonderen Species von Endokarditiserregern damit entfällt: Vergrünende Streptokokken der Endocarditis lenta können entweder zur Viridans-*Gruppe* gehören und in eine ihrer Unterarten eingegliedert werden, oder es handelt sich um Angehörige der Gruppe D (Enterokokken). Eine Differentialdiagnose ist bei „atypischen" vergrünenden A-Stämmen oder L-Stämmen durch die Präcipitation scharf zu stellen (SEELEMANN und CARSTENS 1950, 1951; eigene Erfahrungen).

Der Kompliziertheit und Verwirrung bezüglich der Auffassungen über den Streptococcus viridans stand in den angelsächsischen Ländern von Anfang an eine wesentlich einfachere und weniger gekünstelte Anschauung gegenüber. Seit LIBMANs ersten Arbeiten wurde der Streptococcus salivarius als Erreger angesehen und damit praktisch die naheliegende Frage nach den Infektionspforten schon beantwortet. Durch die Benennung „subacute bacterial endocarditis" haben auch die Beobachtungen von Enterokokken oder anderen Keimen als Erreger der bakteriellen Endokarditis nicht mit einem Spezifitätsdogma bezüglich des Viridans kollidiert.

Unter der Bezeichnung Viridansgruppe fassen wir heute eine Reihe von Streptokokkenstämmen auf, die serologisch kein gruppenspezifisches Polysaccharid nachweisen lassen sowie fast immer eine Vergrünung des Blutagars bewirken. Damit ist die Problematik der *alten* Frage „viridans — salivarius" zwar vorerst beseitigt, aber letztlich nur auf eine höhere Ebene gehoben. Es ist gelungen, aus der Vielzahl der auf Blutagar α-hämolytisch bzw. γ-hämolytisch vergrünend wachsenden Streptokokken, die früher ungenau als „vergrünende" Streptokokken zusammengefaßt wurden, eine Reihe von Individuen herauszunehmen und sie endgültig serologisch exakt definierbaren Einheiten zuzuordnen. So fallen aus der früher so ungenau abgegrenzten Gruppe der „Streptokokken mit Vergrünung" die D-Streptokokken, die L-Streptokokken heraus, wie überhaupt alle, bei denen wir mit der LANCEFIELDschen Technik ein bisher bekanntes Gruppenantigen nachweisen können. Dies heißt, strenggenommen, noch nicht, daß in dem Formamid- oder Säureauszug der Viridansgruppe kein gruppenspezifisches Hapten existiert. Es kann daran liegen, daß bisher mit ungeeigneten Seren untersucht wurde. Es sei daran erinnert, daß SEELEMANN und NOTTBOHM (1940) bei der Entdeckung der Gruppe L feststellten, daß wohl alle Lactisstämme mit dem hergestellten Serum reagierten, aber keineswegs alle Lactisstämme befähigt waren, Anti-C-Immunkörper zu bilden. Nur einzelne Stämme erwiesen sich als für die Serumherstellung geeignet, während die mit diesem Serum reagierenden übrigen Stämme keine Immunkörperbildung provozieren konnten. Immerhin ist die Existenz eines Gruppenantigens bei der Viridansgruppe wenig wahrscheinlich.

Die Viridansgruppe ist damit als ein Rest von gruppenserologisch nicht erfaßbaren Stämmen anzusehen, die als gemeinsames Merkmal Vergrünung auf Blutagar oder γ-Hämolyse aufweisen und gelegentlich von den typischen Resistenzmerkmalen des Enterococcus einzelne, aber niemals alle zeigen. Da wir gesehen haben, daß nicht selten unter den Enterokokken nur einzelne Resistenzmerkmale ausgebildet werden, ist es also rein biologisch-systematisch nicht möglich, die atypischen Enterokokkenstämme von den doch gelegentlich Resistenzmerkmale zeigenden Angehörigen der Viridansgruppe abzutrennen. Demnach hat auch heute noch die Abgrenzung und Unterteilung der Viridansgruppe etwas Konventionelles und ist, für sich allein betrachtet, in einer ähnlich schwierigen Lage, wie die gesamte Streptokokkensystematik vor der gruppenserologischen Ära. Dementsprechend werden wir alle rein biologischen Schemata zur Gliederung dieser Gruppe in Untergruppen und „biochemische Typen" so lange als etwas Vorläufiges betrachten müssen, bis sich die Vielzahl der biologischen Merkmalskombinationen überzeugender gliedern läßt, als es heute der Fall ist, oder bis die Serologie praktisch brauchbare Prinzipien liefert. Ansätze dazu haben die letzten Jahre gebracht. Die in Deutschland von SEELEMANN und RABL (1947) adoptierte, von SHERMAN (1937) und BERGEY (1939) vorgeschlagene Einteilung der Viridansgruppe gliedert die gruppenserologisch negativen Angehörigen dieser Gruppe in 4 Gruppen:

1. Streptococcus salivarius. Standort: normale Mundhöhle, Zahngranulome (RABL und SEELEMANN 1951), Darm (SHERMAN und Mitarbeiter 1943), Blut bei interkurrenter Bakteriämie, Herzklappe und Blut bei Endocarditis lenta (s. auch Abschn. C, VI, 1, 2).

Hämolysetyp: α-Hämolyse mit Vergrünung, gelegentlich γ-Hämolyse mit Vergrünung. Mit wenigen Ausnahmen wird die Lackmusmilch zum Gerinnen gebracht. Gespalten werden „in der Regel" (SEELEMANN und RABL 1947) Lactose, Glucose, Saccharose und „meist Trehalose; wechselnd ist die Spaltung von Salicin, Stärke und Glykogen. Nicht gespalten werden Sorbit, Mannit und Glycerin. Manche Salivariusstämme können auch Äsculin spalten. Natriumhippurat wird im allgemeinen nicht hydrolysiert". Die Methylenblautoleranz ist wechselnd; sie geht von 1 : 5000 bis 1 : 20000. Gegenüber Galle, Kochsalz und Hitze ist die Resistenz uneinheitlich. Nach dem Vermögen, Raffinose und Inulin zu spalten, grenzen SEELEMANN und RABL 5 Varietäten (biochemische Typen) des Streptococcus salivarius ab:

Typ I: Raffinose +, Inulin +;
Typ II: Raffinose +, Inulin —;
Typ III: Raffinose —, Inulin +;
Typ IV: beide negativ;
Typ V: beide negativ bei flockigem bzw. schleimig flockigem Wachstum in Bouillon und sehr langen Ketten.

Bezüglich des Bactericidieversuches verhalten sich die aus Speichel isolierten Salivariusstreptokokken ebenso wie die aus Endocarditis lenta gezüchteten. Im übrigen weisen SEELEMANN und RABL darauf hin, daß der Streptococcus salivarius von allen Untergruppen die meisten Variationsformen erkennen läßt.

2. Streptococcus equinus. In den Faeces des Pferdes und gelegentlich im Darm des Rindes und des Menschen. Er ist als Erreger der Endocarditis lenta erwähnt (FOX 1936, SIKL und WAGNER 1942). MCNEAL und BLEVINS (1945) fanden unter 36 Stämmen aus Endocarditis lenta 7mal den Streptococcus equinus. Er zeigt α-Hämolyse, keine Veränderung der Milch, keine Lactosespaltung. Sonst inaktiv. Meist keine Resistenzen, gelegentlich Hitzeresistenz.

3. Streptococcus thermophilus. In roher oder pasteurisierter Milch. Schwer züchtbar. Gutes Wachstum nur in Milch. Wachstumsoptimum bei 40—50°. Hitzeresistenz (72—74°). Als Erreger von Endokarditis unseres Wissens nicht beschrieben.

Ein wunder Punkt dieser Einteilung ist die außerordentliche Variationsbreite innerhalb der als Streptococcus salivarius bezeichneten Untergruppe, ebenso die wenig eindeutige Abgrenzung des Str. equinus. Dies legt den Gedanken nahe, daß es sich hier nicht um eine Zusammenfassung von einheitlichen Entitäten, sondern um eine Notlösung handelt. In einer späteren Arbeit weisen dementsprechend SHERMAN *und Mitarbeiter* (1943) auf die biologische Heterogenität der Gruppe hin und versuchen, aus dem uneinheitlichen Komplex des „Streptococcus salivarius" einen Salivarius im engeren Sinne herauszuschälen.

In einer kurz nach der zusammenfassenden Darstellung SHERMANS erschienenen Arbeit betonen SAFFORD, SHERMAN und HODGE (1937), daß die „typischen" Stämme des Streptococcus salivarius durch Raffinose- und Inulinspaltung, schwache oder fehlende Vergrünung (Angabe, ob Menschen- oder Hammelblut fehlt!), Milchgerinnung und sehr niedriges End-p_H ausgezeichnet seien. Eine scharfe Grenze zwischen „typischen" Salivariusstämmen und den zahlreichen Varianten, die früher von SHERMAN (1937) ebenfalls in diese Gruppe eingeordnet wurden, war nicht zu ziehen. SHERMAN, NIVEN und SMILEY (1942) betonen dementsprechend, daß die „Species" Salivarius, wie sie 1937 von SHERMAN definiert wurde, „poorly defined" sei. Die letztgenannten Autoren haben 1941 berichtet, daß „typische" Salivariusstämme aus Saccharose und Raffinose höhere Polysaccharide zu synthetisieren in der Lage seien, eine Beobachtung, die OERSKOV (1930) an β-Kokken gemacht hatte. Die Polysaccharidbildung (es handelt sich um ein Levan, ein Fructoseanhydridpolymer) äußert sich im Auftreten von sehr großen schleimigen Kolonien auf gepuffertem 5% Saccharoseagar. Keine andere in Betracht kommende Art zeige dies Verhalten außer einigen Stämmen des Streptococcus bovis, wobei es sich hier aber um ein Dextran (serologisch und chemisch ist dies vom Levan unterscheidbar) handle. Die Autoren arbeiteten mit 331 Salivariusstämmen. Unter diesen zeigte kein Stamm Resistenzen gegen Kochsalz (6,5%), Hitze, 0,1% Methylenblau oder 30% Galle. Von diesen bildeten 184 Stämme Levan aus Saccharose. Es erwies sich, daß diese Stämme auch in den übrigen biologischen Eigenschaften eine auffallende Homogenität zeigen. Diese levanbildenden Stämme werden nun von den Autoren als Salivarius im engeren Sinne der biologisch sehr heterogenen Restgruppe von 147 Stämmen gegenübergestellt, die sie mit dem schon von ANDREWES und HORDER (1906) benutzten Namen „mitis" belegen. Die bei *allen* 184 levanbildenden Salivariusstämmen positiven Tests sind: Levanbildung, Inulinspaltung, schwache Vergrünung, Äsculinspaltung, Saccharosespaltung, Maltosespaltung, Raffinosespaltung, Wachstum bei 45°, Milchgerinnung (bei lactosepositiven Stämmen), Salicinspaltung. Niemals wurde Arginin gespalten. 91% der Stämme spalteten Trehalose und 93% wuchsen in 10% Galle-Blutagar. Diese Definition des Streptococcus salivarius ist in Amerika weitgehend adoptiert. Dabei ist das Zusammentreffen von Inulin-, Raffinosespaltung und Levanbildung auf Agar die diagnostisch wichtigste Trias. Der so definierte Streptococcus salivarius soll niemals Resistenzen gegen Hitze, 6,5% NaCl, 40% Galle sowie 0,1% Methylenblau zeigen. Die als „mitis" bezeichnete Restgruppe ist in allen biologischen Eigenschaften sehr heterogen, aber niemals inulin-positiv und bildet niemals Levan. Das Ganze ist, wie ersichtlich, nichts anderes als eine weitere Einengung der heterogenen, schlecht zu klassifizierenden Stämme durch Herausschälung der biochemisch homogenen Gruppe des Streptococcus salivarius im engeren Sinne (levanbildender Salivarius). Nicht eindeutig beantwortet ist die Frage, wie sich diejenigen Stämme verhalten, die einzelne Resistenzmerkmale (Galle, Hitze, Kochsalz) ausbilden, da sich keine Vertreter dieser Varianten unter den geprüften 331 Stämmen befanden. Die Autoren scheinen diese Stämme zur thermophilus- und equinus-Untergruppe zu rechnen. Von der RABL-SEELEMANNschen Variante I unterscheidet sich der levanbildende Salivarius nur im Hinblick auf die Äsculinspaltung, die bei Typ I in der Regel nicht auftritt, und das Wachstum bei 45°, das von SEELEMANN für seine Gruppe ebenfalls negiert wird. Außerdem soll der levanbildende Salivariuskeim auf der Blutplatte in der Regel *ohne* Vergrünung wachsen. Eine Einschränkung gegenüber der zuerst erwähnten Aufstellung erfährt nach dieser Arbeit auch der Streptococcus equinus, dessen Differentialdiagnose bei SHERMAN (1937) und SEELEMANN und RABL ja im wesentlichen auf seiner schwachen Lactosespaltung beruht. Diese Eigenschaft ist nach SHERMAN, NIVEN und SMILEY (1943) zu einer Abgrenzung nicht geeignet; die Autoren legen vielmehr Wert auf die höhere Galletoleranz des equinus, bei dem sich von 59 Stämmen alle als galleresistent (30%ige Galle) erwiesen. Diese Eigenschaft schließe einen Streptococcus salivarius ebenso wie mitis aus.

Nach dieser Aufstellung bleibt der von ANDREWES und HORDER (1906) proponierte „Streptococcus mitis" als recht uneinheitliche Gruppe, die im Gegensatz zum Streptococcus salivarius meistens starke Vergrünung zeigt, im übrigen aber mehr oder weniger per exclusionem definiert wird. Wie noch ausgeführt wird, ist es gelungen, neben dem levanbildenden Streptococcus salivarius noch eine biochemisch einheitliche Gruppe von diesem Rest abzuschälen (Streptococcus s. b. e.). Nach der Abtrennung dieser beiden gut definierten Gruppen scheint die Diagnose Streptococcus mitis der vorläufige Sammeltopf biochemisch nicht einzuordnender Stämme zu sein. Ein Zeichen dafür ist die Tatsache, daß z. B. SCHNEIERSON (1948) alle Stämme, die nicht zur Salivariuseinheit im engeren Sinne oder zur s. b. e.-Untergruppe gehören, als unbestimmbar bezeichnet. Das sind bei 34 Stämmen 21!

In zahlreichen neueren klinischen Veröffentlichungen wird wohl aus diesen Schwierigkeiten heraus kurzerhand von „Streptococcus viridans" bzw. Streptococcus „mitis" gesprochen. 1946 haben NIVEN *und Mitarbeiter* in einer Reihe von Arbeiten gezeigt, daß es unter Zuhilfenahme einiger neuer biologischer Prüfungen gelingt, innerhalb der Endokarditiserreger eine wohlabgegrenzte Gruppe herauszuarbeiten, den s. b. e-Streptococcus.

Unter 113 Endocarditis lenta-Stämmen stießen die Autoren neben 12 bovis-Stämmen und 45 vom „mitis“ nicht abgrenzbaren Individuen auf eine in dieser Serie über $^1/_3$ ausmachende Untergruppe, die sich durch Argininspaltung und die Bildung eines schleimigen Polysaccharids (Dextran, Polymer des Glucoseanhydrids) in 5% Saccharosebouillon (keine Schleimbildung auf 5% Saccharoseagar) deutlich von der Gruppe der levanbildenden Salivariusstämme und den heterogenen Mitisstämmen absetzte (NIVEN, KIZIUTA und WHITE 1946). Die bei einer Analyse von 42 Stämmen in 100% einheitlichen Reaktionen sind folgende: Vergrünung (98%), kein Wachstum bei 10°, keine Resistenz gegen 6,5% NaCl, Lackmusmilch wird nicht reduziert, End-p_H in Glucose 4,6—5,0, Argininspaltung, keine Natriumhippuratspaltung; Schleimbildung in 5% Saccharosebouillon (95% der Stämme), keine Arabinosespaltung, keine Xylosespaltung; Maltosespaltung, Lactosespaltung, Saccharosespaltung, Trehalosespaltung (98%); keine Glycerinspaltung, keine Mannitspaltung, keine Sorbitspaltung; Salicinspaltung; Raffinose- und Inulinspaltung wechselnd. Indessen ist die Kombination Raffinose —, Inulin + ein praktisch sicherer Hinweis auf die Zugehörigkeit zu dieser Gruppe. Daneben kommen aber auch andere Kombinationen dieser beiden Merkmale vor.

Die Argininspaltung ist beim „mitis“ in $^1/_3$ der Fälle ebenfalls anzutreffen, dagegen niemals beim bovis, equinus, thermophilus und dem levanbildenden Salivarius. Die Schleimbildung in 5% Saccharosebouillon wird gelegentlich auch beim Streptococcus bovis und ganz selten beim mitis beobachtet. Der Streptococcus s.b.e. zeigt sehr langsames Wachstum und Neigung zum Absterben (WHITE und NIVEN 1946). Mit dieser Charakterisierung läßt sich der Streptococcus s. b. e. mit einer gewissen Sicherheit vom mitis einerseits und vom salivarius andererseits, ebenso wie vom bovis und equinus abgrenzen. Nach den Angaben der Autoren würde der von SEELEMANN beschriebene Salivarius Typ III einen Teil der s.b.e.-Gruppe bilden. Das langsame Wachstum und die Neigung zum Absterben deuten auf eine Beziehung zum alten „Streptococcus viridans“ von SCHOTTMÜLLER. Interessanterweise haben nun aber die amerikanischen Autoren den Streptococcus s. b. e. niemals in der Mundhöhle von normalen Patienten gefunden. Einmal wurde in einer infizierten Kieferhöhle ein Streptococcus s. b. e. nachgewiesen, ein andermal in einem extrahierten Zahn — allerdings litt dieser letztere Patient an einer Endocarditis lenta! Die Häufigkeit des Streptococcus s. b. e. ist unter den aus Endocarditis lenta isolierten Stämmen groß: LOEWE *und Mitarbeiter* (1946) geben eine Frequenz von 40% innerhalb der aus Endocarditis lenta isolierten Stämme an. NIVEN und WHITE (1946) haben unter 100 Patienten 42mal den Streptococcus s. b. e. isoliert. Diese Autoren haben in den erwähnten Serien keinen levanbildenden Salivarius gefunden. In ihrem Material halten sich die mitis- und s. b. e.-Stämme, was die Häufigkeit betrifft, die Waage. Über ähnliche Befunde berichtet auch FOLEY (1947). SCHNEIERSON (1948) hat unter 34 aus Endocarditis lenta isolierten Stämmen 9mal s. b. e.-Streptokokken und 2mal Salivariusstreptokokken isoliert. Der Rest von 21 Stämmen wird als nicht klassifizierbar bezeichnet. Er entspricht vermutlich der als „mitis“ benannten vorläufigen Species. Von großer Bedeutung ist die Tatsache, daß die neu abgegrenzte Unterart des Streptococcus s. b. e. serologisch besser definiert zu sein scheint (s. S. 107). Seine Penicillinresistenz ist größer als die des Streptococcus salivarius, wobei weniger der in vitro-Test als der klinische Eindruck maßgeblich ist (s. S. 236).

Unter den gruppenserologisch nicht einzuordnenden Stämmen seien noch der von MIRICK *und Mitarbeitern* (1944) herausgearbeitete arginin-positive Streptococcus MG erwähnt. Über seine Beteiligung bei der Endokarditis ist nichts bekannt. SWIFT (1948) führt außerdem noch eine Gattung Streptococcus uberis auf, die nicht mit dem „Streptococcus uberis“ der Gruppe E verwechselt werden darf, da sie kein Gruppenantigen besitzt.

Welche Bedeutung haben nun die zuletzt berichteten rein bakteriensystematischen Tatsachen für die Pathogenese der Endokarditis? Wir werden noch ausführlich darzulegen haben, daß es eine bakterielle „Ursache“ der Endocarditis lenta gar nicht geben kann, sondern nur ein Zusammentreffen von Bedingungen, die geeignet sind, einen schon vorher bestehenden entzündlichen Prozeß der Klappe durch die bakterielle Sekundärbesiedlung am Ausheilen zu verhindern. Daß durch die bakterielle Besiedlung sowohl der klinische als auch anatomische Charakter eine besondere Prägung erhält, ist für die Frage nach der Kausalität unerheblich. Es taucht hier noch einmal die Frage auf, ob eine bestimmte Klasse von Mikroorganismen besonders häufig bei einem bestimmten anatomischen und klinischen Bild angetroffen wird, und weiter, ob diese Häufigkeit oder Vorliebe bestimmten Pathogenitäts- bzw. Virulenzqualitäten der betreffenden Species zugeordnet werden kann. Wir haben gesehen, daß z. B. die Streptokokken der Gruppe A besonders häufig Endokarditiden vom akuten Typ bedingen, während die akute Viridansendokarditis zu den größten Seltenheiten gehört. Diese Frage wird ausführlicher in Abschn. C, VI, 5 dargelegt. Im Zusammenhang mit dem Viridansproblem drängt sich aber nun die Frage auf, ob das überwiegende Auftreten gewisser Species bzw. Untergruppen der Viridansgruppe bei der Endokarditis darauf beruht, daß einfach die Häufigkeit des Einbruchs in die Blutbahn bei bestimmten „Typen", entsprechend ihrem häufigkeits- und mengenmäßigen Anteil im Keimreservoir, größer ist als bei anderen — in diesem Falle müßte der Anteil der verschiedenen Species in dem in Frage kommenden „endogenen Keimreservoir" (s. S. 197) der Häufigkeitsverteilung bei Endokarditis entsprechen. Die Bevorzugung gewisser Untergruppen bei der Endokarditis wäre dann wahrscheinlichkeitsmäßig zu verstehen. Diese Auffassung wird durch die im Abschn. C, VI, 4 näher begründete Tatsache nahegelegt, daß die Zahl der Species, die bei der Endocarditis lenta angetroffen werden, sehr groß ist, so daß man versucht ist, zu sagen, daß ohne Rücksicht auf pathogene Eigenschaften jeder Keim, der auf günstige Besiedlungsbedingungen trifft, eine Endokarditis unterhalten kann. Ob diese „günstigen Besiedlungsverhältnisse" rein lokal oder immunbiologisch zu verstehen sind, werden wir noch diskutieren. Wir hätten dann damit zu rechnen, daß bei der Endocarditis lenta, allein vom Standpunkt der Erregerfrage aus gesehen, jede Keimart die gleichen Besiedlungschancen hätte, also die dem Erreger inhärenten Qualitäten keine Rolle gegenüber den lokalen Klappenverhältnissen, der Infektionsdosis und der „Reaktionslage" spielen. Zu dieser Ansicht neigen in Deutschland fast alle Kliniker, wobei unter den erwähnten Faktoren vor allem der „Reaktions"- oder „Abwehrlage" besondere Bedeutung zugeschrieben wird.

Demgegenüber wissen wir, daß der Begriff der „relativen Pathogenität" in sich noch gewisse Abstufungen schließt. Bekanntlich können Colibacillen pathogene Wirkungen entfalten. Wir wissen aber auch, daß dabei wahrscheinlich bestimmte Colitypen besonders häufig eine Rolle spielen, daß also die latente Pathogenität bei bestimmten Species besonders leicht manifest wird und bei anderen offenbar nur unter ganz besonderen Umständen. Die große Bedeutung einer rationellen Typisierung innerhalb der fakultativ pathogenen vergrünenden Streptokokken liegt darin, daß sich möglicherweise bestimmten Typen doch eine größere Durchschnittspathogenität zuschreiben läßt als anderen.

In diesem Sinne läßt die Verteilung an Herzklappen und in den normalen in Frage kommenden Keimreservoiren (Mundhöhle, Darm) schon jetzt gewisse Schlüsse zu. Die Tatsache, daß der Streptococcus s. b. e. in der Mundhöhle ein ausgesprochen selten aufgefundener Keim ist, während sein Anteil an der Endokarditis dazu im Gegensatz steht, deutet zunächst an, daß diesem Keim ebenso wie dem „mitis" vielleicht eine höhere pathogenetische Wertigkeit zuzuschreiben ist als dem levanbildenden Salivarius, der nach neuesten Berichten gar nicht oder nur selten bei Endocarditis lenta-Fällen gezüchtet wird (Niven und White 1946, Hehre und Neill 1946, Foley 1947, Schneierson 1948). Dies ist aber nur ein Ausblick, den jüngste Forschungen eröffnen. Vorbedingung zu einer Klärung der Beziehungen zwischen endogenem Keimreservoir und Herzklappenflora bei

Endocarditis lenta ist eine systematisch brauchbare Gliederung der Viridansgruppe, die nicht nur biologische, sondern auch serologische und pathogenetische Einheitlichkeit besitzt. Von diesem Ziel sind wir noch weit entfernt. Eine definitive Klärung der Frage, woher denn nun eigentlich die Infektion mit dem Streptococcus s. b. e. kommt, ist nicht zu geben. Unsere eigenen Stämme haben wir in unserer täglichen Arbeit nach der SEELEMANN-RABLschen Systematik — in letzter Zeit unter Zuhilfenahme der Schleimbildung aus Saccharose — zu charakterisieren versucht. Wir geben uns keiner Täuschung hin, daß dies nur eine Übergangslösung sein kann.

Auch die serologische Charakterisierung der Viridansgruppe ist nicht abgeschlossen und einheitlich. Vorläufig ist es nicht gelungen, in den sauren oder Formamidauszügen eine Substanz nachzuweisen, die bei einem breiteren Spektrum von Stämmen vorkommt. Es haben sich in den mit verschiedenen Stämmen hergestellten Immunseren immer nur Antikörper nachweisen lassen, die mit dem homologen Stamm und einigen wenigen anderen Stämmen reagierten. Diese Reaktion wird als „typenspezifisch" bezeichnet. Sie erlaubt, aus der Gruppe der Viridansstreptokokken lediglich eine große Zahl engumschriebener serologischer Entitäten herauszuheben, aber keinen allgemeinen, die „Gruppe" charakterisierenden Antigenbaustein. Charakteristisch für die gruppenspezifische Antikörperbildung ist, daß sie im allgemeinen später als die typenspezifische eintritt, also erst nach lang dauernder Immunisierung eine „Verbreiterung" der serologischen Reaktion auf die ganze Gruppe einsetzt. Diese Verbreiterung hat man bei der Viridansgruppe niemals gesehen. Auch aus diesem Grunde ist daran festzuhalten, daß die bisher beobachteten Reaktionen, was die Viridansgruppe betrifft, nur typenspezifisch und nicht gruppenspezifisch sind, auch in den Fällen, wo eine relativ große Zahl von Stämmen dadurch erfaßt wurde. Die Tatsache, daß einige Autoren bei ihren Arbeiten über die Serologie der Viridansgruppe von „Gruppen" sprechen, ist deshalb geeignet, Verwirrung zu stiften.

Die ersten Arbeiten zur Viridansserologie haben relativ früh eingesetzt. GORDON (1922) unterschied mittels Agglutination unter 16 Stämmen 12 Typen. LANCEFIELD kam schon 1925 zu dem Schluß, daß die Viridansgruppe serologisch nur in Typen aufzuspalten sei. BIRKHAUG untersuchte 1927 eine Reihe von inulinnegativen, nicht methämoglobinbildenden Streptokokken mit der Agglutination und konnte 75% davon einem Typ zuordnen. Ähnliche Ergebnisse hat SMALL (1927) mit 21 aus dem Rachen isolierten γ-hämolytischen Stämmen (Raffinose +, Inulin +, Mannit —) erzielt. Auch hier ließ sich die Mehrzahl der Stämme einem Typ zuweisen. Nach 16 Jahren haben dann SHERMAN und Mitarbeiter (1943) festgestellt, daß eine von SMALL aufgehobene Kultur ein levanbildender Streptococcus salivarius ist, und ihn ihrem serologischen Typ I zugerechnet. 1928 hat dann HITCHCOCK bei γ-hämolytischen Rachenstreptokokken präcipitatorisch und agglutinatorisch 5% der Stämme einem Typ zuweisen können. Auch dieser Typ erwies sich bei der Nachuntersuchung durch SHERMAN und Mitarbeiter (1943) als identisch mit dem Typ I Streptococcus salivarius (Levan +) dieser Autoren. Der Rest der Stämme HITCHCOCKs war serologisch heterolog und wurde mit der Sammelbezeichnung „Typ X" versehen. KONDO (1937) hat mit der Agglutinationstechnik von 56 Viridansstämmen 24 Typen herausgearbeitet. KIUCHI (1936) hat mit derselben Technik 76 Stämme aus Speichel in 13 Typen gegliedert.

SOLOWEY konnte 1942 von 205 Stämmen präcipitatorisch 66% in 14 „Gruppen" unterbringen. Diese Untersucherin ist dabei von der Voraussetzung ausgegangen, daß die Erfassung eines einzelnen Antigenbausteines bei einem Stamm keine verwertbaren Resultate liefert, denn sie notierte die Reaktion ihrer Stämme mit verschiedenen Immunseren und teilte dann die Stämme nach Anzahl und Anordnung der positiven Ausfälle mit mehreren Immunseren in „Gruppen" ein. So unterscheidet sie nach dem Reaktionsausfall mit je einer Serie von 3, 7 und 2 verschiedenen Immunseren 3 Hauptgruppen, in die von den 205 untersuchten Stämmen 77, 23 und 13 Stämme eingereiht wurden. 11 weitere Nebengruppen haben nur mit einem einzigen Immunserum reagiert. Einen ähnlichen Weg sind auch SELBIE *und Mitarbeiter* (1943) gegangen. Von 8 Viridansstämmen stellten diese Autoren unter verschiedenen Bedingungen Immunseren her. Mit diesen Immunseren wurden 209 Stämme (darunter 96 aus Endocarditis lenta, 51 aus gezogenen Zähnen und 52 aus dem Rachen) durchuntersucht. Es ergaben sich multiple Reaktionen, ähnlich denen SOLOWEYs (1942). Die englischen Forscher fassen bestimmte Konstellationen nach Anzahl und Anordnung der Reaktionen mit den verschiedenen Immunseren in „Gruppen" zusammen. 181 Stämme reagierten mit einem oder mehreren Immunseren, und zwar in 5 Kombinationen. Gewisse dieser „Gruppen" überwiegen bei den Endocarditis lenta-Stämmen. Dieses Überwiegen ließ sich auch am Rachen- und Zahnmaterial feststellen. Unter den zur Immunisierung verwendeten Stämmen befand sich auch ein authentischer s. b. e.-Stamm. Mit diesem Serum reagierten 27% der Endocarditis lenta-Stämme. Ein Grundgedanke dieser wertvollen Arbeit ist die „Verbreiterung" des Immunserums. Von jedem zur Immunisierung verwendeten Stamm werden mehrere Seren unter verschiedenen Bedingungen (Injektion lebender, formolisierter und im homologen Immunserum gezüchteter Stämme) hergestellt. Ein einziger positiver Ausfall mit einem Serum gilt für die ganze mit ein und demselben der 8 Stämme hergestellte Serumgruppe als positiv.

Über die erfolgreiche Erfassung des Streptococcus s. b. e. berichten WASHBURN *und Mitarbeiter* (1946). Die Verfasserin untersuchte 42 biologisch einheitliche s. b. e.-Stämme mit der LANCEFIELDschen Technik (Säureextraktion) der Präcipitation. Von diesen 42 Stämmen reagierten 37 mit ein und demselben Immunserum eines s. b. e.-Stammes. Mit einem von den 5 nicht reagierenden Stämmen wurde ein zweites Immunserum hergestellt; mit diesem reagierten sowohl der homologe als die 4 restlichen Stämme, außerdem aber noch 5 Stämme der 37er Gruppe. Demnach lassen sich 2 Antigene annehmen, die allein (Typ I und Typ II) oder kombiniert vorkommen können (Typ I/II). Die Absättigung erwies, daß das Serum (I/II) bei der Absorption mit Typ I noch mit Typ II reagierte und nach Absorption durch Typ II nur mit Typ I. Seren des Typs I sowie II werden durch Absorption mit Stamm I/II vollkommen erschöpft. Die Agglutination ergab wesentlich verwickeltere Verhältnisse, die für eine serologische Charakterisierung vorläufig ungeeignet sind. Bei der Präcipitation sahen die Autoren niemals Über-Kreuz-Reaktionen. Im Verein mit der klaren biologischen Charakterisierung läßt sich damit der Streptococcus s. b. e. als die am besten abgegrenzte Individualität der Viridansgruppe bezeichnen. Die serologische Erfassung hat SCHNEIERSON (1948) bereits mit als Definitionskriterium für die Bezeichnung eines Stammes als Streptococcus s. b. e. gefordert. PORTERFIELD (1950) sowie DODD (1949) haben allerdings auf einige Unklarheiten in den Beziehungen zur Gruppe H hingewiesen (s. S. 98.)

In Deutschland haben weder die Levanbildung zur Abgrenzung des Streptococcus salivarius im engeren Sinne noch die neu in das biologische Schema zur Abgrenzung des Streptococcus s. b. e. eingeführten Tests Beachtung gefunden. Dies liegt daran, daß die Nachkriegsverhältnisse den Literaturaustausch erschwerten. Unseres Erachtens aber zeigt sich hier der aussichtsreichste Weg, um die noch immer uneinheitliche und ungenau definierte Viridansgruppe in eine ihrem inneren Aufbau gemäße logische Ordnung zu bringen. Das bisher in Deutschland benutzte Schema der Viridansgliederung, das auch wir laufend benutzt haben, basiert doch auf Merkmalen, die die Abgrenzung in „biochemische Typen" für die Erfordernisse der Endokarditisforschung nur als Notlösung ansehen lassen. Aus diesem Grunde wurde auch über die neueren Arbeiten so ausführlich berichtet.

C. Spezielle pathologische Anatomie und Bakteriologie der Endokarditis (E).

I. Endocarditis serosa (E.s.).

1. Vorkommen und Häufigkeit.

Diese Entzündungsform der Herzklappen ist so häufig und beginnt so frühzeitig im Leben eines jeden Menschen, daß anscheinend niemand und keine Herzklappe davon verschont bleiben. Wir verfügen über die Beobachtung von bisher 5 Fällen einer E.s. bei Neugeborenen und Totgeburten. Damit ist eine *intrauterine Entstehung* möglich und bewiesen. Da wir nur ein kleines Sektionsmaterial dieses Lebensalters besitzen, können wir hierzu keine Häufigkeitsangaben machen (s. Abschn. C, VIII, S. 245). — Das Vorkommen bei Kleinkindern der ersten Lebensjahre und bei Jugendlichen bis etwa zum 20. Lebensjahr haben wir in einer besonderen Bearbeitung dargestellt (s. BÖHMIG: 11, 1950). Wir konnten darin aufzeigen, daß der Beweis, daß jede Herzklappe betroffen ist, nur vom Ausmaß vor allem der mikroskopischen Untersuchung zahlreicher Abschnitte *einer* Herzklappe abhängt. An erster Stelle stehen die Segelklappen, und unter diesen wieder die Mitralis etwas vor der Tricuspidalis. Dann folgen der Häufigkeit nach die Taschenklappen und hier die Aortenklappen vor der Pulmonalis. Die Pulmonalis haben wir bei unseren Untersuchungen leider etwas vernachlässigt. Wir verfügen über neue, noch nicht veröffentlichte mikroskopische Untersuchungen von je 4 verschiedenen Anteilen der Mitralis, Tricuspidalis und Aortenklappen von 76 Herzen (mindestens 12 Klappenstücke eines Herzens). Wir fanden nur in Ausnahmefällen der Altersklasse 1.—4. Lebensjahr *keine* Zeichen einer E.s. Oberhalb dieser Altersklasse zeigten sämtliche untersuchte Klappenabschnitte entweder frische oder ältere Zeichen einer noch bestehenden oder abgelaufenen E.s. — Das Vorkommen oberhalb der 20er Jahre in Gestalt einer kleinumschriebenen oder flächenhaften „Quellungssklerose“ (s. unten) ist an *jeder* Herzklappe obligat. Auch hier sind die Segelklappen bevorzugt und stärker betroffen.

Wir haben uns bemüht, nach Beziehungen der E.s. zu vorangegangenen Erkrankungen zu fahnden, und hierüber früher ausführlich berichtet (BÖHMIG: 12, S. 676). Abakterielle Entzündungen wie Rheumatismus, Bakterientoxine wie bei Diphtherie, bakterielle Infektionen jeglicher Genese oder Streuung bei Fokalinfektion, Stoffwechselstörungen wie bei Ernährungsstörungen und Rachitis der Säuglinge und Kleinkinder stehen zur differentialdiagnostischen Erwägung und wurden als Vorkrankheit beobachtet. Sofern hier kausalgenetische Beziehungen vorliegen, sind sie also ganz uneinheitlich und nur als indirekte Faktoren zu werten. — Wir haben uns ferner die morphologische Differentialdiagnose zum Rheumatismus besonders angelegen sein lassen und in derselben Arbeit (S. 677) besprochen. Zwar sind bei E. verrucosa rheumatica Klappenverquellungen und Gewebsödem vielfach beschrieben, wie wir später anzuführen haben (Abschn. C, II, b, 3, S. 131, Abschn. C, II, b, 5, S. 140). Sie finden sich aber auch bei allen anderen und bei morphologisch sicher nicht-rheumatischen Endokarditisformen.

2. Makroskopischer Befund.

Die E.s. erscheint makroskopisch als Verquellung oder Sklerose. Bevorzugte Klappenabschnitte sind Klappenrand und Schließungsrand und bei den Segelklappen die Ansatzstellen der Sehnenfäden. Die *Verquellungen* treten umschrieben oder flächenhaft auf. Bei den ersteren sieht man am Klappenrand kleine glasige Verdickungen in Form länglicher Wülste. Oder der Klappenrand zeigt walzenförmige transparente Auftreibung, als ob er eingerollt wäre. Bei den *Segelklappen*

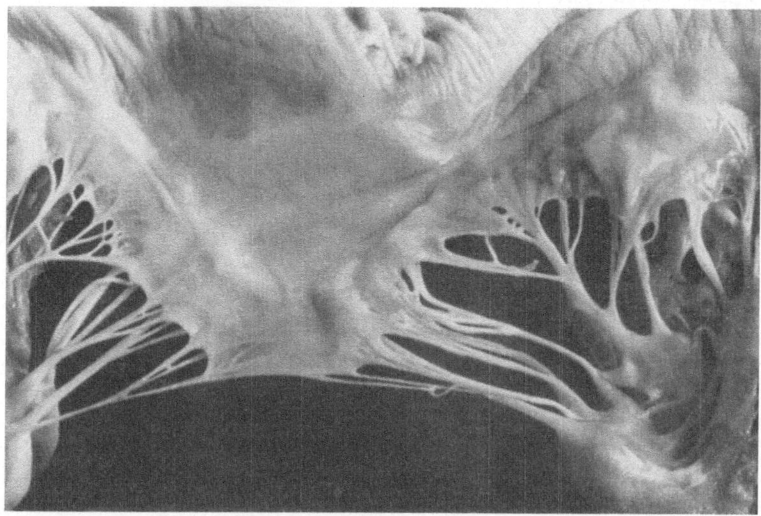

Abb. 40. Weitgehend normales vorderes Mitralsegel. Jedoch zeigen die Sehnenfäden an beiden Seiten Verwachsungen untereinander und Verdickungen. Das hintere Mitralsegel auf der rechten Seite der Abbildung zeigt grobe Reliefveränderung und Sehnenfädenverwachsungen.

(Abb. 40—42) sind die arkadenförmigen und schwimmhautartigen Ausziehungen des Klappenrandes zwischen den Ansatzstellen der Sehnenfäden verdickt oder in

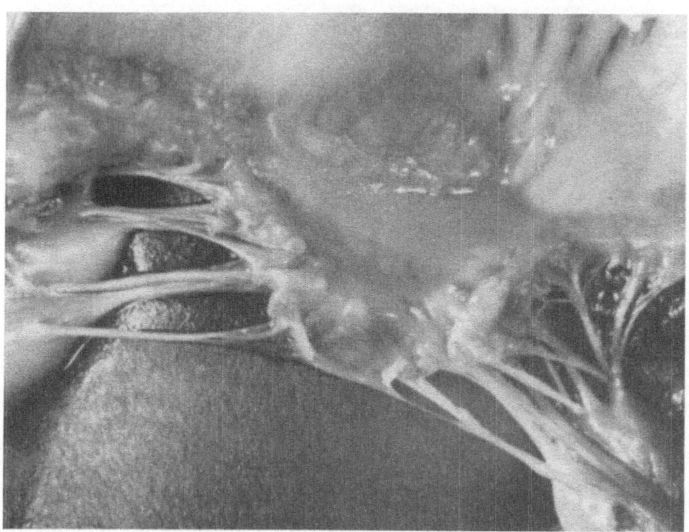

Abb. 41. Vorderes Mitralsegel. 2 Mon., ♀ (Diphtherie und Pneumonie). Ausgeprägte warzenartige seröse Endokarditis am Klappen- und Schließungsrand.

der Verdickung des Klappenrandes aufgegangen und somit praktisch geschwunden. Am Schließungsrand der Segelklappen wölben sich die Klappenabschnitte zwischen den Ansatzstellen der Sehnenfäden als linsen- oder erbsengroße Warzen mit glatter Oberfläche vor, als wenn die Klappe hier an umschriebenen Stellen ausgeweitet wäre. Sie ist es auch in geringem Ausmaß, denn an der Unterfläche des Segels zeigen die Klappenbuckel mitunter kleine grübchenförmige Vertiefungen. Bei fortgeschrittener Erkrankung finden sich am Klappenrand größere und stärkere, nun auch vorspringende Leisten und flächenhafter Schwund der

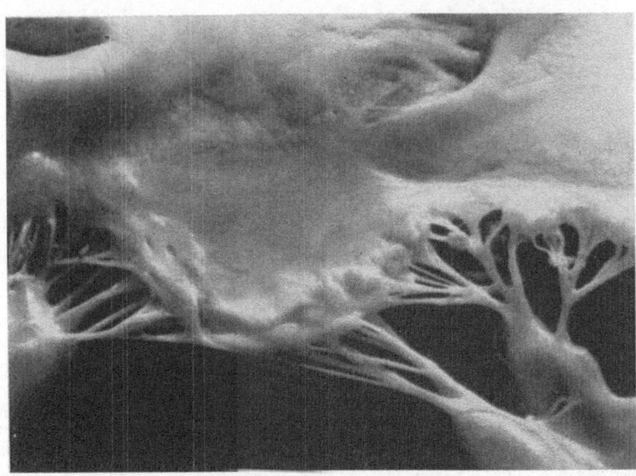

Abb. 42. Vorderes Mitralsegel mit älterer sklerosierender seröser Endokarditis, mit Warzen- und Leistenbildung, mit Verdickung und Verwachsung von Sehnenfäden. Die Schwimmhäute am Klappenrand sind geschwunden.

Schwimmhäute. Oder der Schließungsrand weist eine Buckelbildung neben der anderen auf mit flachen oder steilen Tälern dazwischen und einem nun ganz unregelmäßigen Oberflächenrelief. — Die *Sehnenfäden* der Segelklappen sind konisch verdickt, und zwar beginnend wenige Millimeter bis 1 cm unterhalb des

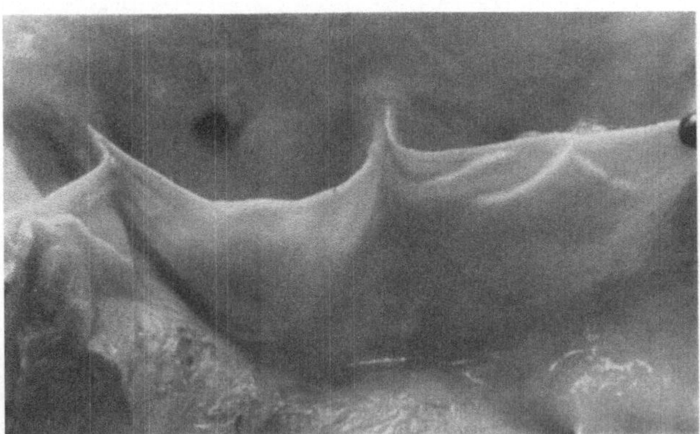

Abb. 43. Aortenklappen mit Verwachsung der Aortencommissuren auf wenige Millimeter. Der Klappenrand ist noch dünn. Jedoch ist der Schließungsrand ganz unterschiedlich an den beiden Klappen verdickt. An der einen Klappe (links) ist die Schließungsleiste in der Verdickung aufgegangen.

Klappenansatzes. Auch sie sind noch transparent, aber nicht mehr gleichmäßig runden Querschnitts. An der Unterfläche der Segelklappe zeigen die Sehnenfäden II. und III. Ordnung Bandform und manchmal starke Abplattung. — Bei den *Taschenklappen* (Abb. 43—44), ausgeprägt nur an den Aortenklappen, sind die Verquellungen des Klappenrandes gleicher Art wie bei den Segelklappen. Die ersten Veränderungen erkennt man meist am Nodulus Arantii. Er ist glasig verquollen, verdickt bis auf das Doppelte und nach oben verschoben oder verlängert bis zum Klappenrand. Beiderseits des Nodulus springt die konisch verdickte

Schließungsleiste kammartig vor. Oder der ganze mittlere Sektor einer Taschenklappe zwischen Klappenrand und Schließungsrand ist verquollen, so daß beide ohne Grenze ineinander übergehen. Auch hier ist die Oberfläche stets glatt. — Nicht eigentlich zum Formenkreis der serösen E. gehörend, aber ungemein häufig oberhalb der 2. Lebensdekade mit dieser kombiniert, beobachten wir eine Verwachsung der Aortenklappencommissuren. Rechnet man auch angedeutete Verwachsungen oder solche von nur 1 mm Ausmaß mit ein, so ist jeder zweite Sektionsfall unseres Beobachtungsgutes betroffen. Bei solcher Verwachsung ist der Klappenrand meist kaum oder nur wenig verdickt, wie wir auch in früherer Bearbeitung abbildeten (Böhmig: 12, Abb. 4 u. 5, S. 649). Wir werden im Abschnitt der chronischen Entzündung (S. 149) auf diese Verwachsungen zurückzukommen haben. Ferner verweisen wir auf die E. verrucosa rheumatica (S. 126).

Es gibt keine scharfen Grenzen oder Unterschiede zwischen Verquellungen und *Sklerosen*, sondern nur fließende Übergänge. Nach Maßgabe der Dauer des Bestehens verlieren die umschriebenen Verquellungen ihre farblose Transparenz, erscheinen weißlich oder opak, porzellanartig oder eine Spur gelblich. Sie vergröbern sich, springen oder wölben sich stärker vor, zeigen derbere Konsistenz und stärkere Verdickung. Am Klappenrand der Segelklappen kommt es zu völligem Schwund der Schwimmhäute an umschriebener Stelle oder in längeren Abschnitten, ferner zu Wulst- oder Knotenbildung. Am Schließungsrand sind die vorgebuckelten Warzen starr, die Täler zwischen ihnen manchmal rillenartig tief. Die Taschenklappen lassen dieselben Veränderungen erkennen, werden rigid, lassen sich nicht mehr einfalten. Die Schließungsleiste ist hart, mitunter knorpelartig, von manchmal gelblicherem Farbton als die übrige Klappe.

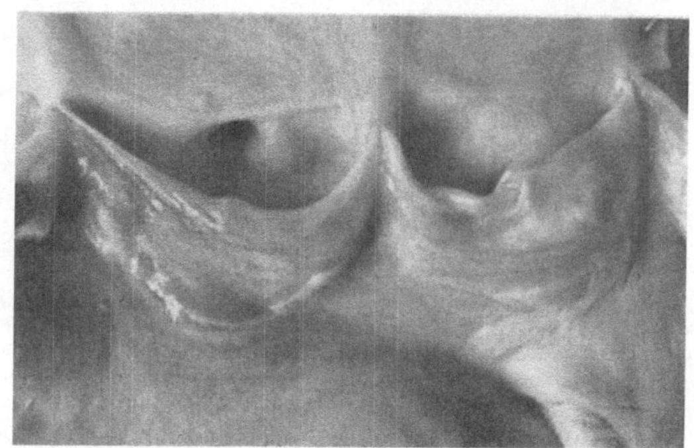

Abb. 44. Aortenklappen mit starker Verdickung sowohl des freien Klappenrandes wie des Schließungsrandes. Die eine Klappe (rechts) zeigt Verdickung und Verunstaltung des Nodulus Arantii.

Bezüglich weiterer Einzelheiten verweisen wir auf unsere früheren Darstellungen (Böhmig: 15, S. 170 u. 214). In Unkenntnis des Entwicklungsganges haben wir 1934 diese Formen umschriebener Sklerosen mit der nichts präjudizierenden Bezeichnung der „Endokardreaktionen" belegt und als kausale Faktoren neben der Entzündung auch allgemeine Stoffwechselstörungen anerkannt und gelten lassen. Mit heutiger Kenntnis möchten wir die Bezeichnung „Quellungssklerose" für mehr zutreffend halten, da sie dem makroskopischen Befund besser gerecht wird und den Übergang von Verquellung in Sklerose andeutet, aber einmal kausale Genese und ferner Übergang zu Sklerosen nach Ablauf anderer Entzündungsformen als einer E.s. offen läßt. Denn — wie wir später sehen werden — braucht sich eine Sklerose nach E.s. nach Art, Aussehen, Grad und Lokalisation von einer Sklerose nach umschriebener Endocarditis fibrinosa simplex seu rheumatica makroskopisch nicht zu unterscheiden. Dieselben fließenden Übergänge wie zwischen Verquellung und Sklerose bestehen zwischen dieser Sklerose und den leichteren Formen der Endocarditis fibrosa für das unbewaffnete Auge. Trotz unserer heutigen besseren Kenntnisse bestehen bei der makroskopischen Diagnostik diese Schwierigkeiten fort.

3. Mikroskopischer Befund.

Der mikroskopische Befund einer E.s. geht über den makroskopischen stets weit hinaus bezüglich fast aller Faktoren. Stets findet man mikroskopisch nicht

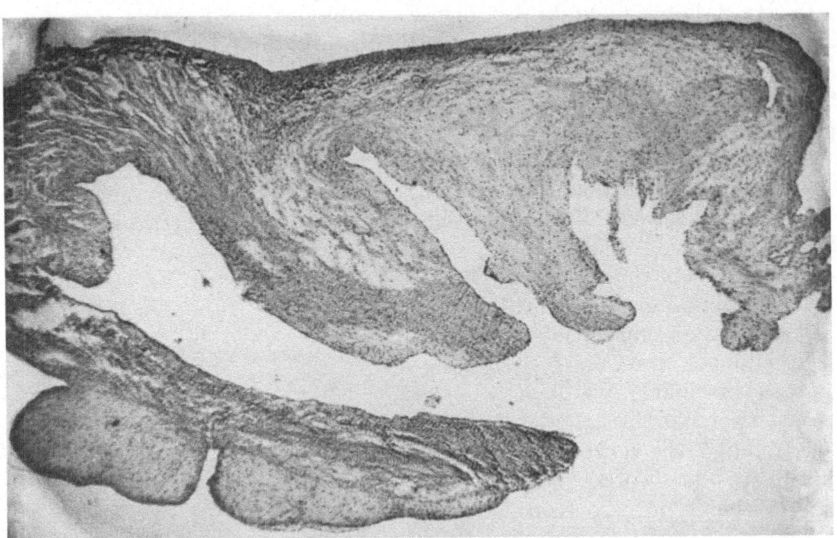

Abb. 45. Tricuspidalis. 1½ J., ♀ (Kehlkopfcroup). Starke flächenhafte seröse Entzündung der fibrösen Grundschicht des ganzen Schließungsrandes und der abgehenden Sehnenfäden mit deutlichem Kernuntergang. Klein umschriebene warzenartige seröse Endokarditis an der linken Seite des einen Sehnenfadens (oben), zwei große seröse Warzen am unteren Sehnenfaden. (30 ×.)

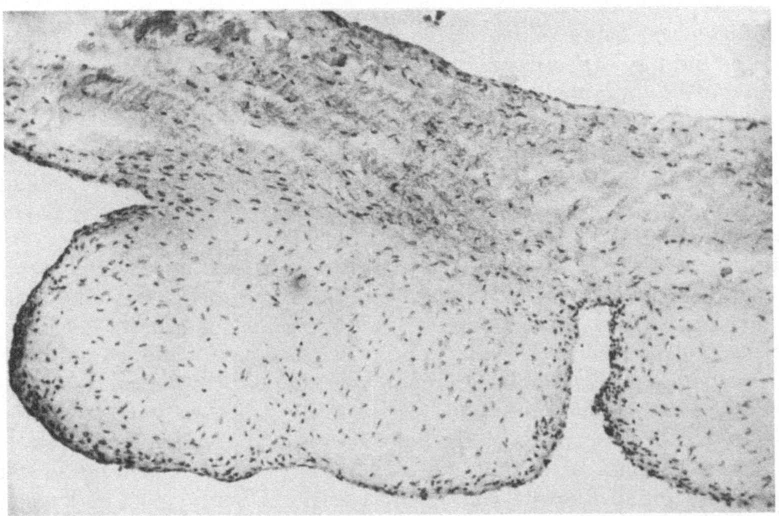

Abb. 46. Teilausschnitt mit starker Vergrößerung aus Abb. 45. An der Oberfläche der beiden großen Warzen intaktes Endothel. In der Tiefe vielfache Kerndegeneration (Lupe) und Kernschwund. (90 ×.)

nur stärkere Ausdehnung und Grade der Veränderungen als makroskopisch zu erwarten, sondern man entdeckt auch solche an Klappenabschnitten, die makroskopisch unverändert erschienen. Das gilt ganz besonders für die Unterfläche der Segel- und die Innenflächen der Taschenklappen, ferner für die Sehnenfäden. Wir haben unzählige „normale“ Herzklappen von Kleinkindern und Jugendlichen untersucht, um Testpräparate für die normale Histologie zu gewinnen — und mußten fast alle der E.s. zurechnen. Damit wollen wir dokumentieren, daß praktisch keine Herzklappe verschont bleibt von oft erst mikroskopisch erkennbaren Veränderungen, die zum Formenkreis der E.s. gehören. Aus diesem Grunde sind makroskopische und mikroskopische Befunde nicht konkordant, entspricht eine umschriebene makroskopische Verquellung nicht einem, sondern meist einer Vielheit von mikroskopischen Befunden. Retrospektiv verliert damit die makroskopische Diagnose weiter an Exaktheit.

Ebenso wie die makroskopische hat auch die mikroskopische Einteilung durch vielfache Übergänge und Kombinationen mehr didaktischen Wert. Im vorliegenden speziellen Teil der Darstellung benutzen wir als ordnendes Prinzip Ausdehnung und Lokalisation an erster Stelle.

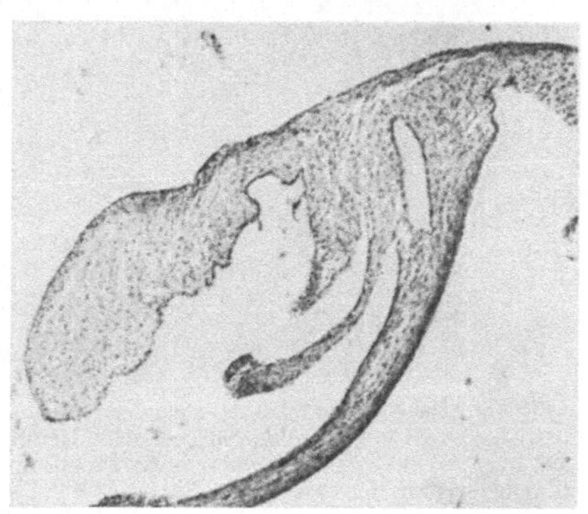

Abb. 47. Mitralis. 2 Mon., ♂ (Pylorospasmus). Flächenhafte seröse Endokarditis des ganzen Klappen- und Schließungsrandes mit Verdickung des ersteren auf das Dreifache. Betroffen sind sowohl die oberflächlichen wie die tiefen Klappenschichten. (44 ×.)

Mikroskopisch unterscheiden wir zwischen umschriebener, warzenartiger und weniger umschriebener, flächenhafter *Ausdehnung.* Erstere tritt nur an der Ober- und Unterfläche der Klappen und Sehnenfäden auf, letztere kommt sowohl an Oberfläche wie in Klappentiefe vor. Die *warzenartigen Verdickungen* (Abb. 45 u. 46) zeigen halbkugelige oder mehr walzenförmige Form, springen meist stark über die Oberfläche vor. Sie sind von Endothel überkleidet, das Kern- und Zellausfälle oder „Degenerationen" aufweisen kann, aber nicht muß. Das Innere der Warze zeigt entweder nur Ödem mit Auseinanderdrängung der kollagenen Fasern durch eiweißarme, färberisch nicht oder nur schwach darstellbare vermehrte Grundsubstanz oder Flüssigkeit. Die Bindegewebskerne sind demzufolge weit auseinandergerückt, liegen unregelmäßig verstreut. *Oder* bei Azan-Färbung und Silberimprägnation ist schon Kollagenschwund einzelner oder mehrerer Fasern, Auftreten von Silberfibrillen, Degeneration und Nekrose einzelner oder mehrerer Kerne und Nekrose der Grundsubstanz erkennbar. Leukocyten oder Lymphocyten fehlen immer, ebenso Fibrin. — Die *flächenhaften Verdickungen an der Oberfläche* (Abb. 47) betreffen größere Abschnitte der oberflächlichen Schichten der Klappen und Sehnenfäden bevorzugt an der Unterfläche der Segel- und Innenfläche der Taschenklappen. Weitere Prädilektionsstellen sind besonders die Abgangsstellen der Sehnenfäden, an denen flächenhafte Polster wie Säulenkapitelle eingebaut erscheinen, und der Klappenrand an Ober- und Unterfläche. Die *flächenhaften Verdickungen der tiefen Klappenschichten* (Abb. 48 u. 49) treten im Gegensatz zu den umschriebenen und oberflächlichen in *allen* Klappenabschnitten in zwei Formen auf: einmal diffus und unscharf begrenzt, bevorzugt in der fibrösen Grundschicht sogar innerhalb der Klappenplatte; zweitens ebenfalls anfangs unscharf begrenzt, später in ovaler oder kugeliger Begrenzung, besonders in der Tiefe von Klappen- und Schließungsrand. Bei der ersten Form kommen ungewöhnlich hochgradige Verdickungen großer Klappenabschnitte bis auf das 6—8fache der Norm zur Beobachtung, wie Abb. 48 und 49 im Bereich des Schließungsrandes, Abb. 5 und 45 im Bereich des Klappenrandes erkennen lassen. Beginn und Lokalisation innerhalb der fibrösen Grundschicht des Sehnenfadenabganges, der auch auf das 3—4fache der Norm verdickt ist, geben Abb. 6, 48 und 49, ein fortgeschrittenes Stadium mit fast völligem Kollagenschwund

Abb. 8 wieder. Da ein aus der Herzklappe abgehender Sehnenfaden normalerweise *nur* aus einem dichten kollagenen Geflecht besteht, lassen solche Sehnenfädenabgänge die einzelnen Phasen der serösen Endokarditis besonders gut

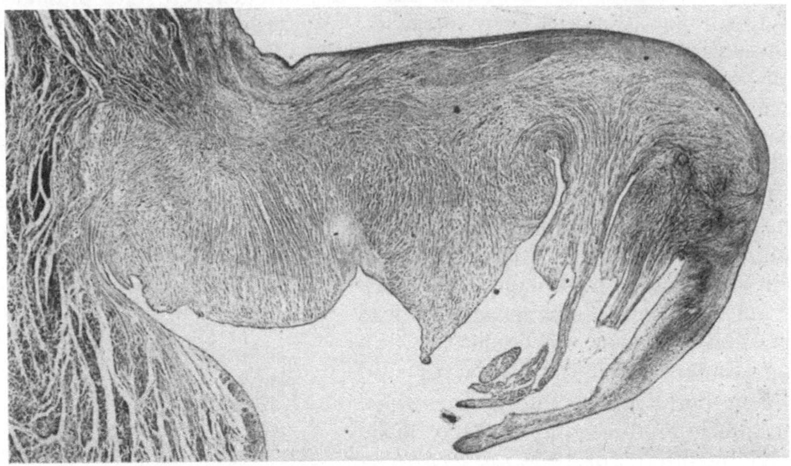

Abb. 48. Mitralis. 77 J., ♀ (E. chronica fibrosa recurrens der Mitralis, E. verrucosa simplex der Aortenklappen). Diffuse seröse Endokarditis der gesamten tiefen Klappenschichten, besonders der fibrösen Grundschicht sowohl der Klappe wie der abgehenden Sehnenfäden mit Verdickung der ersteren auf das Achtfache. Bei Lupenbetrachtung sieht man das seröse Insudat, das die kollagenen Fasern teilweise nur auseinandergedrängt, teilweise zum Schwund gebracht hat. (11 ×.)

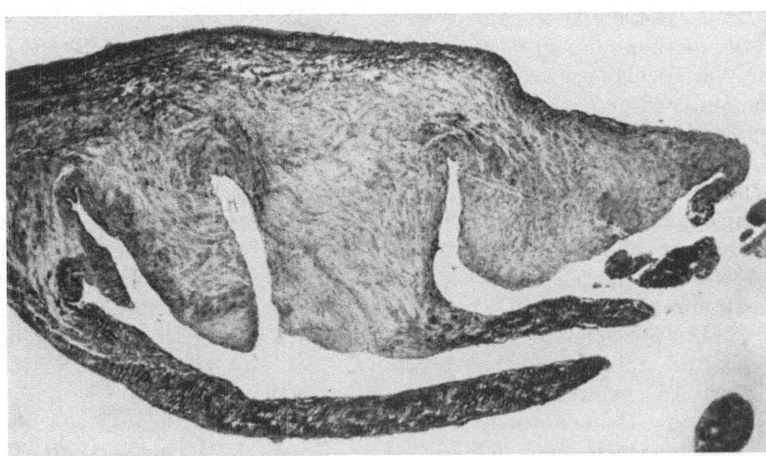

Abb. 49. Tricuspidalis. 4 J., ♂ (Lues, Pneumonie, Osteomyelitis, Nephritis). Hochgradige Verdickung von Schließungsrand, Klappenplatte und Abgang aller Sehnenfäden durch seröse Endokarditis der tiefen Klappenschichten, an zwei Sehnenfäden und an der Unterfläche des Klappenrandes auch der oberflächlichen Klappenschichten.

studieren: Ödem mit Auseinanderdrängung des kollagenen Gerüstes, Entkollagenisierung mit Kernschwund und Auftreten der Silberfibrillen bis zum Vorliegen eines eiweißhaltigen lockeren Maschenwerkes. Aus allen diesen Abbildungen ist auch das Fortschreiten dieser flächenhaften Ausbreitung in der Nachbarschaft und dadurch bedingte unscharfe Begrenzung zu ersehen. Der progressive Charakter ist damit offenbar. — Die zweite Erscheinungsform tritt sowohl in der subendothelialen Klappenschicht wie in der fibrösen Grundschicht auf und unterscheidet sich durch Form und Begrenzung, häufig auftretende Wirbelstrukturen restierender kollagener Fasern oder in Erscheinung tretender Silberfibrillen. Ein Beispiel besonderer Ausprägung bietet Abb. 50.

Wie schon bei der makroskopischen Beschreibung hervorgehoben wurde, muß bei der mikroskopischen nochmals betont werden, daß alle Übergänge sowohl zwischen Ödem und seröser Entzündung wie zwischen dieser und beginnender Hyalinose der betroffenen Herzklappenabschnitte zu beobachten sind. Da wir aber letztere erst Ende des 2. und in zunehmendem Maße im 3. Lebensjahrzehnt vorfanden, müssen wir annehmen, daß das Stadium der E.s. langfristig, vielleicht von jahrelanger Dauer ist oder sein kann. Da wir ferner — wie die folgenden Abschnitte zeigen werden — bei allen folgenden Formen der Endokarditis meist

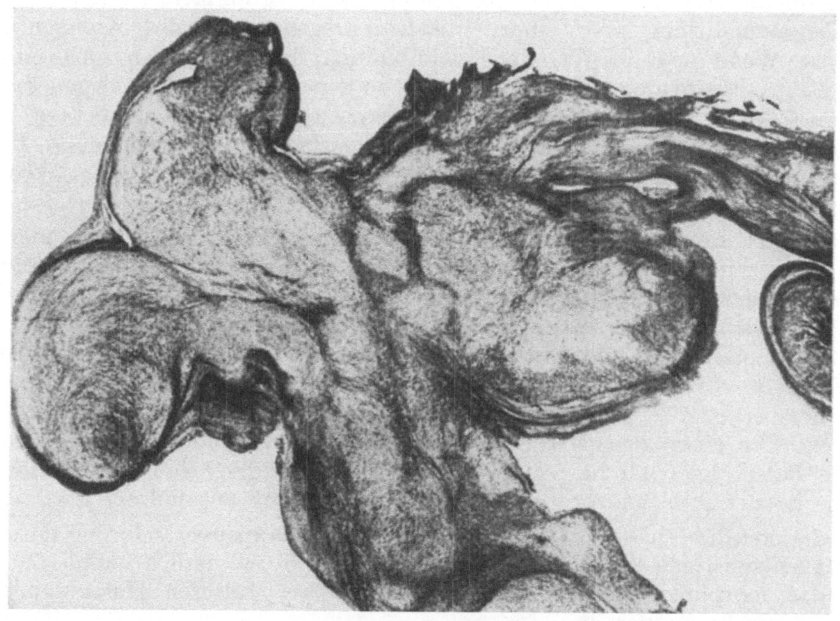

Abb. 50. Mitralis. 46 J., ♂ (Magencarcinom). Ungewöhnlich hochgradige knotenförmige seröse Endokarditis der tieferen Klappenschichten, besonders des Schließungs- und Klappenrandes mit Wirbelbildung und grober Verunstaltung dieser Klappenabschnitte. Vielfache Auffaserung und Unterbrechung der elastischen Lamelle, Schwund der elastischen Fasern. Vielfacher Kernschwund innerhalb des serösen Insudates.

umschriebene Formen der E.s. wiederfanden, ist gegeben, daß sie in jedem Lebensalter neu entstehen kann. — In den serösen Verquellungen der oberflächlichen und tiefen Klappenschichten tritt wechselnd nach Intensität und Ausdehnung eine Metachromasie auf mit gleichmäßiger oder fleckiger Verfärbung der Grundsubstanz. Sie steht oft in auffallendem Gegensatz zur Hyalinose der Umgebung. Wir verweisen auf unsere obige Darstellung (S. 42).

4. Anatomische Bedeutung.

Die anatomische Bedeutung der E.s. erkennen wir in der Häufigkeit ihres Vorkommens, in der Besonderheit ihrer morphologischen Struktur und in ihrer Stellung zu den übrigen Formen der Herzklappenentzündungen.

Schon Baldassari (1909) und später Felsenreich und v. Wiesner (1916) haben auf die große Beteiligung der Herzklappen bei entzündlichen Prozessen hingewiesen und ausgesprochen, daß es praktisch von einem jugendlichen Alter an keine unveränderte Herzklappe gibt. Nehmen wir die von uns aufgezeigten

Veränderungen durch seröse Entzündung hinzu, dann erfährt diese alte Angabe eine Ausweitung. Der von uns erbrachte Nachweis des intrauterinen Auftretens erscheint uns von besonderer Bedeutung und gestattet nicht mehr eine Grenzziehung des zeitlichen Beginns. Diese ungewöhnlich große Häufigkeit hat auch uns Zweifel erweckt an der Berechtigung, diese Veränderungen als „pathologisch" und als „entzündlicher Genese" anzuerkennen. Wir verweisen auf unsere eingehende Begründung früher (Böhmig: 12, S. 669) sowie in Abschn. A, II, 1 (S. 6). Entscheidend in dieser wichtigen Frage ist die Besonderheit der morphologischen Struktur. Die Befundtrias: Ödem-Desmolyse-Hyalinose als Kriterium der von Rössle (1933) charakterisierten serösen Entzündung gibt keinen Raum für die differentialdiagnostische Annahme einer einfachen Kreislauf- oder Gewebswasserstörung oder einer einfachen Degeneration des Klappenbindegewebes. Wenn auch der Weg der Hyalinbildung, ihre Vorstadien, nicht einheitlich und in allen Stufen sichergestellt sind, so gehen einer solchen degenerativen Hyalinose nicht Entkollagenisierung und Kernschwund *voraus* wie bei der Herzklappe, sondern entweder parallel oder sie folgen nach. Wir erblicken in diesem Unterschied der zeitlichen Aufeinanderfolge das wichtigste differentialdiagnostische Kriterium.

Bei Anerkennung dessen ist nun von Bedeutung, daß im Auftreten einer E.s. auch keine zeitliche Grenze nach oben gesetzt werden kann, da wir sie auch in höheren Lebensaltern beobachteten, und zwar sowohl allein wie in Gemeinschaft mit den folgenden Formen der Herzklappenentzündung. Da es unserem Mitarbeiter Beisch zuerst und uns später gelang, die Entwicklung einer E. fibrinosa innerhalb umschriebener warzenartiger Verdickung einer E. serosa zu beobachten, da ferner bei jeder E. granulomatosa (polyposa) frische oder ältere warzenartige Verdickungen einer gleichzeitig bestehenden E.s. aufzufinden sind, ist die Annahme berechtigt, daß hier nicht nur zeitliche, sondern kausal- und formalgenetische Beziehungen vorliegen. Wir nehmen darum an, daß die E.s.

1. die erste überhaupt morphologisch faßbare Klappenveränderung darstellt,
2. allen sonstigen Klappenveränderungen zeitlich und örtlich vorausgeht,
3. das morphologische Vorstadium einer jeden weiteren Herzklappenentzündung sein kann oder ist.

Es ist nun noch die weitere Frage zu erheben, ob und welche anatomische Folgeerscheinungen solche E.s. verursachen kann. Bei den beginnenden Veränderungen im Stadium der Verquellung sind Folgen weder zu erwarten noch nachweisbar. Erst bei gröberen Reliefveränderungen an Klappen- und Schließungsrand, bei Klappensklerose und dadurch bedingter Gewebsstarre sind Funktionsstörungen der Klappe möglich, und zwar eine Insuffizienz des Klappenostiums. Nun sind wir bei allen Herzhöhlen anatomisch in der mißlichen Lage, nur gröbere Insuffizienzerscheinungen an einer sekundären Erweiterung der Herzhöhle oder an sekundären Sklerosen des Wandendokards erkennen zu können. Geringere Grade einer Klappeninsuffizienz, wie sie hier zu erwarten sind, lassen sich dagegen anatomisch nicht erfassen.

Wir haben nun 1936 (Böhmig: 5) über eine „Riffelung des Vorhofendokards" berichtet und diese als Zeichen einer bestehenden Mitralinsuffizienz gedeutet und angesprochen. Im Laufe unserer neuen Untersuchungen und auf Grund der Darstellung von MacCallum (1924) u. a., die die Mitbeteiligung des Vorhofendokards bei rheumatischer Endokarditis als obligaten charakteristischen Befund beschrieben, sind uns Zweifel an der Richtigkeit unserer damaligen Deutung gekommen. Neue mikroskopische Untersuchungen haben bislang zu keiner endgültigen Klärung geführt. Wir verweisen hierzu auf Abschn. A, IV, 5 (S. 58).

Makroskopische Verquellungen und mikroskopisch umschriebene oder flächenhafte Ödembildung der Herzklappen sind im Schrifttum vielfach beschrieben. Wir haben darauf im Abschn. A, II, 1 (S. 6) schon Bezug genommen. Schon RIBBERT (1924) führt im Kapitel über „die Endocarditis verrucosa simplex rheumatica" aus, daß neben Fibrin und Fibrinoid eine wäßrige Durchtränkung der Zwischensubstanz nach Art des embryonalen Schleimgewebes im Subendothel zu beobachten ist. „Diese Umwandlung kann sich in kleinen Gebieten, etwa unter einem einzelnen warzenförmigen Thrombus, vollziehen ... Sie kann aber über größere Flächen sich hinerstrecken ..." (S. 217). Er beschreibt ferner das „hügelige und buckelige" Vorwölben solcher Bezirke über das übrige Oberflächenniveau bis zur Bildung „polypöser Erhebungen" und — was besonders wichtig ist — das Auftreten von Fibrin. Über die Entstehung dieser Gewebsquellung äußert er sich: „Die Flüssigkeit stammt aus dem Blut und wird in das Klappengewebe hineingepreßt, in dessen Spalten sich ... Eiweiß niederschlägt, während die übrige Flüssigkeit die Fibrillen des Gewebes aufquellen läßt ..." (S. 219). Auch die tiefen Klappenschichten können betroffen sein, sogar die fibröse Grundschicht.

CLAWSON und BELL (1926) beschreiben bei ihrer Vergleichsuntersuchung von rheumatischer und bakterieller E. in beiden „seröses Exsudat". — Bei der mikroskopischen Untersuchung von 42 kindlichen Herzen (17 von 1—12 Monaten, 7 von 13—21 Monaten, 11 von 2—5 Jahren) beobachtete DE VECCHI (1930) in allen Alters- und Krankheitsgruppen „widely spread edema" und Hyalinisation. Er bezieht beide auf toxische Faktoren. — In allen Arbeiten von KLINGE und seinen Mitarbeitern über rheumatische Herz- und Gefäßerkrankung, besonders in der Gemeinschaftsarbeit mit VAUBEL (1931), werden „nichtzellige Verquellungsknoten", „toxische Verquellung des Bindegewebes" in extenso aufgeführt, die der „morphologischen Forderung" zur Diagnose eines rheumatischen Gewebsschadens entsprechen sollen, auch wenn kein Fibrinoid erkennbar ist. — Dieselben Befunde bei Rheumatismus von Herzklappen und Gefäßen konnte LIEBER (1933) erheben: Quellungsherde mit Auflösung der Gewebsstruktur, mit Zellfragmenten und pyknotischen Kernen. — Auch JAFFÉ (1933) schildert sowohl bei E. rheumatica wie E. lenta eine Auflockerung der Grundsubstanz und Gerinnung der die Gewebslücken füllenden Flüssigkeit in den Klappenwärzchen. — ALBOT und MIGET (1935) beobachteten bei initialer E. bei intaktem Endothel eine Dissoziation der Fibrillen durch Ödem mit Polsterbildung. — CLARK und KAPLAN (1937) haben bei Kranken mit Serumkrankheit oder solchen mit hohen Dosen Antiserum ohne Krankheitserscheinungen Ödem und Histiocytenwucherung als „mesenchymal alteration" beschrieben am Wand- und Klappenendokard, Sehnenfaden, Kranzarterien, Aorta und Myokard. Sie setzen diese Befunde in Beziehung zur Serumtherapie und nehmen eine besondere Überempfindlichkeit an, da immer nur einzelne Fälle betroffen sind. Die Gewebsreaktion gilt als unspezifisch. — Wie wir bei der E. verrucosa simplex (S. 125) anführen werden, beschreibt SUAREZ-LOPEZ (1940) am eindringlichsten von den neueren Untersuchern bei dieser Endokarditisform als Ursache der Verdickung des Subendothels Ödem durch „kolloidale Quellungsprozesse". — Makroskopische Klappenverquellung und umschriebene oder flächenhafte mikroskopische Ödembildung wurden von fast allen neueren Forschern bei der experimentellen E. beobachtet. Wir bringen den Schrifttumsnachweis hierzu in Abschn. E (S. 256).

Wir ersehen aus diesen Beispielen des neueren Schrifttums, daß nicht nur bei der E. verrucosa rheumatica, sondern bei *allen* Formen der Herzklappen*entzündung* und — wie wir vorausnehmen — auch allen ursächlich so verschiedenen Formen *experimenteller E. gleichartige* Verquellungsprozesse gefunden wurden, die unseren Beobachtungen von Gewebsödem mit Übergang in E.s. entsprechen oder gleichen.

5. Klinische Bedeutung.

Klappenverquellungen und Klappensklerosen, die zu keinen sicher beweisbaren anatomischen Folgeerscheinungen der Schließungsfähigkeit der Herzklappen führen, können darum auch von keiner speziellen funktionellen oder klinischen Bedeutung sein. Bei der klinischen Schwierigkeit, sog. akzidentelle Geräusche von solchen bei beginnendem organischem Herzklappenbefund zu unterscheiden, kann ein Hinweis auf vermutete oder proponierte Klappengeräusche durch Verquellung oder Sklerose bei Kleinkindern und Jugendlichen der Klinik nichts nützen. Wir müssen also der E.s. eine spezielle klinische Bedeutung absprechen.

Eine allgemeine klinische Bedeutung liegt unseres Erachtens aber in der Erweiterung von klinischer Vorstellung und klinischem Wissen über formale und kausale Genese einer E. im allgemeinen und der E.s. im besonderen. Auch der Kliniker muß zukünftig die Erkrankung der Herzklappen in die ersten Lebensjahre vorverlegen. Er allein ist in der Lage, die oben gezeichneten (S. 12) kausalen Faktoren einer E.s. in der Zukunft vielleicht mit Hilfe serologischer Untersuchungsmethoden zu erfassen und zu klären.

II. Endocarditis fibrinosa (E.f.).

a) Endocarditis verrucosa simplex (E.v.s.).

1. Vorkommen und Häufigkeit.

Diese zweite Form der Herzklappenentzündung und Unterform der E.f. ist im Schrifttum bekannt unter der Bezeichnung: Endocarditis minima, simplex, terminalis, cachectica, marantic thrombosis oder nonbacterial thrombotic E. Sie spielt im Schrifttum eine untergeordnete Rolle als Begleiterkrankung bei zehrenden Krankheiten, einschmelzenden Prozessen. Unter diesen werden besonders Krebs, Tuberkulose, Anämie, Leukämie, Osteomyelitis, Nephrose, chronische Nephritis oder Pyelonephritis genannt. Es handelt sich also häufig um chronische Krankheiten, schleichenden Verlauf und meist nicht exakt zu ermittelnden Krankheitsbeginn. Demzufolge läßt sich auch nicht erweisen, zu welchem Zeitpunkt der Hauptkrankheit die Herzklappenerkrankung auftritt. Da bei allen angeführten Krankheiten massiver Zelltod und meist umfangreiche Gewebsnekrosen vorliegen, die zur Einschwemmung körpereigener aber unabgebauter und darum giftiger Eiweißkörper in Lymph- und Blutbahn führen, liegt es nahe, hier einen ursächlichen Zusammenhang anzunehmen. Da aber diese Herzklappenentzündung bei diesen Krankheiten keineswegs obligat ist, ist eine einfache oder direkte Beziehung zwischen ihr und solchen autogenen Eiweißkörpern nicht gegeben. Wir müssen vielmehr erwägen, ob entweder eine bestimmte Gruppe von Eiweißkörpern oder eine bestimmte Stoffwechselkorrelation im Organismus hierfür verantwortlich zu machen ist.

Schrifttum und eigene Erfahrung stimmen darin überein, daß das Auftreten einer E.v.s. bei den vorgenannten Krankheiten nicht an das Lebensalter des Kranken, sondern an die Krankheitsdauer gebunden zu sein scheint. Demgegenüber ist aber zu betonen, daß eine E.v.s. bei alten Leuten mit Krebs oder Tuberkulose häufiger zur Beobachtung kommt als bei jungen mit gleicher Krankheit. Und weiterhin ist hervorzuheben, daß diese Form der Herzklappenentzündung auch bei alten Leuten *ohne* eine der vorgenannten zehrenden Krankheiten auftreten kann. Diese Beobachtungen sprechen ebenfalls gegen die Annahme einer einfachen Autointoxikation.

Unser eigenes, neu untersuchtes Material setzt sich zusammen aus 68 Fällen. Die Altersverteilung war folgende: unter 20 Jahre 4 Fälle, 20—39 Jahre 7 Fälle, 40—49 Jahre 12 Fälle, 50—59 Jahre 9 Fälle, über 60 Jahre 35 Fälle. Die Lokalisation war folgende: Mitralis 49mal, Aortenklappen 17mal betroffen. Chronische Krankheiten lagen in 50 Fällen vor, und zwar: 26mal Krebs, 8mal Tuberkulose, 8mal Hypertonie und Gefäßerkrankung, 6mal Nierenerkrankung usw.

2. Makroskopischer Befund.

Die E.v.s. zeigt makroskopisch eine ziemlich strenge Lokalisation am Schließungsrand der Segel- oder Taschenklappen in Form scharf umschriebener, stark erhabener linsen- bis erbsen- oder haferkorngroßer Excrescenzen, die eine Dicke von 2—4 mm und gelegentlich eine Länge bis 10 mm erreichen (Abb. 51 u. 52).

Die Excrescenzen treten meist in der Einzahl auf. Seltener haben wir zwei verschiedener Größe dicht nebeneinander an einer Klappe angetroffen. Wohl aber können mehrere Klappen eines Ostiums, selten zweier Ostien betroffen sein. Die Excrescenzen weisen wechselnde Farbe auf: grau, graurot, graugelb. Die Konsistenz ist derb, fest, mitunter knorpelartig, oft bröckelig. Transparenz oder

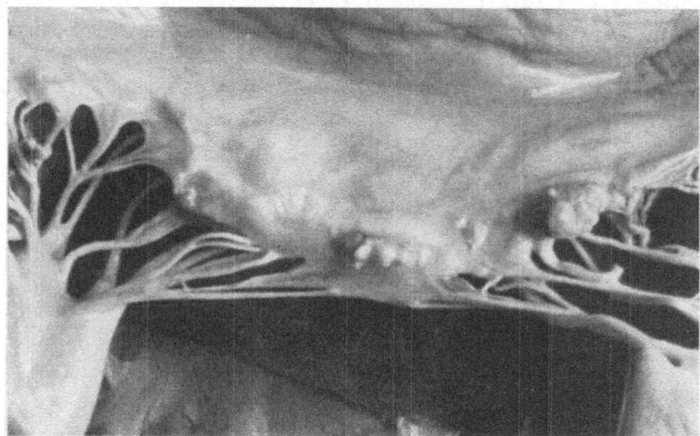

Abb. 51. Vorderes Mitralsegel mit typischer Endocarditis verrucosa simplex. Außerdem Quellungssklerosen am Klappen- und Schließungsrand, Verwachsung und Verdickung von Sehnenfäden.

glasige Beschaffenheit fehlen. Die Oberfläche ist demzufolge rauh, trocken, manchmal höckerig. Blutiger Belag findet sich nur ausnahmsweise und läßt makroskopisch nicht entscheiden, ob es sich um Leichengerinnsel oder beginnende

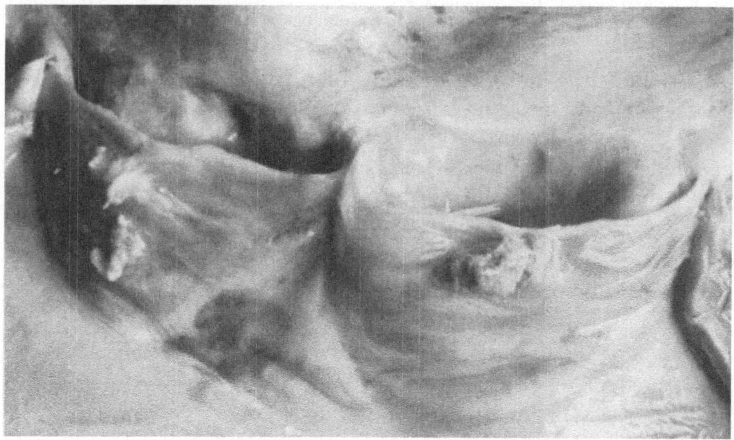

Abb. 52. Aortenklappen mit typischer Endocarditis verrucosa simplex links im Bereich des Nodulus Arantii und der Klappenplatte, rechts am Klappen- und Schließungsrand. Deutliche alte Quellungssklerosen des freien Klappenrandes mit Verdickung, deutliche Verwachsung der Aortencommissuren.

Thrombose handelt. Die Excrescenzen haften dem Schließungsrand breitbasig fest an. Bei bröckeliger Beschaffenheit lösen sich nur Teilstücke aus der Masse, aber nicht solche aus der Basis. Solche Bröckel lassen sich nur schwer zerdrücken, wie man bei der bakteriologischen Verarbeitung feststellt.

Da die E.v.s. vornehmlich bei älteren Individuen auftritt, sind die betroffenen Herzklappen niemals „normal“ außerhalb der umschriebenen Excrescenz. Sie zeigen sämtlich vorangegangene Quellungssklerose an Klappen- und Schließungsrand,

Hyalinose, Schwund der Schwimmhäute, Sehnenfadenverdickung. Eine Vascularisation fehlt stets, sofern nicht rheumatische Narben vorliegen.

3. Mikroskopischer Befund.

Bei Beschreibung des mikroskopischen Verhaltens ist zu unterscheiden zwischen vorangegangenen alten Klappenveränderungen und der eigentlichen E.v.s. Die alten Veränderungen entsprechen den Befunden einer alten Endocarditis serosa mit der wechselnden Zusammensetzung aus Quellungssklerosen in den oberflächlichen und tiefen Klappenschichten oder dem histologischen Bild einer

Abb. 53. Mitralis. 76 J., ♂ (Dickdarmcarcinom). Beginnende Endocarditis verrucosa simplex in Form eines flachen Fibrinbeetes unter dem intakten Oberflächenendothel (links). Warzenartige E. v. r. s. mit teilweisem Endothelverlust (Mitte und rechts). Geringfügige seröse Entzündung des Subendothels bei intaktem Oberflächenendothel (rechts). Keinerlei Histiocytenreaktion an der Basis der fibrinösen Entzündung. (40 ×.)

E. verrucosa rheumatica oder einer E. chronica fibrosa. Es läßt sich auch mikroskopisch stets erweisen, daß eine E.v.s. nie eine normale, unveränderte Klappe ergreift.

Von den 68 Fällen unseres eigenen Materials an E.v.s. kamen 32 Fälle zur mikroskopischen Untersuchung. Von diesen zeigten 18 eine erst mikroskopisch erkennbare Klappenvascularisation als Zeichen alter abgelaufener rheumatischer Entzündung. Bei 4 dieser 18 Fälle blieb unentschieden, ob die auf solcher Narbe aufgepfropfte E. zur E. verrucosa simplex oder doch zur E. verrucosa rheumatica zu rechnen sei. Bei 14 Fällen waren jedoch die akuten entzündlichen Veränderungen und Excrescenzen typisch für nicht-rheumatische E.v.s. Damit ist unter Beweis gestellt, daß auch auf alter, makroskopisch nicht diagnostizierbarer rheumatischer Narbe ein unspezifisches Rezidiv auftritt. Nach diesem mikroskopischen Befund müßten praktisch alle Fälle von E.v.s. als „rezidivierende E.“ bezeichnet werden.

Die eigentliche Excrescenz einer E.v.s. trägt ihren Namen zu Recht und stellt mikroskopisch den Aufbruch der Klappenoberfläche dar inmitten einer innergeweblichen fibrinösen Entzündung in der subendothelialen Schicht. In der Mehrzahl der Fälle von E.v.s. findet man neben der oder den makroskopisch beschriebenen Excrescenzen erst mikroskopisch erkennbare beginnende, die dicht neben den makroskopischen oder an ganz anderen Klappenstellen, oft an der Gegenseite der Klappe, liegen. Diese mikroskopisch kleinen Excrescenzen erklären die Entstehung der makroskopisch großen und sollen darum zuerst beschrieben werden. Wir können hier zwei Formen unterscheiden: kleinumschriebene Warzen oder flächenhafte Oberflächenbeete. Sie unterscheiden sich nur durch ihre Ausdehnung. Die umschriebenen kleinsten Warzen (Abb. 13 u. 53) bestehen aus Fibrin, das bei Azan-Färbung intensiv rot erscheint und keine Struktur aufweist. Auf der Höhe der Warze fehlt das Endothel, an ihren abfallenden Seiten ist es in wechselnder Ausdehnung noch vorhanden. Die Basis der Fibrinwarze liegt im ehemaligen Subendothel oder sogar in der nächsten Klappenschicht, in der subendokardialen Schicht. Hier ist das Fibrin von einigen abgesplitterten kollagenen oder sogar elastischen Fasern untermischt. Bei Silberimprägnation lassen sich im

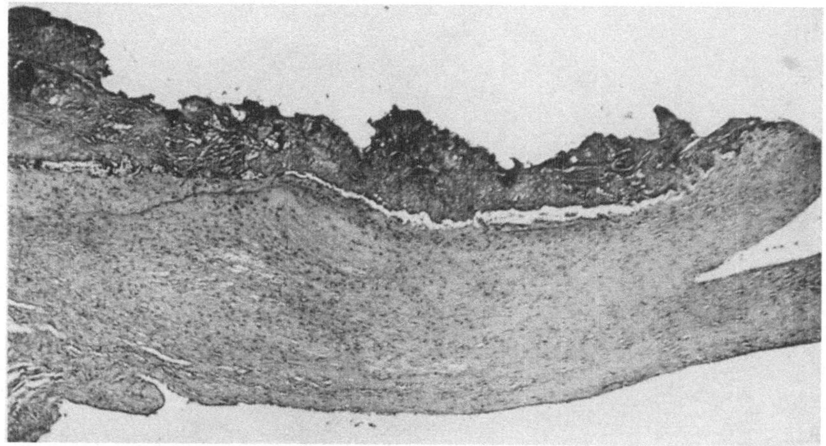

Abb. 54. Mitralsegel. Flächenhafte Endocarditis verrucosa simplex mit dickem Fibrinpolster und fraglicher beginnender Vermehrung der Histiocyten (30 ×.)

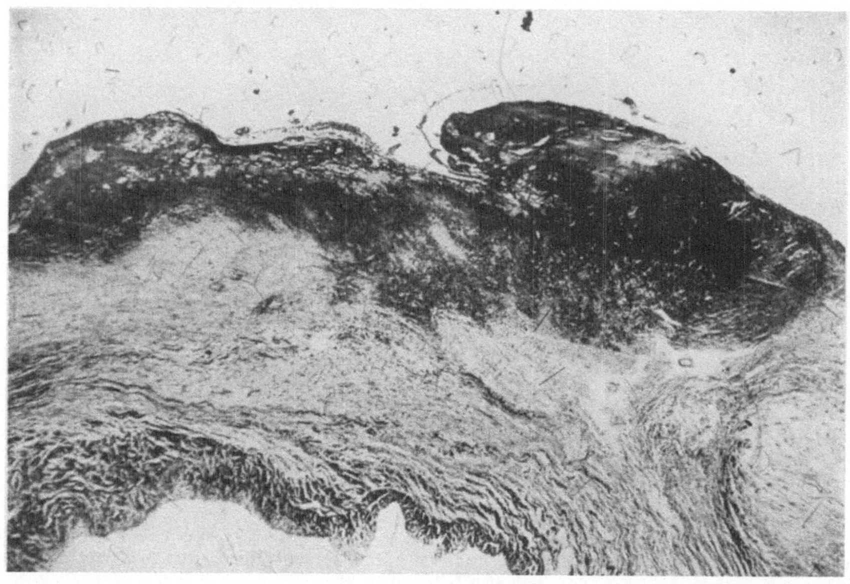

Abb. 55. Mitralis. 76 J., ♂ (Hypertonie). Flächenhafte Endocarditis verrucosa simplex mit tiefreichendem fibrinösem Insudat unter intaktem Oberflächenendothel bei Azan-Färbung. (30 ×.)

Fibrin der aufgebrochenen Warze Silberfibrillen oder Bruchstücke solcher nachweisen (s. Abb. 25), mitunter abgebrochene Reste von elastischen Fasern. Jede zellige Reaktion fehlt. — Bei flächenhafter Ausdehnung (Abb. 54 u. 55) erkennt man eine gleichartige Fibrinablagerung im Subendothel auf größere Strecke in Form eines breiten Fibrinbandes, das sich wie ein Beet etwas über das übrige Oberflächenniveau erhebt. Das Endothel ist noch intakt oder zeigt Einrisse oder beginnenden Kernverlust. Die Basis dieses Fibrinbeetes wie auch die seitliche Begrenzung ist ganz scharf und wird von kollagenen oder elastischen Fasern der benachbarten Klappenschicht gebildet. Innerhalb der strukturlosen Fibrinausfällungen finden sich nur spärliche Silberfibrillen und keinerlei zellige

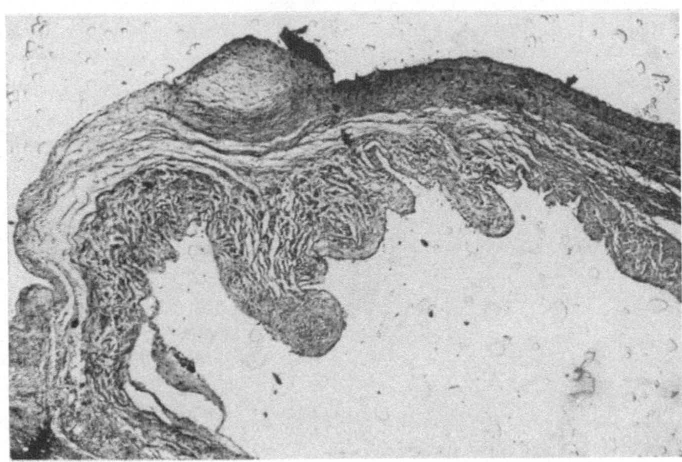

Abb. 56. Mitralis. Kombination von warzenförmiger Endocarditis serosa mit Endocarditis verrucosa simplex an sonst weitgehend unveränderter Klappe. (30 ×.)

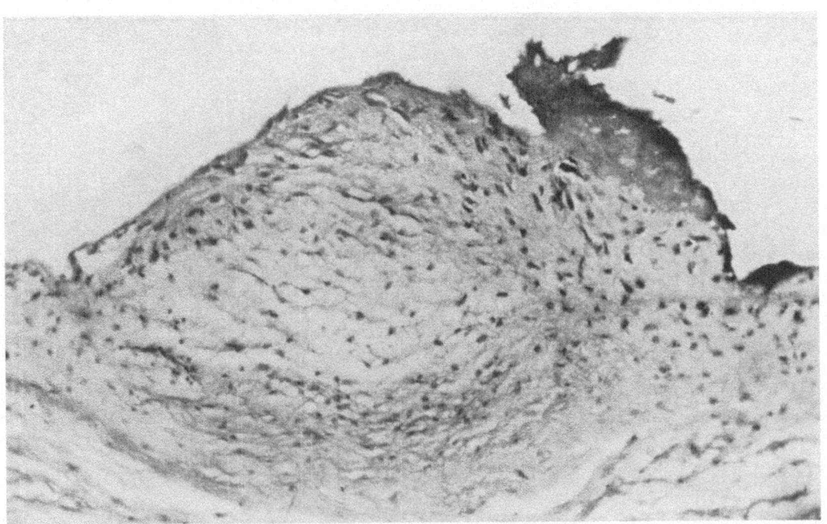

Abb. 57. Teilausschnitt mit starker Vergrößerung von Abb. 56. Die große seröse Warze zeigt im Zentrum Kernschwund, unter der Oberfläche, besonders rechts, beginnende Histiocytenproliferation und Aufbruch des fibrinösen Insudates. (120 ×.)

Reaktion. — Entsprechend unseren Ausführungen (Abschn. A, II, 2, S. 15) tritt diese interstitielle fibrinöse Entzündung meist an Klappen oder Klappenabschnitten auf, die seröse Entzündung (Abb. 24, 56 u. 57) oder Quellungssklerose oder Hyalinose mit Verdickung und Verunstaltung der Klappenschichten, mit Aufsplitterung, Vermehrung oder Schwund der elastischen Fasern aufweisen. Dann sind meist die einzelnen Klappenschichten nicht mehr abzugrenzen, so auch nicht das Subendothel. Es ist hier nun interessant und wichtig, daß auch bei fortgeschrittener Hyalinisation und Schwund der elastischen Fasern — so daß oft abschnittsweise Subendothel, Subendokardialschicht und fibröse Grundschicht eine hyaline Fläche bilden — die warzenförmige oder flächenhafte interstitielle fibrinöse Entzündung dieselbe oberflächliche Lage, dieselbe geringe Gewebstiefe und dieselbe scharfe Begrenzung aufweist wie bei noch erhaltenen Klappenschichten (s. Abb. 30). Mit anderen Worten: Das Auftreten einer E.v.s. ist anscheinend völlig unabhängig von der Beschaffenheit des Klappengewebes! Eine vorangegangene Klappensklerose beeinflußt anscheinend auch nicht Ausmaß, Abgrenzung oder Struktur einer E.v.s. — Als sekundäre Veränderungen einer solchen fibrinösen Excrescenz beobachten wir einmal solche des Fibrins und ferner Organisationsprozesse. Älteres Fibrin ist an seiner körnigen Beschaffenheit und daran zu erkennen, daß die Farbreaktion der WEIGERTschen Fibrinfärbung oder der Azan-Färbung nur noch unvollkommen oder nicht mehr auftritt. Die Organisationsvorgänge sind abhängig von Erhaltensein oder Sklerose des Klappengewebes an der Basis der Excrescenz. Bei der bekannten Regenerations- und Proliferationsschwäche hyalinen Bindegewebes ist gegeben, daß eine Neubildung von Fibroblasten oder kollagenen Fasern, die in die Fibrinwarze oder in das Fibrinbeet einsprossen, nur sehr langsam in Gang kommt. Das ist wohl auch der Grund, warum sicher alte Excrescenzen einer E.v.s. so oft ohne Anzeichen einer Organisation angetroffen werden. — Über histologische Befunde bakterieninfizierter Excrescenzen siehe am Schluß des folgenden Abschnittes.

4. Bakteriologischer Befund.

Im Schrifttum gilt die E.v.s. als eine abakterielle Endokarditisform. Soweit sich diese Bezeichnung auf die Genese bezieht, pflichten wir ihr ganz bei. Ist damit auch „Bakterienfreiheit“ gemeint, so widersprachen dieser Anschauung unsere Untersuchungen zunächst völlig. Bei den von uns beobachteten und mit immer mehr verfeinerter Sektionssaaltechnik bakteriologisch untersuchten Fällen können wir bakteriologisch intravital und agonal besiedelte Excrescenzen unterscheiden. Leider macht diese agonale Keimbesiedlung unmöglich, exakte Zahlenangaben zu machen über die Häufigkeit einer intravitalen Keimbesiedlung der hier vorgelegten Fälle von E.v.s., von denen 21 bakterienfrei und 31 bakterienhaltig waren. Wir verweisen hierzu auf Abschn. B, II, 4, S. 89. Von den dort aufgeführten und besprochenen Unstimmigkeiten der Literaturangaben möchten wir hier nur die anatomischen Irrtümer anführen. Sie beruhen auf der angenommenen Prävalenz der Bakterien überhaupt in der Genese der Endokarditis. Wir haben in früheren Abschnitten diese alte Anschauung durch eigene morphologische Befunde widerlegt und dargetan, daß weder die seröse noch die fibrinöse noch die wärzchenbildende Entzündung der Herzklappen kausal- oder formalgenetisch mit einer Keimbesiedlung etwas zu tun hat. Jede Keimbesiedlung ist im Entzündungsprozeß einer Herzklappe ein sekundärer Vorgang — so auch die Anwesenheit von Bakterien bei einer E.v.s. Ergibt also die sorgfältig bakteriologisch untersuchte Excrescenz das Vorliegen von Bakterien, so muß *nach* der Bildung dieser Excrescenz im Leben — vielleicht auch erst agonal — eine Bakteriämie bestanden haben. Bei dem ganzen anatomischen Symptomenkomplex der angeführten Krankheiten, bei denen eine E.v.s. auftritt, kann eine solche Bakteriämie nur passageren Charakter haben. Das mikroskopische Gewebsbild erfährt durch Keimbesiedlung folgende Veränderung: 1. Bei geringer und anscheinend kurzfristiger bakterieller Infektion finden wir Kokkenhaufen oder -rasen nur in den oberflächlichen Schichten der Excrescenz mit oder ohne Beimischung von intakten und zerfallenen Granulocyten und nun zusätzlich aufgelagerten Thrombusmassen aus Blutplättchen und dünnem faser- oder netzartigem Fibrin.

2. Bei stärkerer und anscheinend länger bestehender Keimbesiedlung sind alle diese Einzelelemente verstärkt und begleitet von Nekrose und Granulationsgewebe, wie wir es als Befund bei der E. chronica ulcero-polyposa anführen werden.

5. Anatomische Bedeutung.

Die E.v.s. ist von alters her ein Stiefkind der anatomischen Forschung gewesen und unter den übrigen Formen der Herzklappenerkrankungen vernachlässigt worden Sie findet sich meist nur kursorisch erwähnt unter der Einteilung der Endokarditisformen.

KAUFMANN (1922) faßt die E.v.s. noch zusammen mit der E. verrucosa rheumatica unter der Bezeichnung: „Endocarditis verrucosa (productiva), simplex (rheumatica)" und rechnet hierzu sowohl akute wie chronische bakterienhaltige wie bakterienfreie Formen. Er hebt den „proliferativen" Charakter sowie das Fehlen von Thromben im Beginn der Erkrankung besonders hervor. — RIBBERT (1924) stellt nur *eine* wärzchenbildende Endokarditis dar: die Endocarditis verrucosa simplex rheumatica. — ASCHOFF (1936) übernimmt die Bezeichnung ZIEGLERS: „Thrombendocarditis superficialis s. simplex (Endocarditis verrucosa recens)", von der 60% rheumatischer Natur seien. Diese wie bei KAUFMANN zusammengefaßten beiden Formen bezeichnet er als „typische verruköse" und stellt ihr die von LIBMAN-SACKS beschriebene als „atypische verruköse Form" gegenüber. — KLINGE (1933) betont mit Nachdruck die Unmöglichkeit, scharfe Grenzen zwischen den einzelnen Endokarditisformen zu ziehen wegen der nur „gradmäßigen Unterschiede" und der „Zwischenstufen". Als erste Erscheinungsform der „fortlaufenden Reihe" steht bei ihm die Endocarditis simplex mit „geringer Schädigung des Klappengewebes und thrombotischen Auflagerungen". — Bei DIETRICH (1926, 1928) erscheint die Stellung der E.v.s. nicht ganz klar. Zu seiner ersten Einteilungsform, der „Endocarditis verrucosa seu superficialis" schreibt er, daß sie „am häufigsten beim rezidivierenden Gelenkrheumatismus" sei. Wir finden aber weiter: „Endocarditis verrucosa mit Keimvernichtung zeigt einen gewissen Reaktionserfolg an . . ." — HUECK (1920) trennt die Endocarditis simplex von der Endocarditis verrucosa. Mikroskopisch zeigt die erstere „Lockerung des Gewebsgefüges . . . fibrinoid-hyaline Degeneration der Grundsubstanz . . . oft ohne thrombotische Abscheidungen . . . so gut wie nie Krankheitserreger im Klappengewebe". Er ordnet sie den Allgemeinerkrankungen, besonders Krebs und geschwüriger Tuberkulose zu und nimmt als schädigende Ursache „irgendwelche lösliche Giftstoffe" an. — HAMPERL (1942) führt die Endocarditis simplex nicht auf. — Soweit die heutigen deutschen Lehrbuchdarstellungen.

An Einzeluntersuchungen seit der Handbuchbearbeitung RIBBERTS (1924) wurden uns zugänglich: KRISCHNER (1927) untersuchte 36 Fälle von Endocarditis simplex bei alten Leuten mit chronischen Krankheiten und schließt darin 11 Fälle von rekurrierender Endokarditis ein. Seine makroskopische Beschreibung ähnelt der unsrigen mit dem Unterschied, daß er nur Auflagerungen (!) und Wärzchen bis zur Größe eines Stecknadelkopfes gelten lassen will. „Größere Wärzchen gehören stets einer polypösen Endokarditis an" (S. 553). Bei den mikroskopischen Befunden finden wir den lapidaren Satz: „Bekanntlich handelt es sich hier um Blutplättchen" (S. 553). Er beschreibt „zarte Fäden" *ohne* Fibrinreaktion, Erythrocyten, spärlich Leukocyten, Bakterien gelegentlich nur an der Oberfläche. Fälle mit stark verdickten und vascularisierten (!) Klappen sowie solche mit Organisation werden gesondert beschrieben. Bei letzteren beobachtete er Auflockerung des Subendothels, Palisadenstellung der spindeligen Zellen und Bilder, „die den Anschein erweckten, als dränge die Auflagerung in das Kollagengewebe ein" (S. 555).

GROSS und FRIEDBERG (1936) bezeichnen die E.v.s. als „Nonbacterial thrombotic endocarditis", die zusammen mit der „atypical verrucous endocarditis (LIBMAN-SACKS)" die Gruppe ihrer „Indeterminate Endocarditis" bildet, eine Bezeichnung, die LIBMAN (1925) einführte. Sie soll kennzeichnen, „that the true position of a given condition relative to other diseases is as yet unclear, or indeterminate, from the point of view of both clinical and pathological diagnosis" (S. 621). Als makroskopische Charakteristika ihrer 47 Fälle beobachteten sie entweder kleinumschriebene „pyramidal ridges" oder „massive conglomerate type" mit großen thrombotischen Vegetationen. Als mikroskopischen Befund beschreiben sie Plättchenthromben, die oben nackt, aber an den Seiten mit Endothel bekleidet sind. In 8 Fällen war das „thrombotic material" einer „irregular amorphous area" von Klappensubstanz aufgelagert, „which we term eosinophilic change (fibrinoid)" (S. 629). Diese amorphe Klappensubstanz sei der primäre, die Plättchenablagerung der sekundäre Vorgang. In $^2/_3$ der Fälle bestand Klappenverdickung mit hyalinen Bändern, Verdoppelung der Elastica und Vascularisation. Da klinisch in mehr als $^3/_4$ der Fälle vor vielen Jahren Rheumatismus vorangegangen war, ziehen sie den Schluß, daß diese Form der Herzklappenentzündung entweder sekundäre „thrombotic deposits“ auf alten rheumatischen Narben darstellt oder „these verrucae are atypical manifestations of a rheumatic infection ...“

Die wichtigste und neueste Bearbeitung im deutschen Schrifttum stellt die von SUAREZ-LOPEZ (1940) dar. Er beschreibt bei jüngsten Stadien der E.v.s. „als Folge eines kolloidalen Quellungsprozesses“ Ödembildung und plumpe Gitterfasern im Subendothel, Umwandung der Warzenoberfläche durch feine Fäserchen, aber *kein* „Eindringen von reticulären Fibrillen in die Thrombuswarze“ (!). Er nimmt hierbei *echte* Fibrillenneubildung an. Eine Zellvermehrung der Makrophagen beobachtete er nur am Rande der „ödematösen Bezirke“, nicht innerhalb dieser, auch nicht innerhalb der Warze. Palisadenstellung fand er nur bei Klappenverdickung durch frühere entzündliche Prozesse. Er sieht darin einen Anpassungsvorgang, einen „Stereotropismus nach HARRISON“. Als „Hauptgerüst der Warzen“ beschreibt er ein senkrecht zur Klappenoberfläche gerichtetes „Balkensystem“ aus feinkörnigem oder geschichtetem „Eiweiß des Blutplasmas und Blutplättchen“ mit dazwischen liegenden „Straßen oder Tunnels“, deren Wände mit Fibrin ausgekleidet sind.

Die umfangreichsten Untersuchungen stellten ALLEN und SIROTA (1944) an bei 66 Fällen (16 davon ausgeheilt). Da sie eine E.v.s. auch bei Jugendlichen (1—20 Jahre 8 Fälle, 21 bis 40 Jahre 7 Fälle) und bei nur kurztägigen Erkrankungen fanden, folgern sie: „the lesion does not require the background of a long, wasting disease“ ... „the lesion may accompany diseases, which are by no means always fatal“ (S. 1027). 34 von 50 Fällen traten an verdickten Klappen mit „chronic rheumatic valvulitis“ auf, 12 bei nichtrheumatischer Verdickung. Die Mitralis war 2mal häufiger betroffen als die Aortenklappen. Sie unterscheiden 5 makroskopische Formen nach univerrucal oder multiverrucal type. Mikroskopisch teilen sie ein nach degenerativer und exsudativer Form. Bei der degenerativen Form beschreiben sie: „a mound of degenerated, soggy appearing collagen ... precipitated serum, fibrin or platelets ... a focus of granular, eosinophilic degeneration“ (S. 1030). Von besonderer Wichtigkeit für unsere Auffassung ist ihr Befund: „this alteration may occur in the fibers well within the valve, which may or may not be in continuity with the surface ...“ (S. 1031). Sie beschreiben ausgezeichnet die Degeneration der kollagenen Fasern, das wechselnde Verhalten der Silberfibrillen, die verzögerte tryptische Verdauung im Gegensatz zu Fibrin und Thrombocyten allein. Die zweite exsudative Form ist selten (etwa 10%). Ihre Unterschiede zur ersten Form werden uns weder aus Text noch Abbildung klar. An der Warzenbasis fanden sich in der Hälfte der Fälle keine Besonderheiten, in der anderen Hälfte Fibrocyten, Fibroblasten mit Palisadenstellung, *keine* interstitielle Valvulitis, keine ASCHOFF-Knötchen. Zur Morphogenese führen sie aus: „these verrucae are not accretions of thrombotic material deposited onto valves but rather that they are composed of material derived from the valve itself ... it consists primarily and predominantly of swollen, degenerated valvular collagen with occasionally an admixture of varying amounts of plasma and blood-cellular elements which have exuded from the valvular vessels“ (S. 1025). Pathogenetisch besprechen sie Allergie, Bakterienproteine, Vitamin C-Mangel, hämodynamische Faktoren. Sie führen die Bezeichnung „degenerative verrucal endocardiosis“ ein. — So sehr wir der innergeweblichen Entstehung der E.v.s. beipflichten, so müssen wir auf Grund unserer Ergebnisse beim Vorliegen von Histiocyten und Gefäßen annehmen, daß wenigstens der Großteil der mitgeteilten Fälle keine E.v.s., sondern eine E.v. rheumatica darstellt.

Dieser Überblick der Lehrbuchdarstellungen und Einzelbearbeitungen zeigt die großen Differenzen sowohl in Einteilung und Stellung der E.v.s. wie bezüglich ihres mikroskopischen Aufbaus und ihrer Morphogenese. Es wird dabei auch offenbar, wie selbstverständlich alte und veraltete Anschauungen übernommen und durch Jahrzehnte weitergeschleppt werden, wie wenig neue oder eingehende Untersuchungen vorgenommen wurden. In dem angeführten Schrifttum sind sowohl die Stellung der E.v.s. wie ihre morphologische und morphogenetische Differentialdiagnose zur E. verrucosa rheumatica ganz unklar. Erst seit 1936 wird von HUECK, GROSS und FRIEDBERG, SUAREZ-LOPEZ, ALLEN und SIROTA durch neue Untersuchungen der E.v.s. und auch der so nahe verwandten rheumatischen E. die Annahme einer Abscheidung von Plättchen- und Fibrinthromben verlassen zugunsten einer primär innergeweblichen Erkrankung des kollagenen Klappengewebes selbst. Um diese neue, nun doch schon 15 Jahre alte Erkenntnis eindringlich zu verdeutlichen, haben wir hier nicht nur kurze Stichworte, sondern größere Referate gebracht. Denn nicht nur unsere eigene, sondern jede Theorie der kausalen Genese einer Einzelform der E. oder aller Erscheinungsformen der E. überhaupt steht und fällt mit dem morphologischen Substrat.

Von anatomischer Bedeutung erscheint uns ferner, daß wir bei unseren 68 Fällen 3mal eine von der Excrescenz der E.v.s. ausgehende arterielle Embolie beobachteten.

6. Hauptkrankheit oder Begleiterkrankung.

Wir haben in den vorangehenden Abschnitten dieses Kapitels zu der vorliegenden Frage die Unterlagen beigebracht, daß eine E.v.s. bevorzugt bei alten Leuten und — wenn auch nicht stets — bevorzugt im Verlauf chronischer und zehrender Krankheiten auftritt. Damit ist ihr Charakter als Begleiterkrankung ausgesprochen. Dieser Charakter *kann* nur dann eine Änderung erfahren, wenn sekundär eine Bakterienbesiedlung eintritt. In der Mehrzahl der Fälle scheint dieser Vorgang allerdings ihre Stellung als Begleiterkrankung nicht zu beeinflussen. Ein jeder Pathologe beobachtet aber immer wieder Einzelfälle von Endocarditis polyposa im hohen Alter. Bei diesen ist zu erwägen, ob hier anfangs eine E.v.s. vorgelegen hat, aus der sich nach Keimbesiedlung eine Endocarditis polyposa sekundär entwickelte. Wir werden bei Besprechung der Endocarditis polyposa (S. 175) und der Übergänge zwischen den einzelnen Endokarditisformen (S. 248) auf diese Möglichkeit zurückzukommen haben.

7. Klinische Bedeutung.

Für den Kliniker bedeutet die Vorweisung einer E.v.s. im Sektionssaal fast stets eine Überraschung. Das ist bei ihrem anatomischen Erscheinungsbild auch nicht verwunderlich. Beim Vorliegen einer zehrenden Hauptkrankheit bestimmt diese naturgemäß alle diagnostischen und therapeutischen Hilfen und Maßnahmen. Auf diese Hauptkrankheit werden auch etwaige Verlaufsänderungen oder zusätzlich auftretende Symptome bezogen. So wird diese Endokarditisform auch weiterhin in klinischer Verborgenheit fortbestehen.

Im Gegensatz hierzu findet die E.v.s. in klinischen Lehr- und Handbüchern häufig Erwähnung, fast häufiger als bei den Pathologen! Die Anschauung über ihre Stellung und Bedeutung wechselt in diesen Darstellungen der Kliniker nach Maßgabe dessen, welche pathologisch-anatomische Beschreibung zugrunde gelegt wurde. Edens (1929) stützt sich auf Königer und Krischner und reiht die Endocarditis simplex ohne Begründung zur Gruppe der „Endokarditiden mit Neigung zur Ausheilung" (?). — Frey (1936) bezieht sich auf Siegmund, Dietrich, Klinge und lehnt die E.v.s. völlig ab, wie wir eingangs erwähnten. — Veil (1939) übernimmt die Einteilung von Aschoff, kämpft aber gegen eine Abgrenzung einzelner klinischer oder anatomischer Formen, da „fast alle Herzkrankheiten rheumatischer Natur" sind (S. 321) und stets ein Nebeneinander oder Übergänge vorkommen. — Hochrein (1941) legt seinen Ausführungen die Darstellung von Siegmund, Dietrich und Hueck zugrunde. — Für Brugsch (1947) ist die Endocarditis simplex „eine örtliche Erkrankung der Herzklappe auf infektiös-allergischer Basis" mit „Immunität gegenüber dem infektiösen Agens" (S. 267). Er schildert Endotheldefekt, Thrombenbildung mit embolischer Verschleppung, Organisation und Vernarbung. „Die bei Anämien, Nephritiden, Kachexien zu findende rein toxische Thrombendokarditis ... stellt einen rein pathologisch-anatomischen Nebenbefund dar" (S. 267, Fußnote).

Eine Kritik oder Widerlegung dieser klinischen Darstellungen erübrigt sich. Eine Korrektur der Anschauungen wird allein folgen, wenn die neueren pathologisch-anatomischen Befunde und Ergebnisse Allgemeingut werden.

b) Endocarditis verrucosa rheumatica (E.v.r.).

1. Vorkommen und Häufigkeit.

Bei keiner der vielen theoretischen und praktischen Fragen im Gebiet der entzündlichen Herzklappenerkrankungen besteht solche anatomische und klinische Unsicherheit und diagnostische Schwierigkeit, solcher statistischer Irrtum über Vorkommen und Häufigkeit wie bei der E.v.r. Abgesehen von zahlreichen auch neueren unkritischen Statistiken und den hier nicht zu würdigenden klinisch-diagnostischen Schwierigkeiten, möchten wir hier zunächst auf zwei Besonderheiten rheumatischer Herzklappenerkrankungen hinweisen. Als erste sind die *geographischen Unterschiede* zu nennen. Solche sind nicht nur in Deutschland zwischen Nord-, Süd- und Mitteldeutschland vorhanden, sondern sogar oft zwischen benachbarten Städten *einer* Landschaft, und ferner ganz besonders zwischen verschiedenen Ländern und Kontinenten. Man kann diese Unterschiedlichkeit als hinlänglich bekannt abtun. Sie ist aber *eine* Ursache der Irrtümer in der Statistik und der Verschiedenheit in Bewertung, Anschauung und Verallgemeinerung rheumatischer Herzkrankheiten. Während in USA. eine rheumatic carditis bei Kindern vielfach beobachtet wird (KAISER 1934, s. Abb. 58), ist sie in diesem Lebensalter in Deutschland praktisch unbekannt. Berichtet doch KÜNSTLER noch 1948, daß in der großen Kinderklinik in Köln in 8 Jahren (1934 bis 1941) nur 41 Fälle (= 5 je Jahr) mit Herzklappenbeteiligung bei Rheumatismus verus beobachtet wurden. Während KLINGE und Mitarbeiter (1931/32), GROSS und FRIEDBERG (1936), LIEBER (1933) das Vorkommen von rheumatischen Granulomen in Knötchenform in den Herzklappen als gegeben schildern, die Deutschen KIRSCHNER (1927), die amerikanischen Forscher KUGEL und EPSTEIN (1928), JAFFÉ (1933), die Franzosen DARRÉ und ALBOT (1929), ALBOT und MIGET (1935), der Schweizer VON ALBERTINI (1933, 1947) nur in vereinzelten Fällen „Aschoff-bodies" fanden, fehlt diese Angabe in der Beschreibung deutscher Lehrbücher und bei den Amerikanern CLAWSON und BELL (1926), beim Finnen HOLSTI (1928).

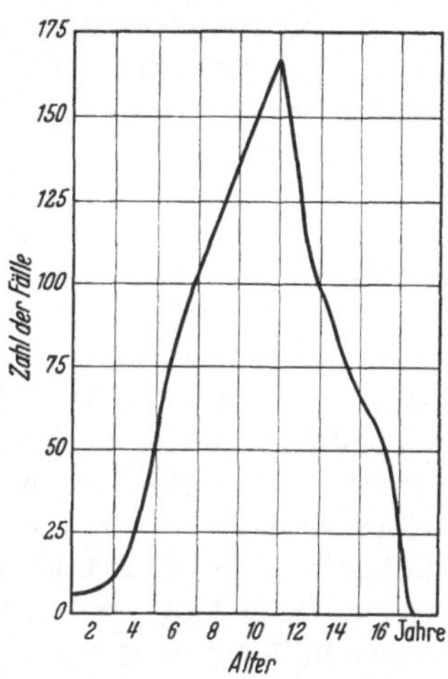

Abb. 58. Graphische Darstellung der Häufigkeit rheumatischer Erkrankung bei Kleinkindern und Jugendlichen auf Grund der Untersuchung von 1126 Kindern. [Aus A. D. KAISER: J. A. M. Ass. **103**, 886 (1934.]

Wir selbst haben an 5 verschiedenen pathologischen Instituten in 25 Jahren noch nicht einmal ein knötchenförmiges rheumatisches Granulom in einer Herzklappe entdeckt.

Außer diesen geographischen bestehen auch große *zeitliche Unterschiede*, die uns ebenso bedeutsam erscheinen. Jeder Kliniker und Pathologe verfügte bis 1939 über einen gewissen Prozentsatz rheumatischer Erkrankungen unter seinem Beobachtungsmaterial. Während der Kriegsjahre nahm die Zahl in Deutschland erstaunlich ab, ja mancherorts verschwanden einschlägige Erkrankungsfälle völlig. Das hielt an bis etwa 1949/50. Von da an steigt die Zahl aktiver rheumatischer Herzerkrankungen vielerorts in Deutschland wieder an.

In diesem Zusammenhang möchten wir ferner erwähnen, daß wir den Eindruck haben, daß sich das rheumatische Gewebsbild — also der histologische Befund — in Herzmuskel und Herzklappe insoweit im Laufe der letzten Jahrzehnte geändert hat, als die klassischen morphologischen Entwicklungsphasen und Erscheinungsbilder, wie sie KLINGE und Mitarbeiter 1930—1933 darstellten, nur noch selten zur Beobachtung kommen. Dagegen sind unausgeprägte rheuma-verdächtige oder rheuma-ähnliche morphologische Gewebsveränderungen häufiger geworden. Nach brieflicher Mitteilung hat SWIFT (1950) gleichartige Beobachtungen in New York gemacht, GROSS und FRIEDBERG (1936) beschreiben sog. „indolent types". Solche „Eindrücke" lassen sich natürlich heute noch nicht von den angeführten geographischen und zeitlichen Unterschieden abgrenzen.

Die in diesen Vorbemerkungen angeführten Faktoren lassen es uns unmöglich erscheinen, nur einigermaßen kritisch brauchbare Angaben über das Vorkommen und die Häufigkeit rheumatischer Herzklappenentzündungen zu machen. Wir erachten es als eine notwendige und große *Aufgabe der Klinik*, mit allem Rüstzeug diese Frage anzugehen, jedoch mit anderen Unterlagen, als es Veil (1939) getan hat. Zu den morphologischen Grundlagen und Kriterien dieses Fragenkomplexes werden wir unten (S. 131, 140, 149) Stellung zu nehmen haben. Hier sei aber, wie wir schon früher betonten, hervorgehoben, daß wir histologisch an den Herzklappen rheumatische Narben viel häufiger beobachteten, als sie dem Kranken selbst oder dem klinischen Arzt aus Anamnese und Befund bekannt sind.

2. Makroskopischer Befund.

Eine ausgeprägte E.v.r. zeigt heute noch denselben makroskopischen Befund, wie er in den klassischen Beschreibungen seit alters her dargestellt wurde. Wir können dem nichts Wesentliches und auch keine irgendwie besonderen Abweichungen hinzufügen. Auch heute noch kommen die perlschnurartig aneinandergereihten stecknadelkopfgroßen oder wenig größeren glasigen Knötchen am Schließungsrand in Verbindung mit der ebenfalls glasigen Verquellung des Klappenrandes zur Beobachtung (Abb. 59 u. 60). Die Transparenz der betroffenen Klappenabschnitte und besonders der Warzen ist das charakteristische makroskopische Symptom und differentialdiagnostisch entscheidender als Farbe und Beschaffenheit der Warzenoberfläche. Die Farbe der verrucae kann schwanken zwischen farblos, grau, grau-rötlich oder graugelblich. Die Oberfläche kann glatt und glänzend oder rauh sein. Anhaftende Thromben sind selten.

Viel schwieriger sind *beginnende* oder *rezidivierende* Fälle einer E.v.r. makroskopisch zu beurteilen. Einmal bekommt der Pathologe beginnende Erkrankungen nur selten zu sehen. Zum andern betreffen auch solche beginnenden Fälle nie „normale", sondern stets vor dem jetzigen rheumatischen Insudat veränderte und verdickte Klappen. Das gilt in verstärktem Maße für alle Rezidive. Dann sind einzelne Warzen schwer zu erkennen. Bei Rezidiven kommen zudem meist keine Warzen, sondern nur flach erhabene und oft unscharf begrenzte Beete von mehr bräunlicher Farbe am Schließungsrand vor. Auch hier erscheint uns die Transparenz als oft einzige diagnostische Hilfe.

Den alten Beschreibungen der chronischen E.v.r. haben wir nichts hinzuzufügen (Abb. 61).

Besondere Erwähnung verdienen auf Grund unserer eigenen Beobachtungen die geringgradigen Verwachsungen, die am häufigsten an den Aortenklappencommissuren und an den Sehnenfaden der Segelklappen vorgefunden werden. Wir haben sie schon oben bei der E. serosa (S. 108) erwähnt, müssen sie aber hier nochmals anführen wegen ihrer Häufigkeit und weil die Taschenklappenveränderungen wenigstens von den amerikanischen Forschern als typisch für rheumatische E. bezeichnet werden. Während normalerweise die einzelnen Taschenklappen getrennt aus der Aortenwand entspringen, sieht man in solchen Fällen einen gemeinschaftlichen Abgang zweier benachbarter Taschenklappen. Die Abgangsstellen zeigen dann an Stelle von zwei nur eine einzige Trennwand, die entweder glasig verdickten Klappenrand aufweist, oder die Verwachsungsstelle unterscheidet sich nicht in der Dicke von der übrigen Klappe, ist dann scharfrandig. Die Länge der Verwachsung wechselt von einer Andeutung bis zu mehreren Millimetern. Registriert man nicht nur die Todesfälle, sondern jede einzelne Taschenklappe, dann gibt es schon von der Mitte der 20er Jahre an fast keinen Sektionsfall, bei dem nicht eine oder mehrere Taschen der Aortenklappen eine solche

Verdickung oder Verwachsung der Commissur aufweisen. Nur in den Fällen einer ausgeprägten floriden E.v.r. beobachten wir an denselben Stellen auch glasige, oft erst mit Lupe erkennbare Einzelknötchen. — So schwer mit bloßem Auge Verquellungen von Sehnenfäden zu erkennen sind, so leicht ihre stärkeren Verdickungen und Verwachsungen. Sie sind an der Mitralis ebenso häufig wie die Verwachsung der Aortenklappencommissuren, besonders wenn man sie vom

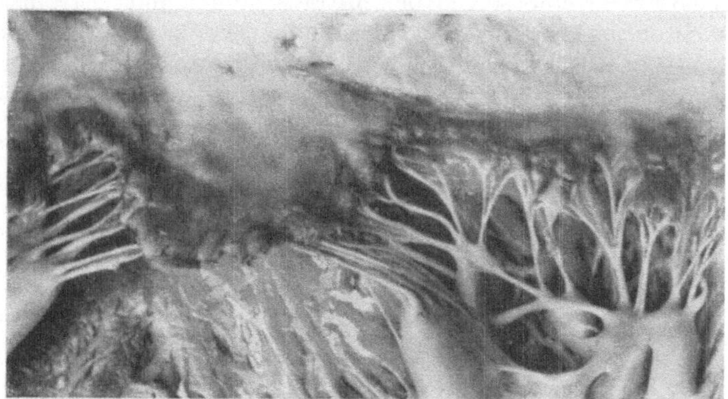

Abb. 59. Vorderes und hinteres Mitralsegel mit relativ frischer Endocarditis verrucosa rheumatica. Leicht blutig gefärbte feinste oder knollige Warzen sitzen am Klappen- und Schließungsrand auf und zwischen alten Quellungssklerosen. Mit Lupe sieht man auch kleinste Warzen an einigen Sehnenfäden.

Papillarmuskel abtrennt und auch die Unterfläche der Klappen betrachtet. Dann findet man in den klappennahen Abschnitten konische oder spindelige Verdickungen in großer Zahl und in der Sehnenfadenmitte oder von hier abwärts zum Papillarmuskel Verwachsungen benachbarter Sehnenfäden untereinander.

Unser eigenes neu untersuchtes Material der letzten 3 Jahre setzt sich aus 60 Fällen zusammen, bei denen makroskopisch am Sektionstisch eine E.v.r. mit

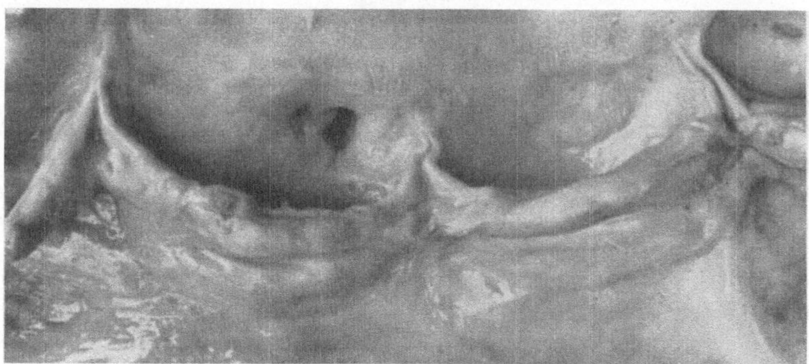

Abb. 60. Aortenklappen mit rezidivierender Endocarditis verrucosa rheumatica. Starke wulstige Verdickung sowohl des Klappen- wie des Schließungsrandes mit Schwund des Nodulus Arantii, mit Verwachsung und Verdickung der Aortencommissuren, Verdickung auch der Klappenplatte.

Sicherheit oder bei denen die Klappenveränderungen als verdächtig diagnostiziert wurden. Sie betrafen nur 4mal das 10.—19., 2mal das 20.—29. Lebensjahr, 54mal Lebensalter über 30 Jahre. Interessant erscheint uns, daß in unserem Material 8 Fälle mit mikroskopisch gesicherter rezidivierender rheumatischer E. im Alter über 70 Jahre vorlagen! In zusätzlich 15 Fällen bestand eine abgelaufene E.v.r. mit aufgepfropfter E. verrucosa simplex als Rezidiv. Entsprechend dieser

Altersverteilung lagen mikroskopisch nie „normale“ oder zarte Klappen mit umschriebenen rheumatischen Veränderungen, sondern fast ausnahmslos Klappen mit umschriebener oder flächenhafter Verdickung durch „Quellungssklerose“ am Klappen- oder (bzw. und) Schließungsrand, mit Schwund der Schwimmhäute und Verdickung einzelner Sehnenfäden vor. Bei 24 Fällen bestand makroskopisch eine chronisch-rezidivierende rheumatische Endokarditis der Aortenklappen, bei 48 Fällen eine solche der Mitralis, 35mal mit Ostiumstenose, bei 4 Fällen eine chronische rheumatische Dreiklappenendokarditis, bei 3 Fällen eine Vierklappenendokarditis. Über die erst durch die mikroskopische Untersuchung aufgedeckten makroskopischen Fehldiagnosen am Sektionstisch berichten wir am Ende des folgenden Abschnitts (S. 139).

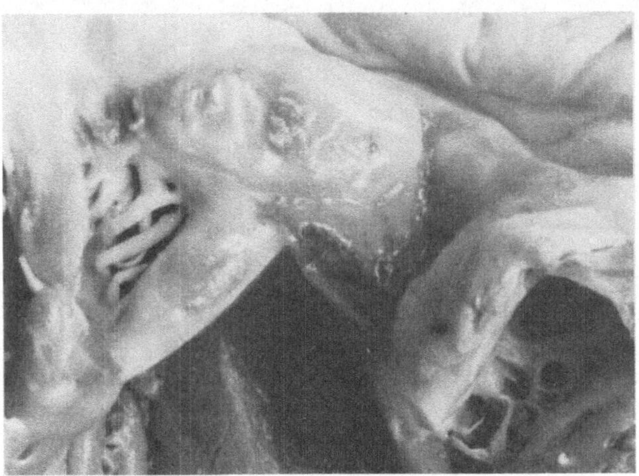

Abb. 61. Vorderes und hinteres Mitralsegel mit schwerster Verunstaltung durch chronische rezidivierende Endocarditis verrucosa rheumatica. Typische Knopflochstenose der Mitralis. Mit Lupe erkennt man in der Tiefe des Knopfloches kleine und wulstige Warzen als Rezidiv.

3. Mikroskopischer Befund.

Die von uns hier vorzulegenden Befunde bei der mikroskopischen Untersuchung von 30 Fällen stehen in Gegensatz zum Schrifttum. Wie wir in den Abschn. A, II, 3 und A, II, 4 (S. 23 und 25) darlegten, muß man zwischen echter Warzenbildung *im* Gewebe = Gewebswarze und warzenartiger Abscheidungsthrombose aus dem strömenden Blut unterscheiden. Letztere spielt bei der E.v.r. eine ganz untergeordnete Rolle, kommt nur ausnahmsweise vor und hat mit dem eigentlichen „rheumatischen Gewebsschaden“ (Klinge) nichts zu tun.

Über den mikroskopischen *Beginn* der E.v.r. sind im Schrifttum die Anschauungen geteilt und unsere eigenen Erfahrungen leider sehr gering. So auch im ganzen neueren Schrifttum! Wir sind zudem überrascht, wie klein die Zahl der Untersuchungen über Endokarditis überhaupt und über E.v.r. im besonderen ist! Aus den letzten 30 Jahren (seit 1921) können wir aus Deutschland nur vier Veröffentlichungen morphologischer Befunde bei E.v.r. anführen. Nur bei Klinge (1931, 1933), Lieber (1933) und Jaffé (1933) werden beginnende oder akute Stadien beschrieben. Wie wir oben in kurzen Auszügen schon wiedergaben (Abschn. C, I, S. 108), schildern alle drei Untersucher einfaches Ödem, „Verquellungsknoten“ (Klinge), aus dem Klappengewebe hervorquellende und über die Oberfläche sich vorwölbende Knoten (Jaffé) oder „bandförmige Quellungsherde“ (Lieber). Diese werden als nichtzellig oder als frei von Zellwucherungen bezeichnet, dazu wird eine Auflockerung, Degeneration, schleimige oder basophile

Verquellung der Grundsubstanz genannt. Es ist interessant und bezüglich der oben angeführten geographischen Unterschiede wichtig, daß praktisch nur die deutschen Untersucher diese mikroskopischen warzenförmigen oder flächenhaften Verquellungen als Charakteristika beginnender E.v.r. angeben. Zu diesen Untersuchungen haben wir kritisch zu bemerken, daß auf Grund der Beschreibung wahrscheinlich bei JAFFÉ und sicher bei KRISCHNER und LIEBER *keine* echten akuten, sondern rezidivierende Formen mit akutem Nachschub vorgelegen haben.

Die amerikanischen Untersucher verfügen anscheinend über viel zahlreichere beginnende Stadien. So berichten CLAWSON und BELL (1926) über 18 Fälle mit akuten Veränderungen und 18 Fälle mit akutem Rezidiv. Bei den ersteren beschreiben sie diffuse Entzündung des Klappenrandes und oft der ganzen Klappe, bei den letzteren „serous and cellular exudate“, „hyalin at the surface“, „a relative proportion of fibroblasts“. — KUGEL und EPSTEIN (1928) beobachteten ebenfalls eine ganz unspezifische diffuse „Valvulitis“, die am Annulus beginnt und sich von hier auf die Klappen ausbreitet. — Die umfangreichsten Untersuchungen liegen von GROSS und FRIEDBERG (1936) an nicht weniger als 97 Fällen von E.v.r. vor. Aber auch ihre Befundgruppe mit Tod in der angeblich ersten (!) rheumatischen Attacke erweist sich sowohl aus der makroskopischen wie aus der histologischen Beschreibung als chronische oder rezidivierende Erkrankung (Ödem, stark vermehrte Capillaren vom Annulus bis zum Klappenrand und diffuse Leuko- und Lymphocyteninfiltration, ja sogar schon elastische Hyperplasie). Dagegen sind ihre Befunde an den Warzen von Bedeutung. „Histological studies on the nature of these verrucous lesions suggest that neither platelets nor fibrin are concerned in their formation“ (S. 866). „Whether or not constituents from the plasma are deposited within this material, it is as yet impossible to determine. It appears that the verrucous material is extruded from the valve leaflet because of its swelling and because of cicatrization and contraction of the underlying tissues. Another contributing factor leading to the extrusion of the verrucous material may be the accumulation of inflammatory exudate . . . The fresh verrucae are seldom covered by endothelial cells“ (S. 867). — Die Franzosen DARRÉ und ALBOT (1929) sprechen ebenfalls von diffuser Valvulitis mit Lymphocyten und Plasmazellen, mit „rares îlots de fibrine entre lesquels existe une trance reticulée des plus nettes qui ne se colore pas comme le collagène“ (S. 472). — ALBOT und MIGET (1935) betonen die ähnliche Entzündung aller Formen der E., Dissoziation der Fibrillen durch Ödem, eingeschlossene Histiocyten bei intaktem Endothel, „coussinet minée et uniforme“ oder knopfartige Infiltrationen nach SIEGMUND (1933). — HOLSTI-Helsingfors (1928) beschreibt oberflächliche und tiefe Valvulitiden einzeln und in Kombination. Nach seinen Befunden kommen nur die ersteren für Initialstadien in Frage, bei denen er Endotheldefekt und spärlich Fibroblasten oder Endotheldefekt und subendotheliales Fibrin oder reine Fibrinwarzen ohne Endothel beobachtete. Alle seine Fälle von E.v.r. zeigten Gefäßneubildung.

Wenn man diese wenigen neueren Spezialuntersuchungen eingehend und kritisch studiert, dann ist festzustellen, daß in der ganzen Weltliteratur anscheinend keine eindeutigen morphologischen Beobachtungen über sicher erst beginnende E.v.r. vorliegen! Vielleicht können die Befunde von KLINGE und seiner Schule als solche gelten. Sie sind aber weniger an den Herzklappen als an Gefäßen erhoben. Auch wenn uns eine Schrifttumsangabe entgangen sein sollte, ist diese Feststellung von großer Bedeutung. Besagt sie doch, daß die Morphologie der E.v.r. bis heute und dann wohl auch zukünftig in ihrem Initialstadium ausschließlich am akuten Rezidiv studiert wurde und werden kann! Wir werden die anatomische und klinische Bedeutung dieser Feststellung später in Abschn. C, II, b, 5 (S. 140) und C, II, b, 8 (S. 149) auszuwerten haben. Hier müssen wir zunächst festhalten, daß im bisherigen Schrifttum als Initialzeichen eines akuten Rezidivs „Verquellungsherde“ in Warzen-, Knoten- oder Bandform beschrieben werden (KLINGE, LIEBER, JAFFÉ, GROSS und FRIEDBERG, ALBOT und MIGET), die auch schon RIBBERT anführt (s. Abschn. C, I, S. 117). Sie unterscheiden sich nicht von den von *uns* beschriebenen Befunden einer serösen E.! Auch sie liegen bei der E.v.r. im Subendothel und wölben die Oberfläche vor. Nur die Angaben über das Verhalten des Endothels wechseln bei den einzelnen Untersuchern. Nach den Angaben und Beschreibungen dieser früheren Untersucher scheinen hiernach die Initialstadien eines akuten rheumatischen Rezidivs identisch zu sein mit der morphologischen Erscheinungsform einer E. serosa! Als zweites morphologisches Initialsymptom gelten bei denselben Autoren die mit verschie-

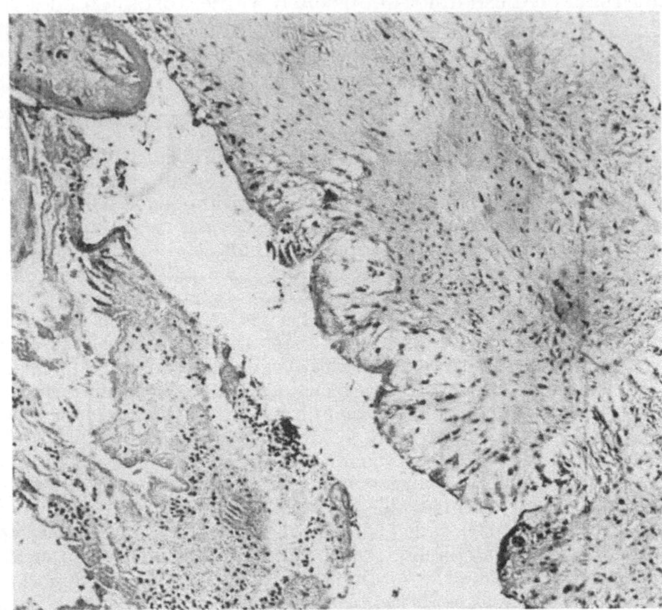

Abb. 62. Aortenklappe. 16 J., ♂ (E. verrucosa rheumatica der Mitralis und Aortenklappen). Seröse Entzündung im Subendothel noch ohne Fibrin (Mitte) oder mit fibrinösem Insudat (links oben und rechts unten). Deutliche Proliferation der Histiocyten innerhalb der serösen Warzen. (39 ×.)

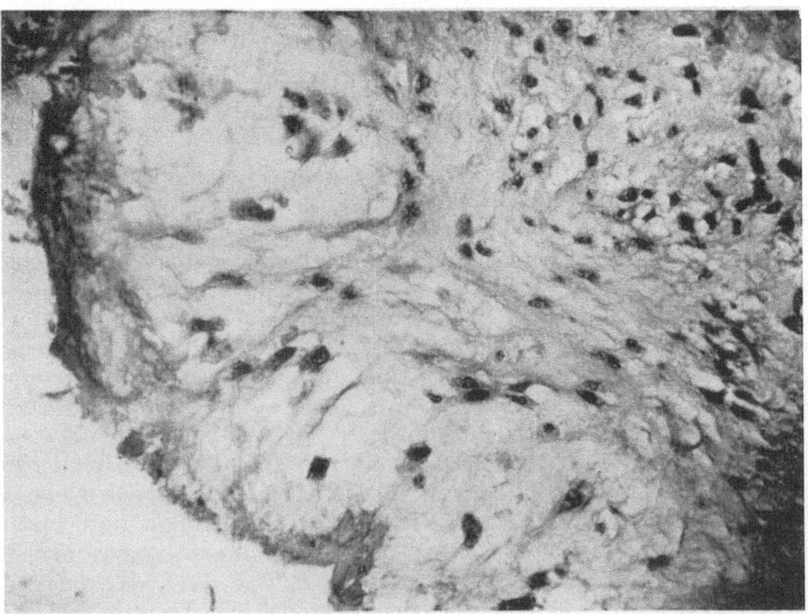

Abb. 63. Starke Vergrößerung eines Teilausschnittes von Abb. 62. Die serösen Warzen lassen Insudat, Kern- und Faseruntergang wie auch Proliferation der Histiocyten und partiellen Defekt des Oberflächenendothels deutlich erkennen. (10 ×.)

denen Bezeichnungen belegten Veränderungen im Subendothel: homogene Abscheidungen, Fibrin, Fibrinoid, Nekrose.

Vergleichen wir vor einer kritischen Stellungnahme hiermit unsere eigenen Befunde. Wir haben — bei Beachtung der oben angeführten Kriterien — nur *akute Rezidive* einer E.v.r. histologisch untersuchen können. Unter dem an-

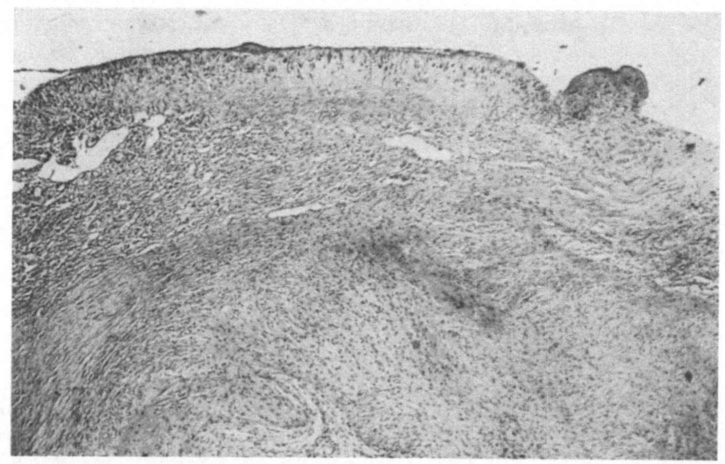

Abb. 64. Mitralis. 33 J., ♂ (Rheumatismus). Kombination von flächenhafter Endocarditis serosa mit umschriebener beginnender Endocarditis fibrinosa (Mitte und links) und Fibrinwarze (rechts). Unterschiedliche Proliferation der Histiocyten. Typisches Rheumarezidiv mit mächtiger Klappenverdickung und zahlreichen Gefäßen. (42 ×.)

gegebenen Material von 35 Fällen befanden sich 20 Fälle mit 55 Klappen. Wir beobachteten bei 15 Fällen seröse Entzündung, bei 18 Fällen fibrinöse Entzündung, bei allen 20 Fällen Histiocytenwucherung. Die *seröse Entzündung* zeigt

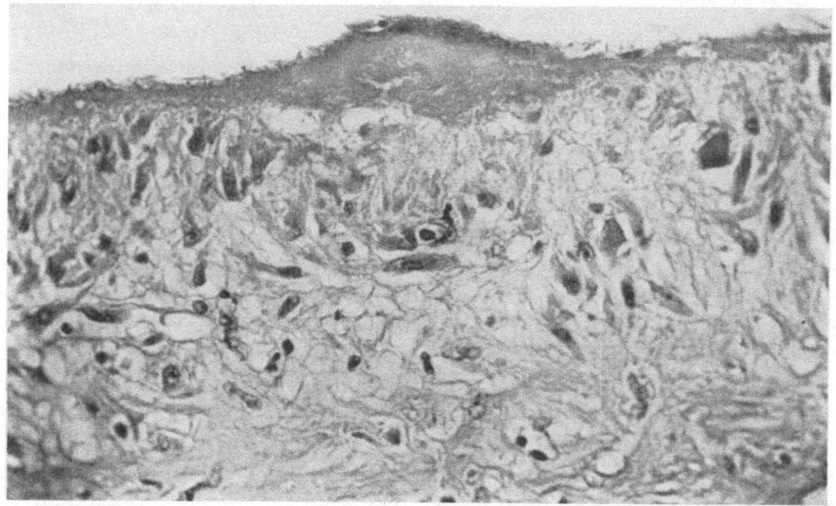

Abb. 65. Starke Vergrößerung eines Teilausschnittes von Abb. 64. Beginnendes fibrinöses Insudat mit beginnender warzenartiger Vorwölbung bei intaktem Oberflächenendothel. Darunter seröses Insudat sowohl mit Kernuntergang wie beginnender palisadenförmiger Histiocytenproliferation. (360 ×.)

an Ober- oder Unterfläche von Klappen- oder Schließungsrand, gelegentlich auch auf Klappenplatte oder in einem Sehnenfaden die typische Warzenform im Subendothel mit Vorbuckelung des meist intakten Endothels über das Oberflächenniveau (Abb. 3, 62 u. 63). Aufbau und Struktur gleichen ganz der von uns nun schon mehrfach beschriebenen warzenförmigen E. serosa. Nur wenige zeigen unter dem Warzenendothel oder im Warzeninnern Kernvermehrung durch Histiocyten. Die *fibrinöse Entzündung* beobachten wir in drei Erscheinungsformen: innerhalb einer serösen Warze, in band- bzw. flächenhafter Ausbreitung im verdickten Subendothel oder als Fibrinwarze (Abb. 64—68). Die erste Erscheinungsform ist die eindrucksvollste, da sie den Übergang der serösen Entzündung in eine fibrinöse unter Beweis stellt. In beginnenden Fällen sieht man an der höchsten Erhebung der serösen Warze, aber *unter* der Oberfläche die ersten, kleinsten, interstitiellen Fibrinablagerungen, die sich bei Azan-Färbung intensiv rot färben (Abb. 10—12).

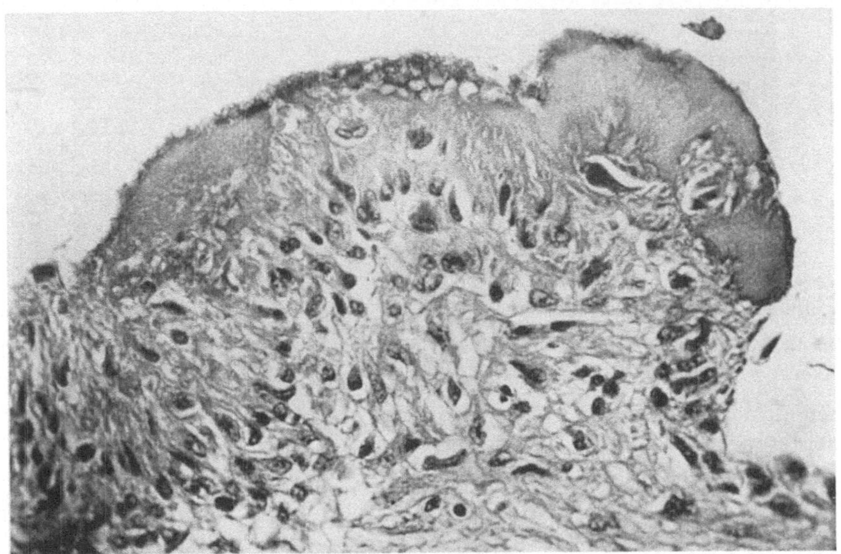

Abb. 66. Starke Vergrößerung eines Teilausschnittes von Abb. 64. Fibrinwarze mit noch teilweise erhaltenem Oberflächenendothel, teilweise Aufbruch des fibrinösen Insudates. Mächtige Proliferation der Histiocyten, vereinzelter Kernuntergang. (360 ×.)

Das Endothel der Warze ist in solchen beginnenden Stadien stets vorhanden und zeigt nicht mehr oder nicht weniger Kernunregelmäßigkeiten oder Kernausfälle als seröse Warzen ohne Fibrin. Bei größerem fibrinösem (intraverrukösem) Insudat können große Anteile oder sogar die ganze Warzenoberfläche von azanrotem Fibrin kappenartig überzogen sein (Abb. 28 u. 29). Je nach dem Ausmaß dieses fibrinösen Insudates ist das Warzenendothel über der höchsten Erhebung der Warze in kleinem oder größerem Ausmaß defekt und nur noch an den Seitenflächen der Warze erhalten. Die zweite Erscheinungsform erweist sich als kleinumschriebenes oder größeres bandartiges fibrinöses Insudat unter dem Endothel (Abb. 65, 67 u. 68). Je nach der Dicke dieses azanroten Insudates ist die Klappenoberfläche noch eben oder beetartig flach vorgewölbt. Von dem Ausmaß dieses Beetes scheint auch das Verhalten des Endothels abhängig zu sein. Bei beginnender interstitieller fibrinöser Entzündung ist das Endothel noch intakt, bei fortgeschrittener umschrieben oder flächenhaft defekt. Die Befunde gleichen völlig den von uns bei der E. verrucosa simplex beschriebenen. Durch Endotheluntergang, Aufbruch des subendothelialen Fibrinbeetes und Austritt von Fibrin über die Klappenoberfläche geht aus der zweiten Erscheinungsform die dritte: die Fibrinwarze, hervor. Sie würde die Bezeichnung Excrescenz zu Recht tragen, da sie wie ein Pilz, wie eine Rauchfahne oder Vulkaneruption aus dem Fibrinbeet hervorwächst oder ausbricht (Abb. 69). Nach Ausmaß der vorangegangenen Endothelnekrose und der Menge des ausgetretenen Fibrins zeigt die so entstandene azanrote Fibrinwarze an den Seitenflächen einen kleinen oder größeren Endothelbezug. Im Innern solcher flächenhafter fibrinöser Insudate oder solcher Fibrinwarzen lassen sich stets Silberfibrillen oder Bruchstücke von elastischen Fasern, ganz zu Beginn

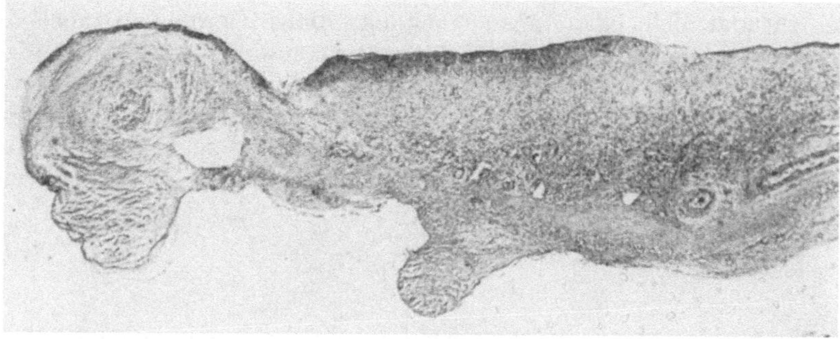

Abb. 67. Tricuspidalis. 34 J., ♂ (Rheumatismus). Typisches Rheumarezidiv mit flächenhafter, teilweise beetartig erhabener seröser Entzündung in Kombination mit fibrinösem Insudat an der ganzen Oberfläche der Klappe. Die Lage der zahlreichen dickwandigen Gefäße markiert die ehemalige Grenze zwischen elastischer Lamelle und Subendothel. (30 ×.)

gelegentlich auch spärlich Kollagenfasern nachweisen (Abb. 24 u. 25). Diese Befunde beweisen, daß hier ein Gewebsaufbruch und nicht etwa eine Fibrinabscheidung aus dem strömenden Blut vorliegt. Wir verweisen hierzu auf unsere früheren Belege (Abschn. A, II, 2, S. 15). — Die Berechtigung, die *Histiocyten-*

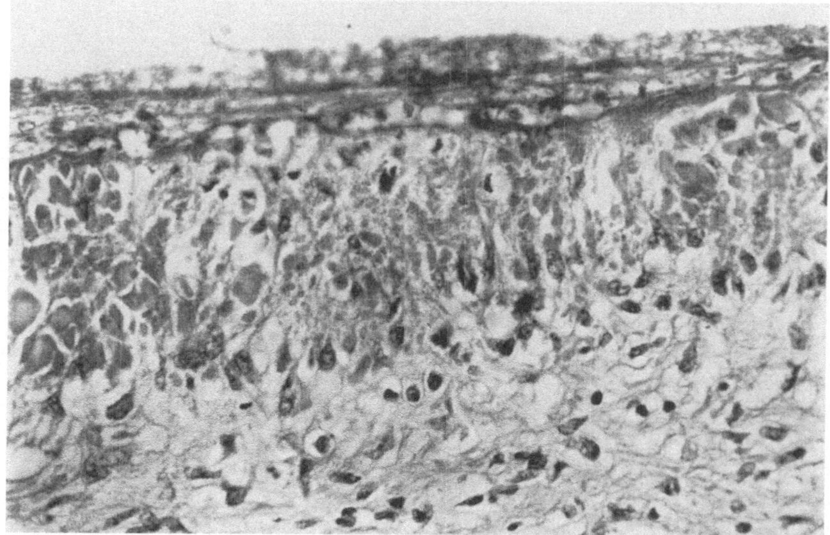

Abb. 68. Starke Vergrößerung eines Teilausschnittes von Abb. 67. Schwund des Oberflächenendothels, oberflächenparalleles interstitielles Fibrin, darunter schollige graugefärbte Fibrinmassen mit völligem Schwund der kollagenen Fasern und Kerne. Weiter in der Tiefe seröse Entzündung mit Histiocytenproliferation. (360 ×.)

wucherung noch als Merkmal akuter rheumatischer Gewebsveränderungen aufzuführen, werden wir später besprechen und zu erbringen haben (s. Abschn. 5, S. 144). Sie wird schon in der serösen Warze (oder der beetartigen serösen Verquellung) gefunden (Abb. 27, 62) oder ist häufig die zeitlich letzte der eben genannten Trias und tritt herdförmig und diffus in Erscheinung. Herdförmige

Histiocytenwucherung findet sich an der Basis von flächenhaften Fibrinbeeten oder umschriebenen Fibrinwarzen am Übergang von Subendothel in die elastisch-fibröse Schicht, seltener unabhängig vom Fibrin an der Oberfläche oder im Subendothel (Abb. 66, 68). Im wesentlichen scheint diese Zellvermehrung aus dem noch erhaltenen und generativen Rest des Subendothels und dem von dem fibrinösen Insudat nicht betroffenen subendokardialen Gewebe auszugehen. Hier bilden sich die eigentümlich polygonalen, oft rhombischen oder sternförmigen, großkernigen und protoplasmareichen Zellen, die durch Fortsätze netzartig miteinander verbunden sind. Nach anfänglich unregelmäßiger und ungeordneter Lagerung rücken sie bei zunehmender Vermehrung eng zusammen, richten sich senkrecht zur Klappenoberfläche und zeigen die bekannte „Palisadenstellung".

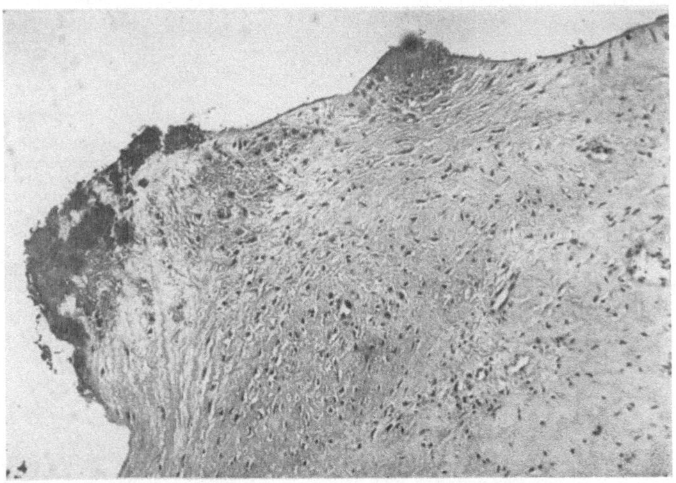

Abb. 69. Aortenklappe. 39 J., ♂ (beginnende E. ulcero-polyposa). Alte Rheumanarbe mit Klappenvascularisation, mit rheumatischem Rezidiv in Form einer aufgebrochenen Fibrinwarze (Mitte oben). An deren Basis beginnende Histiocytenproliferation. Am Schließungsrand links Kombination von seröser Endokarditis mit fibrinösem Insudat (grauschwarz) und zahlreichen verklumpten Bakterienkolonien. (85 ×.)

Ihr Einwachsen in die Basis des fibrinösen Insudates ist bei fortgeschrittenen Fällen deutlich zu erkennen. Außer dieser herdförmigen beobachten wir noch eine diffuse Histiocytenwucherung. Sie tritt beim akuten rheumatischen Rezidiv meist nur in wenigen Einzelzellen auf: so wie erwähnt im Innern einer serösen oder serofibrinösen Warze, in oberflächlichen Klappenschichten einer Fibrinwarze benachbart oder gelegentlich in tiefen Klappenschichten.

Die eben beschriebene morphologische Symptomentrias des akuten rheumatischen Rezidivs läßt in unserem Material folgende Beziehungen untereinander erkennen. Mit den oben angeführten Ausnahmen kommen alle drei Erscheinungsformen: Verruca serosa, Verruca fibrinosa und Histiocytenwucherung bei allen betroffenen Klappen gemeinsam, aber ganz wechselnd in den verschiedenen Klappenabschnitten einzeln oder örtlich getrennt vor. Da wir stets von jeder Herzklappe mehrere und verschiedene Teilstücke untersuchten, finden wir beispielsweise in einem Klappenschnitt an der Oberfläche des verdickten Klappenrandes eine seröse Warze, im zweiten Schnitt an der Unterfläche des Schließungsrandes ein flächenhaftes subendotheliales fibrinöses Insudat mit palisadenartigen Histiocyten, am dritten Schnitt eine Fibrinwarze ohne Histiocyten am verdickten Abgang eines Sehnenfadens. So überwiegen in dem einen Schnitt oder in dem einen Fall mehr die serösen, in dem anderen mehr die fibrinösen Warzen, im dritten mehr die Histiocytenproliferationen.

Die Grenzziehung zwischen den eben beschriebenen Befunden des akuten rheumatischen Rezidivs zur nunmehr anzuführenden *Endocarditis verrucosa rheumatica chronica* ist natürlich individuell verschieden und insoweit willkürlich. Wir selbst haben uns bei dieser Entscheidung nach dem Auftreten von Zeichen der Degeneration und Organisation gerichtet. Im Vordergrund stehen hierbei offensichtlich sekundäre Veränderungen des Fibrins und proliferative wie degenerative, ebenfalls sekundäre Veränderungen des Bindegewebes. Das *Fibrin* in seinen beiden Erscheinungsformen als flächenhaftes subendotheliales Insudat und als Fibrinwarze wechselt in seiner färberischen Darstellbarkeit: bei beginnender und anscheinend kurzfristiger Insudation gibt die Azan-Färbung leuchtend zinnoberrote Farbtöne und homogene Beschaffenheit. Bei größerer Warzenbildung und anscheinend alter Insudatbildung wechselt die Azan-Färbung in Carminrot oder Violett mit Wolkenbildung oder Farbflecken. Das Fibrin wechselt außerdem in seinem strukturellen Verhalten. Die zunächst strukturlosen amorphen und außerordentlich dichten lichtbrechenden Massen erscheinen weniger dicht und werden körnig. So ähneln sie zusammengeballten Blutplättchen, als welche dieses Material von so zahlreichen Voruntersuchern angesprochen wurde. Es gleicht mit seiner abgewandelten Färbbarkeit auch dem vielfach beschriebenen „Fibrinoid“ oder der „fibrinoiden Nekrose“. Wir haben es ebenso beurteilt, bis wir im Laufe unserer Untersuchungen erkannten, daß hier Abwandlungen, sekundäre Stadien, nekrobiotische Veränderungen echten Fibrins vorliegen. Daß solche nicht nur eintreten können, sondern müssen, wissen wir von jedem fibrinösen Exsudat. Der Vorgang eines allmählichen Fibrinzerfalls bedarf also gar keiner besonderen Erklärung. Wir wissen nur bislang nichts über Zeit und Dauer, wenig über die chemischen Zerfallsfaktoren und die Beziehungen zum Hyalin. Wie wir schon bei der Endocarditis verrucosa simplex (Abschn. C, II, a, S. 118) beobachteten und darlegten, scheint solches fibrinöses Insudat auch bei der E.v.r. selbst lange reaktionslos bestehen zu können und ferner lange keine Reaktion am angrenzenden Bindegewebe auszulösen. Jedenfalls finden wir auch bei der E.v.r. subendotheliale Fibrinbeete oder Fibrinwarzen *noch ohne* begleitende Histiocytenwucherung trotz beginnenden Fibrinzerfalls. Hier entstehen differentialdiagnostische Schwierigkeiten, da auf alter Rheumanarbe sich ebenfalls eine nichtrheumatische E. serosa wie eine E.v. simplex entwickeln kann, wie wir oben (Abschn. C, II, 6, S. 129) anführten. Das Vorhandensein oder Fehlen einer gleichzeitigen, mitunter nur angedeuteten Wucherung von Histiocyten ist für uns das entscheidende Kriterium. Wir haben auf Grund der mikroskopischen Befunde einige makroskopisch als rezidivierende E.v.r. diagnostizierte Fälle aus dieser Gruppe herausnehmen und in die Gruppe der E.v. simplex auf alter Rheumanarbe einreihen müssen. — Als zweiten Prozeß im Fibrin beobachten wir eine Phagocytose des fibrinösen Insudates durch Histiocyten am Insudatrand oder durch die beschriebene Histiocyteneinwanderung. Damit ist dann der bekannte *Organisationsvorgang* eingeleitet, dem auf Grund der im subendothelialen fibrinösen Insudat und in der Fibrinwarze erhalten gebliebenen Silberfibrillen eine Neubildung kollagener Fasern folgen kann. Bezüglich der Umwandlung eines interstitiell abgelagerten Fibrins in Hyalin verweisen wir auf unsere Besprechung in Abschn. A, IV, 1, S. 52.

Wir haben oben hervorgehoben, daß bislang akute rheumatische Gewebsveränderungen von Pathologen an sonst unveränderter Herzklappe nicht beschrieben und demnach nicht beobachtet wurden, daß alle bisher mitgeteilten Fälle sog. akuter E.v.r. *vorher* verdickte und durch in Kindheit und Jugend vorangegangene E. serosa veränderte Herzklappen betrafen. Eine wichtige Folge dieser Gegebenheit ist die Unsicherheit in der formalgenetischen Beurteilung eben dieser vorangegangenen, beim akuten rheumatischen Rezidiv schon vorhandenen Klappenveränderungen. Sind sie Folge einer E. serosa allein oder alte Rheumanarben allein oder Folge einer Mischung beider? Wie groß die Schwierigkeiten sind, haben wir in großer Reihenuntersuchung an den Segelklappen 1934 (BÖHMIG und KRÜCKEBERG) dargelegt. Auf Grund unserer neuen Untersuchungen müssen wir unser damaliges Ergebnis dahingehend korrigieren, daß ein Teil der Veränderungen der E. serosa zuzurechnen ist, ein weiterer Teil heute als Rheumanarbe zu gelten hat. Diese Korrektur mindert aber auch heute noch keineswegs die oft großen morphologischen Schwierigkeiten solcher Differentialdiagnose und läßt für jeden kritischen Beobachter einen wechselnden Prozentsatz von

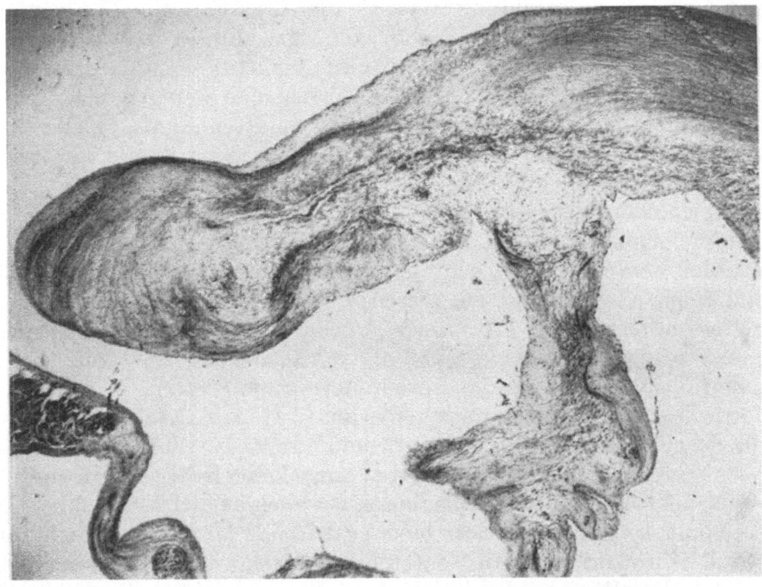

Abb. 70. Mitralis. 21 J., ♀ (sekundäre Tuberkulose). Typische chronische Endocarditis verrucosa rheumatica mit unregelmäßiger Verdickung auch eines Sehnenfadens. Elastica-Färbung. Man erkennt die starke Auffaserung und vielfache Unterbrechung von elastischer Lamelle und elastisch-fibröser Schicht. An der Oberfläche (Mitte) seröse Entzündung bei intaktem Oberflächenendothel. Dasselbe an der Unterfläche (Mitte) und an Basis und Abgangsstelle des Sehnenfadens. Hier deutlicher Kernuntergang. (30 ×.)

Fällen übrig, bei dem eine sichere Entscheidung unmöglich ist. Wir kommen hierauf bei der Darstellung der E. chronica fibrosa (S. 149) zurück. — Auch unsere hier vorliegenden 35 Fälle von akuter E.v.r. zeigten makroskopisch wie mikroskopisch an Klappenrand, Schließungsrand und Sehnenfäden Verdickungen durch Aufquellung, Quellungssklerosen, Hyperplasie einzelner Klappenschichten, solche der elastischen Fasern mit und ohne Verdoppelung der elastischen Lamelle, Elasticaaufsplitterung oder -unterbrechung (Abb. 70). Das entscheidende Charakteristikum dieser zunächst nach klinischem und makroskopischem Befund ausgewählten und auf Grund der mikroskopischen Befundtrias der E.v.r. zugerechneten Fälle war das Vorhandensein von *Herzklappengefäßen*. Sie fehlten in keinem unserer Fälle! Sie waren auch bei den wenigen jugendlichen Fällen der 2. Lebensdekade vorhanden, die wir untersuchen konnten. Dabei ist hervorzuheben, daß solche Herzklappengefäße praktisch nur an den Segelklappen und hier auch nur teilweise makroskopisch erkennbar sind. Wir haben bei 35 Fällen von E.v.r. in nur 20 Fällen makroskopisch, jedoch in allen Fällen an Segel- und Taschenklappen mikroskopisch Gefäße gefunden.

Die mikroskopische Untersuchung der *Aortencommissuren* bereitet technische Schwierigkeiten und ist nur am Celloidinschnitt möglich. Dadurch sind leider Azan- und BIELSCHOWSKY-Färbung unmöglich. Darum wagen wir in einem kleinen Teil der Fälle von Brückenbildung zwischen zwei Aortenklappen und Verwachsung ihrer Commissuren keine endgültige Entscheidung, ob hier angeborene Anomalien oder intrauterin oder postnatal erworbene pathologische Veränderungen vorliegen (s. Abschn. A, IV, 4, S. 57). Mikroskopisch finden sich an 52 untersuchten Commissuren im wesentlichen zwei Arten von Veränderungen: 1. Flächenhafte Verwachsung der Außenflächen der Taschenklappen am Klappenrand und abwärts davon mit Verlust des Endothels, Aufquellung und Ödem mit oder ohne Vermehrung kollagener Fasern im Subendothel, praktisch unveränderte elastische Lamelle. 2. Dieselben Veränderungen von Endothel und Subendothel, aber entweder Aufsplitterung der elastischen Lamelle mit Vermehrung elastischer Fasern oder Unterbrechung und partieller Schwund des elastischen Gewebes überhaupt. Zellige Infiltrate aus Lymphocyten sind nur in Ausnahmefällen, neugebildete Capillaren oder dickwandige Gefäße dagegen öfter anzutreffen. Bei beiden Arten zeigt die Grundsubstanz des verdickten Subendothels und auch oft der fibrösen Grundschicht wechselnde Grade von Basophilie. Auch bei Fällen mit klassischer florider E.v.r. haben wir an diesen Stellen nur die Zeichen der E. serosa mit und ohne Warzenbildung, nie aber ein fibrinöses Insudat oder die charakteristische Histiocytenwucherung gefunden.

Wie oben schon ausgeführt (Abschn. A, III, 3, S. 40), entdeckt man mikroskopisch viel häufiger als makroskopisch erwartet *Sehnenfadenverwachsungen*. Nur der kleinere Teil makroskopischer Verdickungen der ganzen Länge oder einzelner Sehnenfadenabschnitte — und zwar dann vorwiegend der klappennahen Abschnitte — erweist sich mikroskopisch als „Quellungssklerose" des Subendothels. In der überwiegenden Mehrzahl erkennt man, daß solche Verdickungen durch das Zusammenwachsen benachbarter dünner Sehnenfäden zu einem Bündel, das von einer neugebildeten Bindegewebshülle umschlossen ist, zustande gekommen sind. Fast stets zeigt der Einzelfaden dann noch erhaltene, aber verfettete fibröse Grundschicht, erhaltene elastische Lamelle und — außerhalb dieser — Quellungssklerose des ehemaligen Subendothels, das nun wie eine Isolierschicht zwischen den Einzelfäden liegt.

Wir wir später bei der E. ulcero-polyposa (S. 176) ausführen, spielt die rheumatische Klappennarbe formalgenetisch eine große Rolle bei der Entstehung der chronischen bakteriellen E. So ist gegeben, daß sich Übergänge zwischen E.v.r. und E. ulcero-polyposa finden. Der Übergang beginnt mit der Ansiedlung von Bakterien auf und in dem fibrinösen Insudat. Makroskopisch lassen sich solche Übergänge nicht entscheiden. Mikroskopisch sind sie nur dann eindeutig zu klären, wenn stärkere Keimbesiedlungen vorliegen. Dann finden sich an der Oberfläche oder in der Tiefe des Fibrins kolonieartige oder wolkige Bakterienhaufen und Degeneration oder Nekrose des Fibrins. Ferner mischen sich mit Bakterien in wechselnder Stärke intakte und zerfallene Leukocyten und an der Oberfläche außerdem Blutplättchen und Abscheidungsfibrin in hauchdünnen Lagen. Alle später nachfolgenden Veränderungen werden bei der E. ulcero-polyposa beschrieben. In unserem Material von 30 mikroskopisch untersuchten Fällen ergab die Klappenhistologie 2mal typisches Rheumarezidiv mit Bakterienkolonien innerhalb der Fibrinbeete, einmal alte Rheumanarbe mit E. verrucosa simplex und Kokkenhaufen. Diese 3 Fälle hatten wir makroskopisch als einfache, keimfreie Rheumarezidive angesprochen. — In diesem Zusammenhang erscheint uns von Bedeutung, daß wir *Embolien* nur in 11 Fällen, nur bei rezidivierender E.v.r. und *nur* bei positivem bakteriologischem Klappenbefund beobachten konnten! — Außer der Kombination von alter Rheumanarbe mit beginnender E. ulcero-polyposa kamen in unserem Material auch 15 Fälle zur Beobachtung (nach der makroskopischen Diagnose) mit Zusammentreffen von E. verrucosa simplex auf alter abgelaufener rheumatischer E. Sie betrafen nur Kranke über 40 Jahre, in 10 Fällen sogar Kranke über 60 Jahre. Die mikroskopische Untersuchung deckte nun noch weitere 5 Fälle auf, die wir makroskopisch als rheumatisches Rezidiv fehldiagnostizierten. Von Interesse ist unter diesen ein Fall einer rezidivierenden rheumatischen Dreiklappenendokarditis mit rheumatischem Rezidiv nur an einer Klappe und E. verrucosa simplex an zwei Klappen! — Als letzte makroskopische Fehldiagnose ergab die Klappenhistologie, daß in 7 Fällen mikroskopisch kein Rezidiv gefunden wurde, obgleich der Obduktionsbefund ein solches vermuten ließ.

4. Bakteriologischer Befund.

Die neuere Geschichte der Bakteriologie der E.v.r. findet in Abschn. C, IV, 2 (S. 159) ihre Darstellung. Wir haben hier nur anzuführen, unter welchen Bedingungen es zur Keimbesiedlung einer E.v.r. kommen kann. Angaben, wie oft wir eine solche in unserem Material angetroffen haben, müssen wir leider weglassen wegen der Häufigkeit agonaler Keimbesiedlung, die wir bei 43 bakteriologisch untersuchten Fällen feststellten. In 4 Fällen beobachteten wir eine aufgepfropfte E. ulcero-polyposa mit positivem Bakterienbefund. Wir müssen auch hier auf Abschn. B, II, 1, S. 84; C, VI, 3, S. 208 verweisen. Schon aus unserer bisherigen Darstellung ist ersichtlich, daß eine solche bakteriele Infektion bei dieser Form der Herzklappenentzündung nur sekundärer Natur sein kann. Nur eine im Verlauf einer rheumatischen Erkrankung auftretende zusätzliche Bakteriämie kann nach Aufbruch eines fibrinösen Insudates über die Klappenoberfläche oder nach Bildung einer Fibrinwarze zur Keimbesiedlung an dieser Stelle führen.

In diesem Zusammenhang möchten wir noch folgende Beobachtungen anführen: nach LAWS und LEVINIE (1933) wurde bei 148 Fällen von rheumatischer Herzerkrankung in 43 Fällen = 29% als Todesursache eine bakterielle E. festgestellt; nach DOCK (1946) starben von Trägern rheumatischer Herzklappenveränderungen 20—30% an E. lenta.

5. Anatomische Bedeutung.

In dem komplexen biologischen Geschehen rheumatischer Erkrankung überhaupt wie einer solchen der Herzklappen steht und fällt die anatomische Bedeutung mit einer möglichst eingehenden morphologischen Analyse. Nach den ausgezeichneten Beobachtungen von TALALAJEW (1929) verdanken wir in Deutschland umfangreiche pathologisch-anatomische Untersuchungen KLINGE (1931/33) und seinen Mitarbeitern. Bezüglich der Herzklappen wurden entscheidende Untersuchungen von den Amerikanern CLAWSON und BELL (1926) sowie GROSS (1936/37) und seinen Mitarbeitern vorgelegt. Die Kenntnis dieser Befunde ist darum von ausschlaggebender Bedeutung.

CLAWSON und BELL (1926) vergleichen in der einen Arbeit 18 Fälle von E.v.r. mit 80 Fällen von subakuter bakterieller E., in einer zweiten Arbeit werden 18 Fälle akuter und 18 Fälle chronisch-rekurrierender E.v.r. mitgeteilt. In der ersten Arbeit wird der proliferative Charakter der Valvulitis hervorgehoben und folgendermaßen gekennzeichnet: „Small masses of fibrin, a little serous exudate and sometimes areas of necrosis are present. The inflammatory process begins within the substance of the leaflet and extents to the surface ...“ (S. 71). Auch in der zweiten Veröffentlichung wird bei den akuten Fällen diese diffuse Lymphocyteninfiltration der ganzen Klappe hervorgehoben. Bei den chronischen Fällen hingegen wird Fibrin nicht mehr erwähnt, sondern nur noch von Hyalin bei frischen und älteren Vegetationen gesprochen. „Dense hyaline material is found constantly on the surface of fresh vegetations.

Some small vegetations consist chiefly of hyalin. It may also be found deep within the substance of the leaflet apart from vegetations. It seems to be chiefly a coagulated exudate and not a product of tissue disintegration. When the hyalin breaks through the endothelium, platelets may accumulate upon it. A platelet thrombus cannot be distinguished from this hyaline material except by its position" (S. 200). — KRISCHNER (1927) beobachtete bei seinen 6 Fällen von E.v.r. „Auflagerungen" (!), die denen bei E. v. s. außerordentlich ähneln, nur in 2 Fällen Fibrinfäden enthielten und sonst aus „feinkrümeligen, nach VAN GIESON gelb bis bräunlich gelb gefärbten Massen" bestanden. Zellwucherung und Klappenverdickung waren gegenüber der E.v.s. bedeutend verstärkt. „. . . die cellulären Vorgänge im Klappengewebe gehen nach Grad und Art weit über das hinaus, was zur Organisation erforderlich ist, und können nicht anders denn als produktive Entzündung gedeutet werden. Daß auch der exsudative Anteil nicht völlig fehlt, zeigt das gelegentliche Auftreten von Fibrin in Fällen mit ausgebildeten Klappengefäßen" (S. 577). — HOLSTI (1928) teilt ganz uncharakteristische Befunde bei 9 Fällen mit: auffallend starke Leukocyteninfiltration, kaum oder wenig Fibrin und Histiocyten, gelegentlich Kokken und Ulceration. — KUGEL und EPSTEIN (1928) konnten 24 Fälle von E.v.r. der Pulmonalklappen untersuchen. 17mal bestand im Annulus eine uncharakteristisch entzündliche Infiltration aus Leukocyten, Lymphocyten und Mononucleären oder ASCHOFF-Knötchen. Von hier aus breitete sich die Infiltration 14mal als Valvulitis in die Klappe diffus aus. In der Klappe selbst 3mal ASCHOFFsche Knötchen und 6 mal verrucae. — DARRÉ und ALBOT (1929) beschreiben bei 5 Fällen eine diffuse Valvulitis mit Lymphocyten und Plasmazellen. An der Oberfläche fanden sie „cellules endothéliales turgescentes" und Epitheloidzellen, in der Tiefe Histiocyten und Palisadenstellung oder unvollständige Knötchen, Erythrocyten und Leukocyten im Reticulum. Und noch weiter in der Tiefe beginnt „la coloration du collagène. D'abord pâle, peu fibrillaise, elle semble gelifiée autour des mailles dessinées par le réticulum" (S. 474). — Die Untersuchungen von TALALAJEW (1929) sind von besonderer Bedeutung, da sie sowohl anatomische wie klinische Gesichtspunkte berücksichtigen. Er unterscheidet 4 Haupttypen und 3 anatomische Entwicklungsstadien: Das erste „exsudativ-degenerative Stadium" zeigt schleimiges oder „myxomatöses Ödem" mit diffuser basophiler Verfärbung, „Ausfallen einer feinen basophilen Granulation . . . Basophilie des kollagenen Fasergewebes", mit Verquellung und Homogenisierung der kollagenen Fasern, mit vereinzeltem Faseruntergang. Das zweite oder „proliferative Stadium" ist gekennzeichnet durch Proliferation mit nachfolgendem Untergang der proliferierenden Zellen durch fibrinöses Exsudat oder durch „fibrinöse Umwandlung der kollagenen Substanz". Als drittes Stadium folgt die „rheumatische Sklerose". — PERLA und DEUTSCH (1929) fanden bei klassischer E.v.r. im linken Vorhof: „Just beneath the endothelium is an accumulation of fibrin" (S. 47) und in der Aortenintima: „There is a loss of the lining endothelium and the intima is replaced by a broad layer of fibrin" (S. 48). — Von KLINGE (1932, 1933) stammen ebenfalls zwei Veröffentlichungen über E.v.r. In der ersten unterscheidet er im akuten Stadium zwei Arten von Wärzchen „durch Auflagerung von thrombotischen Massen" und durch „ödematöse, schleimige, hyaline, fibrinoide" Umwandlung des Klappengewebes und betont, daß diese beiden klassischen Formen „nur Ausnahmen sind". Eine scharfe Unterscheidung der E.v.r. von anderen Formen der E. „ist ein Trugschluß". Wenn auch „Verquellungen des Bindegewebes viel deutlicher und viel mehr das Bild beherrschen", so „handelt es sich nicht um wesensverschiedene, sondern um den *Grad* der Schädigung nach voneinander abweichende Formen der Klappenentzündung". Auch im granulomatösen Stadium fand er noch ödematöses Grundgewebe, nur noch Reste von Fibrinoid, „palisadenartigen Zellkranz", ASCHOFFsche Knötchen. In seiner zweiten Darstellung spricht er im akuten Stadium von „herd- und streifenförmigen Verquellungen des Klappengewebes", „Durchsetzung mit Wanderzellen", worunter er Leukocyten versteht. Im granulomatösen Stadium hebt er hervor, daß Knötchen „viel seltener anzutreffen sind als die diffusen Zellwucherungen" (S. 51). — v. ALBERTINI (1933) schildert in einem großen Übersichtsvortrag: „Unter Endocarditis rheumatica versteht man im allgemeinen eine chronisch fibröse E. verrucosa mit den klassischen Knötchen auf den Klappen." Bei frischem Rezidiv fand er: „Das Endothel fehlt, von der Basis dringen vermehrte große Fibroblasten in den Fibrinpfropf ein." „Die akute rheumatische E. muß . . . als E. fibrinosa bezeichnet werden und ist besonders gekennzeichnet durch die starke histiocytäre Wucherungstendenz . . ." „Diese frische rheumatische E. fibrinosa ist der E. lenta (bei „Sepsis" lenta) außerordentlich ähnlich. . . . In der fibrinösen E. erblicken wir eine besondere Entzündungsform, die sowohl für den rheumatischen Infekt wie auch für die Lenta charakteristisch ist." — In weiteren Arbeiten (1935, 1947, 1950) teilt er Übergangs- und Kombinationsformen von E.v.r. und E. lenta mit, über die wir bei letzterer später (S. 188) berichten. Hier möchten wir nur entnehmen, daß er die große Ähnlichkeit der histiocytären Gewebsreaktion bei beiden E.-Formen besonders betont. Danach hat die „histiocytäre-rheumatische Klappenreaktion die Fähigkeit, Bakterien zu phagocytieren und zu verdauen . . ." (S. 21). Diese Reaktion wird als hyperergisch und als unspezifisch, wie als Immunitätsreaktion aufgefaßt. „Das Auftreten der rheumatischen (histiocytären) Gewebsreaktion ist also offenbar nicht von einer spezifischen Art des Infektes, sondern vielmehr von der Abwehrlage des Makroorganismus und der Virulenz der Keime abhängig" (S. 24). — Auch bei den Befunden an 5 Fällen von E.v.r., die LIEBER (1933) mitteilt, stehen Ödem, bandartige Quellungsherde an Klappen und Sehnenfäden sowie „unspezifische Zellinfiltrate" im Vordergrund. Daneben beschreibt er „nekrotische Hyalinschicht" oder „hyaline Schicht, über der dünnschichtig Plättchen und Fibrin liegen". Darunter palisadenartige Histiocyten, die von ASCHOFFschen Knötchen unterbrochen sind. Die Thrombenbildung ist sekundär und unbedeutend. Alle Klappen waren vascularisiert. — JAFFÉ (1933) vergleicht die E.-Formen und stellt sie einander gegenüber auf Grund der Untersuchung von 35 Fällen mit besonders eingehender Histologie bei 6 Fällen von E. lenta. Er beobachtete folgende Morphogenese: Endothelschwellung, Kernschwund, Nekrose; dann Zellschwellung im Subendothel, Zellvermehrung, Palisadenstellung; dann Verschmelzung von Oberflächennekrose mit Plättchenabscheidung. Entgegen LEARY hält er die Zellpalisade nicht für spezifisch für E.v.r. Den Entstehungsmodus der Wärzchen führten wir oben schon an. Er beschreibt nach dem Quellungsvorgang Capillaren und Riesenzellen, im Gegensatz zur E. lenta bei der E.v.r. keine Warzennekrose, sondern Vernarbung. Später schränkt er den Nekrosevorgang für die E.v.r. ein: „Das hyaline Material, das sich an der Oberfläche findet, besteht zum großen Teil aus geronnenem Exsudat und ist nicht ein Produkt des Gewebszerfalls" (S. 389). — ASCHOFF (1934) lehnt beim spezifischen infektiösen Rheumatismus „die zentrale Quellung des Bindegewebes", die Annahme, „daß alle rheumatischen Knötchen nur ein Reaktionsprodukt auf eine primäre Schädigung der Grundsubstanz sind" (S. 8), eine Beziehung zu Streptokokkeninfektionen, die Annahme einer spezifischen oder unspezifischen Allergie ab und widerspricht KLINGE und v. ALBERTINI. „Ich muß solchen Schlußfolgerungen um so mehr Kritik entgegensetzen, als die rheumatische Endokarditis als eine fibrinöse Endokarditis bezeichnet wird, was ganz und gar nicht der Fall ist" (S. 11). Unter Bezug auf LIEBER ist für ihn die Knötchenbildung im Klappengewebe das Primäre und Wichtigste, der dann ein „richtiger Plättchenthrombus" folgt. „Ob der rheumatischen Endokarditis eine Sensibilisierung vorausgeht, wissen wir nicht. Für die Entwicklung der thrombotischen Niederschläge an den Schließungsrändern der Klappen genügen schon die vielfach nachgewiesenen krankhaften Veränderungen des Klappengewebes selbst durch Einlagerung von rheumatischen Knötchen" (S. 21). Er lehnt auch Vergleiche mit den Befunden bei Serumtieren und einen Vergleich mit experimentell erzeugter infektiös-toxischer E. ab. — ALBOT und MIGET (1935) nehmen gleichartige initiale Stadien aller E.-Formen an: Stets Valvulitis ähnlicher Morphologie mit lokalisierter Entzündung aus Histiocyten im lockeren subendothelialen Gewebe. Nach Ödem und Fibrillendissoziation bei noch intaktem Endothel folgen bei der E.v.r. ASCHOFFsche Knötchen, dann erst Endothelreaktion, Zellschwellung, Nekrose. — Die umfangreichsten Untersuchungen an 97 Rheumaherzen und 40 Kontrollherzen stammen von GROSS und FRIEDBERG (1936). Sie zeichnen sich aus durch Gruppeneinteilung nach der Dauer der Erkrankung (1 Jahr, 2 Jahre usw. nach erster rheumatischer Erkrankung), durch eingehende makroskopische und mikroskopische Beschreibungen. Ihre wichtigsten Befunde sind folgende: Als häufigste erste Veränderung fanden sie bei der 1. Gruppe (Tod während der ersten rheumatischen Attacke) eine diffuse Klappenverdickung, mikroskopisch vom Annulus bis zum Klappenrand Ödem, Infiltration und „Hypercapillarization". Diese mikroskopische Befundtrias betrifft zuerst und auffallend stark den Annulus und das ganze Herzskelet, d. h. die Annuli aller Klappen durch Übergreifen der rheumatischen Entzündung von der Muskulatur oder (bei Aorta und Pulmonalis) von der Gefäßwand auf Herzskelet oder Annuli. Von hier aus entsteht eine diffuse „Valvulitis" mit Verdoppelung einzelner Klappenschichten und Infiltration auch der fibrinösen Grundschicht in allen Fällen. Erst danach entstehen die Wärzchen, folgt „proliferation of local fixed cells". Im chronischen Stadium folgt „excessive collagen formation". Bei der Besprechung heben sie hervor, daß die Wärzchen zuerst an der Schließungslinie auftreten und spätere Wärzchen an den durch Verdickung und Verunstaltung der Klappen verschobenen und neugebildeten Schließungslinien: „... that anatomical and architectural factors in the vascularization of the valve determine the site of formation of these verrucae" (S. 900). Da Warzen sowohl in ihrer Gruppe 5 und 6 wie auch an sicher gefäßfreien Klappenabschnitten und Sehnenfäden vorkommen, nahmen sie an, „that a toxic or irritative process extended from the ring (annulus) through the valve leaflet into the tip" (S. 901). ASCHOFFsche Knötchen wurden mit Ausnahme der 1. (akute Erkrankung) und 6. Gruppe (inaktive Fälle) zahlreich gefunden. — Aus der großen Arbeit von GROSS und FRIED (1937) über die Bedeutung rheumatischer Veränderungen bei bakterieller E. können wir hier nur die für E.v.r. charakteristischen Befunde heranziehen. Zunächst ist ihre Feststellung wichtig: „... the typical rheumatic verrucous mass is not of platelet structure." Als typisch bezeichnen sie das Vorliegen von Vorhofendokarditis, Vascularisation des Klappenringes und der Fibrosa durch muskelhaltige Gefäße, das gleichzeitige Betroffensein von Aortenklappen und Mitralis wie Verdickung sowie „aortic commissural fusion". — GROSS und SILVERMANN (1937) verglichen die Commissuren der Aortenklappen bei 50 normalen Herzen mit 61 Fällen von

Rheumatismus. Nach ihrer Feststellung ist die sog. „commissural agglutination . . . the most conspicuous gross lesions" bei E.v.r. Ihre in 6 Gruppen eingeteilten Fälle zeigen mikroskopisch Zunahme der Capillaren, perivasculäre Infiltrate, Vernarbung und bei längerer Erkrankung auch muskelhaltige Gefäße. Uns erscheinen jedoch weder Abbildungen noch Beschreibung beweiskräftig für das Vorliegen sicherer rheumatischer Entzündung. — CLAWSON (1940) bringt eine Analyse von 796 Fällen. Er vertritt in Gegensatz zu seinen früheren Arbeiten mit BELL (s. dort), daß die Infektion der Herzklappe sowohl vom Blutstrom wie von den Kranzgefäßen aus erfolgt, daß die Entzündung primär proliferativen Charakter zeigt, außerdem eine hyaline Substanz vorkommt. — HALL und ANDERSON (1943) weisen auf die Schwächen der makroskopischen Herzklappendiagnostik hin. Sie fanden mikroskopisch in über 90% rheumatische Narben in Herzen, die makroskopisch als nicht-rheumatisch angesprochen werden mußten, und bei denen auch anamnestisch kein Anhalt für Rheuma bestand. — Die Untersuchungen von KOLETSKY (1946) an 150 Herzen über die Vascularisation der Segelklappen „. . . as a stigma of rheumatic heart disease" haben wir in Abschn. A, III, 5 (S. 45) schon referiert. — Im amerikanischen Schrifttum finden sich zahlreiche statistische und anatomische Angaben über rheumatische Herzklappenentzündung im Alter (CLAWSON, COHN und LINGG 1943, ROSENTHAL und FEIGIN 1947, EGGLESTON 1947, BAKER und MUSGRAVE 1947, KAUFMAN und POLIAKOFF 1950, SPRAGUE und CARMICHAEL 1950). SPRAGUE und CARMICHAEL (1950) berichten über nicht weniger als 1025 Sektionsergebnisse von Kranken über 50 Jahre. Auffallend war der geringe Prozentsatz von Fällen mit sicherer oder klassischer rheumatischer Anamnese oder rheumatischer Erkrankung in der Jugend. Als makroskopische Kriterien galten: Verkürzung, Verdickung und Verwachsung von Sehnenfäden, Klappenvascularisation und Einrollen des Klappenrandes, Verwachsung der Aortenklappencommissuren, Fleckung des Vorhofendokards links, eventuell typische Wärzchen und ASCHOFFsche Knötchen im Myokard. Die Gruppe mit sicheren anatomischen Rheumanarben ergab 19,59%, die mit wahrscheinlichen Anzeichen 16,18% der Fälle, so daß im ganzen 35,77% der Sektionsfälle mit Anzeichen einer rheumatischen Herzerkrankung vorlagen. — Im Schrifttum der neueren Zeit finden sich wenige Einzelangaben über das Vorkommen rheumatischer Herz- oder Herzklappenerkrankung im *hohen* Alter. Obduktionsbefunde von Kranken zwischen 70 bis 80 Jahren haben CABOT 1926 (3 Fälle), DE GRAFF und LINGG 1935 (6 Fälle), WHITE und BLAND 1941 (3 Fälle), KAUFMAN und POLIAKOFF 1950 (11 Fälle) mitgeteilt. Allerdings scheinen die Autoren E.v. simplex und E.v. rheumatica beim Rezidiv nicht unterschieden zu haben.

Dieser Auszug der Befunde und Ergebnisse verdeutlicht die großen Unterschiede der Beobachtungen wie die nicht minder großen Unstimmigkeiten in der Deutung der Pathogenese der E.v.r., auf die wir oben schon hinwiesen (S. 23). Wir möchten uns bemühen, die kritische Auswertung zu gliedern nach: Morphogenese und Bedeutung der verrucae sowie Morphogenese und Ausbreitung der E.v.r.

1. Morphogenese und Bedeutung der verrucae bei der E.v.r. So alt Beobachtung und charakterisierende Namengebung der rheumatischen Endokarditis als einer mit Warzenbildung einhergehenden Herzklappenerkrankung sind, solange ist der Entstehungsmodus dieser Warzen unklar geblieben oder falsch beurteilt worden. Die reinliche Trennung von Gewebswarze und Abscheidungsthrombus in morphogenetischer, zeitlicher und begrifflicher Beziehung unterblieb, wie wir oben ausführten (S. 23). Sie unterblieb, obwohl schon die klassischen Beschreibungen von KÖNIGER (1903) und die Handbuchdarstellung von RIBBERT (1924) die *innergeweblichen* Abscheidungen und Änderungen der Grundsubstanz eingehend schilderten. Schon 1926 haben CLAWSON, BELL und HARTZELL klar herausgestellt und vorzüglich abgebildet, daß ein exsudativer Prozeß mit serösem und später coaguliertem Exsudat „in der Klappensubstanz" vorliegt und erst sekundär sich zur Klappenoberfläche hin entwickelt. Ebenso erkannte TALALAJEW schon 1929 klar als erstes Stadium *exsudative* Veränderungen im Gewebe mit Verquellung. Später wurden die als Nekrose, Fibrin, Fibrinoid, Hyalin, eosinophilic degeneration an der Klappenoberfläche beschriebenen Bezirke allein in den Vordergrund gerückt und unter ihrer bevorzugten Bewertung diese älteren Befunde und Ergebnisse vergessen. Es waren dann KLINGE (1931—1933) und seine Schule, die auch für diese sekundären Veränderungen einmal die Bezeichnung „Verquellung" benutzten und von „herdförmigen oder streifig *fibrinoiden* Verquellungsbezirken" sprechen. Zum andern reihten sie diese nachfolgenden Erscheinungen als erste in das akute Stadium ein, „zugleich" mit „einer Durchsetzung mit Wanderzellen ... sowie einer Wucherung der ortsansässigen Gewebszellen" (KLINGE: S. 48). KLINGE erkennt im akuten Stadium weiterhin das Vorkommen von Gewebswarzen und Thrombuswarzen an (S. 347). Stärker bei dem Gefäßrheumatismus betont und begründet er die wechselnden Übergänge der Entwicklungsstadien, stärker bei dem Klappenrheumatismus die Unmöglichkeit, eine scharfe Grenze zwischen den einzelnen Formen der E. zu ziehen. Auf Grund unserer eigenen Untersuchungen erscheint es *uns* geboten,

1. die Stadiengrenzen wieder aufzurichten,
2. die Thrombuswarze nicht nur aus dem akuten Stadium, sondern aus dem Formenkreis der E.v.r. ganz zu streichen und
3. durch Vergleich mit anderen E.-Formen nach der Bedeutung der Gewebswarzen in der Morphogenese der E.v.r. zu fragen.

Wir glauben, über ausreichende histologische Belege und Schrifttum zu verfügen, daß bei der E.v.r. im *1. Warzenstadium* eine seröse Entzündung gleicher Art vorliegt, wie wir sie als E. serosa angeboren, in den ersten Lebensmonaten und -jahren angetroffen und beschrieben haben, ohne daß hierbei anamnestische, klinische oder anatomische Beziehungen zum Rheumatismus erkennbar waren. Wir können weiter durch eigene histologische Befunde wie Schrifttumsnachweise (S. 140) aufzeigen, daß im *2. Warzenstadium* eine fibrinöse Entzündung gleicher Morphologie auftritt, wie sie als E. verrucosa simplex von uns gekennzeichnet wurde, wie wir sie auch später bei der E. granulomatosa polyposa antreffen werden. Nach unserer Anschauung sind demnach 1. und 2. Warzenstadium zwar dem akuten exsudativen Stadium nach TALALAJEW zuzurechnen, aber vielleicht besser als akutes *in*sudatives Stadium zu bezeichnen. Wohl sind diese 2 Warzenstadien als „charakteristisch" für rheumatische E., *nicht aber* als „spezifisch" anzuerkennen. Denn das 1. Warzenstadium finden wir auch bei zahlreichen Kleinstkindern und Jugendlichen, das 2. Warzenstadium im Gefolge zehrender Krankheiten bei alten Leuten. Folglich sind Warzenstadium 1 und 2 = seröse und fibrinöse Entzündung = Endocarditis serosa et fibrinosa nur *akute Durchgangsstadien* der rheumatischen Erkrankung und der E.v.r. und diese noch nicht selbst. *Erst das Hinzukommen des „proliferativen Stadiums" gestattet die Diagnose und entscheidet das Vorliegen einer rheumatischen E.!* Unser Ergebnis ist also, daß erst diese morphologische Symptomentrias als Beweis einer E.v.r. gelten kann. Dies hat die rheumatische Entzündung gemein mit allen übrigen Granulomatosen.

2. Morphogenese und Ausbreitung der E.v.r. Wenn nach unseren Befunden die seröse und die fibrinöse Warze als unspezifische Vorstadien der für den rheumatischen Gewebsschaden (KLINGE) spezifischen Histiocytenwucherung zu gelten haben, dann beginnt die eigentliche Morphogenese der rheumatischen Entzündung erst mit dieser Zellreaktion. Dann zwingt die von uns als wichtig erachtete Grenzziehung zwischen den Stadien zur Annahme eines zusätzlichen Reizfaktors, der bei der E.v.r. für das Auftreten der Histiocytenwucherung verantwortlich zu machen ist, und der in Gegensatz hierzu bei der E. serosa und E. verrucosa simplex fehlt. Bis zum „Stadium proliferativum" können die auslösenden Faktoren gleicher Art sein. Erst dieses Stadium stellt den Wendepunkt dar, leitet ein und unterhält Histiocytenwucherungen, die — wie KRISCHNER (1927) hervorhebt — viel ausgedehnter sind, als für die Organisation einer Warze erforderlich wäre. Sie können darum nicht als einfache Organisationserscheinungen gelten. Trotzdem sind sie überwiegend gebunden an das flächenhafte seröse oder fibrinöse Insudat, in dem der obengenannte zusätzliche Reizfaktor zu suchen ist. Bezüglich dieser Lokalisation der wuchernden Histiocyten herrscht im Schrifttum Übereinstimmung. Wir sehen darin einen Hinweis, daß die auslösenden Ursachen denselben Insudatweg nehmen wie die der serösen und fibrinösen Entzündung. Danach bildet die angeführte morphologische Symptomentrias auch eine morphogenetische Einheit.

Diese aus unseren morphologischen Befunden sich ergebende Auffassung von der Morphogenese der E.v.r. steht in Widerspruch zu den Befunden und Anschauungen des amerikanischen Schrifttums. Clawson und Bell (1926), Kugel und Epstein (1928), Gross und Friedberg (1937), Darré und Albot (1929) schildern sämtlich als Primärstadium eine *diffuse Valvulitis* mit Infiltraten aus Lymphocyten und Plasmazellen, seltener Granulocyten. Sie beobachteten ferner, daß die celluläre Entzündung ihren Ausgang nimmt vom Klappenring (= Annulus) und von hier aus auf die eigentliche Klappe übergreift bzw. fortschreitet. Sie betonen ferner, daß meistens das ganze sog. Klappenskelet, d. h. die annuli mehrerer Klappen gleichzeitig erkranken. Außer einer primären Infiltration wird auch vermehrte Capillarisation der Klappenringe beschrieben, die die Anfänge der späteren Klappenvascularisation darstellt. Nach dieser Darstellung schreitet die in der Klappentiefe beginnende diffuse Entzündung zur Klappenoberfläche fort und erzeugt hier — in zeitlicher Folge — sekundär die Wärzchen.

Wie ist dieser Gegensatz nicht nur zu unseren eigenen Befunden, sondern zu allen des deutschen Schrifttums zu erklären? Zunächst möchten wir auf das eben schon angeführte, uns wichtig erscheinende Ergebnis unseres Literaturstudiums hinweisen, daß die Morphogenese der E.v.r. „bis heute und wohl auch zukünftig in ihrem Initialstadium ausschließlich am akuten *Rezidiv* studiert wurde und werden kann" (S. 131). Auch die frühesten Stadien einer E.v.r., die die amerikanischen Autoren untersuchten, zeigten nach ihrer Befundwiedergabe Klappenvascularisation mit dickwandigen Gefäßen: so bei Clawson, Bell und Hartzell, bei Gross und Friedberg. Nach unseren Beobachtungen ist eine vascularisierte Herzklappe niemals ein „frühes" Stadium einer Klappenentzündung. Nach unseren Ergebnissen folgt eine Gefäßneubildung als proliferativer Vorgang einem exsudativen bzw. insudativen stets nach. — Aber es steht bei unserer kritischen Betrachtung ja nicht nur die Vascularisation zur Diskussion, sondern auch die von uns nie beobachtete diffuse Valvulitis. Ferner müssen wir unserem Einwand, daß die amerikanischen Forscher keine Primärstadien untersuchten, sondern Rezidive, selbst entgegenhalten, daß auch die deutschen Autoren nur Rezidive untersuchen konnten! Hier kann nur persönlicher Vergleich der histologischen Befunde und spätere vergleichende Forschung eine Klärung bringen, ob Fehldiagnosen oder geographische oder zeitbedingte Unterschiede vorliegen.

Unser Literaturergebnis, daß dem Pathologen und vor allem Histologen ein wirkliches „Primärstadium" rheumatischer Herzklappenentzündung immer entgeht, wiegt gleich schwer in der morphogenetischen Befundauswertung wie unser weiteres Ergebnis, daß die E.v.r. sich aus unspezifischen Vorstadien entwickelt. Wir sehen in diesen beiden Gegebenheiten die Ursache dafür, daß manche Untersucher die Grenze zwischen den einzelnen E.-Formen fallen lassen und nur von Grad- und Intensitätsunterschieden sprechen. Wir glauben, daß der weiteren Forschung gerade bei der E.v.r. durch solche Grenzverwischung nicht gedient ist.

Wir haben oben (S. 143) der Einteilung von Talalajew (1927) beigepflichtet, daß die E.v.r. mit einem exsudativen oder besser insudativen Stadium beginnt. Das zweite bezeichnet Klinge teilweise (1932/33) als Stadium granulomatosum, teilweise als Stadium proliferativum. Wir haben in unserem Material nie ein echtes oder eine Art von Granulationsgewebe vorgefunden, ebensowenig Aschoffsche

Knötchen. Ob auch dies geographisch oder zeitbedingt ist, müssen wir offen lassen. Wir können heute dieses zweite Stadium der Histiocytenvermehrung ebenso wie Talalajew (1927) nur als „proliferatives Stadium" bezeichnen. Wie oben schon angedeutet, verlegen wir die Klappenvascularisation zeitlich in dieses Stadium. In Abschn. A, III, 5 (S. 44) haben wir auf die regelmäßige Zugehörigkeit solcher Herzklappengefäße bei der E.v.r. und ihre dadurch bedingte differentialdiagnostische Bedeutung hingewiesen. Dabei entscheidet nicht der makroskopische Befund, sondern nur die mikroskopische Untersuchung über das Vorhandensein von Blutgefäßen!

Die anatomische Bedeutung der *Verwachsung der Aortencommissuren* hat uns lange Zeit große differentialdiagnostische Schwierigkeiten gemacht aus folgenden Gründen: 1. Ihre Häufigkeit ist so groß, ja, das Vorkommen ab Mitte der 20er Jahre fast die Regel, daß es eine Ausnahme bedeutet, wenn man im mittleren Lebensalter nicht wenigstens an einer Aortenklappe solche Brückenbildung zur benachbarten Taschenklappe registrieren muß. Folgen wir der Darstellung und Auffassung von Gross und Silvermann (1937), dann sind alle solche Commissurenverwachsungen Zeichen einer abgelaufenen E.v.r.! Dann hat in Deutschland fast jede Aortenklappe eine rheumatische E. durchgemacht. — 2. Als initiale oder frische Veränderungen haben *wir* bei der mikroskopischen Untersuchung von 52 Aortencommissuren ausschließlich Ödem und seröse Entzündung des Subendothels oder der fibrösen Grundschicht und nie die Zeichen einer E.v.r. gefunden, und dies vorwiegend bei Jugendlichen unter 20 Jahren. Ob auch hierbei geographische Unterschiede vorliegen, können wir nicht beurteilen. Als alte Narbenstadien solcher Verwachsungen beobachten wir in einem Teil der Fälle Zerstörung der Elastica und Gefäße, also Befunde, die durchaus einer rheumatischen Klappennarbe entsprechen. — 3. Aus Häufigkeit und mikroskopischen Befunden wagen wir eine endgültige Entscheidung nicht zu treffen und nehmen vorläufig an, daß die Verwachsung der Aortencommissuren sowohl durch eine E. serosa allein wie durch eine E.v.r. zustande kommen kann.

Dieselbe Bedeutung erkennen wir den *Sehnenfadenverwachsungen* zu. Auch hier — und beim stetigen Fehlen von Gefäßen in weit höherem Prozentsatz — ist uns der Nachweis ihrer rheumatischen Genese weder früher (1934) noch jetzt gelungen. Für E.v.r. charakteristische Befunde haben wir nur bei floridem Rheumarezidiv und *nur* klappennahe als in continuo übergreifende rheumatische Entzündung angetroffen. Bei der ungewöhnlich großen Häufigkeit solcher Verwachsungen nehmen wir hier mit größerer differentialdiagnostischer Sicherheit als bei den Aortencommissurenverwachsungen an, daß ihre rheumatische Entstehung nur in den Fällen gerechtfertigt erscheint, in denen die zugehörige Segelklappe gleichzeitig sichere rheumatische Narben erkennen läßt.

6. Hauptkrankheit oder Begleiterkrankung.

Für Kliniker wie Pathologen gleich wichtig ist die Kenntnis, daß sogar am Sektionstisch nur etwa die Hälfte der Fälle von E.v.r. als Hauptkrankheit gelten kann. Als Beleg bringen wir einige Zahlen unseres Materials. Nach dem makroskopischen Sektionsbefund konnten von 60 Fällen einer E.v.r. folgende als Hauptkrankheit gelten: unter 5 akuten Fällen 4, unter 47 rezidivierenden Fällen 30, unter 9 abgelaufenen Fällen 3; das sind zusammen 37 Fälle. Von den 23 Fällen, bei denen die E.v.r. nur als Begleiterkrankung angesprochen werden konnte, wurde als Hauptkrankheit eingesetzt: 7mal Geschwülste, 9mal Gefäß- und Nierenerkrankung, 3mal Lungenerkrankung usw. Nicht weniger als 14 dieser Fälle gehören zur Gruppe der chronisch-rezidivierenden E.v.r. Daraus geht hervor, daß sich sowohl eine Kombination so heterogener Erkrankungen wie auch das Wiederaufflackern einer rheumatischen Entzündung während einer Geschwulstbildung usw. nicht ausschließen. Diese Feststellung erscheint uns für alle kausalgenetischen Erwägungen beim Rheumatismus von Bedeutung.

7. Mitbeteiligung anderer Organe.

Es kann hier nicht unsere Aufgabe sein, die Generalisierung des Rheumatismus oder die Beteiligung der Herzklappen bei den verschiedenen Erscheinungsformen (polyarthritischer, visceraler und peripherer Typ) zu besprechen. Wir verweisen hierzu auf die verschiedenen monographischen Darstellungen von ASCHOFF (1934), GRAEFF (1936), KLINGE (1933), SWIFT (1944), COBURN (1931). Wir beschränken uns hier auf das Herz: Herzmuskel, Herzhäute und Kranzgefäße. Die Frage, ob und in welchem Ausmaß sowie in welcher zeitlichen Beziehung eine E.v.r. mit einer *Myocarditis rheumatica* gemeinsam auftritt oder umgekehrt, ist anscheinend noch wenig gestellt und untersucht und noch seltener beantwortet worden.

DENZER (1924) und KLINGE (1933) teilen je einen Erkrankungsfall bei 2- und $3^1/_2$jährigen Kindern mit E.v.r. ohne ASCHOFFsche Knötchen im Myokard mit. KLINGE hebt das als „Besonderheit für das Kleinkind" hervor, da „gerade dieses Alter den visceralen Typ bevorzugt" (S. 224). Nach KLINGEs Darstellung (KLINGE S. 42f.) sind bei hochfieberhaftem Gelenkrheumatismus in den ersten Wochen im Herzmuskel nur „rheumatische Frühinfiltrate" und erst ab vierter Woche typische „Zellknötchen" zu erwarten. Weitere Angaben über zeitliches Zusammentreffen von E. und Myocarditis rheumatica haben wir bei KLINGE nicht gefunden. — Wichtig erscheint uns, daß TALALAJEW (1929) einen myokardialen Typ beschreibt *ohne* Klappenveränderungen. — Dagegen beobachteten LIBMAN (1925) in 32%, CLAWSON und BELL (1926) in 78%, GROSS und FRIEDBERG (1936) und GROSS und FRIED (1937) in 21—30% ihrer Fälle von *aktivem Rezidiv* einer einfachen oder mit subakuter bakterieller E. kombinierter E.v.r. das Vorkommen von rheumatischen Granulomen im Herzmuskel. COBURN (1931) verzeichnet in den Schemata anamnestischer und klinischer Symptomatologie (S. 32) in frühester Kindheit nur Perikarditis, in der späteren Kindheit, bei Erwachsenen und im Alter *stets* Herzschmerz *und* Perikarditis. — CLAWSON (1940) beobachtete ASCHOFF-Knötchen im Herzmuskel bei akuter E.v.r. in 67%, bei rezidivierender in 56%, bei rheumatischen Vitien in 10—16%. — Alle diese Angaben betreffen bei allen von uns hier angeführten Untersuchern klassische Fälle von akutem oder aktiv-chronischem rheumatic fever — also ein ganz anderes Beobachtungsgut, als wir zu beobachten Gelegenheit hatten. Unter unserem neuen mikroskopisch untersuchten Material von 35 Fällen befanden sich: a) nur 2 Fälle mit klinischen Zeichen einer Pankarditis, b) nur 9 Fälle mit Rheumatismus in der Anamnese, mit Vitium, aber ohne klinische Zeichen für Rezidiv. Die c) verbleibenden 24 Fälle waren sämtlich ohne Anamnese oder klinisch-rheumatischen Befund oder mit Vitium allein (9 Fälle) und wurden erst bei der makroskopischen oder mikroskopischen Untersuchung entdeckt. Nur die Fälle der Gruppe a) ergaben sämtlich rheumatische Knötchen neben perivasculären Narben im Myokard. In Gruppe b) konnten wir trotz Untersuchung großer Teilstücke nur bei einem Fall spärliche, aber eindeutige Myokardknötchen, aber keine Schwielen finden. Dabei enthält diese Gruppe 5 Fälle mit einer Rheumaanamnese von 5, 6, 8, 10 und 25 Jahren! Ferner befinden sich in dieser Gruppe 3 Fälle mit rezidivierender rheumatischer Dreiklappenendokarditis! Von den Fällen der Gruppe c) zeigten nur 3 Fälle rheumatische Narben. Die Kleinheit dieses Materials ist uns bewußt. Es eignet sich nicht für allgemeine Schlüsse. Es bleibt trotz dieser Einschränkung aber charakteristisch für unsere eigenen früheren (Böhmig und Krückeberg 1934) und jetzigen Beobachtungen und besagt, daß diese von uns (!) in Deutschland anatomisch gefundenen Rezidive einer E.v.r. *ohne* Mitbeteiligung des Myokards und meist ohne klinische Erscheinungen verlaufen. Wir verweisen hierzu auch auf unsere früheren Bemerkungen zur gleichen Frage (Böhmig 9, S. 420; 12, S.684).

Zur Mitbeteiligung des *Perikards* ergab unser Material nur einmal eine rheumatische Entzündung, keinmal rheumatische Narben oder perikardiale Verwachsungen. Auch dies erscheint uns auffallend und ein Gegensatz besonders zu den Angaben von Coburn. Dagegen fanden wir in $^1/_3$ der Fälle eine diffuse oder wenigstens flächenhafte, oft erst mikroskopisch sicher erkennbare Verdickung des *Wandendokards* im linken Ventrikel. Dieses zeigte stark vermehrte kollagene Fasern ohne Kernvermehrung, ohne Histiocyten. Es bestand also ein gewisser Grad von Endokardfibrose, die meist stärker in den Vertiefungen zwischen den Trabekelmuskeln als auf deren Höhe ausgeprägt war. — Hier müssen wir das *Vorhofendokard* anführen, das nach der Untersuchung von Stewart und Branch (1924), MacCallum (1924, 1925) und von Glahn (1926) in dem amerikanischen Schrifttum solche Bedeutung erlangte und in etwa $^1/_3$ der Fälle von E.v.r. betroffen sein soll. Makroskopisch wurden grat- und plaquesartige Verdickungen mit Furchen, mit opaken oder transparenten Beeten beschrieben, die später verkalken können. Histologisch finden sich nach Von Glahn (S. 6) „a band of hyalin material“ direkt unter dem Endothel oder in der elastisch-fibrösen Schicht, Fibrin mit „verruca-like vegetations“ (S. 7) und Histiocyten — also alle morphologischen Kriterien rheumatischer Entzündung. Die Elastica kann zerstört, zerbröckelt oder neugebildet sein. Wichtig ist, daß als beginnendes Stadium auch hier Ödem und interstitielles Fibrin beobachtet werden. — *Wir* haben in vielen Jahren nur zweimal eine so beschaffene Wandendokarditis übergreifend vom hinteren Mitralsegel beobachtet bei Fällen mit klassischem Rheumatismus und Pankarditis. Dagegen haben wir häufig, und zwar in allen Fällen von „Endokardreaktion der Mitralis“ eine von uns sog. *„Riffelung des Vorhofendokards“* gefunden (Böhmig 5, 1936). Wir haben dieser Veränderung weiterhin Aufmerksamkeit geschenkt und 20 Fälle neu mikroskopisch untersucht zur Frage, ob diese Endokardriffelung nicht doch als das Narbenstadium der oben gekennzeichneten rheumatischen Wandendokarditis anzusprechen sei. Für diese Annahme spricht die teilweise Übereinstimmung der Lokalisation an der Vorhofhinterwand und die Histologie. Wir finden im Gegensatz zur rheumatischen Wandendokarditis die Riffelung *nicht* in kontinuierlichem Zusammenhang mit dem hinteren Mitralsegel, sondern getrennt durch unverändertes Wandendokard in wechselndem und oft großem Abstand oberhalb davon (Böhmig: 5, Abb. 2—5). Eine „übergreifende“ Entzündung kann danach nicht vorgelegen haben. Dagegen ähnelt der histologische Befund mit Hyalinose im verdickten Subendothel, mit diffusem Schwund oder Hyperplasie der elastischen Fasern (Böhmig: 5, Abb. 7—9) durchaus dem Bild rheumatischer Narben im Klappenendokard. Wir müssen darum auch heute die Frage offenlassen, ob der Riffelung des Vorhofendokards eine unspezifische oder eine rheumatische Wandendokarditis, dann aber örtlich selbständig und insoweit unabhängig von einer Mitralendokarditis, zugrunde gelegen hat. Auffallend ist, daß wir nicht ein einziges Mal frisch-entzündliche oder proliferative Veränderungen nachweisen konnten.

Eine Mitbeteiligung der *Kranzgefäße* haben wir in unseren Fällen von E.v.r. nicht beobachtet. Wir haben sie allerdings nicht in toto untersucht. Aber bei der regelmäßigen histologischen Kontrolle von jeweils 5 großen (2 × 4 cm) Muskelwandstücken unter Mitnahme von Endokard und Epikard lagen stets zahlreiche Längs- und Querschnitte von Ästen der Coronararterien zur Beobachtung vor.

Sie waren stets frei von akuten, chronischen oder narbigen Veränderungen rheumatischer Genese.

Embolien bei E.v.r. führten wir oben (S. 139) an.

8. Klinische Bedeutung.

Wenn schon der pathologische Anatom Schwierigkeiten hat bei der makroskopischen Diagnose einer rheumatischen Herzklappennarbe, bei der makroskopischen Differentialdiagnose der beiden Erscheinungsformen der E. fibrinosa und der Abgrenzung einer E. serosa von einer E. verrucosa rheumatica — um wieviel schwieriger ist die klinische Diagnose! So ist es nicht verwunderlich, daß nur bei florider rheumatischer Pankarditis Übereinstimmung besteht zwischen klinischem und anatomischem Befund, daß die weit überwiegende Mehrzahl der geringgradigen rheumatischen Klappenrezidive und rheumatischen Klappennarben der Klinik entgeht. Der Kliniker wird darum nie einen verwertbaren Überblick über die Häufigkeit rheumatischer Herzklappenbeteiligung gewinnen können und der Pathologe nur dann, wenn er laufend und ausreichend mikroskopische Klappenuntersuchungen vornimmt. Dem Kliniker wird auch die Mehrzahl der Fälle entgehen, bei denen eine andere Hauptkrankheit als ein Rheumarezidiv im Vordergrund steht (s. S. 146). Auch die anamnestischen Bemühungen der Klinik versagen hier völlig, wie wir immer wieder im Sektionssaal feststellen können. Kliniker und Pathologe müssen auf Grund unserer laufenden Untersuchungen darum zukünftig bedenken, daß geringfügige, auch rezidivierende rheumatische E. viel häufiger sind, als bisher zum Gemeingut ärztlichen Wissens gehört. — Von 5 akuten Fällen einer E.v.r. unseres Materials blieben klinisch 2 Fälle unerkannt; von 47 rezidivierenden Fällen waren 18 klinisch nicht und 26 nur als altes Vitium erkannt; von 9 abgelaufenen Fällen waren 8 klinisch unerkannt, 1 Fall als Vitium erkannt.

Bei dieser Sachlage ist es bedauerlich, welche Vorstellungen und Irrtümer sich in das klinische Schrifttum eingeschlichen haben.

So spricht Edens (1929) bei der E.v.r. von ausgedehnten Klappenzerstörungen und nicht selten embolischen Infarkten (S. 101), von „Steigerung der Bakterienvirulenz" (S. 102) trotz der auch ihm noch offenen Frage einer Bakterienansiedlung oder -wirkung überhaupt (S. 96). In seiner Einleitung steht die rheumatische E. in der Gruppe der gutartigen mit Neigung zur Ausheilung und „mit klinischen Erscheinungen" (S. 98). Das ist sicher nicht zutreffend! — In der ausgezeichneten Darstellung von Frey (1936) wird zwischen E. verrucosa simplex und E.v.r. nicht unterschieden. Wir finden hier auch folgende wichtige Angabe: „Unter 116 Fällen mit autoptisch festgestellter abgelaufener E. fanden sich nur 8 (6%) mit akutem Gelenkrheumatismus in der Vorgeschichte" (S. 223). — Veil (1939) folgt der Einteilung und Darstellung von Aschoff unter Einbau der Ergebnisse von Klinge. Er läßt alle Grenzen offen zum Übergang einer E.-Form in die andere. — Brugsch (1947) teilt in nur zwei Formen ein, faßt E. verrucosa simplex und E. verrucosa rheumatica als eine Einheit auf, läßt aber auch bei dieser Gruppe blande Embolien auftreten.

Als wichtigste Korrektur dieser klinischen Darstellung erlauben wir uns den Hinweis, daß embolische Verschleppung von Klappenmaterial *nicht* zum Bild der E.v.r. gehört und nur bei sekundärer Bakterienbesiedlung eintritt (s. S. 139); daß die E.v.r. klinische Erscheinungen machen *kann* in Gegensatz zur E. verrucosa simplex, daß aber die Mehrzahl der ohne Pankarditis einhergehenden rheumatischen E. anamnestisch und klinisch stumm ist.

Bezüglich weiterer Folgerungen für den Kliniker verweisen wir auf die Darstellung unserer Gesamtauffassung des Rheumatismus in Abschn. F (S. 277).

III. Endocarditis chronica fibrosa (E. chr.).

1. Vorkommen und Häufigkeit.

In Gegensatz zur akuten E.v.r. und E. polyposa ist den chronischen und vernarbenden Herzklappenerkrankungen wenig Interesse entgegengebracht worden.

Von den Klinikern ist hier nur FREY (1936), von den Pathologen sind nur kurze Lehrbuchangaben zu nennen. Das ist aus 3 Gründen verwunderlich und zu bedauern. Erstens stellen diese Klappenfibrosen nach unserer Beobachtung und Erfahrung das Gros aller Klappenveränderungen überhaupt dar neben der E. serosa. Zweitens stellen sie unter Beweis, wie ungemein häufig Klappenentzündungen — wenn auch nicht ganz vollständig — ausheilen können. Und drittens hat die allgemeine Unkenntnis über Vorkommen, Häufigkeit und Bedeutung es mit sich gebracht, daß ganz falsche Vorstellungen sowohl über die Reaktionsfähigkeit der Herzklappen wie über ihre Mitbeteiligung bei Allgemeininfektionen entstanden. Am stärksten hat sich das auf die Statistik ausgewirkt, die bis heute diesen Veränderungen nicht Rechnung trägt und darum ein ganz falsches Bild über die Häufigkeit der Herzklappenentzündungen vermittelt. Eine Teilursache hierfür liegt in der Schwierigkeit der Grenzziehung sowohl zum „Normalen" wie zur chronischen E. verrucosa rheumatica — für uns seit Jahren auch zu den älteren Stadien der E. serosa. Eine weitere Schwierigkeit ist oder war in der Differentialdiagnose gegeben zwischen chronischer Entzündung und Degeneration.

Dieser Sachlage nach bietet das Schrifttum keinerlei Unterlage über die Häufigkeit einer E. chr., und, sofern Angaben vorliegen, müssen sie in Zweifel gezogen werden. Allein eine sorgfältige Sektionsdiagnostik kann zukünftig diese Vernachlässigung ausgleichen. Hierbei ist zu berücksichtigen, daß bislang im pathologisch-anatomischen Schrifttum und auch in den Lehrbuchdarstellungen keine Trennung zwischen E. chr. und E. recurrens einerseits, auch keine solche zwischen E. chr. und „Vitium" mit Ostiumstenose oder Ostiuminsuffizienz andererseits durchgeführt wurde — und anatomisch vielleicht auch nicht durchführbar ist. Das hat dazu geführt, die Existenz einer E. chr. in Frage zu stellen und nur von Klappennarben oder Klappendefekten zu sprechen. Wir werden bei Besprechung der anatomischen Bedeutung hierauf zurückkommen (S. 155).

2. Makroskopischer Befund.

Die E. chr. stellt die größte Gruppe unseres Materials dar und umfaßt nicht weniger als 118 makroskopisch diagnostizierte Fälle (= 39,3% !). Für die vorliegende Darstellung haben wir folgende Unterscheidung und Abgrenzung vorgenommen: Wir bezeichnen als E. chr. nur solche Klappenveränderungen, die makroskopisch mit offensichtlicher Verdickung und nur geringer Klappenverwachsung, ohne Vascularisation, mit Sehnenfadenverdickung und -verwachsung einhergehen und keine sicheren Anzeichen rheumatischer Erkrankung bieten. Starke Klappenverwachsungen wie ausgesprochene Ostiumstenosen haben wir der chronischen E. verrucosa rheumatica zugerechnet. Frischentzündliche Veränderungen in Form winziger Geschwüre oder kleiner Excrescenzen wurden als E. chronica fibrosa recurrens bezeichnet. Damit ist in kurzen Worten der makroskopische Befund gezeichnet, der sich nur graduell von dem Narbenstadium jeder geringgradigen E., gleichgültig welcher Ausgangsform, unterscheidet. Von allen morphologischen Kriterien ist am charakteristischsten die Verdickung, die dieser E.-Form von manchen Forschern die Bezeichnung E. fibroplastica (KAUFMANN 1922) eingetragen hat, um damit die Bindegewebsvermehrung zum Ausdruck zu bringen. Am Klappenrand sind bei den Segelklappen die schwimmhautartigen Gewebsarkaden zwischen den Ansatzstellen der Sehnenfäden geschwunden oder grob verstärkt. Der Klappenrand ist wulstig, aber glatt, zeigt welligen Verlauf, an den Segelklappen mit runden oder ovalen Ausbuchtungen. Auch die Klappenplatte ist deutlich verdickt, oft verworfen (s. BÖHMIG: 13, Abb. 4—6). An den Segelklappen sind die einzelnen Segel oft vergrößert und grenzen sich unscharf gegeneinander ab oder zeigen deutliche schmale Verwachsungen. Nach Maßgabe des Verhaltens der Sehnenfäden sind die einzelnen Segel zwar starrer als gewöhnlich, aber doch gut beweglich. Die Taschenklappen zeigen regelmäßig Verwachsungen der Commissuren auf 2—3 mm ohne nennenswerte Verdickungen an diesen Stellen. Ihre Schließungsleiste ist deutlich verdickt und springt wulstig oder kantig vor. LAMBLsche Excrescenzen sind häufiger an den Aortenklappen; sie werden an der Mitralis meist übersehen. Stets sind die beiden Mitralsegel am stärksten oft ausschließlich betroffen, dann folgen die Aortenklappen. Gleichartige Veränderungen an der Tricuspidalis sind seltener. An der Pulmonalis haben wir sie nie gefunden.

Die makroskopische Differentialdiagnose ist schwierig gegenüber den früher von uns als *Endokardreaktion* bezeichneten Klappenverdickungen (BÖHMIG: 13 1934), d. h. den Stadien derselben (Gruppe 1—3 unserer damaligen Einteilung), die — nach unserer damaligen Kenntnis und Anschauung — noch nicht ausreichend starke Klappensklerose aufweisen, um schon als ,,chronische Endokarditis" bezeichnet werden zu können. Wir verweisen auf die eingehenden differentialdiagnostischen Erwägungen dieser früheren Untersuchungen, da sie heute noch die gleichen sind. Wir kommen auch heute um eine ,,gleitende" Diagnose zwischen ,,Endokardreaktion bzw. Quellungssklerose" und ,,Endocarditis chronica fibrosa" nicht herum, wollen wir sowohl den Befunden selbst wie ihren Gradunterschieden als auch den differentialdiagnostischen Schwierigkeiten nicht Gewalt antun. Jede ,,gleitende" Diagnose ist mißlich, und leicht haftet ihr das Odium der Unsicherheit an. Der Erfahrene muß das in Kauf nehmen. Uns erscheint wichtiger, daß diese geringgradigen Klappenveränderungen überhaupt erkannt, befundet und bewertet und nicht, wie bislang, von der Mehrzahl der Pathologen übersehen oder als belanglos abgetan werden.

Gleiche differentialdiagnostische Schwierigkeiten im makroskopischen Befund liegen vor bei der Abgrenzung der *E. chronica rheumatica*. Auf Grund unseres langjährigen Bemühens und unserer heutigen Kenntnis ist auch hier nur eine ,,gleitende" Diagnose möglich. In Abänderung unserer früheren Anschauung lassen sich geringfügige chronische rheumatische E. bzw. rheumatische Narben von nicht-rheumatischer Endokardreaktion bzw. Quellungssklerose *nicht* unterscheiden. Bei schweren Klappenveränderungen halten nach unserer Erfahrung nur flächenhafte Klappenverwachsungen mit Ostiumstenose und Klappenvascularisation einer makroskopischen Differentialdiagnose stand. Zu dieser Unterscheidung haben uns vergleichende mikroskopische Untersuchungen an erster Stelle, ferner Kontrolle und Vergleich von Anamnese und Klinik, geführt. Wir verweisen bezüglich der Klappenvascularisation auf unsere Darlegung in Abschn. A, III, 5 (S. 44) und auf unsere Befunde bei der E. verrucosa rheumatica (S. 138). Wir haben ferner keine klassische Ostiumstenose der Aorten- oder Segelklappen erlebt, bei der diese für rheumatische Genese sprechenden morphologischen Kriterien nicht vorgelegen hätten. Nur mit Hilfe umfangreicher mikroskopischer Untersuchungen wurde diese Erfahrung gewonnen. Der makroskopische Befund allein reicht für solche Unterscheidung nicht aus.

Auch das *E.-Rezidiv* bereitet makroskopische Diagnoseschwierigkeiten. Und das in zweifacher Hinsicht. Einmal gelingt es nur — wie wir bei der mikroskopischen Befundung zeigen werden — größere oder stärkere frisch-entzündliche Rezidive makroskopisch zu erfassen. Zweitens lassen sich oft die Excrescenzen einer E. verrucosa simplex von einer E. verrucosa rheumatica oder beginnenden E. ulcero-polyposa nicht unterscheiden. Zur Erkennung beginnender Rezidive bedarf es oft der Lupe, um kleine Rauhigkeiten, matte Beschaffenheit, kleinumschriebene glasige Verquellungen oder geschwürige Defekte zu entdecken. Die

Unterfläche der Segel- und die Innenfläche der Aortenklappen dürfen hierbei nicht vernachlässigt werden. Zur Differentialdiagnose der einzelnen Excrescenzen verweisen wir auf unsere Spezialkapitel, bezüglich der Häufigkeit auf Statistik und Tabellen.

3. Mikroskopischer Befund.

Erst eine eingehende mikroskopische Untersuchung zahlreicher Klappenabschnitte offenbart, wieviel Fehler bei der makroskopischen Untersuchung unterlaufen, und wieviel häufiger frischentzündliche Infiltrate einerseits, Gefäße andererseits entdeckt werden, die makroskopisch nicht zu diagnostizieren sind. Eine Fülle von Einzelbefunden liegen in den einzelnen Klappenabschnitten vor, deren Klappenschichten solche Umgestaltung erfahren, daß nur mit oft großer Mühe und unter Anwendung verschiedener Spezialfärbungen eine Orientierung möglich ist. Die größte Hilfe leistet zunächst die Elastica-Färbung in der Grenzziehung zwischen ehemalig oberflächlichen und tiefen Klappenschichten. Ein weiterer Wegweiser sind — so vorhanden — die dickwandigen Gefäße, da diese stets in oder unmittelbar benachbart der elastischen Lamelle zur Entwicklung kommen und zur Orientierung beitragen, sofern die Elastica zerstört oder geschwunden ist. Wir ordnen die folgende Darstellung nach rheumatischer und nicht-rheumatischer chronischer fibröser E. einerseits, nach der Art des Rezidivs andererseits. Die Zahl der mikroskopisch eingehend untersuchten Fälle findet sich jeweils in Klammer (im ganzen: 50 Fälle).

a) E. chr. ohne Rezidiv (8). Das mikroskopische Bild ist charakterisiert durch Verdickung von Klappen- und Schließungsrand mit grober Verunstaltung und meist fortgeschrittener hyaliner Sklerose der einzelnen Klappenschichten. Gefäße werden nicht gefunden. Entsprechend unserer früheren Befundbeschreibung (Böhmig: 15, S. 190) finden sich entweder stärkere polsterartige Verdikkungen der oberflächennahen Schichten, also des Subendothels; oder die tiefen Klappenschichten, besonders die fibröse Grundschicht, zeigen Knoten- und Wirbelbildung oder diffuse Auftreibung. Die einzelnen kollagenen Fasern sind meist in flächenhafter Hyalinbildung aufgegangen. Die elastische Lamelle fehlt in der Mehrzahl der Fälle völlig. An ihrer Stelle finden sich entweder vermehrte parallel verlaufende elastische Faserbündel oder Einzelfasern, die aber im Verlauf vom Schließungs- zum Klappenrand sich verjüngen und allmählich verdämmern. Eine elastische Hyperplasie solcher Art besteht dann nur am Übergang von Klappenplatte zu Schließungsrand und an diesem selbst. Der Klappenrand ist dagegen verarmt an elastischen Fasern oder praktisch frei von solchen. Oder an Stelle der elastischen Lamelle bestehen nur wenige, weit auseinanderliegende feine, meist pinsel- oder büschelartig angeordnete oder auseinanderstrebende dünne elastische Fasern, die dann schon innerhalb des Schließungsrandes verdämmern. Auch scharfumschriebene und begrenzte Unterbrechungen der elastischen Lamelle kommen vor, wie wir schon früher abbildeten (Böhmig: 15, Abb. 9 u. 10). Lymphocyteninfiltrate zeigen nur vereinzelte Fälle und dann spärlich und klein. Histiocyten finden sich in jedem Fall, aber weit verstreut und ebenfalls spärlich. Das Endothel ist in großen Abschnitten der Oberfläche geschwunden und förmlich in der Quellungs- bzw. hyalinen Sklerose untergegangen. Bei Fettfärbung erkennt man nach Stärke und Ausdehnung ganz unregelmäßige Verfettung von Endothel, hyalinen Polstern oder fibröser Grundschicht im Bereich der Klappenplatte und von Sehnenfäden.

b) E. chr. + Rezidiv : E. serosa (10). Hier tritt zu den eben beschriebenen alten Veränderungen der E. chr. nun zusätzlich umschriebene warzenartige oder flächenhafte Ödembildung unter der Oberfläche oder in Klappentiefe (Abb. 71) mit Entkollagenisierung, Kern- und Faserschwund, mit kapitelartiger Verbreiterung der Sehnenfadenabgänge. Die Basophilie der Grundsubstanz kann hier alle Bezirke seröser Entzündung einer Herzklappe oder nur einzelne Abschnitte, oft bevorzugt die fibröse Grundschicht, betreffen. LAMBLsche Ex-

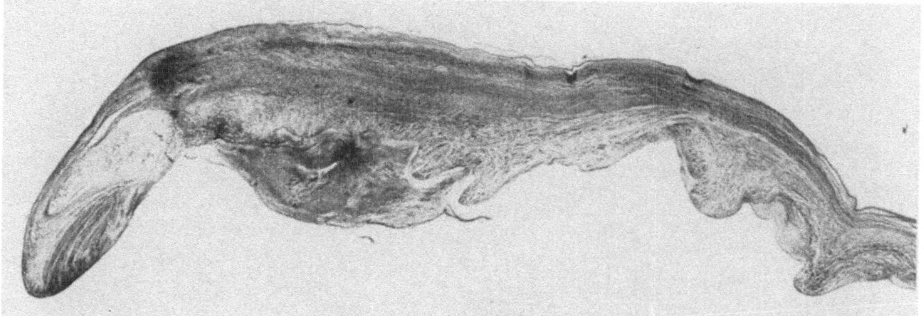

Abb. 71. Tricuspidalis. 77 J., ♀ (E. chronica fibrosa recurrens der Mitralis, E. verrucosa simplex der Aortenklappen). Verdickung besonders des Schließungsrandes durch kollagene Hyperplasie der tiefen Klappenschichten. Hier an der Unterfläche Quellungssklerose im Subendothel. Am Klappenrand dagegen zentral gelegene seröse Endokarditis mit fortgeschrittenem Kernschwund (links). Umschriebene seröse Entzündung an der Unterfläche der Klappe am Übergang von Klappenplatte in Schließungsrand (unten rechts). (8 ×.)

crescenzen sahen wir bei diesen Fällen häufig und meist in der Mehrzahl eines Abschnittes.

c) E. chr. + Rezidiv : E. verrucosa simplex (7). Diese Rezidivform kommt sowohl allein (4) wie in Gemeinschaft mit E. serosa (3) vor. Demnach ist ihr

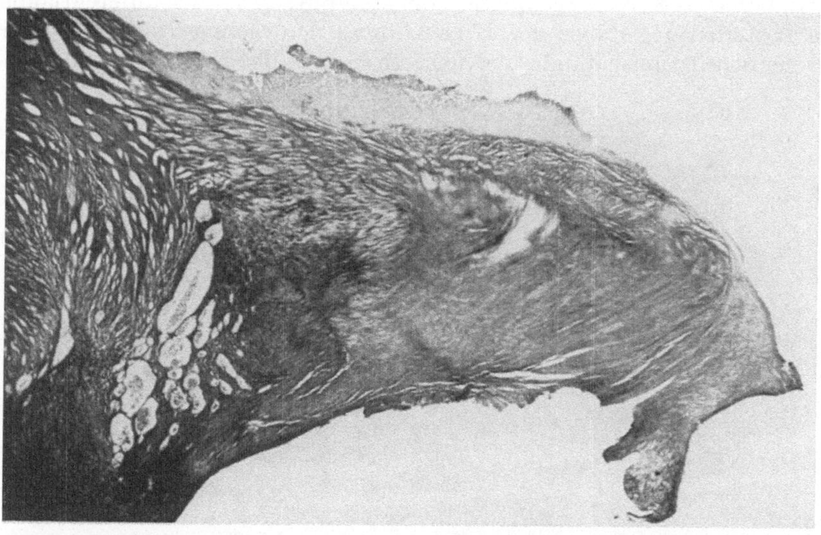

Abb. 72. Mitralis. 66 J., ♀ (Portiocarcinom). Typische Endocarditis chronica fibrosa mit mächtiger schwieliger Verdickung der gesamten Klappenabschnitte und frischem flächenhaftem fibrinösem Insudat an der Oberfläche von Klappenplatte und Schließungsrand. Die vielen Lücken im Klappenbindegewebe sind ein Kunstprodukt durch das Einbettungsverfahren. Keinerlei Histiocytenreaktion an der Basis des fibrinösen Insudates. (30 ×.

Auftreten unabhängig von vorangegangenen Klappenveränderungen. Unter dem noch vorhandenen Endothel — ob auch bei Schwund desselben, wagen wir nicht zu entscheiden — sehen wir amorphes Fibrin in flächenhafter interstitieller Ausbreitung oder als über die Oberfläche erhabene Warze mit und ohne Zeichen der Nekrose (Abb. 72, s. auch Abb. 13, 30, 53, 54, 57). Die Grenze nach der Tiefe ist hier stets auffallend scharf zum hyalin-sklerotischen Bindegewebe, stets ohne jegliche celluläre Reaktion. Wir beobachteten hier in allen Fällen benachbart oder entfernt der fibrinösen Entzündung LAMBLsche Excrescenzen.

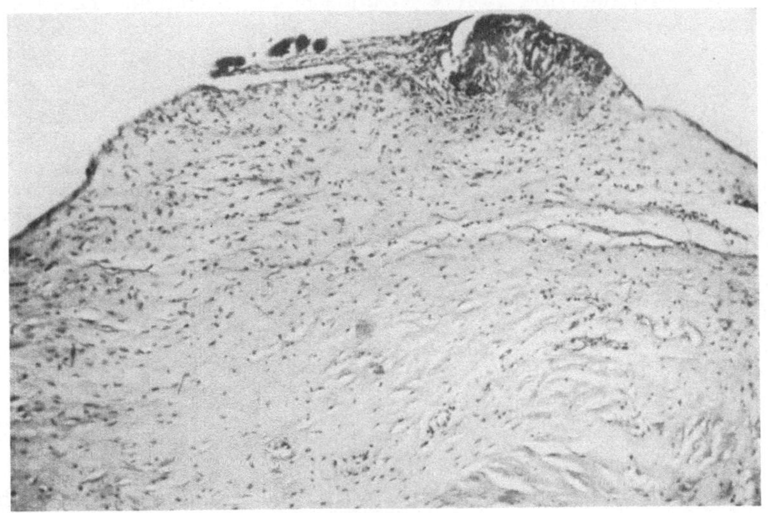

Abb. 73. Mitralis. 34 J., ♂ (Rheumatismus). Warzenartige seröse Entzündung mit beginnendem fibrinösem Insudat ohne Histiocytenreaktion; Beispiel für Endocarditis chronica fibrosa rheumatica mit Endocarditis serosa als Rezidiv. (86 ×.)

d) E. chronica fibrosa rheumatica ohne Rezidiv (6). Als differentialdiagnostische Kriterien gegenüber der E. chr. fibrosa non-rheumatica können wir auf Grund der Schrifttumsbefunde und unserer eigenen Beobachtungen nur das Vor-

Abb. 74. Mitralis. 83 J., ♂ (Arteriosklerose). Mächtige Klappenverdickung mit starker Vascularisation als Zeichen alter rheumatischer Narbe. An der Oberfläche unter intaktem Endothel große Fibrinwarze ohne Histiocytenreaktion. Beispiel für E. chronica fibrosa rheumatica mit E. verrucosa simplex als Rezidiv. (86 ×.)

handensein von meist dickwandigen Herzklappengefäßen und den stärkeren Grad der Klappenhyperplasie anführen (s. Abb. 70). Wie aus dem oben Gesagten hervorgeht, ist uns dabei klar, daß nur die Gefäßneubildung sicher faßbar ist,

Gradunterschiede dagegen nicht. Alle sonstigen Veränderungen sind die gleichen wie bei der E. chr. ohne Rezidiv bzw. Abschn. C, II, C, S. 126.

Um Wiederholungen zu vermeiden, verzichten wir darauf, bei den nun folgenden Untergruppen 5—7 alle Rezidivbefunde zu wiederholen, und führen nur ihre Art in Überschriften auf: e) *E. chronica fibrosa rheumatica + Rezidiv : E. serosa* (3) (Abb. 73). — f) *E. chronica fibrosa rheumatica + Rezidiv : E. verrucosa simplex* (13) (Abb. 74). — g) *E. chronica fibrosa rheumatica + Rezidiv : E. verrucosa rheumatica* (3) (Abb. 69 u. 75).

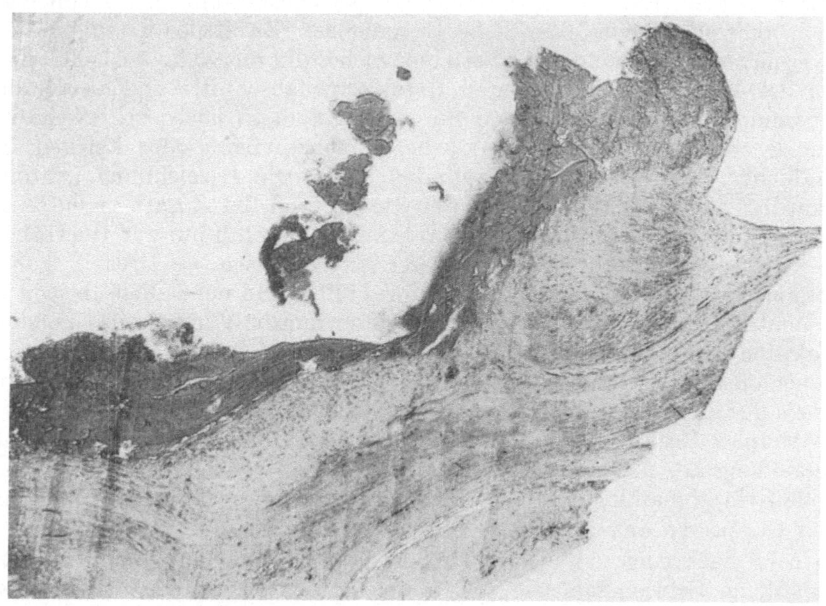

Abb. 75. Mitralis. 75 J., ♀ (Lungentuberkulose). Mächtige Klappenverdickung mit starker Vascularisation als Zeichen alter rheumatischer Narbe. Zusätzlich seröse Entzündung mit beginnender Proliferation der Histiocyten und flächenhaftem fibrinösem Insudat unter intaktem Oberflächenendothel (links). Gleichzeitig Abscheidungsthrombose an der Oberfläche des Klappenrandes (oben rechts). (30 ×.)

4. Bakteriologischer Befund.

Wie oben bei E. verrucosa simplex und E. verrucosa rheumatica müssen wir es uns hier leider aus demselben Grund versagen, statistische Angaben anzuführen über die Häufigkeit positiver bakteriologischer Sektionsbefunde bei den 73 bakteriologisch untersuchten Fällen.

5. Anatomische Bedeutung.

Keine andere Form der Herzklappenentzündung ist zahlenmäßig so häufig vertreten unter den Beobachtungen im Sektionssaal wie die *E. chronica fibrosa recurrens*. Keine andere E. bereitet makroskopisch und mikroskopisch solche diagnostische Schwierigkeiten und erlaubt in vielen Fällen nur eine „gleitende“ Diagnose. So ist vorauszusehen, daß unsere Darstellung, Grenzziehung und Einteilung Kritik hervorrufen wird. Diese wird vielleicht die von uns herausgestellten Unterschiede bagatellisieren und sie in den Sammelbegriff der „Übergangsformen“ einreihen. Bei der makroskopischen Diagnose müssen wir das heute selbst noch tun und einfach von rezidivierender oder rekurrierender E. sprechen. Denn makroskopisch läßt sich die Natur des Rezidivs nicht erkennen, ja oft genug auch nicht die chronische E. rheumatica von der non-rheumatica trennen. Eine solche Vereinfachung und Zusammenfassung als „Übergangsform" steht jedoch dem Pathologen schlecht an, wenn er sie nicht nur als „Notbehelf" anwendet, bis weitere Forschung bessere Differenzierung erlaubt. Zudem hat der Begriff „Übergangsformen" bisher die formale und kausale Genese bei dieser E.-Form verdeckt. Hieraus leiten wir die Berechtigung ab, den mikroskopischen Unterschieden und der sich daraus ergebenden Einteilung eine morphogenetische Bedeutung zuzusprechen. — Einem zweiten möglichen kritischen Einwand möchten wir begegnen, daß die E. chr. *nur* ein Narbenstadium aller möglichen E.-Formen, aber eben keine eigentliche E. mehr sei. Zweifellos ist sie eine Narbe bzw. vernarbende Entzündung, aber eine solche, die *nie* völlig ausheilt. Es liegt nur an der Menge der untersuchten Herzklappenabschnitte und an der darauf zu verwendenden mikroskopischen Sorgfalt, um dann leicht zu erweisen, daß *stets* noch entweder Reste entzündlicher Erscheinungen oder Zeichen frischentzündlicher Veränderungen aufzufinden sind. Die Bezeichnung „chronische Endokarditis" besteht also durchaus zu Recht, und der Zusatz „recurrens" ist in diesem Sinn eigentlich überflüssig. Wir verwenden ihn nur zur Hervorhebung schon makroskopisch erkennbarer neuerer Excrescenzen. — Drittens kann der E. chr. abgesprochen werden, als Sonderform unter und neben den übrigen Herzklappenentzündungen zu gelten. Ist sie doch oft nur die Vorstufe, das Vorstadium einer akuten oder chronischen bakteriellen E. oder einer fibrinösen E., stellt sie doch auch oft nur das Endstadium einer E. rheumatica dar. Der von uns geführte Nachweis der so verschiedenen Rezidivformen, z. B. eines E. serosa- oder E. verrucosa simplex-Rezidivs auf und bei E. chronica fibrosa rheumatica, zeigt die Sonderstellung an. Gerade die morphologische Analyse einerseits und dann die klinische Symptomatologie des „Vitiums" andererseits rechtfertigen, sie von den übrigen E.-Formen abzugrenzen.

So sehr nachteilig die Notwendigkeit einer „gleitenden" makroskopischen Diagnostik im Sektionssaal wie auch dem Kliniker gegenüber ist, so schwierig auch oft die mikroskopische Entscheidung zwischen *noch* „Quellungssklerose" oder *schon* „geringfügiger E. chr." — der „entzündliche" Charakter, die „entzündliche" Genese dieser nur graduell verschiedenen pathologischen Prozesse und ihre stufenartige Entwicklung eines aus dem anderen erscheint uns ein wichtiges Ergebnis, das den Nachteil der „gleitenden" Diagnose ausgleicht. Lernen wir doch aus dem Ergebnis, daß sich zu jedem Zeitpunkt des Lebens und unabhängig vom Zustand des Klappengewebes jede Entzündungsform an den Herzklappen wiederholen oder an der betreffenden Klappe neu entwickeln kann. Hohes Lebensalter des Kranken schließt, wie unsere Protokolle ausweisen, weder eine seröse noch eine fibrinöse noch eine rheumatische Entzündung als Rezidiv aus. Bei beispielsweise Geschwulstbildung oder Tuberkulose als Hauptkrankheit kann im mittleren wie im hohen Alter die begleitende E. sowohl als Rezidiv einer E. verrucosa rheumatica wie als neuauftretende E. verrucosa simplex vorkommen. Nicht beobachtet haben wir in unserem Material das Auftreten einer E. verrucosa rheumatica auf nicht-rheumatischer E. chr.

Es ist auffallend, wie wenig anatomisches und besonders histologisches Interesse die E. chr. in neuerer Zeit gefunden hat. In den deutschen Lehrbüchern der pathologischen Anatomie wird der E.chr. wenig Raum gegeben, die Häufigkeit des Rezidivs nur vereinzelt betont und die Art desselben verschieden dargestellt. Im übrigen Schrifttum haben wir nur 3 Arbeiten gefunden:

Clawson, Bell und Hartzell (1926) widmen eine ihrer großen Untersuchungen der „pathogenesis of old valvular defects" mit einer Fülle makroskopischer und mikroskopischer Einzelbefunde. Im Abschnitt „Recurrent or chronic rheumatic E." heben sie hervor: Keine

Unterscheidungsmöglichkeit zwischen chronischer und rekurrierender E.; akute Vegetationen sowohl an vernarbten wie an normalen Klappenabschnitten; das von ihnen als „dense hyaline material" bezeichnete Exsudat liegt an der Oberfläche oder als Hauptbestandteil im Innern der Vegetationen. Als Ausheilungserscheinungen beschreiben sie neben der Vermehrung der kollagenen Fasern ein Persistieren dieses „hyalin" oder seine Verkalkung. — Im Abschnitt „Old valvular defects" wird über nicht weniger als 130 Fälle berichtet, von denen 73 genau untersucht wurden. Die 1. Gruppe umfaßt unvollkommen ausgeheilte Fälle (30), bei denen Vegetationen (11mal), Geschwüre (3mal) und „rauhe entblößte Bezirke" (16mal) vorlagen. Nach dem mikroskopischen Verhalten nehmen sie 27mal rheumatische Erkrankung und 3mal subakute bakterielle E. an. Die 2. Gruppe betrifft 28 Fälle ausgeheilter Klappen mit fibröser Verdickung, die ohne näheres Eingehen als geheilte Rheumafälle bezeichnet werden. In der 3. Gruppe werden 15 Fälle von Aortenstenose durch Kalkknoten verzeichnet. Die Verkalkungen lagen innerhalb des Klappengewebes unter intaktem Endothel. — BÖHMIG und KRÜCKEBERG (1934) veröffentlichten Untersuchungen der Mitralklappen von 112 Fällen mit geringfügigen bis zu stärksten Klappenverdickungen. Gruppe 3 ihrer Einteilung enthält 37 Herzen mit makroskopisch nicht sicher „entzündlichen Veränderungen", Gruppe 4 dagegen 32 Herzen mit schon makroskopisch sicherer chronischer E. Eine tabellarische Gegenüberstellung der Befunde (S. 200/201) zeigt, wie entsprechend dem makroskopischen Verhalten Zahl und Art der mikroskopischen Befunde allmählich zunehmen bis zum ausgeprägten Bild der E. chr. Daß wir heute die damals beschriebenen „Verquellungen", die sog. „zentrale Hyperplasie" sowie das Auftreten von Gefäßen anders deuten, haben wir oben mehrfach hervorgehoben. — Die Arbeit von GROSS und FRIEDBERG (1936) über die rheumatische E. führen wir hier an, weil sie als größte dieser Art mit 97 Fällen und Gruppeneinteilung genau nach Zahl und Zeit der klinischen Attacken auch 28 chronische aktive und 26 chronische inaktive Fälle mit Tod an Dekompensation verzeichnet. Zwei Erwägungen möchten wir ihren Befunden gegenüberstellen: Wir sind nicht sicher, ob alle aufgeführten Fälle als rheumatischer Genese zu erweisen sind. Wir vermuten ferner, daß die Rezidive in Gruppe 4 und 6 nicht-rheumatischer Natur waren. Werden sie doch einmal als „eosinophilic degeneration of a completely bland type" beschrieben. An anderer Stelle (S. 883) heißt es: „In a few cases the verrucae appeared to represent merely an eosinophilic degeneration of the superficial collagenous layer of the valve leaflet . . ." Wir nehmen an, daß hier auch eine E. verrucosa simplex vorgelegen haben kann. Als mögliches Unterscheidungsmerkmal gegenüber einer E. chronica fibrosa non-rheumatica könnte außer den Gefäßen die von ihnen beschriebene und anscheinend generelle elastische Hyperplasie im Bereich des verdickten Klappenrandes gelten.

Fassen wir abschließend die anatomische Bedeutung und Kritik bezüglich der Differentialdiagnose zwischen rheumatischer und nicht-rheumatischer E. chr. zusammen, so scheinen uns alle bisherigen morphologischen Kriterien nicht endgültig ausreichend und befriedigend zu exakter Unterscheidung. Wir glauben, daß hier noch eine mühevolle Forschungsarbeit für die Pathologen vorliegt.

Bezüglich der Mitbeteiligung anderer Organe war in unserem Material auffallend, daß alte Infarktnarben wie auch frische anämische Infarkte gehäuft in unserer Gruppe 6 = E. chronica fibrosa rheumatica + Rezidiv : E. verrucosa simplex und nur vereinzelte Infarkt*narben* in den übrigen Gruppen vorliegen. Zum anderen beobachteten wir diffuse Glomerulonephritis oder KIMMELSTIELsche Glomerulosklerose nur in Gruppe 1 = E. chronica fibrosa ohne Rezidiv. — Das *Myokard* zeigte ein sehr wechselndes Verhalten: rheumatische Granulome wurden in keinem Fall, Narben einer Myocarditis rheumatica bei Gruppe d—g (= Fälle mit E. chronica fibrosa rheumatica) nur in 4 von insgesamt 25 Fällen gefunden. In den übrigen 21 Fällen der Gruppe d—g und den 25 Fällen der Gruppe a—c konnten alle Grade angedeuteter bis flächenhafter interfibrillärer hyaliner Narbenbildung festgestellt werden.

6. Klinische Bedeutung.

Es erscheint uns wichtig, dem Kliniker immer wieder zuzurufen, wie häufig eine E. ist, und daß die E. chr. recurrens den anderen E.-Formen weit voraus an erster Stelle steht (s. Tabelle S. 279). Wir erleben immer wieder Sektionsfälle, bei denen die Anamnese ergibt, daß die Kranken in monate- oder jahrelanger Behandlung bei besten Fach- und Klinikärzten standen und mit Strophanthin behandelt wurden, statt daß die E. bekämpft wurde. Der Einwand, daß die E. keine klinischen Erscheinungen mache und darum nicht zu erkennen war, darf heute im Zeitalter der Antibiotica das klinische Gewissen nicht mehr beruhigen. Welches Schrifttum, welcher Aufwand ist der sog. E. lenta in der ganzen Welt gewidmet, die nach unserer Statistik nur 15,6% der Fälle ausmacht! Sie ist das Lieblingskind der Klinik geworden und wie alle solche schwerer zu beeinflussen oder gar zu heilen als die seit jeher vernachlässigten Geschwisterkinder, die zudem stets die Vorstadien der chronischen E. ulcero-polyposa darstellen. — Unsere Ergebnisse sollen ferner dem Kliniker nahebringen, daß es ein „ausgeheiltes" Vitium nicht gibt, und daß beispielsweise jede Zahnextraktion bei einem angeblich geheilten Vitiumkranken zum akuten Beginn einer E. ulcero-polyposa werden kann. Nach unseren Befunden muß der Kliniker in Zukunft bedenken, daß ein Klappenrezidiv bei altem Rheumatismus kein rheumatisches Rezidiv zu sein braucht.

Frey (1936) geht als einziger Kliniker in seiner Monographie auf „inaktive, abgelaufene, endokarditische Klappenschädigungen" (S. 239) und „indurative Schädigungen, Sklerosen" (S. 80) ein. Wir erlauben uns auf Grund unserer ausgedehnten mikroskopischen Untersuchungen, hinter das „inaktiv" ein Fragezeichen zu setzen und Zweifel zu äußern, wenn er anführt daß bei 116 Fällen mit alten Klappenfehlern 77 „unter dem Einfluß einer peripheren entzündlichen Schädigung standen, ohne daß der Klappenapparat mit einer Neuerkrankung reagiert hätte" (S. 240). — Im zweitangeführten Abschnitt führt er aus, daß es wie bei den Gefäßen so auch am Endokard zu „prinzipiell denselben Veränderungen" kommt: „zu bindegewebig-elastischer Hyperplasie, muskulärer Hyperplasie und allmählicher Entwicklung degenerativer Prozesse ..." (S. 92). So unterscheidet er 2 Arten von Sklerose der Aortenklappen (eine primäre aufsteigende und eine sekundäre absteigende), stützt sich hierbei auf die alte französische Schule (Huchard 1908) und schildert das Übergreifen der Sklerose auf das Mitralsegel. Dieselbe Auffassung vertritt er bei der „Mitralsklerose", so daß für ihn „... das Vorkommen einer Mitralinsuffizienz bei Arteriosklerose etwas ganz Gewöhnliches ist" (S. 98). — Nach unseren Befunden stehen die Sklerosen entzündlicher Genese, wie sie uns Rössle (1933) gelehrt hat, bei den Herzklappen allein im Vordergrund, sind solche degenerativer Natur ganz nebensächlich und unbedeutend.

IV. Pathogenetische Faktoren der ohne bakterielle Klappenbesiedlung entstehenden Formen der Endokarditis.

1. Mechanische und toxische Faktoren.

Die Häufigkeit der Anordnung voll ausgebildeter endokarditischer Excrescenzen am Schließungsrand der Herzklappe legt ohne weiteres den Gedanken nahe, daß die physiologischen Traumata, denen dieser Bezirk beim Klappenschluß ausgesetzt ist, einen disponierenden Faktor für die Entstehung entzündlicher Veränderungen darstellen. Diese Annahme ist aber schwer zu präzisieren, da es nicht sicher ist, ob die Klappen — zum mindesten die Mitralklappe — in mechanischem Sinne zusammenprallen oder eher übereinander gleiten. Immerhin kann auch die weitaus häufigere Beteiligung der Klappen des linken Herzens bis zu einem gewissen Grade mechanisch verstanden werden. In diesem Sinne äußern sich auch Allen (1939) sowie Libman und Friedberg (1948), die beide darauf aufmerksam machen, daß es für die Entstehung von Vegetationen Prädilektionsstellen am Muralendokard gibt, wie z. B. die einem Septumdefekt gegenüberliegende Stelle der Ventrikelwand, die dauernd von einem kräftigen Blutstrahl insultiert wird. Außerdem ist die häufigere Beteiligung der unteren Seite des hinteren Mitralsegels bei fibrinösen Endokarditiden zu erwähnen, die Allen (1939) sowie Libman und Friedberg (1948) ebenso als Resultat mechanischer Insulte verstehen. Wir können aus eigener Erfahrung diese Lokalisation bestätigen. Die Verhältnisse sind leider im einzelnen kaum zu übersehen, denn wir kennen auch andere Wandendokardstellen, die Zeichen der besonderen mechanischen Exposition, nämlich die Endokardriffelung aufweisen (Böhmig 1936). Diese Stellen zeigen aber unseren Erfahrungen nach nicht häufiger Excrescenzen als andere weniger beanspruchte Stellen — es sei denn, man faßt die Endokardriffelung als abgeheilte entzündliche Prozesse auf — eine Frage, die wir seinerzeit offen lassen mußten und die auch heute nicht zu beantworten ist. Auf der anderen Seite erweisen auch die Prädilektionsorte der sog. Abklatschendokarditiden, daß mechanische Verhältnisse als prädisponierender Faktor für entzündliche Klappenveränderungen nicht ganz von der Hand zu weisen sind. Wir werden so die mechanische Beanspruchung gewisser Endokardpartien als pathogenetisches Moment keinesfalls vernachlässigen dürfen, müssen aber bekennen, daß die Analyse dieses Faktors nicht weiter als bis zu dem abgegriffenen Wort vom „locus minoris resistentiae" kommt.

Was die Einwirkung von Toxinen auf die Klappe betrifft, so sind hier die Verhältnisse ähnlich schwierig wie bei Beurteilung der mechanischen Faktoren. Die Diskussion von Toxinen mit Antigencharakter fällt aus diesem Rahmen heraus, weil niemals zu erweisen ist, ob es sich dabei um eine direkte, pharmakologisch zu verstehende Wirkung auf die Klappe oder um einen indirekten immunbiologischen Mechanismus handelt (s. S. 164). In diesem Sinne ist z. B. die Wirkung von Diphtherietoxin (s. Abschn. E, I, 2) vieldeutig. Die gleiche Schwierigkeit liegt vor bei der Beurteilung der Wirkung chronisch-entzündlicher bakteriell besiedelter Herde auf die Herzklappe, der „Fokaltoxikose" (Slauck 1939). da — abgesehen davon, daß wir über die Existenz von Exotoxinen der dabei vorherrschenden vergrünenden Streptokokken (s.S. 165, 199) keine experimentellen Beweise haben (Kreidler 1926) — diese hypothetische „Giftwirkung" ebensogut als in den Rahmen von Umstimmungsvorgängen gehörig (s. S. 256) erklärt werden kann. Das einzige Beispiel, wo eine direkte Wirkung von nicht antigen wirkenden Giften auf die Herzklappe angenommen werden kann, ist die E. bei Urämie (Willer 1932) sowie bei gewissen gewerblichen Vergiftungen (Phosgen, Chlor) (Kölsch 1936). Fälle von urämischer E. haben wir selbst gesehen. Allerdings ist hier die Frage der Giftwirkung dadurch kompliziert, daß wir kein einheitlich charakterisierbares Urämiegift kennen. Dementsprechend lehnte Ribbert (1924) auch die Existenz einer toxischen E. ab. In neuerer Zeit hat sich v. Albertini (1947) ebenfalls ablehnend geäußert. Allerdings ist die Argumentation dieses Autors, daß die Existenz einer toxischen E. schon deshalb unwahrscheinlich sei, weil die Toxine im Blut „hochgradig" verdünnt würden, wenig überzeugend. In Ausnahmefällen ist unseres Erachtens eine toxische E. keineswegs undenkbar.

Anhangsweise sei erwähnt, daß im Experiment die Anfälligkeit der Klappen durch Sauerstoffmangel wesentlich gesteigert werden konnte (Pearce und Lange 1947). Über den Wirkungsmechanismus ist nichts Näheres bekannt.

2. Die Fernwirkungen von Streptokokkeninfektionen (Rheumatismus).

In den Diskussionen über die Pathogenese der fibrinösen E. hat vor allem eine Form besondere Berücksichtigung gefunden, nämlich die im Rahmen eines akuten Gelenkrheumatismus auftretende Klappenentzündung. Wir haben gesehen, daß diese morphologisch als eine Form der fibrinösen E. zu verstehen ist, welche die geweblichen Reaktionen in höchstem Maße ausgebildet zeigt, und daß es kontinuierliche Übergänge von der serös-fibrinösen E. über die E. simplex bis zur rheumatischen E. gibt. Schon die morphologische Analyse legt den Gedanken nahe, daß es sich bei all diesen Formen nicht notwendigerweise um Resultate völlig verschiedenartiger pathogenetischer Mechanismen handeln muß, sondern daß das Verständnis für die Entstehung einer Form möglicherweise im Rückschluß auf die Entstehung der übrigen Typen der fibrinösen — vielleicht auch der serösen — E. angewendet werden darf. Fassen wir die rheumatische E. als den übrigen bei akutem Gelenkrheumatismus auftretenden morphologischen Veränderungen pathogenetisch gleichgeschaltet auf, so ist zu folgern, daß die rheumatische E. nur als ein Sonderfall einer rheumatischen Läsion betrachtet werden kann und dementsprechend auch denselben pathogenetischen Ablauf zeigt wie die übrigen Organmanifestationen des rheumatischen Fiebers. Es ist aus diesem Grunde eine kurze Diskussion über die neueren Vorstellungen bezüglich der Entstehung des akuten Gelenkrheumatismus notwendig. Die älteren Hypothesen, insbesondere die Anschauung ASCHOFFs (1934) sowie GRÄFFs (1940) können wir hier nur eben erwähnen.

Daß zwischen dem Ausbruch der akuten Polyarthritis und Infektionen des Nasen-Rachenraumes Beziehungen bestehen, wurde seit langer Zeit vermutet, zeigt doch schon PRIBRAM (1899), daß in einzelnen Beobachtungsserien der früheren Literatur bis zu 80% der Patienten anamnestisch vorhergehende Infektionen des Nasen-Rachenraumes hatten. Die Folgerung eines Zusammenhanges (ältere Literatur bei KLINGE 1933, MANTEUFEL 1934, ASCHOFF 1934, SCHOTTMÜLLER 1934) konnte aber nur empirisch-statistisch untermauert werden, denn die Bakteriologie der Anginen ergab zunächst eine unübersehbare Zahl verschiedener Erreger, unter denen allerdings immer Streptokokken vorherrschten. Daß man die hämolytischen Streptokokken als typische Eitererreger wenig in Betracht zog und den vergrünenden, offenbar weniger „pyogenen" Formen eine weitaus wichtigere Rolle zuschrieb, ist mit der Tatsache zu erklären, daß die in Frage stehenden Läsionen des Rheumatismus ja stets nichteitrig auftreten. In diesem Sinne äußerte sich zu jener Zeit auch SWIFT (1928).

Erst die genaue Unterscheidungsmöglichkeit der Streptokokken hat die Aufmerksamkeit auf die Infektionen mit hämolytischen Streptokokken gelenkt, für die COBURN (1931) exakte Unterlagen lieferte. Es entstand auf Grund der inzwischen ausgebauten agglutinatorischen Typenlehre eine Epidemiologie der Angina, die eindeutig das häufige Auftreten von Gelenkrheumatismus nach Anginen mit hämolytischen Streptokokken belegte (GREEN 1938). Es konnte gezeigt werden, daß Halsentzündungen, die zum Gelenkrheumatismus führten, stets durch A-Streptokokken verursacht waren. Diese Ausschließlichkeit ist durch Massenuntersuchungen im 2. Weltkrieg weiterhin eindeutig belegt (RANTZ, BOISVERT und SPINK 1945). Es steht danach fest, daß nur nach Anginen mit A-Streptokokken Gelenkrheumatismus auftritt (COBURN 1945, GRIFFITH 1947). In vielen Fällen bleibt die Infektion mit A-Streptokokken unerkannt, weil sie milde verläuft, und kann dann nur bakteriologisch und serologisch erschlossen werden (KUTTNER und KRUMWIEDE 1941). Dabei verschwinden die Streptokokken in $^1/_3$—$^1/_4$ der Fälle vor Ausbruch des Gelenkrheumatismus aus dem Rachen (SWIFT 1949). Diese Beobachtungen über den Zusammenhang zwischen A-Streptokokkeninfektionen und dem akuten Rheumatismus haben nun eine großartige Unterbauung dadurch gefunden, daß es gelungen ist, die vorhergegangene Auseinandersetzung mit A-Streptokokken durch den Nachweis von Antikörpern gegen die somatischen und extracellulären Antigene der A-Streptokokken im Rheumatikerblut in fast 70—80% der Fälle weiter zu sichern. Es handelt sich dabei vor allem um die Antikörper gegen das M-Antigen (ROTHBARD und Mitarbeiter 1948), das Streptolysin O (TODD 1932, COBURN und PAULI 1935, MCEWEN und Mitarbeiter 1936, BUNIM und MCEWEN 1940, MOTE und JONES 1941, GREEN 1941, WINBLAD 1949, SCHØNE und Mitarbeiter 1950), die Streptokinase (ANDERSON und Mitarbeiter 1948) und die Hyaluronidase (HARRIS und HARRIS 1950, HARRIS und Mitarbeiter 1950). Die übrigen Antikörper verhalten sich prinzipiell gleichsinnig, sind aber weniger untersucht. Aus den Untersuchungen geht hervor, daß in wechselnden Prozentsätzen (nach SWIFT 1949, 51—77%) die vorangegangene A-Streptokokkeninfektion an charakteristischen Titererhöhungen der einzelnen Antikörper zu erkennen ist. Die gleichzeitige Untersuchung mehrerer Antikörper ergibt wesentlich höhere Prozentzahlen (ROTHBARD, WATSON und Mitarbeiter 1948, QUINN und

Liao 1950). Bei der Auswertung ist zu bedenken, daß sehr viele Erwachsene von früheren Infekten her Antikörper besitzen (Schøne und Mitarbeiter 1950), daß nicht alle Erkrankten Antikörper bilden, und daß bei zahlreichen Stämmen das eine oder andere Antigen schlecht gebildet wird. Beweisend ist eine Titererhöhung im Verlauf der Erkrankung. Diese Tests beweisen aber nur die vorhergegangene Streptokokkeninfektion, nicht aber den Rheumatismus. Immerhin zeigen sich bei einigen dieser Antikörper bei Rheumatikern typische Abweichungen gegenüber Kranken, die nach der Streptokokkeninfektion vom Rheumatismus verschont bleiben (Swift 1949). Anschluß an die sehr ausgedehnte Literatur findet sich für diese Untersuchungen bei Swift (1944, 1947, 1948, 1949), Rantz, Boisvert und Spink (1945), Coburn (1945), Kersley (1950), Chiari (1950), McEwen (1950), Coste (1950).

Nach diesen Befunden kann es keinen Zweifel mehr geben, daß der Gelenkrheumatismus des Menschen als eine Folge von Streptokokkeninfektionen (Gruppe A) aufzufassen ist. Über den pathogenetischen Mechanismus, der den Gelenkrheumatismus auslöst, ist damit allerdings noch nichts gesagt. Seit Klinge (1933) die Auffassung des Rheumatismus als Reaktion eines sensibilisierten Organismus gegenüber einem „Allergen“ begründet hat, sind in der Erklärung des pathogenetischen Mechanismus mehr und mehr Gedankengänge aufgetaucht, die, in Abkehr von der Idee der direkten bakteriellen Metastase, mit den Begriffen der Immunbiologie das Wesen der rheumatischen Noxe zu ergründen versuchten. Die Tatsache, daß ein großer Teil der anaphylaktischen Erscheinungen mit einer Schädigung durch eine Antigen-Antikörperreaktion erklärt werden kann, hat sich auch auf die von der Streptokokkenlehre inspirierte Rheumaforschung ausgewirkt. Es ist das Verdienst von Klinge, dieser Konzeption in Deutschland den Weg geebnet zu haben.

Es liegt nahe, anzunehmen, daß durch wiederholte Streptokokkeninfekte eine Umstimmung des Körpers erfolgt, so daß ein zu einem geeigneten Zeitpunkt neuerlich auftretender Infekt nun zur hyperergischen Reaktion des Mesenchyms führt. Für die Endokarditis ist damit der alte Begriff der „Sensibilisierung“ in den Rahmen des allergischen Geschehens eingefügt. In der Tat haben ja fast alle experimentell arbeitenden Autoren angegeben, daß es einer längeren „Vorbereitung“ der Klappe bedarf, um eine verruköse Endokarditis zu erzeugen. Die Möglichkeiten dieser Vorbereitung (Allergisierung) sind fast unbegrenzt, wie aus dem experimentellen Teil hervorgehen wird. Ein gewisser Widerspruch besteht für die Verhältnisse an der Herzklappe darin, daß im Experiment eben keineswegs dem A-Streptococcus die vorherrschende oder alleinige Rolle zukommt, wie es uns die bakteriologischen und immunbiologischen Befunde beim menschlichen Rheumatismus lehren. Zudem werden wir bei den experimentell erzeugten fibrinösen Entzündungen der Klappe im Einzelfall strenggenommen nur willkürlich entscheiden können, ob bei einer derartigen Läsion die histologischen Kriterien dessen erfüllt sind, was wir als „rheumatische“ Gewebsreaktion bezeichnen.

Das Kriterium ist, wie wir ausgeführt haben, die histiocytäre Reaktion. Hier kommen Übergangsfälle vor, die nicht gestatten, eine absolut scharfe Grenze zwischen „E. simplex“ und „E. rheumatica“ zu ziehen. Vorerst besteht bezüglich der Pathogenese kein Anhalt, einen Unterschied zwischen diesen beiden Formen der E. fibrinosa zu konzipieren. Die Noxe, welche die Gewebsschädigung herbeiführt, kann die gleiche sein, lediglich das Ausmaß der Gewebsreaktion zeigt offenbare Unterschiede. Diese Fragen können allerdings erst dann präzise beantwortet werden, wenn es möglich sein wird, experimentell den „rheumatischen Schaden“ in seiner Intensität, unabhängig von der Gewebsreaktion, quantitativ abzuschätzen bzw. im Experiment abgestuft zu dosieren. Wir glauben, daß die Herzklappe insoweit eine Sonderstellung einnimmt, als sie gestattet, die allerersten Anfänge einer Schädigung dieser Art in kontinuierlicher Folge bis zu den „klassisch“ rheumatischen Bildern zu verfolgen. Es hindert uns, wie wir noch einmal betonen möchten, kein ernstlicher Einwand, anzunehmen, daß die fibrinösen Endokarditiden die Resultate ein und desselben pathogenetischen Mechanismus sind, wobei die Klappen in verschiedenem Intensitätsgrad der Schädigung ausgesetzt sind und sie in verschiedenen Empfindlichkeitsgraden beantworten. In diesem Sinne müssen wir einstweilen annehmen, daß die fibrinösen, nichtbakteriellen Endokarditiden als pathogenetische Einheit aufzufassen sind. Dies ist natürlich nur eine Arbeitshypothese und keine Doktrin. Immerhin sprechen die morphologischen Befunde mehr dafür als dagegen.

Daß es im Zuge einer Streptokokkenimmunisierung gelingt, Überempfindlichkeitsreaktionen sowohl gegen den homologen als auch gegen heterogene Stämme zu erzeugen, ist seit langem bekannt. BÖHMIG (1930) hat seinerzeit gewisse Gesetzmäßigkeiten im Verlaufe einer Immunisierung mit Viridans-, A- und C-Streptokokken festgestellt, die darauf hinauslaufen, daß es bei jeder immunbiologischen Auseinandersetzung mit Streptokokken zu hyperergischen Gewebsreaktionen (im Intracutantest) sowohl gegen homologe als auch gegen heterologe, sogar gruppenfremde Stämme kommen kann. Bei homologen Stämmen ist eine Überempfindlichkeitsphase des Gesamtorganismus (durch Intracutantests und intravenöse Auslösung von Schocks demonstrierbar) am Anfang und am Ende des Immunisierungsprozesses festzustellen, während in der Mitte eine Unterempfindlichkeitsphase (als Immunhypergie oder echte Immunität zu verstehen) liegt. Bei Intracutantests mit heterologen Stämmen ist der phasische Ablauf verschieden: Es kann zu kontinuierlicher Überempfindlichkeit kommen oder einer Überempfindlichkeit, die mit der serologisch verfolgten Antikörperbildung parallel geht. Diese Versuche zeigen zunächst, daß die Allergisierungsprozesse bei Streptokokkeninfektionen „übergreifend" sind. Dies erklärt sich zwanglos aus der Tatsache, daß ja, wie schon erwähnt, alle Streptokokken inklusive Pneumokokken gemeinsame Antigenbausteine in Gestalt der Nucleoproteide (P-Substanz, s. Abschn. B, III, 4) besitzen. Die Spezifität des Cutantestes ist danach eine sehr beschränkte. Weiterhin geht aber aus den Versuchen hervor, daß eine gewebliche Überempfindlichkeit von der serologisch faßbaren Immunkörperbildung bis zu einem gewissen Grade unabhängig verlaufen kann, und daß die Auseinandersetzung mit einem Streptokokkenstamm neben Erzeugung der typenspezifischen „Feiung" eine weitgehend unspezifische Hyperergie gegen die ganze Streptokokkenfamilie veranlaßt. Dieses „Übergreifen" der Hyperergie stellt eine der größten Schwierigkeiten methodischer Art für die Verfolgung der Verhältnisse beim Menschen dar.

Es ist sicher, daß jeder Mensch mit steigendem Alter in immer ausgedehnterem Maße mit Streptokokken immunbiologische „Erfahrungen" macht. Dies geht daraus hervor, daß bei dem größten Teil der Erwachsenen die erwähnten Streptokokkenantikörper jederzeit in geringen Titern nachgewiesen werden können (s. auch ROTHBARD 1945). SWIFT (1949) hat dementsprechend, anknüpfend an die Ideen von POWERS und BOISVERT (1944), den Gedanken vertreten, daß im Laufe des Lebens durch die unvermeidbaren Streptokokkeninfektionen (hierbei spielen häufigkeitsmäßig die A-Streptokokken die größte Rolle) eine progressive Umstimmung der Gewebe erfolgt, die in Analogie zu der Syphilis Neuinfektionen immer mehr lokalisiert. Dies darf man mit den klinischen Erfahrungen über die Häufung des Rheumatismus in gewissen Lebensaltern (THAYER 1931, HOCHREIN 1941) bis zu einem gewissen Grade in gedankliche Verbindung bringen. Tatsächlich haben MURPHY und SWIFT (1949) zeigen können, daß wiederholte lokale Streptokokkeninfekte mit verschiedenen Typen der Gruppe A beim Tier in Analogie zu den menschlichen Anginen rheuma-ähnliche Veränderungen an den Klappen hervorrufen können (s. S. 258). Für die Pathogenese der verrukösen E. ergäbe sich damit die Folgerung, daß bei ihrer Entstehung eine Neuinfektion (beispielsweise im Rachen) auf einen durch Streptokokken bereits sensibilisierten Körper träfe. Damit ist aber eigentlich schon gesagt, daß den A-Streptokokken kein Monopol, weder was die Sensibilisierung noch was den auslösenden Neuinfekt betrifft, zukommen kann. Wenn die eingangs erwähnten Untersuchungen bei Rheumatikern ausschließlich Zeichen von Infektionen mit A-Streptokokken erwiesen haben, so bezieht sich diese „serologische Anamnese" zunächst nur auf den auslösenden Neuinfekt und nicht auf die vorangegangenen Faktoren der Allergisierung. Die Bedeutung der A-Streptokokken für die Pathogenese des Rheumatismus wird nicht geschmälert, wenn wir annehmen, daß die Ausschließlichkeit ihrer Beziehungen zum menschlichen Rheumatismus grundsätzlich nur statistisch-häufigkeitsmäßig zu verstehen ist. Praktisch genommen sind allerdings die menschlichen Infektionen durch A-Streptokokken derart zahlreich, daß der Gelenkrheumatismus des Menschen als eine Folge von Infektionen mit A-Streptokokken betrachtet werden muß.

Wenn nun behauptet wird, daß die transitorischen Bakteriämien mit vergrünenden Streptokokken immunbiologische „Engramme" im Sinne einer Sensibilisierung hinterlassen (GERMER 1951), so ist diese Ansicht zwar nicht exakt zu widerlegen. Es ist aber zu betonen, daß wir über die langsame Umstimmung des Organismus durch flüchtige Bakteriämien vergrünender Streptokokken so gut wie keine Aussagen machen können — ebensowenig wie über die Umstimmung durch lokalisierte Infektionsherde dieser relativ apathogenen Keime (z. B. in periapikalen Zahnherden). Der Hauttest eignet sich für eine diesbezügliche Exploration nicht, weil er zu unspezifisch ist (HUMPHREY und PAGEL 1949), und die spezifischen Immunitätsreaktionen der vergrünenden Streptokokken sind vorläufig nicht auf einen Nenner zu bringen, da sie nur typenspezifisch sind (s. Abschn. B, III, 5). Außerdem zeigt das Tierexperiment, daß zur Erzeugung faßbarer Immunkörper gegen vergrünende Streptokokken Keimmengen durch Wochen hindurch injiziert werden müssen, die mit den Verhältnissen beim Menschen überhaupt nicht zu vergleichen sind. Wer es erlebt hat, wie schwierig, im Vergleich beispielsweise zu den Verhältnissen der Salmonellagruppe, die Herstellung eines Enterokokkenserums ist, wird gegenüber der Möglichkeit des Beweises einer Immunisierung durch passagere Keimeinbrüche beim Menschen skeptisch sein. Daß also die Möglichkeit einer durch zahlreiche passagere Streptokokkenbakteriämien bedingten Umstimmung besteht, ist nicht von der Hand zu weisen und durchaus denkbar; sie ist aber mit den heutigen Mitteln kaum zu beweisen bzw. nicht von Allergisierungen durch andere Streptokokkeninfektionen abzugrenzen. Daß die Überempfindlichkeit gegenüber einem auslösenden Streptokokkeninfekt auch durch von der Erfolgsinjektion gänzlich heterologe Eingriffe hervorgerufen werden kann, zeigen die Versuche von BÖHMIG (1933), nach denen auch nach einer Fremdeiweißsensibilisierung Überempfindlichkeit gegen vergrünende Streptokokken provoziert werden konnte. Die experimentellen Ergebnisse über die mannigfaltigen Erzeugungsmöglichkeiten einer E. verrucosa lassen ja auch erkennen, daß es eine fast unbegrenzte Skala von Möglichkeiten gibt, das Endokard zu sensibilisieren, und daß keineswegs die Erfolgsinjektion der Vorbereitungsinjektion homolog sein muß. Auch in diesem Sinne erscheinen die als „marantisch" bezeichneten Endokarditiden grundsätzlich in denselben pathogenetischen Mechanismus hineinzugehören, wenn wir über den sensibilisierenden Faktor auch nur vage Aussagen machen können („Eiweißzerfall"?).

Was spielt sich nun an der Herzklappe ab? Einen großen Fortschritt bringen hier die Arbeiten von CAVELTI (1947) über die Erzeugung von Autoantikörpern gegen verschiedene Gewebsarten bei Kaninchen und Ratten. Bei gleichzeitiger Behandlung mit A-Streptokokken und Organextrakt derselben Tierart bildeten sich gegen dieses Organ präcipitatorisch nachweisbare Antikörper (Autoantikörper). Gleichzeitig mit dem Auftreten dieser Autoantikörper entstehen, je nach

Art des verwendeten Organextraktes, eine Glomerulonephritis (bei Nierenextrakt) oder eine rheumatische Karditis (bei Herzextrakt). Autoantikörper gegen Herzextrakt sind dann tatsächlich im Blute von Rheumapatienten von CAVELTI nachgewiesen worden. Diese bedeutsamen Befunde sind von einer Reihe Autoren bestätigt worden. So gelang es LANSBURY und Mitarbeitern (1950), im Blute von Rheumatikern präcipitatorisch demonstrierbare Antikörper gegen rheumatisch verändertes und normales menschliches Bindegewebe zu erfassen. LANGE und Mitarbeiter (1949) konnten entsprechende Befunde bei Glomerulonephritis in 18 von 23 Fällen erheben (Verwendung von Nierenextrakt von Kindern zur Präcipitation). Allerdings sind die Befunde schwierig zu interpretieren, da Überkreuzreaktionen vorkommen, besonders bei Verwendung von Organextrakten erwachsener Personen. PECK und THOMAS (1948) konnten allerdings CAVELTIs Experimente nicht bestätigen, ebenso MCKEE und SWINEFORD (1951). Diese Widersprüche müssen noch geklärt werden, zumal die verfeinerte Präcipitationsmethode (Collodiontest) sehr schwierig zu sein scheint. Eine Erweiterung dieser Vorstellungen bringen auch die Versuche von STREHLER (1951), der mit Kaninchenaorta Meerschweinchen immunisierte und dieses Anti-Aortenserum Kaninchen einspritzte. Es ergaben sich hier neben typischen Glomerulonephritiden (s. MASUGI 1934) auch Endokarditiden. Vorläufig ist also die Spezifität der gegen die verschiedenen Gewebe gerichteten Antikörper noch nicht geklärt. STREHLER erwägt an Stelle der „Organspezifität" eine breitere „endotheliotrope" Spezifität in Analogie zu den von SOLOMON und Mitarbeitern (1949) an Hand der experimentellen Nephritis entwickelten Anschauungen. Aus diesen Befunden geht zunächst nur hervor, daß es auch für die Herzklappe gelingen mag, die vielfältigen Schädigungen, deren morphologisches Substrat und Folge die Endokarditiden sind, mit einer Antigen-Antikörperreaktion am Niveau der Herzklappe zu erklären. Wie sich die Verhältnisse bei der Erkrankung des Menschen im einzelnen abspielen, ist aber weitgehend unklar. Vielleicht führt der infektiöse Umstimmungsprozeß zu einer Verankerung von Antigenradikalen (Haptenen) an bestimmten Geweben, die nun als „fremdes Gewebe" Antikörperbildung provozieren. Vielleicht erzeugen aber auch die Umstimmungsprozesse pathologische Antikörper gegen völlig normales Gewebe bzw. gegen solche Gewebsbausteine, die sich mit denen des die Antikörperbildung auslösenden Antigens zum Teil überkreuzen. Eine Entscheidung ist wegen der enormen serologischen Kompliziertheit der benutzten Extrakte vorläufig nicht zu fällen.

Wir müssen zusammenfassend folgern, daß die Herzklappe vermutlich häufig von Umstimmungsvorgängen betroffen wird, die sie zum Erfolgsorgan von pathologischen Antigen-Antikörperreaktionen machen und dementsprechend Schäden setzen. Je nach Intensität des Gewebsschadens und Heftigkeit der Ausgleichsreaktion werden verschiedene histologische Bilder, von dem angedeuteten Fibrinniederschlag bis zur voll ausgebildeten rheumatischen Endokarditis die Folge sein. Die sensibilisierenden Faktoren können sehr verschiedener Natur sein. Beim Menschen sind von diesen die Infektionen mit A-Streptokokken als die häufigsten und offenbar wirksamsten am besten studiert. Einen großen Anteil an diesem Allergisierungsprozeß haben für die Herzklappe aber auch sicher noch andere umstimmende Faktoren, die wir vorläufig, bei konsumierenden Erkrankungen z. B., nur vermuten können. Im Experiment lassen sie sich im Modellversuch zeigen. Diese Theorie schließt die Bedeutung von chronisch-entzündlichen Herden im Sinne der Lehre von der Fokalinfektion für den Umstimmungs- und Sensibilisierungsprozeß demnach keineswegs aus, sie verlagert nur das Schwergewicht der Überlegungen von der Lehre von den bakteriellen Metastasen auf immunbiologische Prinzipien im Sinne von Fernwirkungen. Einen Hinweis auf die

Bedeutung solcher Herde geben z. B. die schlagartigen klinischen Besserungen nach operativer Entfernung von Herden sowie umgekehrt die im Anschluß an solche Operationen (etwa eine Tonsillektomie) auftretenden akuten Rezidive rheumatischer Erkrankungen. Dies deutet wiederum in Übereinstimmung mit den erwähnten Experimentalbefunden darauf hin, daß beim Menschen die zur Antigen-Antikörperreaktion führenden Faktoren aus einem Zusammenwirken von körpereigenem Eiweiß und Bakterien entstehen (GUTZEIT und PARADE 1939, KLOTZBÜCHER 1942). Die Erklärung rheumatischer Herde durch eine „Streuung“ im Sinne der Aussaat und Absiedlung von in die Blutbahn eingeschwemmten Keimen wird den experimentellen und klinischen Beobachtungen nicht gerecht.

3. Kritische Betrachtungen zur Frage der „Streuung“ von Bakterien im Sinne der Fokalinfektion.

Es wird aus der bisherigen Darstellung hervorgegangen sein, daß für die Alteration einer normalen Klappe, die zur Entstehung seröser und fibrinöser Entzündungen führt, eine direkte bakterielle Besiedlung kaum in Frage kommt. Die dieser Ansicht scheinbar widersprechenden Ergebnisse der experimentellen Endokarditisforschung sind unzutreffende Interpretationen vieldeutiger Versuchsbedingungen und -resultate (s. Abschn. E, I, 5). Ebensowenig eindeutig sind die kulturellen Funde von Bakterien auf der Klappe bei verrukösen Formen der menschlichen Endokarditis (REYE 1914, 1923, COLLIS 1939, GREEN 1939, THOMSON und INNES 1940). Sie sind, wie in Abschn. B, II, 1 u. 4 ausgeführt wurde, niemals von sekundären Besiedlungen durch Bakteriämien abzugrenzen. Dasselbe gilt für den mikroskopischen Nachweis der Bakterien im Schnitt. Auch hier läßt sich nicht beweisen, daß die Bakterienbesiedlung primär erfolgt ist. Dementsprechend sind die Hauptargumente derjenigen Autoren, die eine primäre bakteriell-metastatische Entstehung auch der verrukösen Formen vertreten, auf Grund von *Tierversuchen* formuliert worden, deren Kritik in Abschn. E, I, 5 erfolgen wird.

Die Mahnung zur Vorsicht gegenüber der generellen Annahme einer direkten bakteriellen Entstehung der verrukösen E. hat seinerzeit, von nur wenigen Autoren (SCHOTTMÜLLER 1934) ausgesprochen, gegenüber einer Fülle von Beobachtungen, die damals scheinbar nur eine Erklärung zuließen, nicht durchdringen können. Fast will es scheinen, als würde sie auch heute gegenüber den Meinungen der Klinik nicht akzeptiert. Der wesentliche Grund für den Erfolg der „metastatischen“ Theorie ist das große Gewicht, welches die Lehre von der Fokalinfektion trotz mancher Niederlagen (Wiesbadener Kongreß 1930) in der Klinik gewonnen hatte. Die überragende Bedeutung von Streptokokken bei der bakteriellen Besiedlung gewisser chronisch-entzündlicher Herde (s. Abschn. C, IV, 3), der Nachweis dieser Keime im strömenden Blut bei „Rheumatikern“ (s. S. 202) haben in der unter dem Eindruck der mechanistischen Sepsislehre stehenden Zeit der 30er Jahre zunächst die Deutung der zur Debatte stehenden sehr heterogenen klinischen Bilder als Formen einer abgeschwächten Streptokokkensepsis möglich erscheinen lassen. Daß streptokokkenbesiedelte „Herde“ bei dem größten Teil aller Menschen ebenso wie spontane transitorische Bakteriämien vorkommen (s. S. 197, 201), gab merkwürdigerweise keinen Anlaß zu kritischen Bedenken. Daß die meistens angetroffenen vergrünenden Streptokokken der Herde sich als praktisch apathogen erwiesen, wurde mit der Auffassung dieser Stämme als besondere Abwandlungsformen unter dem Einfluß der Immunitätslage des Makroorganismus erklärt (MORGENROTH und Mitarbeiter 1920, MORGENROTH und ABRAHAM 1921, SCHNITZER und MUNTER 1921, KUCZINSKY und WOLFF 1921,

HUBERT 1925, GRUMBACH 1934, v. ALBERTINI und GRUMBACH 1937). Die Herdstreptokokken seien nichts anderes als „virulenzgedrosselte" ursprünglich hämolytische Streptokokken der klassischen Sepsis. Daß die auf metastatische Absiedelungen zurückgeführten Schädigungen so außerordentlich verschiedene Organe betrafen, erklärte man mit einer besonderen „Organotropie" (ROSENOW 1930). Es ist nicht unsere Aufgabe, die vielfach verschlungenen und im circulus vitiosus voneinander abhängigen Hypothesen im einzelnen zu diskutieren. Sie gehören der Geschichte an und sind durch die heutigen Ergebnisse der Streptokokkenforschung überholt. Sie müssen hier nur deshalb angeführt werden, weil sie — dem Autor offenbar vielfach unbewußt — noch in den neuesten Lehrbüchern der Klinik und Pathologie ebenso wie in Originalarbeiten unermüdlich immer wieder als Diskussionsbasis der Darstellung der Herdinfektion und der Endokarditis zugrunde gelegt werden.

Zusammenfassend betrachtet ist die Lehre von der direkten nichteitrigmetastatischen „Streuung" bei der Herdinfektion deshalb nicht mehr akzeptabel, weil so gut wie sämtliche bakteriologischen Hypothesen, die ihre vielfachen Widersprüche klären sollten, exakt widerlegt sind. Eine Umwandlung von Streptokokken in andere apathogene Formen unter dem Einfluß des Makroorganismus gibt es nicht und ist für den Fall der hämolytischen und Viridansformen auch bakteriengenetisch völlig undenkbar, weil dann das ganze Antigenmosaik auf einmal umgeändert werden müßte. Der Hämolyseverlust, der unter ganz besonderen Bedingungen beobachtet wird (s. S. 92), hat mit der Pathogenität und Virulenz ebensowenig zu tun wie Instabilitäten im biochemischen Verhalten. Dies sind gelegentlich labile Stoffwechselqualitäten, die nicht als Speciesmerkmal gelten können. Eine wechselnde Organotropie innerhalb der Streptokokkengruppe hat sich nicht nachweisen lassen. Die älteren Versuche von ROSENOW sind nicht signifikant (s. GUTZEIT und PARADE 1939). Ein Virulenzverlust im Verlaufe einer Infektion mit A-Streptokokken kommt zwar vor (ROTHBARD und WATSON 1948). Diese Virulenzabschwächung ist aber nicht obligate *Ursache* einer von vorneherein chronischen Infektion, sondern erscheint erst in der Rekonvaleszenz. Die von WEIDLICH (1943) beobachtete Abschwächung der Pathogenität von Rotlaufbacillen durch die Pferdepassage hat mit dem gleichzeitigen Vorkommen von Endokarditis nichts zu tun. Insbesondere ist die Erklärung der Lokalisation von Rotlaufbacillen am Herzen im Sinne einer „Abdrängung" durch „Depressionsimmunität" (MORGENROTH und Mitarbeiter 1920), wie sie BIELING (1930) erwogen hat, unseres Erachtens aus Mangel an exaktem Beweismaterial abzulehnen. Die Lokalisation und das pathologisch-anatomische Bild der Entzündung stehen bei der Rotlaufinfektion des Pferdes in keinem beweisbaren Zusammenhang mit Virulenzabschwächungen. Transitorische Bakteriämien kommen bei allen Menschen vor. Sie sind nicht ausschließlich bei Kranken beobachtet, die klinische Erscheinungen der „Herdinfektion" zeigen. Wohl häufen sie sich bei gewissen örtlichen Erkrankungen, z. B. Gingivitis (s. Abschn. C, VI, 2). Es ist aber bisher nicht gelungen, das Auftreten von klinischen und pathologisch-anatomischen Zeichen einer „Herdinfektion" mit der Häufigkeit, Menge und Dauer der interkurrenten Streptokokkenbakteriämien in Verbindung zu bringen. Die experimentellen Bakteriämien, die zu pathologischen Veränderungen führen, sind kein Hinweis, da es sich hierbei um extreme Keimzahlen handelt, die beim Menschen niemals in Frage kommen. Es ist niemals gelungen, die Herdstreptokokken aus den „rheumatischen" und rheumatoiden Veränderungen zu züchten. Wo dies gelungen zu sein scheint (s. S. 84), ist ein Beweis wegen der Häufigkeit der sekundären Besiedlung durch transitorische bzw. agonale Bakteriämien unmöglich. Zudem erlaubt die Typisierung der dabei zur Rede stehenden vergrünenden Streptokokken keine genügend feine Aufspaltung, um die Identität zweier an verschiedenen Stellen isolierter Stämme mit hinlänglicher Wahrscheinlichkeit zu behaupten (s. Abschn. B, III, 2 u. 5).

Diese Punkte sind durchaus nicht in der Lage, die Tatsache hinwegzuschaffen, daß bei bestimmten Erkrankungen die operative Entfernung von chronischen Infektionsherden laufend Erfolge zeitigt, die zu dem Eindrucksvollsten gehören, was die klinische Medizin überhaupt kennt. Unsere Aufgabe scheint uns aber darin zu liegen, zu bekennen, daß zwischen den unleugbaren klinischen Beobachtungen bezüglich der Herdinfektion und den Möglichkeiten, sie mit Hilfe der Pathologie und Bakteriologie in einer Theorie zusammenzufassen, vorerst eine gewaltige Kluft besteht (vgl. DAVIDSON und Mitarbeiter 1949). Der Begriff der „Herdinfektion" stellt — mag man auch über die Zweckmäßigkeit der Nomenklatur verschiedener Ansicht sein — heute ein *klinisch-empirisches* Faktum, aber keinen in theoretischer Hinsicht festumrissenen Begriff dar. Der einzige faßbare Zusammenhang zwischen „Herden" und der Pathogenese der Endokarditis im Sinne einer Absiedlung liegt in der Bedeutung der interkurrenten Bakteriämien für die *sekundäre* Infektion bereits geschädigter Klappen und damit für die *bakterielle* E., vor allem für ihre subakute Form. Auch hier aber ist, wie später ausgeführt wird, die interkurrente Bakteriämie keineswegs grundsätzlich vom Bestehen chronisch-entzündlicher Herde abhängig. Vielmehr erfolgt sie nach allem, was wir wissen, auch aus dem normalen Keimreservoir des Mundes, des Darmes usw. (s. S. 197).

Dieses Ignoramus bezieht sich vor allem auf die Wirkungen der vergrünenden Streptokokken, der „Herdstreptokokken" schlechthin, die bei den chronischen Zahn- und Mundhöhlenaffektionen den weitaus größten Anteil haben. Präzisere Vorstellungen besitzen wir lediglich über die Beziehung von Infektionen mit dem Streptococcus pyogenes der Gruppe A und dem rheumatischen Fieber, dieser Zusammenhang ist aber, wie erläutert, nicht metastatischer Natur, sondern als Spätwirkung indirekter Art zu betrachten. Der A-Streptococcus fällt aus dem Rahmen der „Herdstreptokokken" insoweit heraus, als er zu akut-entzündlichen Veränderungen Anlaß gibt und bei dentalen Herden kaum angetroffen wird (s. Abschn. C, VI, 1), dagegen häufig bei chronischer Tonsillitis die Krypten besiedelt. Merkwürdigerweise scheint nach klinischer Erfahrung aber für die Fernwirkungen dieses Erregers auf den Gesamtorganismus eine *akute* Entzündung Vorbedingung zu sein, so daß für die Wirkungen der Infektion mit A-Streptokokken der Ausdruck „Herdinfektion" nach seinem begrifflich bereits fixierten Inhalt nicht mehr geeignet erscheint.

V. Endocarditis granulomatosa (E. gr.).

a) Akute bakterielle Endokarditis (a. b. E.).

1. Vorkommen und Häufigkeit.

Im Gegensatz zu früher ist die a.b.E. für den Pathologen eine Seltenheit geworden sowohl durch die frühzeitigere Erkennung und Behandlung der Eintrittspforten für Bakterien wie auch neuerdings durch die Anwendung der Antibiotica. Es ist wichtig und interessant, historisch diesen Rückgang zu verfolgen. Noch vor 40—50 Jahren enthielt jede größere Bearbeitung der Herzklappenentzündung eine Reihe von einschlägigen klinischen oder anatomischen Beobachtungen. Unter diesen standen die akuten eitrigen Infektionen der Haut, Geschlechtsorgane, Knochen, Tonsillen ganz im Vordergrund. Welche Zahl von

Fällen einer a.b.E. nach infiziertem Abort konnte noch KÖNIGER (1903) untersuchen! Und wenn in örtlicher Verschiedenheit auch heute noch einige Kliniker solche Erkrankungsfälle häufiger zu sehen bekommen, das Beobachtungsgut des Pathologen ist so stark zurückgegangen, daß auch wir nur über wenige neue Beobachtungen verfügen. Zahlenangaben können wir aus diesem Grund nicht machen. In Deutschland liegen auch keine neuen oder zusammenfassenden Untersuchungen vor, und die des Auslandes lassen keine Besonderheiten von Vorkommen und Häufigkeit gegenüber den alten Lehrbuchangaben erkennen. Von Bedeutung erscheinen uns in diesem Zusammenhang aber allgemeine und eigene deutsche Kriegsbeobachtungen [BÖHMIG: 7 (1944)]: trotz „lokaler riesiger traumatischer Zerstörungen von Weichteilen und Knochen, ausgedehnter infizierter Wundflächen und reicher Bakterienflora — doch in der überwiegenden Mehrzahl eine ausgesprochene Tendenz zur Lokalisation" (S. 79). Trotz der klinischen Anzeichen einer kurzdauernden oder langfristigen Sepsis blieben anatomisch Endokarditis, Nephritis, infektiöse Milzschwellung und Fernthrombosen aus. Wir haben dieses auffallende anatomische Verhalten mit den Eiweißmangelerscheinungen durch Blutverlust, Blutzerfall und eitrige Wundsekretion in Beziehung gebracht und ausgeführt, daß das reticuloendotheliale System in seiner Reaktionsfähigkeit von Anwesenheit und Höhe der Blutproteine bestimmt wird. „Wir müssen darum annehmen, daß die für die Entstehung einer Endokarditis oder Nephritis notwendige vorangehende Sensibilisierung nicht eintritt und durch Zellzerfalls- und Eiweißzerfallsprodukte, Bakterien und ihre Toxine *allein* nicht bewirkt werden kann" (S. 82). — Wir sehen aus dieser Gegenüberstellung, daß sogar bei dieser Form der E. Vorkommen und Häufigkeit von komplexen Gegebenheiten abhängen.

2. Makroskopischer Befund.

Entsprechend der bisherigen Anschauung, daß bei der a.b.E. Ansiedlung von Bakterien den wichtigsten kausal- und formalgenetischen Faktor darstellt, ist den vorangegangenen Klappenveränderungen keine besondere Beachtung geschenkt worden. Mehr als RIBBERT (1924) angibt, finden wir auch heute nicht im Schrifttum: „Mit besonderer Vorliebe entwickelt sich die maligne Endokarditis auf schon pathologisch veränderten Klappen. Daher sind ihre Prädilektionsstellen arteriosklerotische Klappenläsionen (JOCHMANN) oder alte rheumatische Klappenverdickungen (s. Endocarditis recurrens)" (S. 223). RIBBERT lehnt dabei die von KÖNIGER (1903) geschilderten anatomischen Unterschiede zwischen einer sog. primären und sekundären oder metastatischen Form ab, während alle amerikanischen Forscher diese Unterteilung heute noch durchführen. Auch eine Unterscheidungsmöglichkeit von akuten, subakuten und chronischen Formen erkennt RIBBERT wegen der fließenden Übergänge nicht an. Weiterhin beschreibt er Fälle, „die nach ihrem makroskopischen Verhalten große Ähnlichkeit mit der Endocarditis verrucosa haben" (S. 223). „Die warzigen Thromben" sollen nur größere Unregelmäßigkeiten in Lokalisation und Anordnung zeigen. Die matte Beschaffenheit des Endokards neben den Thromben, Verfärbungen oder leichte Rauhigkeiten sind ein Merkmal beginnender Erkrankung. Erst bei den „schweren Veränderungen" werden Geschwürsbildung und zunehmend Thromben beobachtet. Auch im neueren Schrifttum werden die Geschwüre in den Vordergrund gestellt und nur dieser Form der E. die Bezeichnung ulceröse Endokarditis zugebilligt. Hiernach scheint die a.b.E. ihr makroskopisches Erscheinungsbild weder seit früher geändert zu haben, noch scheinen wesentliche geographische Unterschiede zu bestehen.

3. Mikroskopischer Befund.

Mangels ausreichender eigener Beobachtungen müssen wir uns hier vorwiegend auf die Angaben des Schrifttums stützen und darum dessen Befunde an erster Stelle anführen.

SPIEGL (1921) beschreibt auch bei dieser Form der E. Gewebswarzen und Kokken innerhalb von Fibrinauflagerungen, „im Gewebe der Verruca selbst“, an niederschlagsfreien Stellen Kokken als feinen Saum an der Oberfläche der Wärzchen „in den abgestorbenen Endothelzellen“ (S. 235). Er sah also Endothelnekrose und Nekrosezonen an der Basis von Thromben. — CLAWSON (1924) hebt hervor, daß die verschiedenen Formen einer bakteriellen E. (acute primary, acute secondary, subacute) makroskopisch und mikroskopisch nicht unterschieden werden können. Er beobachtete bei der a.b.E. (primäre und sekundäre): Ulceration in 5 bzw. 17%, Myokarditis in 24,5%, Milzinfarkte in 41 bzw. 35%, Niereninfarkte in 41 bzw. 23%, Abscesse in 31,2% Gehirnembolie in 12 bzw. 2%, LÖHLEIN-Nephritis in 12 bzw. 2,5%. — Die große Arbeit von CLAWSON, BELL und HARTZELL (1926) bringt eine Fülle von makroskopischen und mikroskopischen Befunden. Makroskopisch unterscheiden sich die Vegetationen von primärer und sekundärer a.b.E. nicht oder nur durch die geringere Anzahl von einer E. polyposa, sind groß, weich und manchmal untermischt von rheumatischen Vegetationen. Unter 13 Fällen der primären Form nur 1mal makroskopische Ulceration, unter 27 Fällen der sekundären Form nur 4mal mehr als eine Klappe betroffen. Zur mikroskopischen Untersuchung kamen von beiden Formen zusammen nur 10 Fälle, bei denen Plättchenthromben mit Gewebsnekrose, „extensive exsudative reaction within the leaflet“ (S. 217), in 2 Fällen untermischt mit rheumatischer Entzündung und stets Kokken gefunden wurden. — Nach KRISCHNER (1927) liegt bei der E. ulcerosa von Anfang an Gewebszerstörung durch Nekrose und Demarkation erst in einiger Entfernung von den Bakterien vor ohne Auflagerung und ohne Zeichen einer Reparation. — Unter dem Material von HOLSTI (1928) finden sich 11 Fälle von Klappenentzündung unbekannter Ätiologie und 26 Fälle mit 104 mikroskopisch untersuchten Klappen bei akuten Infektionskrankheiten. Von letzteren zeigten 17% Entzündung. Die Veränderungen der ersten Gruppe (auch Sepsis 3mal vertreten) ähneln oder gleichen merkwürdigerweise weitgehend den Rheumafällen, ja sie sind mitunter einer E. verrucosa rheumatica ähnlicher als den Fällen dieser Gruppe. — BUDAY (1929) beobachtete bei 31 Fällen makroskopisch sowohl Geschwüre wie Auflagerungen, Embolien und Infarkte in 45% und außerdem Abscesse. — LANGERON und GARDÈRE (1927) vermitteln eine Zusammenstellung von 26 Fällen von „septischer Endokarditis“ der Pulmonalklappen, HOLZMANN (1930) eine solche von 64 Fällen. Außer dem „klassischen“ Befund großer Vegetationen wurde bei 9 Fällen Klappenperforation, bei 10 Fällen Ostiumstenose gefunden. In 11 Fällen waren andere Klappen mit beteiligt: 9mal Aorta, 7mal Tricuspidalis, 3mal Mitralis. — DE VECCHI (1930) berichtet über 42 Fälle kindlicher Herzklappen der Lebensalter 1 Monat bis 5 Jahre. 9 Fälle mit eitrigen Prozessen, Scharlach oder Angina (seine Gruppen 1 und 2) ergaben umschriebene Endotheldefekte mit Fibrin, Ödem und starker Histiocytenvermehrung in der Klappentiefe. Er bezeichnet dies als „primary focal valvulitis“ (S. 62). Die Thrombenbildung ist nicht „essentiell“ und, wenn vorhanden, dann sekundär. Nach ihm tritt stets zuerst eine mesenchymale, dann eine lymphocytäre Reaktion auf „whatever the stimulus“. — Aus den Untersuchungen von BELL (1932) interessiert hier die Mitbeteiligung anderer Organe: von der primären Form zeigten unter 56 Fällen nur 4 Embolien und 16 diffuse Glomerulitis, bei der sekundären Form unter 69 Fällen ebenfalls 4 Embolien und 23 diffuse Glomerulitis, während die embolische Glomerulitis mit 7,1 bzw. 5,8% vertreten war. — JAFFÉ (1933) beobachtete an makroskopisch unveränderten Klappenabschnitten bei akuten Infektionskrankheiten wie bei E. verrucosa rheumatica Endothelschwellung, Kernschwund, Nekrose. Er schließt sich DE VECCHI an, daß die primäre „Zellreaktion“ stets dieselbe ist. Gegenüber der E. lenta zeigt die E. septica stärkere Exsudation, geringe oder keine produktiven und reparativen Prozesse und nur vorübergehend Zellpalisaden. — Auch ALBOT und MIGET (1935) vertreten die Anschauung von der Gleichartigkeit des Entzündungsprozesses, von Thrombose und Nekrose: «leur aspect est relativement indépendant du germe causal, relativement peu ‚spécifique‘» (S. 14). — GROSS und FRIED (1937) konnten 28 Fälle von a.b.E. mit einer Durchschnittsdauer von 2 Wochen untersuchen. 21 Fälle waren auf alten rheumatischen Veränderungen aufgepfropft. Histologisch herrschten Nekrose und Leukocyten, Massen von Bakterien auch in der Tiefe zwischen den kollagenen Fasern vor. Die Capillarisation war gering. Sie betonen hierbei, “that any process, that leads to alterations of the valvular endocardium . . . transforms the local sites into a suitable anchoring ground for bacteria. We do not deny the possibility of implantation on fresh rheumatic verrucae, but believe that this is considerably less important than the factors mentioned above” (S. 792). “There remains to discuss briefly the possible mechanismus involved in the implantation of bacterial endocarditis in the nonsuperimposed cases. It has been shown that both non-bacterial thrombotic verrucae and eosinophilic multinucleated bodies also occur on non-rheumatic valves but less frequently than on the rheumatic ones. Furthermore, DE VECCHI and others have observed proliferative changes on the valve in a variety of conditions. We have then in this group some of the components in common with those found in rheumatic valves. However, the relative infrequency of these alterations, and the absence of eosinophilic collagen necrosis and other proliferative changes, may explain, at least in part, the lower incidence of bacterial endocarditis in the non-rheumatic cases. Granted bacterial implantation takes place, the subsequent events will be largely determined by the nature of the organism. If this is of a type that produces a mild stimulating toxin and a prolonged course, proliferative changes will take place in the valve, subcutaneous and renal capillaries, and a smoldering rheumatic infection may be awakened into activitiy. If the invading organism produces toxins of a drastic necrotizing potency, the clinical course will be short, the local lesions (valves) will be supurative and necrotic, and proliferation will be minimal. In these cases, however, the factors necessary for the stimulation of the ASCHOFF body reaction are still operative. It seems to us that a working hypothesis along these lines more adequately explains the similarities as well as differences between acute and subacute bacterial endocarditis" (S. 792). — ALLEN (1939) stellt in ähnlicher Weise heraus, daß "bacterial endocarditis is superimposed on a fibroplastic valvular deformity" (50—75%), auf kongenital veränderten Klappen, und daß das linke Herz stark bevorzugt ist (S. 404). — BLAKEMORE, ELLIOTT und HART-MERCER (1941) studierten die „joint-ill lambs". Von 27 untersuchten Fällen zeigten 6 Fälle Herzklappenvegetationen. Makroskopisch fanden sich entweder eine Verdickung innerhalb des Klappengewebes oder echte Oberflächenvegetationen. Mikroskopisch unterscheiden sie oberflächliche und tiefliegende Veränderungen. Bei den oberflächlichen liegen die Kokken (Streptokokken der Gruppe C) entweder allein oder in einer strukturlosen eosinophilen Masse, die aus Fibrin, untergehendem Klappengewebe und Exsudat besteht. Blutplättchen- oder Fibrinthromben fehlen! Kokkennester oft an beiden Klappenflächen im Subendothel. Die Verf. sprechen von Penetrieren der Kokken in das Subendothel. Als celluläre Reaktionen wurden Makrophagen, ANITSCHKOWS „Myocyten" und Histiocyten, erst in zweiter Linie Leukocyten gefunden. Bei den tiefen Veränderungen beschreiben die Verf. intravalvuläre Embolien in Blutcapillaren, Kokken, Blutungen und Abscesse. Kein Zusammenhang zwischen oberflächlichen und tiefen Herden. Ganz gleichartige Herde in Sehnenfäden, Wandendokard und Myokard.

Vergleichen wir diese angeführten Befunde der Literatur untereinander und gleichzeitig mit unseren eigenen 15 Fällen, so muß zunächst, ebenso wie bei der E. verrucosa rheumatica, herausgestellt werden, daß die Mehrzahl der Untersucher und so auch wir nur fortgeschrittene Stadien — wenigstens nach histologischen Kriterien — zu Gesicht bekamen und den wirklich mikroskopischen Beginn aus der Untersuchung makroskopisch unveränderter, benachbarter Klappenabschnitte erschlossen. Als zweiter Vorbehalt ist anzuführen, daß von den einzelnen Forschern nur teilweise die alten Klappenveränderungen bei der Morphogenese der frischen bakteriellen Entzündung exakt abgewogen und lokalisatorisch in Beziehung gesetzt wurden. Geht doch aus dem neueren amerikanischen Schrifttum, das über die umfangreichsten Untersuchungen verfügt, hervor, daß in sehr hohem Prozentsatz nicht nur bei a.b.E., sondern ebenso bei chronischer Endocarditis polyposa eine rheumatische Klappenentzündung mit Vernarbung vorangegangen ist. Beide Vorbehalte erschweren eine klare Vorstellung von den wirklichen morphologischen Initialbefunden bei a.b.E. Zum andern könnte man gegen unsere Kritik einwenden, daß die Mehrzahl der Forscher weitgehende Übereinstimmung erkennen läßt in den von ihnen mitgeteilten und angenommenen primären Gewebsveränderungen: Ab- und Anlagerung von Kokken, Endothelschwellung und -nekrose, Tiefennekrose, Plättchenthrombose. Jedoch geben CLAWSON, CLAWSON, BELL und HARTZELL, HOLSTI, DE VECCHI, JAFFÉ sowie ALBOT und MIGET an, daß entweder diese Primärstadien bei *allen* Formen der E. ähnlich oder gleichartig seien, oder daß sie den Anfangsstadien der E. verrucosa rheumatica oder wieder anders denen der E. polyposa gleichen. Dies besagt dreierlei: 1. Von den Forschern anerkannte wirkliche Primärstadien aller Endokarditisformen, die im Schrifttum niedergelegt sind, unterscheiden sich nicht oder nicht wesentlich, selbst nicht wenn Bakterien vorhanden sind wie bei der a.b.E.

2. Bei solcher Ähnlichkeit oder Übereinstimmung im histologischen Primärstadium kann die Anwesenheit oder Abwesenheit von Bakterien keinen nennenswerten morphogenetischen Faktor darstellen. 3. SPIEGL, CLAWSON, BELL und HARTZELL, HOLSTI, JAFFÉ, GROSS und FRIED beschreiben eindeutige rheumatische Entzündung mit bakterieller Durchsetzung als Befunde bei a.b.E. — Auf Grund dieser kritischen Auswertung müssen wir mit den angeführten Vorbehalten annehmen, daß praktisch keine primäre, durch Bakterien allein bedingte Herzklappenläsion vorkommt, sondern die Keime sich auch bei der a.b.E. *sekundär* auf und in vorangegangenen Gewebsveränderungen implantieren. Insoweit pflichten wir der Anschauung von GROSS und FRIED bei, nicht jedoch bezüglich spezieller morphologischer Befunde.

Mikroskopisch finden wir in unseren eigenen 10 Fällen von a.b.E. 8mal warzenartige oder flächenhafte seröse Entzündung und gleichzeitig warzenartige oder beetartige fibrinöse Entzündung, letztere mit und ohne beginnende Nekrose von Endothel und Fibrin, mit und ohne Bakterien innerhalb des Fibrins. Als Unterschied gegenüber der E. verrucosa simplex sind außer den Bakterien sowohl innerhalb des Fibrins wie an seiner Tiefengrenze und weiter im angrenzenden kollagenen und elastischen Klappengewebe intakte und zerfallene Leukocyten zu finden. In fortgeschrittenen Abschnitten sehen wir sowohl ein Granulationsgewebe mit Fibroblasten und Histiocyten wie eine beginnende Gewebsnekrose innerhalb des Granulationsgewebes. In 5 Fällen liegen an der endothelfreien Oberfläche des warzigen oder knolligen nekrotischen Fibrins kugelige oder saumartige Bakterienkolonien, häutchenartig bedeckt von Blutplättchen, die sich nur schattenartig anfärben und darstellen. In 2 Fällen liegt eine typische E. verrucosa rheumatica vor, wie wir sie oben beschrieben haben, mit Bakterien innerhalb der Fibrinnekrose, mit Leukocyten innerhalb des Fibrins und zwischen den Histiocytenpalisaden an seiner Basis. Unterhalb der Histiocyten zwischen den kollagenen Fasern der subendokardialen Schicht und fibrösen Grundschicht finden wir ganz vereinzelte Histiocyten und ganz spärlich dünnwandige Gefäße.

4. Bakteriologischer Befund.

Seit Beginn der bakteriologischen Ära haben die Kokken und unter diesen die pyogenen Streptokokken und Staphylokokken bei der a. b. E. ätiologisch im Vordergrund gestanden. Schon zur Zeit der Handbuchdarstellung von RIBBERT (1924) war offensichtlich, daß trotz oder wegen der wechselnden Pathogenität der Erreger keine direkten oder faßbaren Beziehungen zwischen Keimnatur und Morphologie der Herzklappenentzündung bestehen. Es ließen sich nur Gradunterschiede in zeitlicher Entwicklung und Intensität des Entzündungsprozesses erkennen. Das hat leider dazu geführt, daß bei Pathologen wie Bakteriologen das Interesse an der „Sektionssaalbakteriologie" und an der exakten bakteriologischen Verarbeitung autoptischer Veränderungen erlahmte und in Deutschland wenigstens als „überholt" abgetan und nicht mehr gepflegt wird. Aus dem historischen Werdegang und Einfluß bakteriologischer Erkenntnisse schien mit der Feststellung des Bakteriengehaltes endokarditischer Excrescenzen dem kausalen Bedürfnis Genüge getan und die morphologische Struktur verständlich und erklärt. Nicht nur die schon älteren beweisenden morphologischen Befunde oder unsere neuen Belege der vorbereitenden und notwendigen Gewebsveränderungen zur Bakterienimplantation, sondern auch das seit Jahrzehnten bekannte Mißverhältnis zwischen Häufigkeit einer Bakteriämie und Seltenheit einer solchen Bakterienimplantation hätten in beiden Disziplinen intensivere Forschung verdient. Zu diesem Fragenkomplex gehören auch die Fragen nach Wirkung und

Versagen der Blut- und Gewebsbactericidie, nach Lebens- und Vermehrungsmöglichkeiten der Keime im serösen und fibrinösen Insudat, nach der Keimvernichtung daselbst. Denn völlige Spontanheilung einer bakteriellen E. gehört schon lange zum Erfahrungsgut von Klinikern und Pathologen.

5. Anatomische Bedeutung.

Die Schrifttumsergebnisse, ihre kritische Würdigung und unsere eigenen Untersuchungsbefunde weichen ab von der noch vielfach vorherrschenden Lehrmeinung, daß auf dem Blutweg zugeführte Bakterien nach Maßgabe ihrer Pathogenität zur Ansiedlung auf der Herzklappe gelangen. Als disponierende Faktoren hierzu wurden bislang grobmechanische Einflüsse beim Klappenschluß und bakterientoxische Schädigungen des Klappenendothels angeführt. DIETRICH (1930) und SIEGMUND (1933) konnten durch Beobachtung am Menschen und durch zahlreiche Tierversuche (s. Abschn. E, I, 2, S. 254) eine Sensibilisierung der Gefäßwand und so auch der Herzklappe wahrscheinlich machen, wobei DIETRICH dem Endothel, SIEGMUND dem Subendothel die größere Rolle in der Keimaufnahme und -vernichtung zuwiesen. Erst in neuerer Zeit und stärker beachtet und bearbeitet bei der chronischen bakteriellen E., der E. ulcero-polyposa, wurde nachgewiesen, daß eine Bakterienansiedlung vorzugsweise auf alten Klappennarben, besonders solchen rheumatischer Genese, auftritt. In der Pathogenese der sog. E. lenta spielt dieses Zusammentreffen und Nacheinander zweier Entzündungsformen eine ausschlaggebende Rolle, wie wir später sehen werden. Hier knüpft nun unsere eigene Beobachtung und Anschauung von der *Morphogenese der a.b.E.* an und scheint uns geeignet, eine Erweiterung und Vervollständigung der Lehre von der „Sensibilisierung des Klappenendothels" zu bedeuten. Nach Schrifttum und eigenen Ergebnissen gibt es keine a.b.E. auf unveränderter, zarter oder „normaler" Herzklappe. Ebensowenig scheinen Befunde haltbar, Annahme und vor allem Deutung ausreichend belegt, dem Klappenendothel eine gesteigerte Haft- und Phagocytosefähigkeit zuzuerkennen und es dem Formenkreis des sog. erweiterten reticuloendothelialen Systems einzuordnen. Wir verweisen zu dieser Frage auf S. 208 und den Abschnitt über experimentelle E., wo das Schrifttum referiert wird (S. 254). Weder an menschlichen Herzklappen noch im vielfach abgewandelten Tierversuch wurden bislang als *primäre* Erscheinungen „hyperergische Reaktionen" des Klappenendothels gefunden. Wo eine solche Annahme und Deutung auf Grund von Bakterienanlagerung oder -aufnahme vorliegt, können wir entweder aus der Befundbeschreibung nachweisen, oder müssen wir zufolge unserer heutigen Befunde und Kenntnisse annehmen, daß primäre und vorangegangene Gewebsveränderungen im Subendothel oder in tieferen Klappenschichten übersehen, nicht gewertet oder anders gedeutet wurden. Es erschwert auch Deutung und Wertung der Schrifttumbefunde, daß jahrzehntelang fast ausschließlich das Klappenendothel im Blickpunkt der Primärstadien einer a.b.E. stand und das Verhalten der angrenzenden Klappenschichten aus den Befundbeschreibungen nicht ausreichend ersichtlich ist. Wir glauben darum, die Annahme sensibilisierender Faktoren beim Klappenendothel in der Morphogenese der a.b.E. ersetzen zu müssen durch die einer Bakterienimplantation zeitlich vorgeschalteten Gewebsveränderungen: seröse und fibrinöse Entzündung. Ob in größerem Ausmaß auch die rheumatische Entzündung in Frage kommt, ist aus dem Schrifttum bislang nicht zu entnehmen, läge aber durchaus nahe. Die Zurückhaltung, die GROSS und FRIED (1937) in dieser Frage üben, ist auf Grund der oben angeführten Schrifttumsbefunde bei a.b.E. und unserer eigenen Beobachtungen von bakterienhaltiger E. verrucosa rheumatica (S. 89, 139) nicht mehr erforderlich. Sie ist es um so weniger, als die Kombination von E. verrucosa rheumatica mit E. ulcero-polyposa so häufig ist, wie wir unten anzuführen haben. Das Ergebnis dieser kritischen Betrachtung ist, daß die Bakterienimplantation bei der a.b.E. *stets* als sekundäres Geschehen zu gelten hat und damit — entsprechend unseren Ausführungen im Abschnitt: bakteriologische Befunde — als eigentlich zufälliges Zusammentreffen von E. verrucosa simplex oder E. verrucosa rheumatica mit passagerer Bakteriämie. Die von GROSS und FRIED angenommenen „intrinsic changes" bzw. „alterations of the valvular endocardium" finden damit eine wohlumschriebene morphologische Unterlage. Die als disponierende Faktoren angeführten bakterientoxischen Einflüsse entbehren noch der exakten Beweise, kommen aber theoretisch als auslösende Kräfte für seröse und fibrinöse Entzündung in Frage. Die seit alters her postulierten mechanischen Einflüsse beim Klappenschluß (= hydrodynamic factors von GROSS und FRIED) harren heute ebenfalls noch des Beweises und erscheinen uns theoretisch eher für die Lokalisation als für die Entstehung selbst verantwortlich zu sein.

Im Hinblick auf diese Kombinationsfolge bei der Morphogenese der a.b.E. bleibt für den Pathologen kein Anlaß, die akute bakterielle Infektion der Herzklappe in kausaler oder formaler Genese von der chronischen zu trennen. Wir werden die Gleichartigkeit der bakteriellen Infektion bei der folgenden E.-Form: der chronischen E. ulcero-polyposa unter Beweis zu stellen haben. Die bei der letztgenannten seit SCHOTTMÜLLER (1910) von allen Klinikern festgehaltenen Unterschiede sind teils zeitlicher Natur, teils solche der Pathogenität der die Entzündung unterhaltenden Bakterien. Bis zur Vorlage neuer darauf gerichteter Untersuchungen möchten wir den Zeitfaktor folgendermaßen umreißen: Folgt einer erst kurzfristig entwickelten und gering ausgebildeten E. serosa und E. verrucosa simplex sofort eine Bakteriämie größeren Ausmaßes oder längerer Dauer bei hochpathogenen Erregern, dann kann das morphologische Bild der a.b.E. entstehen. Besteht eine E. serosa und E. verrucosa simplex und nimmt an der Herzklappe in flächenhafter Ausdehnung größeren Umfang an, dann kann bei hinzukommender Bakteriämie fakultativ pathogener Erreger eine E. chronica ulcero-polyposa entstehen. In dieses Ablaufschema — und mehr soll es weder bedeuten noch darstellen — ist nun noch der ebenso bestimmende Faktor der Implantationsmenge (Infektionsdosis) einzusetzen.

Die sekundäre Stellung der Bakterien in der Morphogenese und ihr Charakter als den Prozeß unterhaltender, aber nicht auslösender Faktor nimmt den Bakterien nicht ihre Bedeutung, sondern unterstreicht diese! Denn erst das Hinzutreten der Bakterien läßt den für das Herz, für den Herzklappenschluß belanglosen Klappenprozeß zum eigentlichen Pathos werden.

Wir müssen noch der bei der a.b.E. früher so oft beschriebenen und als charakteristisch bezeichneten *Geschwürsbildung* Erwähnung tun. Sie scheint in direkter ursächlicher Beziehung zu Menge und Pathogenität der Bakterien und zu der dadurch bedingten Gewebsnekrose zu stehen. In dieser Abhängigkeit gehört sie zu jeder Form der bakteriellen E. Wir verweisen hierzu auf spätere Ausführungen und Befunde (S. 214).

Vergleichen wir mit unseren Ergebnissen die deutschen *Lehrbuchdarstellungen*, so finden wir schon bei KAUFMANN (1922) unter E. ulcerosa die wichtige Angabe: „Diese Form ist ... nur graduell von der verrucosa verschieden und kommt daher nicht selten mit dieser zusammen vor." Dasselbe deutet ASCHOFF (1936) an, wenn er von „thrombotischen Auflagerungen, ähnlich wie bei der gewöhnlichen Endokarditis" und bei den „polypösen Massen" „alle Übergänge zu dem Typus der Thrombendokarditis simplex" hervorhebt. Auch HUECK (1937) trennt alle E.-Formen und so auch die E. ulcerosa sive necroticans nach der „wechselnden Stärke der einzelnen Formveränderungen" und betont bezüglich der Bakterien, daß diese „zunächst noch nicht beweisen, daß diese Keime auch die Ursache des ganzen Vorganges waren ..." DIETRICH (1934—1948) sieht das Gemeinschaftliche seiner beiden E.-Formen in einer vorangegangenen Sensibilisierung, die das Klappenendokard zu „gewisser Abstimmung

(Reaktionslage)" und zu „Endothelauflagerung und Zellvermehrung" führt. „Endokarditis verrucosa mit Keimvernichtung zeigt einen gewissen Reaktionserfolg an. Endokarditis ulcerosa dagegen ein Überwiegen der Infektion." Bei letzterer Aufquellung und Zerfall des Klappenbindegewebes, „Auflagerungen von Blutplättchen und Leukocyten" mit raschem Zerfall und Bakterienklumpen. HAMPERL (1942) stellt als vorbereitende Einflüsse zur Keimbesiedlung „das Trauma oder eine sonstige Klappenveränderung" heraus, schildert Bakterienansiedlung mit Nekrose und „fermentativer Einschmelzung", mit Klappen- und Sehnenfadenzerstörung, mit Bildung „umfangreicher bakterienhaltiger Thrombusmassen".

6. Mitbeteiligung anderer Organe.

Die alte Erfahrung, daß eine a.b.E. zu eitrigen Metastasen mit Absceßbildung in einzelnen oder sogar in fast allen Organen unter Bevorzugung von Herzmuskel, Milz, Niere, Gehirn und Knochen (Knochenmark oder Gelenke) führt, bestätigt sich auch heute noch bei unbehandelten Erkrankungsfällen. Wir haben einige neuere Schrifttumangaben oben notiert (S. 169). Nicht ausgewertet wurden hierbei aber Beobachtungen, daß bei Einzelfällen sog. blande Embolien *und* Abscesse getrennt, in anderen Fällen nur die eine oder nur die andere „Embolie- oder Metastasenform" festgestellt wurden. Wir werden diese Erscheinungen eingehend später besprechen (S. 193), da wir bei der a.b.E. keine ausreichenden eigenen Beobachtungen machen konnten. Zukünftig ist diesen Unterschieden größere Beachtung und mikroskopische Untersuchung zu widmen. — Wir möchten ferner — ebenso theoretisch — die Untersucher darauf hinweisen, mit welcher Selbstverständlichkeit bei solchen Bakterienabsiedlungen oder -lokalisationen angenommen wird, daß sie ihren Ausgang von der Herzklappenentzündung nehmen. Kennen wir doch bei jeder anderen Eintrittspforte von Bakterien anderer Lokalisation als der Herzklappe im Prinzip dieselben passageren Streuungen mit stummen oder symptomarmen septischen Erscheinungen *ohne* bakterielle Endokarditis. Damit soll der Lehre SCHOTTMÜLLERs (1925) vom „Sepsisherd" nicht Wert und Bedeutung abgesprochen werden. Wir bezweifeln aber, daß sie als Regel gelten darf, und wir vermissen im ganzen neueren Schrifttum Untersuchungen zum Nachweis solcher Abhängigkeit. Haben wir doch bei der akuten wie chronischen bakteriellen Endokarditis nur in Ausnahmefällen und an kleinumschriebenen Stellen *oberflächenfreie Bakterienrasen* gefunden, die solche Massenaussaat verursachen können. Weder der heutigen pathologischen noch der bakterienphysiologischen Erkenntnis entspricht die Vorstellung von einer freien Bakterienvermehrung in der Blutbahn. Bei SCHOTTMÜLLERs Lehre müssen Absceßaufbrüche der Herzklappe angenommen werden, die im bakteriologischen Abschnitt B, I, 5, S. 79; C, VI, 6, S. 218, besprochen werden.

7. Hauptkrankheit oder Begleiterkrankung.

Aus unserer bisherigen Darstellung geht das komplexe Geschehen der a.b.E. in kausaler und formaler Beziehung hervor. Die Frage erscheint berechtigt, welche Stellung die Herzklappenentzündung in dem klinisch meist vorliegenden Bild der Sepsis einnimmt. Folgen wir Anamnese und klinischer Symptomatologie, so steht allein die Allgemeininfektion im Vordergrund, mit der die Krankheit beginnt. Folgen wir den klinischen Befunden, so erweist sich die Endocarditis acuta in der überwiegenden Mehrzahl der Beobachtungen als stumm [nach der Statistik von BUDAY (1929) wurden nur $^1/_5$ klinisch diagnostiziert!]. Wichtig erscheint uns, daß in zahlreichen Fällen mit klinisch gleichartigem Verlauf anatomisch eine a.b.E. vorhanden ist oder fehlt. Aus dem Gesagten geht nur das eine mit Sicherheit hervor, daß *nicht jede* a.b.E. als Hauptkrankheit zu gelten hat, auch dann nicht, wenn sie geeignet erscheint, an der Unterhaltung der septischen

Erkrankung beteiligt gewesen zu sein. Auch eine eingehende mikroskopische Herzklappenuntersuchung kann nur bedingt und mit Vorbehalt Auskunft geben über Alter, Dauer, Lebensfähigkeit, Vermehrung und Pathogenität der sekundär implantierten Bakterien und ihre Streuungsmöglichkeiten.

8. Klinische Bedeutung.

Wir haben schon bei der E. verrucosa simplex darauf hingewiesen, daß diese eine klinisch stumme Form der E. darstellt. Folglich kann der Kliniker auch die einer bakteriellen E. vorangehende gleichartige Herzklappenerkrankung nicht erfassen. Auch die passageren Bakteriämien entziehen sich meist der Empfindung des Kranken und damit der klinischen Beobachtung. Das lehren uns die eigenen Untersuchungen bei Zahnextraktionen und sonstigen Fokalinfekten. So erscheint es wenig wahrscheinlich, daß die ersten Bakterienimplantationen auf einer E. serosa und E. fibrinosa sofort klinische Erscheinungen machen. Es scheinen die Primärstadien einer a.b.E. praktisch der ärztlichen Diagnostik nicht zugänglich. Bei dieser Sachlage können wir nur einer weiten Aufklärung und Verarbeitung anatomischer und bakteriologischer Erkenntnisse und einer frühzeitigen Prophylaxe das Wort reden. Dabei steht ganz im Vordergrund die Verhütung oder therapeutische Bekämpfung der Bakteriämien und ihrer Ausgangsstellen.

Edens (1929) betont bei der a.b.E. (= seiner E. septica), daß sie zu jedem Zeitpunkt der Sepsis entstehen kann. „Die E. ist also bei einer allgemeinen Sepsis als untergeordnete Teilerscheinung aufzufassen und wird sich meistens einer sicheren Diagnose entziehen.“ Bei Trennung in primäre und sekundäre E. läßt sich weder das eine noch das andere exakt beweisen. Als „zuverlässiger Maßstab“ für die Virulenz der Erreger, die Abwehrkraft des Körpers und Schwere der Erkrankung gilt ihm „die Menge der Erreger“ (S. 103). — Frey (1936) faßt die E. ulcerosa „... nicht wie die verruköse Form als Glied einer langen Kette rheumatischer Gewebsreaktionen, ... nicht wie die verruköse Form als mesenchymal bindegewebige Systemerkrankung“ auf (S. 232). Jedoch teilt er mit: „Bei 13 von 24 Fällen mit ulceröser E. hatte schon vorher ein Klappenfehler bestanden, bei 7 von den 13 Fällen handelte es sich um eine alte Gelenkrheumatismusendokarditis“ (S. 230). Ferner ist für unsere Anschauung wichtig: „Wenn man von noch bestehender Allergie der Klappen sprechen will, so ist das jedenfalls keine spezifische Überempfindlichkeit, es ist überhaupt fraglich, ob bei der ulcerösen Form der E. die Allergie dieselbe Rolle spielt wie bei der verrukösen Form“ (S. 233). Bei der a.b.E. ist die massive Infektion ausschlaggebend, „sind die Herzklappen zum ‚primären‘ Infektionsherd geworden ...“ — Veil (1939) bringt zahlreiche Beispiele von Übergang einer E. verrucosa rheumatica in E. ulcerosa (S. 322) und tritt darum für eine einheitliche Auffassung aller E.-Formen ein, lehnt die anatomische Trennung ab und pflichtet Aschoff bei: „Daher bereitet bis heute die Trennung der verschiedenen Formen bösartig verlaufender rheumatischer Thrombendokarditis und gewöhnlicher septischer Thrombendokarditis große Schwierigkeiten“ (S. 538). — Auch Siebeck (1942) schreibt: „Vielfach ist der Verlauf der Prozesse am Endokard von Art und Virulenz des primären Infektes ganz unabhängig,“ „im Bilde der schweren Sepsis geht die E. meist völlig unter“. — Brugsch (1947) unterscheidet 3 Gruppen von E. ulcerosa: 1. die maligne E. beim Gelenkrheumatismus; 2. die akute bzw. subakute septische E.; 3. die E. lenta. Während die Beschreibung der zweiten Form der allgemeinen Darstellung entspricht, führt er bei der ersten Gruppe aus (S. 270): „... Übergänge einer E. simplex in eine E. ulcerosa auf Grund verlorengegangener Immunität gegen pathogene Bakterien, vor allem gegen Streptokokken. Die Hyperergie im Stadium der E. simplex ist dann einer Anergie gewichen, die zur Ansiedlung von Streptokokken an den Klappen führt.“ Wir erkennen in der Darstellung von B. keine Berechtigung oder ausreichende Fundierung, bei den angeführten Formen der E. hyperergische und anergische Erscheinungen zu erblicken!

b) Endocarditis ulcero-polyposa (E.p.).

1. Vorkommen und Häufigkeit.

Die zweite Form der granulierenden Herzklappenentzündung (E.g.) wird seit Schottmüller im deutschen klinischen Schrifttum als E. lenta, seit Libman (1912) in der amerikanischen Literatur als subacute bacterial E. bezeichnet. Sie bevorzugt mittlere Lebensalter, tritt im Kindesalter praktisch nie, im Alter unter 20 und über 50 Jahre nur selten auf. Sie hat Ende des ersten und ebenso Ende des zweiten Weltkrieges stärker bei Soldaten als bei der Zivilbevölkerung eine allgemeine Zunahme und nach beiden Kriegen örtliche Häufung erfahren, der HEUER (1950) in einer neueren Statistik widerspricht. Wegen der langen Krankheitsdauer, der schleichenden Verlaufsform, der bakteriellen Genese und der neuen antibakteriellen Therapiemöglichkeiten nimmt sie eine bevorzugte Stellung im ärztlichen Interesse der Klinik ein. Ja für den klinisch tätigen Arzt ist die E.p. gemeinhin die wichtigste Form der Herzklappenentzündungen. Sie galt bis in neuerer Zeit als das offensichtlich subakute oder chronische Stadium einer akuten bakteriellen Entzündung. LIBMAN zog empirisch die Grenze zwischen akut und subakut nach Ablauf der 6. Krankheitswoche. Die Willkürlichkeit einer solchen Grenzziehung steht für uns weniger zur Kritik als die darin versteckte weitere Willkürlichkeit, klinisch den Krankheitsbeginn nur einigermaßen sicher erkennen und festlegen zu können. Hier liegt der größere Irrtum. Wichtiger erscheint uns die späte und erst neuere Erkenntnis, daß die E.p. nur ausnahmsweise aus einer akuten bakteriellen E., vielmehr ganz überwiegend aus anderen, nichtbakteriellen Endokarditisformen hervorgeht. Als solche vorangegangene und in diesem Sinne primäre E. ist die E. verrucosa rheumatica (E.v.r.) zu nennen. Ihre Bedeutung und Häufigkeit als Vorläufer der E.p. verdeutlicht die Tabelle:

Tabelle.

Authors	No. of cases subacute endocarditis	Percentage with ASCHOFF bodies
CLAWSON and BELL (1926)	61	11,5
GROSS and FRIED (1937)	30	30,0
BUCHBINDER and SAPHIR (1939)	40	37,5
SAPHIR (1935)	35	40,0
CLAWSON (1929)	60	45,0
VON GLAHN and PAPPENHEIMER (1935) . .	26	46,0
SAPHIR and WILE (1933/34)	10	100,0
LIBMAN (1947)	1000	{ 25—45 { 10—20
HADFIELD and GARROD (1942)		80,0
LAWS and LEVINIE (1933)	148	29,0
STEIGER (Nauheim) (1943)	344 (Mitralstenose)	
SAPHIR (1946)	70	48,5

Incidence of ASCHOFF bodies in subacute bacterial endocarditis (various published series) (nach YVONNE MACILWAINE, von uns vervollständigt).

Außer der E.v.r. ist, wie wir oben schon angaben (S. 126), die E. verrucosa simplex (E.v.s.) anzuführen, die vom morphologischen Befund aus betrachtet nicht minder zur Entwicklung einer E.p. disponiert. Da aber die E.v.s. in den mittleren Lebensjahren ihrer Häufigkeit nach weit hinter die E.v.r. zurücktritt, kommt sie als Vorgänger der E.p. nur in den höheren Lebensaltern in Frage. Weder kann der Kliniker während der Erkrankung an E.p. noch der Pathologe makroskopisch am Sektionstisch eine Angabe über Ausmaß, Grad oder Aktivität dieser vorangegangenen E. einer jetzt an E.p. erkrankten Herzklappe machen, noch sind beide imstande, etwas über den Beginn der vorangegangenen E. oder den Beginn der jetzigen E.p. auszusagen! Das ist ausschließlich nach eingehender und oft technisch wie diagnostisch sehr mühevoller mikroskopischer Untersuchung möglich. Wir müssen später bei Besprechung von bakteriologischem Befund (S. 186) und klinischer Bedeutung (S. 196, 276) diese Frage nochmals aufgreifen. Als weitere Kombination kommen Erkrankungsfälle an E.p. klinisch wie anatomisch zur Beobachtung mit *gleichzeitiger* aktiver Erkrankung an zwei verschiedenen E.-Formen. Hierher gehören die im Schrifttum vielfach erwähnten „Übergangsformen", die sich wieder besonders auf das zeitliche Zusammentreffen von E. verrucosa rheumatica + E.p. beziehen und pathologisch-histologisch solche Verwirrung stifteten.

Dieser kurze Überblick verdeutlicht, daß eine E.p. niemals eine intakte und unveränderte Herzklappe befällt, sondern stets eine örtlich und zeitlich sekundäre Klappenentzündung darstellt. Diese sekundäre oder aufgepfropfte Erkrankung wird durch eine Bakterienimplantation hervorgerufen und eingeleitet. In Konsequenz unserer obigen Darlegung steht hierbei für das Gros aller menschlichen Fälle von E.p. bis heute noch völlig offen, ob solche Ansiedlung von Bakterien das gleichzeitige Vorliegen und Bestehen einer serösen oder fibrinösen E. voraussetzt, oder ob Bakterien auch auf alten Klappennarben zum Haften kommen.

2. Makroskopischer Befund.

Der klassische Befund einer E. ulcerosa seu polyposa der alten Pathologen ist heute noch derselbe. Wir haben den früheren Beschreibungen nur wenig anzufügen. Die Bevorzugung des männlichen Geschlechts, der Klappen des linken

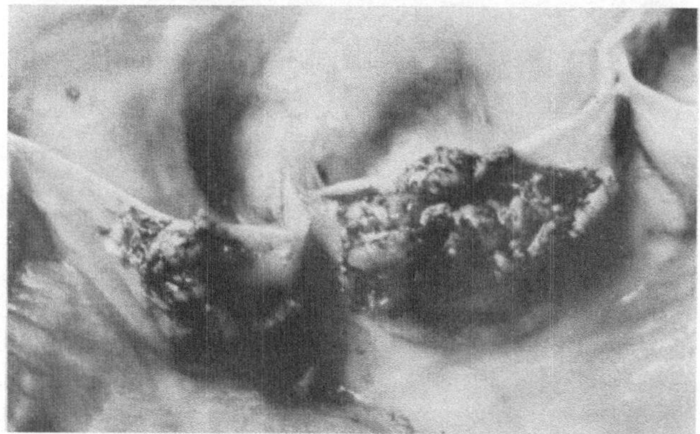

Abb. 76. Typische Endocarditis ulcero-polyposa der Aortenklappen mit noch relativ weichen polypösen Auflagerungen sowohl am Klappen- wie am Schließungsrand und der ganzen Klappenplatte. Gleichzeitig deutliche Quellungssklerose des Klappenrandes und Verwachsung der Aortencommissuren.

Herzens besteht auch heute unverändert, die alten und neuen Angaben über stärkere oder ausschließlich primäre Beteiligung der Aortenklappen gegenüber der Mitralis schwanken nach Maßgabe der Untersuchungszahl und wohl geographischer Verschiedenheiten. Dasselbe gilt für das Betroffensein einer oder gleichzeitig beider Klappen: Aorta und Mitralis allein oder zusammen (Clawson und Bell 1926: Mitralis 37,5%, Aorta 29%, beide 24%. — Gross und Fried 1937: Mitralis 81%, Aorta 66%, beide 43%). Uns erscheinen diese Unterschiede weniger bedeutsam. Bei unserem Untersuchungsbefund waren die Aortenklappen häufiger der Ausgangsort. — Die Klappenpolypen (Abb. 76 u. 77), die dieser E. ihren Namen gegeben haben, werden, wie wir später zeigen (S. 190), noch heute als „Thromben" bezeichnet. Die alten Untersucher haben dabei der Konsistenz solcher angeblicher „Thromben" wenig Bedeutung gezollt oder deren feste oder harte, oft knorpelartige, bröckelige Beschaffenheit allein auf die Organisation solcher angeblicher Thrombenmassen bezogen. — Eine Beachtung fand die Frage, ob und in welchem

Ausmaß ulceröse Prozesse bei E.p. auftreten, im neueren Schrifttum nicht mehr.

Manche Beobachter bezeichnen das Vorkommen von Klappengeschwüren bei der E.p. als selten oder als Ausnahme. Unsere mikroskopischen Ergebnisse werden zeigen, daß stets und regelmäßig Geschwürsbildung vorhanden war oder ist, auch wenn sekundäre Vernarbung sie zunächst verdeckt. — Ferner wurden vereinzelte Hinweise gegeben, daß eine E.p. nur oder mit Vorzug kongenital mißbildete Aortenklappen, nämlich solche mit nur zwei statt drei Taschen befällt — ein Gesichtspunkt, der heute ganz an Bedeutung verloren hat — und die Frage erörtert, ob eine Verschmelzung von 2 Aortenklappen auch durch den Entzündungsprozeß bei E. ulcerosa zustande kommen kann (Bishop und Trubek

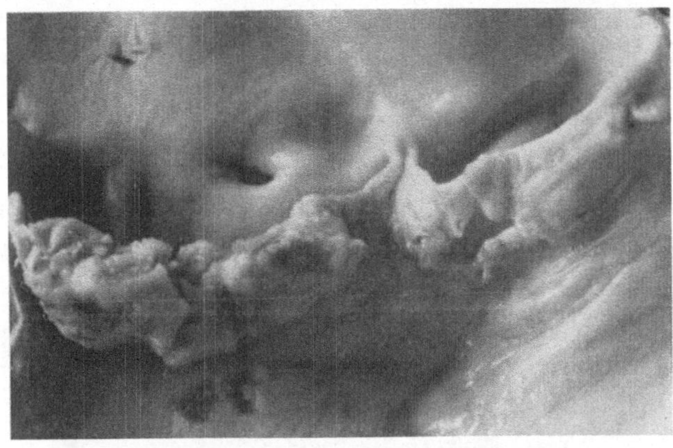

Abb. 77. Typische Endocarditis ulcero-polyposa der Aortenklappen mit grober Verunstaltung der einen (links), die sowohl alte derbe, knorpelartig harte Excrescenzen als auch frischere kleine Wärzchen aufweisen. Die eine Aortenklappe (rechts) zeigt einen bohnengroßen, schon vernarbten Defekt der Klappenplatte (sog. Klappenperforation). Auch hier starke Quellungssklerosen des Klappenrandes und der ganzen Klappenplatte.

1936, Gross 1937, Koletsky 1941, 1943). Hiernach kann beides vorkommen. Die differentialdiagnostischen Kriterien soll das Schema veranschaulichen, das wir der Veröffentlichung von Koletsky (1943) entnehmen (S. 58).

Unser *eigenes Untersuchungsmaterial* setzt sich zusammen aus 47 Fällen. Die überwiegende Mehrzahl betraf das Alter zwischen 40 und 50 Jahren (15 Fälle) und oberhalb des 51. Lebensjahres (13 Fälle), vereinzelte unter 20 (2 Fälle), zwischen 21 und 30 (8 Fälle), zwischen 30 und 40 (9 Fälle). In 14 Fällen war schon makroskopisch an der von der E.p. betroffenen oder an den anderen Herzklappen eine chronische oder rezidivierende E. verrucosa rheumatica erkennbar. In 7 Fällen — und interessanterweise in allen Fällen über 50 Jahre — war makroskopisch eine E. verrucosa simplex oder eine Zwischenform zwischen dieser und einer E.p. diagnostiziert worden. So bestand hier schon am Sektionstisch der Verdacht, daß in diesen Fällen aus einer primären E. verrucosa simplex sekundär eine E.p. entstanden sei.

3. Mikroskopischer Befund.

Aus unserer bisherigen Darstellung der E.p. geht hervor, daß sie nach Schrifttum und eigener Beobachtung nach Anamnese oder makroskopischem Befund häufig auf vorangehende, bestehende oder schon abgelaufene nichtbakterielle E.-Formen aufgepfropft ist. Darum ist ihre Histologie so komplex. Eine Entwirrung gelingt nur durch Vergleich mit den einfachen, von uns schon geschilderten Formen der E. Wir gliedern die Darstellung der komplizierten mikroskopischen

Befunde unserer histologisch verarbeiteten 38 Fälle von E.p. dementsprechend nach der Frage, ob und wie oft wir histologische Strukturbilder vorfanden, die für E. serosa, E. verrucosa simplex oder E. verrucosa rheumatica charakteristisch sind. Da die E.p. primär meist nur eine Klappe — überwiegend die Aortenklappe — befällt, aber dann kontinuierlich oder durch sog. Abklatsch das vordere Mitralsegel ergreift, eignen sich zum Studium des Beginnes einer E.p. besonders diese Abklatsch-E. Ferner stehen für die Erfassung des Beginnes benachbarte, makroskopisch von Excrescenzen freie Abschnitte einer betroffenen Klappe zur Verfügung.

Seröse Entzündung. Eine flächenhafte Ödembildung mit Kollagenschwund und Zell- und Kernuntergang liegt in allen von Excrescenzen oder Polypen betroffenen Herzklappen bald im Subendothel, bald in tiefen Schichten benachbarter Klappenabschnitte vor. Nur wird die von uns oben bei der E. serosa beschriebene reine Form selten angetroffen (Abb. 78 u. 79). Vielmehr zeigt die seröse Durchtränkung unscharfe Begrenzung, teilweise schon fibrinöse Insudation bei oberflächlicher Warzenbildung, Wucherung von Histiocyten oder Fibroblasten oder beginnende Hyalinbildung, oder wir finden Übergang in Granulationsgewebe und dann auch gelegentlich Infiltration durch Granulocyten. Dabei ist das Verhalten der Grundsubstanz außerordentlich wechselnd von homogener Beschaffenheit und Farblosigkeit bis zu feinkörniger Granulierung, wolkiger Basophilie und Vacuolenbildung. Es gibt keine von einer E.p. betroffene Herzklappe, bei der solche Befunde einer umschriebenen E. serosa fehlen!

Fibrinöse Entzündung. Bei keiner anderen E.-Form ist eine flächenhafte fibrinöse Insudation des Subendothels in solchem Ausmaß zu beobachten wie bei der E.p. Entsprechend der Größe der Excrescenzen und Polypen, die ja oft eine Länge von mehreren Zentimetern aufweisen, ziehen an deren Oberfläche saumartig breite Bänder entlang aus Fibrin und Nekrose (Abb. 80). Sie zeigen auffallend gleiche Breite und meist ebenso auffallend scharfe Grenze nach der Tiefe. Wohl nach dem Alter des fibrinösen Insudats, nach Maßgabe des Beginnes oder einer schon fortgeschrittenen Nekrose findet sich bei Azan-Färbung noch der leuchtend rote Farbton oder ein schmutziges Rot oder Violett. Ebenso wie bei der flächenhaften serösen Entzündung der E.p. finden wir hier selten die reine Form der E. fibrinosa. Vilemehr lassen sich meist alle folgenden Übergangsstadien beobachten: Einmal ist die Nekrose des Insudats häufiger und ausgeprägter, ist zum andern das Insudat meist untermischt mit intakten und zerfallenen Granulocyten und geschwollenen Histiocyten. Außerdem lassen sich in ihm in sehr wechselndem Ausmaß Bakterien nachweisen. Das Endothel verhält sich gleichermaßen wie bei der E. fibrinosa: Es kann vollständig oder in kleinen Abschnitten vorhanden sein oder ganz fehlen. Nur wenn es fehlt, finden sich ausnahmsweise auf der dann unebenen Oberfläche solcher fibrinös-nekrotischer Oberflächenbänder Abscheidungsthromben (Abb. 81). — Eine kleinumschriebene warzenartige fibrinöse Entzündung können wir sowohl außerhalb und neben den großen Polypen an der Außen- und Innenfläche derselben oder einer benachbarten Taschenklappe wie an der Oberfläche eines Klappenpolypen finden. Sie gleicht völlig dem bei der E. fibrinosa beschriebenen Typ und besteht dementsprechend nur aus erhaltenem oder nekrotischem Fibrin, ist also noch frei von Bakterien oder Granulocyten.

Rheumatische Entzündung. Diese ist im Gegensatz zur serösen und fibrinösen Entzündung keine obligate Erscheinung der E.p. Wohl finden wir Histiocytenwucherung, Fibroblastenvermehrung und capilläre wie auch dickwandige Gefäße, wie wir gleich weiter unten zu schildern haben. Die morphologische Trias der rheumatischen Entzündung ist also insoweit im morphologischen Bild der E.p. schon vertreten. Aber einmal fehlt im Gros der von uns untersuchten Fälle die typische Anordnung dieser Trias, zum andern ist stets mehr als diese vorhanden, nämlich ein Granulationsgewebe. Es gibt Fälle oder Polypen, bei denen Teilstücke völlig das Bild einer E. verrucosa rheumatica bieten. Aber es verhalten

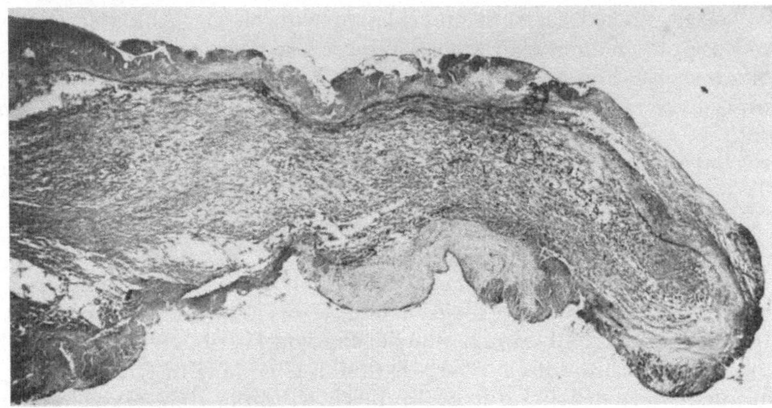

Abb. 78. Mitralis (E. ulcero-polyposa). Übersichtsbild, Elastica-Färbung. Die ganze Oberfläche und große Teile der Unterfläche der Klappe zeigen im Bereich des verdickten Subendothels flächenhaftes fibrinöses Insudat. Starke Auffaserung oder Unterbrechung der elastischen Lamelle. An der Grenze von Schließungsrand zu Klappenrand an der Unterfläche der Klappe zwei seröse Warzen. (30 ×.)

sich eben nur Teilabschnitte so. Zwar beobachten wir gelegentlich im Schnitt ein fibrinöses Insudat mit typischer Palisadenstellung von Histiocyten an der Basis (Abb. 82 u. 83). Aber weiter in der Tiefe folgen dann entzündliche Infil-

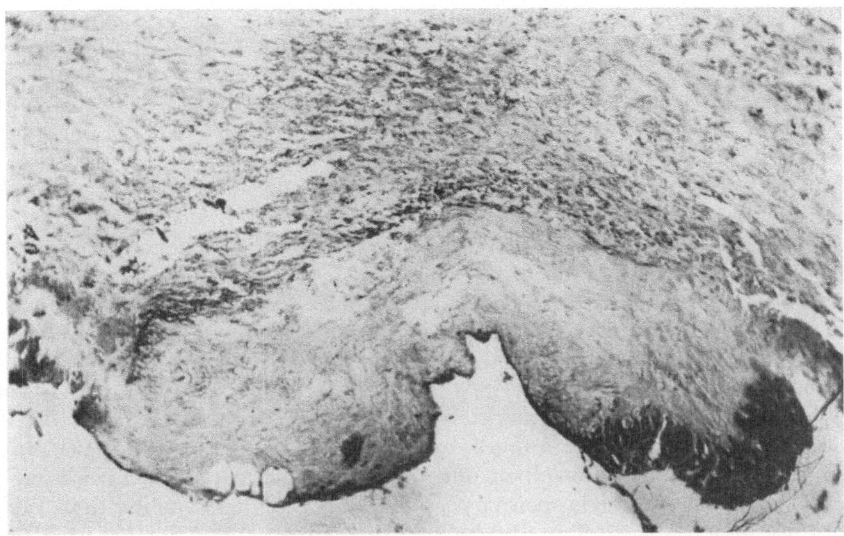

Abb. 79. Starke Vergrößerung eines Teilausschnittes von Abb. 78. Die beiden Warzen zeigen typische seröse Entzündung mit Untergang von Kernen und Fasern, links mit erhaltenem Endothel, rechts mit beginnendem fibrinösem Insudat und Epithelverlust. (86 ×.)

tration oder Granulationsgewebe. Dann überschneiden sich alle Entzündungsformen der E. in ungeordneter mosaikartiger Zusammensetzung. Es gelingt trotzdem — allerdings erst nach eingehender und recht mühevoller Untersuchung zahlreicher Klappen- und Polypenabschnitte — mit weitgehender Sicherheit echte rheumatische von pseudorheumatischer Entzündung zu trennen. Auf Grund solcher mikroskopischer Analyse teilen wir unsere Fälle in solche, bei denen in der von einer E.p. betroffenen Herzklappe sichere rheumatische Narben oder noch floride rheumatische Entzündung vorliegen. Die zweite Gruppe umfaßt Fälle, bei denen in der von einer E.p. betroffenen Herzklappe keine mikroskopischen Anzeichen für abgelaufene oder bestehende rheumatische Erkrankung erkennbar sind, dagegen eine andere Herzklappe desselben Herzens floride rheumatische Erscheinungen bietet.

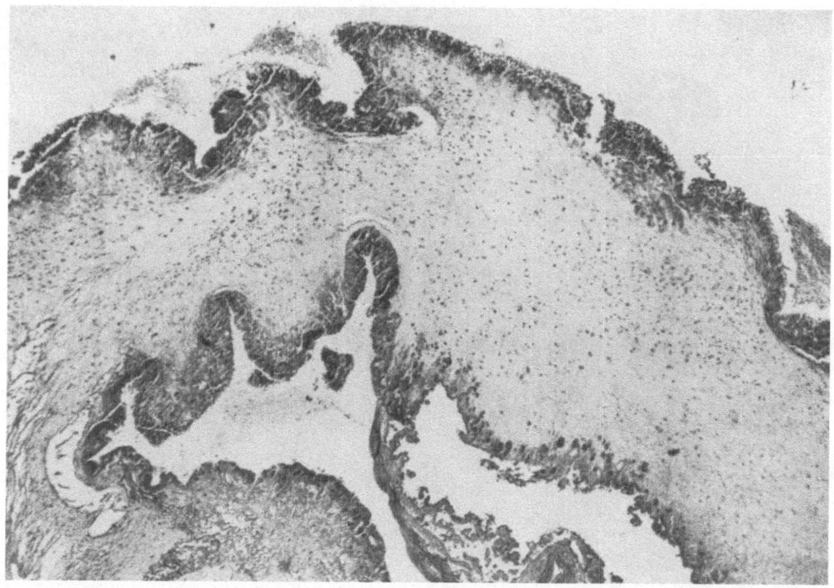

Abb. 80. Aortenklappe. 22 J., ♂ (E. ulcero-polyposa). Typischer Klappenpolyp mit flächenhafter fibrinöser Entzündung an der welligen Oberfläche. Innerhalb des fibrinösen Insudates, das nur spärliche Abscheidungsthromben aufweist, zahlreiche Kokkenhaufen. Erst beginnende Granulationsgewebsbildung im Innern des Polypen.

I. 1. Rheumanarbe + E.p.: 12 Fälle.
2. Rheumarezidiv + E.p.: 4 Fälle.

II. 1. E.p. der einen, Rheumanarbe der anderen Herzklappe: 4 Fälle.
2. E.p. der einen, Rheumarezidiv der anderen Herzklappe: 6 Fälle.

III. Keinerlei Zeichen für Rheumanarbe oder Rheumarezidiv: 12 Fälle.

Granulierende Entzündung. Wenn man das histologische Gesamtbild einer voll ausgeprägten E.p. ins Auge faßt, so stellt es — wie wir schon erwähnten — einmal den Zusammenschluß der eben geschilderten einzelnen Entzündungsformen und -erscheinungen dar. Zusätzlich aber findet sich ein *Granulationsgewebe* mit allen wechselnden Charakteristica eines solchen. Während die seröse Entzündung sowohl an der Oberfläche wie in der Klappentiefe, die fibrinöse Entzündung nur oberflächlich, die rheumatische Entzündung ebenfalls weitgehend oberflächlich gelegen ist, spielt sich die granulierende Entzündung ausschließlich in den tiefen Klappenschichten ab und erreicht niemals die Klappen- oder Polypenoberfläche. Sie grenzt an die beschriebenen Bänder nekrotischen Fibrins oder an deren Histiocytensaum. Sie setzt sich zusammen aus Granulocyten, Lymphocyten, Histiocyten und Fibroblasten und meist sehr zahlreichen Capillaren. Das Verhalten der elastischen Fasern wechselt. Nur in Ausnahmefällen ist das elastische

Fasersystem noch in größeren Abschnitten erhalten. Meist ist die elastische Lamelle völlig aufgesplittert in zahlreiche eng parallel oder weit auseinander gelegene Fasern. Oder letztere sind auf wechselnd große Strecken unterbrochen. Bei fortgeschrittenen Fällen fehlen sie weitgehend und sind nur noch als kleine Bruchstücke vorhanden (Abb. 84 u. 85). Das Verhalten und Vorhandensein von elastischer Lamelle und elastischen Fasern der subendokardialen Schicht ist von ausschlaggebender Bedeutung für Fortschreiten und Ausmaß der *Nekrose*. Diese bleibt so lange auf das Subendothel und die hier gelegenen breiten Fibrinbänder

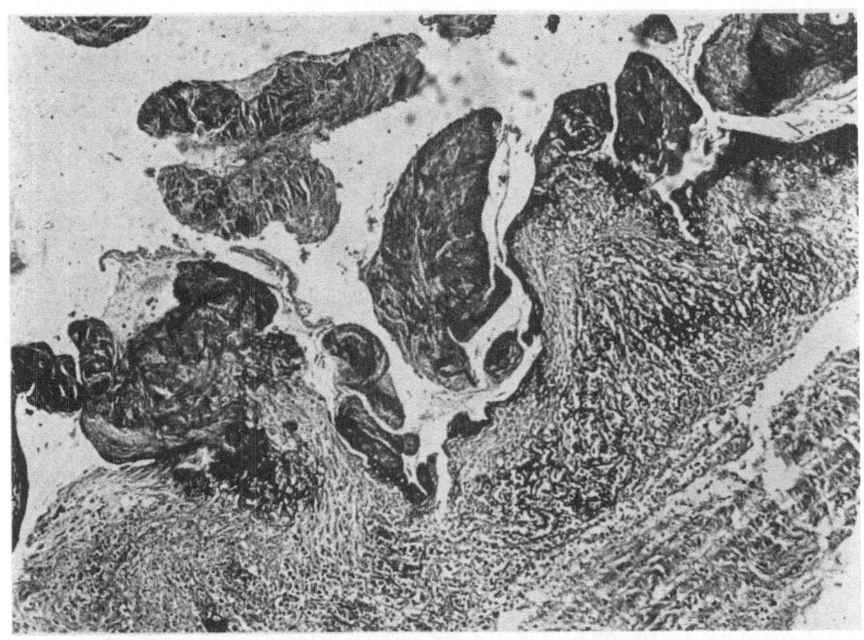

Abb. 81. Aortenklappe. 16 J., ♂ (E. verrucosa rheumatica der Mitralis und Aortenklappen). Typischer Kombinationsfall von Endocarditis rheumatica mit Endocarditis ulcero-polyposa. An der ganzen unregelmäßigen, kryptenreichen Oberfläche flächenhaftes fibrinöses Insudat mit polypösen Abscheidungsthromben. Unter der Oberfläche in der stark verdickten subendokardialen Schicht sowohl Granulationsgewebe wie auffallende Proliferation der Histiocyten.

beschränkt, als noch elastische Fasern als „Grenzlamelle“ vorhanden sind und als solche wirken. Sind die elastischen Fasern der ehemaligen elastisch-fibrösen Schicht an einer umschriebenen Stelle unterbrochen oder in ganzen Abschnitten geschwunden, dann greift an diesen Stellen die Oberflächennekrose über auf die tiefen Klappenschichten und das hier gelegene Granulationsgewebe oder die noch vorhandene hyaline Gewebssklerose. Wir glauben annehmen zu dürfen, daß nicht nur solches Fortschreiten der Nekrose, sondern auch schon die Entwicklung des Granulationsgewebes von der Durchlässigkeit für den Insudationsvorgang und der Intaktheit der elastischen Grenzschicht abhängig ist. Als Drittes scheinen die elastischen Fasern verantwortlich zu sein für den Bestand der grobanatomischen Klappenform. Erst bei Unterbrechung, Zerstörung und Schwund der elastischen Fasern kommt es zu *Geschwürsbildung* und Abriß von Klappengewebe oder Klappenperforation. Denn die oft mächtigen, polypösen „Excrescenzen“ und „Vegetationen“ sind in der Worte ureigenster Bedeutung „herausgewachsenes“, „vegetiertes“ Klappengewebe und keine durch Abscheidung aus dem strömenden Blut erfolgte Thrombenbildung! Das beweisen die in allen den bizarren Auswüchsen der Polypen vorhandenen Bruchstücke elastischer oder kollagener Fasern

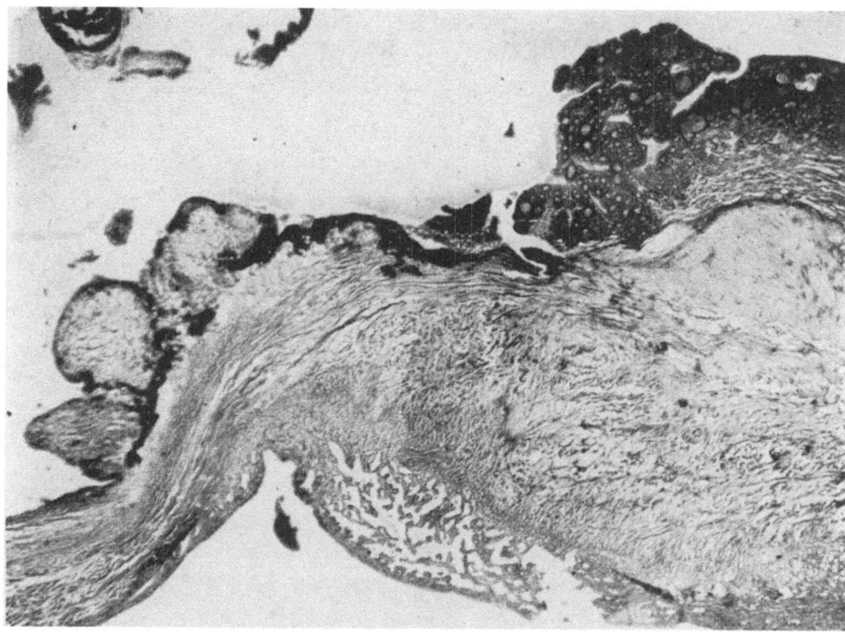

Abb. 82. Aortenklappen. 49 J., ♂ (E. verrucosa rheumatica der Mitralis und Aortenklappen und E. ulcero-polyposa). Kombination von warzenförmiger E. serosa (links) mit E. fibrinosa und flächenhaftem fibrinösem Oberflächeninsudat (Mitte) und massiven Abscheidungsthromben (rechts). (30 ×.)

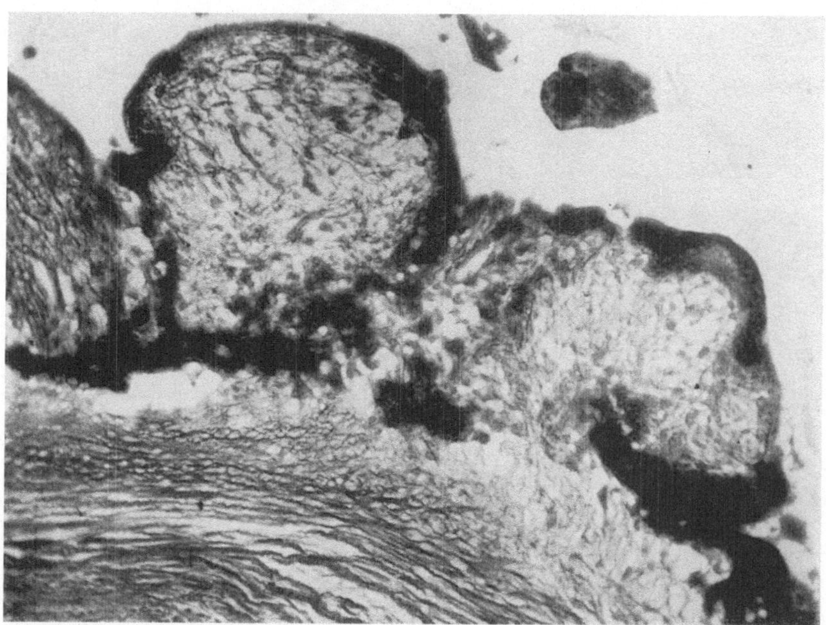

Abb. 83. Starke Vergrößerung eines Teilausschnittes von Abb. 82. Die beiden großen Warzen zeigen fibrinöses Insudat an der Oberfläche und teilweise in der Tiefe sowie deutliche Proliferation der Histiocyten als Beweis für ein typisches rheumatisches Rezidiv.

oder Silberfibrillen oder alter Klappengefäße sowie der oberflächenparallele Verlauf dieser Gewebselemente (Abb. 86). Die oft mächtige Größe und Dicke der

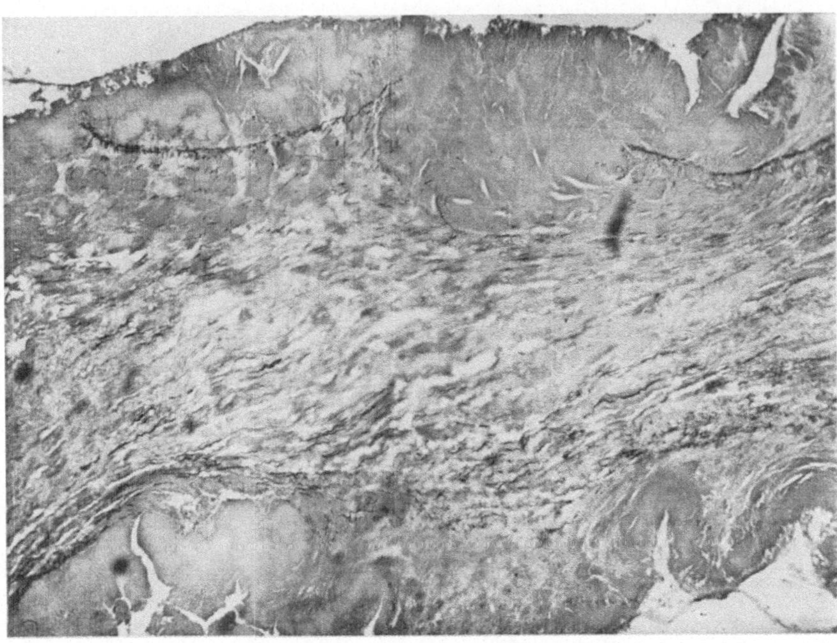

Abb. 84. Aortenklappen. 36 J., ♂ (E. ulcero-polyposa). Flächenhaftes fibrinöses Insudat an der Oberfläche und Unterfläche des Polypen. Elastica-Färbung. Fragmentation und Aufsplitterung der elastischen Lamelle, die inmitten des fibrinösen Insudates liegt als Beweis, daß es sich nicht um Thrombenablagerungen, sondern um ein Gewebsinsudat handelt. (90 ×.)

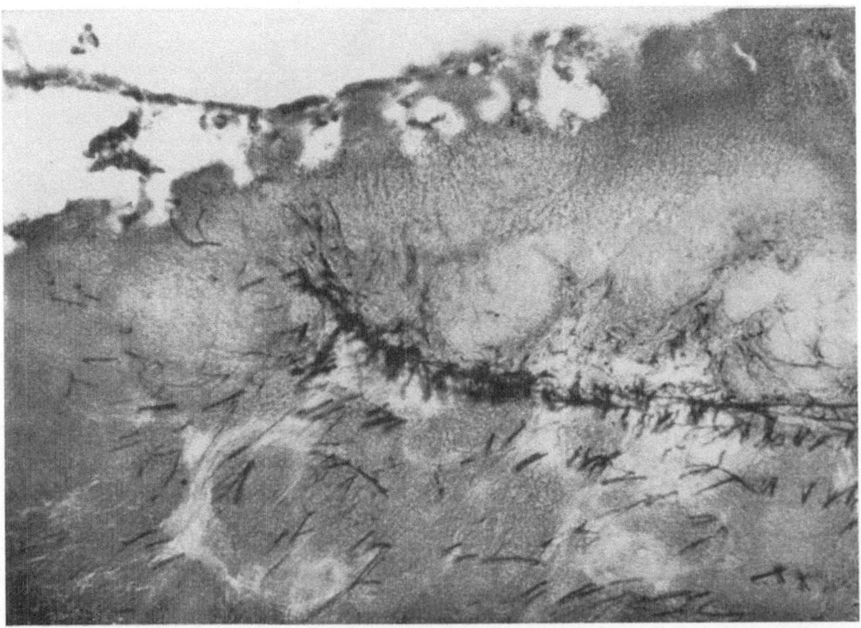

Abb. 85. Starke Vergrößerung eines Teilausschnittes von Abb. 84. Elastica-Färbung. Völlige Aufsplitterung der elastischen Lamelle innerhalb des fibrinösen Insudates. Zahlreiche Fragmente elastischer Fasern liegen verstreut in Fibrin. (360 ×.)

Polypen wird bestimmt von Entwicklungsgrad und Mächtigkeit des Granulationsgewebes im Polypenstock, und zwar mehr von Histiocyten- und Fibroblastenwucherung und Gewebsneubildung als von der leuko- oder lymphocytären Infiltration. Diese Neubildung von Granulationsgewebe überwiegt gewöhnlich die Nekrose. Nur hier und da haben wir völlige Oberflächen- und Tiefennekrose ganzer Einzelpolypen angetroffen. Ältere Tiefennekrose zeigt oft *Verkalkungen* in Form kleiner blauer Kügelchen, die kaum von Bakterienhaufen unterschieden werden können, oder als landkartenartig oder zackig oder infarktartig begrenzte Bezirke. Daraus geht hervor, daß eine sekundäre bindegewebige Organisation solcher Nekrosen nicht eintritt, jedenfalls nicht, wenn sie statt im Granulationsgewebe im hyalinsklerotischen Gewebe des ehemaligen Klappengrundstockes

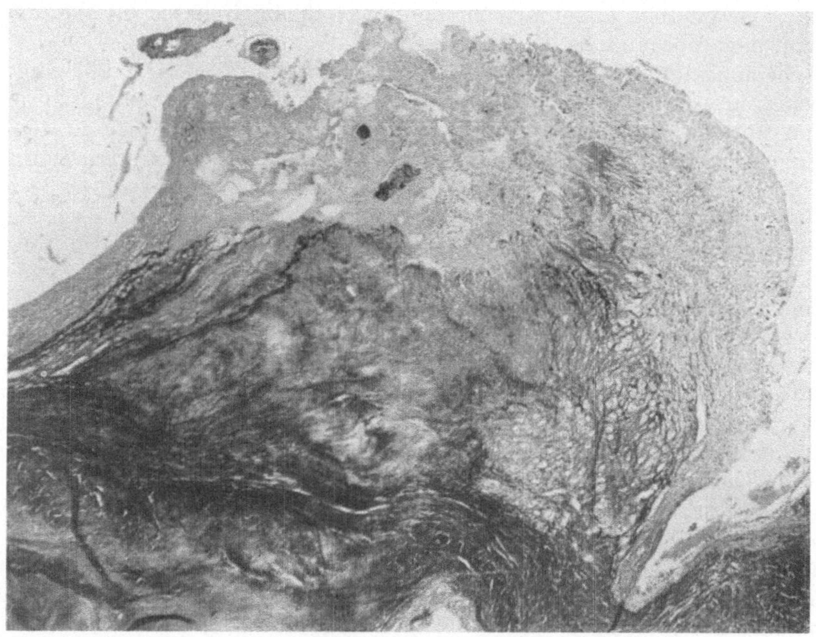

Abb. 86. Aortenklappe. 49 J., ♂ (E. ulcero-polyposa). Elastica-Färbung mit schwerster Zerstörung, Auffaserung und teilweiser Verdoppelung der elastischen Fasern, deren Enden noch in das aufgebrochene fibrinöse Insudat hineinführen. (30 ×.)

erfolgten. Es ist derselbe Vorgang, den wir in anderen Organen mit hyalin-sklerotischem Gewebe bei Eintritt von Nekrose beobachten. Bei *Ausheilung* erkennt man zunehmende Neubildung kollagener Fasern und Hyalinbildung. Eine völlige Ausheilung haben wir nie beobachten können. Es hängt nur vom Ausmaß der histologischen Untersuchung ab, um zu erkennen, daß sich stets an dieser oder jener Stelle eines Polypen an der Oberfläche, oft in der Tiefe einer Oberflächenkrypte, noch oder wieder neu eine kleinumschriebene Fibrinwarze oder ein flächenhaftes Fibrinbeet findet. Das ist auch der Fall bei langdauernd mit Antibiotica behandelten und klinisch fieberfrei gewordenen Erkrankungsfällen.

Das Verhalten der *Bakterien* bereitet unüberwindliche diagnostische Schwierigkeiten, wie wir oben (S. 33) schon hervorhoben. Aus histotechnischen Gründen sind am *gleichen* Paraffinblock die Nachweismethoden für Kalk und Bakterien nicht gleichzeitig ausführbar. Die Sprödigkeit alter mit Sklerose einhergehender Polypen gestattet oft oder meist keine Schnitte von 3—5 μ Dicke. Einzelbakterien sind auch bei Ölimmersion nur ausnahmsweise auffindbar. So scheitert der exakte Bakteriennachweis an diesen technischen Schwierigkeiten, und es ist histologisch nur stärkere Keimbesiedlung erfaßbar. Da ist nun hervorzuheben, daß auch bei typischer und völlig unbehandelter E.p. seröse Warzen, Fibrinwarzen oder -beete vorkommen, die keine Bakterien nachweisen lassen. Weiter gilt, daß ohne fibrinöse Entzündung keine Bakterienhaufen vorkommen. Sie liegen wie Plattenkulturen in Kolonieform oder als Saum an der Oberfläche der beschriebenen Fibrinbänder, die dann völligen Defekt des Endothels zeigen. Oder sie durchsetzen die fibrinnekrotische Oberfläche bis zu deren Tiefengrenze, sofern diese noch von elastischen Fasern gebildet wird. Fehlen diese, dann finden sich Bakterien auch unterhalb dieser Grenze und außerhalb der fibrinnekrotischen Schicht in dem darunter gelegenen hyalinsklerotischen oder Granulationsgewebe. Und dies kann eintreten unabhängig von noch nicht oder schon vorhandener Gewebsnekrose. Wir glauben annehmen zu können, daß die Nekrose in Abhängigkeit steht von dem Vorhandensein von Bakterien.

Abscheidungsthrombose. Wir haben oben (Abschn. A, II, 4, S. 25) eingehend besprochen und später mehrfach erwähnt, daß jegliche Abscheidungsthrombose bei allen Formen der Herzklappenentzündung mit Ausnahme der akuten bakteriellen Thrombendokarditis eine seltene Ausnahme und Zusatzerscheinung darstellt. So auch bei der E.p. Unter den von uns eingehend untersuchten 38 Fällen von E.p. beobachteten wir solche Zusatzthrombose nur 14mal. In Gegensatz zu den bisherigen Lehrmeinungen und Schrifttumsangaben spielt sie also eine ganz untergeordnete und nebensächliche Rolle und scheint mehr in Abhängigkeit von blutchemischen Faktoren als vom ortsständigen Entzündungsprozeß im Klappengewebe zu stehen. Der Thrombosevorgang scheint ferner — und das ist für alle Gefäßthrombosen wichtig und zukünftig erneut zu prüfen — bei der Herzklappe jedenfalls auch nicht allein von Schädigung oder Defekt des Klappenendothels abhängig zu sein, wie DIETRICH (1925) annimmt. Beobachteten und beschrieben wir doch schon vielfach bei der E. serosa und besonders oft bei der E. fibrinosa umschriebenen oder flächenhaften Endothelverlust *ohne* jede Andeutung von Abscheidungsthrombose. Wenn sie auftritt, dann stets an der Oberfläche von bakterienhaltiger, warzenartiger oder beetförmiger, fibrinöser Entzündung. Der Anteil von Thrombocyten scheint dann oft stärker zu sein als der von Fibrin und Granulocyten. Die oberflächlichen Bakterienhaufen sind dann von schleierartigen oder feinstkörnigen Abscheidungen angefüllt oder bedeckt. Nur selten kommt es zu einer typischen Schichtung aus abgrenzbaren Lagen von Thrombocyten und Fibrin, die intakte und zerfallene Granulocyten und häufiger intakte und farblos gewordene Erythrocyten enthalten. Das unter der Abscheidungsthrombose gelegene fibrinnekrotische Insudat unterscheidet sich in nichts von solchen ohne Oberflächenabscheidung. Es ist gegeben aus dem örtlichen Übereinander von Thrombose und fibrinösem Oberflächeninsudat, daß eine Organisation dieser Abscheidung erst spät verzögert und nur dann eintreten kann, wenn das darunter gelegene Fibrinbeet von Histiocyten und Fibroblasten durchwachsen und selbst organisiert ist. Und diese letztere Organisation wird hintangehalten oder unmöglich gemacht durch die Wirkung der Bakterien, ihre Vermehrung sowie durch die eintretende Nekrose.

4. Bakteriologischer Befund.

Bakterien sind bei der E.p. obligat — nur nicht in allen Abschnitten der Excrescenzen und nicht zu allen Untersuchungszeiten. Nur Bakterien und ihre Toxine können solche Gewebszerstörung und Nekrose hervorrufen, daß Klappenteile abreißen und zu Polypen werden. Die Bakterien dringen, wie wir beschrieben haben, in die warzen- und beetartigen fibrinösen Insudate des ehemaligen Subendothels ein, bilden an der Oberfläche und in der Tiefe Kolonien und Haufen, können auch bei Schwund der elastischen Fasern bis in die tiefen Klappenschichten vordringen. Über den histologischen Nachweis und dessen Schwierigkeiten bei geringer Keimzahl s. Abschn. A, II, 6, S. 33, sowie diesen Abschn., S. 185; über den bakteriologischen Nachweis und die Differentialdiagnose zur agonalen Keimbesiedlung s. Abschn. B, II, 1, S. 84. Wir möchten hierzu nur nochmals mit Nachdruck hervorheben, daß der Pathologe bei kritischer Einstellung außerstande ist, im Gewebsschnitt zu unterscheiden, ob lebende oder tote Bakterien zum Zeitpunkt der Autopsie vorgelegen haben, oder Aussagen über die Virulenz zu machen. Denn eine kleine Zahl virulenter Keime kann in kurzer Zeit dieselben Gewebsveränderungen erzeugen wie große Keimbesiedlung wenig virulenter Erreger in längerer Zeit. Ob die histologisch gefundene Gewebsveränderung im Laufe von Wochen oder Monaten, ob sie als Folge kontinuierlicher oder diskontinuierlicher oder rekurrierender Bakterieneinwirkung entstanden ist, ist ebensowenig zu beurteilen wie die Frage zu beantworten ist, ob die vorgefundenen Gewebsreaktionen im Einzelbild, besonders die proliferativen Erscheinungen, allein als Reaktionen auf die Keimbesiedlung zu werten sind. Zu allen diesen Fragen wären in jedem Einzelfall Bestimmung von Pathogenität, Virulenz und erfolgter Antikörperbildung erforderlich, und deren Ergebnis ist dann mit dem mikroskopischen Gewebsbild in Vergleich zu setzen. Auch dann noch stößt die Beurteilung bei der E.p. auf große kritische Schwierigkeiten, weil auch bei dieser E.-Form die bakterielle Gewebsinfektion eine Zweiterkrankung ist, die vorangegangener seröser und fibrinöser oder rheumatischer Entzündung nachfolgt. Dadurch wird nicht nur das Gewebsbild der Erst-, sondern zwangsmäßig das der Zweiterkrankung beeinflußt, verändert und einer exakten Bewertung entzogen.

5. Anatomische Bedeutung.

Wir sehen die anatomische Besonderheit der E.p. in der von uns aufgezeigten Entwicklung aus den einfachen Entzündungsformen der Herzklappe und im Nachweis, daß die Excrescenzen und Polypen entzündlich verändertes Klappengewebe, und keine thrombotischen Ablagerungen darstellen. Das verwirrende mikroskopische Bild der ausgeprägten E.p. läßt sich damit in einzelne morphologisch wohl abgrenzbare Zustandsbilder zerlegen, die als solche für sich allein auftreten und eine anscheinend regelmäßige Folge zeigen, an deren Ende das zusammengesetzte Mosaik der E.p. steht. Diese morphologische und morphogenetische Analyse ergibt weiterhin, daß die Ansiedlung und lokale Wirkung der Bakterien nicht das erste, sondern das letzte Glied dieser Entwicklung sind, und daß die vorangehenden Gewebsveränderungen und Entzündungsformen notwendige Voraussetzungen und Wegbereiter für die Bakterien bedeuten. Damit erweist sich die E.p. als eine nur sekundäre „bakterielle" Entzündung, und die Bakterien verlieren das fast ein Jahrhundert alte Primat in der Ursachenforschung dieser Erkrankung! Der Verlust ihrer bisher beherrschenden Stellung in kausaler und formaler Genese nimmt den Bakterien nicht ihre Bedeutung schlechthin, aber die Erforschung der kausalen Genese der einfachen und vorangehenden Entzündungsformen drängt sich für den Morphologen nun stärker in den Vordergrund.

Es hat im Schrifttum nicht an beweisenden Befunden, an versteckten und offenen Hinweisen gefehlt für das von uns vorgelegte Ergebnis, wenn auch die Befunde für die Pathogenese nicht ausgewertet wurden oder man sich mit der Schilderung von „Übergangsbildern" bislang zufrieden geben mußte.

Schon Spiegl (1921) beschreibt bei 3 Fällen von E.p. Warzen aus zellarmem fibrillärem Bindegewebe mit schlecht färbbaren, körnig zerfallenen elastischen Fasern innerhalb des Fibrins der thrombotischen Auflagerungen, mit Kokken „im Gewebe der Verruca selbst" (S. 235) wie in den Auflagerungen. Er schildert, „wie das Fibrin an seiner Basis sich in ein System von Fäden auflöst, die miteinander anastomosieren und unmittelbar in die auseinandergedrängten, gequollenen Bindegewebsfasern sich fortsetzen". „Das Weigert-Präparat zeigt ein dichtes Gewirr feiner elastischer Fibrillen, die aus der Klappe in senkrechter Richtung bis an die Oberfläche der ‚Auflagerung' emporsteigen. Damit ist der Beweis erbracht, daß es sich hier nicht um eine echte thrombotische Auflagerung handelt, sondern um eine ältere bindegewebige Verruca ..." „Die fibrinöse Durchtränkung dieser Gewebsbestandteile ist indes eine so weitgehende, daß es schwierig ist, die beiden Komponenten zu trennen" (S. 237). Diese ausgezeichnete Beschreibung von SPIEGL hat heute nach 30 Jahren sowohl für die E. verrucosa simplex wie E.p. ihre volle Gültigkeit! — CLAWSON (1924) betont die morphologische Gleichartigkeit einer akuten und subakuten bakteriellen E. und hält daran fest: "They are essentially thrombi, which are undergoing organisation." — CLAWSON und BELL (1926) teilen zunächst einen typischen Erkrankungsfall mit von Übergang einer E. verrucosa rheumatica in E.p. bei einem 23 jährigen. Ein Vergleich von akuter rheumatischer mit subakuter bakterieller E. bei 80 Sektionsfällen ergibt bei letzterer „a valvulitis similar to that found in the leaflets in acute rheumatic endocarditis" (S. 71) und nur stärkere Plättchenthromben. — CLAWSON, BELL und HERTZELL (1926) legen eine dritte große Untersuchung von 74 Fällen von E.p. vor: 31mal in der Anamnese Arthritis, 15mal akuter Rheumatismus. 34mal fand sich eine starke alte Klappenverdickung, 40mal keine klinischen oder anatomischen Zeichen einer alten Klappenerkrankung! Makroskopisch beschreiben sie nur 32mal Ulceration, 25mal Verkalkungen "in the thrombotic material and in the old hyalin scar tissue". "Calcium is frequently found in definitely active vegetations and even in association with bacteria." In Dreiviertel der Fälle auch „small firm vegetations of the rheumatic type". Sie machen ferner exakte Angaben über die unterschiedliche Lokalisation rheumatischer und bakterieller E., die wir nicht bestätigen können. Von 46 mikroskopisch untersuchten Fällen zeigten 35 typische rheumatische Veränderungen! In der Besprechung weisen sie darauf hin, daß kein scharfer Unterschied besteht zwischen „bacterial lesions and rheumatic ones" und ferner: "The study of serial sections from early cases ... gives one a strong impression, that the inflammation begins *within* the leaflet and extends to the surface, resulting in an vegetation" (S. 228). — LIBMAN (1925) läßt bei den morphogenetischen Fragen sowohl die direkte Keimimplantation wie die Infektion durch Klappengefäße offen, betont mechanische Faktoren und fand in 10—20% vorangehende rheumatische Erkrankung. Auch er beobachtete gleichzeitiges Auftreten von aktiver rheumatischer E. und E.p. . . — In dem Material von KRISCHNER (1927) sind 35 Fälle von E. polyposa und nur 1 Fall von E. ulcerosa vertreten. Er folgt der alten Darstellung, hebt aber makroskopisch Verdickung und Blutgefäße der betroffenen Klappen, mikroskopisch das dichte Fibrinnetz hervor. Die Oberfläche der Polypen vergleicht er mit einer „diphtherischen Pseudomembran", die Klappentiefe mit einem Granulationsgewebe. In 7 Fällen fand er neben den Polypen Warzen einer E. verrucosa, zum Teil mit streptokokkenhaltigen Fibrinkappen. Nach ihm stammen Fibrin und Leukocyten „als Exsudat offensichtlich ganz oder doch zum großen Teil aus den stets bereits vorhandenen Klappengefäßen" (S. 577). — Die Annahme HOLSTIS (1928) von einer oberflächlichen und tiefen Valvulitis, von denen die letztere in der Klappenwurzel beginnt und bei Durchbruch nach der Klappenoberfläche zur ulcerösen Form führt, hatten wir schon oben referiert. — HUGUENIN und ALBOT (1930) sind der Anschauung, daß bei der E. verrucosa rheumatica und E.p. die initiale Reaktion dieselbe und ausgezeichnet ist durch das Auftreten von Epitheloidzellen, zu denen bei der E.p. Fibrin, Hyalin, Leukocyten, Nekrose und Riesenzellen treten. — Auch JAFFÉ (1933) hält noch an der alten Darstellung des „Thrombus" fest und an seiner Verschmelzung mit der Oberflächennekrose. Da er auch an mikroskopisch unveränderten Klappen bei akuten Infektionskrankheiten Zellpalisaden fand, lehnt er die Annahme LEARYS (1932) ab, daß diese spezifisch für Allergie und rheumatische Entzündung seien. Auch für ihn ist die primäre Zellreaktion bei den verschiedenen Formen der E. dieselbe, treten Unterschiede erst später auf. Die Nekrose beginnt nach ihm an der Oberfläche der Knötchen und schreitet nach der Tiefe fort. Riesenzellen liegen besonders oberflächennahe. Die E.p. steht nach ihm in der Mitte zwischen E. acuta septica und E. rheumatica. — Aus den Beobachtungen v. ALBERTINIS (1935) ist wichtig, daß er nicht nur die Kombination E. verrucosa rheumatica → E.p., sondern auch E.p. → E.v. rheumatica insoweit vorfand, daß unter 41 Fällen von E.p. 3mal frische rheumatische Gewebsveränderungen erkennbar waren. Er pflichtet der Darstellung von RIBBERT (1924) bei, beschreibt einen „Fibrinthrombus, in den die gewucherten subendokardialen Bindegewebszellen in Büschelform hineingewuchert sind", und nimmt an: „Bei den besprochenen verschiedenen Endokarditistypen (Rheumatismus, Lenta und experimentelle Streptokokkenendokarditis) besteht in prinzipieller Hinsicht weitgehende Übereinstimmung, nämlich nach oberflächlicher Läsion der Klappen, Thrombusbildung und Ausbildung eines Granulationsgewebes. Unterschiede bestehen meines Erachtens nur in quantitativer Hinsicht." Er spricht darum von einem „verschiedenen Ausgang der Abwehrleistung" und anerkennt nur 2 E.-Formen: 1. E. productiva (verrucosa und polyposa), 2. E. ulcerosa (bei Sepsis). *Wir* können v. A. nicht beipflichten, daß sich aus einer E.p. eine E.v. rheumatica entwickeln kann, und möchten an qualitativen Unterschieden der Reaktionsformen festhalten. — ALBOT und MIGET (1935) geben eine ausgezeichnete Schilderung von „La valvulite initiale“ (S. 15), die wir schon oben wiedergaben (S. 169). Diese beginnenden Veränderungen sind bei E.v. rheumatica dieselben wie bei E.p. Bei letzterer aber nach dem Ödem geschwulstartige Wucherung der Histiocyten, dann Degeneration der Oberfläche mit Fibrinoid und Nekrose und Riesenzellen. „Il s'ensuit une érosion dans le fond de laquelle s'observe ici encore la précipitation parcellaire de fibrin“ (S. 19). Als sekundäre Prozesse beschreiben sie dann Thromben und Nekrose mit und ohne Warzen und Polypenbildung nach alter Anschauung. — GROSS und FRIED (1937) verdanken wir eine sehr eingehende und umfangreiche Untersuchung nach 3 Fragestellungen: 1..Die Häufigkeit vorangegangener Klappenveränderungen bei bakterieller E., 2. die Notwendigkeit, daß zur Bakterienimplantation eine aktive rheumatische E. vorliegt; 3. der Mechanismus dieser Bakterienimplantation. Aus dem großen Material sind an dieser Stelle die 42 Fälle von E.p. anzuführen. Die Forscher geben treffende makroskopische Unterschiede der Fälle *ohne* vorangegangene rheumatische Erkrankung (Klappen und Vorhofendokard außerhalb des bakteriellen Prozesses zart und durchsichtig, keine Gefäße) und *mit* solcher (Verdickung von Klappen und Sehnenfäden auch abseits des bakteriellen Prozesses, „gross vascularisation of the valve (very important)“ und „aortic commissural fusion“. Mikroskopisch beschreiben sie Vegetationen aus Plättchen mit Fibrin und Nekrose sowie stets bakterienfreie Warzen. “. . . one is not justified in accepting such verrucae as evidence of an active rheumatic process” (S. 777). Dann folgen destruktive Prozesse, Leukocyten, Lymphocyten, Mononucleäre, in 25% reaktive Fibrocyten, Capillaren. In 50% der Fälle fanden sie als besonders typisch „what we have termed the ‚spongy lesion‘ = ‚hypercapillarized area‘“. Diese „Gefäßkanäle“ kommunizieren direkt mit der Herzhöhle. „A mild interstitial valvulitis“ ist mit und ohne rheumatische Vorerkrankung, eine Vascularisation des Klappenringes nur bei ersterer zu beobachten. Für das Zusammentreffen von rheumatischer und bakterieller E. stellen sie 2 Faktoren heraus: 1. “intrinsic changes in the endocardial tissues (rheumatic deformity, congenital defects), which transform them into a more suitable anchoring ground for transient bacterial invaders” und 2. “hydrodynamic factors (tension), which favor implantation of bacterie and aid in the progress of the infection” (S. 790). Sie weisen darauf hin, daß die Vascularisation der Klappe beim Rheumatismus nicht die wesentliche Ursache sein kann für die Bakterienansiedlung. — ALLEN (1939) veröffentlicht 2 Arbeiten über den Mechanismus der Lokalisation und die Natur der Vegetationen bei der E.p. Er folgt den Anschauungen von LIBMAN, CLAWSON, GROSS und FRIED bezüglich des Mechanismus und teilt für unsere Anschauung wichtige Befunde mit: daß innerhalb der sog. Plättchenthromben Klumpen und Bruchstücke isolierter kollagener und elastischer Fasern zu sehen sind; daß die oberflächliche Nekrosezone untergegangenes Gewebe und keine Blutplättchen darstellt! — SAPHIR und LEROY (1948) beschreiben 12 Klappenaneurysmen der Mitralis unter 53 Fällen von E.p. Wichtig erscheint uns, daß sie zwar innerhalb des Aneurysmas Thromben, sonst auf dem Klappengewebe aber nur mit Endothel überzogene „Vegetationen“ fanden. — Unser Mitarbeiter BEISCH (1950) konnte überzeugend an Serienschnitten verschiedener Stadien der Excrescenzen dartun, daß nach seröser Aufquellung des Subendothels mit Kernschwund und Entkollagenisierung nun interstitiell und zwischen den auseinandergedrängten Silberfibrillen Fibrin ausfällt. Dadurch quillt die Warze weiter auf, tritt eine Sprengung der Warzenoberfläche und ein Austritt des Gewebsfibrins ein. Letzteres liegt dann der Warzenoberfläche haubenartig auf oder steht wie eine Rauchfahne über dem geborstenen Endothel. Außer Silberfibrillen und kollagenen Fasern sind auch elastische Fasern innerhalb des fibrinösen Insudats zu finden als Beweis, daß hier kein Abscheidungsthrombus, sondern fibrindurchtränktes Klappengewebe vorliegt. Diese Bindegewebsanteile einer fibrinösen Warze verklumpen und gehen zugrunde. BEISCH nimmt für diese Vorgänge einen dysorischen Gewebsschaden (SCHÜRMANN) des Klappenendothels an, bei dem mit Vollplasma auch Bakterien in das Klappengewebe oder in die Fibrinwarze sekundär insudieren.

Besondere Erwähnung verdient, daß LIBMAN und SACKS 1924 eine Sonderform der E.p. mit der Benennung „Atypical verrucous E.“ beschrieben haben. Sie ist meist kombiniert mit Lupus erythematodes, Arthritis, Fieberkontinua und Nierenerscheinungen. Die abakteriellen Vegetationen sind makroskopisch größer als bei E.v. rheumatica, treten an beiden Klappenseiten und am Vorhofendokard auf, sind oft nicht von denen anderer E.-Formen zu unterscheiden. Mikroskopisch ähneln die Befunde weitgehend denen bei E.p., finden sich eigentümliche Körper in Gewebe und Gefäßen, ferner Granulationen und Nekrosen in Lymphknoten und Milz sowie Nierenveränderungen und stets fibrinöse Perikarditis. — GROSS (1932) hat in einer uns nicht zugänglichen Veröffentlichung weitere 11 einschlägige Fälle mitgeteilt. In der oben referierten Arbeit (S. 124) weisen GROSS und FRIEDBERG (1936) auf die Ähnlichkeit mit der Nonbacterial thrombotic E. (= unsere E. verrucosa simplex) hin. Beide E.-Formen rechnen sie zur Gruppe der „Indeterminate Endocarditis“. — In neuester Zeit hat diese „LIBMAN-SACKS-Endokarditis“ von spanischen Forschern besondere Beachtung gefunden allein auf Grund der Tatsache, daß trotz besonderer Methodik bei der Blutkultur in Fällen von E.p. niemals Bakterien nachweisbar waren. DIAZ, GARCIA, ALÉS und ARJONA (1948) sowie DIAZ, ARJONA, ALÉS, ORTIZ DE LANDAZURI und GARCIA (1949) berichten über eingehende Untersuchungen der akuten und chronischen bakteriellen malignen E. Sie vertreten noch die alte Auffassung des endothelialen Defekts und der Ablagerung von Fibrinthromben, die die Wärzchen bilden sollen. Sie heben die Gleichartigkeit der Prozesse an der Herzklappe und den Gefäßwänden hervor. Sie beobachteten 41 solcher Fälle, die sie als „maligne abakterielle Endokarditis“ bezeichnen, und die sich stets aus einer rheumatischen E. entwickelten. Sie lehnen ab, daß es sich um die von LIBMAN beschriebenen abakteriellen Phasen einer E. lenta handeln könne. In der zweiten Veröffentlichung werden histologische Befunde vornehmlich an Leber, Milz und Nieren, leider sehr kurz bei 3 Fällen auch der Herzklappen geboten: fibrinöse Bänder mit teils vielkernigen Makrophagen, in der Tiefe entzündliche Infiltration mit vereinzelten ASCHOFF-Knötchen, keine Bakterien; in einem zweiten Fall subendokardiale Nekrosezone, Kalkablagerung in Fibrinmassen. Myokard meist unverändert, selten perivasculäre Infiltrate oder kleine Narben. Wichtig sind die auch abgebildeten Entzündungserscheinungen an Arteriolen und Capillaren der Nieren, Fingerbeeren und Tonsillenkapsel. Die Herzklappenbefunde sind zu kursorisch mitgeteilt, um eine sichere Diagnose stellen zu können. Sie ähneln teilweise einer E. verrucosa rheumatica, teilweise einer E.p. Die Verfasser heben besonders hervor, daß bei der Autopsie sorgfältig bakteriologisch verarbeitete Herzklappenstücke nie Keime nachweisen ließen, ebensowenig Milz und Nieren.

Überblicken wir nochmals Befunde, Ergebnisse und Deutungen des angeführten Schrifttums, so liegen nach verschiedenen Gesichtspunkten und Fragestellungen Vorgänger unserer eigenen Ergebnisse und Auffassungen vor.

a) *Beginn* der E.p.: Für einen Beginn innerhalb der Klappe bzw. des Klappengewebes treten ein CLAWSON, BELL und HARTZELL, KRISCHNER, HOLSTI, während die übrigen Autoren eine primäre Endothelschädigung annehmen. Die Anschauung, daß die initiale Reaktion des Klappengewebes bei der E.p. dieselbe sei, wie bei der E.v. rheumatica, teilen CLAWSON und BELL, CLAWSON, BELL und HARTZELL, HUGUENIN und ALBOT, JAFFÉ, v. ALBERTINI, ALBOT und MIGET.

b) *Verrucae* bei E.p.: Praktisch alle Voruntersucher beschreiben das Vorkommen von Verrucae, und die zuletzt aufgeführten setzen sie in der Deutung gleich der E.v. rheumatica. Nur SPIEGL sowie GROSS und FRIED lehnen ab, solche Warzen mit Rheumatismus zu identifizieren.

c) *Abscheidungsthrombose:* Die überwiegende Mehrzahl der Autoren vertritt noch das Auftreten einer Plättchenthrombose als Hauptbestandteil der Vegetationen. Nur SPIEGL, KRISCHNER, HUGUENIN und ALBOT sowohl wie v. ALBERTINI betonen das Vorkommen von Fibrin. Ja, die Beschreibung der ersten drei Untersucher entspricht mehr dem Befund einer interstitiellen fibrinösen Entzündung als einem fibrinösen Abscheidungsthrombus. SPIEGL, ALLEN und SUAREZ LOPEZ (1940) fanden als einzige Autoren kollagene oder elastische Fasern innerhalb der sog. Abscheidungsthromben und stellen richtig, daß es sich hier um ehemaliges Klappengewebe handelt.

d) *Ulceration* bei E.p.: Diese wird im ganzen Schrifttum vernachlässigt und spielt keine nennenswerte Rolle in den neueren Beschreibungen der E.p. Das ist wohl durch die falsche mikroskopische Untersuchung und Deutung der vermeintlichen Auflagerungen bedingt. Zudem beherrschen in der weit überwiegenden Mehrzahl der Fälle die Polypen das makroskopische Bild. Auffallend und unverständlich ist, daß auch der Polypenoberfläche, dem so besonders charakteristischen Befund der bandartigen fibrinösen Entzündung und späteren Fibrinnekrose kein stärkeres Interesse zugewendet wurde, während die gleichartigen Fibrinbeete bei der E.v. rheumatica die Untersucher sehr beschäftigten.

e) *Bakterien* bei E.p.: Auch diese treten in den histologischen Beschreibungen zurück. In den vermeintlichen Auflagerungen wurden sie als selbstverständlich vorausgesetzt. Geringe Meinungsverschiedenheiten bestehen nur, ob sie auch in den Verrucae vorhanden sind oder nicht.

f) *Rheumatische Klappennarbe* bei E.p.: Exakte Schrifttumsangaben sind schwer beizubringen, da keine scharfe Trennung durchgeführt wurde zwischen anamnestisch oder klinisch oder anatomisch vorausgegangener und sicher erweisbarer rheumatischer Erkrankung. CLAWSON und BELL geben 37,5%, BELL 62%, ALLEN 50—75% an. Oft finden wir nur die Kennzeichnung: auf alten Klappennarben oder bei vorangegangener Klappenverdickung.

Zur Sonderstellung der LIBMAN-SACKS-*Endokarditis* können wir nur theoretisch Stellung nehmen. Wir konnten bislang keinen eigenen Fall mit den beschriebenen klinischen Begleiterscheinungen untersuchen. Wenn wir aber unvoreingenommen die klinische Symptomatologie einerseits, die makroskopischen und mikroskopischen Befunde an Herzklappen und anderen Organen

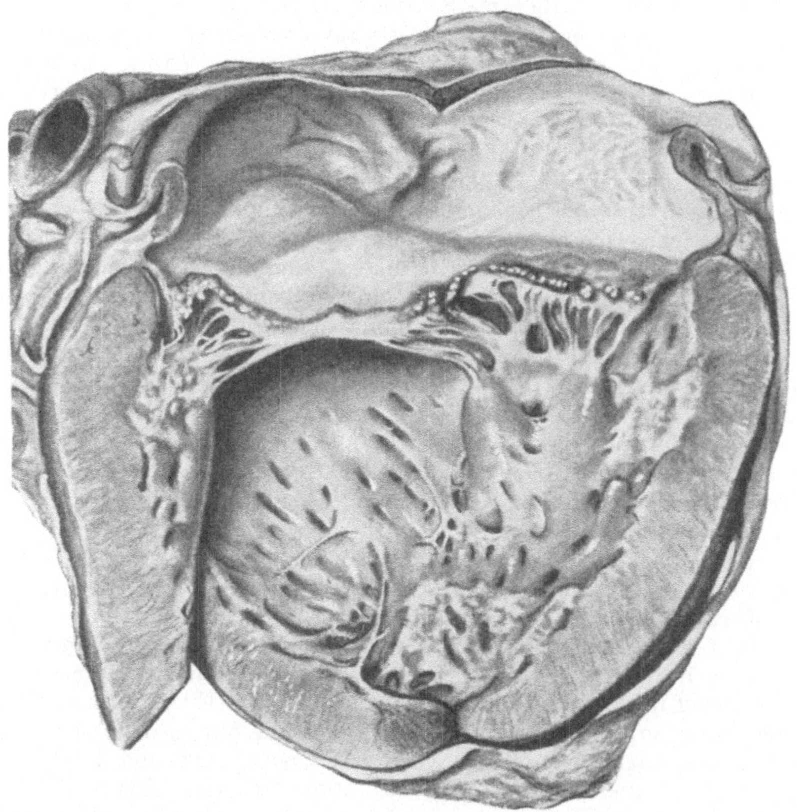

Abb. 87. Photokopie der Originalabbildung von LIBMAN und SACKS [Arch. of Internat. Med. **33**, 701 (1924)].

andererseits betrachten, dann ist von pathologisch-anatomischer Seite aus kein Grund gegeben, eine Sonderform der E. anzunehmen (Abb. 87). Der histologische Herzklappenbefund ähnelt oder gleicht dem einer E. verrucosa simplex oder E.p., wie alle Untersucher hervorheben. Die Mitbeteiligung von Milz und Nieren ist fast obligat bei E.p., seltener, aber nicht widersprechend, bei E.v.s. Der anatomisch anscheinend stets vorhandene Rheumatismus und das kontinuierliche Fieber lassen sowohl eine in der Form vielleicht ungewöhnliche Kombination von Rheumatismus mit E.p. oder Rheumatismus mit unklarer Sekundärinfektion erwägen. Es erscheint uns aber nicht gerechtfertigt, *allein* aus dem negativen bakteriologischen Ergebnis die Abgrenzung einer klinischen und anatomischen Entität zu begründen. Denn bei aller Anerkennung der darauf verwendeten Sorgfalt und Mühe, neuerdings auch der spanischen Forscher, ist bei einer bakteriologischen Untersuchung und ihren methodischen Schwierigkeiten wie auch bei den heute noch bestehenden Fehlerquellen nur das positive, nicht aber ein negatives Ergebnis entscheidend. So möchten wir zunächst nur zubilligen, diese Form als ungewöhnliche oder atypische E.p., aber eben noch als E.p. zu bezeichnen.

Die *morphologischen Ausheilungsprozesse* einer E.p. bieten im Vergleich von alten und neuen Schrifttumsangaben keine Besonderheit. Auch neuere Untersucher beschreiben das Nebeneinander von frischer Entzündung und lokaler Vernarbung. Wir möchten hierzu auf einige uns wichtig erscheinende Beobachtungen hinweisen. Alle Pathologen erleben immer wieder und schon Jahrzehnte *vor* der Sulfonamid- und Penicillintherapie Sektionsfälle mit makroskopisch ausgeheilter und anscheinend völlig vernarbter E.p., die beim Fehlen einer besonderen Fragestellung keinen Anlaß zu mikroskopischer Untersuchung gaben. Zudem bieten solche Klappen mit grober Verdickung, Verwachsung, Verunstaltung und Verkalkung große technische Schwierigkeiten bei der histologischen Verarbeitung. Eine mikroskopische Kontrolle läßt nun erweisen, daß von völliger Ausheilung nicht gesprochen werden kann. Acht von uns untersuchte Fälle zeigen in tiefen Nischen des bizarren Oberflächenreliefs noch kleinumschriebene fibrinöse oder fibrinös-nekrotische Oberflächenbeete (3mal), umschriebene ein- oder mehrreihige Leukocyteninfiltrate an der Oberfläche (4mal), nach Größe und Zahl sehr wechselnde, vorwiegend perivasculäre Lymphocyteninfiltrate in der Klappentiefe (alle Fälle). Der Entzündungsprozeß kommt demnach nie ganz zur Ruhe, sei es, daß er nicht ganz ausheilt, oder daß immer wieder Rezidive auftreten, die charakteristisch sind für E. verrucosa simplex oder E.p. oder nicht.

In neuester Zeit haben solche Ausheilungsvorgänge nun wieder besondere Bedeutung gewonnen in Hinblick auf Erfolge und Mißerfolge der Therapie. Gehört es doch zur vornehmsten Aufgabe des Pathologen, insoweit wenigstens einen Beitrag zur Behandlung und Heilung von Krankheiten zu leisten. Allerdings überfordert der Kliniker oft bei solchem Ansinnen den Pathologen in Unkenntnis der histologisch-diagnostischen Möglichkeiten. Ferner fordert solche Beurteilung eine sehr umfangreiche Untersuchung und setzt eingehende histologische Kenntnisse der Herzklappenpathologie voraus. Und da ja auch ohne jede Therapie lokale oder umfangreiche Vernarbungen eintreten, kann eine solche Untersuchung nur ein Versagen therapeutischer Maßnahmen, nie aber ein verwertbares Urteil über einen therapeutischen Erfolg im Einzelfall erbringen.

Untersuchungen über therapeutische Effekte, die nur in dieser beschränkten Wertung Bedeutung haben, liegen vor von ROSENBLATT und LOEWE (1945), DOLPHIN und CRUICKSHANCK (1945), MOKOTOFF, BRAMS, KATZ und HOWELL (1946), MOORE (1946), HONIGMAN und KARNS (1947), GEIGER und DURLACHER (1947), MATTHES und WOLF (1949), STÜCKLE (1949), GERECHT (1949), GABELE (1950).

6. Mitbeteiligung anderer Organe.

Während bei der E. verrucosa rheumatica klinisch und anatomisch die Herzklappenerkrankung wenigstens in Deutschland nur in den seltenen Fällen einer Pankarditis als Teilerkrankung dieser mit im Vordergrund steht, beherrscht die E.p. zwar nicht stets, aber doch in einem hohen Prozentsatz das Krankheitsbild. Unabhängig von dem verbleibenden Rest der Fälle, in denen dies nicht der Fall ist, bestehen bei Klinikern und Pathologen von alters her Beobachtung, Erfahrung und Anschauung, daß als Ursache und Quelle der Miterkrankung anderer Organe die „Auflagerungen“ auf den Herzklappen allein in Frage kommen. Die Lehrmeinung bezeichnet sie darum ausschließlich als Embolien. Als charakteristisch wird dabei allgemein angegeben, daß diese Embolien abakteriell sind. Dies ist weniger durch bakteriologische Kontrolle bewiesen als durch vielfältige

Beobachtung empirisch erschlossen, weil solche Embolien typische anämische Infarkte meist ohne eitrige Einschmelzung hervorzurufen pflegen. Zu dieser Auffassung paßt die weitere Erfahrung, daß bei E.p. grobanatomische Zeichen einer Allgemeininfektion in der überwiegenden Mehrzahl der Fälle fehlen, auch wenn immer wieder klassische Erkrankungsfälle zur Beobachtung kommen, deren klinische und pathologisch-anatomische Symptomatologie die Annahme einer sog. „Sepsis lenta" (SCHOTTMÜLLER) rechtfertigt. Von diesen Fällen abgesehen, die heute mehr denn früher eine Seltenheit sind, bietet als Beweis für diese Anschauung die Milz bei E.p. am Sektionstisch überwiegend nur die Zeichen der Stauung und mikroskopisch nur in einem Teil der Fälle eine Reticulumzellvermehrung. Wir werden auf die Frage: Sepsis bei der E.p. später erneut einzugehen haben.

Unter den Organen, die am häufigsten von anämischen Erweichungen und anämischen Infarkten betroffen sind, stehen Milz, Nieren, Gehirn und Mesenterium an erster Stelle. Neue Untersuchungen hierzu liegen vor von CLAWSON (1924), CLAWSON und BELL (1926), ISTAMANOWA (1928), BUDAY (1929), NATHAN (1931), BELL (1932), HEUER (1950).

CLAWSON fand embolische Prozesse in 67%, Milzinfarkte in 47%, Niereninfarkte in 42%, Gehirnembolie in 17%; CLAWSON und BELL bei 80 Fällen solche in 80%, in der Milz in 49%, in der Niere in 40%, im Gehirn in 16%; BELL bei 108 Fällen in 52%, Infarkte in Milz und Nieren in 69,4%. ISTAMANOWA beobachtete solche Embolien nur bei Fällen mit kurzer Krankheitsdauer (3—7 Monate), nicht bei längerer Krankheit (8—15 Monate). BUDAY errechnet 76% Embolien und Infarkte. HEUER meint, eine Zunahme sowohl der blanden wie der embolisch-eitrigen Metastasen bei der Nachkriegs-E. feststellen zu können.

Bezüglich der Histologie dieser embolischen Prozesse ist nun eine wichtige Untersuchung von MERKLEN und WOLF (1928) unbeachtet geblieben oder in Vergessenheit geraten. An „accidents cutanés, nodules d'Osler, infarctus viscéraux und lésions des artères des membres" beobachteten sie niemals einen Embolus an der Basis der Infarkte, sondern Proliferation und Knospen des Capillarendothels, Entzündung der Arteriolen und parietale Wandentzündung der Arterien. Sekundäre Thrombose kann eintreten. Sie bezweifeln zwar nicht das Vorkommen von echten Embolien, «... mais nous les considérons comme relativement rares et n'acceptons pas qu'elles régissent de façon habituelle la marche de la maladie» (S. 97). Sie schließen daraus: «... la maladie (E. lenta) n'est pas localisée à l'endocard», sondern «capable de se fixer sur les parois artério-capillaires ...» (S. 98). Nach Durchsicht des Schrifttums scheinen uns Vorwurf und Klage der französischen Forscher berechtigt, wie wenig Mühe verwendet wurde, Embolie von Thromben zu unterscheiden, die Umwandlung beider und das Mißverhältnis der alten Veränderung zum frischen Infarkt zu studieren. Unsere *eigenen Untersuchungen* hierzu sind noch nicht abgeschlossen. Soweit wir vorausgreifend schon beurteilen, können wir die Befunde von MERKLEN und WOLF für einen Teil der anämischen Nekrosen in Milz und Niere bestätigen. Das gilt besonders auch für solche Todesfälle, bei denen Infarktnekrosen in diesen beiden Organen vorlagen, *ohne* daß eine E. polyposa oder eine sonstige Ursache und Quelle einer Embolie gefunden wurde. Wir sehen bei diesen Fällen an der Infarktbasis ebenfalls eine Arteriolitis zum Teil mit gleichartiger interstitieller fibrinöser Entzündung wie bei E.p. Wir möchten ferner darauf hinweisen, daß in diesen Formenkreis auch die „Trommelschlegelfinger" gehören, die nicht durch Stauung, sondern auf Grund einer Arteriolitis gleicher Art der Fingergefäße entstehen. E. VOLHARD (persönliche Mitteilung) konnte mehrere Fälle beobachten, bei denen die Trommelschlegelfinger durch Penicillingabe verschwanden und auch bei Hinzukommen vermehrter Stauungserscheinungen nicht neu auftraten. Das gleiche gilt für die sog. „embolische Herdnephritis Löhlein", auf die wir gleich noch einzugehen haben. Dasselbe meint wohl auch TSCHILIKIN (1930) mit seinem Hinweis, daß es eine vasculäre Form gibt, bei der die Gefäßveränderungen überwiegen trotz bestehender E. Es liegen also nicht nur Hinweise, sondern Befunde vor für eine berechtigte Annahme, daß einmal bei E.p. andere Gefäßbezirke als das Herz vom gleichartigen Entzündungsprozeß, und daß weiterhin dieselben oder andere Gefäßabschnitte ohne Herzbeteiligung betroffen sein können. Unsere nun schon mehrfach bekundete Anschauung, daß Herz und Herzklappen ebenso einen Gefäßwandabschnitt darstellen wie die Peripherie, erfährt auch durch diese Befunde erneute Rechtfertigung. Für unsere Besprechung der Mitbeteiligung anderer Organe ist die Gleichartigkeit und Einheitlichkeit der Veränderungen von ausschlaggebender Bedeutung, auf die wir ebenfalls später zurückkommen werden. Die Frage, in welchem zeitlichen Verhältnis die Erkrankung der Herzklappe und der peripheren Gefäßwand zueinander und zur gemeinsamen Krankheit stehen, kann zunächst nur aufgeworfen und muß durch weitere Untersuchungen einer Klärung zugeführt werden. — Zum gleichen Formenkreis gehören die mykotischen *Aneurysmen*, die wir nach der eben angeführten Kritik nur am Rande erwähnen [STENGEL und WOLFERTH (1923), STEINBERG (1933), STATLAND und GORR (1949)].

Die Beteiligung der *Nieren* bei E.p. ist so altes klinisches und anatomisches Erfahrungsgut und seit den Befunden von BAEHR (1931) besonders im Blickpunkt des Interesses, daß wir auch hier nur einige prinzipielle Fragen anführen. Die Angaben über die Häufigkeit von diffuser Glomerulonephritis und von Herdnephritis Löhlein schwanken im Schrifttum nach Maßgabe der Zahl der Fälle und der Beobachtungszeit. CLAWSON und BELL (1926) fanden unter 80 Fällen von E.p. in 58% eine Herdnephritis, BELL (1932) unter 67 Fällen in 64,8% eine diffuse Glomerulitis, in 52,8% eine embolische oder fokale Glomerulitis, BRASS (1949) unter 130 Fällen in 56 Fällen eine LÖHLEIN-Nephritis (s. später). Bei den Befunden und in der Deutung der Histologie der Herdnephritis scheint sich erst allmählich eine Revision der alten Anschauungen anzubahnen.

Die ersten Gegner der LÖHLEINschen Lehre von der embolischen Natur der herdförmigen Nephritis waren HÜBSCHMANN (1926), RICH, BUMSTEAD und FROBISHER (1929), VOLHARD (1931) sowie BELL (1932). RICH, BUMSTEAD und FROBISHER weisen darauf hin, daß 1. nicht alle Fälle von E.p. eine e.H. (embolische Herdnephritis) aufweisen; 2. keine Beziehung zwischen Größe der Vegetationen und Auftreten oder Grad der e.H. besteht; 3. dieselbe e.H. bei gonorrhoischer E. des *rechten* Herzens beobachtet wurde; 4. von den Verf. Emboli in der Niere nicht sicher nachweisbar waren; 5. eine e.H. auch bei anderen Erkrankungen als den Viridansinfektionen vorkommen. Sie erwägen darum stärker eine Toxinwirkung als einen embolischen Prozeß. Ihre an großer Tierreihe vorgenommenen Versuche mit Bakterienfiltraten bestätigen ihre Annahme bakterientoxischer Schädigungsmöglichkeit der Glomeruluscapillaren. — BELL stellte 2 mikroskopische Typen heraus: die hyaline und die fibröse Form. Zur ersten schreibt er: “The hyalin lesion is not an infarct but a thrombosis and necrosis of capillaries resulting from the lodgement of bacteria.” Die zweite Form charakterisiert er: “The fibrous lesion is a reaction characterized by a marked growth of the basement membranes of the capillaries. The thickened membranes obliterate the capillaries and give the glomerulus a fibrous structure” (S. 661). — Die Arbeit von CORNIL, MOSINGER und JOUVE (1937) über „Les lésions rénales des endocardites malignes“ war uns leider nicht zugänglich. Anscheinend vertreten die französischen Forscher die gleiche Anschauung wie bei den Befunden an den OSLERschen Knötchen. — GROSS und FRIED (1937) beobachteten eine LÖHLEIN-Nephritis etwa in der Hälfte ihrer 42 Fälle. Sie schließen sich LIAN, NICOLAU und PRINCLOUX sowie MERKLEN und WOLF (1928) an, daß „a proliferative endothelial process“ und „a focal toxic proliferative and necrotic process with possibly also thrombus formation“ vorliegt. — BRASS (1949) gibt eine ausgezeichnete historische und kritische Übersicht der LÖHLEIN-Nephritis, auf die wir eindringlich verweisen. Seine eigenen Befundergebnisse waren folgende: 1. Bakterienfärbung bei 20 Fällen ergab zwar Keime in intertubulären und glomerulären Capillaren als Folge einer Bakteriämie. Diese haben aber mit den Schlingenveränderungen nichts zu tun. „Bei der übergroßen Mehrzahl der Fälle sind die als charakteristisch geltenden Schlingenveränderungen mikrobenfrei“ (S. 52). 2. „Die Diskrepanz in der Emboliehäufigkeit bei akuten und chronischen bakteriellen Endokarditiden ... spricht gegen die embolische Genese der Schlingenthromben ..." (S. 61). 3. Unter 130 Fällen „protrahierter Endokarditiden ... zeigten 6 zwar eine nichteitrige embolische Herdnephritis, aber keinerlei Infarkte (weder in noch außerhalb der Niere!)" (S. 61), 50 Herdnephritis und Infarkte, 49 nur Infarkte, 25 keins von beiden. 4. Es kommen ausnahmsweise gleichartige Herdnephritiden vor bei E.p. ausschließlich des rechten Herzens, ja sogar ohne jede E. überhaupt. 5. Die Schlingenthrombosen sind sekundäre Veränderungen. Ihnen voran gehen „zwischen komprimierten Schlingen oder in Schlingenwänden liegendes Exsudat" (S. 74) oder „fibrinoide Kapselergüsse" bei Schädigung des Schlingenendothels. BRASS gibt damit die Lehre LÖHLEINS auf und nimmt an, daß „eine Irritation eventuell auch Schädigung des Glomerulusendothels durch verschiedenartige Agentien" einerseits, eine „bestimmte Reaktionslage des Körpers speziell des Schlingenendothels" (DIETRICH) andererseits zu „örtlich begrenzt bleibenden fibrinoiden Thrombosen" (S. 75) führen. Er stellt diese Befunde in Parallele zu anderen allergischen Erkrankungen unter der neuen Bezeichnung: „haemorrhagische Herdnephritis mit thrombotischem Einschlag". — Bei der LIBMAN-SACKS-E. wurde nie eine LÖHLEIN-, sondern nur in einem Teil der Fälle eine diffuse Glomerulonephritis beobachtet.

Da wir hier die E. und nicht die Nephritis zu besprechen haben, verzichten wir auf eine Auseinandersetzung der wenigen Punkte in der Befunddeutung, in denen wir mit BRASS nicht übereinstimmen. Steht doch ganz im Vordergrund, daß er ebenfalls die embolische Genese dieser so häufigen begleitenden Nierenerkrankung einer E.p. ablehnt und eine zusätzliche, gleichartige Entzündung eines anderen Gefäßwandabschnittes annimmt und die Übereinstimmung des morphologischen Substrats an Herzklappe und Glomeruluscapillare wie auch an Arterienwänden weiterer Gefäßbezirke hervorhebt.

Von den *übrigen Organen*, die häufiger eine Mitbeteiligung bei E.p. zeigen, möchten wir die *Haut*-Veränderungen betreffend nochmals auf die erwähnten Befunde von MERKLEN und WOLF (1928) sowie auf die weiteren der französischen Schule von CORNIL, MOSINGER und JOUVE (1936) verweisen. Letztere beschreiben und besprechen an OSLERschen Knötchen eine Nekrose der Gefäßendothelien als direkte Wirkung der Mikroorganismen, als toxischen Effekt oder als hyperergische Reaktion der kleinen Gefäße bei Antigen- oder Proteineinfluß. — Bei BRASS (S. 55) finden wir ebenfalls eine abschnittsweise Besprechung der Untersuchungen an Haut und *Gehirn* (CLAWSON in 17%) von WOHLWILL (1926), BRINKMANN (1928), NATHAN (1930) und KIMMELSTIEL (1928), die ebenfalls exsudative und proliferative Gefäß*wand*entzündungen aufzeigen konnten. Keiner dieser Forscher, und auch wir selbst nicht, leugnen das Vorkommen von echten Embolien. Eine Entscheidung ist jedoch heute noch nicht zu treffen, ob sie einen großen oder — wie wir mit BRASS annehmen — nur einen sehr kleinen Raum einnehmen unter der großen Zahl anämischer Organnekrosen bei E.p. Hier müssen künftige Reihenuntersuchungen eine Klärung bringen unter Beachtung des Krankheitsstadiums, da diese Mitbeteiligung von einigen Autoren in das akute Stadium der E. verlegt wird (LIBMAN, ISTAMANOWA, BRASS).

Es mag verwunderlich erscheinen, daß wir das *Myokard* an letzter Stelle aufführen. Dies entspricht jedoch seiner Bedeutung in der Reihe der mitbeteiligten anderen Organe bei der E.p. Auf Vorkommen und Häufigkeit rheumatischer Granulome haben wir schon hingewiesen (S. 176). Als weitere Befunde werden Coronarveränderungen und -embolien mit Muskelnekrosen und interstitielle Myokarditis beobachtet.

Zur Frage der Häufigkeit können wir nur auf spärliche Angaben derselben Forscher hinweisen. CLAWSON (1924) fand eine diffuse Myokarditis in 24%, CLAWSON und BELL (1926) in 23% der Fälle von E.p. — Eingehendere Untersuchungen wurden von CORNIL, MOSINGER und JOUVE (1937) in 34 Fällen durchgeführt. Sie weisen darauf hin, daß der makroskopische Befund stets negativ ist. Mikroskopisch beobachteten sie seltener Degeneration und Nekrose als eine interstitielle Infiltration, weniger zwischen den Fibrillen als perivasculär. Wieder seltener wurden perivasculäre Histiocyten oder knötchenförmige Infiltration ohne ASCHOFF-Zellen gefunden. Alle Infiltrate lagen meist subendokardial oder subepikardial. An den

Coronargefäßen konnten sie folgenden interessanten Befund erheben: «Les lésions vasculaires sont représentées par un processus d'arterio-capillarite, avec turgescence et parfois mobilisation des cellules endothéliales et, au niveau des artérioles, infiltration de l'assise externe» (S. 478). — BRASS (1949) geht auf „interstitielle, vorwiegend histiocytär-lymphocytäre periarterielle Infiltrate" nicht näher ein. Dagegen schildert er 1. „Herdveränderungen echt embolischer Natur", 2. „leukocytäre Herdchen bis zum Charakter von mikroskopisch kleinen Absceßchen", teilweise mit intravasalen Bakterien. Es ist nun bedeutsam, daß er solche Herde nie bei „echten Viridansfällen", sondern ausschließlich bei anderen Erregern vorfand. Er nimmt hier echte Embolie oder metastatische Keimansiedlung an (S. 57).

Unsere *eigenen Untersuchungen* des Herzmuskels betrafen 15 Fälle und jeweils 5 Stücke von mindestens 3 : 2 cm Größe aus linker Kammerseitenwand, Herzspitze, Kammerzwischenwand und rechter Kammerwand. Wir beobachteten hierbei: 1. interstitielle Myokarditis 2 Fälle; 2. Muskelabscesse 1 Fall; 3. perivasculäre Ly-Infiltrate 3 Fälle; 4. Venenthrombose 1 Fall; 5. arterielle Embolie und Muskelnekrose 2 Fälle; 6. rheumatische Narben 2 Fälle; 7. kleinste interfibrilläre Narben 5 Fälle; 8. große Muskelschwielen 2 Fälle.

Überblicken wir abschließend nochmals die Befunde in den verschiedenen Organen und ihre Beziehung zur E.p., so schwindet die früher angenommene Abhängigkeit der einzelnen Organerkrankungen von den Herzklappenveränderungen immer stärker zugunsten einer von den Herzklappen völlig unabhängigen Eigenerkrankung oder Zweiterkrankung. Angefangen mit den ersten Befunden der französischen Schule lassen heute die gleichartigen Ergebnisse die Zusammengehörigkeit zu *einem* Krankheitsgeschehen der Gefäßwand in nur örtlich verschiedenen Gefäßprovinzen erkennen. Die Bevorzugung bestimmter Gefäßprovinzen ist dabei ebenso auffallend wie richtunggebend für weitere Forschung. Stehen doch heute noch Bakterien und ihre Toxine, andere chemisch-toxische Substanzen, Protein- und Antigenwirkung auf der einen Seite, Allergie und Parallergie, sowie der nichts präjudizierende Sammelbegriff der allgemeinen „Reaktionslage" andererseits zur Erwägung.

Am Sektionstisch wie bei anatomisch-pathologischen Diagnosen werden wir zukünftig statt von „sekundären Embolien" von „begleitender thrombosierender Arteriitis und Arteriolitis" zu sprechen haben.

7. Klinische Bedeutung.

Keine andere Form der E. hat so im Brennpunkt des klinischen Interesses gestanden als die E.p. Das gilt gleichermaßen für die theoretischen wie praktischen Belange der Klinik. Wir können in dem kaum mehr übersehbaren klinischen Schrifttum hier nur zu den bisherigen Lehrmeinungen, zu einigen uns wichtig erscheinenden Fragen sowie zu den klinischen Folgerungen unserer neuen Ergebnisse Stellung nehmen.

Während EDENS (1929) noch der Darstellung SCHOTTMÜLLERS (1928) und LIBMANS (1925) folgt und in vereinfachender Klarheit nach ausschließlich klinischen Gesichtspunkten die E.p. als „E. ohne Neigung zur Ausheilung" kennzeichnet — während BRUCE PERRY (1936) die Bakteriologie besonders berücksichtigt — finden wir bei FREY (1936) eine Fülle anatomischer, bakteriologischer und Häufigkeitsangaben auf Grund der eigenen Beobachtung und eine vielfache Stellungnahme zur Genese, zum Infektionsablauf, zu Inaktivierung und Heilung — bedeutsame Fragestellungen, auf die wir später zurückkommen (S. 214, 243). Bei der E.p. sind Art und Menge der Erreger nur für die Verlaufs*dauer* maßgebend. Obgleich er die Bakterien der „Reaktionsweise des Klappengewebes" gegenüberstellt, steht für die ulceröse E. doch die Bakteriämie als ausschlaggebend im Vordergrund. Auch in seinem Material war eine Myokarditis selten, wurden dagegen arterielle Embolien in $^{2}/_{3}$ der Fälle beobachtet. Wichtig erscheint uns sein Bekenntnis: „Die exakte Diagnose einer Klappenerkrankung gehört immer noch zum Schwierigsten auf dem Gebiet der inneren Medizin ... Auch bei der einmal gestellten Diagnose eines Klappenfehlers sind aber bei kombinierten Vitien große Irrtümer unterlaufen, in den seltensten Fällen sämtliche bei der Autopsie gefundenen Klappenläsionen erkannt worden" (S. 223). — VEIL (1939) tritt mit Nachdruck für eine einheitliche Auffassung der E.-Formen ein sowohl in ätiologischer wie klinischer und anatomischer Beziehung. Er schildert alle klinischen und anatomischen Übergangsformen und fußt hierbei auf den Darstellungen von ASCHOFF (1934) und KLINGE (1931/33). — HOCHREIN (1941) folgt der bisherigen allgemeinen Lehrmeinung der pathologischen Anatomie. — SIEBECK (1942) hebt die vielfache Unabhängigkeit „der Prozesse am Endokard von Art und Virulenz des primären Infektes", den klinisch stummen Verlauf beginnender E. sowie Ungewißheit und Schwierigkeit der klinischen Diagnose hervor. — BOYD (1944) will den Ausdruck „ulcerös" vermieden wissen, spricht autoptischen Kokkenbefunden eine Bedeutung ab, läßt ebenfalls die Formengrenzen fallen und hält vorangegangene Klappenerkrankung — meist rheumatische — in 75—80% für gegeben. — BRUGSCH (1947) unterscheidet drei bakteriologische Formen, aus dem Bereich der E.p. die „maligne E., Gelenkrheumatismus und Rheumatoid" (S. 270). Sie kommt zustande durch „... Übergänge einer E. simplex in eine E. ulcerosa auf Grund verlorengegangener Immunität gegen pathogene Bakterien, vor allem gegen Streptokokken. Die Hyperergie im Stadium der E. simplex ist dann einer Anergie gewichen ..." So kommen ulceröse Klappenprozesse mit multiplen Erweichungen, Embolien und bakteriellen Streuungen in Gelenken vor. Die zweite seiner Formen ist die E. lenta, „eine mildere Form der ulcerösen E.", eine „septische E." mit unzureichenden Immunitätsvorgängen.

Diese kurzen Auszüge zeigen die große Divergenz der Einteilung und Formengrenzen, die eigentlich bei allen Klinikern ein Loslösen von der Einteilung der pathologischen Anatomie bedeutet, eigene klinische Wege geht, wobei FREY und BRUGSCH sich sehr um die Reaktionslage des Gesamtorganismus und Fragen der Immunität bemühen. Wie wenig überzeugend und für die klinischen Bedürfnisse genügend muß das anatomische Rüstzeug für den Kliniker sein, daß es solche Abwandlung erfuhr!

Auf Grund unserer Ergebnisse erscheint für die Klinik wichtig, daß in jedem Einzelfall einer E.p. abakterielle und sicher entzündliche Vorerkrankungen vorliegen, die erst durch eine zusätzliche Bakteriämie zu einer ulcerösen und polypösen Form gelangen. Diese Vorerkrankung der Herzklappen klinisch zu erfassen, ist das Gebot der Zukunft: der Ausbau der Bluteiweißchemie und serologischer Antigen- und Antikörperbestimmungen. Denn diese Vorerkrankungen und einfachen E.-Formen sind — um mit SIEBECK zu sprechen — bis heute für den Kranken und den Arzt „stumm". Der Anteil der latenten rheumatischen E. ist dabei hoch anzusetzen. Bakterieller Infekt und anschließende Bakteriämie sind wahrscheinlich passager. Ihre Quellen in den Focusorganen und den Zeitpunkt ihres Auftretens zu ermitteln und zu erfassen, ist allein dem Kliniker möglich. Der ganze Formen- und Problemkreis der „Fokalinfektion" liegt hier in dieser so wichtigen Frage ausgebreitet und kann nur durch umfangreiche Gemeinschaftsarbeit von Fachkräften angegangen werden. Bis dahin ist ein noch weiter Weg, sind alle theoretischen und praktischen Angaben über ursächliche Zusammenhänge, ätiologische Fragen und vor allem zeitliche Begrenzungen eines Beginnes der E.p. nur Mutmaßung und entbehren jeglicher wissenschaftlicher Kritik.

Daß sogar eine E.p. für den Kliniker stumm sein kann, geht aus unserem Beobachtungsgut hervor. 9 Fälle wurden teilweise monatelang von Fachärzten mit Strophanthin auf „Myokardschaden" behandelt, ohne die E.p. zu erkennen. 4 Fälle erschienen klinisch nur als alte Vitien. Diese 13 Fälle erfuhren keine antibakterielle Therapie. Das ist $^1/_4$ unseres Materials an E.p.!

VI. Pathogenetische Faktoren der granulomatösen Endokarditis.

1. Das endogene Keimreservoir.

Voraussetzung für die Besiedlung der Herzklappen mit Bakterien ist ein Keimeinbruch in die Blutbahn. Die Frage, woher diese Keime dauernd oder intermittierend ins Blut abgegeben werden, ist bei den im Rahmen einer Sepsis verlaufenden bakteriellen Herzklappenentzündungen vom perakuten Typ zunächst leicht zu beantworten, da wir hier in der überwiegenden Mehrzahl der Fälle einen Herd nachweisen können, dessen Keimstreuung von SCHOTTMÜLLER (1928) ja als

Definitionskriterium angesehen wurde. Meist handelt es sich um thrombophlebitische Prozesse, bei denen die dauernde oder periodische Abgabe von Keimen ins Blut dem Verständnis keine besonderen Schwierigkeiten bereitet. Wir verweisen diesbezüglich auf die klassische Sepsisliteratur. Eine Sonderstellung in dieser Hinsicht nimmt aber die subakute bakterielle Endokarditis ein. Hier haben wir fast nie einen Sepsisherd, dessen klinischer und pathologisch-anatomischer Zusammenhang mit der Herzklappeninfektion in dem Maße evident wäre wie bei den akuten septischen Formen. Die Fälle, in denen eine klinisch nicht zu übersehende örtliche Infektion als Streuherd bei einer subakuten bakteriellen Endokarditis erschlossen werden kann, gehören zu den Ausnahmen; die Krankheit befällt fast immer Menschen, die in der Anamnese zunächst keinen Hinweis auf die Eintrittspforte der Erreger geben können. Auf der anderen Seite drängt sich der Unterschied zwischen subakuten und akuten Formen auch in bezug auf die dabei vorherrschenden Erregertypen auf: septische Endokarditiden entstehen fast immer durch Keime, die normalerweise im menschlichen Körper nicht oder nur selten vorkommen, ohne Krankheitserscheinungen auszulösen (pyogene Keime), während die Endocarditis lenta zu 90% von Erregern unterhalten wird, deren Identität mit den bei jedem Menschen normalerweise vorkommenden bedingt pathogenen Saprophyten wir heute wenigstens für einen großen Teil annehmen müssen (Viridansstreptokokken, Enterokokken). (Eine gewisse Sonderstellung nimmt nur die Coliendokarditis ein.) Während also bei der septischen Endokarditis das Keimreservoir von akut entzündlichen Prozessen dargestellt wird, die kaum zu übersehen sind, fungieren bei der Endocarditis lenta als Streuherde entweder die normalerweise von Keimen besiedelten gesunden Schleimhäute oder gänzlich blande, dem klinischen Nachweis oft entgehende Infektionsherde, die auf Grund ihrer Unauffälligkeit und ihres überaus häufigen und multiplen Vorkommens bei „Gesunden" im Einzelfalle nur schwer eine Rekonstruktion bzw. rückblickende Beurteilung ihres pathogenetischen Zusammenhanges mit der Herzklappenerkrankung zulassen. Dementsprechend ist in Deutschland lange Zeit der Zusammenhang von subakuten Endokarditiden mit dem normalen Keimgehalt der Mundhöhle, des Darmes usw. nur zögernd und rein diskutierend erwogen worden. Daran änderte auch die Lehre von der Fokalinfektion eigentlich nichts Wesentliches. Diese nur zögernd und vag formulierten Zusammenhänge sind in den 20er Jahren trotz ihrer Aktualität weder klinisch noch experimentell auf breiterer Basis bearbeitet worden. Schuld daran trägt die überspitzte Doktrin von dem „spezifischen" Erreger der Endocarditis lenta (s. Abschn. B, III, 5), die nur den aus der Blutbahn bei klinisch gesicherten Fällen gezüchteten Streptococcus als „Viridansstreptococcus" ansah und damit die Frage nach der Herkunft dieses Keimes einfach verbot. SCHOTTMÜLLER (1927) sowie LEHMANN (1926) räumten zwar das Vorkommen von transitorischen Bakteriämien auf Grund an gynäkologischem Material gewonnener Eindrücke im Analogieschluß auch für die Einbrüche aus der Mundhöhle ein, hatten von hier ausgehend aber niemals eine solche Bakteriämie tatsächlich beobachten können.

Bei der dabei zu behandelnden Frage ist zunächst festzustellen, inwieweit die normale Bakterienbesiedlung der Schleimhäute sowie subklinisch verlaufende, damit in Zusammenhang stehende Entzündungsherde der bei der Endocarditis lenta gefundenen Flora gleicht, ob sich also Orte feststellen lassen, an denen die bei Endocarditis lenta vorzugsweise gefundenen Keime „normalerweise" häufig oder konstant vorkommen. Schon lange ist es bekannt, daß die normale Mundhöhle Streptokokken beherbergt, welche die Blutplatte vergrünen oder nicht verändern (ANDREWES und HORDER 1906). Die diesbezüglichen älteren Untersuchungen über diese Frage lassen im wesentlichen aber nur ein Urteil über den Hämolysetyp zu. Sie entsprechen nicht den heutigen Bedürfnissen einer Aufspaltung dieser unvollständig hämolysierenden Streptokokken in scharf definierte Species. Aus den älteren Untersuchungen kann deshalb kein Urteil über die Identität der Endokarditiserreger mit den Mundhöhlenbakterien abgegeben werden. Eine zweite Gruppe von älteren Untersuchungen hat die Bakteriologie der Zahnwurzelkanäle und der apikalen Ostitiden („Granulome") betroffen. Auch hier gilt derselbe Einwand, ebenso wie bei den Untersuchungen an Darmstreptokokken. Eine Untersuchung, die die normalen Standorte der verschiedenen Streptokokken erfassen will, hat für unsere Fragestellung nur Wert, wenn sie mit den neuzeitlichen Typisierungsmethoden (serologisch und biochemisch) durchgeführt ist. Wir haben gesehen, daß diese Typisierung für die Viridansgruppe zunächst nur ein Übergangsstadium darstellt und nur teilweise zu einer Herausschälung von exakter definierbaren systematischen Entitäten geführt hat. Trotzdem haben sich eine Reihe von früher umstrittenen Fragen so weit bereinigt, daß sie als vorläufig geklärt angesehen werden können.

Die normale Mundhöhle enthält so gut wie immer vergrünende Streptokokken der Viridansgruppe. Das üblicherweise untersuchte Material sind Rachenabstriche. Auf Grund von 200 Untersuchungen — vorwiegend Rachenabstriche — kommen Seelemann und Rabl (1947) zu dem Schluß, daß sich nach der von ihnen angewendeten Einteilung vorwiegend Streptokokken der Salivariusgruppe im Rachen finden. Alle 5 von diesen Autoren 1947 aufgestellten biochemischen Typen können — teilweise nebeneinander — vorkommen. In einer späteren Arbeit (24 Stämme aus der Mundhöhle und 54 Tonsillenstämme) fanden Rabl und Seelemann (1949) in Bestätigung ihrer früheren Befunde erneut das Vorherrschen des Salivariusstreptococcus. Enterokokken und B-Streptokokken wurden nur ausnahmsweise angetroffen, ebenso A-Streptokokken. Zur Frage der Verteilung der „biochemischen Typen" der Salivariusgruppe betonen die Autoren (1949, 1950) ein Überwiegen der Typen II und V in der freien Mundhöhle und II und IV in den Tonsillen. — Sherman und Mitarbeiter (1943) isolierten unter 331 aus Rachen gezüchteten Kulturen 184 levanbildende Salivariusstämme („Salivarius im engeren Sinne") und 147 kein Polysaccharid bildende, als „mitis" bezeichnete „heterogene" Stämme. Daß die für die Endokarditisfrage so wichtige *s.b.e.*-Untergruppe merkwürdigerweise in der gesunden Mundhöhle nicht angetroffen wird, ist bereits erwähnt. Die übrigen zur Viridansgruppe gehörigen Untergruppen (equinus und thermophilus) haben häufigkeitsmäßig nur eine geringe Bedeutung. Vielleicht kommen die im Tierdarm lebenden Species bovinus und equinus bei Stallpersonal im Rachen durch Staubinhalation häufiger vor (Rabl und Seelemann 1950). Gegenüber der überragenden Bedeutung der Viridansgruppe haben die übrigen serologisch faßbaren Gruppen in der Mundhöhle ebenfalls nur eine geringe Bedeutung.

Die Angaben über A-Streptokokken bei „Gesunden" schwanken sehr; die durchschnittliche Häufigkeit ist mit 10% anzunehmen (Roemer 1949). Diese Angabe wird auch von Massler und McDonald (1950) gemacht. Die übrigen serologischen Gruppen treten demgegenüber an Häufigkeit offenbar wesentlich zurück, wenngleich aus der Roemerschen Arbeit ersichtlich ist, daß in geringen Prozentsätzen der untersuchten Personen jede Gruppe auch in der Mundhöhle und Nase gesunder Personen angetroffen werden kann. Nur für L- und E-Streptokokken fehlen Angaben.

Was die Besiedlung der Zahnwurzelkanäle und der apikalen osteomyelitischen Herde („Granulome") betrifft, so ist vor allem die Arbeit von Rabl und Seelemann (1950) zu erwähnen, die auch hier das Vorherrschen der Salivariusuntergruppe feststellten, wobei die Häufigkeitsverteilung der biochemischen Typen aber nicht ganz mit der in der freien Mundhöhle übereinstimmt. In den Herden finden sich vorzugsweise die biochemischen Typen II und IV in Übereinstimmung mit den Befunden dieser Autoren an den Tonsillen und im strömenden Blut bei Endocarditis lenta. Am seltensten tritt in den Zahnherden der Typ V auf — ebenfalls in Übereinstimmung mit der Häufigkeit dieses Erregers im strömenden Blut. Enterokokken werden von den Autoren in den Zahnherden etwas öfter als im Rachen nachgewiesen. Die Gruppe L spielt keine Rolle, die β-hämolytischen Streptokokken (Gruppe A und „seltene" Gruppen) sind ebenfalls relativ selten anzutreffen. Während Möse (1947) in 35% der Fälle hämolytische Streptokokken fand, sind die Angaben der älteren Literatur ebenso wie die von Rabl und Seelemann viel niedriger. Nach Angaben von Möse sowie Pesch und Ruland (1935) ist der Anteil der anaeroben Streptokokken in den Zahnwurzelgranulomen beträchtlich. Ein Teil dieser Stämme würde wohl heute als mikroaerophile Viridansstreptokokken diagnostiziert werden, deshalb läßt sich über die Häufigkeit der echten anaeroben Streptokokken heute kein sicheres Urteil abgeben (s. auch Schick und Fischer 1929). Schließlich sei das Vorkommen von Pneumokokken erwähnt, die nach Möse in 16% der Zahnherde gefunden werden. Blumenberg und Züll (1933) geben 7,4% an. Ihre Bedeutung für eine Klappenbesiedlung ist sicherlich gering. Uns ist nur 1 Fall von Pneumokokkenendokarditis bekannt, bei dem die Infektion nach Zahnextraktion von der Mundhöhle ausgegangen war (Kapsinow 1930). Die übrige Flora der Mundhöhle ist für unsere Fragestellung nicht von grundsätzlicher Wichtigkeit; weitere Angaben findet man bei Gins (1949).

Zusammenfassend ist zu sagen, daß nicht nur dem Vorkommen nach, sondern auch mengenmäßig im Einzelfall die Streptokokken der Viridansgruppe in der Mundhöhle die vorherrschende Art sind, sowohl im normalen als auch in entzündetem Zustand. Die Häufigkeitsverteilung der einzelnen Untergruppen der Viridansgruppe ist noch nicht einhellig als Spiegelbild der Endokarditisflora anerkannt. Während Rabl und Seelemann (1951) in Übereinstimmung mit den bereits erwähnten serologischen Befunden von Solowey (1942) sowie Selbie und Mitarbeitern (1949) die Kongruenz der Typenhäufigkeit zwischen Mundhöhle und erkrankter Herzklappe betonen, widersprechen diesen Befunden die Angaben von Niven und White (1946) sowie White und Niven (1946) beträchtlich. Der von diesen Autoren in über 40% der Endokarditisfälle aufgefundene Streptococcus s.b.e. ist in der normalen Mundhöhle sowie im Darm nicht anzutreffen. Umgekehrt findet sich der in der Mundhöhle überwiegende levanbildende Streptococcus salivarius nach neueren Angaben bei den Endokarditisfällen auffallend selten oder gar nicht (Schneierson 1948, Niven und White 1946, Porterfield 1950). Die Gründe für die Unterschiede zwischen den Befunden der ersten und zweiten Autorengruppe liegen sicherlich zum Teil darin, daß die Untergruppen von Autor zu Autor nach verschiedenen Gesichtspunkten abgegrenzt werden, wobei durchaus verschiedene serologische und biologische Kriterien benutzt werden. Wir haben auf diese Mißhelligkeiten bereits aufmerksam gemacht (Abschn. B, III, 5). Eine weitere Klärung ist erst dann zu erwarten, wenn die Unterteilung der Viridansgruppe vereinheitlicht ist.

In der Fülle der Darmbakterien interessiert uns hier vor allem das Vorkommen von Enterokokken. Daß der Darm den normalen Standort der Enterokokken darstellt, ist allgemein anerkannt. Besondere Bedeutung haben hier wieder die Untersuchungen von Rabl und Seelemann (1949), nach deren Befunden der obere Dünndarm frei von Streptokokken ist. Unterschiede im Vorkommen zwischen verschiedenen Unterarten der Gruppe D: der Streptococcus glycerinaceus wird häufiger gefunden als der Streptococcus faecium. Der Streptococcus liquefaciens scheint seltener zu sein. Dieses Überwiegen des glycerinaceus gilt auch für das Duodenum. Im übrigen kommen im Darm auch levanbildende Salivariusstreptokokken vor, und zwar lassen sie sich in erheblichen Mengen im Stuhle nachweisen, wobei allerdings ein Selektivnährboden Voraussetzung ist. Unter Verwendung des von SNYDER und LICHSTEIN (1940) als Hemmungsmittel für die gramnegativen Darmbakterien eingeführten Natriumazid (0,02%) gelang es SHERMAN und Mitarbeitern (1943) nachzuweisen, daß der Gehalt der Faeces an Salivariusstreptokokken sehr schwankt, daß sie aber in einigen Fällen mengenmäßig die Enterokokken sogar zurückdrängen können. Die vom Darmkeimreservoir ausgehenden Infektionen betreffen vor allem die Harnwege; hier überwiegen innerhalb der Streptokokkengruppe wieder die Enterokokken. Ihre Anwesenheit braucht keine Krankheitserscheinungen auszulösen. Sie können aber unter Umständen heftige Cystitiden verursachen (s. Abschn. B, III, 4). Auch hier überwiegt der glycerinaceus. Gelegentlich findet man Viridansstreptokokken. Ihr Vorkommen im Harn ist oft als Ausscheidung bei Bakteriämien zu erklären. Nach RABL und SEELEMAN (1949) kommen Streptokokken in der Gallenblase selten vor. Ihr Vorkommen soll in keinem ursächlichen Zusammenhang mit Gallenblasenentzündungen stehen. Es kommen Viridansstreptokokken und Enterokokken vor. Die Kieler Autoren halten für den Streptococcus salivarius eine hämatogene Besiedlung für wahrscheinlicher als die Aszension, die vor allem bei Enterokokken in Frage kommt. Nach an unserem Institut vorgenommenen Untersuchungen (BÖHMIG 1948, LINZENMEIER 1951) findet man häufig Streptokokken in der Gallenblase bei Überwiegen der Enterokokken.

Bezüglich des weiblichen Genitaltractus schließlich haben RABL und SEELEMANN (1949) eine größere Untersuchung vorgelegt. In der normalen Urethra, Vulva, Vagina, Cervix wurden relativ selten Streptokokken nachgewiesen. Wiederum überwiegen die unvollständig hämolysierenden Salivariusstreptokokken und vor allem Enterokokken sowie die α-hämolytischen „Diplokokken"; ihr Vorkommen unterliegt bei ein und derselben Person zeitlichen Schwankungen. Die Streptokokken der Gruppe A, B, C, E, F, G und H sowie die anaeroben Streptokokken werden vor allem bei Puerperalinfektionen gefunden. Im gesunden Genitale sind sie selten anzutreffen. Zum Unterschied von den im gesunden Genitale vorhandenen Salivariusstreptokokken und Enterokokken, die durch Schmierinfektion ins Genitale gelangen, erfolgt hier der Infektionsweg nach Ansicht der erwähnten Autoren meist hämatogen. Ausführliche Literatur findet sich bei RABL und SEELEMANN (1949) sowie ROEMER (1949).

Fassen wir diese Daten zusammen, so ergibt sich folgendes: Als Virusreservoir für die Einschwemmung der Erreger der Endocarditis lenta ins Blut kommen vor allem die Mundhöhle und der Darm in Betracht. Demgegenüber treten Harnwege, Gallenwege sowie das weibliche Genitale zweifellos an Bedeutung zurück. Während bei der Mundhöhle der Beweis für die Einschwemmungen in den Blutstrom sehr exakt erbracht werden kann, ist die Argumentation für den Darm schwerer und nur indirekt zu führen.

2. Bedingungen des Keimeinbruches in die Blutbahn.

Einbrüche aus dem Keimreservoir (transitorische Bakteriämien) können bei den verschiedensten Gelegenheiten erfolgen. Sie kommen nach Traumen ebenso vor wie ohne erkennbaren Anlaß bei Gesunden und Kranken. Daß Streptokokken in der Blutbahn auch ohne die Zeichen einer Sepsis nachgewiesen werden können, hat im Zusammenhang mit der früher so aktuellen Frage nach dem Erreger des Rheumatismus seinerzeit Aufsehen erregt. Erst nach manchen Fehldeutungen hat man die Streptokokkenfunde in der Blutbahn richtig interpretiert: als passagere Einbrüche mit sehr kurzer Verweildauer im Blutstrom ohne erkennbare direkte Beziehung zu der Pathogenese der rheumatoiden und rheumatischen Entzündung. Wir erwähnen als Beispiel die aufsehenerregenden Befunde von CECIL, NICHOLS und STAINSBY (1929), die bei 78 Patienten mit rheumatoider Arthritis in 61% der Fälle Streptokokken aus dem Blut züchten konnten. Erst die scharfe Kritik von DAWSON, OLMSTEADS und BOOTS (1932) hat die seinerzeitige Bedeutung dieser Befunde zum großen Teil annulliert. Ähnlich häufige Streptokokkenbefunde hatten auch SURANYI und FORRO (1928). REITH und SQUIER (1932) berichteten, daß bei Patienten, die als „focusverdächtig" angesehen werden mußten, 27% der Blutkulturen positiv waren, während bei einer Kontrollgruppe sich nur 12% als positiv erwiesen. Diese Zahlenangaben sind durchweg viel zu hoch, sie konnten später nicht bestätigt werden. LICHTMAN und GROSS (1932) teilten mit, daß bei den allerverschiedensten Krankheitsgruppen durchweg in 5—8% positive Blutkulturen mit unvollständig hämolysierenden Streptokokken auftraten. WEIL (1941) erbrachte in 8,5% positiven Streptokokkennachweis. Diese Zahlen dürften den durchschnittlich aufgefundenen Werten am nächsten kommen; sie entsprechen auch den Werten, die SWIFT und KINSELLA (1917) gefunden hatten. Wir möchten dabei einen Unterschied zwischen Krankenhauspatienten und gesunden Personen machen. Im Krankenhausmaterial sind die Blutkulturen unseren Erfahrungen nach in etwa 4—8% interkurrent positiv, während wir bei ambulant behandelten Patienten nur in 1—2% transitorische Bakteriämien feststellen konnten. Das Hauptkontingent dieser ohne faßbare Ursache interkurrent verlaufenden Bakteriämien stellten vergrünende Streptokokken der Viridansgruppe. An zweiter Stelle rangieren die Enterokokken, während andere Keime kaum angetroffen werden. (Es ist dabei zu bedenken, daß die Bewertung der Staphylokokken übervorsichtig erfolgen sollte, da sie die häufigsten Kontaminationskeime sind. Sie sind jedenfalls bei passageren Bakteriämien viel seltener als die Streptokokken.) Diese Befunde wurden aber seinerzeit nicht mit der Pathogenese der subakuten bakteriellen Endokarditis in Zusammenhang gebracht. Die Diskussion ging durchweg darum, ob diesen Keimen eine Bedeutung als Erreger der rheumatischen Krankheiten zuzuschreiben sei.

Inzwischen hatten sich aber die Mitteilungen vermehrt, daß bei einer überraschend großen Zahl von Patienten mit bakterieller Endokarditis in der Anamnese Zahnextraktionen oder Tonsillektomien nachzuweisen waren (KAPSINOW 1930, RUSHTON 1930, BERNSTEIN 1932, THAYER 1931, BECK 1932, WEISS 1934). Die kasuistische Literatur ist seither ins Ungemessene angeschwollen, und tatsächlich hat sich die Meinung, daß Bakterieneinbrüche nach Mundoperationen zu einer Herzklappenbesiedlung führen können, in der Klinik durchgesetzt, bevor auf breiterer Basis nachgewiesen werden konnte, daß Keime anläßlich operativer Traumen aus dem strömenden Blut auch tatsächlich herausgezüchtet werden können. Zwar hatte bereits SEIFERT (1925) berichtet, daß bei verschiedenen Incisionen und Drainagen von Abscessen unter 204 Fällen bei 45% Bakteriämien feststellbar waren und nach Appendektomien von 43 Fällen 21% positive Blutkulturen ergaben. Ähnliche Befunde hatten in England BARRINGTON und WRIGHT (1930) erhoben, die nach urologischen Eingriffen Bakteriämien feststellten. Für die Mundhöhle hat RICHARDS (1932) Bakteriämien beschrieben, die nach verschiedener „Irritation" des Zahnfleisches und der Tonsillen auftraten. Exakte und allgemein beachtete Nachprüfungen brachte aber erst 1935 die Arbeit von OKELL und ELLIOTT. Diese Autoren wiesen bei 138 Patienten nach, daß innerhalb der ersten 5 min nach Zahnextraktionen in 60,9% der Fälle Keime im Venenblut zu züchten waren. Es handelte sich fast ausschließlich um Streptokokken der Viridansgruppe. BURKET und BURN (1937) hatten unter 204 in gleicher Weise untresuchten Fällen nach Zahnextraktionen nur 17% positive Resultate. PRESSMANN und BENDER (1944) konnten dagegen bei sofort nach der Extraktion erfolgender Blutentnahme bei 83% ihrer Fälle Bakteriämien nachweisen. Über ähnlich hohe Prozentsätze berichtet auch ELLIOTT (1949), der bei 86% der Extraktionsfälle Bakteriämien beobachtete. HIRSH und Mitarbeiter (1949) sahen in 34% der Fälle Bakteriämien, ROTH und Mitarbeiter (1950) bei 17 von 25 Fällen (= 64%), RHOADS (1948) bei 32% von 25 Patienten; McENTEGART und PORTERFIELD (1949) fanden bei 200 Fällen 54mal eine postoperative Bakteriämie. Weitere Angaben bei PALMER und KEMPF (1939), CLAGETT und SMITH (1941), RHOADS und SCHRAM (1949), DRIAK (1950). Wir selbst stellten bei 51 Patienten in 47% positive Blutkulturen fest.

Die Schwankungen innerhalb dieser Arbeiten, die Rate an positiven Kulturen post extractionem betreffend, ist zweifellos erheblich. Als naheliegende Erklärung könnte man Differenzen der Blutkulturtechnik annehmen. Diese spielen sicherlich auch eine gewisse Rolle. Indessen sind noch andere Momente zu berücksichtigen, die erst bei einer Aufschlüsselung der Ergebnisse zutage treten. Zunächst beeinflußt der durchschnittliche Zustand des Zahnfleisches (Vorliegen von Gingivitis, Alveolarpyorrhoe) die Resultate offenbar weitgehend. OKELL und ELLIOTT (1935) teilten ihre Fälle in 3 Gruppen ein: solche mit schwerer Gingivitis, mit mäßiger Gingivitis und Zahnfleischgesunde. Die drei entsprechenden Prozentzahlen sind 75%, 70% und 34%. Außerdem zeigten von 110 Patienten mit schwerer Alveolarpyorrhoe 10,9% bereits vor der Operation eine Bakteriämie, während dies bei keinem von 30 untersuchten Zahnfleischgefunden der Fall war. Die Bedeutung physiologischer Traumata bei Alveolarpyorrhoe wird auch durch die Untersuchungen von ROUND und Mitarbeitern (1936) erwiesen, der bei 20% der untersuchten Pyorrhoiker nach dem Kauen von Bonbons Bakteriämien feststellte. An einem größeren Material haben dies MURRAY und MOOSNICK (1941) erneut zeigen können: Von 336 Patienten mit Alveolarpyorrhoe ließ sich nach halbstündigem Kauen von Paraffin bei 55% im Arterienblut eine Bakteriämie nachweisen.

Daß bei Zahnextraktionen vor allem die Schleimhaut als wichtiges Einbruchsgebiet Bedeutung hat und nicht ausschließlich periapikale Herde, zeigen die Untersuchungen, bei denen vor der Operation auf die Mundschleimhaut eine Suspension von Prodigiosusbacillen aufgetragen wurde. BURKET und BURN (1937) konnten bei dieser Versuchsanordnung bei $^1/_3$ der positiven Blutkulturen den Prodigiosus im Blute nachweisen. McENTEGART und PORTERFIELD (1949) haben bei demselben Versuch bei 12 von 29 mit Prodigiosusaufschwemmung behandelten Patienten Prodigiosusbacillen aus dem strömenden Blut züchten können. Wenn demgegenüber HIRSH und Mitarbeiter (1949) sowie McENTEGART und PORTERFIELD dem Zustand der Schleimhaut wenig Bedeutung für die Einbruchshäufigkeit zumessen und vor allem die Intensität des operativen Traumas als wichtigsten Faktor betrachten (Zahl der gezogenen Zähne, Dauer der Operation, eventuelle Knochenaufmeißelungen usw.), so ist das keineswegs ein grundsätzlicher Widerspruch. Die Häufigkeit, Quantität sowie Dauer des Bakterieneinbruches hängen von beiden Faktoren ab. Keiner von diesen kann aber zu Vergleichszwecken abgeschätzt werden, da jeder Maßstab fehlt.

Interessanterweise spielt auch die Art der Anästhesie eine Rolle. Nach FELDMAN und TRACE (1938) setzt der Adrenalingehalt des Lokalanaestheticums durch lokale Vasoconstriction die Einbruchshäufigkeit herab. Außerdem kommt wahrscheinlich eine erhebliche Bactericidiesteigerung des Blutes durch das Procain hinzu (VILLARDO 1938), so daß bei Infiltrationsanästhesie durch die lokale

Barriere und die gesteigerte periphere „clearance“ die Nachweismöglichkeit postoperativer Keimeinbrüche geringer wird. In der Tat haben BURKET und BURN (1937) zeigen können, daß die Rate an positiven Blutkulturen nach Zahnextraktionen bei Verwendung von Leitungsanästhesie 15% beträgt, während die bei der Schleimhautinfiltration nur 6,5% ausmacht. Das allgemein niedrigere Ergebnis zum Unterschied der hohen Zahlen von OKELL und ELLIOTT (1935) wird zum Teil dadurch erklärt, daß die letzteren Autoren Narkose anwendeten.

Entsprechend den in Abschn. B, I, 5 geschilderten Tierversuchen ist für diese postoperative Bakteriämie ein rasches Absinken der Keimzahlen unter die Nachweisbarkeitsgrenze zu erwarten. PRESSMANN und BENDER (1944), die bei unmittelbar nach der Zahnextraktion erfolgender Blutabnahme bei 83% der Fälle Keime züchten konnten, hatten bei den 10 min nach der Operation entnommenen Proben nur noch 33% positive Ergebnisse. Über ähnliche Befunde berichten auch HIRSH und Mitarbeiter (1949). Unmittelbar nach dem Eingriff waren 34% der Kulturen positiv, nach 10 min 22% und nach 30 min noch 8%.

In allen diesbezüglichen Untersuchungen hat sich stets eine überwiegende Häufigkeit der Viridansstreptokokken feststellen lassen. So züchteten unter 28 positiven Kulturen PRESSMANN und BENDER 21mal Streptococcus viridans, 1mal γ-hämolytische Streptokokken, 4mal Staphylococcus albus und 3mal Pneumokokken. Die Ergebnisse der übrigen Autoren zeigen teilweise einen noch höheren Anteil an Streptokokken der Viridansgruppe. Wir selbst haben bei 51 Fällen von Zahnextraktionen innerhalb der ersten 3 min nach der Operation Blut entnommen und mit der in Abschn. B, I, 4 geschilderten Technik verarbeitet. Bei 24 Fällen hatten wir positive Blutkulturen (= 47%). In der vor der Zahnextraktion entnommenen Kontrolle zeigte ein Fall Pilzfäden; die übrigen Kontrollen erwiesen sich als steril. Zum überwiegenden Anteil handelte es sich bei unseren postoperativen Bakteriämien in Übereinstimmung mit der Literatur um das Auftreten von Streptokokken der Viridansgruppe (18 Fälle = 31%). Einmal züchteten wir einen α-hämolytischen Streptococcus der serologischen Gruppe A und 4mal grampositive Stäbchen, die teilweise nur anaerob wuchsen, aber keine Typisierung erläutern. In einem Fall konnten wir zwei biochemisch und kulturell divergente Viridanstypen züchten. 5mal hatten wir bei gleichzeitigem Fund von Viridansstreptokokken gramnegative Kokken der apathogenen Neisseria-Gruppe und einmal denselben Befund in Gegenwart von Pilzfäden. Reinkulturen von Neisseria haben wir nicht erlebt. Einmal züchteten wir einen zarten mikroaerophilen Streptococcus, der nicht näher differenzierbar war. Bei diesen Resultaten ist zu bemerken, daß wir keine Fälle von schwerer Gingivitis unter den Patienten hatten, wie ja auch die im Vergleich zu OKELL und ELLIOTT (1935) sehr niedere Zahl unserer Bakteriämien vor dem Eingriff zeigt. Aus unseren Befunden geht ebenso wie aus der Literatur hervor, daß, entsprechend dem Überwiegen der Viridansflora in der Mundhöhle, diese Keime weitaus am häufigsten in die Blutbahn eingeschwemmt werden. Die Steigerung der Zahlen bei schweren Eingriffen, Stomatitis usw., besagt zunächst nur, daß unter bestimmten Bedingungen die Bakteriämien offenbar massiger sind und etwas länger andauern. Wir müssen aber bei jedem Eingriff in der Mundhöhle mit einem Einbruch von Viridansstreptokokken in die Blutbahn rechnen. Darüber hinaus kann es nach den berichteten Tatsachen nicht zweifelhaft sein, daß eine ganze Reihe von Bakteriämien ohne jeden operativen Eingriff ebenfalls von der Mundhöhle ausgeht, wobei offenbar schon physiologische Traumata zur Auslösung des Einbruchs genügen können. Es ist erstaunlich, daß diese Ergebnisse in Deutschland zwar gelegentlich zitiert, aber kaum nachgeprüft worden sind. Versuche einer genaueren Typisierung innerhalb der Viridansgruppe fehlen leider bislang auch in den meisten ausländischen Arbeiten. Eine gewisse Orientierung gibt lediglich die Arbeit von PORTERFIELD (1950), der 80 aus Operationsbakteriämien stammende Streptokokkenstämme genauer zu typisieren versuchte. Unter diesen befanden sich je einmal Gruppe F und G sowie einmal ein levanbildender Salivarius; 5 Stämme erwiesen sich als H- und 2 als K-Streptokokken; 71 Stämme wurden als schlecht klassifizierbar behelfsweise der „mitis"-Gruppe zugerechnet. Die gleichen Autoren fanden demgegenüber bei 29 Endokarditisstämmen 6mal H-Streptokokken, 1mal Enterokokken, 3mal bovis (nicht sicher), 3mal Streptococcus s.b.e. Typ II. Der Rest war schwer klassifizierbar. Auffällig ist, daß ein wesentlich höherer Anteil der Endokarditisstämme Dextranbildung zeigte (10 von 29 Stämmen) als bei den Bakteriämiestämmen (10 von 80 Stämmen). Auch hier treten also die schon erwähnten Auffälligkeiten hervor: das Fehlen des in der Mundhöhle vorherrschenden levanbildenden Streptococcus salivarius, der erstaunliche Anteil H-Streptokokken und die ungleiche Verteilung der dextranbildenden Stämme bei der Bakteriämie und der Endokarditis. Wir können aus diesen Befunden zwar noch nicht den Beweis führen, daß bestimmte Species, unabhängig von ihrer Häufigkeit und ihrem mengenmäßigen Anteil in der Mundhöhle, eine besondere Neigung hätten, in die Blutbahn einzubrechen oder gar die Herzklappe zu besiedeln. Die Differenzen der Typenhäufigkeit legen uns aber dringend nahe, diese Fragestellung an einem großen Krankengut nachzuprüfen.

Die Untersuchung der Bakterienstreuung bei anderen Mundhöhlenoperationen, z.B. der Tonsillektomie, hat prinzipiell die gleichen Resultate gegeben. Nach anfänglichen Mißerfolgen (Lit. bei SOUTHWORTH und FLAKE 1938, MITTERMAIER 1950) hat ELLIOTT (1939) zeigen können, daß innerhalb der ersten 5 min nach Tonsillektomie in 38% der Fälle Bakterien aus dem Blut gezüchtet werden können. Die Verteilung nach der Häufigkeit zeigt zwar noch immer das überwiegende Auftreten der Viridansstreptokokken (von 38 Fällen 12mal), aber zugleich auch andere Arten als nach Zahnextraktion. Vor allem fällt auf, daß die Rate an hämolytischen Streptokokken der Gruppe A viel höher ist als bei den Bakteriämien nach Zahnextraktion (7 Fälle unter 38). Dies ist zu verstehen, wenn man erfährt, daß das Krankenmaterial von ELLIOTT (1938) zu 64% hämolytische Streptokokken in den Tonsillen nachweisen ließ (86% davon Gruppe A, vereinzelt Gruppe B und C). Die vor der Operation angelegten Kulturen ergaben in 8,5% positive Befunde, die aber unseres Erachtens zum größten Teil als Kontamination zu betrachten sind. Die zur Tonsillektomie kommenden Patienten haben wohl in jeder Klinik einen hohen Prozentsatz hämolytischer Streptokokken in den Tonsillen, da ja die Indikation zur Operation meist auf Grund entzündlicher Veränderungen gestellt wird. Dieses konnten wir an 127 operativ entfernten Tonsillen zeigen. Bei 101 Fällen fanden wir hämolytische Streptokokken, davon 94 gleichzeitig mit vergrünenden Streptokokken (BÖHMIG 1948). Trotzdem ist es bemerkenswert, daß auch von den Tonsillen die vergrünenden Streptokokken in einem größeren Anteil in die Blutbahn einbrechen. Vielleicht liegt dies am Mengenverhältnis.

Bezüglich der Bedingungen des Einbruchs aus dem Darm sind unsere Kenntnisse lückenhaft. ELLIOTT (1939) zitiert in diesem Zusammenhang eine Reihe älterer Untersuchungen, die ergeben haben, daß bei verschiedenen Versuchstieren schon die Nahrungsaufnahme genügt, um Bakterieneinbrüche aus dem Darm in die Blutbahn zu veranlassen. Ob diese aber über das Portalsystem gehen oder über die Lymphbahnen unter Umgehung der Leber, wissen wir nicht sicher. Die Leber filtert sicher einen erheblichen Teil ab. Inwieweit örtliche Entzündungsvorgänge am Darm Einbrüche begünstigen, ist auch nicht genau bekannt, wenngleich die Arbeiten von DOLD (1934) über die Vitalinhibition hier neue Wege gewiesen haben. Interessant sind aber in diesem Zusammenhang die Versuche von KINSELLA und MUETHER (1938), die zeigen konnten, daß bei Hunden nach chirurgisch erzeugter Herzklappenverletzung die Verfütterung von unvollständig hämolysierenden Streptokokken genügte, um eine bakterielle Endokarditis mit diesem Keim als Erreger zu erzeugen. Die Identität der verfütterten und des aus der Klappe isolierten Stammes wurde agglutinatorisch erwiesen.

Es ist verständlich, daß der am Krankenbett tätige Arzt nach diesen Erörterungen die Frage stellen wird, welche Rolle nun eigentlich die chronisch-entzündlichen Herde der Fokalinfektionslehre für die Einbrüche von Mikroorganismen in die Blutbahn haben, d. h. ob die Anwesenheit von „Foci" die ohne operativen Eingriff erfolgenden Bakteriämien häufiger und massiver verlaufen läßt. Die Beantwortung dieser Frage ist sehr schwierig, weil die in die Blutbahn eingedrungenen Keime — es handelt sich, wie berichtet, meist um vergrünende Streptokokken — was ihre Herkunft betrifft, keineswegs mit Sicherheit dem einen oder anderen Infektionsherd zugeordnet werden können, da ja z. B. in der gesunden Mundhöhle dieselben Keimarten vorkommen wie in den pathologischen Prozessen innerhalb der Mundhöhle. Wenn wir also eine passagere Bakteriämie von Viridansstreptokokken bei einem an chronischen periapikalen Ostitiden leidenden Patienten feststellen, ist damit ein Hinweis auch nur auf die wahrscheinliche Herkunft des Keimes nicht zu geben, um so mehr, als aus den oben erwähnten Befunden klar hervorgeht, daß bereits die Schleimhaut der Mundhöhle unter physiologischen Bedingungen (Kauen usw.) als Einbruchsort in Betracht kommt. Ein anderer Weg wäre die Untersuchung mittels Blutkultur einer sehr großen Menge von Trägern sicher diagnostizierter chronischer Herde bei gleichzeitiger Untersuchung einer Gruppe von Menschen, bei denen solche Herde mit größtmöglicher Sicherheit ausgeschlossen werden können (dies letztere wird natürlich doch mit einem größeren Unsicherheitsfaktor belastet sein); unter Umständen könnte bei dieser Anordnung die Rate an transitorischen Bakteriämien bei statistisch signifikanten Unterschieden ein Urteil erlauben. Leider fehlt eine umfassende Neuuntersuchung in der Art, wie sie seinerzeit REITH und SQUIER (1932) unternommen haben. Wie erwähnt, scheinen uns heute die älteren diesbezüglichen Untersuchungen nicht einwandfrei durchgeführt zu sein. Die Tatsache, daß LICHTMAN und GROSS (1932) bei 9 außerordentlich differenten Krankengruppen immer den gleichen Prozentsatz von Spontanbakteriämien fanden, wobei z. B. die Gruppe der an „Rheumatismus" leidenden Kranken, von der der „akuten Polyarthritiker" getrennt, dieselben Werte ergab wie die Untersuchung von Anämikern, läßt mit einer gewissen Wahrscheinlichkeit den Schluß zu, daß praktisch bei allen Menschen (bei den meisten wird sich ein chronisch-entzündlicher Herd nicht ausschließen lassen) transitorische Bakteriämien vorkommen. Vorläufig besteht kein Anhaltspunkt dafür, daß außerhalb der Schleimhäute befindliche chronisch-entzündliche Herde öfter zu Spontanbakteriämien führen als das Schleimhaut-Virusreservoir selbst. Auf diese Daten müssen wir uns in der Diskussion bezüglich der Bedeutung der „Herde" der Fokalinfektionslehre als Keimreservoir und Eintrittspforte für die sekundäre Besiedlung der Klappen beschränken, wollen wir nicht in Spekulationen verfallen. Nach den erwähnten Befunden scheinen vor allem physiologische Traumata, wie Kauen, zu einer Bakteriämie zu führen. Bezüglich der apikalen Herde ist hier festzustellen, daß sie jedenfalls diesen Einwirkungen nicht in dem Maße ausgesetzt sind wie die Mundschleimhaut. Die verdienstvollen Untersuchungen von RÖSSLE (1939) sowie SIEGMUND (1939) über die anatomischen Verhältnisse dieser Herde lassen die Annahme besonders günstiger Verhältnisse für einen massiveren Keimeinbruch jedenfalls nicht eindeutig zu.

Wenn damit gesagt wird, daß wir vor allem in bezug auf die entzündete Mundschleimhaut mit Sicherheit gehäufte und massigere Bakteriämien bei physiologischen Belastungen beweisen können, so wird dies den Arzt niemals hindern dürfen, alle bei einem durch eine Bakteriämie mutmaßlich gefährdeten Patienten in Betracht kommenden Herde zu beseitigen, um so mehr, als diese auch ohne bakterielle Streuung durch ihre „sensibilisierende" Wirkung vielleicht doch einen chronisch-entzündlichen Klappenprozeß unterhalten können, wenn auch, wie an anderer Stelle ausgeführt wurde, dieser Zusammenhang nicht beweiskräftig gesichert ist. Gerade die Beseitigung von chronisch-entzündlichen Herden wird aber den Kranken zunächst in die größte Gefahr bringen. Angenommen, ein Kranker habe einen schleichenden fibrinös-entzündlichen Klappenprozeß, beispielsweise auf Grund eines alten Vitiums: Daß es bisher durch die Spontanbakteriämien zu keiner bakteriellen Besiedlung der entzündlich veränderten Klappen und damit zum Bilde der E. lenta gekommen ist, kann, wie ausgeführt werden wird, verschiedene Gründe haben, von denen die Keimmenge sicherlich eine große Rolle spielt. Wird dieser Kranke nun einer Mundhöhlenoperation unterzogen, so ist mit einem massiveren Einbruch zu rechnen, der auf Grund der höheren Infektionsdosis eher zu einer Klappenbesiedlung führen wird als die Spontanbakteriämien, die ja so geringe Keimzahlen aufweisen, daß sie nur in besonderen Nährböden erfaßt werden können. Der Kliniker wird also, um den Ausgangspunkt einer möglichen Gefährdung zu beseitigen, eine momentane größere Gefahr in Gestalt eines operativen Eingriffes in Kauf nehmen müssen.

Prophylaxe. Die Hauptrolle spielt bei der Herdsanierung die Extraktion von Zähnen. RHOADS (1948) schätzt die Zahl der Fälle, bei denen eine Zahnextraktion als auslösende Ursache für die Endocarditis lenta angenommen werden kann, auf 20%. In der Aufstellung von OGLESBY und Mitarbeitern (1947) findet sich in 11% der Fälle ein Hinweis auf Zahnextraktionen. So ist vor allem in der angelsächsischen Literatur immer wieder die Tendenz erkennbar, Prophylaxe zu treiben, d. h. bei allen Fällen, in denen eine „Klappendisposition" als Vorbedingung der Besiedlung angenommen werden muß (kongenitale Herzfehler, alte Vitien), bei unvermeidlichen operativen Eingriffen die Bakterienstreuung durch antibakterielle Mittel zu verhindern oder herabzusetzen. Lokale antibakterielle Behandlung des Operationsgebietes mit Desinfizientien ist völlig wirkungslos und setzt die Häufigkeit der Keiminvasionen nicht herab (BURKET und BURN 1937). Dementsprechend ist vor allem versucht worden, durch vorherige Medikation von Chemotherapeutica die Einbruchshäufigkeit herabzusetzen bzw. die Keimvernichtung zu beschleunigen. Es hat sich dabei gezeigt, daß von den Sulfonamidpräparaten keine große Wirkung zu erwarten ist. PRESSMANN und BENDER (1944) fanden bei Zahnextraktion nach vorheriger Gabe von Sulfonamiden keine Reduktion der Anzahl der positiven Blutkulturen. Sie beobachteten bei Sulfonamidgabe lediglich ein etwas rascheres Verschwinden aus der Blutbahn. CLEMENT und MONTGOMERY (1945) berichten sogar über einen Fall, bei dem das Versagen des Sulfonamidschutzes nach der Extraktion zu einer Endocarditis lenta führte. — Das Penicillin wurde als Prophylacticum von HIRSH und Mitarbeitern (1949) untersucht. Auf alle nach der Extraktion aus dem Blut gezüchteten Arten bezogen, ergab sich keine signifikante Herabsetzung der Zahl der Bakteriämien. Bei alleiniger Berücksichtigung der Viridansstreptokokken fanden sie eine Reduktion auf die Hälfte. HIRSH schlägt deshalb eine Vorbehandlung mit 0,3 Megaeinheiten 24 Std vor der Operation als Depot und mit 0,6 Megaeinheiten 4 Std vor der Operation vor. GLASER und Mitarbeiter (1947) stellten unter Penicillinschutz ebenfalls nur eine unbeträchtliche Herabsetzung der Rate an positiven Blutkulturen fest (von 60% auf 40%). Die Ergebnisse bei Penicillinschutz lassen es deshalb unseres Erachtens als wünschenswert erscheinen, daß das größere Gewicht auf die Penicillingabe *nach* der Operation gelegt wird, da ja Penicillin den Keimeinbruch selbst offenbar nur unvollkommen verhindert. ROTH und Mitarbeiter (1950) haben aus praktischen Gründen (Möglichkeit der oralen Verabreichung) das Aureomycin als „antibiotischen Schirm" empfohlen. Einen Tag vor der Operation, am Operationstag sowie einen Tag nach der Operation werden täglich 2 g Aureomycin, in 4 Teildosen über den Tag verteilt, gegeben. Die Ergebnisse übertreffen die der Penicillinprophylaxe: Ohne Aureomycin hatten von 25 Patienten 17 eine postoperative Bakteriämie und mit Aureomycinschutz nur ein Patient. Dies Resultat ist um so erstaunlicher, als nach dem Wirkungstyp allein beurteilt ein besserer Penicillineffekt zu erwarten wäre (s. Abschn. C, VII, 1). Indessen spielt wohl die größere Wirkungsbreite des Aureomycins die Hauptrolle.

Selbstverständlich läßt sich die Prophylaxe nur bei einem beschränkten Personenkreis durchführen. Die Auswahl wird also Träger alter Vitien oder kongenitaler Herzfehler bevorzugen.

3. Bedingungen der Klappeninfektion.

Wir haben bereits in dem Abschnitt über den Erregernachweis ausführlich dargelegt, daß Bakterieneinbrüche in die Blutbahn im allgemeinen sehr schnell bereinigt werden. Die Hauptrolle spielen hier die Filtersysteme des RES, zweifellos aber auch die Blutbactericidie. Es ist wahrscheinlich, daß diese letztere im Zuge einer langdauernden Streuung durch das Auftreten von bactericidiesteigernden Immunkörpern ansteigt. Für hämolytische Streptokokken hat dieses ROTHBARD (1946) gezeigt; für Viridansstreptokokken ist die Frage eindeutig nicht beantwortet (s. Abschn. C, VI, 5). Wesentlich erscheint die Tatsache, daß die Verweildauer der verschiedenen Mikroorganismen im Blute zweifellos von ihrer Pathogenität, d. h. in diesem speziellen Falle von der Widerstandsfähigkeit gegen Phagocytose, die ja einen Teil der Pathogenität ausmacht, abhängt. Im Gegensatz zu der rasch erfolgenden „clearance" bei vergrünenden Mund- und Darmstreptokokken erfolgt diese bei pathogenen Streptokokken wesentlich langsamer.

So haben BLAKEMORE und ELLIOTT (1941) zeigen können, daß die „joint-ill"-Streptokokken der Gruppe C, die bei Lämmern ein charakteristisches Krankheitsbild mit Gelenkeiterungen und Endokarditis verursachen, sich sehr lange in der Blutbahn aufhalten können. Immune Tiere vernichten sie dagegen sehr schnell. Die höhere Blutbactericidie der immunen Tiere läßt sich auch in vitro demonstrieren. Die Infektion verläuft zuerst mit einer Bakteriämie, die lange andauert. Anfänglich erfolgt ein gewisses Absinken der Keimzahlen, dann ein rapider Anstieg. Mit dem Auftreten der Gelenkaffektionen verschwinden die Keime aus dem Blut. Zu diesem Zeitpunkt tritt offenbar eine relative Immunität auf. C-Streptokokken, die nicht zum serologischen Typ der „joint-ill"-Streptokokken gehören, wurden von Lämmern ebenso schnell aus der Blutbahn beseitigt wie α-hämolytische Streptokokken aus menschlicher Endocarditis lenta.

Auch aus diesen Versuchen geht ebenso wie aus den bereits berichteten Daten hervor, daß die hauptsächlichsten Erreger der Endocarditis lenta eine erhebliche Empfindlichkeit gegen die bactericiden Blutfaktoren besitzen, während die pyogenen Erreger der akuten Formen diesen viel besser widerstehen können. Wir müssen daraus folgern, daß bei einer sekundären Besiedlung einer entzündlich veränderten Klappe mit relativ apathogenen, bactericidieempfindlichen Keimen ganz besondere Verhältnisse vorliegen müssen, wenn die Bakterien sich auch auf der Klappe halten sollen. Diese besonderen Verhältnisse sind offenbar für das Persistieren einer Besiedlung von pathogenen, bactericidieunempfindlichen Keimen nicht in dem Ausmaß erforderlich. Dies bedeutet, daß zwar die Vorbedingung für eine Klappenbesiedlung eine anatomische Klappenschädigung ist, die beim Menschen wohl immer entzündlicher Natur sein wird (seröse oder fibrinöse Endokarditis), und die beim Versuchstier, wie später ausgeführt werden soll, auch chirurgisch-traumatisch erzeugt werden kann, daß aber das weitere Schicksal der relativ apathogenen Keime, ihre weitere Entwicklungsmöglichkeit davon abhängen wird, ob sie rasch den Einflüssen der Blutbactericidie entzogen werden. Dies geschieht nach all dem, was wir uns vorstellen können, dadurch, daß die Keime gleich nach ihrem Haften durch Fibrin bzw. Plättchen abgedeckt werden. Wo diese Abdeckung nicht sofort erfolgt, werden die Keime nach unseren Vorstellungen durch die Blutbactericidie vernichtet. Dem örtlichen Abwehrapparat der Klappe messen wir dabei wenig Bedeutung zu. Es ist ja ein Charakteristikum der serösen und fibrinösen Endokarditis, daß sie, histologisch gesehen, verhältnismäßig reaktionsarm verlaufen. So sehen wir Fibrinbeete oder seröse Aufquellungen in gesundem Klappengewebe ohne jede Reaktion liegen. Erst bei der rheumatischen Endokarditis tritt eine celluläre Reaktion auf, die sich aber in der Hauptsache an der Grenzschicht Fibrin—Klappengewebe, also in der Tiefe der Klappe, abspielt, während die Besiedlung in den oberflächlichen Schichten erfolgt. Das, was früher als ,,resorptive Leistung" des Klappenendothels angesehen wurde, ist, sofern man darunter die Unschädlichmachung von Mikroorganismen versteht, ebenfalls für die sekundäre Besiedlung der Klappe ohne Belang. Hier ist ja das Endothel entweder vernichtet oder schwer geschädigt. Wir haben bereits dargelegt, daß eine Entstehung der serösen und fibrinösen Endokarditis durch direkte bakterielle Einwirkung auf die morphologisch nicht definierbare ,,sensibilisierte" Klappe mit unseren Anschauungen kollidiert. Die bakterielle Besiedlung erfolgt immer nur an Klappen, die bereits morphologisch faßbare entzündliche Veränderungen nachweisen lassen, ist also ein sekundärer Vorgang. Ob die Keime sich auf der Klappe nun halten können und damit dem weiteren Verlauf ihren Stempel in morphologischer und klinischer Hinsicht aufprägen, hängt unserer Ansicht nach kaum von der örtlichen Abwehr der Klappe ab, sondern davon, ob die Keime genügend schnell vor der Blutbactericidie geschützt werden. Es wird also bei schnell vernichtbaren Keimen darauf ankommen, daß die Besiedlung dann erfolgt, wenn gerade ein neuerlicher Schub der Klappenveränderung, ein frischer Präcipitationsvorgang einsetzt, in den die Mikroorganismen gleichsam mit hineingerissen werden. Es ist unwahrscheinlich, daß an der entzündlich veränderten Klappe permanent Fibrinabscheidungsvorgänge stattfinden. Sie erfolgen wahrscheinlich in Schüben. Nur Keime, die die Klappe gerade zu dem Zeitpunkt eines frischen Schubes besiedeln, können sich weiterentwickeln. Damit wird gleichzeitig die Ansicht ausgesprochen, daß die serösen Klappenverquellungen, die wir als entzündlich ansehen, nur dann definitiv von Keimen besiedelt werden können, wenn das Endothel durch Aufbruch der fibrinösen Entzündung vernichtet wird, d. h. nur zu dem Zeitpunkte ihres Überganges zur fibrinösen Entzündung. Hier klafft vorläufig eine Lücke, denn wir kennen bis heute keine Befunde, die den direkten Übergang bzw. die Weiterentwicklung von seröser Endokarditis zur bakteriellen Klappenentzündung eindeutig belegen. Der Großteil der serösen Endokarditiden scheint in Sklerose oder Hyalinose überzugehen. Wir können uns aber nicht vorstellen, daß die serösen Klappenverquellungen im entzündlichen Geschehen eine absolute übergangsfreie Sonderstellung einnehmen sollten. Es wird weiteren Untersuchungen vorbehalten bleiben, diese Lücke zu schließen. Wir haben bereits dargelegt, daß eine Anzahl von fibrinös-entzündlich veränderten Klappen sich bei der bakteriologischen Verarbeitung als ,,besiedelt" erweisen, d. h. daß die Klappenkultur das Wachstum von Mikroorganismen ergibt, obwohl im Herzblut und in der Spülflüssigkeit keine Keime nachweisbar sind. Wir können wegen der unvermeidlichen Fehlerquellen im Einzelfall nicht entscheiden, bei welchen Fällen diese Besiedlung eine passagere ist, und bei welchen Fällen sich aus dieser Besiedlung eine „bakterielle“ Endokarditis entwickelt hätte, sofern der Patient dies erlebt hätte. Es kam uns nur darauf an zu zeigen, daß sich die Keime an der alterierten Klappe ansiedeln und unter Umständen länger persistieren als die Keime im Herzblut.

Es erhebt sich damit die Frage nach der Zeit, die zur Vernichtung ungeschützter Keime benötigt wird. Diese hängt zweifellos von der Infektionsdosis ab. Ob also die Keime die ersten Attacken der Blutbactericidie überstehen, ist eine Frage ihrer Zahl. Daneben spielt, wie gesagt, die Widerstandsfähigkeit gegen die Phagocytose eine Rolle. Ob eine massige Besiedlung von Keimen die Fibrin- oder Plättchenabdeckung sogar selbst hervorrufen oder beschleunigen kann, ist eine vorläufig unentscheidbare Frage. Diese Faktoren der Klappenbesiedlung können nun die verschiedensten Wertigkeiten besitzen, wodurch auch die Wahrscheinlichkeit, daß die abgesiedelten Keime persistieren werden, sehr verschiedene Grade haben kann. Bei schlechtem Phagocytosevermögen des Blutes (Komplementmangel, fehlende Immunität gegenüber dem Keim), hoher Phagocytoseresistenz des Keimes, großer Infektionsdosis und günstigem Zeitpunkt der Infektion im Hinblick auf die Klappenabdeckung ist das Bestehenbleiben der Infektion wahrscheinlich. Hohe Phagocytosefähigkeit des Blutes (durch Immunisierung erworbene „bakteriostatische“ Antikörper, Komplementreichtum, hoher Gehalt an „Normalopsoninen“), geringe Widerstandsfähigkeit des Erregers gegen Phagocytose (fehlende Kapselbildung, schlechte Ausbildung gewisser Antigene, z. B. des M-Antigens, in der Species liegende Empfindlichkeit), torpider Klappenprozeß ohne Neigung zu Fibrin- oder sogar Plättchenabscheidung, kleine Infektionsdosis werden ein rasches Zugrundegehen der Keime zur Folge haben.

In diesem Zusammenhang taucht die Frage auf, ob bei virulenten Erregern nicht doch die Möglichkeit besteht, sich auf der *intakten* Herzklappe zu implantieren. Wir glauben, diese Frage für den größten Teil der Fälle beim Menschen verneinen zu müssen. Zwar ist hier die sofortige Abdeckung durch Fibrin oder Blutplättchen nicht in dem Maße conditio sine qua non für das Angehen der Infektion, wie es bei den wenig pathogenen Erregern der Viridansgruppe angenommen werden muß. Weder Klinik noch pathologische Anatomie ermöglichen aber bislang einen Beweis, daß eine Besiedlung der intakten Klappe erfolgen kann. In Fällen von lang dauernder Bakteriämie bei Sepsis bietet jedenfalls die „Vorkrankheit“ Bedingungen, wie wir sie im experimentellen Teil als indirekt auslösende Ursache für die Entstehung der serösen und fibrinösen Klappenschäden kennenlernen werden. Die experimentellen Befunde, die nach einer einzigen massiven Infektion die direkte Entstehung einer bakteriellen Endokarditis ergeben, lassen keine strenge Beweisführung zu, denn zu oft sehen wir ja beim „Herzgesunden“ seröse und fibrinöse Klappenschäden, die erst bei der genauen mikroskopischen Untersuchung zutage treten. Für die Unwahrscheinlichkeit einer Infektion der intakten Klappe spricht auch die klinische und pathologisch-anatomische Beobachtung, daß bei weitem nicht alle Septicämien zur bakteriellen Endokarditis führen. Immerhin ist es bei extremen — praktisch nur im Experiment realisierbaren — Infektionsdosen vielleicht möglich, eine direkte bakterielle Endothelschädigung hervorzurufen (s. Abschn. E, 4 u. 5).

Diese Erörterungen sind von der Voraussetzung ausgegangen, daß die Implantation der Keime aus dem die Klappe umspülenden Blut der Herzhöhle erfolge. Wenn wir die Möglichkeit einer bakteriellen Absiedlung von den Gefäßen der pathologisch veränderten Klappe her ins Auge fassen, scheinen zunächst andere Voraussetzungen zu gelten. In der Tat ist es, wenn man diese Theorie akzeptiert, sehr wohl denkbar, daß kleine Emboli mit Bakterien in die Klappengefäße verschleppt werden und so von innen heraus ein Klappenabsceß entsteht. Wenn auch eine prinzipielle Ablehnung dieser Theorie nicht belegt werden kann, so ist doch mit der größten Wahrscheinlichkeit anzunehmen, daß Klappeninfektionen von den Klappencapillaren aus zu den größten Seltenheiten gehören (s. Abschnitt A, II, 6). Die Wachstumsbedingungen der Keime in der einmal infizierten Klappe haben wir im Abschn. C, VII, 2 im Zusammenhang mit den chemotherapeutischen Fragen gestreift. Welches die Ursachen dafür sind, daß in dem einen Fall die Bakteriämie im Vordergrund steht, während in anderen Fällen der Verlauf ein abakteriämischer ist, wissen wir nicht (s. Abs. 6).

4. Spezielle Bakteriologie der granulomatösen Endokarditis.

Die bei bakterieller Endokarditis gefundenen Erregerarten sind ungemein zahlreich. In diesem Kapitel werden wir bei den Erregern, welche ganz überwiegend *akute* bakterielle Endokarditiden verursachen, nur diejenigen Literaturangaben zitieren, welche sich auf die ausnahmsweise subakuten Fälle dieser Art beziehen. Zu diesen Erregern gehören z. B. die A-Streptokokken, Staphylokokken, Pneumokokken, Gonokokken sowie Meningokokken. Hier ist die Endokarditis fast immer eine Teilerscheinung eines wohlumschriebenen Krankheitsbildes. Bezüglich der vollständigen Kasuistik der akuten Fälle muß auf die Literatur verwiesen werden (Perry 1936, Shiling 1939). Die Bedeutung der akuten bakteriellen E. ist so weit zurückgegangen, daß eine erneute Darstellung der speziellen Bakteriologie nicht gerechtfertigt erscheint. Wenn auch die Trennung der bakteriellen Endokarditis in akute und subakute Formen nach der Krankheitsdauer eine arbitrarische ist (s. S. 176), so steht doch fest, daß im Hinblick auf die Erregerarten bei den subakuten Formen — statistisch gesehen — eine größere Einheitlichkeit vorliegt. Zum überwiegenden Anteil sind die Erreger dieser Formen unvollständig hämolysierende Streptokokken der Viridansgruppe bzw. Enterokokken, die bei über 90% der Fälle den Ablauf beherrschen. Die Bakteriologie dieser Erreger ist bereits in anderen Kapiteln dargestellt worden. Es bleibt noch nachzutragen, daß der Enterococcus in verschiedenen Serien mit wechselnder Häufigkeit gefunden wird. Während Christie (1948) unter seinem großen Material die Gruppe D gar nicht erwähnt und wir aus den Angaben von Dawson, Hobby und Lipman (1944) nur einen Prozentsatz von etwa 2% errechnen, ergeben die meisten anderen Mitteilungen eine größere Häufigkeit, die bis zu 51% geht (Foley 1947). Im deutschen Schrifttum ist die zahlenmäßige Bedeutung der Enterokokken in jeder der bereits zitierten Arbeiten gewürdigt, wobei die Prozentzahlen sich meist zwischen 20% und 40% bewegen (s. Schoen und Fritze 1949, Germer 1951). Auch in unserem Blutkulturmaterial waren Enterokokken keine Seltenheit. Wir halten uns aber zu einer zahlenmäßigen Abschätzung ihrer Häufigkeit als Erreger der E. lenta weder für befugt noch für verantwortungsberechtigt, da die Entscheidung über die Signifikanz des bakteriologischen Einzelbefundes — dies gilt auch für die Epikrise — unseres Erachtens nach nur Sache der Klinik sein kann. Eine Auswertung der bakteriologischen Sektionsbefunde ist, wie in Abschn. B, II, 4 dargelegt wurde, nur im Einzelfall zulässig, kann also nicht statistisch verwendet werden; außerdem kommt der Großteil der Fälle erst nach antibiotischer Behandlung zur Sektion. Die Versuche, für die Enterokokkeninfektion der Herzklappe ein einheitliches pathologisch-anatomisches Bild zum Unterschied von der Viridansinfektion herauszuarbeiten, haben keine Bestätigung erfahren (Rosenberg 1932, Otto 1938). Wir verzichten auf eine Anführung der sehr großen Kasuistik und verweisen auf Abschn. B, III, 4. Ältere Literatur bei Reiners (1936).

Im Vergleich zu der überwiegenden Häufigkeit der Streptokokken stellen andere Erreger bei E. lenta mehr oder weniger Seltenheiten dar. Die bei dieser Erkrankung angetroffene Mannigfaltigkeit der Keime ist — abgesehen von dem Überwiegen der Streptokokken — so groß, daß verschiedentlich die Ansicht ausgesprochen wurde, praktisch *jede* Species könne als Erreger in Frage kommen. Hier ist Kritik notwendig. Ein Teil der diesbezüglichen kasuistischen Veröffentlichungen bezieht sich lediglich auf den oftmals sogar nur einmaligen Erregernachweis aus dem Blut bei klinisch diagnostizierten Fällen. Eine Aussage, ob ein bisher als Erreger der Endokarditis nicht beschriebener Keim in einem bestimmten Fall als Erreger anzusprechen ist, kann nur dann in positivem Sinne getroffen werden, wenn der Keimnachweis bei klinisch eindeutigem Bild *wiederholt* gelingt, und wenn bei der autoptischen Kontrolle der Keim in der Herzklappe kulturell und histologisch nachgewiesen werden kann, wobei besonderes Gewicht auf die Ausschaltung einer agonalen Bakteriämie zu legen ist (s. Abschn. B, II, 1 u. 4). Besonders wünschenswert ist natürlich zu Lebzeiten eine nachgewiesene immunbiologische Reaktion des Patientenserums mit dem betreffenden Stamm. Diese strengen Maßstäbe sind vor allem da anzulegen, wo es sich um Keime handelt, die häufig bei Kontaminationen gefunden werden (z. B. Micrococcus albus), oder die normalerweise als Saprophyten beim Menschen vorkommen. Ein Beispiel für den letzteren Fall gibt die Streitfrage, ob die sog. vergrünenden Diplokokken (Rabl und Seelemann 1949) als Erreger der Endokarditis auftreten können. Die seinerzeitigen Befunde von Walter, Reimold und Heilmeyer (1948) sind nicht einhellig anerkannt (Liebermeister 1950). Wir selbst müssen sie vorerst ablehnen (Engelhardt und Klein 1950). Wir haben die uns in dieser Hinsicht nicht ausreichend begründet erscheinenden Fälle nicht zitiert.

Es ist hier unmöglich, die gesamte Kasuistik (mehrere hundert Veröffentlichungen), über die wir verfügen, bibliographisch anzuführen. Wir haben vor allem die Arbeiten erwähnt, welche einen gewissen Literaturanschluß ermöglichen. Eine rein bibliographische Zusammenstellung der seltenen Keimarten hat neuerdings Jones (1950) gegeben.

Die Literaturangaben der 2. Spalte der folgenden Tabelle beziehen sich auf subakut verlaufende bzw. Übergangsfälle zum akuten Verlauf, wobei die Zeit von 6 Wochen als Grenze gilt. Die Literaturangaben in der 3. Spalte sollen bei gewissen Fragen im Zusammenhang mit den akuten Formen Literaturhinweise bringen, die uns wichtig erscheinen. Diese Scheidung in „akute“ und „subakute“ ist hier trotz unserer grundsätzlichen Bedenken als eine Konzession an die Klinik erfolgt, zudem fehlt in zahlreichen Veröffentlichungen ein verwertbarer makroskopischer und mikroskopischer Befund, so daß die Formen hier nicht anatomisch, sondern klinisch definiert werden müssen. Die Streptokokken sind in dieser Tabelle nicht berücksichtigt. Einzelangaben finden sich in Abschn. B, III, 4.

Keim	Subakute Fälle Literaturanschluß	Anmerkung
Diplococcus pneumoniae	Tinsley 1945	meist akuter Verlauf
Micrococcus albus	Cunliffe u. Mitarb. 1943 Penfold 1943	meist akuter Verlauf
Micrococcus aureus	Holzman 1950 Mathew 1951	meist akuter Verlauf
Gaffkya tetragena	Boynton 1950	
Neisseria meningitidis	Groyn 1931 Firestone 1946	vorwiegend akuter Verlauf

Keim	Subakute Fälle Literaturanschluß	Anmerkung
Neisseria gonorrhoeae	Paul 1931 Cohn 1936 Davis 1940	vorwiegend akuter Verlauf häufige Besiedlung der Pulmonalklappe (Ziegler 1933, Myers 1947)
Andere Neisseria	Goldstein 1934 Clarke u. Haining 1936 Connaughton u. Rountre 1939	Verlauf meistens subakut
Veillonella	Loewe u. Mitarb. 1946	nur 1 Fall bekannt
Escherichia coli	Fletcher 1947 Smith 1950 Hoffmann u. Mitarb. 1951	Verlauf fast immer akut, Klappenläsionen im Gegensatz dazu polypös
Paracoli	Friedman u. Goldin 1949	
S. cholerae suis	Gonley u. Israel 1934 Forster 1939	meistens akuter Verlauf
S. Schottmuelleri	Meyer u. Howell 1938 Wells 1937	die zitierten Fälle sind Grenzfälle
Pseudomonas aeruginosa	Moragues u. Anderson 1943	Verlauf meist akut (Fish 1937)
Klebsiella pneumoniae	Bonciu 1937	Verlauf meistens akut (Gallone u. Gaboardie 1941, Crohn 1930)
Dialister	Magrassi 1946	
Pasteurella tularense	Wise u. Miller 1947	
Brucella abortus	Werthemann 1936 de Gowin 1945 Hart u. Mitarb. 1951	oft subakuter, gelegentlich akuter Verlauf (Rothmann 1935)
Haemophilus	Craven u. Mitarb. 1940 Hunter u. Duane 1946 Martin u. Link 1948 McGee u. Priest 1948	Verlauf oft subakut, gelegentlich akut: Miles u. Gray 1938
Bac. crassus Lipschütz (Döderlein)	v. Marschall 1938	
Erysipelothrix rhusiopathiae	Russel u. Lamb 1940 eigene Beobachtung	in der Pathologie des Schweines wichtig als Endokarditiserreger
Mycobacterium tuberculosis	Mandelbaum 1932 Davie 1936 Bevans u. Wilkins 1942 Aufdermauer 1947	
Corynebacterium diphtheriae	Galambos 1941 Graetz 1943	Verlauf meist akut (Chiari 1935, Dijkstra 1935, Buddinger u. Anderson 1937)
Andere Corynebakterien	Sutherland u. Willis Schuback 1949	
Clostridium welchii	More 1943	
Pleuropneumoniegruppe	Herschberger u. Mitarb. 1945	
Streptobacillus monoliformis	McDermott 1945 Petersen u. Mitarb. 1950	
Monilia	Geiger u. Mitarb. 1946	

Keim	Subukate Fälle Literaturanschluß	Anmerkung
Histoplasma capsulatum	BRODERS u. Mitarb. 1943 BEAMER u. Mitarb. 1950	
Actinomyces	DELL'AQUA 1943 BEAMER u. Mitarb. 1945 WEDDING 1947	
Nocardia	ALESTRA u. GIROLAMI 1937	
Candida albicans und Rhodotorula	KÖHLMEIER 1952	

5. Erregerqualität und Reaktionslage. Antikörperbildung.

In der Diskussion über die Pathogenese der Endokarditis haben Worte wie „Reaktionslage", „Immunitätslage", „Abwehr" u. ä. eine große Rolle gespielt. Es scheint uns, als ob bei der Benutzung dieser Begriffe besonders im Zusammenhang mit der Endokarditis eine Ausweitung und Relativierung ihres ursprünglichen Inhalts erfolgt ist, so daß heute zahlreiche Autoren unter „Immunität" gänzlich verschiedene Dinge verstehen. Auf diese Begriffsverschiebung hat unter anderen HÖRING (1951) hingewiesen. Dabei ist der Immunitätsbegriff seit den klassischen Tierexperimenten der Endokarditisforschung immer mehr erweitert worden, indem seiner Anwendung in zunehmendem Maße der Morphologie und sogar der Klinik entlehnte Kriterien zugrunde gelegt wurden. Dies hat dazu geführt, daß bei der Endokarditis heute die eingangs erwähnten Ausdrücke praktisch synonym verwendet werden. Es kann nicht unsere Aufgabe sein, den Inhalt dieser Begriffe vom allgemein-naturwissenschaftlichen Standpunkt aus zu diskutieren. Es ist aber notwendig, kurz die Einflüsse aufzuzeigen, die den Immunitätsbegriff in der Endokarditisforschung geformt und — wie wir glauben — teilweise auch kompromittiert haben. Bezüglich weiterer Angaben zu diesem Thema verweisen wir auf Abschn. B, III, 5 und Abschn. C, IV, 2 u. 3, E, I, 5.

In den 20er Jahren hat eine Reihe von eindrucksvollen Untersuchungen die Bedeutung der „Sensibilisierung" für die Entstehung einer Endokarditis dargetan (s. Abschn. E, I, 2). Hier seien nur die Experimente von WADSWORTH (1919) sowie WRIGHT (1926) genannt, die als Basis für viele spätere Vorstellungen dienten. Sie erwiesen anscheinend, daß bei intravenöser Bakterienzufuhr eine bakterielle Endokarditis erst nach Erreichen eines bestimmten Immunisierungszustandes auftritt. Später wurde dieser Immunitätszustand als besonders wichtiger, ja unerläßlicher pathogenetischer Faktor für die Keimbesiedlung angesehen, wobei Vorstellungen wie die einer durch die Antikörper bedingten intravasalen Agglutination und damit einer leichteren „Haftbarkeit" am Endothel ausgesprochen wurden (KEEFER 1940). Diese Hypothesen, die letztlich noch in der klassischen humoral orientierten Auffassung des Immunitätsbegriffes wurzelten[1], bereiteten dem Verständnis aber große Schwierigkeiten, da unter anderem eine spezifisch-immunbiologische Beziehung zwischen den heterologen Maßnahmen der parenteralen „Vorbereitung" der Versuchstiere und den zur „Erfolgsinjektion" verwendeten lebenden Keimen nicht angenommen werden konnte (s. Abschn. C, IV, 2).

Der erste Autor, der in Deutschland den Begriff der „Immunisierung" der Versuchstiere im Zusammenhang mit der Endokarditis weiter zu fassen versuchte,

[1] Auch die von BIELING adoptierte Depressionsimmunität MORGENROTHS (1920) darf man hierzu rechnen.

war SIEGMUND (1925) auf Grund seiner in Abschn. E, I, 2 erwähnten Speicherungsversuche. Er nahm an, daß mit dem serologisch faßbaren Antikörperanstieg eine „Erweiterung" des resorptiven Mesenchymalapparates statthabe, die an gewissen lokalen Reaktionen des Klappengewebes zu verfolgen sei. Es wird in Abschn. E, I, 2, S. 253 noch ausführlich dargestellt werden, daß diese örtlichen Reaktionen diejenigen Stellen betreffen, die später von den injizierten Bakterien besiedelt werden. Die Beobachtung, daß solche Klappenreaktionen (seröse Endokarditiden) bei einer Vielzahl von Ursachen entstehen, hat dazu geführt, daß die Zuordnung dieser Mesenchymaktivierung zu dem Begriff der „Immunität" diesen letzteren seines ursprünglichen Charakters entkleidete und ausweitete, bis schließlich, unter weitgehendem Verzicht auf humorale Kriterien, die „Immunitätslage" ausschließlich morphologisch-geweblich, später auch klinisch, verstanden wurde. Diese Entwicklung wurde durch die Erforschung der geweblichen Erscheinungen der anaphylaktischen Vorgänge (KLINGE 1933) wesentlich gefördert. Auf diesen Boden fiel dann die bereits diskutierte Anschauung von der „Virulenzabschwächung" und Umwandlung der Streptokokken in avirulente Arten durch die Abwehrkräfte des Makroorganismus (s. S. 92, 165). Zusammen mit der These von der Entstehung des akuten Rheumatismus durch die Infektion mit Viridansstreptokokken erschien damit die Frage nach der Pathogenese der Endokarditis „ganzheitlich" beantwortet: sämtliche Formen der Endokarditis seien nur als ein und dieselbe Infektion der Herzklappe mit Viridansstreptokokken aufzufassen, wobei der „Immunitätszustand" dafür verantwortlich sei, ob die Keime rasch vernichtet würden (rheumatische Endokarditis), oder ob sie persistierten und damit zum Bilde der E. ulcero-polyposa führten (JUNGMANN 1924, CLAWSON und BELL 1926). Die Tatsache, daß später bei der bakteriellen E. eine Vielzahl verschiedener Erreger gefunden wurde, der gegenüber sogar die These von der „Umwandlung" einer Species in die andere versagte, hat dann nicht etwa dazu geführt, daß man unter diesen, je nach Typ der erzeugten E. (ulcerös oder polypös) Gemeinsamkeiten, z. B. bezüglich ihrer Pathogenität, suchte. Vielmehr schien diese Vielfalt erst recht zu einem weitgehenden Beiseitelassen der Erregerqualität zu berechtigen; dies führte zur Betonung der alleinigen Bedeutung der „immunbiologischen" Situation (Reaktionslage) des Makroorganismus zur Zeit der Infektion für den Typ der entstehenden E. bzw. für deren klinischen Verlauf. Ein gewisser Einfluß wurde der Erregerqualität allerdings insoweit eingeräumt, als der Endeffekt der bakteriellen Einwirkung auf die Herzklappe als Resultante der Beziehung Virulenz/Resistenz konzipiert wurde (BIELING 1930, v. ALBERTINI 1946). Aber auch diese Beurteilung des pathogenetischen Effekts nach den zwei Komponenten: Erregerqualität und Situation des Makroorganismus bevorzugt die eine von ihnen, nämlich die als „Resistenz" bezeichnete, insoweit, als bis zum heutigen Tag noch immer die meist abschwächende Beeinflussung der Virulenz im Sinne der früheren Variabilitätsvorstellungen durch die Faktoren des Makroorganismus (also durch die „Resistenz") behauptet wird (v. ALBERTINI 1946, GERMER 1951, HÖRING 1951). Wir haben bereits in Abschn. B, III u. C, IV, 3 dargelegt, daß die bakteriologischen Unterlagen dieser letzteren Anschauung einer kritischen Betrachtung nicht standhalten können. Es ist hierbei nicht verwunderlich, daß diese, wie uns scheinen will, einseitige Betonung der „Resistenz" bzw. „Immunitätslage" als Hauptfaktor für das jeweilige Erscheinungsbild der Endokarditis in erster Linie von der Morphologie und Klinik vertreten wird, die ja dem Bakteriologen und Serologen gegenüber ungleich stärkere Tendenzen zu einem anthropozentrischen Unitarismus zeigen muß.

Eine kritische Betrachtung hat zunächst zu untersuchen, ob die erste Voraussetzung der erwähnten Betrachtungsweise richtig ist, d. h. ob die rheumatische und ulcero-polypöse E. *beide* durch eine Infektion der Herzklappe mit Mikroorganismen entstehen. Wir haben bereits dargelegt, warum wir diese Voraussetzung für unrichtig halten (s. Abschn. A, II, 6; C, IV, 3; E, I, 5). Die rheumatische E. entsteht nicht durch direkte Besiedlung der Herzklappe mit Mikroorganismen, sondern durch einen pathogenetischen Ablauf, bei dem Mikroorganismen zwar eine indirekte Wirkung („Fernwirkung") ausüben können, niemals aber durch bakterielle Besiedlung des Endokards. Es bleibt damit nur noch abzuwägen, inwieweit Verlauf und anatomischer Charakter der sekundärbakteriellen E. von der Erregerqualität und wieweit von der „Reaktionslage" abhängen.

Hier fällt nun zweifellos auf, daß Keime, die eine hohe Pathogenität für den Menschen haben und an anderen Stellen heftige, meistens exsudativ-eitrige Entzündungen verursachen, auch das Hauptkontingent für einen akuten Verlauf mit Überwiegen der ulcerösen Klappenzerstörungen stellen, wie A-Streptokokken, Staphylokokken, Pneumokokken, Meningokokken oder Gonokokken. Ein subakuter Verlauf mit vorwiegend polypösen Veränderungen ist hier nur ausnahmsweise beobachtet. Auch die in der Tabelle S. 212, 213 erwähnten Beispiele für den gelegentlichen subakuten Verlauf dieser Infektionen stellen meistens Grenzfälle zum akuten Verlauf dar. Auf der anderen Seite sehen wir, daß die Klappeninfektion mit Viridansstreptokokken oder Enterokokken als Hauptvertreter der relativ apathogenen, nicht„ pyogenen" Erreger zu protrahiertem Verlauf und zur Ausbildung von vorwiegend polypösen Klappenveränderungen neben Vernarbungstendenzen und bakterienfreien serösen sowie fibrinösen Entzündungsherden führt.

Die einleuchtendste Erklärung für den — innerhalb einer gewissen Schwankungsbreite — fast gesetzmäßig vom Typ des Erregers bedingten Ablauf als mehr akute (ulceröse) oder mehr subakute (polypöse) Endokarditis ist die Annahme, daß die Erreger innerhalb einer bestimmten Bakterienspecies, sobald es zum Angehen der Infektion gekommen ist, eine in der Art begründete weitgehend gleichmäßige Pathogenität entwickeln, die nur in Ausnahmefällen einen gewissen Durchschnittswert überschreitet oder darunter bleibt. Weiterhin müssen wir eine gewisse durchschnittliche Abwehrfähigkeit gegen ein und dieselbe Species beim überwiegenden Teil der Menschen (vielleicht innerhalb gewisser Lebensalter, s. S. 162) annehmen, die ebenfalls nur in Ausnahmefällen extreme Abweichungen nach oben oder unten zeigt. Auf diese Weise wird es erklärlich, warum bei einer Herzklappenbesiedlung mit A-Streptokokken der foudroyante und bei Viridansstreptokokken der protrahierte Verlauf mit großer Sicherheit prophezeit werden kann. Beide Annahmen sind experimentell so lange nicht eindeutig zu beweisen, als wir für den Grad der Pathogenität keine andere „Meßmethode" haben als den Tierversuch, d. h. solange wir die Pathogenität nicht unabhängig von dem uns unbekannten, nicht meßbaren Resistenzfaktor des Versuchstieres erschließen können.

Es scheint sehr unwahrscheinlich, daß der prinzipiell gleichartige Verlauf beispielsweise der Klappeninfektion mit A-Streptokokken darauf beruhe, daß beide Faktoren (Resistenz und Pathogenität) zwar stark schwanken, aber in der überwiegenden Mehrzahl der Fälle derart abgestimmt seien, daß ihre Resultante gleich bleibe. Wir möchten daher betonen, daß für die überwiegende Mehrzahl der Menschen der Verlauf der Endokarditis und ihr anatomisches Erscheinungsbild, zum mindesten was die grobe Alternative akut-ulcerös oder subakut-polypös betrifft, innerhalb gewisser Schwankungen von der *Art des Erregers* abhängt. Von der Voraussetzung der Beeinflussung des „Erscheinungsbildes" sowie der pathogenen Eigenschaften der Erreger durch die Kräfte des Makroorganismus ausgehend, hat GERMER (1951) versucht, bestimmte „Minusvarianten" gewissen klinischen Verläufen und damit einem bestimmten Immunitätszustand zuzuordnen. Wir halten diesen Versuch deshalb für bedenklich, weil er zweifellos auf der Grundlage der durch nichts beweisbaren Hypothesen älterer Autoren fußt (s. S. 92, 165) und zudem die Tendenz erkennen läßt, Virulenzeigenschaften mit dem biochemischen Erscheinungsbild der Erreger zur Deckung zu bringen. Wir selbst haben vorübergehende biochemische Ausfälle beobachtet, hüten uns aber, in ihnen ein Spiegelbild der Immunitätslage des Makroorganismus zu erblicken oder sie gar als Hinweis auf die Virulenz anzusehen. Dagegen erscheint uns der Versuch GERMERs, die Bakteriämie als von der Immunitätslage abhängig zu sehen, sehr wertvoll (s. S. 208, 221).

Es sind Fälle beschrieben, bei denen der Streptococcus viridans pyogene Eigenschaften entfaltet und zur Meningitis führt (HOYNE und HERZON 1950). In dieser Arbeit vermissen wir aber die Gruppenpräcipitation, so daß es ebenso wie bei den älteren von den Autoren zitierten Fällen offen bleibt, ob es sich bei diesen Erregern nicht um viridierende A-Streptokokken (s. S. 92, 95) gehandelt hat. Dasselbe gilt für die beschriebenen Fälle von *akut* verlaufender Viridansendokarditis (KREIDLER 1926, HELD und GOLDBLOM 1934, SCHWALBE 1935, FREY 1936). Auch hier ist die Verwechslung mit den gar nicht so seltenen vergrünenden A-Streptokokken nicht unwahrscheinlich, da hier noch die Gruppenserologie fehlt. — Eine besondere Stellung nimmt die Coliendokarditis ein, wie FLETCHER (1947) betont. Hier ist der klinische Verlauf akut, aber die Klappen bieten ein der E. lenta gleichendes Bild. — Die Geringfügigkeit der Veränderungen bei der Endokarditis im Gefolge von Infektionen mit anaeroben Streptokokken wurde bereits erwähnt (S. 99). — Daß schließlich Fälle vorkommen, wo der zu erwartende rasche Ablauf bei Vorliegen eines pyogenen Erregers gemildert wird, ist durchaus denkbar und gehört als Ausnahme zum klinischen Erfahrungsgut. Über die Ursachen dieser Erscheinung im Einzelfall können wir aber nur spekulieren, ebenso wie über die Frage, warum eine Viridansendokarditis auch spontan, vielleicht sogar bei Lebzeiten unerkannt, heilen kann. Komplizierend kommt hier dazu, daß neben den allgemeinen Bedingungen der Infektionsabwehr an der Herzklappe besondere Verhältnisse herrschen.

Es wird in Abschn. C, VII, 2 und C, VI, 6 dargelegt werden, daß die natürliche Infektionsabwehr der Herzklappe nicht allzu hoch zu veranschlagen ist. Dementsprechend sind Spontanheilungen ein relativ seltenes Vorkommnis, etwa 2% der Fälle (LIBMAN 1925, KRAIS 1936, HAMMANN 1937, LICHTMAN und BIERMANN 1941, SMITH, SAULS und STONE 1942, LICHTMAN 1943, FRIEDBERG 1950).

Es bleibt noch zu diskutieren, welche Immunitätserscheinungen im Verlauf der subakuten bakteriellen Endokarditis auftreten (die akuten Formen kommen hierfür wegen der Schnelligkeit des Verlaufs weniger in Betracht), und inwieweit sie faßbar sind. Bei der lang dauernden Abgabe von Keimen ins Blut und ihrer Vernichtung im RES sind Immunitätserscheinungen zu erwarten. In der Tat haben eine Reihe von Untersuchern mit verschiedenen Methoden Antikörper im Blute von E. lenta-Kranken nachweisen können. Die Untersuchungen hierüber scheinen aber, nach ihrer geringen Zahl und ihrem Veröffentlichungsdatum zu schließen, ein Stiefkind der Forschung gewesen zu sein. Bezüglich der Bedeutung der bei E. lenta auftretenden Antikörper bei der Blutkultur und bei den „abakteriämischen" Formen sowie ihrer serologischen Unterlagen wird auf die entsprechenden Abschnitte verwiesen.

KINSELLA beobachtete (1917) bei allen untersuchten Fällen (12 Patienten) deutliche Agglutination des Eigenstammes. Diese Beobachtungen führten zum Versuch, gesunde Blutspender mit dem Patientenstamm zu immunisieren und so mit der Transfusion Immunkörper zu übertragen (HOWELL, PORTIS und BEVERLY 1926). Diese Versuche sind, praktisch gesehen, alle fehlgeschlagen. Es gelang nämlich nicht, beim Menschen künstlich einen Agglutinationstiter zu erzielen, der ebenso hoch oder höher war als derjenige des Patienten (KURZ und WHITE 1929). KREIDLER (1926) fand bei seinen 4 untersuchten Fällen Titer zwischen 1 : 2560 und 1 : 5120. Andere Viridansstämme wurden vom Patienten gelegentlich mitagglutiniert. Ähnliche Befunde erhob auch WRIGHT (1925) (Titer bei 1 : 320).

Über die Frage der opsonischen Indices haben POSTON und ORGAIN (1939) eine Studie vorgelegt. Der opsonische Index wurde bei 7 Patienten bis zu 8 Monaten verfolgt, außerdem agglutiniert und die bakteriolytische Fähigkeit des Serums bestimmt. Neben Fällen mit ausgesprochen schwacher bzw. fehlender Antikörperbildung wurde bei anderen Fällen ein weitgehend voneinander unabhängiges Ansteigen der verschiedenen Antikörper beobachtet. Meßbare Werte wurden fast stets erst nach einem Absinken der Keimzahl im Blute bzw. beim Übergang in das abakteriämische Stadium gefunden. Allerdings wird die Beurteilung dieser Versuche, besonders was den Opsoninindex betrifft, dadurch erschwert, daß die Patienten in der Beobachtungszeit mit Bluttransfusionen behandelt wurden. 1949 hat ROEMER bei 2 Patienten gruppenspezifische Präcipitine nachgewiesen (Gruppe D und B).

Ein Ausbau der serologischen Nachweismethoden bei der E. lenta ist gerade im Hinblick auf die abakteriämischen Formen dringend erwünscht. Die Schwierigkeiten, die diesem Verfahren entgegenstehen, haben wir in Abschn. B, III, 5 dargestellt: Sie liegen in der Tatsache, daß wir bei den Streptokokken der Viridansgruppe nur typenspezifische Antikörper kennen, wobei die Zahl der Typen noch gar nicht zu übersehen ist. Cutanreaktionen mit Viridansstreptokokken versprechen hier keinen Erfolg, weil sie zu unspezifisch sind (s. S. 162). Das gleiche gilt für den opsonischen Index.

Anhangsweise sei das Vorkommen von heterogenetischen Antikörpern (FORSSMANN) im Blute von E. lenta-Patienten erwähnt (Fall von SACHS 1942). Daß die WASSERMANNsche Reaktion positiv werden kann, ist allgemein bekannt (SPANG und GABELE 1949, WYDRIN 1934). LEPEHNE und LANDECKER (1931) gaben 7% positive Wa.R. an.

Zusammenfassend möchten wir feststellen, daß wir keinen zwingenden Grund dazu sehen, die pathogenetischen Faktoren der bakteriellen Endokarditis vorwiegend vom Standpunkt der Situation des Makroorganismus aus zu betrachten. Für die überwiegende Mehrzahl der Fälle liegt das Entscheidende für den *Ablauf* der einmal zum Haften gekommenen Infektion in den Qualitäten des Erregers. Nur in seltenen extremen Fällen mögen die individuellen Resistenzverhältnisse des befallenen Organismus für eine mit unseren Mitteln eindeutig erkennbare Milderung oder gar Ausheilung oder aber für einen besonders stürmischen Verlauf den Hauptfaktor darstellen. Der beste Beweis für die geringe Rolle dieser Faktoren ist ja gerade das völlige Versagen aller spezifischen oder unspezifischen immuntherapeutischen Maßnahmen bei der E. lenta, während wir am Modellversuch, nämlich dem mykotischen Aneurysma, nach der Exstirpation glatte Heilungen sehen (STATLAND und GORR 1949). Dies zeigt eindeutig, daß die Abwehrfähigkeit der Herzklappe Infektionen gegenüber besonders schlecht ist.

Eine von diesen Erörterungen zu trennende Frage ist das Problem der Besiedlung. Hier ist es eher denkbar, daß der Zustand des Makroorganismus bezüglich der Infektionsabwehr eine Besiedlung der Klappe erleichtert oder erschwert, wie wir im Abschn. C, IV, 3, S. 208 bereits ausgeführt haben. Leider sind die im Verlauf der Endokarditis auftretenden serologisch faßbaren Reaktionen des Makroorganismus für die diagnostische Anwendung in der Praxis ungeeignet. Ein Fortschritt ist hier nur durch bessere Kenntnisse bezüglich der Antigenstruktur der Viridansgruppe zu erwarten.

6. Die „abakteriämischen“ Formen.

Im Abschn. B, I, 6 ist dargelegt worden, welche Schwierigkeiten der bakteriologischen Erfassung eines an der Herzklappe lokalisierten bakteriell-entzündlichen Prozesses entgegenstehen. Abgesehen von den grundsätzlichen Problemen der Züchtung, ist für den Nachweis der Bakteriämie ein dauernder oder intermittierender

Nachschub von der Klappe her Bedingung, und zwar in einer gewissen Menge, da zu kleine Bakterienmengen das venöse System unter Umständen gar nicht mehr erreichen.

Dieser Fragenkomplex hat in der europäischen Nachkriegsliteratur — in einem gewissen Gegensatz zur amerikanischen — eine eminente Bedeutung gewonnen. Es zeigte sich nämlich, daß bei einem großen Teil der Fälle von subakuter bakterieller Endokarditis der Keimnachweis im Blut trotz zahlreicher Wiederholungsuntersuchungen und der Anwendung der verschiedensten Nährböden konstant mißlingt, sich mit der heutigen Technik als offenbar unmöglich erweist. Diese Beobachtungen sind nichts gänzlich Neues, denn die Frage nach der Ausbeute an positiven Blutkulturen innerhalb gewisser Gruppen von Kranken ist schon kurz nach dem 1. Weltkrieg diskutiert worden. Wie die Tabelle zeigt, stehen den Angaben einiger Autoren über nahezu 100%ige Nachweiserfolge sehr unterschiedliche Angaben anderer Untersucher entgegen. Vor allem ist die Verschiedenheit der angelsächsischen und europäischen Autoren ins Auge fallend. Die im Text zitierten, in der Tabelle nicht aufgenommenen englisch-amerikanischen Arbeiten zeigen durchweg Erfolgszahlen von 80—100%.

Autor	Jahr	Gesamtzahl der Fälle	Davon positive Blutkultur	% positiv	Anmerkungen
LIBMAN	1912	75	+73	97	
KASTNER	1918	16	+16	100	
COTTON	1920	24	+11	46	
SALUS	1920	39	+19	48	
MORAWITZ	1921	10	+3	30	
CURSCHMANN	1922	11	+3	27	
LÄMPE	1923	19	+6	32	arbeitete an derselben Anstalt mit denselben Methoden wie KASTNER (1918)
ISAAK-KRIEGER u. Mitarb.	1924	14	+14	100	
JUNGMAN	1924	100	+6	6	
ADLER	1925	30	+10	33	
WRIGHT	1925	19	+12	63	
LEHMANN	1926	22	+20	91	
KREIDLER	1926	14	+11	78	
SPANG u. GABELE	1926—1944	60	+48	80	bis zu 20 Wiederholungen
HARTOCH u. Mitarb. . . .	1927	21	+11	52	
SPRAGUE	1930	20	+12	60	
LICHTMAN u. GROSS . . .	1932	23	+21	95,5	
SPANG u. GABELE	1945—1948	90	+14	45,5	
SCHUMACHER	1946	113	+51	45	
DONZELOT u. Mitarb. . .	1947	70	+46	64	
TERASSE u. Mitarb. . . .	1947	11	+5	45	
BRAMWELL	1948	50	+43	86	
DIAZ u. Mitarb.	1948	90	+48	53	bis zu 28 Wiederholungen (Gußplatte)
TRIAS DE BES	1948	33	+10	30	
CHRISTIE	1948	269	+268	100	
	1949	443	+408	92	
KANTHER	1949	11	+3	27	
MONCKE	1949	20	+1	5	
SCHOEN u. FRITZE	1949	68	+31	46	bis zu 10 Wiederholungen

Autor	Jahr	Gesamtzahl der Fälle	Davon positive Blutkultur	% positiv	Anmerkungen
WALTER	1949	84	+37	44	
FRIEDBERG	1950	114	+88	77	
HANTSCHMANN u. TRUBE	1950	21	+12	57	
GERMER	1951	86	+44	51	
SOHNIUS	1951	62	+19	29	Untersuchungen an unserer Anstalt; Pat. teilweise von uns autopsiert

Eine Bewertung der angegebenen Zahlen ist zweifellos recht schwierig. So macht z. B. LIBMAN (1912), der über hohe Prozentsätze positiver Kulturen berichtet, den Vorbehalt, daß diese sich auf die „active stages“ (im Gegensatz zu den „bacteria-free“ stages) beziehen. Außerdem muß angenommen werden, daß manche Autoren die diagnostische Wertigkeit der positiven Blutkultur so hoch veranschlagen, daß die Diagnose ohne den Keimnachweis nur ausnahmsweise, bei nicht zu übersehenden Bildern gestellt wird, so daß in den Statistiken ein Teil der Fälle mit negativer Blutkultur gar nicht erscheint. So betonen z. B. ORGAIN und DONEGAN (1950), daß sie für die Diagnose der subakuten bakteriellen Endokarditis eine mindestens zweimalige positive Blutkultur als conditio sine qua non ansehen.

Um eine einheitliche Beurteilung zu ermöglichen, müßten die Kulturverfahren, vor allem aber die Zahl der Wiederholungsuntersuchungen bei negativem Ausfall standardisiert werden. Es ist öfters vorgekommen, daß ein sicher verwertbarer Keimnachweis (mindestens zweimalige Kultivierung) sich erst nach 15 und mehr Wiederholungen ergeben hat. Bei fast allen Autoren fehlen klare Angaben darüber, nach welcher Zahl von erfolglosen Kulturversuchen der Fall als definitiv „negativ“ beurteilt wird. Dies stößt freilich auch auf rein technische Hindernisse.

Als Beispiel für das Ansteigen der Ausbeute bei zahlreichen Wiederholungen seien die Angaben von LOEWENHARDT (1923) zitiert: Bei 1—5maliger Blutabnahme zur Kultur glückte der Keimnachweis in 56,4% der Fälle; bei 6—10maliger Wiederholung konnte bei dem negativ bleibenden Rest in 85% der Keimnachweis geführt werden; bei dem nun verbleibenden Rest glückte dann der Keimnachweis bei 15maliger Abnahme von Blut schließlich doch noch bei 8 von 10 Fällen. — BRAMWELL (1948) gibt demgegenüber an, daß unter 50 Fällen 43mal die Züchtung bereits in der ersten, 5mal in der zweiten und 1mal erst in der vierten Blutprobe gelang. Erwähnt sei in diesem Zusammenhang auch die Angabe von WARD und Mitarbeitern (1946), die bei 18 Fällen (30 Gußplatten) folgende Häufigkeitsverteilung im Hinblick auf die Keimzahlen erhielten: 2mal Sterilität, 8mal 1—6, 5mal 10—20, 9mal 28—60, 5mal 100—250, 1mal 2000 Kolonien je Kubikzentimeter Blut. Am häufigsten wurden demnach Zahlen um 50 Kolonien/cm^3 angetroffen. Nach WEISS und OTTENBERG (1932) wird bei einer Reihe von Kranken der individuelle „Blutspiegel“ (Keimzahl je Kubikzentimeter) überraschend konstant gehalten; massivere Einbrüche, die eine Erhöhung der Keimzahl zur Folge haben, werden schnell beseitigt, bis der individuelle Keimgehalt wieder erreicht ist, der nicht unterschritten wird. In ähnlichem Sinne äußern sich auch DIAZ und ARJONA (1948).

Zweifellos treffen diese Verhältnisse aber nur auf einen sehr kleinen Teil der Kranken zu. Beim größten Teil der in Europa beobachteten Kranken erfolgt die Keimabgabe spärlich und intermittierend. Bei diesen Fällen wird dann je nach Güte der Nährböden und Zahl der Wiederholungsuntersuchungen der Kreis der als „abakteriämisch“ angesehenen Fälle einmal enger und ein andermal weiter gezogen werden.

Die Tabelle demonstriert aber trotzdem, daß die Zahl der erfaßten Bakteriämien bei Endokarditiskranken Schwankungen zeigt, die nicht ohne weiteres mit der Zahl der Wiederholungen oder der divergenten Technik erklärt werden können. Ein großer Teil der als „negativ" angegebenen Fälle ist im Rahmen der Untersuchungsmöglichkeiten offenbar dauernd ohne nachweisbare Keime im peripheren Blut.

Es ist nicht verwunderlich, wenn deshalb vor allem die Klinik versucht hat, innerhalb der „abakteriämisch" verlaufenden Fälle gemeinsame Merkmale im Verlauf herauszuarbeiten und so eine Sonderform der Endokarditis herauszustellen. Dabei ist meistens der Weg beschritten worden, daß die hämokulturnegativen Kranken von vornherein als eine Gruppe aufgefaßt und nun weitere gemeinschaftliche Besonderheiten gegenüber den „bakteriämischen" Formen gesucht wurden. Diese Methode verspricht wegen der Relativität des Begriffes „abakteriämisch" keine einheitlichen Bilder. In der Tat zeigen sich in der Beschreibung dieses Stadiums durch die Klinik gewisse Widersprüche. Die andere verbleibende Methode, besondere Verlaufsformen zunächst ohne Rücksicht auf die Resultate der Blutkultur rein klinisch abzugrenzen und erst nach Herausschälung bestimmter Typen das quantitative Verhalten der Bakteriämie zu untersuchen, erscheint konsequenter. Einen Versuch in dieser Richtung hat GERMER (1951) gemacht. In jedem Falle wird aber die Abgrenzung auf gewisse Schwierigkeiten stoßen.

Es kann keinem Zweifel unterliegen, daß die Zahl der abakteriämischen Fälle nicht nur nach dem 2., sondern auch nach dem 1. Weltkrieg beide Male im Rahmen einer Morbiditätssteigerung der Endocarditis lenta angestiegen ist. Dabei ist das Ansteigen der Morbidität nach SPANG (1949) vorwiegend auf eine Zunahme der „abakteriämischen" Formen zurückzuführen, während der bakteriämische Typ von dieser Morbiditätssteigerung weniger betroffen ist. Dies wird aus fast allen vom Kriege betroffenen Staaten Europas berichtet. Während in der Vorkriegszeit konstant negative Blutkulturen den kleineren Teil der Fälle kennzeichnen, ist das Verhalten nach beiden Kriegen umgekehrt (BECKER 1921, MORAWITZ 1921, CURSCHMANN 1922, SCHUMACHER 1946, DONZELOT und Mitarbeiter 1947, PAUNESCO 1948, GÖMÖRI und GABOR 1949, TRIAS DE BES 1948, STRAUSZ 1948, CAMELIN und Mitarbeiter 1947, CAMELIN und Mitarbeiter 1948, DONZELOT und Mitarbeiter 1948, TERASSE und Mitarbeiter 1947, SCHOEN und FRITZE 1949, KANTHER 1949, ALSLEV 1948, WALTER 1949).

Als erster hat LIBMAN (1913) darauf aufmerksam gemacht, daß subakute bakterielle Endokarditiden ohne das von SCHOTTMÜLLER (1910) so kategorisch geforderte Symptom der Bakteriämie verlaufen können. Unter den ersten Beobachtungen dieses Autors waren von 82 Fällen 18 in diesem „bacteria-free stage". LIBMAN faßt, wie aus dem gewählten Namen hervorgeht, diese Bilder als abakteriämisch *gewordene* Fälle auf. Sie stellen ein späteres Stadium der klassischen bakteriämischen Form dar, wobei die Keime in den Klappen weitgehend vernichtet werden und diese unter Vernarbung und Verkalkung Heilungstendenzen zeigen. Bei sorgfältiger Untersuchung lassen sich in den Klappen nur noch vereinzelte Keime nachweisen. Die klinischen Besonderheiten dieses „bacteria-free stage" sind Splenomegalie, Embolien, Neigung zur Niereninsuffizienz, Bestehenbleiben der Knochenmarksschädigung (Anämie) bei Verschwinden der sonstigen Zeichen einer Infektion (Fieber, Blutsenkung, Blutbild). Der Unterschied zu dem, was LIBMAN und FRIEDBERG (1948) als „recovery" verstehen, sind lediglich die noch persistierende Anämie, Niereninsuffizienz, kaffeebraune Verfärbung der Haut und der Milztumor. Der Begriff der „bacteria-free stage" ist demnach mehr klinisch-prognostisch umrissen. Wichtig ist hier auch die Erwähnung der „mild forms" von LIBMAN, die bei völliger Arbeitsfähigkeit und Wohlbefinden bei Vorliegen eines Herzfehlers in der Regel positive Blutkulturen haben. Erst die genaue klinische Untersuchung deckt dann weitere Zeichen einer Endokarditis auf. Diese neigen zu Spontanheilung bzw. zu günstigem Verlauf. Ihre Zahl soll größer sein, als es scheinen mag, da viele nicht erfaßt werden. Vielleicht gehören die Fälle von OILLE, GRAHAM und DETTWEILER (1915) hierher. Oft gehen die milden subklinischen Formen unerkannt und sehr schnell in ein bakterienfreies Stadium über, so daß die Aktivitätsvorgeschichte nicht immer erhoben werden kann (MONCKE 1948). Bakterienfreie Stadien können nach LIBMAN wieder aktiviert werden, d. h. wieder in das bakteriämische Stadium übergehen. Ob es sich dabei um Exacerbationen oder Neuinfektionen handelt, ist im Einzelfall nicht zu entscheiden. Dabei sind verschiedene Verlaufsmöglichkeiten gegeben, indem eine „Attacke" in das „bacteria-free stage" übergeht und dieses wieder von neuen Attacken abgelöst wird, bis es zum Exitus oder zur Spontanheilung kommt.

Schwer zu erklären ist bei der Annahme der weitgehend „sterilen" Klappe dann freilich die fortdauernde Anämie sowie der Milztumor, ebenso auch die Beziehungen des „bacteria-free stage" zur Spontanheilung. Bei all diesen offengelassenen Fragen hat doch die klinische Beobachtung seither die Existenz einer ähnlichen Verlaufsform als richtig erkennen müssen. Nach dem 1. Weltkrieg haben nur wenige Autoren klinische Besonderheiten der abakteriämischen Form herauszuarbeiten versucht, wobei allerdings schon der Zusammenhang mit den Schädigungen durch die Kriegsverhältnisse erwogen wurde (BECHER 1921, MORAWITZ 1921, THAYER 1931; s. auch BRAMWELL 1948). Zum sicheren Besitz der Klinik sind indessen diese Beobachtungen erst nach dem 2. Weltkrieg geworden, und hier sind es vor allem die Autoren der vom Kriege besonders beeinträchtigten Länder, die auf die klinischen Besonderheiten der abakteriämischen Endocarditis lenta verweisen. In Deutschland ist an erster Stelle die ausführliche Studie von SPANG und GABELE (1949) zu erwähnen, die ihre abakteriämischen Fälle als „Nachkriegsendokarditis" bezeichnen. Der Verlauf ist protrahiert, torpide, sub- oder afebril mit Neigung zur Leukopenie sowie zur Reststickstofferhöhung im Blut. Im Gegensatz zu den bakteriämischen Fällen, die mit den Zeichen der Infektion verlaufen, steht bei den abakteriämischen Fällen die Herzinsuffizienz und das Versagen der Nieren im Vordergrund. Diese Abgrenzung des protrahierten und subfebrilen abakteriämischen Bildes findet sich auch bei MONCKE (1949), wobei besonders die Häufigkeit der diffusen Nephritis betont wird (bei 12 von 20 Fällen). GERMER hat 1951 drei verschiedene Verlaufsformen herauszuarbeiten versucht, allerdings deckt keine sich völlig mit den „abakteriämischen" Formen anderer Autoren. Im Gegensatz zu den oben erwähnten Untersuchern berichten SCHÖN und FRITZE (1949), daß die von ihnen beobachteten abakteriämischen Fälle im übrigen mit dem klassischen Symptomenbild aufgetreten sind. Von den Arbeiten außerhalb Deutschlands sind in diesem Zusammenhang der Bericht von TRIAS DE BES (1948) und DIAZ und Mitarbeitern (1948) zu erwähnen. Der erstere sieht die klinischen Besonderheiten der bakterienfreien Verlaufsform in langsamem Verlauf, Leukopenie, unregelmäßigem Fieber sowie Plasmaeiweißverschiebungen. DIAZ und Mitarbeiter betonen als Gegensatz zur bakteriämischen Form das häufigere und ausgeprägtere Auftreten von Milztumor, Trommelschlegelfingern, Nephritis (53,6% der Fälle, meist ohne Blutdrucksteigerung und Ödeme, aber mit erheblicher Eiweißausscheidung und Neigung zur Urämie). In dem außerordentlich schlechten Ansprechen auf die Penicillintherapie sind sich alle Autoren einig (SANTELIGES DE LA MORA 1947, BODEN und LOOGEN 1950, WALTER 1949, SCHÖN und FRITZE 1949, BAEHR und GERBER 1947, sowie die bereits zitierten Autoren).

Es ist bemerkenswert, daß die Erkennung der Besonderheiten dieser Form vor allem der klinischen Beobachtung zu verdanken ist, während die Angaben über die pathologisch-anatomischen Befunde zunächst keinen absoluten Rückschluß auf eine prinzipielle Wesensverschiedenheit gestatten. Nach den kurz gehaltenen Protokollen dieser klinischen Arbeiten ist es unmöglich, die pathologisch-anatomischen Unterlagen der beschriebenen Verlaufsformen kritisch zu überblicken und bestimmte morphologische Charakteristika mit dem klinischen Bild in Beziehung zu bringen. Daß es Fälle gibt, die unter den Zeichen eines Klappenfehlers zu Lebzeiten keinen Verdacht auf einen floriden Prozeß erwecken und sich erst am Sektionstisch als granulomatöse Form einer Endokarditis entpuppen, haben wir mehrfach gesehen. Wir wissen aus eigener Erfahrung auch, daß in dem einen Fall einmal mehr die frisch-entzündlichen Veränderungen dominieren, in dem anderen Fall die Vernarbungs- und Verkalkungstendenz im Vordergrund steht. Eine Zuordnung verlangt aber eine Abschätzung, und die ist sehr schwierig. Das Nebeneinander von ulcero-polypösen und fibrinös-serösen Veränderungen ist in jedem Falle, einmal mehr, einmal weniger ausgeprägt zu demonstrieren. In einigen Fällen überwiegt dabei zweifellos die fibrinöse Einschließung der Bakteriennester gegenüber den zahlreichen oberflächlich liegenden Bakterienrasen anderer Fälle. So haben wir Fälle gesehen, bei denen in der Tiefe der Vegetationen Bakteriennester förmlich eingemauert erschienen und in den untersuchten Stücken kein oberflächliches bakterienbesiedeltes Ulcus nachzuweisen war. Diese Fälle hatten konstant negative Blutkultur. Daneben sahen wir aber auch Fälle, wo neben tiefen Bakteriennestern oberflächliche Bakterienrasen bestanden, und bei denen zu Lebzeiten ebensowenig eine Bakteriämie nachzuweisen war. Es ist zweifellos unmöglich, aus dem histologischen Schnitt abzuschätzen, warum in dem einen Fall die erwartete Bakteriämie dem Nachweis entgangen ist und in dem anderen nicht. Ebensowenig läßt sich ohne weiteres die Vernarbungstendenz im Einzelfall beurteilen. Der Keimnachweis gestattet bei unseren Untersuchungen auch deshalb keine eindeutige Stellungnahme, weil die Zahl der unbehandelten Fälle, die zur Sektion kamen, zu klein ist, um den Bakteriengehalt der Herzklappe in eine genauere Beziehung zum anatomischen Prozeß zu bringen. Es sei hier aber die Beobachtung von Gabele (1950) erwähnt, daß selbst in weitgehend vernarbten Klappen auch beim Fehlen von gröberen frischen Veränderungen Keimnester aufgefunden werden können. Wir haben dies mehrere Male erlebt. Ein bestimmtes Vernarbungsstadium braucht also nicht immer mit der Sterilität der Klappe einherzugehen, wie auch spärlicher Keimgehalt keineswegs mit einer überwiegenden Vernarbung verbunden sein muß. Allerdings sind in diesen Fällen die Bakteriennester oder -rasen immer in Fibrin eingeschlossen. Bei diesen Fällen ist der schwierige Keimnachweis zu Lebzeiten aus dem anatomischen Bild erklärbar. Wenn andererseits die Neigung besteht, das Fehlen von Infektionssymptomen wie Fieber u. a. einfach als Folge der fehlenden Bakterieneinschwemmungen zu erklären, so sei daran erinnert, daß es — wenn auch selten — Fälle gibt, die bei dauernder Viridansbakteriämie voll arbeitsfähig und beschwerdefrei sind (Wiele 1938). Vernarbte Klappen, fehlende Bakteriämie und klinisch torpider Verlauf stehen also nicht in einem notwendigen Zusammenhang. Im großen ganzen darf man wohl sagen, daß dem Verschwinden der Keime aus dem Blut auch eine ausgeprägtere Tendenz entspricht, die „offenen" Bakterienrasen mit Fibrin abzudecken, wobei gleichzeitig die Keimnester Beschränkungen bezüglich ihres Wachstumstempos unterliegen (s. therapeutischer Teil). Wenn also durch diese Vorgänge die Keime abgekapselt und oft auch, was die Ausdehnung ihrer Nester betrifft, eingedämmt werden, wobei in einigen Fällen die Organisations- und Vernarbungstendenzen des Gesamtprozesses überwiegen, so könnte daraus im Sinne Libmans (1913) die Interpretation dieser Form als „Übergang zur Spontanheilung" hergeleitet werden.

Interessanterweise geht mit dem Verschwinden der Bakterien aus dem peripheren Blut fast immer ein Anstieg der Antikörper dem betreffenden Eigenstamm gegenüber einher; dieses kann agglutinatorisch sowie vor allem im Opsoninversuch nachgewiesen werden (POSTON und ORGAIN 1939). Dieser Antikörperanstieg gegenüber dem Eigenstamm ist verschiedentlich für die Erschwerung des Keimnachweises verantwortlich gemacht worden (SWIFT 1951, PERRY 1936; s. Abschn. B, I, 3 und C, VI, 5).

Man wird also die „allgemeine Eindämmung“ des Infektes zweifellos dahingehend deuten können, daß im Verlaufe der Erkrankung eine relative Immunität entstanden ist, die sich in einer gewissen Verschiebung der Beziehung zwischen dem Keimgehalt der Klappe und des Blutes äußert. Für die „abakteriämischen“ Formen der Endocarditis lenta nach dem 2. Weltkrieg gibt es unseres Wissens keine immunologische Untersuchung im Vergleich zu „bakteriämischen“ Formen, obwohl eine solche dringend geboten erscheint. Es ist nämlich noch nicht erwiesen, daß den bei den heimkehrenden Kriegsgefangenen so häufig auftretenden „abakteriämischen“ Formen auch tatsächlich ein entsprechender immunbiologischer Grundvorgang (hohe Antikörperwerte) entspricht. Ob man allerdings vom klinischen Standpunkt aus diesen Übergang in eine andere immunbiologische Situation willkommen heißen soll, ist eine andere Frage. Spontanheilungen Unbehandelter gehören zu den größten Ausnahmen, obwohl ihr Vorkommen erwiesen und mit etwa 1% beziffert worden ist (FRIEDBERG 1948). Die Eindämmung und Lokalisierung des Klappenfehlers durch die stärkeren fibrinösen Reaktionen erschwert die antibiotische Therapie ganz wesentlich, indem sie die Bakterien in den „toten Winkel“ der chemotherapeutischen Wirksamkeit drängt. So ist in den Fällen, in denen es nicht zur Spontanheilung kommt, die immunbiologische Zurückdrängung eine — vom teleologischen Standpunkt aus gesehen — paradoxe Reaktion: sie erschwert die Chemotherapie, führt aber nicht zur Spontanheilung.

Nach diesem ist der abakteriämische Verlauf gewisser Fälle eine durch besondere Verhältnisse bedingte Spielart der bakteriellen Endokarditis. Demgegenüber wollen DIAZ und ARJONA (1949, 1950) die abakterielle subakute Endokarditis als klinisch wohlabgegrenztes Bild von der subakuten bakteriellen Endokarditis trennen und schreiben ihr eine gänzlich andere Ätiologie zu. Sie begründen diese strenge Scheidung mit folgenden Argumenten: 1. Alle ihre „abakteriämischen“ Fälle sind unter den klassischen Zeichen einer progredienten, floriden Entzündung gestorben; trotzdem erwiesen sich die Herzklappen stets als bakterienfrei (diese letztere Angabe findet sich auch bei MONCKE 1949, dessen Fälle allerdings torpide verliefen). Die Viridansfälle beantworteten die Klappensterilisation durch die Therapie hingegen stets mit einem Fieberabfall und Zurückgehen der allgemeinen Entzündungssymptome. Die spanischen Autoren betonen damit die Progredienz und die hochfieberhafte Natur auch der abakteriämischen Erkrankungen und stellen sich damit in Gegensatz zu den deutschen Untersuchern, die auf die Torpidität des abakteriämischen Krankheitsbildes hinwiesen. 2. Die Blutkulturen sind permanent negativ und bleiben es bis zum Tode, während bei den durch Viridanskeime hervorgerufenen Formen der Bakteriennachweis jederzeit wiederholt werden kann. Niemals sahen die Autoren den Übergang eines bakteriämischen Stadiums in ein abakteriämisches und lehnen deshalb die Zuordnung ihrer Fälle zu LIBMANS „bacteria-free stage“ ab. 3. Das pathologisch-anatomische Bild soll gewisse Besonderheiten, wie häufig diffuse interstitielle Nephritis, allgemeine obliterierende Prozesse am gesamten Gefäßsystem zeigen. Diese letzteren Angaben können unserer Erfahrung nach nicht grundsätzlich eine Abtrennung einer besonderen Form bedeuten, da, wie wir bereits dargelegt haben, diese „Begleiterkrankungen“ durchaus zum Bild der Endocarditis lenta gehören. Die Angaben der spanischen Autoren lassen sich also höchstens im Hinblick auf das Ausmaß dieser Prozesse verwerten.

Im Gegensatz zu den Angaben der spanischen Forscher stehen einige Berichte, nach denen es bei abakteriämischen Fällen nach dem Tode doch noch gelungen ist, Keime in der Klappe nachzuweisen. Diese Befunde sind nicht mit jenen zu verwechseln, wo bei bakteriämischen Fällen nach trügerischem Erfolg der Penicillintherapie in der Tiefe der Klappe doch noch Keime gefunden werden, wie z. B. der Fall von GABELE (1950). Es sind hier vielmehr diejenigen Fälle gemeint, die von vornherein unter dem Bilde der abakteriämischen Endokarditis verliefen und bei der Autopsie im Gegensatz zu dem konstant negativen Hämokulturbefund doch noch Keime nachweisen ließen. Solche Fälle beschreiben SCHOEN (1949), SCHOEN und FRITZE (1949) sowie GÖMÖRI und Mitarbeiter (1949). Immerhin sind die negativen Kulturergebnisse einiger Fälle für manche Autoren derart gewichtig, daß sie eine Virusätiologie erwägen (DIAZ 1948, SPANG und GABELE 1948, TRIAS DE BES 1948, ANDREI und RAVENNA 1938). Neuerdings haben die spanischen Autoren (1949) bei 2 von 3 Fällen aus dem Knochenmark wiederholt einen coryneähnlichen Keim isoliert, dessen Rolle bei der Entstehung der abakteriellen Endokarditis sie im Sinne einer Fernwirkung (Focus) erklären. Diesem Resultat gegenüber ist Zurückhaltung geboten (s. Abschn. B, I, 4).

LIBMANs (1913) Interpretation des abakteriellen Stadiums als Folgezustand einer früher bakteriämischen Form hat demgegenüber mehr Anklang gefunden. Von den übrigen zitierten Beobachtern hat sich kein einziger entschließen können, die ätiologisch-pathogenetische Zugehörigkeit der abakteriämischen Form zu den bakteriellen Erkrankungen so strikte zu leugnen, wie es die spanischen Kliniker tun. Selbst diejenigen Autoren, die die abakteriämischen Formen von LIBMANs „bacteria-free stage“ distanziert wissen wollen, leugnen nicht ein vorhergegangenes bakteriämisches Stadium, welches aber ganz kurz sein kann (MONCKE 1949). Die klinischen Besonderheiten der „abakteriämischen Form“ sind also nur unvollkommen auf einen Nenner zu bringen. Es scheint, als ob die torpide verlaufenden, symptomenarmen, zu Niereninsuffizienz neigenden Formen am ehesten als gemeinschaftliche Gruppe imponieren. Die verständlichste Erklärung ist, daß es eben durch Streptokokken unterhaltene Endokarditiden gibt, die unregelmäßig und spärlich streuen, so daß von den klassischen, dauernd einen gleichmäßigen Keimgehalt aufweisenden Formen zu den spärlich und unregelmäßig streuenden „subbakteriämischen“ Formen fließende Übergänge vorkommen bis zu den Fällen, die — im Rahmen der Wiederholungsmöglichkeiten der Blutkulturen — überhaupt keine nachweisbaren Keimmengen mehr in den Blutstrom abgeben, und bei denen oftmals erst die Untersuchung der Herzklappen die bakterielle Genese aufzeigt. Dieser fließende Übergang geht auch aus der Darstellung GERMERs (1951) hervor, wenngleich wir dem Unitarismus dieses Autors bezüglich der Einheit der rheumatischen, akut-bakteriellen und subakut-bakteriellen Formen nicht zustimmen können. Das Mißlingen des Keimnachweises in der Herzklappe im histologischen Schnitt oder selbst in der Kultur schließt dabei, wie aus dem Abschn. B, I, 3 hervorgeht, keineswegs eine bakterielle Ätiologie aus. Es erscheint daher vorläufig die prinzipielle Sonderstellung der „abakteriämischen“ Formen im Sinne einer von den bakteriellen Fällen gänzlich verschiedenen Ätiologie nicht erwiesen. Auch die Erfolge, die bei diesen Fällen mit exzessiv hohen Penicillindosen erzielt worden sind, sprechen durchaus für die Einordnung zu den bakteriell verursachten Endokarditiden.

Eine andere Frage ist, warum bei einigen Individuen die Krankheit „bakteriämisch“ und bei den anderen „abakteriämisch“ verläuft. Sehr einleuchtende Gründe sprechen dafür, daß es an der körperlichen Verfassung des jeweiligen Patienten und nicht an den Erregern liegt. Dies ist zunächst nur eine nichts präjudizierende Annahme, denn wir haben gesehen, mit welchen Schwierigkeiten die

Begriffe „Immunität“ und „Reaktionslage“ belastet sind. Von den zitierten deutschen Autoren, insbesondere von SPANG (1950), wird im Zusammenhang mit dem Problem der Resistenz angeführt, daß nach dem Kriege Männer öfters erkranken als Frauen, vor allem die zum Kriegsdienst eingezogenen. Im Zusammenhang mit dem Morbiditätsanstieg bei entlassenen Soldaten nach dem Krieg hat ja BRAMWELL (1948) die afebrile Endocarditis lenta als „pensioners heart“ bezeichnet. Danach hätten die Anstrengungen und Belastungen der Kriegszeit, verbunden mit der im Kriegseuropa praktisch jedermann betreffenden zeitweisen Unterernährung, eine Resistenzminderung geschaffen. Diese Ansicht ist selbstverständlich eine mehr oder weniger eindrucksmäßige. Dementsprechend ist gegen diese Theorie ein sehr gewichtiger Einwand folgender: Der ganze Ablauf der Endokarditis bei der abakteriämischen Form wird von der Mehrzahl der Autoren als gemildert beschrieben; es sind gewissermaßen dauernde, nicht völlig gelingende Versuche der Klappe, spontan abzuheilen. Wir müssen dann aber, im Widerspruch zur vorigen Annahme, gerade eine höhere Resistenz und eine bessere Reaktionslage annehmen als in Friedenszeiten, um diese Tatsache zu erklären, wenn wir nicht eine Änderung der Pathogenitätseigenschaften der Erreger voraussetzen wollen — eine Voraussetzung, für die keinerlei Anhaltspunkt besteht. Der Morbiditätsanstieg, für sich allein betrachtet, ist zwar in auffälliger und eindeutiger Weise mit den Kriegszeiten in Zusammenhang zu bringen, aber über den Rahmen dieser statistischen Feststellung hinausgehende Angaben zu machen, ist heute nicht möglich. Nach unseren Darlegungen wäre die beste Erklärung in einer Häufung der zur Keimhaftung disponierenden abakteriellen serösen und fibrinösen Klappenentzündungen zu sehen. Daß eine erhöhte Exposition der Klappen im Sinne einer öfteren und häufigen interkurrenten Bakteriämie in Frage kommt, ist kaum anzunehmen. Es fehlen allerdings über den Zusammenhang zwischen Belastungen und Hungerzuständen einerseits und der Häufigkeit der entzündlichen abakteriellen Endokardveränderungen andererseits Untersuchungen.

Wir haben dargelegt, daß die Endocarditis lenta grundsätzlich als eine ursprünglich fibrinöse Endokarditis mit schlechter Heilungstendenz aufgefaßt werden kann, wobei die Besiedlung mit Mikroorganismen offenbar die Ursache dafür ist, daß der Prozeß des dauernden Klappenumbaues mit immer neuen Gewebsschädigungen, Fibrinablagerungen und cellulären Reaktionen nicht zur Ruhe kommt. Wir haben ausgeführt, daß für die Endocarditis lenta das *Nebeneinander* der verschiedensten Reaktionen charakteristisch ist. Nun verhält es sich zweifellos so, daß bei den abakteriämischen Formen oft ein gewisses Mißverhältnis zwischen der Menge der in der Klappe vorhandenen Mikroorganismen und dem Ausmaß und der Ausdehnung der entzündlichen Veränderungen besteht. Sollen wir hier annehmen, daß eine direkte Wirkung der spärlichen, in Nestern eingeschlossenen Bakterien dies die Klappe betreffende bunte Nebeneinander von ulcerösen, destruktiven und proliferativen Veränderungen auch an Stellen verursacht, die von diesen Nestern durch breite Gewebsschichten getrennt sind? Ist tatsächlich die Anwesenheit von Mikroorganismen für den progredienten Fortgang dieses serös-fibrinösen, gleichzeitig mit destruktiven Prozessen laufenden Klappenumbaus eine conditio sine qua non? Diese Fragen können heute deshalb nicht entschieden werden, weil uns präzise Vorstellungen über die von Bakterien produzierten Noxen, die letzten Endes auf die Klappengewebe wirken, fehlen, ebenso aber auch die Kenntnisse über die kausale Pathogenese der serösen und fibrinösen (abakteriellen) Veränderungen, die so regelmäßig den ulcerös-polypösen vorangehen und sie begleiten. Jedenfalls ist es sehr schwer, sich vorzustellen, wie die Bakterienbesiedlung zu gleicher Zeit an denselben kleinen Organen Läsionen von so verschiedenem histologischen Charakter veranlaßt, wie sie die granulomatös veränderte Klappe aufweist. Wie erklären wir es, daß am Orte der direkten Bakterieneinwirkung destruierende Prozesse laufen, während an anderen Orten Prozesse statthaben, die nach kritischer Würdigung auch der experimentellen Ergebnisse ohne Beteiligung von Bakterien entstehen, bei bakterieller Endokarditis jedoch regelmäßig angetroffen werden? Hier sind wir bereits sehr weit in das Reich der reinen Spekulation gedrängt, denn die Zuhilfenahme von Begriffen wie z. B. „Reaktionslage" gibt uns nur wenig neue Hinweise, wenn wir uns nicht überhaupt entschließen, anzunehmen, daß hier zwei Dinge nebeneinander laufen: einmal die direkte bakterielle Einwirkung sowie die Superposition eines vielleicht humoralen, die „abakteriellen" Veränderungen auslösenden pathogenetischen Mechanismus, dessen Verbindung mit der Bakterienbesiedlung wir ebensowenig kennen wie seine Wirkungsweise auf die Klappe. Je nach Überwiegen der einen oder der anderen pathogenetischen Komponente wird dann vielleicht bei den „abakteriämischen" Fällen die direkte Bakterienwirkung zugunsten der „indirekten" Wirkungen in den Hintergrund treten und bei den „bakteriämischen" Fällen der direkt der Bakterienwirkung zuzuschreibende Reaktionsprozeß überwiegen. Ob es allerdings granulomatöse Formen der Endokarditis gibt, die ohne jede Beteiligung von Bakterien entstehen (Diaz und Mitarbeiter 1948) oder unterhalten werden (Moncke 1949), ist vorläufig nicht zu entscheiden. Der negative bakteriologische Befund bei Klappen, die granulomatös-entzündlich verändert sind (Moncke), zeigt uns zunächst nur, daß die Menge der Bakterien in keinem Zusammenhang mit der Schwere der Veränderungen stehen muß, oder daß die Organisations- und Heilungsprozesse nach der Klappensterilisierung mit enormer Langsamkeit verlaufen. Aus experimentellen Arbeiten gibt es bislang aber keine Berichte über „abakteriell" erzeugte und unterhaltene *granulomatöse* Endokarditisformen. Ob es möglich ist, daß nach völliger Klappensterilisierung der granulomatöse Prozeß weitergeht, wissen wir nicht. Ganz abgelehnt werden darf diese Annahme nicht. Wir werden erst klarer sehen, wenn die Bedingungen der Fibrinabscheidung in dem Herzklappengewebe besser zu übersehen sind.

VII. Die Grundlagen der antimikrobiellen Therapie.

Die moderne Therapie der subakuten bakteriellen Endokarditis ist in mancher Hinsicht ein Paradigma für die Erfolge, aber auch für die Schwierigkeiten der antimikrobiellen Beeinflussung eines Infektionsherdes. Mehr als in anderen Gebieten der Therapie hängt der definitive Erfolg von einem rationellen und experimentell begründeten Behandlungsplan des Einzelfalles ab. Dies ist der Tatsache zuzuschreiben, daß alle grundsätzlichen Probleme der gesamten antimikrobiellen Therapie bei der Endocarditis lenta eine besondere Aktualität besitzen, sich in ihr gleichsam kondensieren. Von ganz besonderer Bedeutung sind hier neben klinischen Problemen (Toxizität des Mittels, Ausscheidungsgeschwindigkeit, Höhe der Konzentration in Blut und Gewebe) die Grundbegriffe bezüglich des Wirkungstyps. Es hat sich in der Praxis herausgestellt, daß es keine Routinebehandlung einer Endocarditis lenta geben kann, vielmehr muß die Lage des Einzelfalles mit allen zur Verfügung stehenden Mitteln — dies sind in erster Linie bakteriologische — exploriert werden. Demgegenüber bietet die Therapie der akuten Formen mikrobiologische Probleme, die sich den allgemeinen Prinzipien der antibiotischen und Chemotherapie zwangloser unterordnen und keinen höchstkomplizierten Spezialfall wie die Endocarditis lenta darstellen, jedenfalls nicht mit den Prinzipien der Endocarditis lenta-Therapie kollidieren. Aus diesem Grunde sollen hier nur die mikrobiologischen Grundlagen der Therapie der subakuten bzw. chronischen Formen der bakteriellen Endokarditis diskutiert werden.

1. Wirkung von antibakteriellen Stoffen in vitro.

Für ein tieferes Verständnis der die Endokarditistherapie betreffenden Grundlagen ist es nicht notwendig, den intracellulären Chemismus der Wirkung von antibakteriellen Stoffen zu behandeln. Es sei auf die zusammenfassenden Darstellungen von HERELL (1949), KILLIAN (1948), HENNEBERG (1949), SCHÖNFELD und KIMMIG (1948), TSCHESCHE (1951) verwiesen. Es erscheint hier aber notwendig, das Schicksal einer Bakterienpopulation unter der Einwirkung verschiedener antimikrobieller Stoffe zu verfolgen.

Um die Wirksamkeit eines Stoffes gegenüber einem bestimmten Erregerstamm bzw. die Empfindlichkeit dieses letzteren gegenüber dem antibakteriellen Mittel zu charakterisieren, setzt man festen oder flüssigen Nährböden, in einer Verdünnungsreihe abgestuft, den zu prüfenden Stoff zu und beimpft mit dem zu prüfenden Stamm. Die Konzentration, welche — mit freiem Auge beurteilt — das Keimwachstum eben verhindert, charakterisiert die Aktivität der Substanz bzw. die Empfindlichkeit des Stammes. Diese Methode wird für die Feststellung der Aktivität chemotherapeutischer Mittel bzw. deren Konzentration in Körperflüssigkeiten unter Verwendung eines Stammes von bekannter Empfindlichkeit auch heute noch verwendet (RAMMELKAMP und BRADLEY 1943). Bei der Feststellung der Empfindlichkeit eines Stammes operiert man mit bekannten Konzentrationen, wobei man unter Mitlaufenlassen eines Standardstammes als Kontrolle in einer zweiten Verdünnungsreihe die eben wachstumshemmende Dosis für den unbekannten Stamm feststellt (RAMMELKAMP und MAXON 1942). Ob man hierbei flüssige oder feste Nährböden in einer der zahlreichen angegebenen Methoden benutzt, ist von dem gewünschten Genauigkeitsgrad sowie den speziellen Fragestellungen abhängig. Wir ziehen die Reagensglasmethode in flüssigen Nährböden mit abgestufter Konzentration vor. Die Einzelheiten der Technik müssen in den zitierten zusammenfassenden Darstellungen nachgelesen werden (s. auch HENNEBERG 1947). Bei den Sulfonamiden pflegt man die Werte in Milligrammprozent auszudrücken, beim Penicillin entweder in Oxfordeinheiten/cm^3 oder als Resistenzkoeffizient, bezogen auf einen Standardstamm. Da besonders in der Frühzeit der Antibiotica mehrere Standardstämme kursierten, unter anderem ein Staphylokokkenstamm und ein Streptokokkenstamm, sind die letzteren Angaben nicht immer eindeutig. Die absolute Empfindlichkeit des fraglichen Stammes erhält man ausgedrückt in Oxfordeinheiten, wenn man die Resistenz des Standardstammes ausgedrückt in Oxfordeinheiten (OE) mit dem angegebenen Resistenzkoeffizienten multipliziert. Die Oxfordeinheit wurde ursprünglich als diejenige Penicillinmenge bezeichnet, die in 50 cm^3 Fleischextraktbouillon das Wachstum des Standardstammes (Staphylokokken) vollkommen unterdrückte. Über die Beziehungen zum sog. Internationalen Standard s. FINLAND (1947). Für die Antibiotica: Streptomycin, Aureomycin, Chloromycetin und Terramycin findet man die Angaben meist in γ/cm^3 ausgedrückt, für Bacitracin in Einheiten/cm^3 (s. WELCH 1952).

Die Methode der Verdünnung, sei diese nun abgestuft oder kontinuierlich (Diffusionstest als Blättchen- oder Agar-Loch-Verfahren), gibt zwar einen einigermaßen reproduzierbaren Wert, der aber zunächst nur den Schluß zuläßt, daß das Inoculum einer bestimmten Größe bei einer Grenzkonzentration des Mittels eben noch an der Vermehrung gehindert wird. Eine Kritik dieser Methoden haben wir an anderer Stelle veröffentlicht (KLEIN 1952). Ob dabei das Mittel lediglich die Vermehrung verhindert oder die eingesäten Keime direkt abtötet, ist ohne weiteres nicht zu entscheiden. Bei Verwendung flüssiger Nährböden kann eine Subkultur aus dem eben klar bleibenden Röhrchen zwar erweisen, ob noch vermehrungsfähige Keime der Einsaat vorhanden sind. Bei negativem Ausfall der Subkultur können die an der Vermehrung behinderten Keime bei entsprechender „Labilität“ aber auch durch „normales“ Absterben zugrunde gegangen sein. Die Sterilität der Subkultur muß also keineswegs ein abtötender Effekt der zugesetzten Substanz sein. Dies gilt vor allem für sehr kleine Einsaaten (s. Abschn. B, I, 2). Erweist die Subkultur das Vorhandensein lebensfähiger Keime, so ist noch immer kein eindeutiges Urteil über eine allein vermehrungsbehindernde (bakteriostatische) oder abtötende (bactericide) Wirkung abzugeben. Es kann z. B. sein, daß das Mittel nur einen Teil der eingesäten Population zum Absterben bringt und einen Rest verschont. Wir haben bei der Erörterung der Züchtung des Streptococcus viridans erläutert, daß ja die Frage „normales Absterben" (Bakteriostase) oder auf einer abtötenden Wirkung beruhendes „Zugrundegehen" (Bactericidie) eine Frage des Tempos ist, und daß es Grenzfälle zwischen beiden gibt. Es kommt neben dem Absterbetempo auch auf die Einwirkungszeit an. Aus diesen Erörterungen geht hervor, daß wir das Schicksal der Keime in einer einen antibakteriellen Stoff enthaltenden Kultur nur durch fortlaufende Zählung der lebensfähigen Keime verfolgen können. Die dafür zur Verfügung stehenden Methoden sind das Plattengußverfahren oder die Verfolgung einer Lebensäußerung der Mikroorganismen, z. B. des Sauerstoffverbrauchs oder der Glykolyse. Beide Methoden haben ihre Grenzen, die sie, wie schon in Abschn. B, I, 2 ausgeführt, bei sehr kleinen Einsaaten ungeeignet erscheinen lassen. Für unseren Fall ist es aber vor allem wichtig zu erfahren, welches Schicksal die größeren Populationen erleiden, denn mit solchen haben wir es auf der Herzklappe zu tun.

Bei jedem neuen Chemotherapeuticum wird unter den ersten bearbeiteten Fragen die nach dem „Wirkungstyp" sein. Es ist nicht zu leugnen, daß den Begriffen „bakteriostatische Wirkung" und „bactericide Wirkung" besonders in der deutschen klinischen Literatur nicht immer ein klarer Inhalt zugrunde liegt. Dies liegt daran, daß häufig auf Grund ungeeigneter, nicht eindeutiger Versuchsanordnungen unberechtigterweise eine Aussage über das Schicksal der einer chemotherapeutischen Wirkung ausgesetzten Bakterienpopulation abgegeben wird. Der Begriff der „Hemmungsdosis" hat dabei besondere Unklarheit gestiftet, denn zahlreiche Autoren waren geneigt, das in dem Verdünnungstest sichtbare Ausbleiben der Vermehrung, ohne das Schicksal der Einsaat näher zu analysieren, mit dem Begriff der Bakteriostase gleichzusetzen. Es ist unter anderem das Verdienst von Hirsch (1942, 1945), für die Charakterisierung der bakteriostatischen und bactericiden Wirkung klare experimentelle Kriterien herausgearbeitet zu haben. Bei unserer Frage nach dem Schicksal des Inokulums einer Streptokokkenkultur werden wir die Charakterisierung eines Wirkungstyps als bakteriostatisch oder bactericid sowohl begrifflich als auch methodisch nach den von Hirsch aufgestellten Forderungen auf Grund eigener experimenteller Erfahrungen vornehmen.

Die Untersuchungen wurden mit der Warburg-Methode ausgeführt. Bei dem viridans-Streptococcus, dem häufigsten Erreger der Endocarditis lenta, erweisen sich nach unseren Beobachtungen einige Abweichungen von der Hirschschen Methodik als zweckmäßig. Bei Streptokokken ist es notwendig, die Glykolyse in anaerobem Milieu (5% CO_2 + 95% N_2) zu verfolgen, da die Sauerstoffaufnahme bei den meisten Streptokokkenstämmen sehr gering ist und außerdem die bei der direkten Messung des O_2-Verbrauchs notwendige Absorptionslauge viele Stämme durch die völlige Absorption der Kohlensäure am Wachstum hindert, außerdem auch viele Streptokokken eine gewisse O_2-Empfindlichkeit zeigen (s. Abschn. B, I, 2). Die gleichzeitige Verfolgung der Atmung und Kohlensäureabgabe mit der Gefäßpaarmethode, wie sie Schuler (1945) an Staphylokokken ausgeführt hat (in unserem Falle die Verfolgung der Atmung und aeroben Glykolyse), ist unseren Erfahrungen nach für Streptokokkenstämme nur dann geeignet, wenn man sich vorher nephelometrisch überzeugt, daß das Wachstum in den beiden Gefäßen mit absolut gleicher Geschwindigkeit verläuft. Dies ist oberhalb eines p_H von 7,1 praktisch nicht zu realisieren (s. Abschn. B, I, 2). Um aber den p_H-Wert entsprechend niederzuhalten, darf man dann nur ganz geringe Mengen Bicarbonat zur Bouillon zusetzen, die dann zu schnell verbraucht werden, so daß der Versuch zu schnell abgebrochen werden muß.

Mißt man die anaerobe Glykolyse „ruhender", in Ermangelung einer Stickstoffquelle am Wachstum verhinderter Streptokokken, so ergeben sich in der gleichen Zeiteinheit etwa gleiche, nur leicht abfallende Glykolysewerte. Die Glykolysekurve verläuft, halblogarithmisch dargestellt, parallel der X-Achse (s. Abb. 88, I). Setzt man zu einem bestimmten Zeitpunkt Pepton dazu, so erfolgt der logarithmische (exponentielle) Anstieg der Glykolysekurve in der halblogarithmischen graphischen Darstellung als ansteigende Gerade, entsprechend der logarithmischen Vermehrung der lebenden Substanz (s. Abb. 88, K). Ein Zusatz von einem Desinfektionsmittel (z. B. Sublimat) wird augenblicklich die Kurve zu einem logarithmischen Abfall bringen, dessen Steilheit bei ein und demselben Desinfektionsmittel von der Konzentration abhängt. Die Zahl der lebenden Individuen nimmt exponentiell ab. Den gleichen Effekt kann man erzielen, wenn man das Desinfektionsmittel in der logarithmischen Vermehrungsphase einkippt. Auch hier nimmt die Zahl der lebenden Individuen sofort logarithmisch ab. Die Wirkung eines Desinfektionsmittels ist ein Paradigma für das, was wir unter „bactericidem Wirkungstyp" verstehen. Er ist dadurch charakterisiert, daß, unabhängig davon, ob es sich um ruhende oder proliferierende Keime handelt, augenblicklich ein von der Konzentration abhängiger exponentieller Abfall der Kurve eintritt. Setzen wir zu den ruhenden Bakterien eine Menge eines Sulfonamids, z. B. Supronal hinzu, die beim gleichen Nährboden erheblich über dem im Röhrchentest festgestellten Hemmungswert liegt, so erfolgt keinerlei Abfall (eigene Beobachtung). Setzen wir das Sulfonamid in gleicher Konzentration zu einer Kultur zu, die sich in der logarithmischen Wachstumsphase befindet, so erfolgt nach einer einige mittlere Teilungszeiten andauernden Latenzphase ohne erkennbare Wirkung ein Abbiegen der Kurve in die Waagerechte, d. h. die weitere Vermehrung wird unter dem Einfluß des Supronals verhindert. Es kommt aber zu keinem Abfall. Die Bakterien gehen aus der proliferativen Phase unter dem Einfluß des Supronals trotz der Anwesenheit einer ausreichenden Stickstoffquelle in die Ruhephase über. Diese erzwungene Ruhephase nennen wir mit HIRSCH „Bakteriostase". Sie ist dadurch gekennzeichnet, daß sie nach einer bestimmten Zeit auftritt, daß das bakteriostatische Mittel an sowieso ruhenden Bakterien keinerlei Wirkung mehr auslösen kann, aber proliferierende Keime unter Erhaltung der Zahl ihrer lebensfähigen Individuen an der weiteren Vermehrung hindert.

Wird ein Infektionsherd mit einem Mittel behandelt, welches auf Grund seines Wirkungsmechanismus oder in der gegebenen Konzentration bakteriostatisch, nicht aber bactericid wirkt, so ist die Vernichtung der an der Vermehrung befindlichen Keime nur durch die Intervention der natürlichen Abwehrkräfte des Organismus möglich, wie das DOMAGK und HEGLER (1944) so entschieden für den Fall der Sulfonamide betont haben. Natürlich kann der Einfluß der bakteriostatischen Mittel über die reine Blockierung der Vermehrung hinausgehen und weitere Schädigungen veranlassen, die zwar noch mit dem Leben der Bakterienzelle vereinbar sind, aber trotzdem den in Bakteriostase befindlichen Keim für die Phagocytose erheblich empfindlicher machen können. Für die Verhältnisse an der Herzklappe spielen unter den natürlichen Abwehrkräften, welche die durch die chemotherapeutische Bakteriostase eingeleitete „Bereinigung" vollenden, zweifellos die Blutleukocyten die wichtigste, wahrscheinlich die einzige Rolle. Bleibt aus irgendeinem Grunde die Mitwirkung der körpereigenen Abwehrkräfte aus, z. B. durch Fibrinabschluß des Herdes (s. S. 224), so ist theoretisch zu erwarten, daß die Behandlung mit dem bakteriostatischen Mittel ein momentanes Nachlassen der Symptome bedeutet; unter der Voraussetzung, daß die Erreger nicht durch den normalen Absterbevorgang völlig reduziert werden, wird aber nach Aufhören der bakteriostatischen Wirkung ein Neuaufflackern der bisher niedergehaltenen Infektion die Folge sein. In der Tat ist dies durch ausgedehnte Erfahrungen bei der Endokarditistherapie bewiesen, sowohl was die Sulfonamide betrifft als auch die vorwiegend bakteriostatischen Antibiotica Aureomycin und Terramycin (HUNTER 1950, MIRICK und SCHAUB 1949, BRAINERD und Mitarbeiter 1949, HARVEY und Mitarbeiter 1949, FRIEDBERG 1950). Es ist für die Sulfonamide charakteristisch, daß sie oberhalb der eben noch bakteriostatisch wirkenden Mindestdosis innerhalb aller therapeutisch überhaupt denkbaren Konzentrationen — auch der höchsten —

den gleichen Wirkungstyp aufweisen (Hirsch 1942, 1945). Die Konzentration hat also auf die grundsätzliche Wirkungsweise der Sulfonamide keinen Einfluß.

Was nun das Penicillin, das bei der Endokarditistherapie durchschnittlich wirkungsvollste Mittel, angeht, so ist sein Wirkungstyp in der Anfangszeit der antibiotischen Forschung verschieden beurteilt worden. In der Tat kommen bei der Beurteilung der Penicillinwirkung einige komplizierende Faktoren hinzu. Diese sind: 1. Der Zustand der anzugreifenden Keime (ruhend oder proliferierend), 2. die Konzentration, von der bis zu einem gewissen Ausmaß der Wirkungstyp abhängt. Außerdem kommen dazu noch die Eigenheiten des Stammes bezüglich der Anzahl der „Überlebenden". Dieser letztere Punkt ist für den speziellen Fall

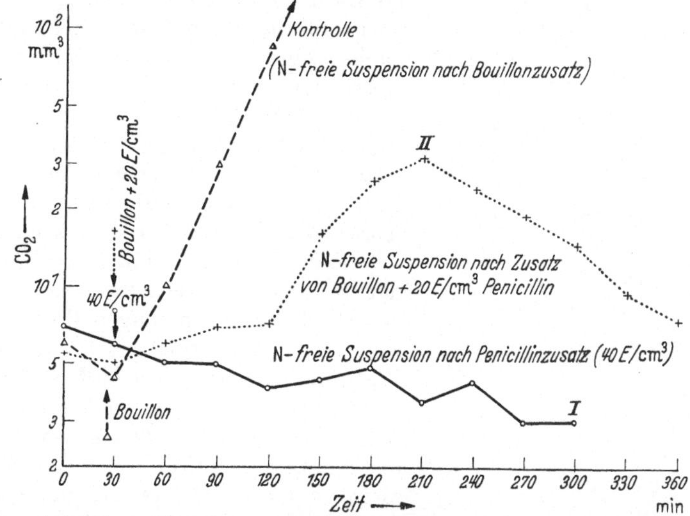

Abb. 88. Wirkungslosigkeit von Penicillin auf ruhende Viridans-Streptokokken (*I*). Eintreten der bactericiden Wirkung erst nach mehreren durch Zugabe von Bouillon ermöglichten und durch Penicillin zunächst nicht unterdrückten Zellteilungen (*II*). Das Bild veranschaulicht den Mißerfolg der antibiotischen Therapie bei ruhenden bzw. langsam wachsenden Keimen. Anaerobe Glykolyse. Kleinste Hemmungsdosis im Röhrchentest 5 E/cm³.

der Endokarditis besonders wichtig. Zur Analyse der Penicillinwirkung ist es notwendig, sich zunächst einen groben Eindruck von dem Gesamtablauf der Einwirkung und ihren zeitlichen Verhältnissen zu schaffen. Dieser wird uns den Wirkungstyp orientierend beurteilen lassen. Die Prüfung am Warburg-Apparat zeigte nun folgendes:

1. Ruhende Streptokokken werden durch Penicillin nicht beeinflußt (Abb. 88, Kurve I).

2. Kippt man zu wachsenden Streptokokken Penicillin zu, so steigt die Wachstumskurve noch eine Zeitlang an, biegt dann aber um und fällt exponentiell ab (Abb. 88, Kurve II).

3. Bei Inoculation eines penicillinhaltigen Nährbodens hängt das Ergebnis von der Konzentration ab. Unterschwellige Dosen rufen keinen merklichen Effekt hervor. Bei stärkeren Dosen erfolgt durch längere Zeit Wachstum und dann ein ganz flacher Abfall der Kurve (Abb. 88, Kurve II). Bei noch stärkeren Dosen erfolgt für kürzere Zeit Wachstum und dann ein steilerer Abfall. Bei noch stärkeren Dosen ist die Wachstumsphase ganz kurz und wird sofort von der exponentiellen Absterbephase abgelöst. Noch stärkere Konzentrationen werden vermutlich — dieser Schluß ist erlaubt — zwar noch Zellteilungen erlauben, auf die aber dann ganz rasch Absterben erfolgt; diese entziehen sich jedoch dem manometrischen Nachweis.

Aus diesen Versuchen geht hervor, daß Penicillin erst dann an der Bakterienzelle angreifen kann, wenn diese sich in einem bestimmten Funktionszustand — dem Zustand der Zellteilung — befindet. Diese Erkenntnis haben 1944 HOBBY und DAWSON auch dadurch illustriert, daß sie die Penicillinwirkung durch wachstumsfördernde Zusätze wie Serum, Paraaminobenzoesäure, Dextrose wesentlich steigern konnten. Ebenso erwies sich schon in den Versuchen dieser Autoren, daß Stoffe, die die Wachstumsgeschwindigkeit herabsetzen, auch die Penicillinwirkung hemmen (s. auch HOBBY und Mitarbeiter 1942). Dies ist auch dadurch ersichtlich, daß nach Erreichen einer maximalen Bakteriendichte (Ende der logarithmischen Phase) das hinzugefügte Penicillin keine Wirkung gegenüber der Kontrolle zeigt (HIRSCH 1945). Die Wirkung des Penicillins an proliferierenden Streptokoken scheint zunächst eine bactericide: Der exponentielle Absterbeverlauf der Kurve spricht durchaus dafür (Abb. 89). In geringeren Konzentrationen aber erfolgt mit der Zunahme der Latenzzeit (Zeit zwischen dem Zusatz und Eintritt der Wirkung) ein immer flacherer Abfall der Kurve, der sich schließlich vom physiologischen Abfall nicht mehr unterscheidet, so daß also in geringeren Konzentrationen innerhalb eines sehr engen Bereichs die Wirkung als „bakteriostatisch“ anzusehen ist. Während als maximaler Sulfonamideffekt nur Bakteriostase eintritt und innerhalb denkbarer Grenzen eine noch so große Erhöhung der Konzentration eine Bactericidie nicht erzwingen kann, ist der maximale Effekt des Penicillins — vorausgesetzt, daß sich die Keime überhaupt in einer angreifbaren Phase, nämlich der Proliferation, befinden — eine Bactericidie, die sich von der Desinfizienzbactericidie dadurch unterscheidet, daß sie erst nach einer je nach Konzentration und Keimdichte variablen Latenzzeit eintritt und offenbar ein gewisses Maximum an Geschwindigkeit nicht überschreitet. Es sei betont, daß der intracelluläre Wirkungsmechanismus sich von dem der Desinfizientien grundsätzlich unterscheidet. HIRSCH (1945) will deshalb die Penicillinwirkung als „degenerativ“ ansehen, weil erst die späteren Generationen absterben. Diese orientierenden Erkenntnisse über die Penicillinwirkung sind seit 1945 bekannt. Sie sind in vorbildlicher Klarheit von HIRSCH (1945) sowie von SCHULER (1945) am Staphylococcus entwickelt worden. Im großen ganzen treffen diese Gesetze, wie wir uns in eigenen Untersuchungen überzeugen konnten, auch für Streptokokken zu (KLEIN 1952).

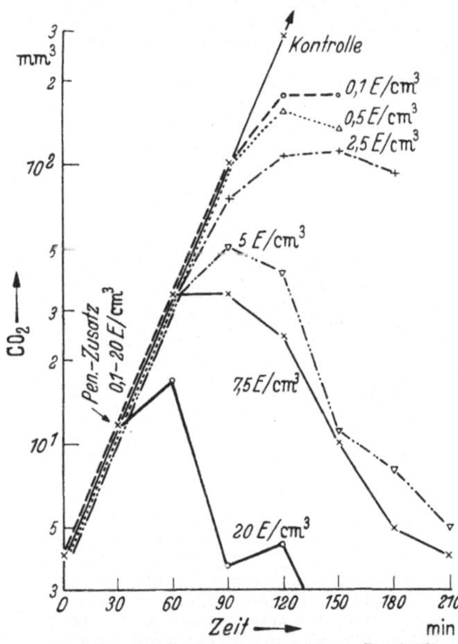

Abb. 89. Wirkung verschiedener Penicillinkonzentrationen auf Viridans-Streptokokken. Anaerobe Glykolyse. Röhrchentest: bei 5 E/cm³ Hemmung.

Einige Probleme bleiben allerdings in dieser Demonstration der Penicillinwirkungsweise noch ungeklärt. Zunächst erhebt sich die Frage, ob ein Absinken der Glykolyse bis unter die meßbare Grenze eine tatsächliche Sterilisierung bedeutet, oder ob trotzdem noch lebende Bakterien persistieren. Die Stoffwechselanalyse kann hier wegen der zu geringen Meßgenauigkeit und der relativ kurzen Versuchsdauer (vgl. HEILMAN und HERRELL 1942) keinen Einblick geben.

Neuere Untersuchungen an Viridansstreptokokken mittels fortlaufender Zählung der überlebenden Keime im Plattenverfahren unter Penicillininaktivierung (Penicillinase) haben nun übereinstimmend ergeben, daß bei einigen Stämmen von

Viridansstreptokokken bei nicht zu kleinen Einsaaten in penicillinhaltige Nährböden auch nach tagelanger Beobachtung der Kultur noch lebende Keime nachzuweisen sind (MASSELL und Mitarbeiter 1946).

Diese Autoren haben für Viridansstreptokokken zwischen bakteriostatischer und bactericider Dosis unterschieden. Allerdings fällt hier unter den ersteren Begriff auch noch eine gewisse Keimreduktion, wenn nur überhaupt noch überlebende Keime nachzuweisen sind. MASSELL und Mitarbeiter machen also die Verwendung der Begriffe Bakteriostase und Bactericidie vom Sterilisationserfolg abhängig. Unter Bakteriostase verstehen sie das Klarbleiben der beimpften Röhrchen bei Vorhandensein lebender Keime, unter Bactericidie die völlige Sterilisierung der beimpften Röhrchen. Auch im Falle der „Bakteriostase", wie sie diese Autoren verstehen, wird ein bestimmter Anteil von Viridanskeimen abgetötet. Die Steigerung der Dosis erhöht den Anteil der absterbenden und verringert den Rest der am Ende der Beobachtung noch lebensfähigen Keime.

Über einen gewissen maximalen Anteil hinaus ist jedoch bei einigen Stämmen die Abtötungsquote auch bei weiterer Steigerung der Konzentration nicht zu bringen, d. h. über eine gewisse Konzentration hinaus bleibt der Rest der überlebenden Keime konstant und kann nicht weiter reduziert werden. Ob eine eingesäte Population durch Penicillin vollends abgetötet werden kann, hängt nach dem Erreichen der maximal abtötenden Wirkung weniger von der weiteren Steigerung der Dosis, sondern mehr von der Natur des Stammes ab, außerdem aber auch von der Größe der Einsaat. Für jeden Stamm ist nämlich die Rate der Überlebenden bei gegebener Penicillinkonzentration proportional der Einsaatgröße. Der Wert dieser Überlebensrate hängt von der Tötungsgeschwindigkeit ab, die bis zu einem gewissen Grade mit der im Röhrchentest bestimmten Penicillinempfindlichkeit parallel geht. Die Differenz zwischen der „bakteriostatischen", d. h. also der bei Entwicklungshemmung nur einen Teil der Keime abtötenden Wirkung und der maximal abtötenden „bactericiden" Dosis, ist klein. Bei großer Absterbegeschwindigkeit (empfindliche Stämme) und kleinem Inoculum besteht bei einer gegebenen Konzentration die größte Aussicht auf Sterilisierung und bei umgekehrten Verhältnissen die kleinste. Diese ganzen Befunde laufen darauf hinaus, daß das Verhalten der einzelnen Individuen gegen Penicillin innerhalb einer Population sehr verschieden sein kann. Ein gewisser, bei demselben Stamm immer gleichgroßer Teil von Individuen besitzt offenbar eine höhere Widerstandsfähigkeit gegen die bactericide Wirkung des Penicillins. Nur so kann man erklären, daß die Zahl der Überlebenden proportional der Einsaatgröße ist.

So haben auch SPICER und BLITZ (1948) bei einem im Röhrchentest durch 0,008 OE/cm³ hemmbaren Viridansstamm festgestellt, daß das nicht bewachsene Röhrchen zahlreiche lebende Keime enthielt. Dieser Stamm, der nach klinischen Gesichtspunkten „hochempfindlich" ist, zeigte sogar bei 60 OE/cm³ keine völlige Sterilisierung des beimpften Röhrchens, d. h. daß der 7500fache Hemmungswert nicht in der Lage war, eine völlige Sterilisierung zu erreichen. Ähnliches Verhalten hat auch EAGLE (1947, 1948) an hämolytischen A-Streptokokken beobachtet; die 8000fache Konzentration hatte keine stärkere Wirkung als die maximal bactericide Dosis von 0,064 OE/cm³. Nur bei sehr kleinen Inocula gelang SPICER und BLITZ (1948) die völlige Keimabtötung — nach den obigen Ausführungen ist dies leicht verständlich. Die Chance, abtötungsfeste Individuen in die Einsaat zu bekommen, ist eben, statistisch gesehen, erst von einer gewissen Einsaatmenge ab groß genug. Die beiden Forscherinnen haben weiterhin die Zahl der Überlebenden in eine prozentische Beziehung zur Einsaat gebracht. Sie stellten fest, daß sich zwei im Röhrchentest völlig gleichempfindlich erscheinende Stämme im Hinblick auf den Anteil der Überlebenden bei Einwirkung gleicher Konzentrationen völlig verschieden verhielten. Der geprüfte Streptococcus viridans zeigte, daß noch 23% der Individuen seiner Einsaat trotz Penicillineinwirkung bei Verhinderung der Vermehrung am Leben geblieben waren, während die gleiche Rate für einen hämolytischen Streptococcus nur 0,05% betrug. Die überlebenden Individuen zeigten im Röhrchentest allerdings dieselbe Empfindlichkeit gegen die wachstumshemmende Wirkung des Penicillins wie der Mutterstamm. SPICER und BLITZ konnten außerdem feststellen, daß die im Röhrchentest hochempfindlichen Stämme von A-Streptokokken, Pneumokokken und Staphylokokken einen kleineren Anteil an abtötungsfesten Individuen zeigen als die resistenteren. Interessanterweise ist dieser Anteil bei Viridansstreptokokken höher, aber auch abhängig von der im Röhrchentest festgestellten Empfindlichkeit. Außerdem zeigen die nach Penicillineinwirkung überlebenden Individuen eine höhere Streptomycinempfindlichkeit als der Mutterstamm.

Wir ersehen aus diesen Befunden, daß die oben erläuterten Begriffe „Bakteriostase" und „Bactericidie" in dem Spezialfall der Viridansstreptokokken keineswegs alle Probleme, die das Schicksal der Population betreffen, in sich schließen. Innerhalb einer gewissen therapeutischen Breite hat die Penicillinwirkung zweifellos sowohl einen bakteriostatischen als auch einen bactericiden Effekt, wobei eine rein bakteriostatische Wirkung einen theoretischen Grenzfall darstellt: Bezogen auf den rasch zugrunde gehenden Anteil von Einsaatindividuen, ist die Penicillinwirkung bactericid; bezogen auf den andern, überlebenden Anteil ist sie nur bakteriostatisch. Verschiebungen im zahlenmäßigen Verhältnis dieser beiden Anteile sind nur innerhalb gewisser Dosierungsgrenzen möglich. Außerhalb dieser Grenzen ist die Proportion zwischen der Zahl der Individuen, die auf die Penicillinwirkung mit Zelltod reagieren, und denen, die bei Überleben nur mit Proliferationsstop reagieren, auch bei den höchsten therapeutisch denkbaren Dosen konstant. Die Frage also, auf welche Weise eine Population von Viridansstreptokokken durch Penicillin in vitro am wirksamsten dezimiert werden kann, hängt von folgenden Faktoren ab:

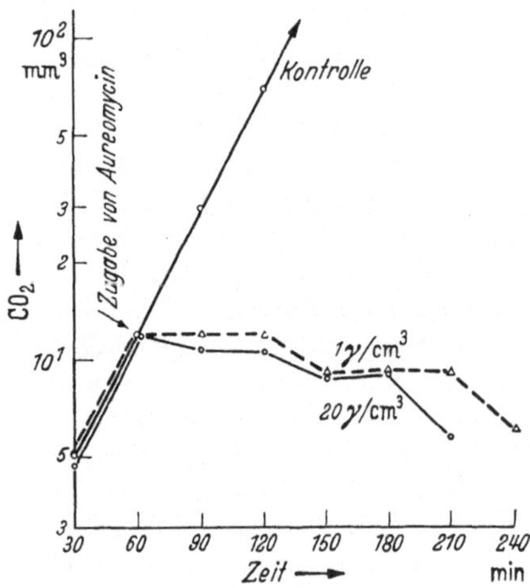

Abb. 90. Bakteriostatische Wirkung von Aureomycin auch in höchsten Dosen auf Viridans-Streptokokken. Eine Latenzperiode der Wirkung ist nicht nachweisbar, der Effekt tritt sofort ein. Anaerobe Glykolyse. Kleinste Hemmungsdosis im Röhrchentest 0,3 γ/cm^3.

1. Von der Hemmungsempfindlichkeit im Röhrchentest. Mit der Größe dieser Empfindlichkeit steigt a) die Absterbegeschwindigkeit und b) die Anzahl der abtötbaren Individuen. Ob die überlebenden Bakterienzellen über extrem lange Zeit im Zustand der Bakteriostase „konserviert" werden können, ist nicht bekannt. Jedenfalls hängt dieses von dem Milieu (s. S. 240), von der „Labilität" des Stammes und der absoluten Anzahl der Keime ab. Ein Überleben über Tage hinaus ist beobachtet worden.

2. Die Population muß die Möglichkeit haben, sich zu vermehren und damit in die „Schußlinie" des Penicillins zu kommen. Je lebhafter die Vermehrung, um so schneller die Abtötung (vgl. dazu KLEIN 1952).

3. Von der für den betreffenden Stamm charakteristischen und gleichen Heterogenität, was die Reaktion der einzelnen Bakterienzellen auf die Penicillineinwirkung betrifft, ausgedrückt im „minimalen Anteil der Überlebenden" oder „maximalen Anteil der Absterbenden".

4. Die Größe des Inoculums ist neben Punkt 3 maßgebend für die absolute Zahl der am Ende der Beobachtung noch lebenden Zellen.

Bei entsprechender Empfindlichkeit im Röhrchentest hängt die Rate der abgetöteten Individuen bei Applikation von Dosen, die die maximal bactericid wirkende Schwelle überschreiten, von der Art des Antibioticums ab. Bei Viridansstreptokokken hat Penicillin, auf den Anteil der überlebenden Individuen bezogen, den größten Erfolg, während Aureomycin und Terramycin einen geringeren Sterilisationseffekt zeigen (BLISS und CHANDLER 1948) (Abb. 90 und 91). In der Mitte zwischen beiden steht das Bacitracin (SPICER 1950, KLEIN 1952).

Dem entsprechen auch die klinischen Erfahrungen bei Aureomycintherapie der Endokarditis (HARVEY und Mitarbeiter 1949, HUNTER 1950), während mit Bacitracin, vor allem in Kombination mit Penicillin, Erfolge erzielt worden sind (WELCH 1952).

Wenn von klinischer Seite gerne der Ausdruck „bakteriostatische" bzw. „bactericide Penicillinkonzentration" benutzt wird, so soll dies offenbar andeuten, daß der Wirkungstyp eine Frage der Dosis ist. Zweifellos stimmt diese Voraussetzung, denn zwischen Penicillinkonzentrationen, die bei Wachstumsbehinderung einen nur kleinen Teil der Erreger zum Absterben bringen, also einem größeren Anteil das Überleben ermöglichen, gibt es Abstufungen bis zum maximalen Effekt: Dieser *kann* unter bestimmten Voraussetzungen zur völligen Sterilisierung führen; in anderen Fällen jedoch wird nur der Anteil der Überlebenden kleiner. Unter „bactericider Konzentration" ist also in diesen Fällen korrekterweise diejenige Konzentration zu verstehen, bei deren weiterer Steigerung keine Erhöhung der Absterbequote mehr erfolgt.

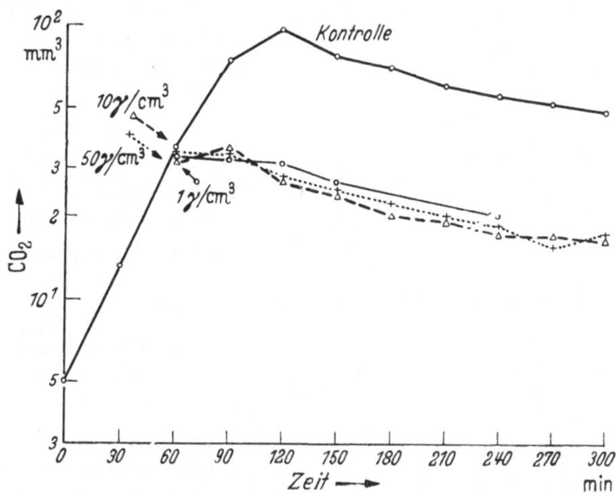

Abb. 91. Wirkung von Terramycin auf Viridans-Streptokokken. Kleinste Hemmungsdosis im Röhrchentest 0,3 γ/cm³. Bouillon: Peptonfreie Hirnbouillon. Der maximale Effekt (Bakteriostase) wird bereits mit 1 γ ohne Latenzzeit erreicht und läßt sich nicht weiter steigern. Eine bactericide Wirkung ist nur unter besonderen Bedingungen zu erzielen (peptonreiche Bouillon). Anaerobe Glykolyse.

Diese besonderen Verhältnisse betreffen, wie mehrfach angedeutet, auch einen Teil der Viridansgruppe, und zwar geht die Absterbegeschwindigkeit parallel mit der im Hemmungstest abgelesenen Empfindlichkeit und der Quote der auch beim maximalen Effekt Überlebenden. Insoweit gibt die Penicillinresistenzbestimmung, wie sie im Routineverfahren geübt wird, einen gewissen Anhaltspunkt zur Abschätzung der Aussicht, mit Penicillin allein überhaupt eine Sterilisierung der Bakterienpopulation realisieren zu können. Die amerikanischen Autoren empfehlen jedenfalls, von jedem klarbleibenden Röhrchen Subkulturen anzulegen, um damit weitere Angaben zu gewinnen. Besonders betroffen von den erläuterten Grenzen der Penicillinabtötung sind die Fälle, bei denen von vornherein eine relativ hohe Resistenz im Routinetest abgelesen wird. Besonders die Enterokokken, die ja durchweg eine sehr hohe Resistenz zeigen, verhalten sich, soweit es sich bisher überblicken läßt, durchweg „bactericidieresistent", bezogen auf die Menge der überlebenden Individuen.

Nach HUNTER (1950) hat Penicillin auf Enterokokken einen bactericiden Effekt, ohne aber eine Abtötung aller Keime erzielen zu können. Nach Tagen lassen sich regelmäßig lebende Keime nachweisen. Innerhalb gewisser Konzentrationen kann es nach der Bactericidie sogar zu einer erneuten Vermehrung der überlebenden Keime, trotz Fortdauer der Penicillinwirkung, kommen. Diese Verhältnisse werden durch eigene Versuche erwiesen: Wir sahen, daß bei Enterokokken die Zugabe von 2,5 OE/cm³ zu einem kurzen bakteriostaseähnlichen Gleichgewicht führt, wobei aber dann bald das Absterben überwiegt und später eine zweite logarithmische Phase erfolgt. Aus der Abb. 92 ist das „Zonenphänomen" (s. unten) zu erkennen. Die maximale Absterbegeschwindigkeit erfolgt bei 5 OE/cm³, während die Zugabe von 50 OE/cm³ das Absterben deutlich verlangsamt. Offenbar liegt also hier die „bakteriostatische" Hemmungsdosis der überlebenden Keime höher als die der Mutterkultur — eine Erscheinung, die sich von den Verhältnissen bei Viridansstreptokokken unterscheidet. Dieselbe Erscheinung bei Enterokokken haben JAWETZ und Mitarbeiter (1950) beobachtet. Diese Autoren fanden bei der Untersuchung von 7 Viridans-, 18 Enterokokken- und 3 s.b.e.-Stämmen, daß sich bei Viridansstreptokokken nach 48 Std Beobachtungszeit im Verdünnungstest die nicht bewachsenen Röhrchen sämtlich als steril erwiesen. Verhältnisse, wie sie SPICER und BLITZ (1948) festgestellt haben, scheinen also bei Viridansstreptokokken glücklicherweise zu den Ausnahmen zu gehören. Bei Enterokokken wurden hingegen stets auch noch nach einigen Tagen lebende Keime gefunden. Der Streptococcus s.b.e. nimmt nach den Befunden der Autoren zwischen diesen beiden Extremen eine Mittelstellung ein. Die Einsaat überlebt bei niederen noch wachstumshemmenden Konzentrationen einige Tage (0,1—1,0 OE/cm³), wird aber durch hohe Konzentrationen (2—10 OE) abgetötet. Vorwiegend „bakteriostatisch" wirkende und die bactericide (sterilisierende) Dosis liegen für mittlere Einsaaten bei den Viridansstreptokokken demnach eng zusammen, während sie bei den s.b.e.-Streptokokken durch eine größere Dosierungsbreite getrennt sind. LOEWE und ALTURE-WERBER (1946) fanden für eine Gruppe von „mitis"- und bovis-Stämmen die „bakteriostatische" Dosis zwischen 0,008 und 0,25 OE/cm³, während die sterilisierende Minimaldosis zwischen 0,06 und 1 OE/cm³ lag. Die s.b.e.-Streptokokken verhalten sich nach den Angaben dieser Autoren gleichsinnig: Bakteriostase bei 0,008—0,5 OE/cm³, Bactericidie (Sterilisierung) bei 0,03—2 OE/cm³.

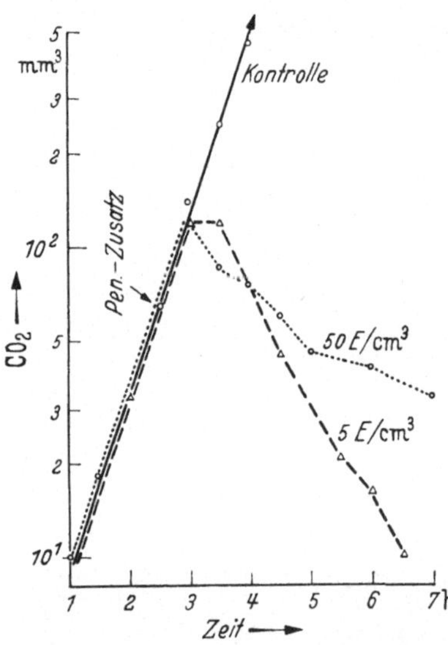

Abb. 92. Herabsetzung der Absterbegeschwindigkeit durch übergroße Penicillindosen bei Enterokokken. Anaerobe Glykolyse. Kleinste Hemmungsdosis im Röhrchentest 5 E/cm³.

Die schlechtere Prognose der s.b.e.-Fälle gegenüber der übrigen Viridansgruppe ist nach Ansicht dieser Forscher nur klinisch zu formulieren. Die sterilisierende Dosis bei Enterokokken ist, wie aus der Abb. 92 hervorgeht, ein Sonderfall: sie ist eng umschrieben. Innerhalb eines kleinen Konzentrationsbereiches kann völlige bzw. maximale Abtötung erzielt werden, während schwächere ebenso wie stärkere Konzentrationen die Überlebensrate erhöhen. Dieses Zonenphänomen (EAGLE 1948, JAWETZ und GUNNISON 1950) bedeutet theoretisch, daß noch so hohe Penicillindosen für sich allein keine Sterilisierung der Population erzielen können, im Gegenteil, daß dann die Wirkung schwächer wird; die maximal sterilisierende Konzentration muß also erst „abgetastet" werden. Dies ist für den praktischen Fall der Endokarditisbehandlung kaum zu realisieren.

Aus diesem Grunde sind gerade in neuerer Zeit Versuche unternommen worden, durch Kombination verschiedener Antibiotica einen höheren Effekt zu erzielen. Dabei wird als Basis trotzdem für die grampositiven Kokken die Penicillinbehandlung bleiben, weil sowohl in vitro als auch dem klinischen Eindruck nach vorläufig die Verwendung von Aureomycin, Chloromycetin und Terramycin trotz einzelner klinischer Erfolge (s. LEDERLE Lab. Div. 1952) eher enttäuscht hat (HUNTER 1950, MIRICK und SCHAUB 1949, BRAINERD und Mitarbeiter 1949, JAWETZ und Mitarbeiter 1950, HARVEY und Mitarbeiter 1949). Aureomycin wirkt ebenso wie Terramycin und Chloromycetin weniger bactericid als Penicillin, bezogen auf die Rate der überlebenden Individuen (Abb. 90 und Abb. 91). Für Enterokokken haben JAWETZ, GUNNISON und COLEMAN (1950) in vitro durch Streptomycin keinen abtötenden Effekt beobachten können. Von den von diesen Autoren geprüften Kombinationen wirken in vitro die Kombination Streptomycin—Penicillin am besten, während Chloromycetinzusatz die bactericide Wirkung des Penicillins (Abtötungsgeschwindigkeit) sogar etwas abschwächt (dies gilt nach HUNTER, 1950, auch für das Aureomycin). Während jedoch bei dem untersuchten Enterokokkenstamm die optimale Penicillinkonzentration (innerhalb der optimalen Zone) nur teilweise abtötend wirkte, steigerte ein Streptomycinzusatz die Wirkung und führte zu vollständiger Sterilisierung nach 48 Std. Es handelt sich hier also um einen über die additive Wirkung weit hinausgehenden echten Synergismus[1]. Zu den gleichen Ergebnissen gelangten durch in vitro-Versuche und klinische Erfahrung auch HUNTER (1950), ROBBINS und TOMPSETT (1950), NICHOLS (1948), ROBBINS (1949), MCGARVEY und ERNSTENE (1950) sowie TOMPSETT und MCDERMOTT (1949). Über die Kombinationswirkung neuerer Antibiotica s. SPICER (1950).

Die alleinige Streptomycinbehandlung der Endokarditis ist zuerst von klinischer Seite bei penicillinresistenten Streptokokken erprobt worden (HUNTER 1947, PRIEST und MCGEE 1946). Die Erfolge scheinen nicht überzeugend gewesen zu sein (HUNTER 1947, ROBBINS 1949). Tatsächlich haben die in vitro-Tests bezüglich der Abtötungsgeschwindigkeit sowie der Rate an Überlebenden die Unterlegenheit des Streptomycins gegenüber dem Penicillin erklärt (JAWETZ, GUNNISON und COLEMAN 1950, JAWETZ und GUNNISON 1950). So ist die alleinige Streptomycinbehandlung der Endokarditis ein Reservat bei gramnegativen Erregern (PRIEST und MCGEE 1946). In Deutschland haben WOLLHEIM und KLEINFELDER (1950) bei „abakteriämischen" und Viridansendokarditiden (3 Fälle insgesamt) über Erfolge berichtet. Hier hat die Behandlung der Endokarditis mit Supronal durch die Mitteilungen der Freiburger Autoren (HEILMEYER und KEIDERLING 1947) großes Aufsehen erregt. Spätere Arbeiten haben die großen Erwartungen nicht bestätigen können (SCHOEN und FRITZE 1949, MATTHES und WOLF 1949, HEINRICH 1949, SCHMIDT und LANG 1948). Die damals so lebhaft diskutierte Frage hat auch deshalb an Aktualität verloren, weil sich seither die Penicillinversorgung wesentlich verbessert hat. Immerhin ist die Frage nach einem Nutzen der Sulfonamid-Penicillin-Kombination immer wieder diskutiert worden. Die in vitro-Versuche haben keine vollkommene Übereinstimmung erzielt. Während einige Autoren der Ansicht sind, daß die durch Sulfonamide veranlaßte Bakteriostase dem Penicillin Angriffspunkte entziehe (HOBBY und DAWSON 1944, 1945), beschreiben andere Untersucher (UNGAR 1943, BIGGER 1944, MASSELL und Mitarbeiter 1946) einen echten Synergismus unterschwelliger Dosen beider Präparate. Da diese Untersuchungen keine fortlaufenden Keimzählungen zur Unterlage haben, sondern sich auf die Wachstumshemmung im Verdünnungstest beziehen, ist die Beurteilung der Sulfonamid-Penicillin-Kombination nicht eindeutig. Bei kompletter Sulfonamidbakteriostase und entsprechender zeitlicher Einwirkung des Penicillins ist eine Abschwächung der bactericiden Wirkung beobachtet worden (HIRSCH 1945; s. auch M. KLEIN und KALTER 1946). Die Frage der Indikation der Sulfonamid-Penicillin-Therapie in der Praxis bekommt, unabhängig vom Ausfall der in vitro-Versuche, ein anderes Gesicht, wenn die Permeabilitätsverhältnisse der Klappe für jedes Medikament betrachtet werden.

[1] Eigene Untersuchungen (KLEIN 1952) zeigen vor allem bei extrem langsam wachsenden Viridanskeimen die überlegene Abtötungskraft der Kombination auch bei Bruchteilen der einzelnen Minimalhemmungsdosen. Die Potenzierung ist mindestens 10fach.

2. Voraussetzungen der Wirkung an der Herzklappe.

Nachdem die Grundbedingungen für eine in vitro-Wirkung des Penicillins diskutiert worden sind, erhebt sich naturgemäß die Frage, inwieweit die Verhältnisse an der Herzklappe einen Analogieschluß vom Reagensglastest her zulassen. Die erste Voraussetzung ist ja, daß das therapeutische Mittel in der erforderlichen Menge an die Bakterien herankommt. Relativ einfach läge der Fall dann, wenn wir annehmen könnten, daß alle Bakterien der Klappe in unmittelbarer Berührung mit dem umspülenden Blutstrom stünden. In diesem Falle wäre dann die volle im Reagensglas realisierbare Wirkung nur eine Frage der Heilmittelkonzentration im Blut.

Ohne auf pharmakologische oder klinische Fragestellungen einzugehen, sei festgestellt, daß die Blutspiegelhöhe für Penicillin von der Häufigkeit der Zuführung, von den Einzeldosen und der Ausscheidungsgeschwindigkeit abhängt. 2 Std nach der intramuskulären Injektion von 100000 OE ist der Penicillinspiegel um 0,30 OE/cm³. Bei einer Tagesdosis von 1000000 OE beträgt der Spiegel etwa 1 OE/cm³. Bei Zuführung von 10 Megaeinheiten rechnet man mit einem Spiegel um 9 OE/cm³ (Loewe und Mitarbeiter (1945). Seit der Anwendung exkretionserschwerender Stoffe hat man wesentlich höhere Spiegel erzielt; sie gehen teilweise über 50 OE/cm³. Dabei hat sich außer der p-Amino-Hippursäure besonders das Caronamid bewährt (Loewe und Mitarbeiter 1945, 1946, 1947, Grossmann und Mitarbeiter 1947, Crosson und Mitarbeiter 1947, Shaw und Mitarbeiter 1947, Boger und Harrison 1949, Boger und Flippin 1949, Baehr und Gerber 1947). Man hat sogar versucht, grobe Regeln für die notwendige Penicillinkonzentration im Blut zu geben, und hat als wünschenswert einen Spiegel angesehen, der das 4—10fache der eben wachstumshemmenden Dosis beträgt (Mokotoff und Mitarbeiter 1946, Dawson und Hunter 1946). Ebenso haben Kliniker sich bemüht, einen durchschnittlichen „bakteriostatischen" und bactericiden Penicillinspiegel zu unterscheiden. Nach Irmer (1949) beträgt für penicillinempfindliche Keime der erstere 0,03 OE/cm³ und der letztere 0,5—2,0 OE/cm³. Die Relativität dieser arbitrarischen Festlegungen wird nach unseren Erläuterungen ohne weiteres klar sein.

Die direkte Gleichsetzung der in vitro-Verhältnisse mit denen der Herzklappe ist aber ein reines Gedankenexperiment. Wohl sehen wir unbedeckte Bakterienrasen, die freiliegend vom Blutstrom umspült werden. Diese topographische Situation der Bakteriennester gehört aber zu den Seltenheiten. Selbst wenn bei einem Klappenstück ein histologischer Schnitt einmal einen freiliegenden Bakterienrasen zeigt, werden von demselben Fall andere Stücke und andere Schnitte ergeben, daß der Großteil der Bakterien gleichsam in Fibrin eingebettet liegt, gegen den Blutstrom durch mehr oder weniger dicke Fibrinschichten abgedeckt ist. Während die großen Bakterienrasen doch noch gegen die freie Oberfläche zu liegen, findet man kleinste Nester oder gar vereinzelte Bakterien bis hinunter in die tiefsten Schichten. Ob es Endokarditistypen gibt, die eine besonders starke Neigung zur Fibrinbildung und -abdeckung zeigen, während andere spärlicher Fibrin abscheiden, wagen wir nicht zu entscheiden — auch nicht im Hinblick auf die abakteriämischen Formen. Wenn uns zweifellos Unterschiede aufgefallen sind, so können wir diese nicht von der Komponente des nicht ohne weiteres rekonstruierbaren Alters der Läsionen trennen. Sicherlich gibt es Fälle, bei denen wahre Fibrinmauern die Bakterien von dem Blutstrom scheiden, während andere vorwiegend oberflächennahe Rasen zeigen, die nur von relativ dünnen Fibrinschichten bedeckt sind. Wie lange überhaupt ein bakterienhaltiges Ulcus ohne Fibrinabscheidung vom Blutstrom umspült werden kann, wissen wir nicht; ebensowenig wie wir die Umstände und Bedingungen der Fibrinabscheidung im Einzelfall genauer definieren können.

Diese Fibrinschichten haben nun eine erhebliche Bedeutung für die Frage des Enderfolges der antibakteriellen Therapie. Es hat sich nämlich gezeigt, daß sie für verschiedene Mittel in verschiedenem Grade permeabel sind. Für Sulfonamide haben schon 1940 Duncan und Faulkner nachgewiesen, daß ihr Permeierungsvermögen sehr gering ist. Für die subakute bakterielle Endokarditis hat Friedman (1941) darauf aufmerksam gemacht, daß Sulfanilamid und Sulfapyridin unfähig sind, einen in einer Fibrin-Blutplättchenmasse eingebetteten Bakterienherd zu beeinflussen. Schon vorher ist erwiesen worden, daß in Fibrin eingebettete Viridansstreptokokken von Desinfizientien erheblich langsamer dezimiert werden als in Bouillon (FRIEDMAN 1938). In ausgedehnten Vergleichsuntersuchungen haben NATHANSON und LIEBOLD (1950) die Permeabilität von in Petrischalen gegossenen Fibrinplatten im Vergleich zu Agarplatten gegenüber Penicillin, Streptomycin und Sulfonamiden nach der Zylinderdiffusionsmethode untersucht (Messung der Hemmungszone um das im Mittelfeld der Platte applizierte Medikament herum). Es ergab sich bei praktischer Impermeabilität der Fibrinplatte für 25/molare Sulfonamidlösungen und guter Diffusion in den Agar eine erheblich bessere Permeabilität für Penicillin; die Hemmungszonen bei Penicillinapplikation waren in Agar und Fibrin gleich groß. Die Penetrationsfähigkeit des Penicillins durch Fibrinschichten zeigte sich auch bei folgendem Versuch der beiden Autoren: Bei einem unter der Penicillinbehandlung gestorbenen Endokarditiskranken wurde aus der Tiefe der Herzklappe, von der Oberfläche derselben sowie von der Milz Gewebe entnommen und im Agardiffusionstest (Auflegen des Stückchens auf eine beimpfte Agarplatte und Ausmessung der Hemmungszone) auf Penicillingehalt geprüft. Die Hemmungsringe waren bei allen drei Gewebsproben gleich groß. Streptomycin diffundiert demgegenüber zwar etwas verzögert, erreicht aber später eine dem Penicillin entsprechende Hemmungszone. SCRUBBLE und BELLOWS (1944) haben zeigen können, daß gefäßarme Gewebe wie die Sklera nur bei extrem hohen Dosen Penicillin nachweisbare Penicillinmengen enthalten. Interessanterweise scheinen bestimmte Gewebe eine elektive Adsorptivaffinität zum Penicillin zu haben und es anzureichern, wenn der Blutspiegel schon abgesunken ist. Nach MASONY und Mitarbeitern (zit. nach SCHWIEGK 1949) sind Konzentrationen von weniger als 0,5—1,0 OE/cm^3 nicht in der Lage, eine 3 mm starke Fibrinschicht zu durchdringen. Es ist klar, daß unter anderem auch das Konzentrationsgefälle für die in einer bestimmten Tiefe erreichte Penicillinaktivität maßgebend ist. Günstige Verhältnisse bieten also dünne Fibrinschichten sowie hoher Blutspiegel. Stärkere Fibrinschichten erfordern demgegenüber erheblich höhere Blutkonzentrationen (s. dazu auch GERBER und Mitarbeiter 1946). Außerdem schützt das Fibrin die Keime vor der Blutbactericidie. FRIEDMAN, KATZ und HOWELL (1938) legten eine mit Viridansstreptokokken beimpfte durchlöcherte agarhaltige Kapsel flottierend in die Arterie eines Hundes. Die Kapseln wurden sofort steril, sobald sie von Granulationsgewebe oder Leukocyten eingehüllt waren bzw. sobald Zellen in die Kapsel einwanderten. In die Herzhöhle eingeführte Kapseln erwiesen sich lange Zeit als bakterienhaltig, da in diesen Fällen die Kapsel rasch von Fibrin umhüllt wurde.

Mit diesen Verhältnissen kommt ein erheblicher Unsicherheitsfaktor in die Therapie, der manche Diskrepanzen zwischen der in vitro festgestellten Beeinflußbarkeit des Stammes und dem klinischen Mißerfolg erklärt. Aus diesem Grunde betonen die amerikanischen Kliniker so scharf, daß bei dem ersten Anzeichen eines klinischen Mißerfolges die Penicillindosis rigoros erhöht werden muß (LIBMAN und FRIEDBERG 1948, LOEWE und ALTURE-WERBER 1946).

Ein weiterer wichtiger Schluß aus den eben skizzierten Verhältnissen betrifft die Mitwirkung der körpereigenen Abwehrkräfte. Aus dem ganzen histologischen Bild einer Klappe resultiert, daß sich zwar eine gewisse granulomatöse Gewebsreaktion entlang der Grenze zwischen Fibrin und Klappengewebe zeigen läßt, in der wir sogar mäßig Leukocyten antreffen. Die in Fibrin eingemauerten Bakterien lassen jedoch nicht die geringste Beziehung zu geweblichen Abwehrfaktoren erkennen. Es besteht kein Zweifel, daß sie in dieser Hinsicht in einem „toten Winkel“ liegen, denn die mögliche Penetration von rein humoral-bactericiden Plasmafaktoren dürfte kaum ins Gewicht fallen. Auch in dieser Hinsicht bietet die Endocarditis lenta besondere Verhältnisse: Mehr als bei anderen Infektionen ruht praktisch der ganze Anteil der Sanierung des Infektionsherdes auf dem Chemotherapeuticum. Mehr als bei allen sonst bekannten Infektionsherden ist deshalb eine sterilisierende Therapie anzustreben, eine Therapie, die mit Hilfe der Abwehrkräfte des Körpers gar nicht rechnet, sondern für sich allein die Keime vernichten muß. Aus all diesen Gründen werden Mittel mit rein bakteriostatischem Wirkungstyp wenig aussichtsreich erscheinen, um so mehr, als die Verhältnisse der Herzklappe offenbar ein außerordentlich langes Überleben der Keime, auch ohne nachweisbare Vermehrung, zu ermöglichen scheinen.

Damit wird eine andere Voraussetzung für die Wirkung der Therapie berührt. Die Frage lautet: In welchem Zustand befinden sich die Keime in der Herzklappe im Hinblick auf das Tempo ihrer Vermehrung? Eindeutige Modellversuche sind hier sehr schwierig anzustellen. Immerhin haben FRIEDMAN, KATZ und HOWELL (1938) festgestellt, daß Viridansstreptokokken, die ins Innere kleiner Fibrinwürfelchen inokuliert wurden, erheblich länger leben bleiben als in anderen Kontrollmedien. Während in den Kontrollnährböden spätestens nach 6 Tagen Sterilität eingetreten war, hielten sich die Viridansstreptokokken in den Fibrinwürfelchen über 40 Tage lang. Wenngleich wir über die Bedingungen, die — Abwesenheit von Säure vorausgesetzt — nach Erreichen der maximalen Ernte zum langsameren oder schnelleren Absterben einer Kultur führen, nichts Genaues wissen (vgl. die Diskussion dieser Frage bei MONOD 1942), so scheint es doch, als ob ein Nährboden, der sehr rasches und massives Wachstum ermöglicht, bei empfindlichen Stämmen auch ein sekundäres rasches Absterben der Kultur bedingt. Aus unseren Erfahrungen möchten wir anfügen, daß keineswegs alle Streptokokkenstämme bei der Untersuchung ihrer Atmung den klassischen, langsam abfallenden Typus der Atmung nach Erreichen der maximalen Ernte zeigen, sondern daß einige sehr rasch ihre Atmung bis hart an die Nachweisbarkeitsgrenze abfallen lassen. Sicher ist, daß Fibrin ein wesentlich langsameres Wachstum als peptonhaltige Nährböden gestatten wird. Als sicher können wir auf Grund eigener Befunde auch annehmen, daß Eiweißstoffe entgiftend wirken können (s. Abschnitt B, I, 2). Bis diese Dinge für den Spezialfall des Streptococcus viridans geklärt sind, erscheint es erlaubt anzunehmen, daß die Fibrininklusion der Bakterien 1. eine erhebliche Reduktion ihrer Teilungsgeschwindigkeit zur Folge haben wird, und daß 2. diese Reduktion im Verein mit den entgiftenden Funktionen des Fibrins (Adsorption?) offenbar ein sehr langes „Konservieren" der ganz langsam proliferierenden Keime zur Folge haben kann. Diese Annahme hängt keineswegs völlig in der Luft, auch wenn ihr vorläufig exakte experimentelle Unterlagen noch fehlen. Die Beobachtung von „echten" Rückfällen, lange Zeit nach Abschluß der Behandlung, sowie die Befunde von Bakteriennestern in „abgeheilten" Klappen lassen die Annahme begründet erscheinen, daß die Keime im Fibrin in ihren metabolischen Leistungen außerordentlich verlangsamt sind, daß sich ihr Wachstum gewissermaßen im Zeitlupentempo vollzieht. So hat CHRISTIE (1948) angegeben, daß in $^1/_3$ der Fälle, die nach scheinbar erfolgreicher Behandlung starben, in der Klappe Keime nachgewiesen werden konnten („dormant germs"). In dieser Hinsicht mag man die Verhältnisse mit denen eines in defibriniertem Blut aufbewahrten Streptokokkenstammes bei tiefer Temperatur vergleichen. Zweifellos herrscht in der Klappe ein gewisses träges Gleichgewicht zwischen Vermehrung und Untergang; dies ist vor allem bei den abakteriämischen Formen anzunehmen, während die „septischen" Fälle schnellere Vermehrung erfordern.

Es kann nach den vorangegangenen Erörterungen kein Zweifel darüber bestehen, daß in dieser Hinsicht die Penicillinwirkung in der Herzklappe nicht ohne weiteres mit dem in vitro-Test verglichen werden darf. Es besteht immer die Möglichkeit, daß sich bei bestimmten Fällen die Klappenkeime durch ihren außerordentlich trägen Stoffwechsel gewissermaßen außerhalb des „chemotherapeutischen Schußfeldes" bewegen. Hier liegen unseres Erachtens wesentliche Ansatzpunkte für die weitere Forschung. Inwieweit nämlich provozierende Maßnahmen, z. B. Fiebertherapie, eine Aktivierung der Keimvermehrung und damit eine Steigerung ihrer chemotherapeutischen Empfindlichkeit veranlassen können, wissen wir nicht (vgl. SOHNIUS 1951). Einstweilen wird für den Kliniker nichts anderes übrigbleiben, als eine sehr lange andauernde antibiotische Therapie mit möglichst hohen Plasmawerten, wobei je nach Lage des Einzelfalles Kombinationen verschiedener Mittel heranzuziehen sind. Trotzdem schwebt über diesen Kranken das Damoklesschwert der Rückfälle.

3. Chemosensibilität der häufigsten Erreger.

Trotz der am Anfang dieses Kapitels angeführten Diskrepanzen zwischen in vitro-Empfindlichkeit und realen Abtötungsaussichten in vitro und in der Klappe hat die Feststellung der gerade eben noch das Wachstum verhindernden Dosis für die praktische Arbeit insoweit eine Bedeutung, als zahlreiche Versuche ergeben haben, daß eine bestimmte zahlenmäßige Beziehung zwischen der eben hemmenden („bakteriostatischen") und der maximal abtötenden Dosis besteht. Von dem jede Berechnung zunichte machenden „Zonenphänomen" bei Enterokokken abgesehen, haben wir festgestellt, daß bei Viridansstreptokokken die „bakteriostatische" und maximal bactericide Konzentration nahe beieinander liegen (MASSELL und Mitarbeiter 1946). Bei den resistentesten Keimen der Viridansgruppe liegen sie etwa um eine Zehnerpotenz auseinander (JAWETZ und GUNNISON 1950; s. auch EAGLE 1947). Dies erlaubt es, als Faustregel mit einem sicheren Erreichen bzw. Überschreiten der maximal bactericiden Dosis zu rechnen, wenn man den Hemmungswert 10fach nimmt. Die diesbezüglichen Anweisungen der Klinik bewegen sich ja auch auf ein ähnliches Schema zu, wobei in dem Schlüssel, daß der Blutspiegel 4—10mal höher sein sollte als die eben hemmende Dosis (DAWSON und HUNTER 1946, MOKOTOFF und Mitarbeiter 1946, LEVINSON und Mitarbeiter 1950) natürlich die Permeabilitätsverhältnisse nicht berücksichtigt werden können. Die Einbeziehung der Adsorption des Penicillins an die Plasmakolloide in diese Rechnung erhöht die zu fordernden Blutspiegelwerte auf das 50fache der Hemmungsdosis in vitro (Editorial J. A. M. A. 1951). Die resistenten Erreger wie die Enterokokken lassen eine solche Faustregel nicht ohne weiteres zu. Hier wird zur Eruierung der optimal abtötenden Dosis das Subkulturverfahren herangezogen werden müssen. Seit den ersten Feststellungen über die Ansprechbarkeit der Viridansstreptokokken durch Penicillin hat eine Fülle von Publikationen ein großes Material gebracht, so daß wir über die Penicillinresistenzverhältnisse bei Endokarditisstreptokokken ziemlich genau informiert sind, ebenso auch bezüglich des häufigkeitsmäßigen Maximums. Die Empfindlichkeit der Endokarditiserreger gegenüber anderen Stoffen als Penicillin kann, soweit sie nicht bereits kurz abgehandelt worden ist, nicht besonders berücksichtigt werden. Sie ist in der klinischen Literatur nachzulesen, ebenso die Chemosensibilität der seltenen Erreger (LONG und Mitarbeiter 1949).

Die Penicillinempfindlichkeit der Streptokokken ist heterogen. Dies haben nach der ersten Arbeit von BORNSTEIN (1940) zahlreiche Untersuchungen bestätigt. CHRISTIE hat 1946 in umfangreichen Studien an 721 Stämmen 3 Kategorien unterschieden: 1. stark empfindliche (Gruppe A, C, G und H); 2. weniger empfindliche (Gruppe B, E und F); 3. praktisch resistente Stämme (Gruppe D). Innerhalb dieser Skala ist es schwierig, der Viridansgruppe einen bestimmten Platz zuzuweisen, denn sie selbst zeigt nicht unerhebliche Schwankungen. Nach LOEWE und Mitarbeitern (1944) bewegt sich ihre Sensibilität zwischen 0,007 und 0,01 OE. DAWSON und Mitarbeiter (1944) fanden bei 50 Streptokokkenstämmen aus Endocarditis lenta Resistenzkoeffizienten zwischen 0,5 und 64, bezogen auf den Standardstamm (hämolytische

Streptokokken), der seinerseits $^{1}/_{2}$—$^{1}/_{8}$ der Staphylokokkenempfindlichkeit zeigt. Die meisten Stämme weisen einen Koeffizienten von 2—4 auf (das entspricht Werten von unter 0,02). MEADS und Mitarbeiter (1945) fanden unter 24 Stämmen Empfindlichkeiten zwischen 0,008 und 0,3. DAWSON und HUNTER (1945) stellten später Resistenzen zwischen 0,008 und 0,14 fest; bei 3 Fällen fanden sie einen Resistenzkoeffizienten von 160—800. GOERNER und Mitarbeiter (1945) notierten Empfindlichkeiten zwischen 0,02 und 0,05. PRIEST und McGEE (1946) fanden unter 34 Patienten nur 3mal eine Resistenz zwischen 0,1—1,0 OE/cm³. MOKOTOFF und Mitarbeiter (1946) stellten bei ihren Fällen eine Resistenz zwischen 0,015 und 0,08 OE/cm³ fest. Ein gleichmäßig gutes Ansprechen auf die Therapie zeigte sich nur bei den Patienten mit einer größeren Empfindlichkeit als 0,06. Eine ähnliche Grenze setzt auch CHRISTIE (1949), der Resistenzen zwischen 0,04—0,6—1,2 OE/cm³ sah. Heilungsaussicht mit 2 Megaeinheiten täglich besteht nur, wenn die Resistenz nicht größer ist als 0,08—0,16. — WARD und Mitarbeiter (1946) fanden unter 18 Fällen 12mal Resistenzen zwischen 0,01 und 0,04; 5mal um 0,08 und 1mal 0,16. — HERRING und DAVIS (1948) hatten unter 17 Fällen Resistenzen zwischen 0,008 und 0,15 OE. — In Deutschland fand LIEBERMEISTER (1949) Resistenzen zwischen 0,05 und 0,1 OE/cm³. Diese Werte sind auch nach unseren Erfahrungen die häufigsten, obwohl wir zahlreiche viridans-Stämme mit Resistenzen um 2,0 E/μ gesehen haben. Diese sprechen oft auf Bacitracin an. — LOEWE und Mitarbeiter (1946) haben über die Resistenz des Streptococcus s.b.e. berichtet, der den gleichen Anteil von relativ resistenten Stämmen haben soll wie die übrige Viridansgruppe. Dabei ist die Prognose aber, unabhängig vom Hemmungswert, nach dem klinischen Eindruck besonders schlecht (LOEWE und ALTURE-WERBER 1946). — SCHNEIERSON (1948) fand bei 9 S.b.e.-Stämmen 4mal Hemmungswerte zwischen 0,04 und 0,1 und 5mal zwischen 0,12 und 0,3. Nach diesem Autor liegt die Penicillinresistenz dieser Gruppe zwar etwas höher als die der übrigen Viridansgruppe, aber noch innerhalb der therapeutisch beeinflußbaren Größen.

Aus allen Veröffentlichungen geht hervor, daß die Mehrzahl der Fälle einen kleineren Hemmungswert besitzt als 0,1 OE/cm³. FRIEDBERG (1950) hat unter 105 Fällen 52mal Resistenzen zwischen 0,01 und 0,04, 29mal zwischen 0,05 und 0,1 und 18mal zwischen 0,12 und 0,1 OE/cm³ gefunden. Die Enterokokken sind demgegenüber erheblich resistenter (BORNSTEIN 1940). Ihre Hemmungskonzentration liegt ab 1,0 OE, wobei Resistenzen bis zu 10,0 OE/cm³ vorkommen können (HARVEY und Mitarbeiter 1949, PRIEST und McGEE 1946, TUMULTY und HARVEY 1948, LIEBERMEISTER 1949, FRIEDBERG 1950). Die Chemoresistenz der Enterokokken ist auch den Sulfonamiden gegenüber ausgeprägt (GRÜN 1949, LIEBERMEISTER 1949, WALTER und Mitarbeiter 1948). Das Wesen der Penicillinresistenz ist nicht erforscht. Sicher ist, daß die Penicillinresistenz bei Streptokokken nicht unbedingt auf einer Produktion an Penicillinase beruht. Außerdem zieht die Penicillinresistenz nicht notwendig Resistenzen gegen andere Antibiotica nach sich. Zweifellos ist die Resistenz gegen Antibiotica eine viel „spezifischere" biologische Qualität als die Resistenz gegen Sulfonamide, bei der unter Umständen die Multilateralität der metabolischen Möglichkeiten bei Blockade eines Stoffwechselweges, wie wir gezeigt haben, Umstellungen erlaubt (KLEIN 1949).

4. Resistenzsteigerung.

Wenn bisher ersichtlich geworden ist, daß eine große Reihe von am Krankenbett nicht abschätzbaren Faktoren den erwarteten Behandlungserfolg zunichte machen können, so spielt hier als letztes Kapitel die Resistenzsteigerung eine Rolle. Während bereits unter den ersten das Penicillin betreffenden Untersuchungen (ABRAHAM und Mitarbeiter 1941) festgestellt wurde, daß sukzessive Passagen in steigenden Penicillinkonzentrationen einen Staphylokokkenstamm in seiner Penicillinresistenz um das 1000fache steigern, und diese Befunde dann bestätigt wurden (RAMMELKAMP und MAXON 1942, NORTH und CHRISTIE 1946, DEMEREC 1945), stellte es sich heraus, daß eine ähnliche Resistenzsteigerung für Streptokokken in vitro wesentlich schwieriger und seltener zu erzielen war (McKEE und HONCK 1943). Interessanterweise nahm die Virulenz gleichzeitig mit der Resistenzsteigerung ab (vgl. GRUMBACH und HEGGLIN 1942). Beide erworbenen Eigenschaften, die Virulenzabnahme und die höhere Resistenz, sind „gefestigte" Eigenschaften. Nach NORTH und CHRISTIE (1946) tritt die Virulenzabnahme nur bei in vitro erzielter Penicillinresistenz auf. Eine Resistenzsteigerung ist bei der Endokarditis nun unzweifelhaft auch in vivo beobachtet worden, wo sie aber glücklicherweise nicht mit der Häufigkeit, ja Regelmäßigkeit auftritt wie beispielsweise die Resistenzsteigerung bei der Streptomycinbehandlung der Tuberkulose. Sie ist auch weitaus seltener als die Resistenzsteigerungen von Staphylokokken, bei denen GALLARDO (1945) in 9,4% der behandelten Fälle unter der Behandlung Resistenzsteigerung angibt. Immerhin sind sich alle Kliniker darüber einig, daß Resistenzsteigerungen in vivo, besonders bei ungenügender Dosierung, auftreten können (BLOOMFIELD und HALPERN 1945, FLIPPIN und Mitarbeiter 1946). HUNTER (1946) hat unter 50 Patienten einmal eine Resistenzsteigerung gesehen. OGLESBY und Mitarbeiter (1947) berichten über 2 Resistenzsteigerungen bei 44 Patienten (10fach und 130fach). ORGAIN und DONEGAN (1950) beobachteten eine in vivo innerhalb 8 Wochen erfolgte Resistenzsteigerung von 0,25 OE/cm^3 auf 24,0 OE/cm^3, ebenso eine andere von 0,001 OE/cm^3 auf 1,0 OE/cm^3. CHRISTIE (1946) sah unter 16 mehr als einmal behandelten Fällen 2mal Resistenzsteigerung auf den dreifachen Ausgangswert. LOEWE (1947) beobachtete eine Steigerung um das 40fache. FLIPPIN und Mitarbeiter (1945) registrierten Resistenzsteigerungen von 0,025 auf 0,75 OE/cm^3.

Merkwürdigerweise scheint sich der Anteil der penicillinfesten Erreger zu erhöhen. Nach BARBER und ROSWADOWSKA-DOWENKO (1948) betrug der Anteil der penicillinfesten Staphylokokken 1946 nur 14% der beobachteten Stämme und 1948 schon 59%. Über ähnliche Erfahrungen berichten auch LEVINSON und Mitarbeiter (1950), die den Anteil der penicillinfesten Endokarditiserreger jetzt mit 20% (Streptokokken) und 66% (Staphylokokken) beziffern.

Der wahrscheinlichste Mechanismus der Resistenzsteigerung ist die sukzessive Selektion von resistenteren Spontanmutanten (DEMEREC 1945; weitere Lit. bei SUTER und VISCHER 1948). Ob es daneben auch eine echte Adaptation bzw. Induktionswirkung gibt, ist ungewiß.

5. Voraussetzungen der Dauerheilung.

1946 sagte CHRISTIE in seinem Bericht: "It remains a mystery why some patients do not respond, though their organism is no less sensitive than that of other who recover". Heute ist die mit diesen Worten berührte Diskrepanz zwischen der vorwiegend bakteriologisch gestellten „Prognose" und den klinischen Erfahrungen zwar in den Grundzügen ihrer Problematik erkannt; die fortschreitende klinische Erfahrung hat aber bezüglich der Behandlungsprognose des Einzelfalles immer mehr Widersprüche zwischen „Empfindlichkeit" des Erregers und Behandlungsaussicht zutage gefördert, so daß heute bezüglich der Stellung der Voraussage vor Abschluß der Behandlung eine weit größere Zurückhaltung geübt wird als in der Anfangszeit der Penicillinbehandlung.

Wenn wir noch einmal die berührten bakteriologischen Tatsachen zusammenfassen, so können wir im Zuge einer erfolgreichen Penicillinbehandlung 3 Stadien unterscheiden: 1. Die Beseitigung der Bakteriämie durch Sterilisierung der oberflächlichen Klappenstreuherde. 2. Die Abtötung der in der Tiefe sitzenden Keime. 3. Die Organisation, Vernarbung und Endothelisierung der Klappenverletzungen. Die ersten beiden Akte müssen nicht sehr lange dauern, während die Organisation und Vernarbung der Herde sicherlich erhebliche Zeit in Anspruch nimmt (MOORE 1946), also weit über die Dauer der antibiotischen Therapie hinaus noch nicht abgeschlossen ist. Die Unsicherheitsfaktoren bestehen demnach zuerst darin, die

Klappeninfektion zu eradizieren. Die Schwierigkeiten, die diesbezüglich in Rechnung zu stellen sind, haben wir dargelegt. Die klinischen Zeichen hierfür sind offenbar nicht immer eine Garantie dafür, daß auch die in der Tiefe der Klappe liegenden Keimnester ausgerottet sind (CHRISTIE 1946, „dormant germs"; GOERNER und Mitarbeiter 1945). Die Frage des Rezidivs hat dementsprechend im Schrifttum einen breiten Raum eingenommen. Den Bakteriologen und den Pathologen interessiert hier vor allem die Frage, ob „Rezidive" ein Neuaufflackern von nicht beseitigten Keimnestern oder eine Neuinfektion anläßlich einer neuen Bakteriämie darstellen. Es sei gleich gesagt, daß eine eindeutige Entscheidung mit bakteriologischen Mitteln sehr schwer ist, soweit es sich nicht z. B. um eine Neuinfektion mit einem völlig anderen Erreger handelt. Innerhalb der Viridansgruppe sind, wie wir gesehen haben, die Typisierungsmöglichkeiten noch so unsicher, daß es bei einem biologisch gleichartig imponierenden Rezidiv-Erreger nicht möglich ist, mit derselben Wahrscheinlichkeit die Gleichheit oder Heterogenität zum ersten Erreger anzunehmen wie beispielsweise bei den A-Streptokokken, deren Typenreichtum der Entscheidung, die ja auch hier keine beweisende sein kann, doch einen hohen Grad von Wahrscheinlichkeit verleiht. Dementsprechend nimmt die Klinik gewisse willkürlich festgesetzte Termine als Richtlinie. Nach CHRISTIE (1946, 1947) sowie HUNTER (1946) erfolgen die meisten Rückfälle bzw. Reinfektionen innerhalb der ersten 14—30 Tage nach der Behandlung, sie sind aber auch bis zu 50 Monaten nach Behandlung beobachtet worden (CANNADY 1948, THILL und MEYER 1947, PAUL und Mitarbeiter 1947, GEIGER 1947, ROSENBURG 1948, CHRISTIE 1949). Dabei betrachtet ROSENBURG (1948) alle vor einem Jahr auftretenden Rückfälle als wiederaufgeflackerte Klappenherde und alle nach diesem Termin auftretenden Rezidive als „Reinfektionen", sofern bei der ersten Gruppe die Reinfektion nicht durch besondere Gründe wahrscheinlich gemacht werden kann (z. B. Zahnextraktion in der Anamnese des Rückfalles). Einen ähnlichen Standpunkt nehmen auch GEFTER und Mitarbeiter (1946) ein. LIBMAN und FRIEDBERG (1948) betrachten für die Entstehung von Rückfällen 3 Infektionsquellen als möglich: Invasionen aus Herden, Mobilisierung von „ruhenden" Keimen aus Knochenmark und Milz und die in der Klappe zurückgebliebenen Keime selbst. Die Autoren legen vor allem auf den ersten Punkt sehr viel Wert und glauben, die beiden anderen nicht allzu hoch veranschlagen zu müssen. Danach sehen LIBMAN und FRIEDBERG „Attacken" nach dem bakterienfreien Stadium als Neuinfektionen an. Die Hindernisse, dieser Ansicht ganz zuzustimmen, liegen aber in den bakteriologischen Klappenbefunden des „bacteria-free stage", bei denen sich LIBMAN (1912) nicht eindeutig festlegt und einräumt, daß in diesem Stadium gelegentlich doch einzelne Keime in den Klappen gefunden werden können (s. Abschn. C, VI, 6). Vorläufig ist eine Entscheidung im Einzelfall, besonders wenn es sich bei beiden Erkrankungen um Vertreter derselben Untergruppe handelt, nicht ohne weiteres zu fällen. Einzelnen Differenzen der zu vergleichenden Stämme in dem biologischen Verhalten, besonders was die Kohlenhydratvergärungen anlangt, möchten wir nach unseren Untersuchungen nicht allzuviel Gewicht bezüglich der Entscheidung über die Heterogenität der Stämme beilegen. Dazu sind diese Merkmale nicht exakt genug reproduzierbar (KLEIN und ENGELHARDT 1951). Als Beweis für die Heterogenität der geprüften Stämme können nur das verschiedenartige serologische Verhalten oder eindeutige und zahlreiche biologische Divergenzen gelten.

Die Beurteilung des Dauererfolges der Behandlung ist Sache der Klinik. Wir möchten aber an Hand der entwickelten Anschauungen zur Frage der Dauerheilungen die Wichtigkeit der völligen Endothelisierung der Klappen betonen. Solange die Organisations- und Endothelisierungsvorgänge nicht abgeschlossen sind, besteht eben immer die latente Gefahr der Neuinfektion bei jedem der zahlreichen Bakterieneinbrüche, denen jeder Mensch ausgesetzt ist. Uns erscheint es nach unseren histologischen Erfahrungen aber als zweifelhaft, ob in einem größeren Prozentsatz „vernarbter" und „anatomisch geheilter" Fälle auch mikroskopisch eine völlige Konsolidierung des Klappenprozesses eintritt. Zu oft haben wir es erlebt, daß bei Klappen, welche makroskopisch keinen Anhaltspunkt für aktive Veränderungen boten, mikroskopisch an mehreren Stellen seröse Aufquellungen und fibrinöse Entzündungsherde nachzuweisen waren. Wir haben dargelegt, welch außerordentlich großer Anteil von „abgeheilten" Endokarditiden des rheumatischen oder des simplex-Typs erst mikroskopisch Neuaufbrüche seröser und fibrinöser Art zeigen. Uns erscheint es überhaupt berechtigt zu fragen, ob im Sinne dieser strengen Kriterien nicht jede Endokarditis, die größere Narben setzt, in einen schleichenden Prozeß übergeht, eine Art chronisch-entzündlichen Klappenumbaus, auf dessen Boden sich von Zeit zu Zeit stärkere entzündliche Schübe abspielen und vernarben. Gerade die enormen Klappenveränderungen nach Ausheilung einer bakteriellen Endokarditis lassen die Klappe besonders disponiert für diesen schwelenden Umbau erscheinen. Welcher Natur die Faktoren sind, die diesen circulus vitiosus mit dauerndem Wechsel von seröser, fibrinöser Entzündung und Vernarbung bedingen, wissen wir nicht. Vorläufig müssen wir uns bei ihrer Benennung unverbindlich ausdrücken, wobei wir an allererster Stelle an immunbiologische Vorgänge denken (s. Abschn. C, IV, 2). Diese Hinweise geben keineswegs einen Grund zum übertriebenen Pessimismus. Wir wissen ja nicht sicher, ob *jede*, auch die geringfügigste entzündliche Klappenläsion bakteriell besiedelt werden kann. Wahrscheinlich müssen eine ganze Reihe Faktoren zusammentreffen, daß es auch wirklich zur Bakterienhaftung kommt. Ein Faktor aber, der sicherlich die Grundvoraussetzung dazu bietet, nämlich der rezidivierend-entzündliche, serös-fibrinöse, unabhängig von Bakterien entstehende Umbau entstellter Klappen, wird wohl in der Mehrzahl auch der erfolgreich behandelten Kranken einen dauernden Gefahrenherd bilden.

VIII. Endocarditis fetalis (E. fet.).

Soweit wir das Schrifttum übersehen, war es GROSS (1941), der einen historischen Überblick der Anschauungen über die fetale E. gibt. Er vertritt die Annahme, daß die E. fet. „an entity and an important cause of congenital anomalies" darstellt. Diese Ansicht wurde schon früher von MÖNCKEBERG (1907), STERNBERG (1909), HERXHEIMER (1913) und neuerdings von MAUDE ABBOTT (1927) vertreten. Nach ROKITANSKY, NAGEL (1908) und B. FISCHER (1911) soll die E. fet. das rechte Herz bevorzugen oder selten im linken Herzen vorkommen. NAGEL und HERXHEIMER nehmen bei der Pulmonalatresie eine entzündliche Genese an. Bei der Frage nach Beziehungen zu Entwicklungsfehlern der Herzklappen sprach RAUCHFUSS (1878) von Unabhängigkeit, HERXHEIMER von wechselseitiger Beeinflussung und neuerdings STOHR (1934) davon, daß wohl stets eine Mißbildung vorangeht. MAUDE ABBOTT hat GROSS brieflich ihren Standpunkt folgendermaßen fixiert: 1. in der Mehrzahl Mißbildung; 2. in der Minderzahl „fetal disease" des Myokards durch „toxic or infective agents"; 3. Pulmonal- oder Tricuspidalstenose bei geschlossenem Kammerseptum „is certainly a fetal endocarditis setting in a late embryonic life" durch „any intercurrent infection, including rheumatic fever" (bei GROSS, S. 164). CAPELLI (1933), dessen Arbeit uns leider nicht zugänglich war, soll bei 47 von 62 Feten Zeichen einer E. fet. beobachtet haben. Dagegen fand GROSS im ganzen Schrifttum nur 3 Fälle von

KLIPSTEIN (s. GROSS) und DONAT (1939) mit „fresh acute valvular vegetations", nur in 11 von 53 Fällen (= 20,8%) mit „valvular excrescences".

Betrachten und vergleichen wir die neueren Befunde im einzelnen, so beschreiben WILLER und BECK (1932) zwei Fälle von Atresia ostii aortae congenita mit weiteren Herzmißbildungen. Bei dem ersten Fall fehlt jede Klappenanlage. An ihrer Stelle eine Bindegewebsplatte mit Capillaren, Blutpigment, Histiocyten und Lymphocyten. Auch im zweiten Fall wurde zellreiches, „entzündliches" Bindegewebe ausgehend von den Klappen oder der Aortenwand gefunden, wobei „das Vorhandensein zahlreicher neugebildeter Gefäße" dem Verf. als Beweis des „entzündlichen" Charakters gilt. Da die Herzklappen im fetalen Leben gefäßhaltig sind, erscheint uns dieses Kriterium nicht beweisend. — FARBER und HUBBARD (1933) beobachteten bei 4 Fällen mit Stenose oder Atresie einzelner oder mehrerer Ostien außer Verdickung und Verwachsung von Klappen auch „fibrous nodules", geringe Klappeninfiltrate und eine Pulmonalklappe „thickened with opaque, yellowish, roughened surface" und „a fresh fibrinous vegetation, firmly attached" (S. 708). In allen Fällen war das Wandendokard verdickt, zogen Narben von ihm ins Myokard, waren im Papillarmuskel oder Wandmyokard Infiltrate, Verfettung oder Verkalkung zu sehen. In einem Fall ließen sich Streptokokken, Osteomyelitis und Glomerulonephritis nachweisen. — DONAT (1939) fand bei Schrumpfung und knotiger Verdickung von Mitralis und Tricuspidalis „schneckenhausartig aufgerollte kernreiche Bindegewebslamellen", die nach unserem Urteil der „zentralen Hyperplasie" von FELSENREICH und v. WIESNER (1916) (s. oben S. 9) ähneln. Das Endothel zeigte Polymorphie und Mehrschichtigkeit, das Subendothel Auflockerung mit schleimgewebeartiger Verdickung und sternförmigen Zellen. Am Klappenrand lagen „kleine endothelüberzogene, papillenartige Excrescenzen", ferner Thromben aus Lymphocyten (?), Erythrocyten und Fibrin. — PLAUT und SHARNOFF (1935) und PLAUT (1939) haben je einen Fall mitgeteilt von Entzündung der Mitralis oder Tricuspidalis mit „fibrin-like thrombotic masses", aber ohne Bakterien. — GROSS (1941) beschreibt an der Mitralis eine typische Knopflochstenose mit verdickten und verkürzten Sehnenfäden, an der Aorta nur 2 Klappen mit knotiger Verdickung und Verwachsung. Da das Wandendokard eine kollagene und elastische Hyperplasie, der Papillarmuskel Kalk und das Wandmyokard kollagene Narben zeigten, deutet er alle Befunde als nicht-entzündlicher Genese. — McDONALD (1950) sah mächtige, bakterioskopisch negative, thrombotische Auflagerungen: „a hyaline unorganized thrombus with eosinophilic mass", mit Lymphocyten und Leukocyten; „erosion of the surface endothelium, with portions of the fibrinoid stroma of the thrombus extending into the valvular substance" (S. 541); „a slight granular eosinophilic alteration of the collagenous matrix ... a spare cellular infiltrate".

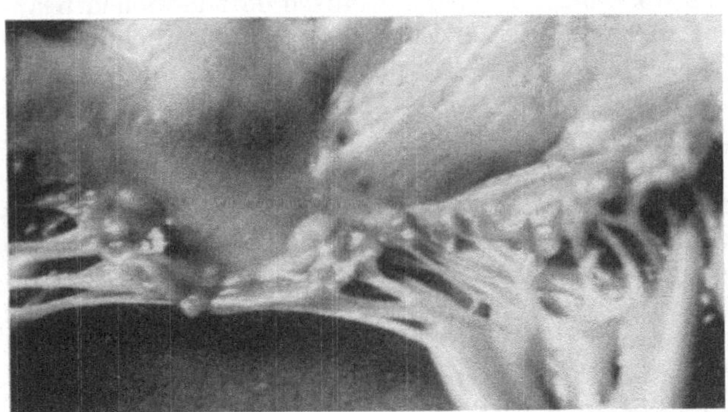
Abb. 93. Mitralsegel einer weiblichen Totgeburt. Zahllose winzige und größere warzenartige Verquellungen sind bei Lupenbetrachtung am vorderen und hinteren Mitralsegel erkennbar.

Veränderungen des Wandendokards allein ohne Mitbeteiligung der Herzklappen, die in Deutschland neuerdings als Endocarditis parietalis fibroplastica beschrieben, in Amerika von WEINBERG und HIMMELFARB (1943) als „Endocardial Fibroelastosis" mit dem Untertitel „so-called fetal endocarditis" mitgeteilt wurden, gehören nicht zum Formenkreis einer echten Herzklappenerkrankung und werden darum von uns hier nur am Rande erwähnt.

Unsere *eigenen Untersuchungen* betreffen 21 Neu-, Früh- und Totgeborene, von denen die ersteren nur Stunden oder bis zu 2 Tagen am Leben geblieben waren. Von diesen zeigten 5 Fälle schon makroskopisch erkennbare glasige Verquellungen am Schließungsrand sowohl der rechten wie der linken Segelklappen (Abb. 93 u. 94). Die anderen Fälle boten makroskopisch keinen Herzklappenbefund. Irgendwelche Herzmißbildungen bestanden in keinem der Fälle. Mikroskopisch zeigten die Segelklappen in den makroskopisch betroffenen Fällen den typischen Befund einer serösen Entzündung, wie wir ihn oben (S. 108) beschrieben haben. Wir haben diese Fälle darum schon in die Beschreibung der E. serosa (S. 108) mit aufgenommen und können somit hier auf diese Beschreibungen verweisen, um Wiederholungen zu vermeiden. Es verdient aber hervorgehoben zu werden, daß wir bei der histologischen Untersuchung aller Herzen in Stufenschnitten noch in 3 makroskopisch unverändert erscheinenden Fällen umschriebene beginnende oder schon fortgeschrittene, gleichartige Veränderungen entdeckten, so daß sich die Zahl der Fälle mit E. serosa auf 8 erhöht.

Bei der E. fet. lassen sich verschiedene Fragenkomplexe abgrenzen. Der erste betrifft die *Beziehung zu Herzklappenmißbildungen*. Nach dem Schrifttum ist an der Häufigkeit des Zusammentreffens nicht zu zweifeln. Jedoch erscheinen diese

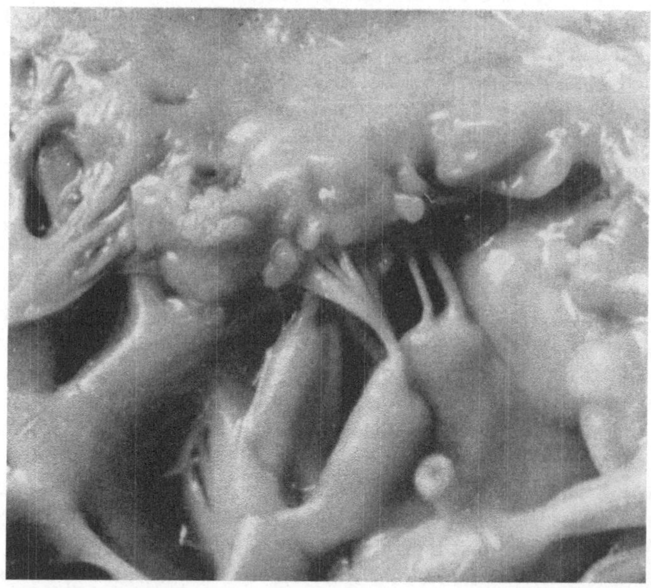

Abb. 94. Mitralsegel einer männlichen Totgeburt bei stärkerer Vergrößerung mit allgemeiner glasiger Verquellung von Klappen- und Schließungsrand und zahlreichen glasigen Warzen am Klappenrand.

Kombinationsfälle wenig geeignet, hier die Fehlbildung und dort die Entzündung morphologisch und zeitlich oder gar kausalgenetisch abzugrenzen. Wir meinen, daß diesbezüglich im bisherigen Schrifttum die Kriterien nicht erschöpfend abgewogen sind. Das gilt besonders für alle Gewebsveränderungen der Herzklappe, die nicht eine Oberflächenthrombose betreffen. Letztere wird auch bei der E. fet. wie in der ganzen E.-Forschung überwertet oder fast als einziges Kennzeichen einer Herzklappenentzündung angesehen. — Damit haben wir schon die Frage nach den verschiedenen *Entzündungsfaktoren* angeschnitten, die bei der E. fet. vorkommen. Wenn wir hierbei der Darstellung von GROSS folgen, so fällt der geringe Prozentsatz von Klappenvegetationen oder -excrescenzen in den bisher beschriebenen Fällen von E. fet. auf. Zum andern beschreiben FARBER und HUBBARD (1933), DONAT (1939) und McDONALD (1950) sowohl Befunde, die unseren eigenen Beobachtungen bei E. fibrinosa bzw. E. verrucosa simplex sehr ähneln, als auch Veränderungen des Subendothels und der Grundsubstanz der tieferen Klappenschichten, die unseren Befunden bei E. serosa entsprechen. Die von uns bei 8 Neugeborenen erhobenen Befunde stehen damit nicht vereinzelt da, sondern zeigen Analogien zum Schrifttum. Darin dokumentiert sich eine Gleichartigkeit der Morphogenese, die uns wichtig erscheint für die formale und kausale Genese der Endokarditis überhaupt wie für die kausale Genese der E. fet. im besonderen. Denn bei der bisherigen Untersuchung von Fällen mit E. fet. wurden nur ausnahmsweise Bakterien in den „Auflagerungen“ gefunden, bestand nur ausnahmsweise eine bakterielle Infektion von Mutter und Kind. Für die Mehrzahl der bislang veröffentlichten Fälle von E. fet. müssen wir darum annehmen, daß die Herzklappenveränderungen ohne direkte Einwirkung von Bakterien zustande gekommen sind. Von Einzelfällen (wie z. B. Fall 3 von FARBER und HUBBARD) abgesehen, handelt es sich bei der E. fet. um eine abakterielle E. — So sicher eine *diaplacentare Übertragung* angenommen werden muß, die Natur der blutchemischen oder bakteriotoxischen Stoffe ist zunächst ebenso unbestimmt wie bei der Gesamtheit der abakteriellen E., die wir bei Kleinkindern und Erwachsenen als E. serosa und E. fibrinosa beschrieben haben. Liegen doch sogar Einzelbeobachtungen vor von rheumatischer Karditis beim Neugeborenen (POCOCK, KISANE und KOONS 1933). Mit Ausnahme dieser rheumatischen Erkrankungen bieten die Anamnesen der Mütter von Kindern mit E. fet. keine nennenswerteren Krankheiten als Erkältung, Influenza u. dgl. Auch der Zeitpunkt dieser geringfügigen Erkrankungen während der Schwangerschaft ist bisher ohne Merkmal. Alle diese Fragen stehen zukünftiger Forschung noch offen.

Auf Grund unserer eigenen Untersuchungen ist die Annahme berechtigt, daß Herzklappenentzündungen an mißbildungsfreien Herzen von Neu-, Früh- und Totgeborenen als E. serosa häufig sind, daß ferner im Schrifttum mikroskopische Belege vorliegen, daß bei der E. fet. dieselben morphologischen Erscheinungsformen auftreten wie bei der abakteriellen E. der Erwachsenen. Ob das die Regel ist, muß die zukünftige Forschung erweisen. Soweit die heutige Kenntnis zeigt, ist die Wahrscheinlichkeit groß, daß wir den Beginn einer E. serosa in zahlreichen Fällen schon in das fetale Leben verlegen müssen. Da wir in unserem eigenen Untersuchungsmaterial nie Myokardveränderungen beobachteten, erweist sich auch beim fetalen Herzen die Herzklappe als empfindlicher als der Herzmuskel, für den bei der häufigen Mitbeteiligung in mißbildeten Herzen des amerikanischen Schrifttums ABBOT „toxic or infective agents“ annimmt. Wir meinen darum, daß in Zukunft bei allen anscheinend mißbildeten fetalen Herzklappen die Frage der entzündlichen Genese erneut und sorgfältig zu prüfen ist.

D. Die Übergänge der anatomischen Formen und die Beziehungen untereinander. Bezeichnung.

Mit Ausnahme von BEITZKE (1920) hat in Deutschland seit Jahrzehnten niemand Stellung genommen zur Begriffsbestimmung einer E., zu den morphologischen Kriterien und zur Abgrenzung der einzelnen E.-Formen. Wohl sind in den neueren Lehrbüchern die Einteilungskriterien erkennbar. Sie stehen aber meist auf schwachen Füßen und sind nicht durch neue Befunde begründet. Die Ursache hierfür liegt einerseits wohl in der beherrschenden Einfachheit der alten Unterscheidung von verruköser und ulceröser Form. Andererseits haben die vielen Übergänge der einen Form in die andere alle Forscher so beeindruckt, daß sie nur von Übergangsformen sprechen und teilweise die Meinung vertreten, daß durch eine Grenzziehung den morphologischen Befunden Gewalt angetan würde.

In Gegensatz hierzu gibt das neuere amerikanische Schrifttum vielgegliederte Einteilungen, die anscheinend allgemeine Anerkennung gefunden haben. Wir bringen hier die Einteilung von GROSS und FRIEDBERG (1936):

1. Bacterial endocarditis.
   A. Acute bacterial endocarditis.
   B. Subacute bacterial endocarditis.
      1. With bacteremia.
      2. In the bacteria-free stage.
2. Nonbacterial endocarditis.
   A. Rheumatic endocarditis.
   B. Indeterminate endocarditis.
      1. Atypical verrucous endocarditis (LIBMAN-SACKS).
      2. Nonbacterial thrombotic endocarditis.
3. Syphilitic endocarditis.

Auch in unserer Darstellung werden die vielfachen Übergänge der einen Erscheinungsform in die andere offensichtlich, auch wir erkennen die großen Schwierigkeiten der Abgrenzung der Einzelformen an. Solche Schwierigkeiten sind ja aber keineswegs der E. allein eigentümlich. In wieviel Gebieten der allgemeinen und speziellen Pathologie ziehen wir zu Unterscheidung und Differenzierung von Zellen und Geweben Grenzen, die vielfach unbiologisch oder gewaltsam oder nur diagnostisch zweckmäßig sind, nur temporäre Hilfen bedeuten zur Überbrückung unserer Unkenntnis. Das wird jedoch die biologische Forschung nicht daran hindern, nach dem jeweiligen Stand der Erkenntnis Gliederungen, Abgrenzungen und Begriffsbestimmungen vorzunehmen. So verstanden, erscheint es uns berechtigt und für die zukünftige E.-Forschung wertvoller, eine Gliederung der Entzündungsformen anzustreben, als solche Grenzziehung abzulehnen und nur von Übergängen zu sprechen — auch dann, wenn die einzelnen Glieder nur Übergangsformen darstellen. Sie haben auch als Übergangsformen selbständigen Charakter, da der Übergang keineswegs obligat ist. Dieses letztgenannte Kriterium ist bestimmend für unsere formale und begriffliche Einteilung, die wir in folgendem Entwicklungsschema (S. 250) bringen, das sich an das Schema der primären allgemeinpathologischen Klappenveränderungen anschließt, welches wir bei Abschluß der „serösen Herzklappenentzündung" anfügten (S. 14).

Das Schema verdeutlicht, daß *alle* speziellen Formen der E. ihren Anfang nehmen von dem Klappeninsudat und als nächste Stufe von der serösen oder fibrinösen Entzündung. Bis zu diesen beiden Erscheinungsformen ist die Entwicklung anscheinend unabhängig von der „Reaktionslage des Gesamtorganismus" und nur abhängig von Art und Grad des primären Klappenschadens = Klappeninsudats. Zusatzfaktoren von seiten des Gesamtorganismus als „hyperergische" (?) Gewebsproliferationen lassen sich erst nach Auftreten einer serösen oder fibrinösen Entzündung erkennen. Diese histiocytäre Gewebsreaktion erfolgt nur bei der rheumatischen Entzündung, weswegen wir für richtiger halten, statt von einem „rheumatischen Gewebsschaden" (KLINGE) von einer „rheumatischen Gewebsreaktion" zu sprechen. Der „Schaden" = seröse oder fibrinöse Entzündung ist morphologisch wenigstens bei beiden Formen der E. fibrinosa gleichartig. Da die „Gewebsreaktion" bei der E. verrucosa simplex ausbleibt, ist eine Unterscheidung dieser beiden Erscheinungsformen und eine Grenzziehung zwischen beiden um so mehr gegeben, als dem Auftreten oder Ausbleiben dieser Gewebsreaktion eine besondere Bedeutung zukommt. Wir verweisen hierzu auf unsere Ausführungen im Kapitel „Rheumatismus". In Gemeinschaft mit einer stets vorhandenen Klappenvascularisation, deren Entwicklung weder im bisherigen Schrifttum zeitlich bestimmt ist noch von uns exakt ermittelt werden konnte, ist diese proliferative Gewebsreaktion das einzige morphologische Charakteristikum der rheumatischen Herzklappenentzündung. Bis zum Stadium der Entwicklung einer E. verrucosa simplex oder einer E. verrucosa rheumatica ist eine morphologische

Differenzierung der einzelnen Formen gut durchführbar. Die nun folgenden Entwicklungsstadien zeigen hingegen eine große Variationsbreite und bieten in der Fülle der Abwandlungsmöglichkeiten das ganze, oft verwirrende komplexe

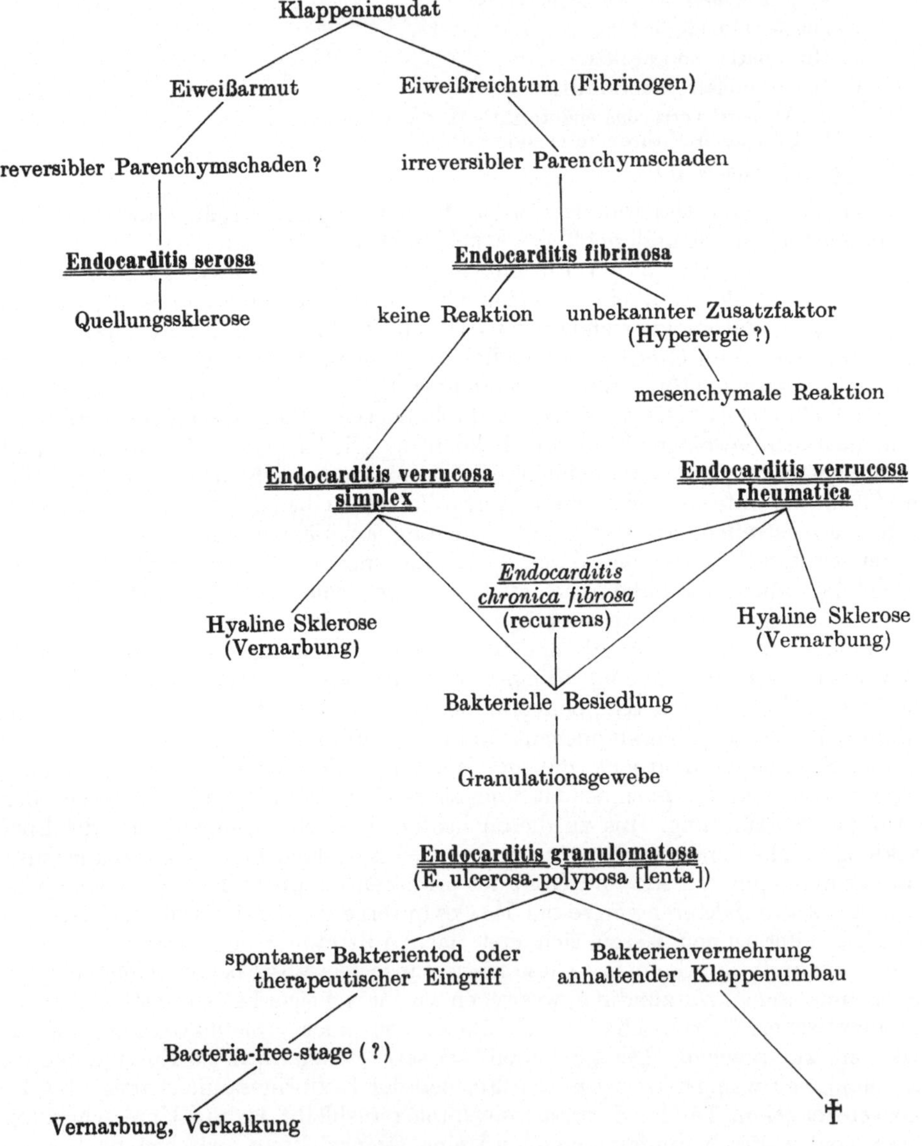

Abb. 95. Schema der speziellen pathologischen Anatomie der Endokarditis.

Geschehen: Vernarbung mit hyaliner Sklerose bei den beiden Einzelformen E. v. simplex und E. v. rheumatica sowie rekurrierende E. serosa wie auch E. fibrinosa auf alten Narben. Damit hätten wir die Erscheinungsformen der abakteriellen Endokarditis an Hand des Schemas umrissen.

Der Formenreichtum der bakteriellen Endokarditis ist wesentlich kleiner und überhaupt nur zu verstehen nach Kenntnis der vorangegangenen Veränderungen der abakteriellen Entzündungserscheinungen. Aus zweierlei Gründen haben wir die akute bakterielle E. nicht mit in das Ablaufschema aufgenommen. Wie wir im speziellen Abschnitt ausführten, steht heute noch offen, ob jemals Bakterien auf unverändertem Klappengewebe zur Ansiedlung gelangen. Auf Grund unserer umfangreichen Reihenuntersuchungen an Herzklappen überhaupt, erscheint uns die Wahrscheinlichkeit hierfür sehr gering. Ebenso gering ist aber auch die andere Wahrscheinlichkeit, beginnende Stadien einer akuten bakteriellen E. zur histologischen Untersuchung zu erhalten. In unserem eigenen Material fehlten zur Entscheidung dieser Frage geeignete Fälle. Bis zur Vorlage neuer mikroskopischer und bakteriologischer Befunde nehmen wir an, daß später die akute bakterielle E. an die gleiche Stelle wie die E. ulcero-polyposa als deren akute Schwesterform einzufügen sein wird. — Der zweite Grund, die akute bakterielle E. nicht im Ablaufschema der speziellen E.-Formen aufzunehmen, ist ein didaktischer. — Im amerikanischen Schrifttum wird heute erneut zwischen primärer und sekundärer akuter bakterieller E. unterschieden. Es erscheint uns sehr gewagt, eine solche Trennung durchführen zu wollen. Uns ist auch nicht ganz verständlich, auf Grund welcher Kriterien eine klinische oder morphologische Unterscheidung gelingen soll, sofern nicht eine lang bestehende bakterielle Infektion bekannter Organlokalisation mit bekanntem Bakterienbefund vorliegt. Auch der Wert dieser Unterscheidung erscheint uns problematisch, wenn nicht ein eindeutiger Blutkulturbefund vorliegt. „Primär" in des Wortes Bedeutung ist auch eine akute bakterielle E. nie.

Wir haben im speziellen Kapitel (S. 179) dargetan, daß bei der chronischen bakteriellen E. sämtliche morphologischen Erscheinungsformen der abakteriellen E. angetroffen werden und zusätzlich Bakterien, unter deren Einfluß sich das Klappengewebe in ein Granulationsgewebe umwandelt. Damit ist gegeben, daß sich nicht nur in jedem Erkrankungsfall, sondern bei jeder einzelnen betroffenen Herzklappe Übergangsformen finden. Je nach dem Entwicklungsgrad der einmal zur Zeit der bakteriellen Besiedlung bestehenden serösen oder (bzw. und) fibrinösen oder rheumatischen Entzündung oder Vernarbung, je nach der während und nach der bakteriellen Besiedlung an anderen Klappenstellen neu auftretenden serösen oder (bzw. und) fibrinösen (oder rheumatischen?) Entzündung kommen alle Übergangs- und Kombinationsformen vor. Ihr morphologisches Bild wird kompliziert oder verdeckt durch die Granulationsgewebswucherung und Geschwürsbildung. Nach Maßgabe der Bakterienwirkung, ihrer Dauer und der Bakterienvermehrung folgt fortschreitender Klappenumbau mit Polypenbildung. Bei spontanem oder therapeutisch bedingtem Bakterientod kann Vernarbung mit Schrumpfung und Verkalkung eintreten.

Wir hoffen, daß an Hand der allgemeinen und speziellen Einzelkapitel sowie der schematischen Gliederung und Schilderung der Übergangs- und Kombinationsformen die morphologische und begriffliche Abgrenzungsmöglichkeit der einzelnen Erscheinungsbilder der abakteriellen und bakteriellen E. deutlich wird. Waren die morphologischen Befunde bei Abgrenzung und Einteilung ausschlaggebend, so sind sie es ebenso bei der Namengebung und Bezeichnung. Trotz der von uns in den speziellen Einzelabschnitten angeführten Kritik besonders der Kliniker an der bisherigen Einteilung der Pathologen haben wir uns mit Vorbedacht der alten Bezeichnungen und ausschließlich morphologischer Kriterien bedient. Das sind wir unserem Fach und seinen ordnenden Prinzipien schuldig. Der Vorwurf des Klinikers, daß die Klinik mit der Einteilung nach morphologischen Gesichtspunkten nichts anfangen könne, ist leicht zurückzugeben mit dem Hinweis, daß der Morphologe, Pathologe und Bakteriologe die klinischen Bezeichnungen und die Gruppierung: E. mit und ohne Neigung zur Ausheilung (Edens); E. septica

(Brugsch); E. maligna (Brugsch); E. lenta als falsch oder irreführend ablehnen muß. Wir können in der E.-Forschung nicht die klinische Diagnostizierbarkeit, den stürmischen oder schleichenden, den gutartigen oder bösartigen Verlauf *allein* in den Vordergrund stellen oder als Kriterium der Namengebung benutzen. Das erscheint um so weniger tragbar bei dem Ausmaß der klinisch-diagnostischen Schwierigkeiten, bei der Häufigkeit des klinisch stummen Verlaufs und der Verschiedenheit der morphologischen E.-Formen und -Stadien, die sich willkürlich unter der klinischen Bezeichnung verstecken. Wir verzichten hier auf mehr als hinweisende Vergleiche mit Stadien anderer Organkrankheiten wie Tuberkulose oder Krebs, bei denen die klinische Diagnostik auch heute noch auf nicht minder schwachen Füßen steht und sich die Klinik doch der morphologischen Einteilung und Grundlagen bedient.

Wir haben für die bakterielle E. die Bezeichnung E. granulomatosa benutzt auf Grund der Morphologie des Gewebsbildes, das sich aus exsudativen und proliferativen Entzündungsfaktoren zusammensetzt und einem Granulationsgewebe gleicht. Es ist zu erwarten, daß diese Namengebung Kritik herausfordert. Wenn wir jedoch bei dieser E.-Form das Charakteristische des morphologischen Substrats ebenso kennzeichnen wollen wie bei der E. serosa und E. fibrinosa, dann kann in logischer Konsequenz keine andere Bezeichnung gewählt werden. Der alte Name E. ulcero-polyposa erfährt durch unsere Befunde erneute Bestätigung. Hierbei kommt auch die vorangehende Geschwürs- und nachfolgende Polypenbildung gleichzeitig zum Ausdruck. Die von Ziegler (1888) und Aschoff (1936) mit Nachdruck vertretene Bezeichnung „Thromboendokarditis" kann — wenn überhaupt — nur bei der akuten bakteriellen E. Anwendung finden. Für die anderen E.-Formen ist diese Bezeichnung unzutreffend und irreführend.

E. Experimentelle Endokarditis.

I. Experimentelle Möglichkeiten.

Die experimentelle Forschung nimmt im Gebiet der formalen und kausalen Genese der Endokarditis bis 1939 keinen großen Raum ein. In Deutschland und anscheinend in der Weltliteratur liegt bis heute keine zusammenfassende Darstellung vor. Aus diesem Grunde und wegen der schlechten Zugänglichkeit des ausländischen Schrifttums bringen wir die tierexperimentellen Versuche ausführlich. Dies scheint uns um so mehr geboten, als die Ergebnisse der Tierversuche eine ausschlaggebende Bedeutung in den pathogenetischen Fragen aller Formen der Endokarditis gewonnen haben.

Ein großer Teil vor allem der älteren Arbeiten ist freilich unter dem Gesichtspunkt der in dieser Darstellung entwickelten Problemstellungen schwierig zu beurteilen und in speziellen pathogenetischen Fragen auch wenig ertragreich. Dies liegt daran, daß so gut wie alle älteren Versuche von der Voraussetzung ausgehen, daß sämtliche Formen der Endokarditis durch Bakterienbesiedlung der Herzklappe entstünden und auch dementsprechend im Tierversuch zu realisieren seien. Diese unitaristische Auffassung hat dazu geführt, daß auf die histologischen Details der erzeugten E.-Formen weniger geachtet wurde und oftmals der makroskopisch sichtbare Erfolg dem Autor genügte. Von unserer heutigen Warte aus gesehen sind demnach die erzeugten Endokarditiden nicht immer eindeutig als seröse, fibrinöse oder granulomatös-bakterielle zu identifizieren. Trotzdem haben gerade die frühen Arbeiten einen wesentlichen Fortschritt gebracht: sie haben erwiesen, daß es zur Keimhaftung an der Herzklappe, d. h. zur Erzeugung einer bakteriellen E., in fast allen Arten der Versuchsanordnung einer Vorbereitung bedarf. Daneben haben sie gezeigt, daß es eine Reihe von „Vorstufen" der ausgebildeten E. — sei sie nun ulcerös, bakteriell oder verrukös — geben kann, die sich in histologischen Befunden des Subendothels äußern, die von Degenerationen schwer abgrenzbar sind oder aber schon deutlich als „Reizzustand" im Sinne des weiter gezogenen Entzündungsbegriffes angesprochen werden müssen (s. Abschn. A, II, 1, S. 11). Das Charakteristikum der älteren Arbeiten ist die Annahme der Experimentatoren, daß diese Veränderungen, die als morphologisches Substrat einer „Klappensensibilisierung" gelten können, sich niemals bei Fortsetzung derselben Einwirkung zur ausgebildeten E. entwickeln, daß vielmehr die „präendokarditisch" veränderte „sensibilisierte" oder „suszeptible" Klappe durch eine von der Sensibilisierung verschiedenartige Noxe getroffen werden muß, um die Endokarditis zur Ausbildung zu bringen. In zahlreichen Fällen ist dieses nach der Vorbereitung bzw. Sensibilisierung mit einer Zufuhr von lebenden Bakterien versucht worden, die als „Erfolgsinjektion" bezeichnet wird. Wir wissen heute, daß die Ausbildung der verrukösen Endokarditis nicht ausschließlich davon abhängt, ob auf die Sensibilisierungsbehandlung eine heterologe „Erfolgsbehandlung" folgt, sondern daß die genügend lange Dauer einer geeigneten Sensibilisierung schon dazu genügt. Zum andern ist es auffällig, wie verschieden die Erfolgszahlen und das Erfolgsausmaß des Einzelfalles sind, je nach der Methode, Tierart und schließlich der histologischen Einstellung des Autors bezüglich der Weite des Begriffes „Endokarditis". Nach Maßgabe der zugrunde liegenden Arbeitshypothesen, nach der Methodik sowie nach dem rückschauend beurteilten Typ der erzeugten Endokarditis gliedern sich die Arbeiten in 4 Gruppen:

1. Versuche, auf einer traumatisch lädierten Klappe Bakterien zur Ansiedlung zu bringen.

2. Versuche, ohne Trauma eine Bakterienhaftung durch eine geeignete nichtbakterielle Vorbehandlung zu erzielen.

3. Arbeiten, die ohne Einbringung von lebenden Bakterien in die Blutbahn die Erzeugung von Endokarditiden zum Ziele hatten, wobei der größte Teil der Autoren bereits gewisse Vorstellungen über eine lokale Allergie, Anaphylaxie bzw. Antigen-Antikörperreaktion zugrunde legt.

4. Versuche zur Erzeugung einer Endokarditis, die ausschließlich die meist intravenöse Injektion von lebenden Kulturen über kürzere oder längere Zeit verwenden.

Die letzten beiden Gruppen sind für unsere heutigen Vorstellungen bezüglich der Pathogenese besonders wichtig.

1. Klappentrauma und bakterielle Besiedlung.

Die alten Versuche des vergangenen Jahrhunderts, durch mechanische Insulte und traumatische Klappenzerstörung eine Vorbedingung zur Ansiedlung von Bakterien zu schaffen, wurden bis 1939 nur zweimal wiederholt von Kinsella und Muether und von Cornil und Mitarbeitern.

Kinsella und Muether (1938) gelang es, nach vorhergehender instrumenteller Verletzung der Herzklappen von der Arteria carotis aus durch Verfütterung bzw. i.v.-Injektion von anhämolytischen Streptokokken eine bakterielle E. mit positiver Blutkultur zu erzielen (s. S. 206). Die histologischen Veränderungen sind nicht genau beschrieben. — Über ähnliche Resultate berichten Cornil *und Mitarbeiter* (1936) nach Vorbehandlung durch Einführung einer Kanüle durch die Arteria carotis bis zum linken Ventrikel. Zur Verwendung kamen bei der Erfolgsinjektion drei verschiedene Streptokokkentypen aus menschlichen Erkrankungen an Endokarditis.

2. Aktivierung des Klappenmesenchyms und bakterielle Besiedlung.

Diese Untersuchungen sind von der Tendenz ausgegangen, durch eine geeignete Vorbehandlung mit unbelebten Stoffen das Klappengewebe in einen bestimmten Funktionszustand zu bringen. Heute liegt die Wichtigkeit dieser

Untersuchungen vor allem auch auf allgemein-pathologischem Gebiet. Die Untersuchungen haben erwiesen, daß das Klappengewebe, vor allem aber der subendotheliale Anteil, zu dem aktivierbaren Mesenchym gehört, daß, je nach Belastung des RES durch verschiedene Körper, das normalerweise indifferente Subendothel Speicherungs- und Resorptionsfunktionen im Rahmen des „RES im weiteren Sinne" (ASCHOFF und KYONO) akquiriert. Als Anhaltspunkt für eine erfolgte „Aktivierung" sind gewisse histologische Befunde beschrieben worden, die nun ihrerseits die „Keimhaftung" und damit die Ausbildung der (bakteriellen) E. nach Keimzufuhr ermöglichen. Es ist gerade bei dieser Gruppe charakteristisch, daß die „Erfolgsinjektion" mit lebenden Bakterien fast durchweg als conditio sine qua non für die Ausbildung der E. angesehen wurde, wobei der bereits S. 252 erwähnte Unitarismus der damaligen Zeit bezüglich der Pathogenese aller E.-Formen eine Rolle gespielt haben mag. Eine Ausnahme bilden nur die Versuche von DE VECCHI.

A. DIETRICH (1926), A. DIETRICH und K. SCHRÖDER (1930) verwendeten bei ihren Thromboseversuchen als Vorbehandlung Caseosan oder Colivaccine, als Erfolgsinjektion Caseosan oder Lebendkultur. Sie beobachteten als erste Veränderungen: In abgebundener Gefäßstrecke Anlagerung agglutinierter Bakterien an das Endothel, „Abscheidung und Ausfällung einer gallertigen Phase am Endothel, die als Fibrin angesprochen werden kann", „Mobilisierung des Gefäßendothels und lebhafte Leukocytendurchwanderung". Bei strömendem Blut wurde als erste Veränderung eine „Auflockerung des Endothels" mit Kernverklumpung und eine subendotheliale Leukocyteninfiltration beobachtet. Ferner wurden im aufgelockerten Endothel „homogene Tropfen", ein „feiner hyaliner Saum" als Abscheidungseffekt beschrieben. Diese an Gefäßen erhobenen Befunde sind dann auf die Herzklappe übertragen worden. — SILBERBERG (1928) erhielt bei Vorbehandlung mit hohen Dosen Lithioncarmin stets durch die Erfolgsinjektion mit Staphylokokken eine Endokarditis an der Mitralis oder Tricuspidalis und Abscesse in den verschiedensten Organen. Das Endothel der Herzklappen nahm an den Speicherungsvorgängen selbst nicht teil. — FREIFELD (1928) versuchte eine Belastung des RES mit Tusche, mit Trypanblau und Carmin oder Vaccination (polyvalente Streptokokkenvaccine) und nachfolgende Injektion mit Bakterien (Staphylococcus aureus). Von äußerst üppigen Wucherungen mit thrombotischen Auflagerungen beginnend bis zu geringen Körnelungen ergaben sich warzenförmige Endokardveränderungen. Die Tiergruppe ohne Vaccination zeigte keine Endokarditis. — SEMSROTH und KOCH (1929, 1930) sensibilisierten Meerschweinchen intraperitoneal mit Pferdeserum bzw. Streptokokkenvaccine (einmalige Gabe). Die intraperitoneale Erfolgsinjektion bestand aus Paratyphusbacillen- bzw. Staphylokokkenaufschwemmung. An Kaninchen wurde die Vorbereitung mit Vaccine, Casein, Tusche oder Carmin und die Erfolgsinjektion mit Staphylokokken bzw. Diphtherietoxin (beides intravenös) vorgenommen. Nur bei vorbehandelten Tieren wurde mit Regelmäßigkeit eine „proliferative" Endokarditis erzeugt mit „nodular or plateau-like mononuclear cell proliferation". Stets fand sich zuerst eine Zellproliferation, dann Kokkenauflagerung oder Thrombose. Bei Diphtherietoxin ohne vorherige Sensibilisierung wurden innerhalb der Klappe einzelne kleine Nekroseherde beobachtet. Bei vorheriger Caseinbehandlung fand sich umschriebene Hyalinose und Kernarmut. Abb. 3 (S. 874) ähnelt mit dem Kernschwund einer serösen Entzündung. Vereinzelt beobachteten sie „proliferative" Reaktionen bzw. eine „exsudative valvulitis". — DE VECCHI (1932) sensibilisierte Kaninchen mit Trypanblau bei nachfolgender Erfolgsinjektion hämolytischer Streptokokken. Die Tiere zeigten septische Erscheinungen, eine rekurrierende Endokarditis der Mitralis mit Nieren- und Milzinfarkten. Eine zweite Tiergruppe wurde mit Trypanblau vorbehandelt und erhielt vom 5. Tage an alternierende Injektionen von subletalen Dosen von Diphtherietoxin und Trypanblau. Hier wurde keine Endokarditis erzielt, aber an den Spitzen der Mitralklappen eine eigentümliche Schwellung und gelatinöse Veränderung ohne Geschwürsbildung. Mikroskopisch fand sich celluläre Infiltration unter dem Endothel durch Monocyten und lymphocytenähnliche Zellen, besonders durch Histiocyten. Diese speichern den Farbstoff. Er stellt die Vorbehandlung mit Farbstoff der Vorbehandlung mit Toxin gleich und bringt dieses in der folgenden Formel zum Ausdruck: Keime plus Keime oder Toxin = Endokarditis; Toxin plus Toxin oder Keime = Endokarditis. Das Endothel des Endokards hat an diesen Vorgängen keinen Anteil. — Von den deutschen Autoren hat sich SIEGMUND (1933) am ausgedehntesten mit den Frühveränderungen der Endokarditis beschäftigt bei Vitalfärbung mit sauren Farbstoffen, Verwendung kolloidaler Eiweißkörper, von Bakterien und Vaccinen am Versuchstier. Er hat diese Befunde verglichen mit den Endokardveränderungen bei Scharlach, epidemischer Meningitis, Leukämie, Sepsis lenta und Gelenkrheumatismus. Das Wichtigste seiner Versuche mit

Vitalfärbung war, daß schon eine einmalige Injektion zur Speicherung nicht im Endothel, sondern in den „subendothelial gelegenen Histiocyten“ führte. Der Zustand des Endothels ist bei fehlender Speicherung maßgeblich für die Durchlässigkeit der endokardialen Deckschicht. Er bezeichnet die subendotheliale Gewebsschicht als ein „außerordentlich lockeres schleimiges Bindegewebe“, das „basophil“ aussieht und dem embryonalen Bindegewebe wie auch den „subendothelialen Gefäßwandschichten der Aorta“ gleicht. Schon bei den Versuchen mit sauren Farbstoffen stellte er an den Klappen, besonders am Mitralsegel, in der subendothelialen Gewebsschicht knötchenartige Verdickungen fest, die aus Anhäufungen eines basophilen Gallertgewebes bestehen. Das Subendothel der Herzklappen wie auch des Wandendokards wird als „mesenchymales Keimlager“ bezeichnet. Ebensolche „Verquellung der Grundsubstanz“ beobachtete er bei Verwendung von Pferdeserum, Casein und Omnadin. Zelldegenerationen und Proliferationen mit Auflockerung des basophilen Subendothels werden von ihm bei Verwendung von Bakterien und Vaccinen beschrieben. — THOMSON (1935) stützte sich mit seinen Untersuchungen besonders auf die Arbeiten von PFUHL (1929, 1931) und hebt hervor, daß sich „die ganze Frage nach der Endokarditis, insbesondere der Thrombendokarditis, von dem Endothel auf das Bindegewebe hin verschoben“ hat (S. 319). Er wiederholt die Versuche von SILBERBERG mit Lithioncarmin, Trypanblau und Tusche mit nachfolgender Staphylokokkeninjektion. Nur bei 2 Tieren konnte er eine Endocarditis ulcerosa erzielen. Verwendung von Farbstoff allein erzeugte eine „gewisse ödematöse Schwellung des ganzen Klappengewebes“ (S. 323), vereinzelte Rundzellenanhäufung und Zellwucherung von Histiocyten. — RINEHART und METTIER (1934) untersuchten Klappen und Muskel des Herzens bei experimentellem Skorbut mit oder ohne zusätzliche Infektion. Skorbut allein oder Infektion mit β-Streptokokken allein blieben ohne Erfolg. Nur Skorbut und zusätzlich Streptokokken führten zu einer Endokarditis. Skorbut allein ergab an den Klappen eine Schwellung und Verdickung des Bindegewebes. Bei aufgepfropfter Infektion fand sich zusätzlich eine Histiocytenproliferation. — W. DIETRICH (1936) hat ebenfalls „über Anfänge der experimentellen Endokarditis“ berichtet. Als Vorbehandlung wurden Caseosan, Colivaccine, Serum und Histamin, als Erfolgsinjektion Bacterium coli und Streptokokken verwendet. Wichtig erscheint folgender Befund: „Häufig knötchenartige, manchmal wärzchenförmige Verdickungen des Klappengewebes, die meist makroskopisch als kleine glasige Knötchen oder als milchige Flecke auf dem Segel, zumeist etwas oberhalb des Schließungsrandes, erkennbar waren. Sie bestehen aus einer Anhäufung eines zellarmen, gallertig-schleimigen Gewebes, in dem neben kleineren Zellformen größere Zellen mit großen, chromatinreichen Kernen und deutlichem Protoplasma zu finden sind. Über die Klappenpolster zieht ein deutlicher Endothelsaum; sie finden sich bevorzugt an der Mitralklappe, doch auch an der Tricuspidal- und Aortenklappe. Diese Befunde stimmen mit den oben erwähnten Beschreibungen von PFUHL, SIEGMUND überein“ (S. 287). Er erzielte bei 4 von 21 Tieren eine schon makroskopisch erkennbare ulceröse Endokarditis mit saumartig das Endothel bedeckenden Fibrinauflagerungen mit Kokken in dem Saum oder in dem Endothel. Als Befunde *ohne* typische Endokarditis beschreibt er bei mehreren Fällen: Klappenpolster, warzige Knötchen, Klappenaufquellung, „Mitral- und Aortenklappe sehr stark aufgequollen und fast blasig aufgetrieben“. „Diese mächtigen ödematösen Quellungen scheinen uns der hyperergischen Reaktion im ARTHUSschen Versuch gleichzustehen.“ — CORNIL und Mitarbeiter (1936) verwendeten bei ihren Versuchen Hunde, Kaninchen und Meerschweinchen. Die ersten beiden Tierarten erhielten intravenöse Injektionen, die Meerschweinchen intrakardiale. Die Tiere wurden ganz verschieden vorbehandelt: Abkühlung, Tusche, Casein und Trauma. Als Erfolgsinjektion benützten sie Streptokokken von menschlichen Endokarditisfällen. Sie erzielten mehr pyämische Abscesse und seltener Herzklappenveränderungen. Unter letzteren war die Mitralis bevorzugt mit subendothelialen, histiocytären Proliferationen, mit Ödem und Endothelreaktionen an verschiedenen Abschnitten, schließlich mit Auftreten von Leukocyten und massiver Thrombenbildung. — ISIBASI (1938) hat zur Vorbehandlung Sodacarmin in hohen Dosen und 5—24 Std nach der letzten Vorbehandlungsinjektion große Kulturaufschwemmungen von Staphylococcus aureus verwendet. Nach Verwendung von Farbstoff allein fand er keine Verquellungen. Bei Verwendung von Farbstoff und Kokken konnte er schon 10 Std nach Erfolgsinjektion eine Verdickung des Subendothels mit Anhäufung und Degeneration von farbstoffspeichernden Zellen feststellen. 24 Std später zeigte die Mitralis „polsterförmige Verdickung durch Wucherung von gallertigem Subendothel, in welchem eine mäßige Anzahl von carmingespeicherten Zellen sich zeigen“. „Die Zellen des Polsters sind große Histiocyten.“ In den späteren Entwicklungsstadien fand er Kokkenhaufen mit Nekrose, jetzt erst Leukocyten, fibrinöse Massen sowie ein „polypförmiges Polster, das in der Hauptsache aus gewucherten Histiocyten gebildet ist“. „An anderen Schnitten Ablagerung von Fibrinoid im Polster.“ — NEDZEL (1937) stellte Versuche an mit Hunden unter Verwendung von Pitressin. Er erzeugte damit Perioden mit hohem und niedrigem Blutdruck, Spasmen mit Anoxämie. Er fand folgende Klappenveränderungen: 1. Blutungen in die Klappen; 2. Veränderungen des Klappenendothels: Kernverdickung, Vacuolen in den Endothelien oder Schwellung derselben;

3. Veränderungen der ganzen Klappe: ödematöse Schwellung, Auftreten von Rundzellen, von Mononucleären und Fibroblasten mit „typical palisades of fibroblasts" bis zur warzenförmigen Oberflächenwucherung. — Bei Bakterieninjektion nach Pitressinbehandlung haften die Kokken an der Klappenoberfläche, erzeugen erhabene, hyperämische Bezirke bis zur Bildung von Excrescenzen und Geschwüren. Daß durch Sauerstoffmangel die Klappe — auch nach anderen Arbeiten — sensibilisiert werden kann, haben wir bereits erwähnt (S. 159).

Zusammenfassend kann festgestellt werden, daß die geschilderten Versuche die erstaunliche Reaktionsbereitschaft des Subendothels der Herzklappe erweisen. Durch eine Reihe von außerordentlich heterogenen Einwirkungen als Vorbereitungsinjektionen gelangt dieses in einen Zustand, den wir heute in den meisten Fällen rückblickend im Sinne unserer Vorstellungen als seröse Endokarditis bezeichnen müssen. Daß in vielen Fällen die kombinierte Behandlung (Sensibilisierung plus Erfolgsinjektion von lebenden Keimen) kein ausgeprägteres Bild als diese angedeutete entzündliche Veränderung ergibt, zeigt, daß für die Besiedlung der sensibilisierten Klappe eine Reihe im Einzelfall nicht abschätzbarer Faktoren mitspielt. Eine Mitwirkung der Bakterieninjektion auf die Herzklappe in *indirektem* Sinne (nicht als Metastase) ist auch bei der Entstehung der durch kombinierte Behandlung erzielten Klappenreaktionen nicht abzulehnen. Es ist aber zu betonen, daß die Erfolgsinjektion dafür keineswegs eine conditio sine qua non ist. Unerläßlich ist sie nur bei den Fällen, wo die seröse Klappenreaktion durch Keimbesiedlung zu einer bakteriellen Endokarditis werden soll. Bemerkenswert ist auch die Tatsache, daß es schon durch Speicherung allein gelingt, eine morphologisch sichtbare Mesenchymalreaktion zu erzielen. Eine Aussage über den intimeren Mechanismus der Reaktionen bei Speicherung ist nicht möglich, während wir bei der Eiweißvorbehandlung wenigstens Modellvorstellungen im Sinne der Antigen-Antikörperreaktion zu Hilfe nehmen können. Einstweilen bleibt nichts anderes übrig, als unter Verzicht auf Erklärungen die außerordentlich große Skala von Möglichkeiten, die zu einer Endokardsensibilisierung führen, zu betonen.

3. „Lokale Anaphylaxie" der Herzklappe.

Eine Reihe von Versuchen hat relativ frühzeitig die morphologische Ähnlichkeit gewisser Klappenläsionen mit lokal-anaphylaktischen Erscheinungen erwiesen. Seither sind in immer stärkerem Ausmaß die Ideen zum Durchbruch gelangt, die wir für die Entstehung der fibrinösen Endokarditis bereits ausführlich diskutiert haben (S. 15, 159).

In den Versuchen Klinges (1929) erhielten die Tiere als Vorbehandlung Pferdeserum subcutan, als Erfolgsinjektion mehrfach Pferdeserum intraartikulär. Er konnte Herzklappenbefunde erheben: „Es finden sich ... eigenartige knötchenförmige Verquellungszustände am freien Rand, am Schließungsrand und an den Sehnenfäden, die makroskopisch ein traubenförmiges Gebilde von gallertig-glasiger Beschaffenheit darstellen. Die glasigen Knötchen erweisen sich mikroskopisch als schleimig gequollenes subendotheliales Bindegewebe. Dieses ist ... in einen dem jugendlichen Mesenchym ähnlichen Zustand versetzt, in dem die Grundsubstanz schleimig entartet ist ... und die Bindegewebszellen plasmareich, mit Ausläufern versehen, oft sternförmig verändert sind." Der Zellgehalt wechselt, abgerundete, monocytäre Formen treten auf, manchmal in Haufen. Oft finden sich im Bindegewebe der Knötchen „homogene schollige Massen", die sich färberisch wie hyaline Knötchen der Gelenke und Gefäßwände verhalten. Um diese herum sieht man hystiocytäre Proliferationen.

Apitz (1933) arbeitete mit Kaninchen unter Verwendung von Pferdeserum als Antigen. Er beobachtete eine Myokarditis „histio-lymphocytären Charakters" und Kranzgefäßveränderungen mit Elasticazerstörung. Die „subendothelialen Proliferationen" des Wandendokards stellt er den Beobachtungen Siegmunds an die Seite. Bei der Mitralis fand er Verdickung durch subendotheliale Zellwucherungen (Histiocyten und Fibroblasten, weniger Lymphocyten und ganz vereinzelt Gelapptkernige).

Andrei und Ravenna (1938) konnten bei 166 von 700 Kaninchen durch Injektion von Blut von Rheumakranken, von normalen gesunden Menschen oder von Pferdeserum, Milch

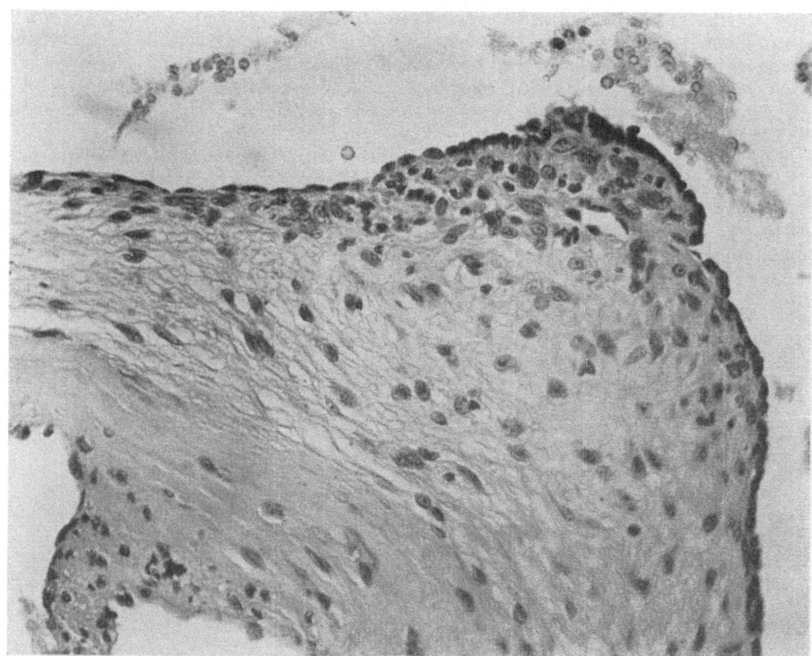

Abb. 96 a. Heart valve showing nodular excrescence on auricular surface. There is hypertrophy and proliferation of endothelium overlying a localized area of edema and loss of structure of the normally loose collagen. An increased content of large mononuclear cells and a few lymphocytes and polymorphonuclear cells are also visible. (Rabbit 5) Hematoxylin and eosin. (400×.)

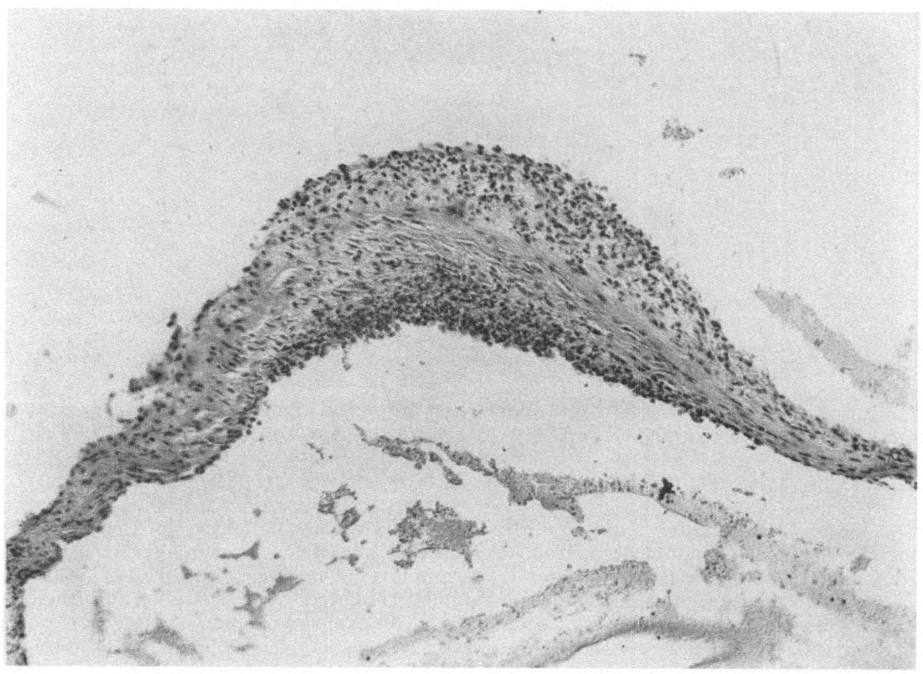

Abb. 96 b. Heart valve of rabbit 8 showing topography of localized lesion. Marked cellular thickening of the valve is visible. Hematoxylin and eosin. (115×.)

Abb. 96 a u. b. Nach einer Photokopie der Originalabbildung von MORE und Mitarb.: Globulin endocarditis in rabbits. [J. exper. Med. **89**, 555 (1949).]

usw. eine sterile Thrombendokarditis erzeugen; die histologischen Veränderungen standen bei diesen Versuchen weniger im Vordergrund als die Annahme, daß diese Herzklappenerkrankung durch ein fragliches Virus hervorgerufen wurde.

Die Versuche TEDESCHIS (1946), das SCHWARTZMANN-Phänomen nachzuahmen, zeigten nur hämorrhagisch-nekrotisierende Veränderungen am Herzen, die ohne wesentliche Bedeutung für unsere Fragestellungen sind.

MORE und MCLEAN (1949) prüften den Effekt großer Dosen von Pferdeserum bei Kaninchen. Die Tiere erhielten am 17. und 18. Tag eine Reinjektion. Erfolgte kein anaphylaktischer Schock, wurden die Tiere 6—10 Tage nach der letzten Injektion getötet. Bei 8% unbehandelter und bei 20% behandelter Tiere wurde neben Herzmuskelnekrosen und Gefäßveränderungen an den Herzklappen eine „edematous separation of collagen fibers" mit oder ohne

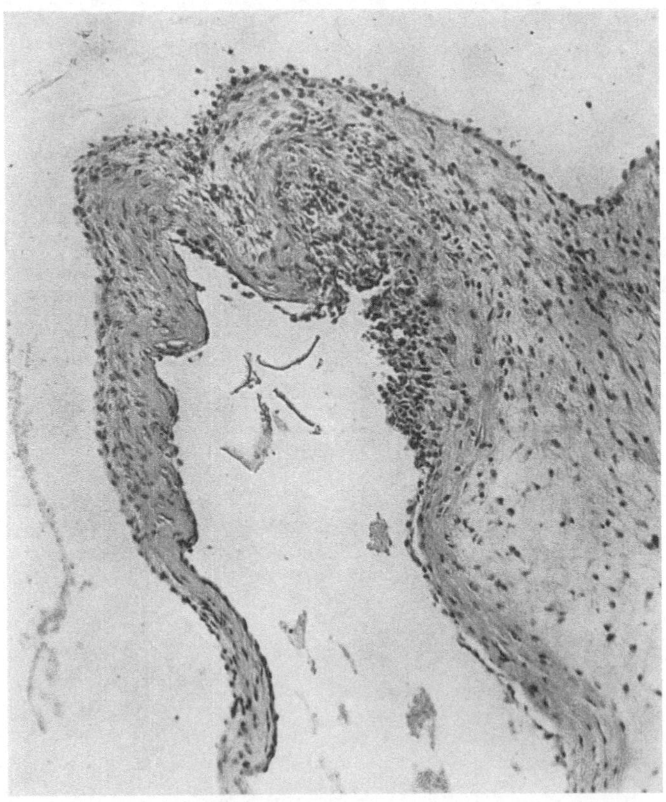

Abb. 97 a. Globulin endocarditis in rabbits. Aus MORE u. Mitarb. [J. exp. Med. 89, 555 (1949).] Base of valve showing marked endothelial proliferation of subvalvular angle. Hematoxylin and eosin. (126×.)

Infiltration durch Lymphocyten und Monocyten gefunden. Die Verfasser wagen nicht zu entscheiden, ob es sich bezüglich des Auftretens von Fibrinoid um „flooding of the damaged tissue" oder um „greatly swollen or much increased degenerated ground substance" (S. 429) handelt. Sie bezweifeln die Tierbefunde von KLINGE und VAUBEL (1931).

RICH und GREGORY (1943—1947) gingen von der Auffassung aller rheumatischer Organveränderungen einschließlich der Periarteriitis nodosa als anaphylaktischer Erscheinungen aus. Bei Kaninchen konnten sie nach ein- und mehrmaliger intravenöser Injektion von Pferdeserum nach 11—364 Tagen bei 11 Tieren Herzbefunde erheben: Vegetationen an den Klappen mit Endotheldefekten, ohne „eosinophilic thrombus material" aber mit allen für Rheumatismus typischen Zellproliferationen, besonders auch Palisadenstellung. Daneben beschreiben sie Klappenödem und desmolytische Prozesse der Kollagenfasern. An Hand von eindrucksvollem Vergleichsmaterial von menschlichem Rheumatismus betrachten sie die rheumatischen Veränderungen des Menschen als anaphylaktisch bedingt.

Die Versuche von MURPHY und SWIFT (1949) haben wir bereits skizziert (S. 162). Die durch 3—20 Monate hindurch durchgeführten intracutanen Inoculationen mit an M-Substanz

(s. S. 96) reichen A-Streptokokken, wobei bei demselben Tier die Typen dauernd gewechselt wurden, zeigten mit Herzbefunden des menschlichen Rheumatismus überraschende Ähnlichkeiten. Die Blutkultur der Tiere war stets negativ, auch konnten in den Klappenläsionen niemals Bakterien nachgewiesen werden. An den Klappen fanden sich bei einigen Tieren eine Kette von feinen opalescenten Erhabenheiten. Mikroskopisch sah man interstitielles Ödem und „Valvulitis“, Histiocytenwucherung mit Palisadenstellung. Die oberflächlichen Palisadenzellen zeigen gelegentlich Nekrose; das nekrotische Material verhält sich färberisch wie Fibrin. Besonderes Gewicht legen die Autoren auf die Schwellung der Kollagenfasern und ihr

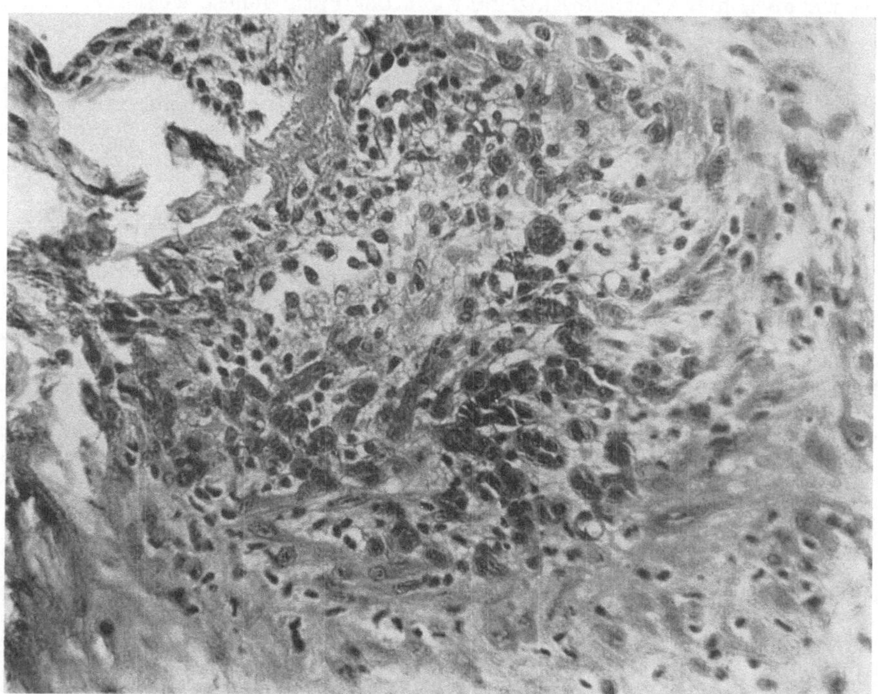

Abb. 97 b. Lesion of valve ring (rabbit 4) showing the disorganized and edematous ground substance, prominent multinucleated giant cells, young fibroblasts, and capillaries. Mitoses in cells at the periphery and surrounding the lesion were easily seen under the microscope. Hematin, phloxine, and saffron. (350×.)

Abb. 97b. Nach einer Photokopie der Originalabbildung von MORE und Mitarb.: Globulin endocarditis in rabbits. [J. exper. Med. **89**, 555 (1949).]

fibrinähnliches tinktorielles Verhalten, ebenso auf die großen basophilen Zellen (sog. ANITSCHKOW-Zellen). Gleichsinnige eindrucksvolle Befunde werden am Myokard und an den Kranzgefäßen erhoben.

Die neuesten Versuche von MORE, WAUGH und KOBERNICK (1949) gingen von den früheren Versuchen von VAN HAWN und JANEWAY (1947) mit bovinen γ-Globulinen einerseits, von eigenen früheren Versuchen von MORE und WAUGH (1949) über experimentelle Glomerulonephritis andererseits aus. Nach einseitiger Nephrektomie erfolgte bei Kaninchen intravenöse Injektion von gereinigtem Rinder-γ-Globulin (1 g/kg Körpergewicht). 11 Tage später desensibilisierende intravenöse Injektion, am 12. Tag Wiederholung der Erstinjektion. Tötung der Tiere am 18. Tag. Bei allen Tieren ließ sich vor dem Tod ein ARTHUS-Phänomen auslösen. Bei 9 Tieren wurden im Blut Präcipitine gegen das antigene Globulin festgestellt. — Als Ergebnis dieser Behandlung zeigten 8 Tiere Klappenveränderungen, 4 Tiere solche des Annulus fibrosus, 3 Tiere Befunde an beiden. Mikroskopisch fanden sich an Ober- und Unterfläche der Klappen oder an beiden Flächen umschriebene oder diffuse Verdickungen mit geschwollenen cuboiden Endothelien bei teilweiser Proliferation desselben sowie Ödem des Bindegewebes mit Vermehrung der Fibroblasten und der Mononucleären (hier auch Mitosen) und wenigen Lymphocyten. In der Umgebung der Klappenverdickungen wurde Schwellung und Homogenisierung der Kollagenfasern und teilweise Fragmentation festgestellt, aber ohne fibrinoide Nekrose. Die Abbildungen (Abb. 96a u. b und 97a u. b) zeigen die große Ähnlichkeit mit dem menschlichen Rheumatismus. Trotzdem wird diese zurückhaltend beurteilt.

Die Befunde von STREHLER (1951) sind bereits referiert (S. 164). Genaue Angaben über die Histologie fehlen.

Zusammenfassend kann festgestellt werden, daß es gelingt, durch Maßnahmen, die früher meist nur als „sensibilisierend“ angesehen wurden, eine echte, ausgebildete Endokarditis zu erzeugen, sofern die Behandlung lange genug erfolgt und die Eingriffe zeitlich richtig aufeinander abgestimmt sind. Auch hier ist aber der Prozentsatz der Erfolgstiere nicht überwältigend hoch — ein Zeichen, wie wenig wir auch hier über die Einzelfaktoren der Pathogenese wissen.

4. Injektion von Bakterien ohne heterologe Vorbehandlung.

BELK, JODZIS und FENDRICK (1928) injizierten 8 Kaninchen und 2 Pferden Streptokokken von Herz-Gelenkkranken. Sie beschreiben bei nur 2 Tieren „vegetative Endocarditis“ mit Fibrin, Leukocyten und Bakterienhaufen, sowohl an der Oberfläche der Klappe wie auch in der Klappe selbst. Dreimal „verrucous lesions“ der Tricuspidalis und des Wandendokards, unter diesen Warzen Abscesse und Kokken, mitunter Nekrosen.

1930 beobachtete BIELING an Rotlaufserumpferden die Entstehung von polypöser Endokarditis und Arthritis. Dabei wird das Pferd mit lebenden Rotlaufbacillen subcutan und später intravenös immunisiert. Besonders häufig entsteht die Endokarditis beim Übergang von der subcutanen zur intravenösen Keimzufuhr. Bakteriologische und histologische Befunde der Herzklappen fehlen bei BIELING, ebenso der Nachweis einer von der Herzklappe ausgehenden Bakteriämie. — Diese Fragen sind von MEESEN (1936) und WEIDLICH (1943) (s. S. 166) genauer studiert worden. Bezüglich der Arthritis bei Serumpferden als „rheumatischer Schaden“ s. MEESEN (1936). — LLOYD-JONES (1936) konnte bei Kaninchen mit intravenöser Zufuhr von Bakterien eine Endokarditis erzeugen. Langdauernde Keimzufuhr ist notwendig (bis zu 6 Wochen). Einmalige Injektionen führen nur ausnahmsweise zum Erfolg. Zur Verwendung kamen hämolytische Streptokokken und Enterokokken. Bei hämolytischen Streptokokken gehen die Tiere vor Ausbildung der E. meist an Sepsis ein. Mit Enterokokken entsteht bei gewissen Stämmen in 80% eine polypöse bakterielle E., die der menschlichen E. lenta sehr gleicht. Vorbedingung ist die Erzeugung einer lang dauernden Bakteriämie.

CORNIL, MOSINGER und JOUVE (1937) beobachteten bei Injektion von Erregern menschlicher Endocarditis lenta 3 Hauptbefunde: a) Massive Infiltration des Myokards durch perivasculäre Histiocyten, selten durch Leukocyten oder Lymphocyten, mit bakteriellen Embolien. b) Lokalisierte Infiltration im Subendokard ohne Myokardveränderungen. c) Beim Fehlen von Klappenveränderungen ausgesprochene perivasculäre Infiltration in allen Myokardabschnitten.

1937 veröffentlichten v. ALBERTINI und GRUMBACH ausgedehnte tierexperimentelle Untersuchungen, aus denen hervorging, daß im Gegensatz zu DIETRICHS Befunden nach einer einmaligen massiven Injektion von lebenden „Herdstreptokokken“ bei einem großen Anteil der behandelten Tiere (Kaninchen) eine Endokarditis entstand. Von diesen Fällen erwiesen sich makroskopisch ein kleiner Teil als zum verrukösen Typ, ein anderer Teil als zum polypösen Typ gehörig. Rein ulceröse Endokarditis wurde nie beobachtet; fibröse, narbige Formen „selten“. Die makroskopisch verrukösen Formen werden neben die rheumatische Entzündung der menschlichen Herzklappe gestellt, während die polypösen Formen mit der menschlichen Endocarditis lenta verglichen werden. Die Untersuchungen ergaben an den Klappen entweder eine relative Reaktionsarmut (Fehlen von Leukocyten und wenig Fibrin) bei gewaltiger Vermehrung der Kokken und späterer Ausbildung eines Granulationsgewebes mit Neigung zur Nekrose („Lentatyp“). In einer anderen Reihe von Fällen erfolgt sehr früh eine Abkapselung der angesiedelten Kokkenhaufen mit fibrinoiden Massen und breiter Leukocytenzone. Die Keimvernichtung in den Auflagerungen erfolgt hier schneller, und der Polyp wird durch junges Bindegewebe organisiert. Dabei wird ein zentraler Haufen von Leukocytentrümmern und Kokken von einem Bindegewebsmantel eingeschlossen; andere Bilder zeigen die beginnende Verkalkung dieses nekrotischen zentralen Herdes („Rheumatyp“). Die Autoren schließen aus diesen Untersuchungen, daß jede Endokarditis, sei sie nun verrukös oder polypös, durch die Besiedlung der Klappe mit Bakterien hervorgerufen wird. Bei der rheumatischen Endokarditis erfolgt eine rapide Klappensterilisation, während bei der polypösen E. die „Abwehr“ dazu nicht ausreicht, die bakterielle Besiedlung länger persistiert und zu gröberen Klappenzerstörungen führt.

Hierher gehören bis zu einem gewissen Grade auch die Versuche von FRIEDMANN, KATZ und HOWELL und Mitarbeiter (1938), die durch Erzeugung einer Dauerbakteriämie eine Viridansendokarditis erzeugen konnten. Die Versuche sind S. 72 u. 239 zitiert.

BLAHD, FRANK und SAPHIR (1939) verwendeten bei Hundeversuchen β-hämolytische Streptokokken der Gruppe C. Von 25 Tieren zeigten 10 eine Endokarditis. Die Injektionsdosen schwankten zwischen 1,5—26 cm^3 (!) bei täglichen Injektionen. Eine Endokarditis entstand aber auch durch eine einzige Injektion.

MacNeal, Spence und Wasseen (1939) erzeugten unter Verwendung sehr hoher Dosen von Streptokokken bei 57 Kaninchen 27mal grobe Excrescenzen, die in 12 Abbildungen illustriert wurden. Leider fehlt eine histologische Untersuchung.

1943 unterzog Weidlich die Beobachtungen Bielings einer Nachprüfung. Von 250 Rotlaufserumpferden (ausschließlich subcutane Immunisierung) wurde bei 21 eine polypöse E. beobachtet, wobei in den Klappenauflagerungen stets zahlreiche Rotlaufbazillen nachzuweisen waren. Neben polypösen Endokarditiden mit zerklüfteten, grauroten thrombotischen Niederschlägen findet er auch verruköse Formen, allerdings selten. Wichtig ist die Tatsache, daß für das Pferd der Rotlaufbacillus relativ apathogen ist und sehr schnell vom Normaltier phagocytiert wird. Bei $^1/_5$ der Tiere brechen Rotlaufbacillen von der Impfstelle aus in die Blutbahn ein, während sie beim Rest der Tiere an der Impfstelle vernichtet werden.

MacNeal, Blevins, Pacis und Slavkin (1945) unterscheiden bei experimenteller „E. lenta" nach Bakterienzufuhr 3 Arten der Reaktion an der Herzklappe: 1. Untergang der Keime in zellfreiem Fibrin; 2. „purulent exsudation and phagocytosis"; 3. „proliferation of fibroblasts". Oft findet sich eine fast diffuse bakterielle Durchsetzung des Klappengewebes.

Dick und Schwartz (1950) verwendeten 99 Hunde und sowohl β-hämolytische Streptokokken wie Streptococcus viridans, im ganzen 44 verschiedene Streptokokkenstämme. Die Tiere erhielten in 2 verschiedenen Gruppen 10—50 oder 50—100 cm^3 Bouillonkultur 4mal die Woche. Von den 99 Tieren zeigten 26 eine Endokarditis. Keine histologischen Untersuchungen. Die Versager werden auf geringe Virulenz oder geringe Dosis bezogen.

Die Versuche von Clawson (1950) galten der Frage, ob und inwieweit eine Endokarditis sowie das Auftreten von Fibrinoid in Beziehung stehen zu einem Immunitätszustand des Tieres. Zur Verwendung kamen 881 Ratten und in Hitze abgetötete wie lebende α- und β-Streptokokken der Gruppe A. Zwei anatomische Arten von E. wurden beobachtet: 1. Eine „rheumatic-like" mit reichlich Fibrinoid, das im Klappenzentrum entsteht und an die Klappenoberfläche durchbricht. Es ist umgeben von großen ein- oder vielkernigen Zellen mit Palisadenstellung, mit oder ohne Plättchenthromben und ohne Kokken an der Oberfläche. 2. Eine bakterielle E. wie beim Menschen mit großem Plättchenthrombus, reichlich Kokkenkolonien und fibrinoider Degeneration innerhalb der Klappe. — Von 603 *Normaltieren* mit intrakardialen Injektionen zeigten 114 eine rheumatische (davon 34 ohne Fibrinoid), 75 eine bakterielle E. (alle mit Fibrinoid). Bei 41 intraperitoneal und 237 subcutan *immunisierten* Tieren mit intrakardialer Streptokokkeninjektion wurde 25mal eine rheumatische (4mal ohne Fibrinoid) und 16mal eine bakterielle (alle mit Fibrinoid) beobachtet. — Es bestand somit kein Unterschied, ob unvorbehandelte oder Tiere mit hohem Antikörpertiter verwendet wurden.

Jameson und Stuart (1950) konnten bei genügend langer Dauer der experimentellen Bakteriämie beim Kaninchen (18 Tage lang) mit Enterokokken eine E. erzeugen, die polypösbakteriell war. Eine einzige Injektion genügte nicht. Die Autoren geben keine Erfolgsrate an.

5. Diskussion der Befunde.

Fassen wir die Ergebnisse der angeführten vier Untersuchungsrichtungen zusammen, so ist als erstes hervorzuheben, daß alle Methoden von Erfolg begleitet sein können. Damit ist bewiesen, daß es viele experimentelle Möglichkeiten gibt, eine Endokarditis zu erzeugen. Somit verliert die vermutete Besonderheit des Ausgangspunktes oder des experimentellen Vorgehens prinzipiell gesehen an Bedeutung. Das zweite uns gleich wichtig erscheinende Ergebnis ist, daß trotz so vielfältiger Abwandlung im experimentellen Vorgehen: Vorbehandlung oder nicht, Verwendung antigener oder toxischer Stoffe zur Vorbehandlung, Dauer der Vorbehandlung, Fremdeiweiß oder Bakterien, Wechsel der Bakterienarten — es Jahrzehnte lang offenbar immer nur gelungen ist, eine einzige Form der Herzklappenentzündung zu erzeugen: *die (sekundäre) bakterielle Endokarditis.* Eine Sonderstellung nehmen hierbei nur die Tierversuche der Gruppe 2 und 3 ein, die in Beziehung zu oder in Nachbildung einer Serumanaphylaxie zur Ausführung kamen. Es sind dies die Klappenveränderungen, die Klinge bei alleiniger Verwendung von Pferdeserum zur Vorbehandlung *und* zur Erfolgsinjektion beschrieben hat. Die gleiche Überlegung und Methodik lag den Versuchen von Rich und Gregory, More und McLean, Hawn und Janeway sowie More, Waugh und Kobernick zugrunde.

Es ist merkwürdig, daß die Versuche der Gruppe 4 von zahlreichen Autoren dahingehend verstanden worden sind, daß *alle* Typen der Endokarditis durch bakterielle Besiedlung der Herzklappen entstehen, wobei in dem Fall der „rheumatischen" Entzündung eine rasche Klappensterilisation den späteren Keimnachweis verhindert, während bei der „bakteriellen" E. die „Abwehr" dazu nicht ausreicht und die Besiedlung persistiert. Diese Ansicht hat vor allem auf Grund der Auffassung von v. ALBERTINI und GRUMBACH (1937) in der Klinik ein großes Echo gefunden und wird auch heute als Diskussionsgrundlage für pathogenetische Erörterungen immer wieder adoptiert (s. z. B. GERMER 1951 oder DIETRICH 1948). Eine speziellere Kritik der Befunde v. ALBERTINIs und GRUMBACHs erscheint uns deshalb hier notwendig. Sie gilt mutatis mutandis für alle Tierversuche der Gruppe 2 und 4. Zunächst interessiert die Frage, ob die von den Schweizer Autoren als „Rheumatyp" bezeichneten Bilder dasselbe darstellen wie die beim Menschen beobachtete verruköse Endokarditis, d. h. ob die Entstehung der verrukösen Endokarditis damit im Sinne einer bakteriellen Besiedlung der Herzklappe mit Keimen minderer Virulenz als geklärt angesehen werden darf. Wenn man die Abbildungen betrachtet, die bei v. ALBERTINI und GRUMBACH den „Rheumatyp" darstellen, so kann kein Zweifel daran bestehen, daß hier verschiedene, morphologisch sehr ungleichwertige Bilder als zeitliche Entwicklungsstadien ein und desselben Prozesses mehr oder weniger willkürlich rekonstruktiv vereinigt werden. Makroskopisch beschreiben die Autoren „glasige Knötchen" bei den verrukösen Formen. Die mikroskopischen Abbildungen lassen beim „Rheumatyp" nun von der abgeheilten fibrösen Endokardwarze bis zu zentral stark nekrotisierenden bindegewebig umhüllten bakterienhaltigen Polypen die allerverschiedensten Veränderungen erkennen. Es fehlen aber völlig mikroskopische Abbildungen, welche die frischen „glasigen Knötchen" zeigen. Zwischen den fibrös abgeheilten Endokardwarzen und den nekrotisches Material und Bakterien enthaltenden bindegewebigen Polypen ist kein Übergang belegt. Bilder, wie wir sie vom menschlichen Klappenrheumatismus her kennen, vermissen wir völlig. Es werden als „rheumatisch" hier histologische Bilder bewertet, die wir bei der *bakteriellen* E. des Menschen gut kennen. Wie oft sehen wir hier Vernarbungstendenzen der fibrinösen Polypen mit zentraler Nekrose! Daß auch die Viridansendokarditis des Menschen oftmals eine gewisse Heilungstendenz hat, haben ja die Untersuchungen über die abakteriämischen Formen der Endocarditis lenta erwiesen (s. Abschn. C, VI, 6, S. 218). Gerade das Nebeneinander von Vernarbung und Nekrose ist für die granulomatösen Endokarditisformen charakteristisch. Eine stärkere Vernarbungstendenz bei einer subakuten bakteriellen E. ist keineswegs ein Zeichen für die Zugehörigkeit zum „rheumatischen" Formenkreis. v. ALBERTINI und GRUMBACH haben unseres Erachtens bakteriell-granulomatöse Endokarditiden produziert, von denen einige geringe, andere stärkere Spontanheilungstendenzen zeigen, wie wir dies aus zahlreichen Fällen der E. lenta des Menschen kennen. Daß daneben sicherlich auch einmal eine echte verruköse E. aufgetreten ist, kann nicht wundernehmen, denn es dürfte aus unseren Darlegungen klar geworden sein, daß die allerverschiedensten Manipulationen eine verruköse E. hervorrufen können, ob es sich nun um die Injektion von Eiweiß, Diphtherietoxin, Antiaortenserum oder von lebenden oder toten Keimen handelt. Daß sämtliche Endokarditisformen nach einer einzigen Injektion aufgetreten sind, ist dabei zweifellos verwunderlich und steht in einem gewissen Gegensatz zur übrigen Literatur. Leider wird aber die Beurteilung dieser Erscheinung dadurch völlig unmöglich gemacht, daß es nicht ersichtlich ist, welche Keime v. ALBERTINI und GRUMBACH im Einzelfall injiziert haben. Sie sprechen von „Herdstreptokokken", die nach der Methode von WARREN-CROWE differenziert worden sind. Es ist unmöglich, nach den Angaben der Autoren rückschauend auch nur auf den Hämolysetyp zu schließen. So ist von Anfang an eine Aussage über die Pathogenität der einzelnen Stämme und deren Zuordnung zu den morphologischen Bildern schwierig. Die Autoren ziehen trotzdem den „Wahrscheinlichkeitsschluß", daß das Auftreten der verschiedenen Endokarditisformen in erster Linie von der Virulenz der Keime abhängig ist. Diese Folgerung wäre aber, strenggenommen, nur dann zulässig, wenn die Virulenz unabhängig vom Hauptversuch gesondert beurteilt würde. Wie heterogen die verschiedenen Stämme sich in dieser Hinsicht verhalten haben müssen, geht aus der Angabe hervor, daß ein großer Teil der Tiere an Allgemeininfektionen zugrunde ging und ein anderer Teil klinisch und anatomisch ohne jede Zeichen einer krankhaften Veränderung blieb. Außerdem züchteten die Autoren in $^1/_4$ der Fälle aus den Läsionen andere Keime als die injizierten. Was die makroskopisch beschriebenen verrukösen Formen angeht, können sie als experimentelle E. durch die Zuführung der gewaltigen Antigenmenge indirekt entstanden sein (s. Abschn. C, IV, 2, S. 159). Die anderen, nicht völlig vernarbten, als „rheumatisch" angesehenen Endokarditiden finden sich beim menschlichen Rheumatismus, unserer Erfahrung nach, niemals, sondern nur bei der bakteriellen (granulomatösen) E., besonders oft bei deren abakteriämischer Form. Zwar kommt letzten Endes dieses Argument mit den theoretischen Folgerungen der Autoren nicht in Konflikt, weil sie ja abschließend die Wesensgleichheit von Rheuma und Endocarditis lenta folgern. Auf einen etwaigen Einwand dieser Art ist aber zu entgegnen, daß diese Wesensgleichheit logischerweise nicht gleichzeitig in den experimentellen Prämissen vorausgesetzt werden und im theoretischen Fazit erscheinen darf. Wir halten die Analogie zwischen den beim Menschen beobachteten verrukösen Endokarditiden und den tierexperimentellen Daten der Schweizer Autoren für gewagt.

Der letztgenannten Untersuchungsgruppe (als Untergruppe unserer Untersuchungsgruppe 3) kommt darum besondere Bedeutung zu, weil hier eine *zweite und abakterielle Form der Endokarditis* erzielt wurde — Veränderungen der Herzklappen (der Gefäße und des Myokards), die denen des menschlichen Rheumatismus außerordentlich ähneln. Aber auch hier ist wichtig, daß MURPHY und SWIFT gleichartige, dem rheumatischen Gewebsbild auffallend ähnliche Befunde bei Sensibilisierung durch kleindosierte chronische Streptokokkeninfekte ohne Bakteriämie erheben konnten. Als drittes Ergebnis von Wichtigkeit ist herauszustellen, daß in allen histologischen Befunden die cellulären Reaktionen im Vordergrund standen und praktisch allein eine Bewertung und Deutung erfuhren. Im Speziellen geht aus den Befundberichten hervor, daß sowohl die einfachen Speicherungsversuche mit Farbstoffen wie solche in Kombination mit Bakterien gezeigt und bewiesen haben, daß das Endothel weder der Herzklappen noch des Wandendokards sich an einer Phagocytose corpusculärer Stoffe beteiligt. Die entscheidende Beobachtung und Formulierung hat SIEGMUND gegeben, daß am Endothel weder „körnige Speicherungen" noch „Durchlässigkeit für kolloidale Metallösungen oder Tusche" zu beobachten sind, wohl aber eine Durchlässigkeit für „feindisperse Stoffe", und daß diese Durchlässigkeit vom Zustand des Endothels abhängt, also vom Endothel reguliert wird. Wir erblicken hierin das wertvollste Ergebnis aller Untersuchungen der cellulären Reaktionen.

Es ist nun interessant und für unsere eigenen Versuche wichtig, daß zahlreiche Voruntersucher mehr als Nebenerscheinungen der Vorbehandlung oder als Nebenbefunde der cellulären Reaktionen eigentümliche diffuse oder meist umschriebene Verquellungen an den Herzklappen beschreiben: DE VECCHI, SIEGMUND, KLINGE, THOMSON, W. DIETRICH, SEMSROTH und KOCH, NEDZEL, ISIBASI, RICH und GREGORY, MURPHY und SWIFT, MORE und MECLEAN, MORE, WAUGH und

Kobernick. Solche Verquellungen traten sowohl als Folge der Vorbehandlungsinjektionen allein wie nach der Erfolgsinjektion auf und waren offenbar grundsätzlich unabhängig von Art und Dauer der Vorbehandlung und der Erfolgsinjektion. Als makroskopische und mikroskopische Charakteristika dieser Verquellungen werden diffuse ödematöse Verdickungen oder umschriebene zellarme, gallertige oder schleimige Gewebe mit Basophilie beschrieben. Die neuesten amerikanischen Befunde lassen Verquellungen und Untergang der kollagenen Fasern hierbei in Beschreibung und Abbildungen immer deutlicher erkennen. Den Versuchen von Klinge kommt hier darum besondere Bedeutung zu, da er ausschließlich Pferdeserum verwendete und seine Herzklappenbefunde gleichartiges morphologisches Verhalten zeigten wie die Gefäßwände und die Synovia. Auf Grund seiner Versuchsanordnung und seiner Untersuchungen sind diese Verquellungszustände der morphologische Ausdruck einer Eiweißüberempfindlichkeit, einer Gewebsanaphylaxie. Seine erzeugten Klappenverquellungen sind als erste am besten beschrieben, am stärksten ausgeprägt und führten neben der von ihm so genannten schleimigen Entartung auch zum Auftreten „homogener, scholliger Massen“ im Klappenbindegewebe. Klinges Befunde sind eine Stütze der Siegmundschen Anschauung von dem regulierenden Einfluß und der Funktion des Endothels in der Durchlässigkeit nur für bestimmte „feindisperse Stoffe“. Sie belegen auch die Lehre von Schürmann von der gestörten Schrankenfunktion des Endothels unter pathologischen Bedingungen. Auf Grund der angeführten Beobachtungen und späteren Versuche der oben genannten Autoren müssen wir allerdings wie More und Mitarbeiter in Frage stellen, daß die Klappenverquellungen *spezifische* anaphylaktische Erscheinungen sind, sofern wir nicht antigene Beziehungen zwischen Pferdeserum, Casein usw. und Bakterien sowie zwischen verschiedenen Bakterieneiweißen annehmen wollen. Wir verweisen zu dieser Erwägung auf unsere früheren Untersuchungen, bei denen es uns gelang, im Tierversuch durch Vorbehandlung mit Pferdeserum, natürlichem Hühnereiweiß oder kristallisiertem Albumin eine Überempfindlichkeit gegenüber Streptokokken zu erzeugen (Böhmig 6, 1936).

Wir müssen annehmen, daß die Verquellungen bzw. serösen Endokarditiden sowohl bei Zufuhr von unbelebtem Eiweiß als auch von lebenden Bakterien entstehen. Sie sind sicher eine obligate Bedingung für die Klappenbesiedlung. Das heißt nichts anderes, als daß bei den Versuchen der Gruppe 4 die Bakterienzufuhr zuerst ebenso wie unbelebtes Eiweiß (Gruppe 3 und 2) eine Klappensensibilisierung in Gestalt von Klappenverquellungen hervorruft, die in einem geeigneten Entwicklungsstadium bei weiterer Keimzufuhr besiedelt wird. Die Keimzufuhr in den Versuchen der Gruppe 4 hat danach eine doppelte Funktion: Im ersten Akt wirkt sie indirekt mesenchymaktivierend und führt im Sinne der „Sensibilisierung“ der Gruppe 2 und 3 zu einer Klappenverquellung, d. h. zu einer serösen E., die im zweiten Akt von eben denselben Bakterien nun sekundär besiedelt wird. Typisch ausgebildete abakterielle fibrinöse Endokarditiden werden bei der Versuchsanordnung der Gruppe 4 niemals zur Beobachtung kommen, weil die Klappe schon in den „Vorstadien“ dieser Entzündung besiedelt wird. Sie sind nur dann zu beobachten, wenn die volle Ausbildung der fibrinösen abakteriellen E. durch die Besiedlung nicht „gestört“ wird.

II. Eigene Tierversuche.

a) Endocarditis serosa (abakterielle E.).

In den Untersuchungen von Herzklappen bei Kindern, Jugendlichen und Erwachsenen konnten wir dartun, daß sich in allen Lebensaltern schon makroskopisch am Sektionstisch erkennbare Verquellungen des Klappengewebes mit besonderer Lokalisation am Schließungs- oder Klappenrand finden, die sich mikroskopisch als flächenhafte oder umschriebene warzenförmige Klappenpolster erweisen. Die genaue mikroskopische Untersuchung ergab, daß diese Veränderungen enge Beziehungen zu den von RÖSSLE (1924) als „seröse Entzündung" umschriebenen Gewebsveränderungen erkennen lassen. Die weiteren Beobachtungen zeigten, daß ähnliche oder gleichartige umschriebene Quellungswarzen auch bei der rheumatischen Endokarditis oder der chronischen bakteriellen Endocarditis (lenta) zu finden sind. Forscht man bei Kleinkindern in der Anamnese nach vorangegangenen Erkrankungen oder Schädigungen, so fanden wir häufig eine vorangegangene Diphtherie oder Ernährungsstörung, Rachitis oder Leberschädigung, und nur in einem Teil der Fälle echte bakterielle Infektionen. Diese anamnestischen Ergebnisse zwangen uns zur Annahme, daß eine Vielheit nnd große Verschiedenartigkeit von Schädigungen solche Klappenverquellungen am menschlichen Herzen auslösen können.

Unsere Tierversuche an Kaninchen sollten nun diesen bisherigen Ergebnissen Rechnung tragen. Wir haben darum ganz verschiedene Vorbehandlungen mit antigenen, antigenfreien und toxischen Stoffen sowie mit Fremdeiweiß vorgenommen.

1. Versuchsanordnung.

Die hier angeführten Versuchsanordnungen gelten sowohl für die folgende Gruppe der abakteriellen wie der bakteriellen E. Zur Verwendung kamen ausschließlich Kaninchen — aus pekuniären Gründen leider nur in geringer Zahl.

1. Versuchsreihe (20 Tiere): Streptokokkenvaccine und Lebendkultur. *Vorbehandlung:* im Wasserbad abgetötete hämolysierende Streptokokken der Gruppe C wurden innerhalb zweier Wochen in steigender Dosis intravenös bis zur Gesamtmenge von 14,0 cm³ Vaccine injiziert. Die Keimzahl wurde mit Photometer auf bestimmte Dichte eingestellt. — *Erfolgsinjektion:* Agar-Lebendkulturen derselben Streptokokken, aufgenommen in physiologischer NaCl-Lösung, wurden am 16. und 19. Versuchstag (= am 5. und 8. Tag nach letzter Vaccineinjektion) mit gleichartig bestimmter Keimdichte zu 0,5 und 1,5 cm³ kg/Tiergewicht intravenös injiziert. — 4 Tiere erhielten nur diese Vorbehandlung, 14 Tiere Vorbehandlung und Erfolgsinjektion mit Tötung am 6. Tag nach der letzten Lebendkulturinjektion. 2 Tiere wurden 2 Monate nach der letzten Lebendkulturinjektion getötet.

2. Versuchsreihe (20 Tiere): Pferdeserum und Streptokokken-Lebendkultur. *Vorbehandlung:* innerhalb zweier Wochen in steigender Dosis intravenös Pferdeserum bis zur Gesamtmenge von 14,0 cm³. — *Erfolgsinjektion:* zeitlich und mengenmäßig wie bei Versuchsreihe 1, ebenso Tötung der Tiere.

3. Versuchsreihe (12 Tiere): Pyrifer und Streptokokken-Lebendkultur. *Vorbehandlung:* innerhalb dreier Wochen in steigender Dosis Pyrifer Stärke I—VI bis zur Gesamtmenge von 2575 E.— *Erfolgsinjektion:* zeitlich und mengenmäßig wie bei Versuchsreihe 1, ebenso Tötung der Tiere.

4. Versuchsreihe (20 Tiere): ausschließlich Pferdeserum (Behring-Werke). *Vorbehandlung:* gleichartig wie bei Versuchsreihe 2. — *Erfolgsinjektion:* bei 10 Tieren am 21. Tag intra- oder subcutane Injektion von 1,0 cm³ Pferdeserum, bei 10 Tieren gleiche Dosis intravenös. Tötung am 23. Tag, sofern nicht Tod im anaphylaktischen Schock.

5. Versuchsreihe (10 Tiere): ausschließlich Diphtherietoxin (Behring-Werke). Das uns freundlicherweise von Herrn Professor SCHMIDT-Marburg zur Verfügung gestellte Toxin wurde einmal intravenös in der Dosis 0,025 cm³/kg Körpergewicht (D.l.m. für Meerschweinchen) zugeführt, bei einer zweiten Versuchsreihe zweimal die halbe Dosis in Abständen von 3 Tagen. Tod aller Tiere nach 24—72 Std.

6. Versuchsreihe (10 Tiere): Echinacin und Streptokokken-Lebendkultur. *Vorbehandlung:* in 3tägigem Abstand 4mal intravenöse Injektion von je 1,0 cm³/kg Körpergewicht in steigender Dosis Echinacin (MADAUS) 1 : 10, 1 : 5, 1 : 2,5 und Originallösung. — *Erfolgsinjektion:* 3 Tage nach letzter Vorbehandlungsdosis einmalige intravenöse Injektion von Streptokokken-Lebendkultur gleicher Art und Menge wie bei Versuchsreihe 1.

2. Makroskopischer Befund.

Wir werden in diesem Abschnitt der eigenen Tierversuche zunächst nur diejenigen makroskopischen und mikroskopischen Klappenveränderungen anführen und beschreiben, die zum Formenkreis der „serösen Endokarditis" gehören und ohne Bakterienansiedlung und Thrombenbildung einhergehen.

Der makroskopische Herzklappenbefund ist ganz unterschiedlich und entspricht oft dem Grad der Veränderung nach nicht dem mikroskopischen Befund. Bei manchen Versuchstieren zeigen die Segelklappen eindeutige warzenartige Verquellungen am Schließungs- oder Klappenrand oder Vorbuchtungen zwischen den Ansatzstellen der Sehnenfäden. Die Veränderungen sind oft nur bei Lupenbetrachtung erkennbar. Eine bestimmte Bevorzugung innerhalb der Versuchsreihen war nur insofern feststellbar, als makroskopisch die stärksten Veränderungen bei den mit Pferdeserum vorbehandelten Tieren und besonders bei der Versuchsreihe 4 zu erkennen waren. — Die Taschenklappen waren durchweg auch bei Lupenbetrachtung praktisch unverändert, obgleich sie auch mikroskopisch oft einen Befund erheben ließen.

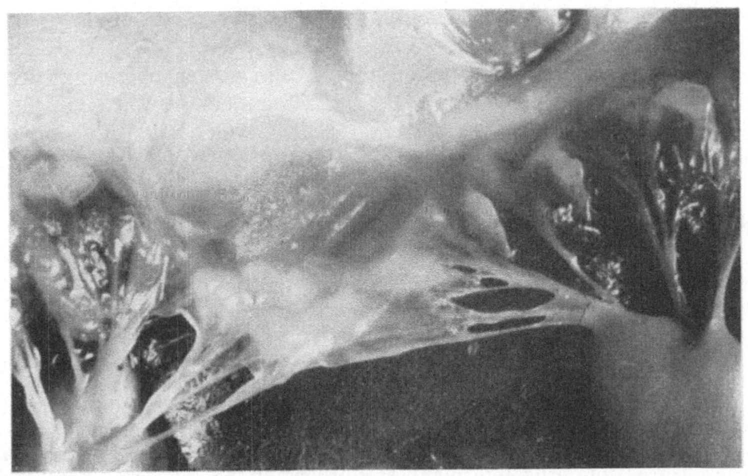

Abb. 98. Mitralis eines Kaninchenherzens nach intravenöser Vorbehandlung mit Pferdeserum. Rechts und links am vorderen Mitralsegel sieht man bis erbsengroße Ausbuchtungen und glasige Warzen am Schließungsrand.

Im Verlauf der Versuche fiel uns auf, daß diese Verquellungsprozesse an den Segelklappen sich während der Fixierung in neutralisiertem Formalin eindeutig und oft eindrucksvoll verstärken. Wir hatten zunächst Sorge, daß diese Verquellungen vielleicht ausschließlich ein Fixierungseffekt wären. Wir konnten das aber im Verlauf der weiteren Versuche ausschließen, nachdem wir mehrere Herzen von Versuchstieren statt in Formol direkt in Alkohol einlegten. Außerdem standen uns zahlreiche unbehandelte Kontrolltiere zur Verfügung, bei denen diese Verquellungen in der Fixierungsflüssigkeit nicht auftraten. Als Kontrollen dienten uns bei jeder Versuchsreihe Tiere, die entweder nur die Vorbehandlung oder nur die Erfolgsinjektion erfuhren, dienten uns ferner nicht weniger als 25 Kaninchen, die aus unbekannter Ursache oder infolge einer Pasteurellainfektion unerwünscht und ohne eigentliche Krankheitszeichen verstarben oder als Zufallstodesfälle auftraten, z. B. Todesfälle nach Bahntransport. Diese Tiere zeigten nur in drei Ausnahmefällen makroskopische oder mikroskopische Veränderungen, die zum Formenkreis der gleich zu beschreibenden Klappenbefunde gehören. Wir sind geneigt, diese Klappenbefunde auf die durchgemachte Pasteurellainfektion zu beziehen. Vergleichen wir diese makroskopischen Befunde mit den oben angeführten der Voruntersucher, so besteht kein Zweifel, daß es sich um genau dieselben Veränderungen, die meist umschriebenen Verquellungsprozesse handelt, die in früheren Tierversuchen anderer Autoren als Nebenbefunde notiert wurden. Die von uns beigegebene makroskopische Abbildung (Abb. 98) solcher

Verquellungen entspricht durchaus der von KLINGE (1933) wiedergegebenen. Leider ist es uns bei der Kleinheit des Tierherzens und der Tierherzklappen nicht gelungen, eine bessere photographische Aufnahme zu erzielen.

3. Mikroskopischer Befund.

a) Endothel. Bei der Art des Vorgehens: Tötung der Tiere durch Nackenschlag, vorsichtige Entnahme des Herzens, unmittelbare Fixierung — ist eine postmortale Veränderung des Klappenendothels so weit auszuschließen, wie das

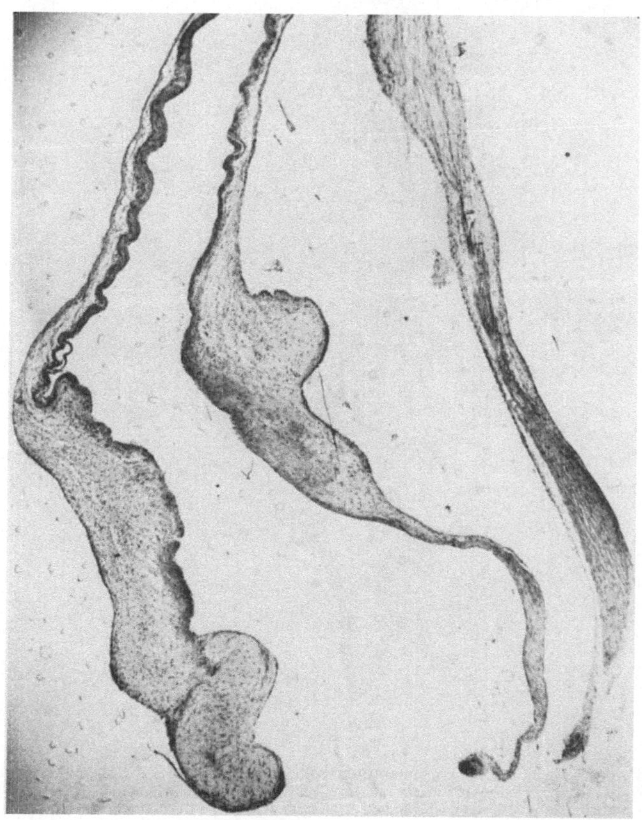

Abb. 99. Mitralis von Kaninchen nach Vorbehandlung mit Vaccine und Erfolgsinjektion mit Streptokokken der Gruppe C. Seröse Endokarditis mit flächenhaften Verquellungen am Schließungsrand (Mitte) oder an Schließungs- und Klappenrand mit serösem Insudat und umschriebenem Schwund von Kernen und Fasern. (30 ×.)

überhaupt möglich ist. Zahlreiche diffuse oder umschriebene Verquellungen zeigen völlig intaktes Endothel, wohlgeordnete Endothelzellen, gleichgroße Kerne, gleichmäßigen Chromatingehalt. — In geringerer Anzahl fanden wir vor allem bei umschriebenen, warzenartigen Verquellungen Endotheldefekte derart, daß sich auf kleinumschriebenem Bezirk chromatinarme Kerne, Kernreste oder ein echter Endothelzellendefekt vorfanden. Es handelt sich dann in der Fläche um stets nur 2—3 Endothelzellen. Verfolgt man solche Abschnitte in Serienschnitten, so sieht man, daß es sich nur um kleinumschriebene Bezirke handelt, daß nach 3 oder 5 Serienschnitten diese Zellschädigung aufhört und eine wieder völlig regelrechte Endothellage die Oberfläche der warzenartigen Verquellung abgrenzt. Wir schließen daraus, daß es eine Frage der Arbeit und Geduld ist, solche Endothelschädigungen nachzuweisen. Über ihre Bedeutung siehe unten (S. 270).

b) Subendothel und fibröse Grundschicht. In diesem Bereich zeigt das sonst lockere kollagene Bindegewebe eine Auseinanderdrängung der Einzelfasern mit Bildung förmlicher Vacuolen zwischen den einzelnen Fibrillen. Nach Maßgabe der Schnittrichtung erkennt man rundliche, längliche oder streifige Lücken

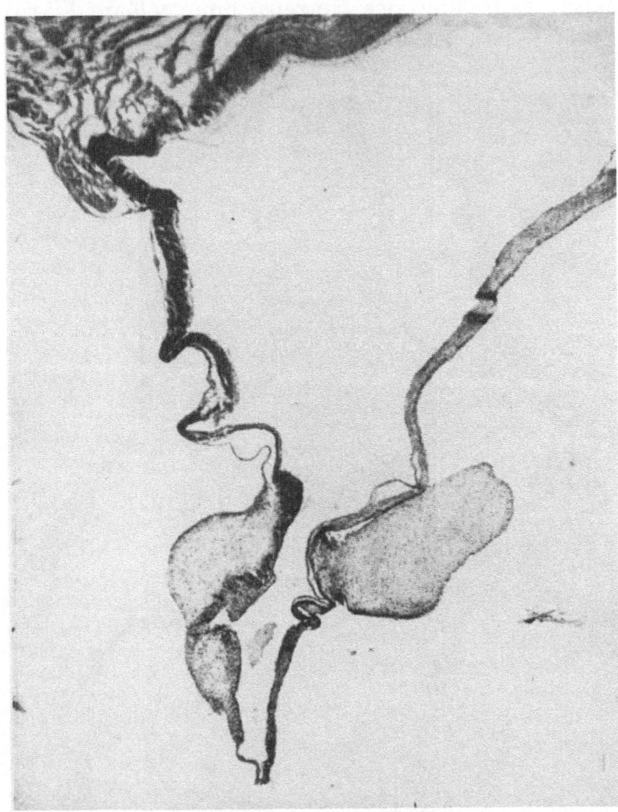

Abb. 100. Mitralis von Kaninchen nach Vorbehandlung mit Pferdeserum und Erfolgsinjektion mit Streptokokken der Gruppe C. Warzenartige Endocarditis serosa am Schließungsrand und auch am Klappenrand (links) mit umschriebenem Kernschwund innerhalb des serösen Insudates. (30 ×.)

zwischen den Einzelfasern, die nicht anders als erweiterte Gewebsspalten zu deuten sind. Sie zeigen nie Endothelauskleidung, werden stets nur von kollagenen Bindegewebsfasern begrenzt. Außerdem finden sich in diesen Bezirken oft in flächenhafter Ausdehnung Verquellungen der einzelnen kollagenen Fasern. Diese sind verdickt, verbreitert, zeigen wechselnde Anfärbbarkeit bei van Gieson- oder Azan-Färbung und eine ganz unregelmäßige Lagerung der Bindegewebskerne. Deren Kerngröße schwankt ebenso wie der Chromatingehalt. Bizarre Kernformen treten seltener auf als Kernschwellung mit Verblassen der Kernstruktur bis zum Übrigbleiben einfacher Kernschatten. So sind hier alle Übergänge zur Auflösung kollagener Fasern und von Bindegewebskernen zu erkennen. Die unregelmäßige Lagerung der Bindegewebskerne ist also durch Kern- und Faserschwund bedingt. Bei Silberimprägnation ist der Farbunterschied zwischen verblassendem kollagenem Braun und dafür Auftreten von Silberfibrillen besonders in der fibrösen Grundschicht deutlich. Damit erweist sich, daß hier ein Kollagenschwund vorliegt, verbunden mit Schwund von Fasern und Kernen (Abb. 99 u. 100). — Die oben beschriebenen Lücken sind in einigen Abschnitten mit Eiweiß angefüllt, das nur eben bei stärksten Vergrößerungen erkennbar wird oder ausgesprochene Basophilie zeigt. Dann finden sich wolkige oder fleckige Eiweißniederschläge, die bei Ölimmersion Schlieren oder angedeutete Körnelung zeigen. Auch die untergehenden kollagenen Fasern neigen zur Basophilie.

c) Celluläre Vorgänge. Bei allen bisher angeführten Veränderungen haben wir nie Leukocyten angetroffen. In ganz vereinzelten Bezirken war eine Entscheidung nicht möglich, ob eine Kernpyknose von einem untergegangenen Leukocyten oder Histiocyten stammte. Eine Proliferation oder Vermehrung der Endothelzellen haben wir mehrmals beobachtet, hier und da einen verstärkten Chromatingehalt bei intakter Endothellage.

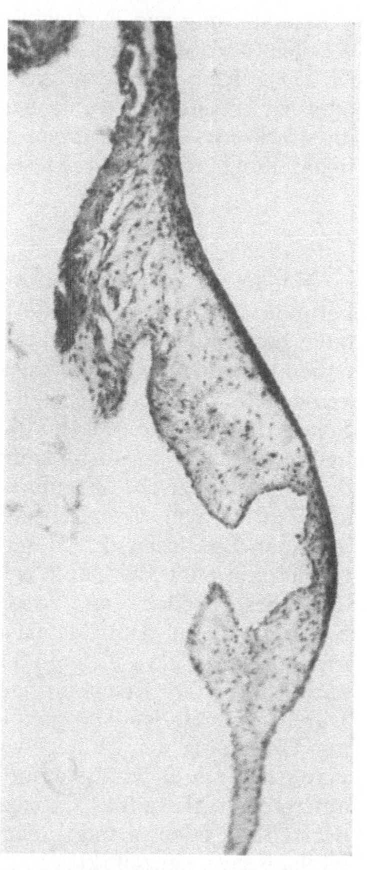

Abb. 101. Mitralis von Kaninchen nach Vorbehandlung mit Vaccine allein. Unregelmäßige flächenhafte Endocarditis serosa mit deutlich sichtbarem serösem Insudat, Kern- und Faserschwund und Zellvermehrung innerhalb des Endothels. (86 ×.)

d) Lokalisation. Wie die Abb. 99—101 verdeutlichen sollen, sind von den beschriebenen Verquellungen mit Eiweißausscheidung in das Klappengewebe in ganz willkürlichem Wechsel bald Anteile der Klappenplatte, bald solche des Schließungs- oder Klappenrandes betroffen. Flächenhafte Verdickungen finden sich dabei stets im Bereich der Klappenplatte, umschriebene warzenartige am Schließungs- und Klappenrand. Nur die letzteren sind makroskopisch erkennbar. Bei der geringen Dicke der Kaninchenherzklappe ist nicht in jedem Fall zu entscheiden, ob die interstitielle Ödembildung an der Vorhof- oder Kammerseite der Segelklappenplatte begonnen hat. Das gilt besonders für die flächenhaften Verquellungen. Bei den umschriebenen warzenartigen Verquellungen ist diese Entscheidung leichter zu treffen. Einen Unterschied in der Häufigkeit des Betroffenseins von Vorhof- oder Ventrikelseite haben wir nicht feststellen können. Am Wandendokard des Vorhofs oder Ventrikels beobachteten wir solche Verquellungen nicht.

e) Vorkommen bei den einzelnen Versuchsreihen. Das Vorkommen nach dem makroskopischen Befund haben wir oben schon angeführt. Nach dem mikroskopischen Befund ist hervorzuheben, daß sich bei allen Segelklappen und etwa einem Drittel der Taschenklappen Verquellungen nachweisen lassen. Hierzu sind Stufenschnitte notwendig, um eben möglichst viele Klappenabschnitte zu erfassen. Oft erschien in den ersten Schnitten hier die Mitralis, in einem anderen Fall die Tricuspidalis unverändert, bis bei anderen Schnittstufen auf einmal deutlich umschriebene oder flächenhafte Verdickungen auftreten. Bei solcher Stufenschnittkontrolle ergibt sich, daß große graduelle Schwankungen im Ausmaß der Verquellungen bestehen sowohl bei den Segelklappen eines jeden Herzens wie bei den Herzen der verschiedenen Versuchsreihen, daß sie aber bei keiner

Versuchsreihe vermißt wurden. Die geringsten Veränderungen zeigten Versuchsreihe 6 (Echinacin) und 5 (Diphtherietoxin). Hier war meist nur Ödem ohne seröse Entzündung erkennbar. Die stärkste Polsterbildung mit seröser Entzündung boten die Versuchsreihen 3 (Pyrifer) und 4 (Pferdeserum). Es ergibt sich ferner, daß mit solchen individuellen Unterschieden dieselben Klappenverquellungen bei Tieren vorgefunden werden, die nur die Vorbehandlung, oder bei solchen, die sowohl Vorbehandlung wie Erfolgsinjektion erfahren hatten. — Über Befunde an Herzgefäßen und Myokard berichten wir später im Abschnitt der bakteriellen E. (S. 271). Eine irgendwie geartete Beziehung zu einer der Vorbehandlungsarten oder ein Unterschied zur Vorbehandlung allein war nur insoweit feststellbar, daß die stärksten Verquellungen bei Vorbehandlung mit Pferdeserum und bei Vorbehandlung mit großen Dosen vorgefunden wurden.

4. Ergebnis.

Wir haben in Teil I hervorgehoben, daß die von Voruntersuchern als Nebenbefunde oder Zusatzbefunde beschriebenen ödematösen, gallertigen, schleimigen oder basophilen Verquellungen von Herzklappen bei ganz verschiedener Vorbehandlungs- oder Infektionsart auftraten. In unseren heute vorgelegten Tierversuchen zur experimentellen Endokarditis finden wir eine Bestätigung dieser Schrifttumbefunde. Methodik, Art und Dauer der Vorbehandlung, Verschiedenheiten der sog. „sensibilisierenden“ Eiweißkörper sind ohne Bedeutung für das morphologische Ergebnis an den Klappen. Als erste „Gewebsreaktion“ auf Zufuhr von Fremdeiweiß in Form von abgetöteten Bakterien (Vaccine), lebenden Bakterien, Pferdeserum, Pyrifer, oder auf intravenöse Gabe von Diphtherietoxin oder Echinacin sehen wir eine Reaktion des Klappenmesenchyms an denselben Stellen, an denen Speicherungsversuche eine Farbstoffaufnahme ergeben haben. Im Gegensatz aber zu den bisher beschriebenen Reaktionsformen ließ sich an unseren Tierversuchen dartun, daß die cellulären Reaktionen *nicht* die ersten Erscheinungen darstellen. Ihnen geht voraus eine ödematöse Durchtränkung des Klappenbindegewebes allein oder mit Schwund des Kollagens, mit Untergang der Bindegewebskerne, mit Auftreten von Silberfibrillen und nur vereinzelter und wohl sekundärer Degeneration von Endothelzellen. Das dabei auftretende „Insudat“ (Rössle 1943) ist meist eiweißarm und färberisch schwer darstellbar, oder es zeigt ausgesprochene Basophilie. Da diese angeführten morphologischen Einzelfaktoren gemeinschaftlich und gleichzeitig auftreten, gehören sie zum Formenkreis der von Rössle (1944) charakterisierten „serösen Entzündung“ und zeigen alle deren Kennzeichen. Die Gesamtheit der morphologischen Erscheinungen müssen wir darum als „seröse Endokarditis“ bezeichnen. Die Erscheinungsform in unseren Versuchen steht in Übereinstimmung mit gleichartigen Veränderungen bei früheren Experimentatoren. Deren Befunde erscheinen uns aber nicht als Nebenbefund, sondern als wichtige erste Reaktion des Klappengewebes. Da wir sie ebenso bei menschlichen Herzklappen gefunden haben, kommt ihnen nicht nur tierexperimentelle Bedeutung zu. Da wir sie bei menschlichen Herzen bei allen Endokarditisformen in allerdings wechselndem Ausmaß aufzeigen können, glauben wir mit den vorliegenden Ergebnissen der Tierversuche die Beweiskette zu schließen, daß die „seröse Endokarditis“ das Anfangsstadium aller morphologischen Reaktionsformen der Herzklappen überhaupt und damit auch aller Formen der Endokarditis beim Menschen und im Tierversuch ist.

Versuchen wir, diese experimentell erzeugte seröse E. formal- und kausalgenetisch zu deuten, so können wir nur alle von Rössle (1933), Schürmann (1933), Holle (1940), Bredt (1941), Siegmund (1933) und W. W. Meyer (1949) erarbeiteten Vorstellungen von der Funktion des Endothels aller die Blutbahn begrenzender Gewebsschranken anführen. Wir müssen diese Vorstellungen verbinden mit den Ergebnissen der biologischen Funktion des reticuloendothelialen Systems (Aschoff) und des aktiven Mesenchyms (Hueck) überhaupt. Als Angriffspunkt bei diesem pathologischen Vorgang kommt sowohl eine Änderung der Blutzusammensetzung, besonders der Blutproteine, wie eine Änderung des speichernden Mesenchyms in Frage. Wir haben oben darzulegen versucht (S. 10, 47), daß beim Auftreten und Fortbestehen eines Gewebsinsudates den Zellen und Zellfermenten die Hauptrolle zuzuschreiben ist. Die Befunde der neuesten amerikanischen Tierexperimente weisen ebenfalls in die Richtung, kausalgenetisch veränderte Blutproteine in Betracht zu ziehen. So weit läßt sich die formale und kausale Genese dieser Klappenentzündung ausrichten. Eine weitere Deutung und Erklärung überschreitet zunächst die Grenzen morphologischer Diagnostik.

b) Akute bakterielle Endokarditis.

Die hier vorzulegenden Tierversuche und Befunde bilden insoweit eine Einheit mit den vorangehenden bei der E. serosa, als es sich einmal um dieselben Tierreihen handelt, bei denen die bakterielle Erfolgsinjektion zur Klappenentzündung führte. Zum anderen wurde — wie erwähnt — auch *nach* bakterieller Erfolgsinjektion bei Tieren *ohne* mikroskopisch erweisbare bakterielle Herzklappeninfektion oder neben dieser eine typische Klappenverquellung beobachtet. Bezüglich der Versuchsanordnung können wir also auf die oben (S. 265) angeführten Versuchsreihen 1—6 verweisen.

1. Makroskopischer Befund.

Entsprechend der gesonderten Besprechung der E. serosa werden wir die Klappenverquellungen hier nur insoweit anführen, als sie für die Entstehung der bakteriellen Klappenentzündung von Bedeutung sind. Wir hoben bereits hervor, daß sie ebenso bei Tieren auftraten, die nur die Vorbehandlung erfahren hatten, wie bei solchen mit zusätzlicher bakterieller Erfolgsinjektion. — Unter den 48 Tieren mit zweifacher intravenöser Bakterienzufuhr beobachteten wir 18mal intrakardiale Thrombose im linken Vorhof und linkem Ventrikel. Die Thrombose füllte die Lichtungen weitgehend aus, so daß makroskopisch nicht entschieden werden konnte, ob eine thrombosierende Wandendokarditis oder eine thrombosierende Klappenendokarditis vorlag. So mußte die mikroskopische Untersuchung abgewartet werden. In 8 Fällen zeigten Mitralis oder Tricuspidalis stecknadelkopf- bis linsengroße gelbliche Verdickungen oder Excrescenzen mit rauher Oberfläche. Letztere betraf nur Tiere, die 2 Monate nach der letzten Lebendkulturinjektion getötet wurden.

2. Mikroskopischer Befund.

Wenn wir die mikroskopischen Befunde ihrer Häufigkeit nach gruppieren, so ist an erster Stelle die *interstitielle Myokarditis* zu nennen, die in der Versuchsreihe 1—4 mit deutlicher gradatio ad majus bei Tieren mit Vorbehandlung allein, Tieren mit ausschließlich Pferdeserum und Tieren mit Lebendkulturinjektionen vorliegt. Sie entspricht ganz einmal den spontan bei Virusinfektionen der Kaninchen, ferner den von Apitz (1933) als anaphylaktische Organveränderungen beschriebenen histio-lymphocytären Proliferationen unter dem Wandendokard und innerhalb der Muskelsepten. Wenn auch der rechte Ventrikel bevorzugt und stärker betroffen ist, so sind im Gegensatz zu Apitz kleine Herde auch stets im linken Ventrikel zu finden. Nur bei Tieren, die Lebendkulturinjektionen erhalten hatten, werden auch Granulocyten innerhalb dieser Infiltrate, oft in beträchtlicher Anzahl, ferner in sehr wechselnder Verteilung und Zahl bakterienhaltige Muskelabscesse gefunden. — Fast gleichhäufig sehen wir bei denselben Versuchsreihen

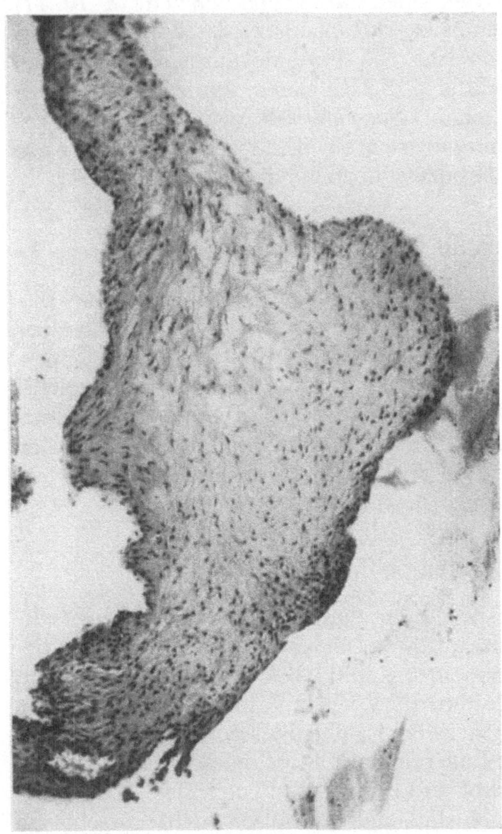

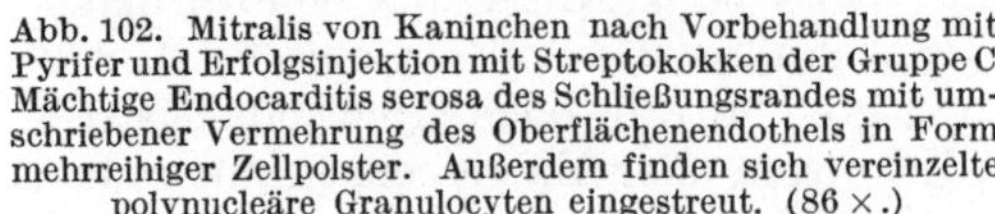

Abb. 102. Mitralis von Kaninchen nach Vorbehandlung mit Pyrifer und Erfolgsinjektion mit Streptokokken der Gruppe C. Mächtige Endocarditis serosa des Schließungsrandes mit umschriebener Vermehrung des Oberflächenendothels in Form mehrreihiger Zellpolster. Außerdem finden sich vereinzelte polynucleäre Granulocyten eingestreut. (86 ×.)

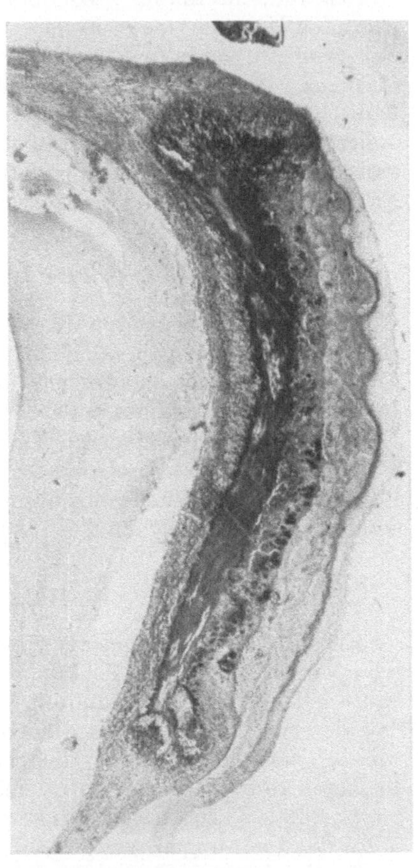

Abb. 103. Mitralis von Kaninchen nach Vorbehandlung mit Pferdeserum und Erfolgsinjektion mit C-Streptokokken. Akute bakterielle Endokarditis des Schließungsrandes mit Abscheidungsthrombose, fibrinösem Insudat und multiplen Kokkenhaufen. Massenhaft intakte und zerfallene Leukocyten. (30 ×.)

und in derselben Steigerung die ebenfalls von Apitz angeführten histio-lymphocytären *Gefäßwandinfiltrate* und perivasculären Zellmäntel bevorzugt der großen Coronarvenen, weniger der großen Coronararterien. Entsprechend dem Gefäßverlauf finden wir sie im epikardialen Fettgewebe der Coronarfurche. Nur bei Tieren mit Lebendkulturinjektionen kann man von einer echten Phlebitis mit mächtigen Granulocyteninfiltraten und oft wandständiger *Venenthrombose* sprechen. Solche große perivasculäre Infiltrate breiten sich mitunter im epikardialen Fettgewebe aus und können von hier aus auf das Vorhofmyokard übergreifen. — Die oben angeführten *Thromben in Vorhof und Kammer* bestehen nur bei Tieren mit Lebendkulturinjektionen und bei Herzen mit flächenhaften Infiltraten unter dem Wandendokard sowie mit Wandinfiltration und Thrombose der Coronarvenen.

Wir vermuteten nach dem makroskopischen Befund zunächst, daß die großen Thromben ihren Ausgang von den Herzklappen genommen hätten. Nach dem mikroskopischen Befund traf dies jedoch nur in 8 Fällen zu. In den übrigen 10 Fällen von Thrombenbildung in den Herzhöhlen bestand ein kontinuierlicher Übergang von flächenhafter und polsterförmiger Infiltration des Wandendokards besonders im Vorhof und anscheinend hier erfolgter Abscheidungsthrombose. Erst sekundär hatte diese die Segelklappenober- oder -unterfläche mitergriffen.

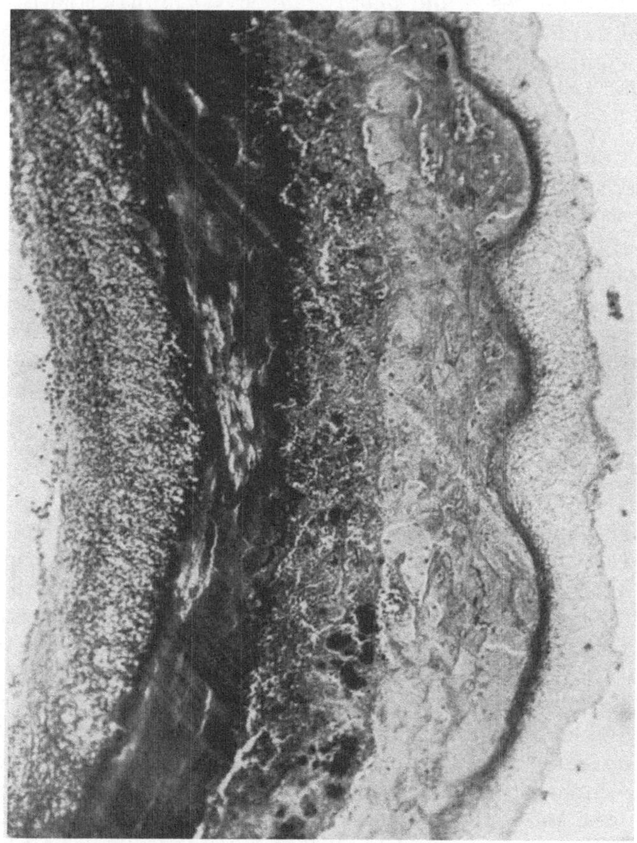

Abb. 104. Starke Vergrößerung eines Teilausschnittes von Abb. 103. Text siehe Abb. 103. (86 ×.)

Es lag also keine eigentliche oder echte Thrombendokarditis vor. Es wird jetzt verständlich werden, daß wir diese Befunde an Myokard und Wandendokard vorannehmen mußten.

Es verbleiben damit nur 8 Fälle mit makroskopischer Thrombose und zusätzlich 7 erst mikroskopisch erkennbare Fälle, zusammen also 15 Fälle, bei denen es uns gelungen ist, eine echte *akute bakterielle Klappenendokarditis* zu erzeugen. Diese Fälle betreffen Versuchsreihe 1—3 mit Vorbehandlung durch Streptokokkenvaccine, Pferdeserum und Pyrifer.

Mikroskopisch zeigen die Segelklappen am Schließungsrand eine flächenhafte Verdickung, die auch den distalen Abschnitt der Klappenplatte mit einbezieht und etwa das Fünffache der normalen Klappendicke beträgt. Das Vorliegen und Vorangehen einer serösen Entzündung ist in den frühen Entwicklungsstadien stets erwiesen. Bei 4 Segelklappen fanden wir bei beginnenden Fällen an der Oberfläche solcher warzenartigen oder flächenhaften serösen Entzündung geschwollene oder mehrreihige Klappenendothelien und in der Tiefe intakte und zerfallene Leukocyten (Abb. 102). In etwas fortgeschrittenen Stadien sahen wir bei gleichartigem oder auch unverändertem Endothel starke Leukocytenvermehrung mit interstitiellem Fibrin und Bakterien im womöglich noch mehr verdickten Klappenpolster. Dann erfolgt Aufbruch an der Klappenoberfläche mit Endothelnekrose und zusätzliche Abscheidungsthrombose daselbst, die so mit dem interstitiellen fibrinösen und massiv leukocytär infiltrierten Klappeninsudat verbunden und an der Berührungsfläche vermischt ist, daß eine morphologische Unterscheidung nicht gelingt. Innerhalb des Klappenfibrins liegen nun große Bakterienhaufen (Abb. 103 u. 104).

3. Bakteriologischer Befund.

Unmittelbar nach Tötung der Tiere erfolgte unter sterilen Bedingungen Entnahme von Herzblut und Urin bei Versuchsreihe 1; bei Versuchsreihe 2, 3 und 6 auch noch zusätzlich bakteriologische Untersuchung von mit sterilen Instrumenten entnommenen Gewebsstücken von Milz, Leber und Knochenmark. *Herzblut:* bei Versuchsreihe 1 (Vaccine) stets negativ, bei Versuchsreihe 2 (Pferdeserum) und 5 Tieren negativ, bei den übrigen bakterienhaltig, bei Versuchsreihe 3 (Pyrifer) stets bakterienhaltig. — *Urin:* bei Versuchsreihe 1, 2 und 3 stets bakterienhaltig. — *Milz und Leber:* bei Versuchsreihe 2 und 3 stets bakteriologisch positiv. — *Knochenmark:* bei Versuchsreihe 2 wechselnd, bei Versuchsreihe 3 stets bakteriologisch positiv.

4. Ergebnis.

Das Ergebnis entsprach in 3 Punkten nicht unseren Erwartungen: 1. bezüglich der hochgradigen, zum Teil abszedierenden Myokarditis; 2. in Hinsicht auf die intrakardiale Thrombenbildung; 3. betreffend der erzielten Stadien der Herzklappenentzündung. Da wir nur mit *einer* Keimart experimentierten, erübrigen sich hier Erörterungen über die vielleicht von der Keimart her bestimmten Bedingungen. Wir nehmen darum nur zu Punkt 3 Stellung. Wenn es uns auch gelungen ist, bei unserer Versuchsanordnung und Vorbehandlung den Nachweis zu erbringen, daß einer akuten bakteriellen E. und einer Keimansiedlung auf der Herzklappe eine seröse Entzündung vorausgeht — so konnten wir doch nicht alle notwendigen Zwischenstufen erfassen. Das mindert in unserer Überlegung nicht das Ergebnis, daß *nur* die Vorbehandlung seröse Klappenverquellung erzeugte und *nur* die Kombination von recht beliebiger Vorbehandlung *und* Lebendkulturinjektion zu einer bakteriellen E. führte. Bei unvorbehandelten Tieren und Injektion von Lebendkultur von C-Streptokokken allein gelang es nicht, eine bakterielle Herzklappenentzündung hervorzurufen. Es gelang dies ebenfalls nicht durch Vorbehandlung mit Diphtherietoxin oder Echinacin, wobei die Vorbehandlung mit Diphtherietoxin nicht ausreichend erscheint, da sie aus Dosierungsgründen nur einmalig erfolgen konnte. Da die Tierzahl bei diesen beiden Versuchsreihen gering war, können wir keine bindenden Schlüsse ziehen, aber doch vermuten, daß es mit antigenen Stoffen als Vorbehandlung leichter gelingt, eine Keimbesiedlung der Klappe zu erzielen als mit toxischen oder antigen-freien Stoffen. Dabei erscheint uns wichtig, daß eine vorhergehende Immunisierung wie bei Versuchsreihe 1 durch Vorbehandlung mit Vaccine (Gesamtmenge 14,0 cm^3) und Lebendkultur (Gesamtmenge 4,0 cm^3) eine bakterielle E. nicht verhindert, ebensowenig eine abszedierende Myokarditis. Die bei dieser Versuchsreihe stets festgestellte Keimfreiheit des Herzblutes entspricht den Versuchen von

Blakemore und Elliott (1941). Diese konnten bei C-Streptokokken eine starke Steigerung der Blutbactericidie bzw. eine Aktivierung des mesenchymalen Abwehrapparates erweisen (s. Abschn. C, VI, 3, S. 208). Nicht minder bedeutsam ist, daß bei allen Versuchsreihen und Vorbehandlungsarten trotz Verwendung allgemein anerkannter „sensibilisierender" Stoffe nur ein Teil der Tiere eine bakterielle E. zeigten. Es muß darum auch hier — gleichartig wie bei der E. des Menschen — ein Zusatzfaktor postuliert werden, der bislang unbekannt ist.

Bezüglich einer weiteren Auswertung unserer Versuchsergebnisse verweisen wir — um Wiederholungen zu vermeiden — auf unsere einleitende Besprechung und Kritik (S. 252, 261), die auch für die Befunde der akuten bakteriellen E. in eigenen Tierversuchen Geltung haben.

F. Ergebnisse für die formale und kausale Genese der Endokarditis. Folgerungen für die Klinik.

Auf Grund von Schrifttum und eigenen Untersuchungen stellen sich formale und kausale Genese heute in manchen Gesichtspunkten anders dar als vor 25 Jahren. Wir möchten meinen, daß die Morphologie nicht nur neuen Boden, sondern auch neue spezielle Ergebnisse in der E.-Forschung gewonnen hat. Für den Morphologen ist hierbei die Blickwendung auf die geweblichen Zwischen- und Grundsubstanzen von besonderem Wert und dient neuer Zielsetzung, auch wenn hier nicht gleich mit umfassenden oder klinisch verwertbaren Ergebnissen aufgewartet werden kann. Formalgenetisch ist die Betrachtung eines ausschließlich cellulär verstandenen Wechselspiels zwischen schädigender Substanz und Klappengewebsreaktion einer Suche nach den gleichzeitig und gleichfalls vorhandenen Reaktionen von Gewebswasser und Grundsubstanz gewichen. Das bedeutet keine Abkehr von der Cellularpathologie, sondern eher eine Erweiterung und Bereicherung derselben, wie wir aus den Lehren von Hueck und Rössle erfahren haben. Die morphologisch faßbaren Veränderungen der Grundsubstanz des Kollagengerüstes, des Gewebswassers werden wir nämlich letztlich immer wieder vom Standpunkt der gestörten Funktion der Zelle her betrachten müssen. Der Stoffwechsel dieser Strukturen kann nicht anders als in Abhängigkeit bzw. Wechselwirkung mit der Zelle stehend konzipiert werden. Insonderheit gelten diese Überlegungen für die bindegewebigen Organe oder Organgerüste mit mesenchymaler Funktion. Die Herzklappe als ein solches Organ katexochen muß im Rahmen ihrer Reaktionsmöglichkeiten vor allem in den Anfangsstadien in besonderem Maße solche intracellulären Veränderungen aufweisen. Ihr Nachweis steht in unseren Befunden als Ergebnis darum ganz im Vordergrund. Das Ödem mit allen Übergängen zu cellulären sowie intracellulären, desmolytischen Veränderungen erweist sich als der Vorläufer und Initiator von tiefgreifenden Störungen im aufgelockerten Kollagen- und Elastingerüst der Herzklappe. Es zeigt sich dabei, daß die Gewebsbestandteile dieses Organs sehr empfindliche Acceptoren für recht heterogene Noxen sind, eine Empfindlichkeit, ja Reizbarkeit erweisen, die wir früher nur besonderen Bindegewebsabkömmlingen, wie z. B. den im reticulo-endothelialen System zusammengefaßten Zellelementen zuerkannten.

Damit erwächst die Frage, ob dem kollagenen und elastischen Gewebe der Herzklappe infolge seiner Lagebeziehung zum Blutplasma eine Sonderstellung, vielleicht auch Sonderleistung eigen ist, oder ob unsere Beobachtungen erlauben, gleiche Reaktionsbereitschaft und -möglichkeit auch anderen kollagenen Geweben zuzuerkennen. Die neuesten Forschungen im Gebiet der Gefäßpathologie, die

Untersuchungen an Menisci, Gelenkbändern, Schleimbeuteln und Hygromen bieten viele Hinweise dafür, daß der Herzklappe im Hinblick auf ihre Reaktionsbereitschaft und -form keine grundsätzliche Sonderstellung zukommt, sondern daß sie als Teil eines weiter zu verstehenden Systems in den Reaktionen mitgeht. Immer wieder stoßen wir auf die formalgenetisch prinzipielle Gleichartigkeit der entzündlichen Reaktionen des ganzen Gefäßsystems; in diesen Formenkreis gehören zweifellos eine Reihe von Prozessen, die offenbar *allen* bindegewebigen Strukturen des menschlichen Organismus gemeinsam sind. Wenn wir auch glauben, daß Vereinheitlichungstendenzen und Ganzheitsbetrachtungen oftmals die Synthese der Analyse vorwegnehmen und uns Scheinresultate liefern, so zeigt die Formulierung dieser Zusammengehörigkeit durch die amerikanischen Autoren als ,,collagen-diseases" doch Ansatzpunkte für die weitere Herausarbeitung dieser Analogien auf und sollte den Morphologen dazu anregen, neues Material beizubringen. Nach den bisher vorliegenden Ergebnissen spielen sich diese wenn nicht spezifischen, so doch sowohl charakteristischen als auch geweblich begrenzten Erkrankungen des Bindegewebes zwar zwischen den beiden von RÖSSLE aufgestellten Eckpfeilern ,,seröse Entzündung" und ,,Sklerose" ab, gehen aber in ihrem Formenreichtum und in ihrer Bedeutung darüber weit hinaus. Legen doch auch unsere am Bindegewebe der Herzklappe gemachten Beobachtungen und Befunde nahe, daß dem Bindegewebe nicht nur statische und mechanische, sondern auch kolloidchemisch zu formulierende ,,Bindungsfunktionen" im Hinblick auf die Wasserbewegungen zuerkannt werden müssen, wie sie in diesem Ausmaß dem Epithelgewebe nicht eigen zu sein scheinen. Das Studium der formalen Genese der Endokarditis läßt bei diesen Bindungsfunktionen Gradunterschiede im Sinne eines Entwicklungsablaufs erkennen; dieser muß nicht nur die sekundäre Folgeerscheinung eines dysorischen Schadens der ,,Membran" sein, sondern ist gleicherweise Ausdruck einer *geweblichen* Eigengesetzlichkeit. Immer mehr sind wir beim Studium der Endokarditis zu der Einsicht gekommen, daß die ausschließliche Betrachtung der Endothelschranke als Angriffsort der Schädigung und als beherrschender Ausgangspunkt des weiteren Ablaufs den vielfältigen Erscheinungen nicht gerecht werden kann. Inwieweit eine Schädlichkeit ausschließlich ,,membranbezogen" und inwieweit sie auch auf das jenseits der Endothelschranke liegende Gewebe wirkt, ist zwar bis zu einem gewissen Grade mit den Methoden der Pharmakologie abzuschätzen, wobei sich aber nur eine beschränkte Anzahl von Stoffen als ausschließlich endothelaffin erweist. Wir können diese Endothelselektivität aber bei Störungen, deren auslösende Noxe wir nicht genau kennen, keinesfalls im Analogieschluß verallgemeinern und entzündliche Ödeme einfach als Dichtigkeitsdefekt der Endothelhaut betrachten. Der Morphologe wird zudem in den seltensten Fällen in der Lage sein, das Substrat dieser Permeabilitätsstörungen am Endothel zu finden. Gerade bei unseren serösen Endokarditiden erweist sich das Endothel zunächst fast durchweg als intakt. Die Annahme von durchaus flüchtigen, morphologisch nicht faßbaren Endothelstörungen ist zwar grundsätzlich nicht von der Hand zu weisen, bringt uns aber in diesen Fällen kaum weiter. Wir verweisen hierzu auf unsere schematischen Konzeptionen im Abschn. A, II, 1 (S. 14). Solche auf unsere morphogenetischen Befunde gegründeten Überlegungen und Vorstellungen erweitern die bisherige Faktorenbasis der kausalen Genese der Endokarditis — und vielleicht nicht nur dieser allein, sondern auch anderer Abschnitte des Blutgefäßsystems. Diese Erweiterung hat vorläufig mehr die Bedeutung eines Programms, wobei wir die Frage stellen, inwieweit neben der primären Endothelschädigung eine mit dieser pathogenetisch gleichgeordnete primäre Störung jenseits der Endothelschranke für die Entstehung der frühen Veränderungen der Endokarditis verantwortlich sei.

Eine ganz besondere Bedeutung bekommen diese Überlegungen, wenn wir funktionell denkend von der Bereitschaft gewisser bindegewebiger Bezirke ausgehen, sich in den Abwehrapparat des „aktiven Mesenchyms" einzugliedern, d. h. im Rahmen einer allgemeinen Steigerung der „resorptiven Leistungen" (SIEGMUND) eine Resonanz zu zeigen, die in Abschn. E, I, 2 dargestellt worden ist. Auch hier spielt das jenseits des Endothelüberzuges gelegene lockere Bindegewebe die Hauptrolle. Diese experimentell erschließbare Beteiligung an zahlreichen allgemeinen Aktivierungen des Mesenchyms hat aber angesichts der besonderen Funktion und Exposition der Herzklappe eine überragende Bedeutung. Einmal wirken sich hier Narben und Umbaufolgen schon hämodynamisch viel früher und schwerwiegender aus als an anderen Stellen des Gefäßrohres; zum andern zeigt zweifellos die Herzklappe eine überraschend geringe Fähigkeit, eine einmal aufgetretene tiefergreifende entzündliche Veränderung definitiv ins Narbenstadium überzuführen und dieses auch zu konsolidieren. Wir müssen hervorheben, daß in jedem „Narbenstadium" der Herzklappe innerhalb der alten Veränderungen, für die Diagnostik des Klinikers und die makroskopische Beurteilung des Pathologen nicht erkennbare entzündliche Restzustände weitergehen, die nur histologisch erwiesen werden können. Diese auf Grund unserer Untersuchungen gewonnene Einsicht läßt uns erst erkennen, daß die meisten eine Sekundärbesiedlung ermöglichenden Umstände klinisch nicht erfaßt werden können.

Wenn wir nun ein Fazit bezüglich der kausalen Pathogenese dieser ersten entzündlichen Herzklappenveränderungen ziehen, so ist zuerst festzustellen, daß die Reaktionsmöglichkeiten der Herzklappe offenbar begrenzt sind, d. h. daß die Zuordnung histologischer Bilder zu dem angenommenen auslösenden Ursachenkomplex zunächst nur eine quantitative, aber keine qualitative Antwort ergeben wird. So werden wir vorerst annehmen müssen, daß voneinander sehr verschiedene pathogenetische Mechanismen zu einer Endokarditis führen können. Die experimentelle Forschung, insbesondere die immunbiologisch orientierten Arbeiten, geben uns aber einen Hinweis darauf, daß, von Sonderfällen abgesehen, der Entstehung der Endokarditis ein prinzipiell gleichartiger pathogenetischer Mechanismus zugrunde liegen wird, dessen Auslösung allerdings, wie die Tierexperimente zeigen, auf sehr verschiedenem Wege möglich ist. Wir können bis zur weiteren Erforschung dieser Vorgänge einstweilen nur vermuten, daß dabei die Wirkungen von Stoffen mit Antigencharakter eine große Rolle spielen, wobei wahrscheinlich Antigen-Antikörperreaktionen statthaben, deren präzisere Erfassung in Beziehung auf die Herzklappe noch nicht möglich ist. So glauben wir nicht, daß der rheumatischen E. eine prinzipielle Sonderstellung in bezug auf ihren pathogenetischen Ablauf zukommt, daß vielmehr in dieser Beziehung der E. serosa und der E. simplex die gleichen Abläufe zugrunde liegen, daß also tatsächlich die Unterschiede eher quantitativer als qualitativer Natur sind. Diese Auffassung wird uns unter anderem auch dadurch nahegelegt, daß in und kurz nach dem Kriege zwar die Gesamtzahl der Endokarditisfälle nicht abgesunken ist, wohl aber die Zahl der klassisch ausgebildeten rheumatischen Klappenentzündungen. Wir glauben, daß ein großer Teil der nach dem Kriege beobachteten Endokarditiden „abgeschwächte" oder gemilderte Formen eines dem Wesen nach in den pathogenetischen Rahmen des „Rheumatismus" fallenden Prozesses ist, soweit wir diesem Begriff heute — abgesehen vom klinischen Sprachgebrauch — überhaupt noch einen abgrenzbaren Inhalt zuschreiben können.

Es wird aufgefallen sein, daß wir in dieser Darstellung gegenüber immunbiologischen Erwägungen im Hinblick auf das Endokarditisproblem eine fast überkritische Haltung zeigen. In der Tat klafft eine Lücke zwischen dem, was der behandelnde Arzt als „Reaktionslage" aus Blutbild, Bluteiweißanalyse,

Temperatur, Allgemeinbefinden, der Pathologe aus dem Ausmaß sowie Typ der cellulären Reaktionen erschließt, und dem, was mit den Methoden und den Begriffen der Immunbiologie in dem speziellen Fall zu beweisen ist. Dieser Gegensatz zieht sich auch durch die experimentelle Forschung. Wir möchten aber meinen, daß die oftmals uferlose Ausweitung des Immunitätsbegriffes in der Endokarditisforschung die Gefahr in sich birgt, daß Erscheinungen, die vorläufig nicht zu erklären sind, mit der Zuweisung zu Begriffsinhalten wie „Reaktionslage" — die ja oftmals eine gewisse Resignation bedeutet — forschungsmäßig auf das tote Geleise geraten, statt daß versucht wird, sie in Experiment und Beobachtung auf bereits bekannte Einzelphänomene zurückzuführen. Wenn auch die erwähnte Diskrepanz keineswegs einzig dasteht — man denke nur an die Tuberkulose —, so ist doch ihre Forderung nicht weniger dringlich, zumal wir glauben, daß neue grundlegende Erkenntnisse im Hinblick auf die Entstehung der Herzklappenschäden vor allem von der Seite der Immunbiologie her zu erwarten sind. Die Resultate der immunbiologischen Rheumaforschung berechtigen zu diesen Erwartungen.

Ähnliche Überlegungen gelten auch für unsere Vorstellungen über den Anteil dessen an Entstehung und Ablauf der bakteriellen Endokarditis, was mit „Virulenz" und „Pathogenität" bezeichnet wird. Die Anwendung dieser komplexen Begriffe in der Diskussion der Endokarditis wird nur dann Nutzen bringen, wenn es in der Zukunft gelingen wird, ihre einzelnen Faktoren zu analysieren und dafür experimentell exakt reproduzierbare Maßstäbe zu finden. Gerade die Forschungen über die Antigenstruktur der A-Streptokokken eröffnen diesbezüglich neue Aussichten. Völlige Unkenntnis müssen wir aber noch bezüglich der fakultativpathogenen vergrünenden Streptokokken bekennen. Wir wissen noch nicht, ob einzelnen dieser Keime — auf die Herzklappe bezogen — ein höherer Grad krankmachender Eigenschaften zukommt als anderen, ob also einige dieser Typen die Herzklappe mit besonderer Vorliebe besiedeln. Eine Klärung ist wohl nur mit der weiteren Erforschung ihres Antigenmosaiks zu erwarten. Diese ist auch Vorbedingung dafür, daß die Frage der immunbiologischen Auseinandersetzung des Organismus mit diesen Keimen im Sinne der Sensibilisierung und der Antikörperbildung in der Zukunft befriedigender beantwortet wird als heute.

Wir möchten zum Ausdruck bringen, daß uns die frühesten Veränderungen der Endokarditis für das Verständnis ihrer Pathogenese weitaus wichtiger erscheinen als die klinisch eindrucksvollen Formen z. B. der sekundär bakteriell besiedelten Spätstadien. Hier liegt unseres Erachtens der Ansatzpunkt weiterer Forschung. So möchten wir noch einmal aussprechen, daß die klinisch erkennbare bakterielle E. keine bakterielle Erkrankung sui generis, sondern dem Wesen nach als eine bakteriell bedingte Komplikation einer schon vorher bestehenden Endokarditis anzusehen ist. Dies wird das therapeutische und prophylaktische Handeln in einem anderen Licht erscheinen lassen. Wir werden zwar unter Umständen durch die Antibiotica den aufgepfropften Superinfekt der Herzklappe beseitigen können. Den endgültigen Schutz der Herzklappe vor Neuinfektionen durch völlige Beseitigung der in den meistens narbig veränderten Klappen fortbestehenden schleichenden serösen und fibrinösen „Aufbrüche" können wir aber damit nicht erzwingen; ebensowenig können wir die Einschwemmung von Keimen in die Blutbahn aus dem „endogenen Keimreservoir" grundsätzlich unterbinden. Erst wenn wir über die Bedingungen, welche diese entzündlichen Vorstadien bzw. Restzustände der klinisch erkennbaren Endokarditis auslösen und unterhalten, genauer unterrichtet sind, wird eine in diesem Sinne kausale Therapie oder Prophylaxe möglich sein. Vorläufig können wir nur versuchen, einzelne Krankheitsbedingungen, deren Zusammenhang mit diesen Prozessen feststeht, von gefährdeten Individuen fernzuhalten, z. B. Infektionen mit A-Streptokokken. Leider sind wir in Deutschland in dieser Hinsicht noch in völliger Unkenntnis der Typenhäufigkeit, der Typenverteilung und der epidemiologischen Faktoren, so daß uns die Basis einer wirksamen Bekämpfung fehlt. Wir müssen uns damit begnügen, dem Kliniker zuzurufen, jede Infektion mit A-Streptokokken als ein über dem Kranken schwebendes Damoklesschwert zu betrachten, ganz besonders wenn ein „alter" Herzfehler nachweisbar ist oder ein früherer rheumatischer Schub wahrscheinlich gemacht werden kann. Ob wir uns entschließen sollten, eine Dauerprophylaxe mit Sulfonamiden für alle Träger von Vitien einzuführen in Analogie zu der Chininprophylaxe der Malaria, wird der Kliniker und Epidemiologe zu entscheiden haben. In Amerika sind diesbezügliche Versuche anscheinend erfolgreich unternommen worden (FLIPPIN, MAYCOCK und WHITE 1946). Wenn man die Todesursachenstatistik unter diesem Gesichtspunkt betrachtet, kommt dieser Aufgabe eine Bedeutung zu, die nicht geringer ist als diejenige des Krebs- und Tuberkuloseproblems. Demgegenüber wird die Beherrschung von massiveren Bakteriämien im Hinblick auf die Verhütung der Sekundärbesiedlung durch antibiotischen Schutz vor operativen Eingriffen nur eine bedingte Bedeutung für das Gesamtproblem haben, da wir ja damit immer nur einen sehr kleinen Teil der Bakterieneinbrüche in die Blutbahn bekämpfen können.

Weitere Ergebnisse für die Klinik haben wir in folgender Tabelle zusammengestellt, die das von uns untersuchte Beobachtungsgut von 300 obduzierten

Tabelle.

	Zahl der Fälle	Jahrzehnt									klinisch		
		1.	2.	3.	4.	5.	6.	7.	8.	9.	+	—	Vitium
I. Endocarditis serosa													
II. Endocarditis fibrinosa													
1. E. verrucosa simplex	44	1	4	3	2	9	4	13	8		3	38	4
2. E. verrucosa rheumatica . .	76												
akut	5		2	1	1	1					3	2	—
rezidivierend	47		2	1	5	14	12	5	7	1	3	18	26
abgelaufen	9				2	1	1	3	2		—	8	1
abgelaufen u. E. simplex . . .	15					2	3	3	6	1	1	8	6
III. Endocarditis chronica fibrosa .	118			3	6	12	25	26	41	5	15	82	21
IV. Endocarditis granulomatosa . .													
1. akute bakterielle E.	15			3		3	4	4	1		3	8	4
2. chronische E. ulcero-polyposa (lenta)	47		2	8	9	15	6	4	3		34	9	4

Endokarditisfällen umfaßt. Wenn wir uns in unserem zahlensüchtigen Zeitalter sowie als Ärzte vor den Gefahren statistischer Auswertung hüten sollen — die Rangstellung der einzelnen Endokarditisformen in der Häufigkeit der Obduktionsbeobachtungen möchten wir doch hervorheben. Wir finden die E. chronica fibrosa recurrens weit voraus an erster, die E. verrucosa rheumatica an zweiter Stelle und sehen die E. chronica ulcero-polyposa wie E. verrucosa simplex erst in weitem Abstand folgen. Im heutigen klinischen Interesse steht jedoch die fast kleinste Gruppe der E. lenta allein im Vordergrund! Erstaunlich ist auch das Ergebnis des Vergleichs der klinisch erkannten und unerkannten Fälle. Am schlechtesten schneidet die E. verrucosa simplex ab. Dann folgt die E. chronica fibrosa (recurrens) mit 69,4% und die E. verrucosa rheumatica mit 47,3% Fehldiagnosen. Diese Prozentzahlen verbessern sich beträchtlich zugunsten der klinischen Diagnostik, wenn man die als Vitien erkannten Fälle in den einzelnen

Gruppen zurechnet. Wir möchten aber noch einmal hervorheben, daß im klinischen Denken bis heute merkwürdig fest der Irrtum verwurzelt ist, daß die Diagnose „altes Vitium“ gleichbedeutend sei mit abgelaufener, vernarbter (und in diesem Sinne verheilter) Endokarditis. Das ist im pathologisch-anatomischen Sinne nie der Fall! Von der Seite der Therapie her bedeutet also in unserem Beobachtungsmaterial die Gruppe „Vitium“ darum *keine antibakterielle Prophylaxe*, d. h. im strengen Sinne also eine Fehldiagnose, zum mindesten was die Konsequenzen betrifft! So gesehen ist diese Gruppe der „Vitien“ doch sehr groß. Sie stellt sich auf $^1/_5$ (65 Fälle = 21,7%) des Gesamtmaterials. Hinzu kommen 173 klinisch unerkannte Fälle = 57,7% der Gesamtzahl.

Die Folgerungen für die Klinik sind damit offensichtlich. Wir erleben Todesfälle von Endokarditiskranken, die oft lange Zeit — oft nachweislich Monate oder Jahre — vom praktischen Arzt, Facharzt oder von einer Klinik wegen eines „Myokardschadens“ oder eines „kombinierten Vitiums“ mit Strophanthin oder anderen Herzmitteln behandelt worden sind. Immer nur wurde die gestörte Funktion der Herzklappen oder des Herzmuskels angegangen. An das Bestehen einer floriden Endokarditis oder eines Rezidivs wurde nicht gedacht. Wenn wir auch die Unmöglichkeit erkennen, alle Fälle mit oftmals geringfügigen Veränderungen klinisch zu erfassen, so ergibt sich unseres Erachtens für den Kliniker die Folgerung, lieber einmal zu oft eine floride E. anzunehmen und entsprechende Vorsichtsmaßregeln zu treffen, als zuzuwarten, bis die klassische Ausprägung des Bildes die Aussichten einer Heilung vermindert. Dabei wird bei den klinisch nicht diagnostizierbaren, aber vermutbaren Fällen der E. serosa und E. verrucosa simplex vor allem auf Grund alter Vitien die skizzierte Prophylaxe im Vordergrund stehen, während bei dem geringsten Verdacht einer Sekundärbesiedlung mit allen Mitteln versucht werden sollte, diese Zusatzinfektion zu klären, um mit der antibiotischen Therapie zu beginnen. Wie schwierig gerade dies letztere sein kann, geht aus dem Abschn. B, I; C, VI, 6 hervor. Das Problem des Keimnachweises in vivo wird darum dem Kliniker ganz besonders dringlich erscheinen müssen. Leider bedeutet die Verbesserung der Züchtungsmethoden keine Aufgabe, die die Schwierigkeiten grundsätzlich zu lösen verspricht. Es wird deshalb versucht werden müssen, den Nachweis der Sekundärbesiedlung auf indirektem Wege zu ermöglichen, obwohl die Schwierigkeiten der Immunbiologie heute in dieser Hinsicht unüberwindlich scheinen mögen.

Für uns selbst sehr enttäuschend waren die Auswertungsmöglichkeiten der Sektionssaalbakteriologie. Trotz jahrelangen Bemühens ist es uns unmöglich, eine Aussage über die Häufigkeit der Sekundärbesiedlung der serösen und fibrinösen Endokarditiden zu machen, da die agonalen Einbrüche den größten Teil der kulturellen Befunde zunichte machen. Bei der Auswertung der bakteriellen Endokarditiden sind die Schwierigkeiten prinzipiell die gleichen, wenn hier auch öfters ein verwertbares Resultat erzielt werden kann. Das bedeutet in praxi, daß 1. ein Pathologe, der nicht über ein gut eingerichtetes bakteriologisches Laboratorium und bakteriologisch geschulte Mitarbeiter verfügt, nur falsche bakteriologische Herzklappenbefunde ernten kann. Das besagt, daß 2. trotz solcher Bedingungen nur in Ausnahmefällen vom Sektionssaal *allein* eine bakteriologische Diagnose über die jeweilige Endokarditisform abgegeben werden kann. Bei der überraschenden Häufigkeit klinisch stummer Herzklappenerkrankungen ist dieses Versagen der Sektionssaalbakteriologie ein schwerer Schlag für Pathologie und Bakteriologie, und nicht nur für die Endokarditisforschung allein!

Der Arzt am Krankenbett erlebt die Problematik der Endokarditis stärker, lebensnaher, drängender und deprimierender als der auf längere Sicht arbeitende Theoretiker. Für ihn mag es im Hinblick auf den Kranken vielleicht weniger wichtig sein, die ungelösten Fragen der Pathogenese zu erkennen und scharf zu fassen als vielmehr zu Hilfe zu eilen, therapeutisch zu handeln. So mag in manchen uns wesentlich erscheinenden Punkten der Kliniker das Gefühl haben, Steine statt Brot zu erhalten. In ärztlicher Auseinandersetzung mit der Dringlichkeit des Einzelfalles wird der Kliniker immer allein stehen. Möge er in solchen Augenblicken nicht vergessen, daß naturwissenschaftliches Denken und sittliche Forderung des Helfens keine Alternativen sind, sondern eine Einheit bilden. Zu dieser Einheit einen Beitrag zu liefern, war der Ausgangspunkt dieser Abhandlung.

Literatur.

ABBOTT, M. E.: Congenital cardiac disease in OSLER's Modern medicine, McCRAE. Bd. 4, S. 627. Philadelphia: Lea a. Febiger 1927. — ABRAHAM, E. P., E. CHAIN, C. M. FLETCHER, A. D. GARDNER, N. G. HEATLEY, M. A. JENNINGS and H. W. FLOREY: Further observations on penicillin. Lancet **1941 II**, 177. — ABRAHAM, I.: Fetale Endokarditis. Zbl. Gynäk. **47**, 2698 (1937). — ACKERKNECHT, E.: Vergleichendes über die Lokalisation der Segelklappenveränderungen im Herzen unserer Haustiere. Virchows Arch. **240**, 87 (1923). — ADLER: Zur Ätiologie der Endocarditis lenta. Med. Klin. **1925 II**, 1736. — ALBERTINI, A. v.: Allgemeine Pathologie und Histologie des Rheumatismus. Schweiz. med. Wschr. **1933**, 1177. — Zum Problem der Endokarditis. Schweiz. med. Wschr. **1935**, 200. — Pathologie und Therapie der entzündlichen nicht spezifischen Arterienerkrankungen. Helvet. med. Acta **11**, 256 (1944). — Diskussionsbemerkung zum Vortrag WYSS. Schweiz. med. Wschr. **1946**, 16. — Die Endokarditis als Problem der allgemeinen Entzündungs- und Infektionslehre. Eine kurze Darstellung der wichtigsten Grundlagen meiner Lehre. Schweiz. med. Wschr. **1947**, 670. — Die Bedeutung der histiozytären Reaktion bei Endokarditis. Internat. Arch. Allergie a. Appl. Immun. **1**, Suppl. 12 (1950). — ALBERTINI, A. v., u. A. GRUMBACH: Die experimentelle Streptokokkeninfektion des Kaninchens in ihren Beziehungen zur Herdinfektion. Erg. Path. **33**, 314 (1937). — Ergebnisse experimenteller Forschung zur Frage der Herdinfektion. Schweiz. med. Wschr. **1938 II**, 1309. — ALBERTINI, A. v., u. A. STAEHELIN: Über die Beziehungen der verkalkten Knopflochstenose zur Endokarditis. Cardiologia (Basel) 18, 129 (1951). — ALBOT, G., et A. MIGET: Etude anatomo-pathologique des endocardites. Ann. d'Anat. path. **12**, 13 (1935). — ALESTRA, L., e M. GIROLAMI: Endocarditi da nocardie. Policlinico, Sez. med. **44**, 441 (1937). — ALIVISATOS, G. P.: Zur Frage der Blutkulturmethodik für Streptokokken. Zbl. Bakter. **129**, 111 (1933); **134**, 259 (1935). — ALLEN, A. C.: Mechanism of localization of vegetations of bacterial endocarditis. Arch. of Path. **27**, 399 (1939). — Nature of vegetations of bacterial endocarditis. Arch. of Path. **27**, 661 (1939). — ALLEN, A. C., and J. H. SIROTA: The morphogenesis and significance of degenerative verrucal endocarditis. Amer. J. Path. **20**, 1025 (1944). — ALSLEV, J.: Über die Zunahme der subakuten bakteriellen Endokarditis. Dtsch. med. Wschr. **1948 I**, 208. — ALTENBACH, G.: Hemmung von Bacterium Coli und Proteus durch Tibatin auf festen Nährböden ohne Schädigung anderer Bakterien. Zbl. Bakter. **154**, 135 (1949). — ALTMANN, H. W.: Über das Auftreten von Vakuolen, Einschlußkörperchen und hyalinen Tropfen in den Leberzellen bei experimentellem Sauerstoffmangel. Verh. dtsch. path. Ges. **1944**, 60. — ALTSCHULER, CH. H., and D. M. ANGEVINE: Histochemical studies on the pathogenesis of fibrinoid. Amer. J. Path. **25**, 1061 (1949). — ANDERSON, H. C., H. G. KUNKEL and M. McCARTHY: Quantitative antistreptokinase studies in patients infected with group A hemolytic streptococci: A comparison with serum antistreptolysin and gammaglobulin levels with special reference to the occurence of rheumatic fever. J. Clin. Invest. **27**, 425 (1948). — ANDREI, G., and P. RAVENNA: Thrombo-endocarditis in rabbits. A new disease due to an infravirus (?). Arch. Int. Med. **62**, 377 (1938). — ANDREWES, F. W., and T. J. HORDER: A study of the streptococci pathogenic for man. Lancet **1906**, 708. — ANTONI, V. DE, e C. CARTOLARI: Il liquoid quale inibitore del potere battericida del sangue nelle emoculture. Boll. Ist. sieroter. milan. **1933**, 618. — APITZ, K.: Über anaphylaktische Organveränderungen bei Kaninchen. Virchows Arch. **289**, 46 (1933). — APPLETON jr., J. L. T., C. K. BRYANT and E. ZEBLEY: The relative frequency of streptococcal types in periapical infection. Dent. Cosmos **68** (I), 336 (1926). — DELL'AQUA, G.: Über aktinomykotische Endokarditis. Klin. Wschr. **1943**, 100. — ASCHOFF, L.: Über die Ursachenforschung der Myokarditis rheumatica. Rheumaprobleme **3**, 1 (1934). — Pathologische Anatomie, 8. Aufl., Bd. II. Jena 1936. — ASH, R.: Influence of tonsillectomy on rheumatic infection. Amer. J. Dis. Childr. **55**, 63 (1938). — ASKANAZY, M.: Über Bau und Entstehung des chronischen Magengeschwürs, sowie Soorpilzbefunde in ihm. Virchows Arch. **234**, 111 (1921). —

Assmann, H., u. H. Moormann: Erfahrungen mit Penicillin. Dtsch. med. Wschr. **1948 I**, 461. — Aufdermaur, M.: Über Endocarditis tuberculosa und kongenitale Lungentuberkulose. Schweiz. Z. Tbk. **4**, 197 (1947). — Auxilia, F.: La bacteriemia tifosa nell infanzia. — Ricerche non metodo di arricchimento. Riv. clin. pediatr. **32**, 818 (1934).

Baehr, G.: Renal complications of bacterial endocarditis. Trans. Assoc. Amer. Physicians **46**, 87 (1931). — Baehr, G., and I. E. Gerber: Penicillin treatment of subacute bacterial endocarditis. Adv. Int. Med. **2**, 308 (1947). — Baehr, G., and A. D. Pollack: Disseminated lupus erythematosus and diffuse scleroderma. J. Amer. Med. Assoc. **134**, 1169 (1947). — Bahrmann, E.: Über die fibrinoide Degeneration des Bindegewebes. Virchows Arch. **300**, 342 (1937). — Baillie: Morbid Anatomy, S. 46. 1797. — Baker, L. A., u. D. Musgrave: A study of mitral stenosis in patients who survived the age of 50. Ann. Int. Med. **26**, 901 (1947). — Baldassari, V.: Beitrag zur Histologie der Endokarditis. Zbl. Path. **20**, 97 (1909). — Bals, M.: Ausführung der Blutkultur während der Behandlung mit Sulfonamiden. Schweiz. med. Wschr. **1944**, 1930. — Barbagallo, G.: La sterno-medulla-culture nelle malattie infettive. Policlinico, Sez. med. **45**, 230 (1938). — Barber, M., and M. Roswadowska-Dowsenko: Infection by penicillin-resistant staphylococcus. Lancet **1948 II**, 641. — Barrington, F. J. F., and J. D. Wright: Bacteremia fcllowing operations on the urethra. J. of Path. **33**, 871 (1930). — Battistini, G.: Sui rapporti tra coagulazione del sangue e complemento. Fisiol. e Med. **3**, Nr 4 (1932). — Bayne-Jones, S.: The blood-vessels of the heart valves. Amer J. Anat. **21**, 449 (1917). — Beamer, P. R., E. H. Reinhard and I. J. Goodof: Vegetative endocarditis caused by higher bacteria and fungi; Review of previous cases and report of two cases with autopsies. Amer. Heart J. **29**, 99 (1950). — Becher, E.: Über Kriegsendokarditis. Münch. med. Wschr. **1921 II**, 267. — Beck, A.: Ein Beitrag zur Frage des Zusammenhanges von Herdinfoktion und Allgemeinerkrankung. Zbl. Bakter. **125**, 385 (1932). — Beeson, P. B., E. S. Brannon and J. V. Warren: Observations on tho sites of removal of bacteria from the blood in patients with bacterial endocarditis. J. of Exper. Med. **81**, 9 (1945). — Beisch, K.: Über die Bedeutung der fibrinösen Gewebsentzündung für die Entstehung endokarditischer Exkreszenzen. Verh. dtsch. path. Ges. **1950**. (34. Tagg.) Beitzke, H.: Über die sog. „weißen Flecken" am großen Mitralsegel. Virchows Arch. **163**, 343 (1901). — Zur Einteilung der Endokarditis. Berl. klin. Wschr. **1920**, 1233. — Belk, W. P., F. J. Jodźis and E. Fendrick: The lesions in animals inoculated with streptococcus cardio-arthritidis. Arch. of Path. **6**, 812 (1928). — Bell, E. T.: Glomerular lesions associated with endocarditis. Amer. J. Path. **8**, 639 (1932). — Benedict, J.: Histologische Unterschiede der durch Endokarditis und Lues verunstalteten Aortenklappen. Virchows Arch. **281**, 780 (1931). — Beneke, R.: Ernst Neumann's „fibrinoide Degeneration" bei Endocarditis verrucosa. Schweiz. med. Wschr. **1935**, 313. — Bennhold, H., E. Kylin u. S. T. Rusznyák: Die Eiweißkörper des Blutplasmas. Dresden u. Leipzig: Theodor Steinkopff 1938. — Benninghoff, A.: Blutgefäße und Herz. In Handbuch der mikroskopischen Anatomie des Menschen, Bd. VI, S. 1. Berlin: Springer 1936. — Bensley, S. H.: On the presence, properties and distribution of the intercellular ground substance of loose connective tissue. Anat. Rec. **60**, 93 (1934). — Bergey: Manual of Determinative Bacteriology. Baltimore 1939 u. 1948. — Bernays, A. C.: Entwicklungsgeschichte der Atrioventrikularklappen. Gegenbauers Jb. **11** (1876). — Bernstein, M.: Subacute bacterial endocarditis following the extraction of teeth: Report of a case. Ann. Int. Med. **5**, 1138 (1932). — Bevans, M., and S. A. Wilkins jr.: Tuberculous endocarditis. Amer. Heart J. **24**, 843 (1942). — Bieling, R.: Herdinfektion und Immunität. Verh. dtsch. Ges. inn. Med. **42**, 438 (1930). — Experimentell erzeugte chronische Infekt-Arthritiden. Rheumaprobl. **2**, 20 (1931). — Bigger, J. W.: Synergic action of penicillin and sulphonamides. Lancet **1944 II**, 142. — Bingold, K.: Über ein neues Blutkulturverfahren in Gelatine. Münch. med. Wschr. **1923 II**, 979. — Über eine durch anaerobe Streptokokken verursachte Endokarditisform. Dtsch. med. Wschr. **1932 I**, 443. — Die septischen Erkrankungen. Wien u. Berlin: Urban & Schwarzenberg 1937. — Über das Wesen der Sepsis und ihre Erscheinungsform. Dtsch. med. Wschr. **1947**, 56. — Birkhaug, K. E.: Rheumatic fever: Bacteriologic studies of a non-methemoglobin-forming streptococcus with special reference to its soluble toxin production. J. Inf. Dis. **40**, 549 (1927). Bishop jr., L. F., u. M. Trubek: Bicuspid aortic valve. A differential study between inflammatory and congenital origin. J. Techn. Methods **15**, 111 (1936). — Björling, E.: Über mukoides Bindegewebe. Virchows Arch. **205**, 71 (1911). — Blahd, M., J. Frank and O. Saphir: Experimental endocarditis in dogs. Arch. of Path. **27**, 424 (1939). — Blakemore, F., S. D. Elliott u. J. Hart-Mercer: Studies on suppurative polyarthritis (joint-ill) in lambs. J. of Path. **52**, 57 (1941). — Le Blanc: Die Verwendung 10prozentiger Peptonbouillon als Nährboden für aerobe und anaerobe Bakterien. Med. Klin. **1921**, Nr 12. — Bliss, E. A., u. C. A. Chandler: In vitro studies of Aureomycin a new antibiotic agent. Proc. Soc. Exper. Biol. a. Med. **69**, 467 (1948). — Bloomfield, A. L., and R. M. Halpern: Penicillin in subacute bacterial endocarditis. J. Amer. Med. Assoc. **129**, 1135 (1945). — Blumenberg, W., u. A. Züll: Über Streptokokkenbefunde in Zahnwurzelgranulomen. Arch. f. Hyg. **109**, 297

(1933). — Bock, H. E.: Sepsis. Klin. Wschr. **1936 II**, 1138. — Über den Wert der bakteriologischen Sternalmarkuntersuchung. Klin. Wschr. **1939 I**, 162. — Boden, E., u. F. Loogen: Zur Therapie der Endocarditis lenta. Dtsch. med. Wschr. **1950**, 422. — Böger, A.: Über die Endokardsklerosen. Beitr. path. Anat. **81**, 441 (1928). — Böhmig, R.: (1) Über Beziehungen von Überempfindlichkeit und Immunität bei experimentellen Streptokokkeninfektionen. Klin. Wschr. **1933**, 258. — (2) Über homologe und heterologe Testinfektionen mit Streptokokken in verschiedenen Stadien der Immunität. Z. Hyg. **115**, 406 (1933). — (3) Mikroskopische Befunde beim bakteriellen Schocktod im Tierexperiment. Beitr. path. Anat. **95**, 303 (1934). — (4) Morphologische Allgemeinreaktionen auf Streptokokken bei verschiedener Immunitätslage. Verh. dtsch. path. Ges. **1934**, 166. — (5) Morphologische Anzeichen klinisch unerkannter Mitralinsuffizienz. Virchows Arch. **298**, 161 (1936). — (6) Experimentelle Untersuchungen zur bakteriellen Überempfindlichkeit durch Fremdeiweiß. Verh. dtsch. path. Ges. **1936**, 288. — (7) Erschöpfung und Infektion. Verh. dtsch. path. Ges. **1944**, 79. — (8) Bakteriologie, Serologie und pathologische Anatomie der Herdinfektion. Dtsch. med. Wschr. **1948**, 361. — (9) Pathologie und Bakteriologie der Endokarditis. Klin. Wschr. **1949**, 417. — (10) Bakteriologische Sektionssaaltechnik. Zbl. Path. **85**, 175 (1949). — (11) Untersuchungen über seröse Endokarditis. Verh. dtsch. path. Ges. (34. Tagg) **1950**, 244. — (12) Seröse Endokarditis bei Kleinkindern und Jugendlichen. Virchows Arch. **318**, 646 (1950). — (13) Die anatomische Stellung der rheumatischen Herzklappenerkrankung. Z. f. Rheumaforschg **11**, 92 (1952). — (14) Abstracts of scientific communications. European congress of cardiology, London 1952. — (15) Böhmig, R., u. B. Krückeberg: Untersuchungen über die diagnostischen Schwierigkeiten bei chronischen Veränderungen der Mitralklappe (mit Beitrag zur normalen Histologie). Beitr. path. Anat. **94**, 163 (1934). — (16) Böhmig, R., u. H. F. Swift: Comparative histologic reactions in cutaneous lesions induced by streptococci in rabbits previously inoculated intracutaneously or intravenously. Arch. of Path. **15**, 611 (1933). — Boger, W. P., and F. F. Harrison: Penicillin plasma concentrations; increase and prolongation with carinamide and newer Depot Penicillin preparations. J. Amer. Med. Assoc. **139**, 1131 (1949). — Bonciu, C.: Consideration sur deux cas de septicémies dues à bacille de Friedländer. Arch. roum. Path. expér. **10**, 307 (1937). — Bondi jr., A., and C. C. Dietz: Production of penicillinase by bacteria. Proc. Soc. Exper. Biol. a. Med. **56**, 132 (1944). — Relationship of penicillinase to the action of penicillin. Proc. Soc. Exper. Biol. a. Med. **56**, 135 (1944). — Bornstein, S.: Action of penicillin on enterococci and other streptococci. J. Bacter. **39**, 383 (1940). — Boyd, T. A. B.: Blood cysts on the heart valves of infants. Amer. J. Path. **25**, 757 (1949). — Boyd, W.: The Pathology of Internal Diseases, 4. Aufl. Philadelphia: Lea and Febiger 1944. — Boynton, R. D.: Subacute bacterial endocarditis caused by Gaffkya tetragena. Report of a case. New England J. Med. **243**, 738 (1950). — Brainerd, H., E. H. Lenette, G. Meiklejohn, H. B. Bruyn and W. H. Clark: The clinical evaluation of Aureomycin. J. Clin. Invest. **28**, 992 (1949). — Bramwell, C.: Subacute bacterial endocarditis. Lancet **1948 I**, 481. — Brass, K.: Über die Pathogenese der sogenannten nichteitrigen embolischen Herdnephritis Loehlein. Frankf. Z. Path. **61**, 42 (1949). — Braun, L.: Zur Frage der Arteriosklerose nach intravenöser Adrenalinzufuhr. Münch. med. Wschr. **1905**, 533. — Sitzgsber. ksl. Akad. Wiss. Wien, Abt. 3, **116** (1907). — Brauss, F. W.: Über die Wirkung der para-Amino-Benzoesäure als Wachstumsfaktor bei pathogenen Mikroorganismen. Z. Hyg. **127**, 647 (1948). — Bredt, H.: Die primäre Erkrankung der Lungenschlagader in ihren verschiedenen Formen (Arteriopathia pulmonalis idiogenica). Virchows Arch. **284**, 126 (1932). — Können morphologische Veränderungen im kleinen Kreislauf durch angeborenen Herzfehler bedingt sein? Klin. Wschr. **1936**, 1358. — Brewer, J. H.: Clear liquid mediums for „aerobic" cultivation of anaerobes. J. Amer. Med. Assoc. **115**, 598 (1940). — Brinkmann: Über histologische Befunde im Zentralnervensystem bei Endocarditis infectiosa bzw. septica mit zerebralen Störungen. Z. Neur. **114**, 734 (1928). — Brock, N., H. Druckrey u. H. Herken: Der Stoffwechsel des geschädigten Gewebes II. Arch. exper. Path. u. Pharmakol. **188**, 440 (1938). — Broders, A. C., G. R. Dochat, W. E. Herell and L. D. Vaughan: Histoplasmosis producing vegetative endocarditis. J. Amer. Med. Assoc. **122**, 489 (1943). — Brown, J. H.: The use of blood agar for the study of streptococci. Monogr. Rockefeller Inst. Med. Res. **1919**, No 9. — Brugsch, Th.: Lehrbuch der Herz- und Gefäßkrankheiten, 3. Aufl. Leipzig: S. Hirzel 1947. — Buday, L.: Statistisches über Endokarditiden und Klappenfehler. Frankf. Z. Path. **38**, 450 (1929). — Buddinger, G. J., and K. Anderson: Acute vegetative endocarditis caused by bac. diphtheriae. Arch. Int. Med. **59**, 597 (1937). — Büchner, F.: Die pathogenetische Bedeutung des allgemeinen Sauerstoffmangels. Verh. dtsch. path. Ges. **1944**, 20. — Buhl: Über das Faserstoffexsudat. Sitzgsber. Münch. Akad. **1863**. — Bunim, J. J., and C. McEven: Antistreptolysin titer in rheumatic fever, arthritis and other diseases. J. Clin. Invest. **19**, 75 (1940). — Burbank, R.: A study of the streptococcus in the etiology of arthritis. Bull. New York Acad. Med. **1929**. — Burket, L. W., u. C. G. Burn: Bacteremias following dental extraction: Demonstration of source of bacteria by means of a non-pathogen serratia marcescens. J. Dent. Res. **16**, 521 (1937).

Cabot, R. C.: Facts on the heart. Philadelphia: W. B. Saunders Company 1926. — Camelin, A., Garnung, Vigneau et Forestier: Les sigmoidites aortiques infectieuses malignes à hémocultures négatives, pénicillino-résistantes. Presse méd. **55**, 870 (1947). — Camelin, A., A. Guibert, C. Noyer et A. Tarel: La forme à hémoculture négative de la maladie d'Osler. Arch. Mal. Coeur **41**, 74 (1948). — Cannady, E. W.: The successfull use of penicillin in the treatment of subacute bacterial endocarditis. Illinois Med. J. **93**, 94 (1948). — Capelli, E.: Erste Untersuchungen über die entzündlichen Schädigungen des Endokards beim menschlichen Fötus. Vorläufige Mitteilung. Pathologica (Genova) **24**, 103 (1932). — Endocardite fetale. Sperimentale **87**, 129 (1933). — Caplans, M.: Influences affecting the growth of microorganisms; latency, inhibition and mass action. J. of Path. **14**, 1 (1910). — Cavelti, P. A.: Studies on the pathogenesis of rheumatic fever. Arch. of Path. **39**, 148 (1945); **40**, 158 (1945); **2**, 119 (1947). — Cecil, R. L., E. E. Nicholls and W. J. Stainsby: Bacteriology of the blood and joints in rheumatic fever. J. of Exper. Med. **50**, 617 (1929). — Ceelen, W.: Zur Kenntnis der Endaortitis lenta. Med. Klin. **1926**, Nr 22. — Chain, E., and E. S. Duthie: Identity of hyaluronidase and spreading factor. Brit. J. Exper. Path. **21**, 324 (1940). — Chiari, H.: Zur Frage des Übertretens der Diphtheriebazillen in die Blutbahn und ihrer Ansiedlung in inneren Organen. Wien. klin. Wschr. **1935**, 685. — Zur Pathologie der Endokarditis. Wien. klin. Wschr. **1942**, 217. — Pathogenese der rheumatischen Erkrankungen. Wien. klin. Wschr. **1950**, 749. — Christie, R. V.: Penicillin in subacute bacterial endocarditis; Report of Research Council on 147 patients. Brit. Med. J. **1946**, 381. — Med. J. Austral. **1**, 349 (1946). Ref. Dtsch. med. Wschr. **1946**, 278. — Sitzgsber. Sect. Gen. Med. Roy. Inst. 8. Sept. 1947. Lancet **1947 II**, 397. — Penicillin in subacute bacterial endocarditis. Report to the medical Research Council on 269 patients treated in 14 centres appointed by the Penicillin Clinical Trials Committee. Brit. Med. J. **1948**, 1. — Penicillin in subacute bacterial endocarditis. Brit. Med. J. **1949 II**, 950. — Chryssowergis, B.: Die praktische Differentialdiagnose in der Streptokokkengruppe. Zbl. Bakter. **133**, 435 (1935). — Cilotti, M.: Über die Mukoidsubstanz der Herzklappen mit besonderer Berücksichtigung ihrer Beziehungen zum elastischen Gewebe. Pathologica (Genova) **24**, 819 (1933). — Clagett jr., A. H., and E. H. Smith jr.: Subacute bacterial endocarditis and dental extraction. J. Amer. Dent. Assoc. **28**, 1841 (1941). — Clark, E. R., and E. L. Clark: Further observations on living lymphatic vessels in the transparent chamber in the rabbit's ear. Their relation to the tissue spaces. Amer. J. Anat. **52**, 273 (1933). — Clark, E., and B. J. Kaplan: Endocardial, arterial and other mesenchymal alterations associated with serum disease in man. Arch. of Path. **24**, 458 (1937). — Clarke, R. M., and R. B. Haining: Neisseria catarrhalis endocarditis. Ann. Int. Med. **10**, 117 (1936). — Claude, H., et C. Levaditi: Endocardite chronique à forme ulcéreuse de la paroi auriculaire gauche avec infiltration calcaire consécutive. Bull. Soc. anat. de Paris, IXXIII-e anno 1898, XII, 5. série, 641. — Clawson, B. J.: An analysis of two hundred and twenty cases of endocarditis with special reference to the subacute bacterial type. Arch. Int. Med. **33**, 157 (1924). — Arch. of Path. **1**, 911 (1926). — Experimental rheumatic myocarditis. Arch. Path. a. Labor. Med. **2**, No 6 (1926). — Experimental subcutaneous rheumatic nodules. Amer. J. Path. **4**, 565 (1928). — Experimental rheumatic arteritis. Arch. of Path. **6**, 947 (1928). — Experimental streptococcic inflammation in normal, immune and hypersensitive animals. Arch. of Path. **9**, No 6 (1930). — Rheumatic heart disease, an analysis of 796 cases. Amer. Heart J. **20**, 454 (1940). — Relation of the „Anitschkow myocyte" to rheumatic inflammation. Arch. of Path. **32**, 760 (1941). — Experimental endocarditis with fibrinoid degeneration in the heart valves of rats (Special reference to the fibrinoid). Arch. of Path. **50**, 68 (1950). — Clawson, B. J., and E. T. Bell: A comparison of acute rheumatic and subacute bacterial endocarditis. Arch. Int. Med. **37**, 66 (1926). — Clawson, B. J., E. T. Bell and T. B. Hartzell: Valvular diseases of the heart, with special reference to the pathogenesis of old valvular defects. Amer. J. Path. **2**, 193 (1926). Clement, D. H., and W. R. Montgomery: Subacute bacterial endocarditis. Report of a case with apparent failure of sulfonamide prophylaxis complicated by massive hemoperitoneum. Ann. Int. Med. **22**, 274 (1945). — Coburn, A. F.: The rheumatic fever problem. Amer. J. Dis. Childr. **70**, 339, 348 (1945). — Coburn, A. F., and R. R. Pauli: J. Clin. Invest. **1**, 769 (1935). — Coburn, A. H.: The factor of infection in rheumatic state. Baltimore: Williams a Wilkins Company 1931. — Studies on the relationship of the rheumatic process to the development of alterations in tissues. I. part. Amer. J. Dis. Childr. **1933**. — Observations on the character of physiological changes associated with activity of the rh. process. II. part. Amer. J. Dis. Childr. **1933**. — Cohn, A. E., and C. Lingg: The natural history of rheumatic cardiac disease; a statistical study. J. Amer. Med. Assoc. **121**, 113 (1943). — Cohn, I.: Gonococcic endocarditis. J. Amer. Med. Assoc. **1936**, No 20, 107. — Colebrook, L.: Infection by anaerobic streptococci in puerperal fever. Brit. Med. J. **1930**, 1134. — Colebrook, L., and R. Hare: The anaerobic streptococci associated with puerperal fever. J. Obstetr. **40**, 609 (1933). — Colebrook, L., W. R. Maxted, C. W. Morley and S. D. Elliott: Lancet **1942**, 30. Zit. nach Wagner 1945. — Colebrook, L., and Purdie: Treatment of

106 cases of puerperal fever by sulphanilamide (streptocide). Lancet **1937 II**, 1237, 1291. — COLLIS, W. R.: Bacteriology of rheumatic fever. Lancet **1939 II**, 817. — *Commission on Acute Respiratory Diseases:* Studies on streptococcal fibrinolysis V. The in vitro production of fibrinolysin by various groups and types of beta hemolytic streptococci; relationship to antifibrinolysin. J. of Exper. Med. **85**, 441 (1947). — CONNAUGHTON, F. W., and P. M. ROUNTREE: A fatal case of infective endocarditis due to Neisseria flava. Med. J. Austral. **2**, 138 (1939). — COOMBS, C. F.: Quart. J. Med. **16**, 309. Zit. nach BRAMWELL 1948. — CORNIL, L., M. MOSINGER et A. JOUVE: Considérations anatomo-pathologiques sur l'endocardite maligne expérimentale. Arch. Méd. générale et coloniale **1935**, Nr 9. — CORNIL, L., M. MOSINGER et A. JOUVE: Contribution à l'étude histologique du nodule d'Osler. Ann. d'Anat. path. **13**, 674 (1936). — Les lésions myocardiques dans l'endocardite maligne prolongée humaine et expérimentale. Ann. d'Anat. path. **14**, 471 (1937). — CORNIL, L., M. MOSINGER, A. JOUVE et H. HAIMOVICI: Sur les lésions cardiovasculaires de l'endocardite expérimentale. C. r. Soc. Biol. Paris **122**, 685 (1936). — COSTE, F.: Bactériologie streptococcique et rhumatismes. Semaine Hôp. **26**, 2039 (1950). — COTTON, T. F.: Observations on subacute infective endocarditis. Brit. Med. J. **1920 II**, 851. — CRAVEN jr., E. B.: Syphilitic aortic endocarditis and supraimposed bacterial (streptococcus viridans) endocarditis. Amer. J. Path. **8**, 81 (1932). — CRAVEN jr., E. B., M. A. POSTON and E. S. ORGAIN: Hemophilus parainfluenzae endocarditis. A report of two cases and a review of the literature of the influenzal endocarditides. Amer. Heart J. **19**, 434 (1940). — CROHN, W. B.: Septische Endokarditis durch Bac. Friedländer. Med. Klin. **1930**, 553. — CROSSON, J. W., W. P. BOGER, C. C. SHAW and A. K. MILLER: Caronamide for increasing penicillin plasma concentrations in man. J. Amer. Med. Assoc. **134**, 1528 (1947). — CUNLIFFE, A. C., G. G. GILLAM and R. WILLIAMS: Bacterial endocarditis associated with a coagulase-negative staphylococcus albus. Lancet **1943 I**, 355. — CURSCHMANN, H.: Über Endocarditis chronica (lenta). Münch. med. Wschr. **1922 I**, 419.

DARRÉ, H., et G. ALBOT: Contribution à l'étude histologique du rhumatisme cardiaque aigu. Lésions aiguës du péricarde, de l'endocarde et de leur tissu de soutien. Ann. d'Anat. path. **6**, 465 (1929). — DAVIDSON, L. S. P., J. J. R. DUTHIE and M. SUGAR: Focal infection in rheumatoid arthritis. A comparison of the incidence of foci of infections in the upper respiratory tract in one hundred cases of rheumatoid arthritis and one hundred controls. Ann. Rheumat. Dis. 8, 205 (1949). — DAVIE, T. B.: Tuberculous verrucous endocarditis. J. of Path. **43**, 313 (1936). — DAVIS, D., and S. WEISS: The relation of subacute and acute bacterial endocarditis to rheumatic endocarditis; a study of 66 cases with necropsies. New England J. Med. **208**, 619 (1933). — DAVIS, J. S.: Diagnosis and treatment of gonorrheal septicemia and gonorrheal endocarditis. Arch. Int. Med. **66**, 418 (1940). — DAWSON, M. H., G. L. HOBBY and M. O. LIPMAN: Penicillin sensitivity of strains of non-hemolytic streptococci isolated from cases of subacute bacterial endocarditis. Proc. Soc. Exper. Biol. a. Med. **56**, 101 (1944). — DAWSON, M. H., and T. H. HUNTER: The treatment of subacute bacterial endocarditis with penicillin. J. Amer. Med. Assoc. **127**, 129 (1945). — Ann. Int. Med. **24**, 170 (1946). — DAWSON, M. H., OLMSTEAD and BOOTS: Bacteriologic investigations on the blood synovial fluid and subcutaneous nodules in rheumatoid arthritis. Arch. Int. Med. **49**, 173 (1932). — DEMEREC, M.: Production of staphylococcus strains resistant to various concentrations of penicillin. Proc. nat. Acad. Sci. U.S.A. **31**, 16 (1945). — DEMOLE, V., u. M. REINERT: Polyanetholsulfonsaures Natrium, ein neues synthetisches Mittel zur Hemmung der Blutgerinnung. Arch. exper. Path. u. Pharmakol. **158**, 211 (1930). — DEMPSEY, E. W., H. BUNTING, M. SINGER and G. B. WISLOCKI: The dye-binding capacity and other chemohistological properties of mammalian mucopolysaccharides. Anat. Rec. **98**, 417 (1947). — DENZER, B. S.: Rheumatic heart disease in children under two years of age. J. Amer. Med. Assoc. **82**, No 16 (1924). — DEWITZKY, WL.: Über den Bau und die Entstehung verschiedener Formen der chronischen Veränderungen in den Herzklappen. Virchows Arch. **199**, 273 (1910). — Weitere Untersuchungen über chronische Veränderungen in den Herzklappen. Virchows Arch. **202**, 341 (1910). — DIAZ, C. J., and E. ARJONA: A new germ not described before in subacute abacterial endocarditis (Corynebacterium endocarditis). Bull. Inst. Med. Research **1949 II**, 71. — Nouvelles études sur l'endocardite maligne abactérienne et sur son étiologie. Cardiologia (Basel) **16**, 110 (1950). — DIAZ, C. J., E. ARJONA, J. M. ALÉS, E. ORTIZ DE LANDAZURI and E. L. GARCIA: Subacute abacterial endocarditis. Bull. Inst. Med. Research **2**, 1 (1949). — DIAZ C., J., L. E. GARCIA, J. M. ALÉS y E. ARJONA: Estadistica y classificacion de las endocarditis malignas agudas y lentas. Rev. clin. españ. **38**, 153 (1948). — DICK, G., and W. B. SCHWARTZ: Experimental endocarditis of dogs. Arch. of Path. **42**, 159 (1950). — DICK, J.: Streptococci in puerperal sepsis. Edinburgh Med. J. **53**, 134 (1946). — DIETHELM, O.: Über Blutungen in den Herzklappen. Beitr. path. Anat. **72**, 238 (1924). — DIETRICH, A.: Die Reaktionsfähigkeit im Körper bei septischen Erkrankungen in ihren pathologisch-anatomischen Äußerungen. Verh. dtsch. Ges. inn. Med. **1925**, 180. — Versuche über Herzklappenentzündung. Z. exper. Med. **50**, 85 (1926). — Endokarditis und

Allgemeininfektion. Münch. med. Wschr. **1928 II**, 1328. — Endothelreaktion und Thrombose. Münch. med. Wschr. **1929 I**, 272. — Experimentelle Endokarditis. Klin. Wschr. **1930**, Nr 21, 105. — Wesen und Bedingungen der Thrombose und Embolie. Klin. Wschr. **1931 I**, 54. — Körperreaktion und Krankheit am Beispiel der Endokarditis. Wien. klin. Wschr. **1939**, 153. — Allgemeine Pathologie und pathologische Anatomie, Bd. 2, S. 13—14. Stuttgart: S. Hirzel 1948. — DIETRICH, A., u. K. SCHRÖDER: Abstimmung des Gefäßendothels als Grundlage der Thrombenbildung. Virchows Arch. **274**, 425 (1930). — DIETRICH, W.: Über Anfänge der experimentellen Endokarditis. Virchows Arch. **299**, 285 (1936). — DIJKSTRA, C. H.: Endocarditis diphtherica. Nederl. Tijdschr. Geneesk. **79** (I) 1332 (1935). — DIMMLING, TH.: Über Ausführung und Beurteilung bakteriologischer Blutkulturen. Klin. Wschr. **1950**, 209. — Vermindert Tibatinzusatz in bakteriologischen Nährböden das Schwärmvermögen von Proteusbakterien? Zbl. Bakter. **155**, 77 (1950). — DOCK, W.: Aus W. D. STROUD, Diagnosis and treatment of cardiovascular diseases. Philadelphia: Davis 1946. — DODD, R. L.: Serologic relationship between streptococcus group H and streptococcus sanguis. Proc. Soc. Exper. Biol. a. Med. **70**, 598 (1949). — DOERR, W.: Pathologische Anatomie der Glykolvergiftung und des Alloxandiabetes. Sitzgsber. Heidelberg. Akad. Wiss., Math.-naturwiss. Kl. **7** (1949). — DOERR, W., u. K. HOLLDACK: Über das Myxödemherz. Virchows Arch. **315**, 653 (1948). — DOLD, H.: Vitalinhibition und Inhibitionsimmunität. Z. Immun.forsch. **107**, 196 (1950). — DOLD, H., u. H. R. MÜLLER: Über die Notwendigkeit einer einheitlichen Methode zum Nachweis hämolytischer Streptokokken (Scharlachstreptokokken). Zbl. Bakter. **109**, 392 (1928). — DOLE, V. P.: A dialysable medium for cultivation of group A hemolytic streptococci. Proc. Soc. Exper. Biol. a. Med. **63**, 122 (1946). — DOLJANSKI, L., u. F. ROULET: Studien über die Entstehung der Bindegewebsfibrille. Virchows Arch. **291**, 260 (1933). — DOLPHIN, A., and R. CRUICKSHANK: Penicillin therapy in acute bacterial endocarditis. Brit. Med. J. **1945**, 897. — DOMAGK, G., u. C. HEGLER: Chemotherapie bakterieller Infektionen. Leipzig: S. Hirzel 1944. — DONAT, R.: Zur Frage der fötalen Endokarditis. Frankf. Z. Path. **53**, 120 (1939). — DONZELOT, E. H., H. KAUFMANN et J. E. ESCALLE: Le traitement de l'endocardite secondaire subaiguë (maladie d'Osler) par la pénicilline. Semaine Hôp. **1947**, 1520. — Le traitement des endocardites infectieuses subaiguës par la pénicilline. Arch. Mal. Coeur **41**, 58 (1948). — DOW, D. R., and W. F. HARPER: The vascularity of the valves of the human heart. J. of Anat. **66**, 610 (1931/32). — DOWLING, H. F., and H. L. HIRSH: The use of penicillinase in cultures of body fluids obtained from patients under treatment with penicillin. Amer. J. Med. Sci. **210**, 756 (1945). — DRIAK, F.: Die Bakterienstreuung bei zahnärztlichen Eingriffen. Wien. klin. Wschr. **1950**, 620. — DRUCKREY, H., K. KÜPFMÜLLER u. W. TRAPPE: Experimentelle Beiträge zum Wachstumsproblem bei Geschwülsten und Metastasen. Z. Krebsforsch. **56**, 407 (1949). — DUBOS, R. J.: Observations on the oxydation-reduction properties of sterile bacteriological media. J. of Exper. Med. **49**, 507 (1929). — The initiation of growth of certain facultative anaerobes as related to oxydation-reduction processes in the medium. J. of Exper. Med. **49**, 559 (1929). — The bacteriostatic action of certain components of commercial peptones as affected by conditions of oxydation and reduction. J. of Exper. Med. **52**, 331 (1930). — The effect of lipids and serum albumin on bacterial growth. J. of Exper. Med. **85**, 9 (1946). — Beitrag in: Bacterial and mycotic infections of man. Philadelphia, London u. Montreal: J. B. Lipincott Company 1948. — The bacterial cell. Cambridge u. Massachusetts: Harvard University Press 1949. — DUNCAN, C. N., and J. M. FAULKNER: Penetration of blood clot by sulfanilamide, sulfapyridine, sulfathiazole and sulfamethylthiazole. Amer. J. Med. Sci. **200**, 492 (1940). — DURAN-REYNALS, F.: Tissue permeability and the spreading factors in infection; a contribution to the host: parasite problem. Bacter. Rev. **6**, 197 (1942).

EAGLE, H.: The kinetics of the bactericidal action of penicillin and the therapeutic significance of the blood penicillin level. 47. Gen. Meet. Amer. Bacteriologists. J. Bacter. **54**, 6 (1947). — A paradoxical zone phenomen in the bactericidal action of penicillin in vitro. Science (Lancaster, Pa.) **107**, 44 (1948). — EDENS, E.: Die Krankheiten des Herzens und der Gefäße. Berlin: Springer 1929. — *Editorial:* J. Amer. Med. Assoc. **145**, 1269 (1951). — EGER, W.: Veränderungen des Myokards und Endokards bei Karzinom. Beitr. path. Anat. **105**, 219 (1941). — EGGERS, P.: Enterokokkensepsis. Med. Klin. **1940**, 834. — Enterokokkensepsis und Lentasepsis. Münch. med. Wschr. **1940 II**, 954. — EGGLESTON, C.: Rheumatic heart disease in the adult. Amer. J. Med. Sci. **2**, 278 (1947). — EHRISMANN, O.: Die pathogenetische Bedeutung der Enterokokken. Zbl. Bakter. **119**, 97 (1935). — Zur serologischen Diagnostik der Streptokokken des Magen-Darmkanals beim Menschen. Arch. f. Hyg. **129**, 176 (1943). — EHRISMANN, O., u. G. B. ROEMER: Milchsäurestreptokokken als Erreger von Allgemeininfektionen; zugleich ein Beitrag zur Enterokokkenfrage. Klin. Wschr. **1944**, 261. — ELLIOTT, S. D.: The use of saponin in blood culture media with special reference to blood cultures in subacute bacterial endocarditis. J. of Path. **46**, 121 (1938). — Bacteriaemia following tonsillectomy. Lancet **1939 I**, 589. — Bacteremia and oral sepsis. Proc. Roy. Soc. Med. **32**, 747 (1949). — ENGELHARDT, H., u. P. KLEIN: Diskussionsbemerkung. Med. Klin.

1950, 1445. — EPPINGER, H.: Über Endokarditis. Med. Klin. **1934**, 982. — EPPINGER, H., KAUNITZ u. POPPER: Die seröse Entzündung. Wien 1935. — EPSTEIN, E. Z., and M. A. KUGEL: The significance of post-mortem bacteriological examination with special reference to streptococci and enterococci. J. Inf. Dis. **44**, 327 (1929). — ERBSLÖH, F., u. L. GRÜN: Galtstreptokokken der serologischen Gruppe B nach LANCEFIELD als Erreger der Endocarditis lenta. Dtsch. med. Rdsch. **1949**, 508. — ERNST, P.: Die Degenerationen und die Nekrose. In Handbuch für normale und pathologische Physiologie, Bd. 5, S. 1245. Berlin: Springer 1928. — EVANS, A. C., and A. L. CHINN: The enterococci: with special reference to their association with human diseases. J. Bacter. **54**, 495 (1947).

FAHR, TH.: Beiträge zur Frage der Herz- und Gelenkveränderungen bei Gelenkrheumatismus und Scharlach. Virchows Arch. **232**, 134 (1921). — Vergleichende Herzuntersuchungen bei Scharlach, Streptokokkeninfektion und rheumatischer Granulomatose. Beitr. path. Anat. **85**, 445 (1930). — Herz und akuter Gelenkrheumatismus bei Kindern. Acta rheumatol. **6**, 1 (1934). — FANCONI u. WISSLER: Der Rheumatismus im Kindesalter. Dresden u. Leipzig 1943. — FARBER, S., and J. HUBBARD: Fetal endomyocarditis: intrauterine injection as the cause of congenital cardiac anomalies. Amer. J. Med. Sci. **186**, 705 (1933). — FEDER, J. M., and S. C. ANDERSON: A new and simplified blood culture technic. J. Labor. a. Clin. Med. **22**, 846 (1937). — FELDMANN, L., and I. M. TRACE: Subacute bacterial endocarditis following the removals of teeth or tonsils. Ann. Int. Med. **11**, 2124 (1938). — FELSENREICH, G., u. R. v. WIESNER: Über Veränderungen an funktionstüchtigen Herzklappen. Frankf. Z. Path. **18**, 1 (1916). — FEYRTER, F.: Über ein sehr einfaches Verfahren der Markscheidenfärbung, zugleich eine neue Art der Färberei. Virchows Arch. **296**, 645 (1936). — FILDES, P.: A rational approach to research in chemotherapy. Lancet **1940 I**, 955. — FILDES, P., and K. WHITAKER: „Training" or mutation of bacteria. Brit. J. Exper. Path. **29**, 240 (1948). — FINLAND, M.: Use of penicillin in infections other than bacterial endocarditis. Adv. Int. Med. **2** (1947). — FIRESTONE, G. M.: Meningococcus endocarditis. Amer. J. Med. Sci. **211**, 556 (1946). — FISCHER, B.: Über fötale Infektionskrankheiten und fötale Endokarditis. Frankf. Z. Path. **7**, 83 (1911). — FISH, G. W.: Acute bacterial endocarditis due to Pseudomonas aeruginosa (B. pyocyaneus). Amer. J. Path. **13**, 121 (1937). — FLECKENSTEIN, A.: Beitrag zum Mechanismus der experimentellen serösen Entzündung durch Allylformiat. Arch. exper. Path. u. Pharmakol. **203**, 151 (1944). — FLEISCHER, M. S., and L. JONES: Serum sickness in rabbits. J. of Exper. Med. **54**, 597 (1931). — FLEMING, A.: Observations on the bacteriostatic action of sulphanilamide and M & B 693 and on the influence thereon of bacteria and peptone. J. of Path. **50**, 69 (1940). — FLETCHER, D. E.: Bacillus coli endocarditis; Review of the literature with report of a case. Amer. Heart J. **34**, 743 (1947). — FLIPPIN, H. F., R. L. MAYCOCK, F. D. MURPHY and C. C. WOLFERTH: Penicillin in the treatment of subacute bacterial endocarditis. J. Amer. Med. Assoc. **129**, 841 (1945). — FLIPPIN, H. F., R. L. MAYCOCK and W. L. WHITE: The treatment of bacterial endocarditis. Med. Clin. N. Amer. **30**, 1233 (1946). — FOLEY, G. E.: Further observations on the occurence of streptococci other than group A in human infection. J. Bacter. **54**, 69 (1947). — FORSTER, D. E.: Fatal bacterial endocarditis due to Salmonella suipestifer. Amer. J. Med. Sci. **197**, 234 (1939). — FOX, H.: The changes of the spleen in subacute bacterial endocarditis. Arch. of Path. **10**, 402 (1930). — The relationship of strains of green streptococci to the clinical character of subacute bacterial endocarditis. J. Inf. Dis. **58**, 230 (1936). — FOXE, A. N.: Fenestrations of the semilunar valves. Amer. J. Path. **5**, 179 (1929). — FRAENKEL, E., u. A. SAENGER: Untersuchungen über die Ätiologie der Endokarditis. Virchows Arch. **108**, 286 (1887). — FREIFELD, H.: Vaccination und Endokarditis. Klin. Wschr. **1928**, 1645. — FREUND, R., u. E. BERGER: Über Befunde von Streptokokken im Blut. Dtsch. med. Wschr. **1924**, 625. — FREY, W.: Die Herz- und Gefäßkrankheiten. Berlin: Springer 1936. — FRIEDBERG, CH. K.: Subacute bacterial endocarditis: Revision of diagnostic criteria and therapy. J. Amer. Med. Assoc. **144**, 527 (1950). — FRIEDBERG, CH. K., and L. GROSS: Nonbacterial thrombotic endocarditis associated with acute thrombocytopenic purpura. Arch. Int. Med. **58**, 641 (1936). — FRIEDBERG, CH. K., L. GROSS and K. WALLACH: Nonbacterial thrombotic endocarditis associated with prolonged fever, arthritis, inflammation of serous membranes and widespread vascular lesions. Arch. Int. Med. **58**, 620, 662 (1936). — FRIEDMAN, J. A., and M. GOLDIN: Paracolon endocarditis. Amer. J. Clin. Path. **19**, 840 (1949). — FRIEDMAN, M.: A study of the fibrin factor in its relation to subacute endocarditis. J. of Pharmacol. **63**, 173 (1938). — Use of sulfanilamide and sulfapyridine in therapy of subacute bacterial endocarditis. Arch. Int. Med. **67**, 921 (1941). — FRIEDMAN, M., L. N. KATZ, K. HOWELL, unter Mitw. von E. LINDER u. M. MENDOWITZ: Experimental endocarditis due to streptococcus viridans; biological factors in its development. Arch. Int. Med. **61**, 95 (1938). — FRIEDMANN, E.: Erfahrungen mit der Hämokultur in Liquoid. Klin. Wschr. **1935**, 215. — FRY, R. M.: Fatal infections by haemolytic streptococcus group B. Lancet **1938 I**, 199. — FUJITA, A., u. T. KODAMA: Untersuchungen über Atmung und Gärung pathogener Bakterien. III. Mitt. Biochem. Z. **273**, 186 (1934). — FULLER, A. T.: The formamide method for the extraction of polysaccharides from hemolytic streptococci. Brit. J.

Exper. Path. **19**, 130 (1938). — FULLER, A. T., L. COLEBROOK and W. R. MAXTED: Factors which determine the fate of haemolytic streptococci (group A) in shed blood and in serum. J. of Path. **48**, 443 (1939). — FUSS, E. M.: Urogene Enterokokkensepsis. Med. Klin. **1927**, 245.

GABELE, A.: Scheinbar ausgeheilte Endocarditis lenta mit sekundärem Herztod. Z. Kreislaufforsch. **39**, 18 (1950). — GALAMBOS, J.: Durch Diphtheriebazillen verursachte Endokarditis und Sepsis. Dtsch. med. Wschr. **1941**, 901. — GALLARDO, E.: War Med. **7**, 100 (1945). Zit. nach BAEHR u. GERBER 1947. — GALLONE, L., e R. GABOARDIE: Il confronto istologico delle lesioni cardiale nel rheumatismo articulare acuta e nella sepsi lenta. Arch. ital. Anat. et Istol. pat. **13**, 21 (1941). — GARA, P. DE, e G. SOGLIANI: Ricerche sperimentali sull'uso del Liquoid nelle emoculture. Boll. Ist. sieroter. milan. **15**, 171 (1936). — GAUSTADT, V.: Eine Übersicht über die Bedeutung der verschiedenen serologischen Streptokokkengruppen für die menschliche Pathologie auf Grund von 2 Fällen von Streptokokkensepsis durch hämolytische Streptokokken der Lancefieldgruppe B und H. Nord. Med. **1942**, 2026. — GEFTER, W. I., I. E. MAHER and M. DWORIN: Treatment of subacute bacterial endocarditis. Clinics **5**, 58 (1946). — GEIGER, A. J.: Experiences in the treatment of subacute bacterial endocarditis with penicillin. Amer. Heart J. **33**, 736 (1947). — GEIGER, A. J., and S. H. DURLACHER: The fate of endocardial vegetations following penicillin treatment of bacterial endocarditis. Amer. J. Path. **23**, 1023 (1947). — GEIGER, A. J., H. A. WENNER, H. D. AXILROD and S. H. DURLACHER: Mycotic endocarditis and meningitis. Report of a case due to Monilia albicans. Yale J. Biol. a. Med. **18**, 259 (1946). — GENGENBACH, A.: Über rheumatische Pankarditis. Zbl. Path. **36**, 244 (1925). — GERBER, I. E., G. SHWARTZMAN and G. BAEHR: Penetration of penicillin into foci of infection. J. Amer. Med. Assoc. **130**, 761 (1946). — GERECHT, K.: Früh- und Spätschäden am Kreislauf bei lang andauernder Einwirkung von Hunger und Kälte. Z. Kreislaufforsch. **38**, 238 (1949). — GERMER, W. D.: Endocarditis lenta. Pathogenese und Beziehung zwischen Verlaufsform, Erregerart und Ausheilungsmöglichkeiten. Erg. inn. Med. **1951**, 296. — GIESE, W.: Die Verkalkungen des Herzskeletts. Beitr. path. Anat. **89**, 16 (1932). GINS, H. A.: Bakteriologische Untersuchungen von ruhenden Granulomen. Zahnärztl. Welt **4**, 411 (1949). — GLADSTONE, G. P., P. FILDES and G. M. RICHARDSON: Carbon dioxide as an essential factor in the growth of bacteria. Brit. J. Exper. Path. **16**, 335 (1935). — GLASER, R. J., A. DANKNER, S. B. MATHES and C. B. HARFORD: Effect of penicillin on the transient bacteremia following dental extraction. Amer. J. Med. Sci. **3**, 115 (1947). — GÖMÖRI, P., u. G. GABOR: Orvosok Lapja **1948**, 1621. Ref. Exc. Med. Int. Med. **3**, 646 (1949). — GOERNER, J. R., A. J. GEIGER and F. G. BLAKE: Treatment of subacute bacterial endocarditis with penicillin: Report of cases treated without anticoagulant agents. Ann. Int. Med. **23**, 491 (1945). — GOETZ, F. C., and E. W. PETERSON: Endocarditis due to Hemophilus influenzae. Amer. J. Med. Sci. **7**, 274 (1949). — GOLDMANN: Die innere und äußere Sekretion des gesunden und kranken Organismus im Lichte der vitalen Färbung. Verh. dtsch. path. Ges. (14. Tagg) **1910**, 138. — GOLDSTEIN, J. D.: Endocarditis due to a Neisseria Pharyngis organism. Amer. J. Med. Sci. **187**, 672 (1934). — GORDON, J., and L. HOYLE: The bactericidal action of serum against meningococcus, gonococcus and micrococcus catarrhalis. J. of Path. **43**, 537 (1936). — Further observations on the general bactericidal action of normal serum. J. of Path. **43**, 545 (1936). — GORDON, J., and K. I. JONSTONE: The bactericidal action of normal sera. J. of Path. **50**, 483 (1940). — GORDON, J., and A. WORMALL: The relationship between the bactericidal power of normal guinea pig serum and complement activity. J. of Path. **31**, 753 (1928). — GORDON, M. H.: J. State Med. **30**, 432 (1922). Zit. nach SELBIE, SIMON u. ROBINSON 1949. — GOULEY, B. A., and S. L. ISRAEL: Salmonella suipestifer bacteriemia with acute endocarditis. Arch. Int. Med. **53**, 699 (1934). — GOWIN, E. L. DE, J. L. CARTER and I. H. BOOTS: A case of infection with Brucella suis causing endocarditis and nephritis; death from rupture of mycotic aneurysm. Amer. Heart J. **30**, 77 (1945). — GRÄFF, S.: Infektionskrankheiten mit dem Rheumasymptom in der Lehre von der fokalen Infektion. Rheumaprobl. **2**, 79 (1931). — Rheumatismus und rheumatische Krankheiten. Berlin 1936. — Rheumasymptom und rheumatische Erkrankung. Z. Rheumaforsch. **3**, 461 (1940). — GRAETZ, F.: Über Endocarditis ulcerosa diphtherica und andere ungewöhnliche Ansiedlungsstellen des LÖFFLERschen Di-Bazillus im menschlichen Organismus. Eine kritische Studie zur Pathogenese der Diphtherie-Infektion. Arch. f. Hyg. **129**, 29 (1943). — GRAFF, A. C. DE, and C. LINGG: The course of rheumatic heart disease in adults. Amer. Heart J. **10**, 459 (1935). — GRAHAM, N. C., and E. O. BARTLEY: Some observations on classification of enterococci. J. of Hyg. **39**, 538 (1939). — GRANT, R. T., J. E. WOOD jr. and T. D. JONES: Heart valve irregularities in relation to subacute bacterial endocarditis. Heart **14**, 247 (1928). — GREEN, C. A.: Serological examination of hemolytic streptococci from acute rheumatic and control groups. Brit. Med. J. **1938**, 1147. — Researches into aetiology of acute rheumatism, rheumatic carditis: post mortem investigation of 9 consecutive cases. Ann. Rheumat. Dis. **1**, 86 (1939). — Observations on the antistreptolysin O titre in relation to the mechanism of acute rheumatic fever. J. of Path. **53**, 223 (1941). — GREGORY, J. E., et A. R. RICH: The experimental production of anaphylactic pulmonary lesions with the basic characteristics of rheumatic pneumonitis.

Bull. Hopkins Hosp. **78**, 1 (1946). — GRIFFITH, C. G.: Rheumatic fever. Its recognition and treatment. J. Amer. Med. Assoc. **133**, 947 (1947). — GRIFFITH, F.: The serological classification of streptococcus pyogenes. J. of Hyg. **34**, 542 (1934). — GROSS, J.: Studies on the structure of elastic tissue with the electron microscope. Amer. J. Path. **25**, 805 (1949). — GROSS, L.: The blood supply to the heart in its anatomical and clinical aspects. New York 1921. — The heart in atypical verrucous endocarditis (Libman-Sacks). Emanuel Libman Anniversary Volume **2**, S. 527. New York: International Press 1932. — Significance of blood vessels in human heart valves. Amer. Heart J. **13**, 275 (1937). — The so-called congenital bicuspid aortic valve. Arch. of Path. **23**, 350 (1937). — GROSS, L., and J. C. EHRLICH: Studies on the myocardial Aschoff body. I. Descriptive classification of lesions. Amer. J. Path. **10**, 467 (1934). — GROSS, L., and B. M. FRIED: The rôle played by rheumatic fever in the implantation of bacterial endocarditis. Amer. J. Path. **13**, 769 (1937). — GROSS, L., and CH. K. FRIEDBERG: Lesions of the cardiac valve rings in rheumatic fever. Amer. J. Path. **12**, 469 (1936). — Lesions of the cardiac valves in rheumatic fever. Amer. J. Path. **12**, 855 (1936). — Nonbacterial thrombotic endocarditis. Classification and general description. Arch. Int. Med. **58**, 620 (1936). — GROSS, L., and M. A. KUGEL: Topographic anatomy and histology of the valves in the human heart. Amer. J. Path. **7**, 445 (1931). — GROSS, L., and G. SILVERMAN: The aortic commissural lesion in rheumatic fever. Amer. J. Path. **13**, 389 (1937). — GROSS, P.: Concept of fetal endocarditis (a general review with report of an illustrative case). Arch. of Path. **31**, 163 (1941). — GROSS, P., and R. A. MOORE: Quantitative observations on the valves of human heart. Amer. J. Path. **8**, 91 (1932). — GROSSMAN, M., D. FELDMAN, L. N. KATZ and W. BRAMS: Treatment of subacute bacterial endocarditis due to organisms highly resistant to penicillin. Amer. Heart J. **34**, 592 (1947). — GROYN, N. B.: Subacute meningococcal endocarditis. Arch. Int. Med. **48**, 1110 (1931). — GRÜN, L. J.: Untersuchungen zur Chemotherapie der Enterokokkeninfektion. Z. Immun.forsch. **106**, 249 (1949). — GRUMBACH, A.: Die Lehre von der fokalen Infektion. Erg. Hyg. **15**, 442 (1934). — Enterokokkentypisierung. Schweiz. Z. Path. u. Bakter. **6**, 66 (1943). — GRUMBACH, A., u. R. HEGGLIN: Klinisch-bakteriologische Untersuchungen über die Sulfonamid-Resistenz der Pneumokokken. Schweiz. med. Wschr. **1942**, Nr 50, 1369. — GÜNSEL, E.: Über Ursache und Häufigkeit von Herzerkrankungen bei Krebsleiden. Mschr. Krebsbekämpfg **1940**, 201. — GÜNTHER, O.: Beitrag zur Frage der Endocarditis lenta. Zbl. Bakter. **143**, 399 (1939). — GÜNZEL, W.: Über Entstehung und Häufigkeit der LAMBLschen Exkreszenzen an den Herzklappen. Beitr. path. Anat. **91**, 305 (1933). — GUNDEL, M.: Über die ätiologische Bedeutung der Enterokokken bei Blasen-Nierenerkrankungen und über die Beziehungen der Enterokokken zu den Milchsäurestreptokokken. Zbl. Bakter. **99**, 469 (1926). — Die Enterokokken. Zbl. Bakter. **109**, 384 (1928). — Das biologische System der Streptokokken. Zbl. Bakter. **115**, 44 (1930). — Zur Nomenklatur der Enterokokken und Streptokokken (Kontroverse mit K. MEYER). Zbl. Bakter. **118**, 68 (1930). — Bakteriologie und Klinik seltener Streptokokkenerkrankungen. Dtsch. Arch. klin. Med. **168**, 129 (1930). — Die Typenlehre in der Mikrobiologie. Jena: Gustav Fischer 1934. — GUNDEL, M., u. F. SEEBER: Die klinische Bedeutung der Enterokokken im Magen-Darmkanal. Dtsch. Arch. klin. Med. **164**, 190 (1929). — GUSSENBAUER, C.: Über die Muskulatur der Atrioventrikularklappen des Menschen. Sitzgsber. Akad. Wiss. Wien, Math.-naturwiss. Kl. **57**, 1 (1868). — GUTZEIT, K., u. G. W. PARADE: Fokalinfektion. Erg. inn. Med. **57**, 613 (1939).

HAEBLER, T. v., and A. A. MILES: The action of sodium polyanetholsulphonate („Liquoid“) on blood cultures. J. of Path. **46**, 245 (1938). — HALL, E. M., and L. R. ANDERSON: The incidence of rheumatic stigmas in hearts which are usually considered nonrheumatic. Amer. Heart J. **25**, 64 (1943). — HAMMANN, L.: Healed bacterial endocarditis. Ann. Int. Med. **11**, 175 (1937). — HAMMARSTEN, O.: Lehrbuch der physiologischen Chemie, 11. Aufl., S. 90 u. 424. München: J. F. Bergmann 1926. — HAMPERL, H.: Lehrbuch der allgemeinen Pathologie und pathologischen Anatomie, 16. Aufl. Berlin: Springer 1942. — HANTSCHMANN, L., u. H. J. TRUBE: Zur Penicillinbehandlung der Endocarditis lenta. Med. Klin. **1950**, Nr 14, 428. — HARE, R.: The classification of haemolytic streptococci from the nose and throat of normal human beings by means of precipitin and biochemical tests. J. of Path. **41**, 499 (1935). — HARPER, G. J.: Inhibition of penicillin in routine culture media. Lancet **1943 II**, 569. — HARPER, W. F.: Further observations on the structure of human heart valves. J. of Anat. **75**, 88 (1940). — HARRIS, A. H.: Experiments with collodion sacs on inhibition of bacterial growth in vitro. J. Bacter. **45**, 147 (1943). — HARRIS, S., and T. N. HARRIS: Serologic response of streptococcal hemolysin and hyaluronidase in streptococcal and rheumatic infection. J. Clin. Invest. **29**, 351 (1950). — HARRIS, T. N., S. HARRIS, A. M. DANNENBERG jr. and J. L. HOLLANDER: Streptococcal antihyaluronidase titers in the sera of patients with rheumatoid arthritis and glomerulonephritis. Ann. Int. Med. **32**, 917 (1950). — HARRISON, R.: The development of the balancer in amblystoma, studied by the method of transplantation and in relation to the connective tissue problem. J. of Exper. Zool. **41**, 349 (1925). — HART, F. D., A. MORGAN and B. LACEY: Brucella abortus endocarditis. Brit. Med. J. **1951**, 1048. —

HARTOCH, O., K. MURATOWA u. E. SCHWISCHTSCHEWSKAJA: Zur Ätiologie der Endocarditis lenta. Zbl. Bakter. **102**, 227 (1927). — HARTZ, P. H., and A. VAN DER SAR: Occurence of rheumatic carditis in the native population of Curaçao, Netherlands West Indics. Arch. of Path. **41**, 32 (1946). — HARVEY, J. C., G. S. MIRICK and I. G. SCHAUB: Clinical experience with aureomycin. J. Clin. Invest. **28**, 992 (1949). — HAUROWITZ, F.: Fortschritte der Biochemie. Basel: S. Karger 1948. — HAUSS u. BURWINKEL: Verh. Kongr. inn. Med. **1949**. — HAUTEFEUILLE, J., et F. CAILLIAU: L'endocardite maligne lente de J. Osler. Presse méd. **1940 I**, 74. — HAWN, C. V. Z., and C. A. JANEWAY: Histological and serological sequences in experimental hypersensitivity. J. of Exper. Med. **85**, 571 (1947). — HEHRE, E. J., and J. M. NEILL: Formation of serologically reactive dextrans by streptococci from subacute bacterial endocarditis. J. of Exper. Med. **83**, 147 (1946). — HEILMAN, D. H., and W. E. HERRELL: Comparative antibacterial activity of penicillin and gramicidin: tissue culture studies. Proc. Staff Meet. Mayo Clin. **17**, 321 (1942). — HEILMEYER, L., u. W. KEIDERLING: Klinische Wirkungen einer Sulfonamidkombination mit verschiedenem Angriffspunkt (De-Ma) auf den Ablauf sulfonamid-resistenter septischer Krankheitsbilder und ihre Erklärung durch die Theorie einer mehrfachen Fermentkettenblockierung. Dtsch. med. Wschr. **1947**, 74. — HEINE, J.: Aneurysmatische Veränderungen an den Atrioventrikularklappen. Virchows Arch. **245**, 165 (1923). — HEKTOEN, L.: The determination of the infectious nature of acute endocarditis. Arch. of Path. **9**, No 2 (1930). — HELD, J. W., and A. A. GOLDBLOOM: Acute streptococcus viridans endocarditis. Report of four cases with autopsy observations in two. Arch. Int. Med. **53**, 508 (1934). — HENKEL, G.: Über den Einfluß von Tibatin auf das Wachstum von Bacterium Coli und Streptokokken in flüssigen Nährböden. Zbl. Bakter. **154**, 140 (1949). — HENNEBERG, G.: Einführung in die bakteriologische Untersuchungstechnik zur Penicillintherapie. Jena: Gustav Fischer 1947. — Kongreßreferat. 3. Tagg Dtsch. Hyg. u. Mikrobiol. Frankfurt 1949. — HERELL, W. E.: Penicillin und andere Antibiotika. Übersetzt von E. SCHULZE. Stuttgart: S. Hirzel 1949. — HERRING, A. C., and W. M. DAVIS: Penicillin treatment of subacute bacterial endocarditis. J. Amer. Med. Assoc. **138**, 726 (1948). — HERSCHBERGER, C., D. A. DANTES and G. SCHWARTZMAN: A case of subacute bacterial endocarditis caused by an unusual microorganism related to the „Pleuro-Pneumonia-like" or Grahamella group. J. Mt. Sinai Hosp. **12**, 295 (1945). — HERXHEIMER, G.: Mißbildungen des Herzens und der großen Gefäße. In E. SCHWALBE, Morphologie der Mißbildungen des Menschen und der Tiere. 1910. Bd. 3/2. Jena: Gustav Fischer 1913. — HEUER, I.: Vergleichende Untersuchungen über Häufigkeit, Art, Ausgänge und Komplikationen der Endokarditis in der Vor- und Nachkriegszeit nach Sektionsergebnissen. Neue med. Welt **1950**, 1654. — HILL, A. M., and H. M. BUTLER: Hemolytic streptococcal infections following childbirth and abortion; clinical features with special reference to infections due to streptococci of groups other than A. Med. J. Austral. **1**, 293 (1940). — HIRSH, H. L., J. J. VIVINO, A. MERRILL and H. F. DOWLING: Effect of prophylactic administered penicillin on incidence of bacteriemia following extraction of teeth. Arch. Int. Med. **81**, 868 (1949). — HIRSCH, J.: Über die Bedeutung der Kohlensäure bei der Züchtung hämolytischer Streptokokken. Rev. Fac. Sci. Univ. Istanbul **1941**, 2278. — Studien über die mikrobiologischen Grundlagen der Sulfanilamid-Therapie. C. r. Ann. et Arch. Soc. Turque Sci. phys. et nat. Istanbul **1942**, Nr 10. — Penicillinstudien in vitro I. Über den Wirkungsmodus des Penicillins. C. r. Ann. et Arch. Soc. Turque Sci. phys. et nat. Istanbul **1945**. — In-vitro-Studien zur lokalen Sulfanilamid-Therapie. C. r. Ann. et Arch. Soc. Turque Sci. phys. et nat. Istanbul **13** (1945/46). — HITCHCOCK, CH. H.: Classification of the hemolytic streptococci by the precipitin reaction. J. of Exper. Med. **40**, 445 (1924). — Studies on indifferent streptococci. I. Separation of a serological group — type I. J. of Exper. Med. **48**, 393 (1928). — HOARE, E. D.: The suitability of „Liquoid" for use in blood culture media, with particular reference to anaerobic streptococci. J. of Path. **48**, 574 (1939). — HOBBY, G. L., and M. H. DAWSON: Effect of rate of growth of bacteria on action of penicillin. Proc. Soc. Exper. Biol. a. Med. **56**, 181 (1944). — Relationship of penicillin to sulfonamide action. Proc. Soc. Exper. Biol. a. Med. **56**, 184 (1944). — The relationship of sulfonamides to penicillin action. J. Bacter. **49**, 416 (1945). — HOBBY, G. L., K. MEYER and E. CHAFFEE: Observations on the mechanism of action of penicillin. Proc. Soc. Exper. Biol. a. Med. **50**, 281 (1942). — HOCHREIN, M.: Herzkrankheiten, Bd. I. Dresden: Theodor Steinkopff 1941. — Frühdiagnose des rheumatischen Herzschadens. Z. Rheumaforsch. **1941 I**, 1. — HOEDEN, I. VAN DER: De toepassing van Liquoid-„Roche" bij het kweeken van microorganismes nit bloed. Nederl. Tjidschr. Geneesk. **1937**, 10. — HÖRING, F. O.: Neuere Forschungswege und -ergebnisse auf dem Gebiet der Infektionslehre. Med. Mschr. **2**, 179 (1948). — Klinische Infektionslehre, Einführung in die Pathogenese der Infektionskrankheiten. Berlin-Göttingen-Heidelberg: Springer 1948. — HOESSLI: Muskelreste im langen Mitralsegel. Zbl. Path. **21**, 865 (1910). — HOFFMANN, M. S., W. E. WELLMAN and G. P. SAYRE: Escherichia coli endocarditis. Report of a case. Proc. Staff Meet. Mayo Clin. **26**, 1 (1951). — HOLLE, G.: Über Lipoidose, Atheromatose und Sklerose der Aorta und deren Beziehungen zur Endokarditis. Virchows Arch. **310**, 160 (1943). — HOLMGREN, H.:

Studien über Verbreitung und Bedeutung der chromotropen Substanz. Z. mikrosk.-anat. Forsch. **47**, 489 (1940). — HOLMGREN, H., u. O. WILANDER: Beitrag zur Kenntnis der Chemie und Funktion der EHRLICHschen Mastzellen. Z. mikrosk.-anat. Forsch. **42**, 242 (1937). — HOLSTI, OE.: Beiträge zur Kenntnis der entzündlichen Klappenaffektionen mit besonderer Berücksichtigung der Pathogenese. Arb. path. Inst. Helsingfors (Jena), N. F. **5**, 401 (1928). — HOLZLÖHNER, E.: Die Drüsentätigkeit bei Nervenreizung. 1. Mitteilung: Sekretionstachogramme der Glandula submaxillaris bei Reizung der Chorda tympani. Z. Biol. **91**, 531 (1931). HOLZLÖHNER, E., u. F. SEELICH: Zur Frage der Sekretionsarbeit. Klin. Wschr. **1938**, 1169. — HOLZMAN, D.: Bacterial endocarditis. J. Amer. Med. Assoc. **144**, 923 (1950). — HOLZMANN, M.: Über septische Endokarditis der Pulmonalklappen. Z. klin. Med. **115**, 209 (1930). — HORDER: Infectious endocarditis with an analysis of 150 cases and with special reference to the chronic form of the disease. Quart. J. Med. **2**, 289 (1909). — HOWELL, K. M., B. PORTIS and D. A. BEVERLY: Antibody response after immuno transfusion in malignant endocarditis. J. Inf. Dis. **39**, 1 (1926). — HOYNE, A. L., and H. HERZON: Streptococcic viridans meningitis. A review of the literature and report of nine recoveries. Ann. Int. Med. **33**, 879 (1950). — HUBERT, R.: Zur Frage der Zustandsänderungen der Streptokokken. Münch. med. Wschr. **1925 I**, 643. — HUCHARD: Siehe W. FREY 1936. — HÜBSCHMANN, P.: Die pathologisch-anatomischen Formen der Nierenerkrankungen. Münch. med. Wschr. **1926**, 931. — HUECK, W.: Über das Mesenchym. Die Bedeutung seiner Entwicklung und seines Baues für die Pathologie. Beitr. path. Anat. **66**, 330 (1920). — Anatomisches zur Frage nach Wesen und Ursache der Arteriosklerose. Münch. med. Wschr. **1920**, Nr 19, 20 u. 21. — Referat über den Cholesterinstoffwechsel. Verh. dtsch. path. Ges. **20**, 18 (1925). — Morphologische Pathologie Leipzig: Georg Thieme 1937. — HUGUENIN, R., et G. ALBOT: La réaction giganto-cellulaire dans les endocardites malignes subaiguës. Ann. d'Anat. path. **7**, 490 (1930). — HUMPHREY, J. H., and W. PAGEL: The tissue response to heat-killed streptococci in the skin of normal subjects and in persons with rheumatic fever, rheumatoid arthritis, subacute bacterial endocarditis and erythema nodosum. Brit. J. Exper. Path. **1949**, 282. — HUNTER, T. H.: The treatment of subacute bacterial endocarditis with antibiotics. Amer. J. Med. Sci. **1946 I**, 83. — Treatment of subacute bacterial endocarditis. Mod. Con. Cardiovasc. Dis. **15**, 8 (1946). — The use of streptomycin in treatment of subacute bacterial endocarditis. Amer. J. Med. Sci. **2**, 436 (1947). — Speculations on the mechanism of cure of bacterial endocarditis. J. Amer. Med. Assoc. **144**, 524 (1950). — HUNTER, T. H., and R. B. DUANE jr.: Subacute bacterial endocarditis due to gramnegative organisms. J. Amer. Med. Assoc. **132**, 209 (1946). — HUTCHINSON, R. I.: Pathogenicity of group C haemolytic streptococci. Brit. Med. J. **1946**, 575. — HUTT, O.: Untersuchungen über die LAMBLschen Exkreszenzen und ihre Beziehungen zu anderen Klappenveränderungen. Frankf. Z. Path. **63**, 550 (1952).

IRMER, W.: Über die Möglichkeiten längerer Aufrechterhaltung der Penicillinkonzentration im Blut unter besonderer Berücksichtigung des Caronamideinflusses auf die Penicillinausscheidung. Dtsch. med. Wschr. **1949**, 358. — ISAACS, A.: The production of viridans variants of hemolytic streptococci. J. of Path. **59**, 487 (1947). — ISAAK-KRIEGER, K., u. W. FRIEDLÄNDER: Zur Klinik und Bakteriologie chronisch-septischer Erkrankungen, besonders der Endokarditis. Dtsch. med. Wschr. **1924**, 627. — ISIBASI, T.: Über die experimentelle Endokarditis. Trans. jap. path. Soc. **28**, 235 (1938). — ISTAMANOWA, T.: Histologische Befunde bei Endocarditis lenta. Virchows Arch. **268**, 224 (1928).

JÄGER, E.: Zur pathologischen Anatomie der Thrombangitis obliterans bei juveniler Extremitätengangrän. Virchows Arch. **284**, 526 (1932). — Zur histologischen Ausheilung der Periarteriitis nodosa und deren Beziehung zur juvenilen Atherosklerose. Virchows Arch. **288**, 833 (1933). — JAFFÉ, R. H.: Zur Histologie der Herzklappenveränderungen bei der Endocarditis lenta. Virchows Arch. **287**, 379 (1933). — JAMESON, S., and J. STUART: Streptococcal endocarditis in lambs. J. of Path. **62**, 235 (1950). — JANEWAY, C. A.: Method for obtaining rapid bacterial growth in cultures from patients under treatment with sulfonamides. J. Amer. Med. Assoc. **116**, 941 (1941). — JAWETZ, E., and J. B. GUNNISSON: The determination of sensitivity to penicillin and streptomycin of enterococci and streptococci of the viridans group. J. Labor. a. Clin. Med. **35**, 488 (1950). — JAWETZ, E., J. B. GUNNISSON and V. R. COLEMAN: The combined action of penicillin with streptomycin or chloromycetin on enterococci in vitro. Science (Lancaster, Pa.) **111**, 254 (1950). — JEGOROW, B.: Beitrag zur Theorie der Endokarditis. Z. klin. Med. **103**, 584 (1926). — JENSEN, L. B., and H. B. MORTON: The diphtheroid phase of streptococci. J. Inf. Dis. **49**, 425 (1931). — JONES, M.: Subacute bacterial endocarditis of nonstreptococcic etiology. A review of the literature of the thirteen-year period 1936—1948 inclusive. Amer. Heart J. **40**, 106 (1950). — JOUVE, A.: Les endocarditis malignes prolongées. Étude anatomo-clinique et expérimentale. Paris: Masson & Co. 1936. — JUNGHANS, E.: Weitere Untersuchungen über die hyperergische Karditis und Arteriitis, insbesondere die Aortitis. Beitr. path. Anat. **92**, 467 (1933). — JUNGMANN, P.: Über chronische Streptokokkeninfektionen. Dtsch. med. Wschr. **1924 I**, 71.

KAEWEL, H.: Endokardtaschen auf dem Septum ventriculorum. Beitr. path. Anat. **79**, 431 (1928). — KAISER, A. D.: Factors that influence rheumatic disease in children, based on a study of 1200 rheumatic children. J. Amer. Med. Assoc. **103**, 886 (1934). — KANTHER, R.: Zur Endokarditis. Mit einem Bericht über penicillinbehandelte bakterielle Endokarditiden. Z. inn. Med. **1949**, 193. — KAPLAN, M. H.: Studies of streptococcal fibrinolysis. III. A quantitative method for the estimation of serum antifibrinolysin. J. Clin. Invest. **25**, 347 (1946). — KAPSINOW: Acute pneumococcus endocarditis following extraction of teeth. J. Amer. Med. Assoc. **95**, 609 (1930). — KASTNER, A.: Über Endocarditis lenta. Dtsch. Arch. klin. Med. **126**, 370 (1918). — KAUFMANN, E.: Lehrbuch der speziellen pathologischen Anatomie, 7./8. Aufl. Berlin 1922. — KAUFMAN, P., u. H. POLIAKOFF: Studies on the aging heart. I. The pattern of rheumatic heart disease in old age (a clinical-pathological study). Ann. Int. Med. **32**, 889 (1950). — KEEFER, C. S.: Subacute bacterial endocarditis: Active cases without bacteremia. Ann. Int. Med. **11**, 714 (1937). — The pathogenesis of bacterial endocarditis. Amer. Heart J. **19**, 352 (1940). — KEITH and HEILMAN: J. Dis. Childr. **65**, 77 (1943). Zit. nach ROEMER. — KELLEY, E. G., and E. G. MILLER jr.: Reactions of dyes with cell substances. I. Staining of isolated nuclear substances. J. of Biol. Chem. **110**, 113 (1935). — KELLEY, W. H.: The antipneumococcus properties of normal swine sera. J. of Exper. Med. **55**, 877 (1932). — KERNAU, TH.: Eine seltene Lokalisation der Endokarditis (Endo arditis intervalvularis aortica). Zbl. Path. **59**, 353 (1934). — KERR, W. J., and S. R. METTIER: The circulation of the heart valves. Amer. Heart J. **1**, 96 (1925). — KERSLEY, G. D.: Der Wandel in den Anschauungen über den Rheumatismus. Neue med. Welt **1950**, 1287. — KHAIRAT, O.: The effect of a CO_2 atmosphere on blood cultures. J. of Path. **50**, 491 (1940). — KILLIAN, H.: Die Penicilline. Freiburg i. Br. u. Aulendorf i. Württ.: Cantor 1948. — KIMMELSTIEL, P.: Über Viridans-Encephalitis bei Endocarditis lenta. Beitr. path. Anat. **79**, 39 (1928). — KINSELLA, R. A.: Bacteriologic studies in subacute streptococcus endocarditis. Arch. Int. Med. **19**, 367 (1917). — KINSELLA, R. A., and O. GARCIA: A clinical experiment in subacute streptococcus endocarditis. Proc. Soc. Exper. Biol. a. Med. **23**, 136 (1925). — KINSELLA, R. A., and R. O. MUETHER: Experimental streptococcic endocarditis. Arch. Int. Med. **62**, 247 (1938). — KISANE, R. W., and R. A. KOONS: Intra-uterine rheumatic heart disease. Arch. Int. Med. **52**, 905 (1933). — KIUCHI, H.: Serologische Untersuchungen an Mundstreptokokken. Z. Immun.forsch. **89**, 535 (1936). — KIYONO, K.: Die vitale Karminspeicherung. Ein Beitrag zur Lehre von der vitalen Färbung mit besonderer Berücksichtigung der Zelldifferenzierungen im entzündeten Gewebe. Jena: Gustav Fischer 1914. — KLEIN, M., and S. S. KALTER: The combined action of penicillin and the sulfonamides in vitro: The nature of the reaction. J. Bacter. **51**, 95 (1946). — KLEIN, M., and L. J. KIMMELMAN: The correlation between the inhibition of drug resistance and synergism in streptomycin and penicillin. J. Bacter. **54**, 367 (1947). — KLEIN, P.: Stoffwechseluntersuchungen bei Erregern der Endokarditis. Verh. Dtsch. Hyg. u. Mikrobiologen, Frankfurt 1949. — Zur Technik der Gruppenpräzipitation bei Streptokokken. Zbl. Bakter. **156**, 484 (1951). — Die mikrobiologische Kontrolle der gezielten Endokarditistherapie. Vortr. Dtsch. Therapiewoche, Karlsruhe 1952. — Über die Diffusionsgeschwindigkeit des Penicillins im Agar und ihre Interferenz mit der Latenzzeit des Inoculums. Zbl. Bakter. (im Druck). — Untersuchungen über Kinetik des Terramycineffektes in vitro. I. Mitt. Die Wirkung von Grenzdosen. II. Mitt.: die Beziehungen zwischen Keimzahl und Wirkungsintensität. Z. Immun.forsch. (im Druck). — KLEIN, P., u. H. ENGELHARDT: Zur Frage der Reproduzierbarkeit biochemischer Merkmale bei Streptokokken. Z. Hyg. **132**, 574 (1951). — KLEIN, P., H. ENGELHARDT u. G. ALTENBACH: Untersuchungen über die Variabilität biochemischer Eigenschaften bei Streptokokken. Z. Hyg. **130**, 436 (1949). — KLEMPERER, P.: Diseases of the collagen system. Bull. New York Acad. Med. **23**, 581 (1947). — The pathogenesis of lupus erythematosus and allied conditions. Ann. Int. Med. **28**, 1 (1948). — KLEMPERER, P., A. D. POLLACK and G. BAEHR: Pathology of disseminated lupus erythematosus. Arch. of Path. **32**, 569 (1941). — Diffuse collagen disease. Acute disseminated lupus erythematosus and diffuse scleroderma. J. Amer. Med. Assoc. **119**, 331 (1942). — KLINGE, F.: Die Eiweißüberempfindlichkeit (Gewebsanaphylaxie) der Gelenke. Experimentelle pathologisch-anatomische Studie zur Pathogenese des Gelenkrheumatismus. Beitr. path. Anat. **83**, 185 (1929). — Das Gewebsbild des fieberhaften Rheumatismus. II. Mitt. Das subakut-chronische Stadium des Zellknötchens. Virchows Arch. **279**, 1 (1931).—Das Gewebsbild des fieberhaften Rheumatismus. III. Mitt. Narbe und Rezidiv. Virchows Arch. **279**, 16 (1931). — Das Gewebsbild des fieberhaften Rheumatismus. XI. Mitt. Befunde an operativ entfernten Gaumenmandeln. Virchows Arch. **286**, 333 (1932). — Das Gewebsbild des fieberhaften Rheumatismus. XII. Mitt. Zusammenfassende kritische Betrachtung zur Frage der geweblichen Sonderstellung des rheumatischen Gewebsschadens. Virchows Arch. **286**, 344 (1932). — Der Rheumatismus; pathologisch-anatomische und experimentell-pathologische Tatsachen und ihre Auswertung für das ärztliche Rheumaproblem. Erg. Path. **27**, 1 (1933). — KLINGE, F., u. N. GRZIMEK: Das Gewebsbild des fieberhaften Rheumatismus. VI. Mitt. Der chronische Gelenkrheumatismus (Infektarthritis, Polyarthritis lenta) und über

„rheumatische Stigmata". Virchows Arch. **284**, 646 (1932). — KLINGE, F., u. C. MCEWEN: Das Gewebsbild des fieberhaften Rheumatismus. V. Mitt. Untersuchungen des rheumatischen Frühinfiltrats auf Streptokokken. Virchows Arch. **283**, 425 (1932). — KLINGE, F., u. E. VAUBEL: Das Gewebsbild des fieberhaften Rheumatismus. IV. Mitt. Die Gefäße beim Rheumatismus, insbesondere die „Aortitis rheumatica" (mit Betrachtung zur Ätiologie des fieberhaften Rheumatismus vom pathologisch-anatomischen Standpunkt). Virchows Arch. **281**, 701 (1931). — KLIPSTEIN: Siehe P. GROSS 1941. — KLOTZBÜCHER, E.: Die Bedeutung körpereigener Zerfallsprodukte für die Entstehung der Herdinfektion. Klin. Wschr. **1942**, 1058. — KNEPPER, R., u. G. WAALER: Hyperergische Arteriitis der Kranz- und Lungengefäße bei funktioneller Belastung. Virchows Arch. **294**, 587 (1935). — KNIGHT, B. C. J. G.: Bacterial nutrition. London 1936. — KÖHLMEIER, W.: Pilzbefunde bei Endokarditis. Zbl. Path. **89**, 50 (1952). — KOELSCH, F.: Kreislaufschädigungen durch gewerbliche Gifte. Verh. dtsch. Ges. Kreislaufforsch. **1936**, 97. — KÖNIGER: Histologische Untersuchungen über Endokarditis. Leipzig: S. Hirzel 1903. — KOLETSKY, S.: Congenital bicuspid aortic valves. Arch. Int. Med. **67**, 129 (1941). — Acquired bicuspid aortic valves. Arch. Int. Med. **67**, 157 (1941). — Acquired bicuspid aortic valves with retracted horizontal raphes. Amer. J. Path. **29**, 395 (1943). — Gross vascularity of the mitral valve as a stigma of rheumatic heart disease. Amer. J. Path. **22**, 351 (1946). — KOLETZKI: Case of acute bacterial endocarditis and septicemia during puerperium. Ohio Med. J. **37**, 866 (1941). — KONDO, N.: Über die serologische Einteilung von Str. viridans. Z. Immun.forsch. **90**, 58 (1937). — KRACKE, R., and H. E. TEASLEY: The efficiency of blood cultures. With report of a new method based on complement fixation. J. Labor. a. Clin. Med. **16**, 169 (1930). — KRAIS, H.: Zur Frage der Ausheilung der Endocarditis lenta. Med. Klin. **1936**, 566. — KRASSO, H.: Über atypische endokardiale Taschenbildungen bei Aorteninsuffizienz. Frankf. Z. Path. **32**, 173 (1925); **37**, 136 (1929). — KRATKY, RATZENHOFER u. SCHAUENSTEIN: Beiträge zur Frage der Kollagendifferenzierung. Protoplasma (Berl.) **39**, 684 (1950). — KREIDLER, W. A.: Bacteriologic studies in endocarditis. J. Inf. Dis. **39**, 186 (1926). — KRISCHNER, H.: Die Entstehung der Endokardzöttchen. Virchows Arch. **265**, 444 (1927). — Beiträge zur Einteilung der verschiedenen Formen der Herzklappenentzündungen. Virchows Arch. **265**, 544 (1927). — KROGH, A.: The supply of oxygen to the tissues and the regulation of the capillary circulation. J. of Physiol. **52**, 457 (1919). KROMPECHER, E.: Über Ödem-Sklerose, namentlich auch bei Arteriosklerose. Zbl. Path. **22**, 630 (1911). — KUCZINSKY u. WOLFF: Weitere Untersuchungen über den Streptococcus viridans. Z. Hyg. **92**, 119 (1921). — KÜLBS, F.: Endokarditis. Handbuch der inneren Medizin v. BERGMANN-STAEHELIN, S. 310ff. Berlin: Springer 1928. — KÜNSTLER, S.: Spezifischer und unspezifischer Rheumatismus im Kindesalter. Arch. Kinderheilk. **135**, 193 (1948). — KUGEL, M. A., and E. Z. EPSTEIN: Lesions in the pulmonary artery and valve associated with rheumatic cardiac disease. Arch. of Path. **6**, 247 (1928). — KURIHARA, M.: Histologische Forschungen der experimentell hervorgerufenen Veränderungen der Herzklappen. Trans. Jap. Path. Soc. **22**, 576 (1932). — KURZ, C. M., and P. D. WHITE: The treatment of subacute bacterial endocarditis by transfusion from immunized donors. New England J. Med. **1929**, 479. — KUTTNER, A. G., and E. KRUMWIEDE: Observations on the effect of streptococcal upper respiratory infections on rheumatic children. A three-year-old study. J. Clin. Invest. **20**, 273 (1941).

LÄMPE, J.: Über Endocarditis lenta. Dtsch. Arch. klin. Med. **141**, 165 (1923). — LAMANNA, C.: A non-life cycle explanation of the diphtheroid streptococcus from endocarditis. J. Bacter. **47**, 327 (1944). — LANCEFIELD, R. C.: Antigenic relationship of the nucleoproteins from the gram-positive cocci. Proc. Soc. Exper. Biol. a. Med. **27**, 109 (1924). — The immunological relationships of streptococcus viridans and certain of its chemical fractions. I. Serological reactions obtained with antibacterial sera. J. of Exper. Med. **42**, 377 (1925). — The immunological relationships of streptococcus viridans and certain of its chemical fractions. II. Serological reactions obtained with antinucleoprotein sera. J. of Exper. Med. **42**, 397 (1925). — A serological differentiation of human and other groups of hemolytic streptococci. J. of Exper. Med. **57**, 571 (1933). — Loss of the properties of hemolysin and pigment formation without change in immunological specifity in a strain of streptococcus hemolyticus. J. of Exper. Med. **59**, 459 (1934). — Type-specific antigens, M and T of matt and glossy variants of group A hemolytic streptococci. J. of Exper. Med. **71**, 521 (1940). — LANCEFIELD, R. C., and V. P. DOLE: The properties of T antigens extracted from group A hemolytic streptococci. J. of Exper. Med. **84**, 449 (1946). — LANE CLAYPON, J. E.: Multiplication of bacteria and the influence of temperature and some other conditions thereon. J. of Hyg. **9**, 239 (1909). — LANGE, F.: Studien zur Pathologie der Arterien, insbesondere zur Lehre von der Arteriosklerose. Virchows Arch. **248**, 463 (1924). — LANGE, K., M. M. A. GOLD, D. WEINER and V. SIMON: Autoantibodies in human glomerulonephritis. J. Clin. Invest. **28**, 50 (1949). — LANGER, L. v.: Über die Blutgefäße in den Herzklappen bei Endocarditis valvularis. Virchows Arch. **109**, 465 (1887). — LANSBURY, J., W. R. CROSBY and C. T. BELLO: Precipitin reaction of serum from cases of rheumatoid arthritis with homologous connective tissue extracts. Amer. J. Med. Sci. **220**, 414 (1950). — LAUCHE, A.: Über das Vorkommen und die Entstehung netzförmiger und paralleler leistenartiger Fibrinabscheidungen bei der fibrinösen Pleuritis. Virchows Arch. **262**, 406 (1926). — LAWS, C. L., and S. A. LEVINIE: Amer. J. Med. Sci. **1933**, 833. — LEARY, T.: Early lesions of rheumatic endocarditis. Arch. of Path. **13**, 1 (1932). — LEDERLE: Labor. Div. Am. Cyanamid Cy: Übersicht über die klinische Anwendung von Aureomycin. Ausgabe 1952. — LEHMANN, W.: Die Bedeutung anaerober Streptokokken für die Ätiologie der akuten septischen Endokarditis. Münch. med. Wschr. **1926 I**, 233. — Klinische und bakteriologische Erfahrungen bei Endocarditis lenta. Klin. Wschr. **1926 II**, 1408. — Bakteriologie und Klinik der Streptokokkenerkrankungen. Erg. Hyg. **11**, 220 (1930). — LEIFSON, E.: Preparation and properties of bacteriological peptones. I. Enzymic hydrolysates of casein. Bull. Hopkins Hosp. **72**, 179 (1943). — LEPEHNE, G., u. LANDECKER: Zur Bewertung der WASSERMANNschen Reaktion. Z. klin. Med. **115**, 778 (1931). — LERICHE, R., R. FONTAINE u. I. KEMLIN: Étude expérimentale de la sensibilité du péricarde, de l'épicarde et de l'endocarde. C. r. Soc. Biol. Paris **110**, 297 (1932). — LETTERER, E.: Versuche über Umstimmung der Gewebsreaktion nach wiederholter Injektion von arteigenem Eiweiß. Verh. dtsch. path. Ges. (26. Tagg) **1931**, 199. — Über epitheliale und mesodermale Schleimbildung in ihrer Beziehung zur schleimigen Metamorphose und schleimigen Degeneration. Leipzig: S. Hirzel 1932. — LEVENE, P. A., and J. LÓPEZ-SUÁREZ: The conjugated sulfuric acid of the mucin of pig's stomach (mucoitin sulfuric acid). 1. Abh. J. of Biol. Chem. **25**, 511 (1916). — The conjugated sulfuric acid of funis mucin (mucoitin sulfuric acid). 2. Abh. J. of Biol. Chem. **26**, 373 (1916). — LEVENE, P. A., and J. LÓPEZ-SUÁREZ: Mucins and mucoids. J. of Biol. Chem. **36**, 105 (1918). LEVINSON, D. C., G. C. GRIFFITH and H. E. PEARSON: Increasing bacterial resistance to the antibiotics. A study of 46 cases of streptococcus endocarditis and 18 cases of staphylococcus endocarditis. Circulation **1950 II**, 668. — LEVINSON, S. A., and A. LEARNER: Blood cysts on the heart valves of newborn infants. Arch. of Path. **14**, 810 (1932). — LIAN, NICOLAU u. PRINCLOUX: Siehe GROSS u. FRIED 1937. — LIBMAN, E.: On some experiences with blood cultures in the study of bacterial infections. Bull. Hopkins Hosp. **17**, 215 (1906). — A study of the endocardial lesions of subacute bacterial endocarditis. Amer. J. Med. Sci. **144**, 313 (1912). — The clinical features of cases of subacute bacterial endocarditis that have spontaneously become bacteria free. Amer. J. Med. Sci. **146**, 625 (1912). — A consideration of the prognosis in subacute bacterial endocarditis. Amer. Heart J. **1**, 25 (1925). — Subacute bacterial endocarditis in the active and healing stages. Practical lectures delivered under the auspices of the Medical Society of the county of Kings, Brooklyn, New York (1923—1924 series). New York: Paul B. Hoeber 1925. — LIBMAN, E., and CH. FRIEDBERG: Subacute bacterial endocarditis, 2. Aufl. New York: Oxford University Press 1948. — LIBMAN, E., and B. SACKS: A hitherto undescribed form of valvular and mural endocarditis. Arch. Int. Med. **33**, 701 (1924). — LICHTMAN, S. S.: Treatment of subacute bacterial endocarditis: Current results. Ann. Int. Med. **19**, 787 (1943). — LICHTMAN, S. S., and W. BIERMANN: The treatment of subacute bacterial endocarditis: Present status. J. Amer. Med. Assoc. **116**, 286 (1941). — LICHTMAN, S. S., and L. GROSS: Streptococci in the blood in rheumatic fever, rheumatoid arthritis and other diseases; based on a study of 5.233 consecutive blood cultures. Arch. Int. Med. **49**, 1078 (1932). — LIEBER, M. M.: Über die Lokalisation der rheumatischen Affektionen am Herzen und an den Herzgefäßen sowie über die Entstehung der rheumatischen Endokarditis. Beitr. path. Anat. **91**, 594 (1933). — LIEBERMEISTER, K.: Bakteriologische Befunde bei Endocarditis lenta. Med. Klin. **1949**, Nr 5. — Zur Isolierung banaler Keime als Krankheitserreger. Med. Klin. **1949**, 923. — Diskussionsbemerkung. Med. Klin. **1950**, 1444. — LIÉGEOIS u. ALBOT: Investigations récentes sur les endocardites lentes. Ann. Méd. **32**, 61 (1932). — LINGELSHEIM, W. v.: Experimentelle Untersuchungen über morphologische kulturelle und pathogene Eigenschaften verschiedener Streptokokken. Z. Hyg. **10**, 331 (1891). — Streptokokkeninfektionen. Handbuch der pathogenen Mikroorganismen, 3. Aufl., Bd. 4, S. 789. 1928. — LISON, L.: Études sur la métachromasie. Colorants métachromatiques et substances chromotropes. Archives de Biol. **46**, 599 (1935). — LLOYD-JONES, D. M.: An experimental study of malignant endocarditis. Appendix zu: Bacterial endocarditis by C. B. PERRY, S. 113. Bristol: Wright & Sons 1936. — LÖFFLER, W.: Endocarditis parietalis fibroplastica mit Bluteosinophilie. Schweiz. med. Wschr. **1936**, 817. — LOESCHCKE, H.: Vorstellungen über das Wesen von Hyalin und Amyloid auf Grund von serologischen Versuchen. Beitr. path. Anat. **77**, 231 (1927). — LOESCHCKE, H., u. H. LEHMANN-FACIUS: Abderhaldenprinzip und die Möglichkeit seines Nachweises durch seine Präzipitin-Reaktion. Klin. Wschr. **1926 II**, 1924. — LOEWE, L.: Bull. New York Acad. Med. **21**, 59 (1945). Zit. nach BAEHR u. GERBER 1947. — LOEWE, L., and E. ALTURE-WERBER: The clinical manifestation of subacute bacterial endocarditis caused by streptococcus s.b.e. Amer. J. Med. Sci. **1946**, 353. — LOEWE, L., H. B. EIBER and E. ALTURE-WERBER: Enhancement of penicillin blood levels following oral administration of caronamide. Science (Lancaster, Pa.) **106**, 494 (1947). — LOEWE, L., N. PLUMMER, C. F. NIVEN jr. and J. M. SHERMAN: Streptococcus s.b.e. in subacute bacterial endocarditis. J. Amer. Med. Assoc. **1946**, 257. — LOEWE, L., P. ROSENBLATT and E. ALTURE-

WERBER: A refractory case of subacute bacterial endocarditis due to veillonella gazogenes, clinically arrested by a combination of penicillin, sodium para-amino-hippurate and heparin. Amer. Heart J. **32**, 327 (1946). — LOEWE, L., P. ROSENBLATT, E. ALTURE-WERBER and M. KASEK: The prolonging action of penicillin by para-amino-hippuric acid. Proc. Soc. Exper. Biol. a. Med. **58**, 298 (1945). — LOEWE, L., P. ROSENBLATT, H. J. GREENE and M. RUSSELL: J. Amer. Med. Assoc. **124**, 144 (1944). — LOEWE, L., P. ROSENBLATT, M. RUSSELL and E. ALTURE-WERBER: Superiority of continous intravenous drip for maintenance of effectual serum levels of penicillin. Comparative studies with particular reference to fractional and continous intramuscular administration. J. Labor. a. Clin. Med. **30**, 730 (1945). — LOEWENHARDT: Die Chronioseptikämie. Ein Beitrag zur Lehre von der schleichenden Allgemeininfektion und der Endocarditis lenta. Z. klin. Med. **97**, 217 (1923). — LONG, P. H., C. A. CHANDLER, E. A. BLISS, M. S. BOYER and E. B. SCHOENBACH: The use of antibiotics. J. Amer. Med. Assoc. **141**, 315 (1949). — LYONS, C., and H. K. WARD: Studies on the hemolytic streptococcus of human origin. II. Observations on the protective mechanism against the virulent variants. J. of Exper. Med. **61**, 531 (1935).

MAGAREY, F. R.: On the mode of formation of Lambl's excrescences and their relation to chronic thickening of the mitral valve. J. of Path. **61**, 203 (1949). — MAGRASSI, F.: Studi sulle endocarditi lente non streptococciche: un caso di endocardite lenta da cocco-bacillo appartenente al genere Dialister (Bergey). Boll. Soc. ital. Biol. sper. **21**, 99 (1946). — MANDELBAUM: Tuberkulöse Endokarditis des Mitralsegels. Zbl. Path. **53**, 301 (1932). — MANTEUFEL, P.: Der gegenwärtige Stand der ätiologischen Kenntnis vom spezifischen Rheumatismus. Rheumaprobl. **3** (1934). — MARCHAND, F.: Zur Kenntnis der fibrinösen Exsudation bei Entzündungen. Erwiderung an Prof. E. NEUMANN in Königsberg. Virchows Arch. **145**, 279 (1896). — MARSCHALL, F. v.: Der DÖDERLEINsche Bacillus vaginalis als Endokarditiserreger. Zbl. Bakter. **141**, 153 (1938). — MARTENS, G.: Beziehungen zwischen der Verkalkung des Annulus fibrosus der Mitralklappen und anderen regressiven Erscheinungen. Beitr. path. Anat. **90**, 497 (1932). — Beitr. path. Anat. **90**, 497 (1933). — MARTIN, W. B., and W. W. LINK: Endocarditis due to type B hemophilus influenzae involving only the tricuspid valve. Amer. J. Med. Sci. **214**, 139 (1947). — MASSA, M., u. G. BATTISTINI: Einfaches und erfolgreiches Verfahren zur Blutzüchtung und direkter bakteriologischer Nachweis im Blut. Zbl. Bakter. **131**, 241 (1934). — MASSELL, B. F., M. MEYESERIAN and T. D. JONES: In vitro studies concerning the action of penicillin on the viridans streptococci including observations on the so called synergistic effect of sulfonamide drugs. J. Bacter. **52**, 33 (1946). — MASSLER, M., and J. B. MCDONALD: The occurence of beta hemolytic streptococci in the gingive of normal young adults. J. Dent. Res. **1950**, 43. — MASUGI, M.: Über die experimentelle Glomerulonephritis durch das spezifische Antinierenserum. Beitr. path. Anat. **92**, 429 (1934). — MASUGI, M., and T. ISIBASI: Über die Endocarditis rheumatica und septica. Trans. Jap. Path. Soc. **27**, 377 (1937). — MASUGI, M., J. SATO and S. TODO: Über die Veränderungen des Herzens durch das spezifische Antiherzserum. Experimentelle Untersuchungen über die allergischen Gewebsschäden des Herzens. Trans. Jap. Path. Soc. **25**, 211 (1935). — MATHEW, H.: Subacute bacterial endocarditis caused by coagualose-negative staphylococcus aureus. Lancet **1951 I**, 20. — MATTHES, K., u. K. M. WOLF: Ergebnisse der Penicillin-Behandlung innerer Erkrankungen. Med. Klin. **1949**, 485, 529. — MCCALLUM, W. G.: Rheumatic lesions of the left auricle of the heart. Bull. Hopkins Hosp. **35**, 329 (1924). — Rheumatism: The Harrington lecture. J. Amer. Med. Assoc. **84**, 1545 (1925). — A textbook of pathology, 7. Aufl. Philadelphia u. London: W. B. Saunders Company 1940. — MCCLEAN, D.: The influence of testicular extract on dermal permeability and the response to vaccine virus. J. of Path. **33**, 1045 (1930). — The capsulation of streptococci and its relation to diffusion factor (hyaluronidase). J. of Path. **53**, 13 (1941). — MCDERMOTT, W., M. M. LEASK and M. BENOIT: Streptobacillus moniliformis as a cause of subacute bacterial endocarditis. Report of a case treated with penicillin. Ann. Int. Med. **23**, 414 (1945). — MCDONALD: Valvuläre thrombotische Vegetationen beim Neugeborenen („Foetale Endokarditis"). Arch. of Path. **50**, 538 (1950). — MCDONALD, I.: Fatal and severe human infections with hemolytic streptococci group G (Lancefield). Med. J. Austral. **2**, 471 (1939). — MCENTEGART, M. G., and J. S. PORTERFIELD: Bacteraemia following dental extractions. Lancet **1949 II**, 596. — MCEVEN, C.: Die Diagnose und Behandlung des rheumatischen Fiebers (akuter Gelenkrheumatismus). Dtsch. med. Wschr. **1950**, 983. — MCEVEN C., I. I. BUNIM and R. C. ALEXANDER: J. Labor. a. Clin. Med. **21**, 465 (1936). — MCGARVEY, C. J., and A. C. ERNSTENE: Streptomycin for penicillinresistant subacute bacterial endocarditis. Cleveland clin. Quart. **15**, 1 (1948). — MCGEE, CH. S., and W. S. PRIEST: Subacute bacterial endocarditis due to hemophilus parainfluenzae. J. Amer. Med. Assoc. **137**, 1315 (1948). — MCILWAINE, Y.: Die Verwandtschaft zwischen rheumatischer Karditis und subakuter bakterieller Endokarditis. J. of Path. **59**, 557 (1947). — MCKEE, C. M., and C. L. HONCK: Induced resistance to penicillin of cultures of staphylococci, pneumococci and streptococci. Proc. Soc. Exper. Biol. a. Med. **53**, 33 (1943). — MCKEE, K. T., and O. SWINEFORD jr.: Homologous tissue sensitization, failure to produce joint and kidney lesions or precipitins with homologous tissues plus streptococci. Ann. Rheumat. Dis. **10**, 116 (1951). — MACKIE, T. J., and M. H. FINKELSTEIN: A study of nonspecific complement fixation with particular reference to the interaction of normal serum and certain non-antigenic substances. J. of Hyg. **28**, 172 (1928). — MACKIE, T. J., and J. E. McCARTNEY: Handbook of practical bacteriology. Edinburgh: Livingstone Ltd. 1945. — McNEAL, W. J., and A. BLEVINS: Bacteriologic studies in endocarditis. J. Bacter. **49**, 416 (1945). — McNEAL, W. J., A. BLEVINS, M. R. PACIS and A. E. SLAVKIN: Arrest and repair in experimental endocarditis lenta. Amer. J. Path. **21**, 255 (1945). — McNEAL, W. J., M. J. SPENCE and A. E. SLAVKIN: Early lesions of experimental endocarditis lenta. Amer. J. Path. **19**, 735 (1943). — McNEAL, W. J., M. J. SPENCE and M. WASSEEN: Experimental production of endocarditis lenta. Amer. J. Path. **15**, 695 (1939). — Transmission of endocarditis lenta to rabbits. Proc. Soc. Exper. Biol. a. Med. **40**, 473 (1939). — MEADS, M., H. W. HARRIS and M. FINLAND: The treatment of subacute bacterial endocarditis with penicillin. New England J. Med. **232**, 463 (1945). — MEESSEN, H.: Gibt es spezifisch-rheumatische Veränderungen bei Serumpferden? Z. exper. Med. **98**, 326 (1936). — MELLON, R. R.: A study of the diphtheroid group of organisms with special reference to their relation to the streptococci. J. Bacter. **1917**, 81. — MERKLEN, P., et M. WOLF: Participation des endothéliites artériocapillaires au syndrome de l'endocardite maligne lente. Presse méd. **36**, 97 (1928). — MESSERSCHMID, TH., u. W. PÖHLIG: Tryptisch verdaute Magermilch als Nährstoff für bakteriologische Nährböden. Med. Klin. **1950**, 1284. — METSCHNIKOFF, E.: L'immunité dans les maladies infectieuses. Paris 1901. — Die natürlichen Heilkräfte des Organismus gegen Infektionskrankheiten. Vortrag, gehalten im wissenschaftlichen Verein zu Berlin am 8. April 1908. Wien: J. B. Teubner 1909. — MEYER, J., and K. M. HOWELL: Acute endocarditis caused by bact. paratyphosum B. Arch. of Path. **26**, 368 (1938). — MEYER, K.: Der Enterococcus als Artindividualität. Z. Hyg. **118**, 204 (1936). — The chemistry and biology of mucopolysaccharides and glycoproteins. Cold Spring Harbor Symp. Quant. Biol. **6**, 91 (1938). — Mucoids and glycoproteins. In M. L. ANSON and J. T. EDSALL. Adv. Protein Chem. **2**, 249 (1945). — The biological significance of hyaluronic acid and hyaluronidase. Physiologic. Rev. **27**, 335 (1947). — MEYER, K., u. H. SCHÖNFELD: Über die Unterscheidung des Enterococcus vom Streptococcus viridans und die Beziehungen beider zum Streptococcus lactis. Zbl. Bakter. **99**, 402 (1926). — MEYER, W. W.: Zum Gewebsbild der Thrombangitis obliterans, insbesondere über die entzündliche Entstehung und weitere Umwandlung der Fibrinablagerungen in der Intima. Virchows Arch. **314**, 681 (1947). — Wiederauflösung von Kalkablagerungen bei Arteriosklerose. Virchows Arch. **317**, 414 (1949). Interstitielle fibrinöse Entzündung im Formenkreis dysorischer Vorgänge. Klin. Wschr. **1950**, 697. — MICHAELIS, L., and S. GRANICK: Metachromasy of basic dyestuffs. J. Amer. Chem. Soc. **67**, 1212 (1945). — MIESCHER, J., u. C. BOHM: Tierexperimentelle Untersuchungen über Ausbreitung und Fixierung von Mikroben im Organismus. Schweiz. med. Wschr. **1947**, 845. — MILES, A. A., and J. GRAY: Hemophilus para-influenzae-endocarditis. J. of Path. **47**, 257 (1938). — MIRICK, G. S., u. I. G. SCHAUB: Clinical experience with aureomycin. J. Clin. Invest. **28**, 987 (1949). — MIRICK, G. S., L. THOMAS, E. C. CURNEN and F. L. HORSFALL jr.: Studies on a non-hemolytic streptococcus isolated from the respiratory tract of human beings. I. Biological characteristics of streptococcus MG. II. Immunological characteristics of streptococcus MG. III. Immunological relationship of streptococcus MG to streptococcus salivarius type. J. of Exper. Med. **80**, 391 (1944). — MITTERMAIER, R.: Über Tonsillitis chronica und Fokalinfektion. Med. Klin. **1950**, 553. — MÖNCKEBERG, J. G.: Der normale histologische Bau und die Sklerose der Aortenklappen. Virchows Arch. **176**, 472 (1904). — Demonstration eines Falles von angeborener Stenose des Aortenostiums. Verh. dtsch. path. Ges. (11. Tagg) **1907**, 224. — Über verschiedene Formen der Gefäßsklerose. (Vortr. auf der Sitzg vom 16. Nov. 1913 der Rheinisch-Westfälischen Ges. für inn. Med., Nerven- u. Kinderheilk. in Düsseldorf. Bericht darüber.) Münch. med. Wschr. **1914**, 392. — Über Arterienverkalkung. Münch. med. Wschr. **1920**, 365. — MÖSE, J.: Untersuchungen über die Bakteriologie der Zahnwurzelgranulome mit besonderer Berücksichtigung der Herdinfektionslehre. Wien. klin. Wschr. **59**, 713 (1947). — MOKOTOFF, R., W. BRAMS, L. N. KATZ and K. M. HOWELL: The treatment of subacute bacterial endocarditis with penicillin. Results of 17 consecutive unselected cases. Amer. J. Med. Sci. **211**, 395 (1946). — MONCKE, C.: Über eine besondere Verlaufsform der Endocarditis lenta. Dtsch. med. Wschr. **1949**, 1424. — MONOD, J.: La croissance des cultures bactériennes. Paris: Hermann 1942. — MOORE, R. A.: Cellular mechanism of recovery after treatment with penicillin: Subacute bacterial endocarditis. Trans. Stud. Coll. Physicians Philadelphia **14**, 55 (1946). — MORAGUES, V., and W. A. D. ANDERSON: Endocarditis due to Pseudomonas Aeruginosa. Ann. Int. Med. **19**, 146 (1943). — MORAWITZ, P.: Klinische Beobachtungen bei Endocarditis lenta. Münch. med. Wschr. **1921 II**, 1478. — MORAWITZ, P., u. BOGENDÖRFER: Die Streptokokkeninfektionen. Jkurse ärztl. Fortbildg **1924**, 10. — MORE, R. H.: Bacterial endocarditis due to clostridium welchii. Amer. J. Path. **19**, 413 (1943). — MORE, R. H., and CH. R. McLEAN: Lesions of hypersensitivity induced in rabbits by massive injections of horse-serum. Amer. J. Path. 25, 413 (1949). — MORE, R. H., D. WAUGH and S. D. KOBERNICK: Cardiac lesions produced in rabbits by massive injections of bovine serum gamma globulin. J. of Exper. Med. 89, 555 (1949). — MORGAN, J. A., R. HERRING, F. A. LANGLEY and S. OLEESKY: Penicillin treatment of subacute bacterial endocarditis. Brit. Heart J. 9, 38 (1947). — MORGENROTH, J., u. L. ABRAHAM: Depressionsimmunität bei intravenöser Superinfektion mit Streptokokken. Z. Hyg. 94, 163 (1921). — MORGENROTH, J., H. BIBERSTEIN u. R. SCHNITZER: Die Depressionsimmunität. Dtsch. med. Wschr. **1920**, Nr 13. — MORISON, J. E.: Capsulation of haemolytic streptococci in relation to colony formation. J. of Path. 51, 401 (1940). — MOTE, I. R., and T. D. JONES: Studies of hemolytic streptococcal antibodies in control groups, rheumatic fever, and rheumatoid arthritis; incidence of antistreptolysin „O", antifibrinolysin, and hemolytic streptococcal precipitating antibodies in sera of urban control groups. J. of Immun. 41, 35 (1941). — MÜLLER, E.: Untersuchungen über Wesen und Entstehungsbedingungen des bindegewebigen Hyalins. Beitr. path. Anat. 97, 41 (1936). — Histologische und chemische Untersuchungen eines fett- und lipoidspeichernden Granulationsgewebes bei Ductus thoracicus-Fistel. Verh. dtsch. path. Ges. (31. Tagg) **1938**, 97. — Die tödliche Koronarsklerose bei jüngeren Männern. Beitr. path. Anat. 110, 103 (1949). — Die pathogenetische Bedeutung von Lipoid-Eiweiß-Komplexen. Zbl. Path. 85, 300 (1949). — MURPHY, G. E., and H. F. SWIFT: Induction of cardiac lesions, closely resembling those of rheumatic fever, in rabbits following repeated skin infections with group A streptococci. J. of Exper. Med. 89, 687 (1949). — The induction of rheumatic-like cardiac lesions in rabbits by repeated focal infections with group A streptococci. J. of Exper. Med. 91, 485 (1950). — MURRAY, E. G. D., and G. G. KALZ: Beitrag in DUBOS, Bacterial and mycotic infections of man. Philadelphia, London u. Montreal: J. B. Lippincott Company 1948. — MURRAY, M., and F. MOOSNICK: Simultaneous arterial and venous blood cultures. J. Labor. a. Clin. Med. 26, 382 (1940). — Incidence of bacteriemia in patients with dental disease. J. Labor. a. Clin. Med. 26, 801 (1941). — MYERS, W. K.: Penicillin therapy of gonococcic endocarditis of the pulmonary valve. J. Amer. Med. Assoc. 133, 1205 (1947).

NAGAYO, M.: Zur normalen und pathologischen Histologie des Endocardium parietale. Beitr. path. Anat. 45, 283 (1909). — NAGEL, W.: Ein Beitrag zur Kasuistik über angeborene Herzfehler. Inaug.-Diss. Freiburg 1908. — NATHAN, H.: Über Viridans-Encephalitis. Z. Neur. 126, 536 (1930). — Über den Ausbeutungsweg septischer metastasierender Infektionen. Virchows Arch. 281, 430 (1931). — NATHANSON, M. H., and R. A. LIEBOLD: Studies relative to the chemotherapy of bacterial endocarditis. Ann. Int. Med. 33, 1224 (1950). — NEDZEL, A. J.: The histopathology of experimentally produced endocarditis. Amer. J. Path. 13, 627 (1937). — Experimental endocarditis. Arch. of Path. 24, 143 (1937). — NEUMANN, E.: Die Pikrocarminfärbung und ihre Anwendung auf die Entzündungslehre. Arch. mikrosk. Anat. 18, 130 (1880). — Über den Entzündungsbegriff. Beitr. path. Anat. 5, 345 (1889). — Zur Kenntnis der fibrinoiden Degeneration des Bindegewebes bei Entzündungen. Virchows Arch. 144, 201 (1896). — Fibrinoide Degeneration und fibrinöse Exsudation. Gegenbemerkungen zu F. MARCHANDS „Erwiderung". Virchows Arch. 146, 193 (1896). — NICHOLS, A. C.: Bactericidal action of streptomycin-penicillin mixtures in vitro. Proc. Soc. Exper. Biol. a. Med. 69, 477 (1948). — NIESNER, F., u. V. VOLENCOVA: Beitrag zum kulturellen Nachweis von Krankheitserregern im Blut. Med. Klin. **1934**, 1529. — NIVEN jr., C. F., Z. KIZIUTA and J. C. WHITE: Synthesis of a polysaccharide from sucrose by streptococcus s.b.e. J. Bacter. 51, 711 (1946). — NIVEN jr., C. F., K. L. SMILEY and J. M. SHERMAN: The polysaccharides synthesized by streptococcus salivarius and streptococcus bovis. J. of Biol. Chem. 140, 105 (1941). — NIVEN jr., C. F., and C. J. WHITE: A study of streptococci associated with subacute bacterial endocarditis. J. Bacter. 51, 790 (1946). — NOGEIRA, R. F., e M. M. SILVA: Bactériémie expérimentale par le streptococcus viridans. II. Fixation des bactéries par les tissus. Arqu. Inst. bacter. Câmara Pestana 9, 43 (1943). — NORTH, E. A., and R. CHRISTIE: Med. J. Austral. **1946**, 146. Zit. nach HERELL 1948. — NOTTBOHM, H.: Die serologische Gruppendifferenzierung der Streptokokken mit Hilfe der Präzipitation. Zbl. Bakter. 145, 369 (1940).

OERSKOV, J.: Untersuchungen über einen exzessiv Polysaccharid-bildenden Streptococcus. Zbl. Bakter. 119, 88 (1930). — OGLESBY, P., E. F. BLAND and P. D. WHITE: Bacterial endocarditis; experiences with penicillin therapy at the Massachusetts General Hospital 1944—1946. New England J. Med. **1947**, 349. — OILLE, J. A., D. GRAHAM and H. K. DETWEILER: Streptococcus bacteremia in endocarditis. Its presence before and during the development of endocardial signs. J. Amer. Med. Assoc. 65, 1158 (1915). — OKELL, C. C., and S. D. ELLIOTT: Bacteriemia and oral sepsis with special reference to etiology of subacute bacterial endocarditis. Lancet **1935 II**, 869. — OLIVEIRA, G. DE: Über ein neues Verfahren zur Darstellung des Stützgerüstes der Organe. Virchows Arch. 298, 523 (1936). — O'MEARA, R. A. Q., and J. C. MACSWEEN: The failure of staphylococcus to grow from small inocula in routine laboratory media. J. of Path. 43, 373 (1936). — ORGAIN, E. S., and CH. K. DONEGAN: The treatment of bacterial endocarditis. Ann. Int. Med. 32, 1099 (1950). — OSHIMA, F.: Experimentelle Studien über die Endokarditis. Trans. Jap. Path. Soc. 27, 387 (1937). — OSTERTAG, H.:

Schwere Allgemeininfektion bei einem Säugling durch Salmonella budapest und Streptococcus faecalis. Zbl. Bakter. **154**, 257 (1949). — OTTENBERG, R.: Arch. of Path. **11**, 766 (1931). — OTTO, E.: Beitrag zur Kenntnis der Enterokokkenendokarditis. Klin. Wschr. **1938 II**, 1847. — OWEN, R. G., F. A. MARTIN and W. G. PITTS: Trypsin broth an ideal medium for making blood cultures; a preliminary report. J. Labor. a. Clin. Med. **2**, 198 (1916).

PAGEL, W.: Pathologie und Histologie der allergischen Erscheinungen. In Fortschritte der Allergielehre, S. 74. Basel: Karger 1939. — PALMER, H. D., and M. KEMPF: Streptococcus viridans bacteremia following extraction of teeth. J. Amer. Med. Assoc. **113**, 1788 (1939). — PAPPENHEIMER, A. M., and W. C. VON GLAHN: Studies in the pathology of rheumatic fever, two cases presenting unusual cardiovascular lesions. Amer. J. Path. **3**, 583 (1927). — PATOCKA, F.: Méthode nouvelle de culture des microbes aérobies et anaérobies stricts provenant du sang. C. r. Soc. Biol. Paris **123**, 478 (1936). — PAUL: Chronische Gonokokkensepsis unter dem Bilde der Endocarditis lenta. Wien. klin. Wschr. **1931**, 1644. — PAUL, O., E. F. BLAND and P. D. WHITE: Bacterial endocarditis. New England J. Med. **237**, 349 (1947). — PAUNESCO, C., C. DAVID, S. PAPADOPOL, S. BERCEANU, D. MIHAILIDE, A. TIUCRA et B. THEODORESCO: Contribution au traitement par la pénicilline de la maladie de Jaccoud-Osler. Arch. Mal. Coeur **41**, 85 (1948). — PEARCE, J. M., and G. LANGE: Cardiac anoxia as the factor determining the occurence of experimental viral carditis. Arch. of Path. **44**, 2 (1947). — PECK, J. L., and L. THOMAS: Failure to produce lesions or auto-antibodies in rabbits by injecting tissue extracts, streptococci and adjuvants. Proc. Soc. Exper. Biol. a. Med. **69**, 451 (1948). — PENFOLD, J. B.: Bacterial endocarditis due to micrococci. J. of Path. **55**, 183 (1943). — PENFOLD, J. B., J. GOLDMAN and R. W. FAIRBROTHER: Blood cultures and selection of media. Lancet **1940 I**, 65. — PENFOLD, W. J.: On the nature of bacterial lag. J. of Hyg. **14**, 215 (1914). — PENFOLD, W. J., and D. NORRIS: The relation of concentration of food supply to the generation-time of bacteria. J. of Hyg. **12**, 527 (1912). — PENISTAN, J. L.: A nonhemolytic group K streptococcus from a case of endocarditis. J. of Path. **57**, 123 (1945). — PERLA, D., and M. DEUTSCH: The intimal lesions of the aorta in rheumatic infection. Amer. J. Path. **5**, 45 (1929). — PERRY, C. B.: Bacterial endocarditis. Bristol u. London: Wright & Sons Ltd. 1936. — PESCH, K. L., u. C. RULAND: Anaerobe Streptokokken in Zahnwurzelgranulomen; Variabilität der Anaerobiose. Zbl. Bakter. **134**, 1 (1935). — PETERSEN, E. S.: Endocarditis due to streptobacillus monoliformis. J. Amer. Med. Assoc. **144**, 621 (1950). — PETERSEN, H.: Histologie und mikroskopische Anatomie. München: J. F. Bergmann 1935. — PFANNENSTIEL, W.: Zum Wesen des natürlichen Keimvernichtungsvermögens des Blutes. Z. Hyg. **104**, 166 (1943). — PFEIFFER, H.: Die Eiweißzerfallsvergiftungen. Krkh.forsch. **1**, 407 (1925). — PFUHL, W.: Die Histiozyten der Herzklappe, ihre Form und ihr Verhalten gegen die Vitalfarbstoffe und verschiedene Reizstoffe. Z. mikrosk.-anat. Forsch. **17**, 1 (1929). — Die Histiozyten der Herzklappe. 2. Farbstoffspeicherung, Zellzerfall, Neubildung, Zellformabstammungsfragen. Z. mikrosk.-anat. Forsch. **24**, 237 (1931). — PIORKOWSKI, G.: Ein neuer Nährboden für Diagnostik und Züchtung im Blute kreisender Streptokokken. Dtsch. med. Wschr. **1922**, 69. — PLAUT, A.: Active endocarditis in the newborn. Report of 2 cases. Amer. J. Path. **15**, 649 (1939). — PLAUT, A., and G. SHARNOFF: Acute valvular endocarditis in the newborn. Arch. of Path. **20**, 582 (1935). — POETSCHKE u. BOMMER: 3. Tagg Dtsch. Hyg. u. Mikrobiologen, Frankfurt 1949. — POLI, G. DEI: Sul potere patogeno e tossico dell'enterococco nei comuni animali di laboratorio. Pathologica (Genova) **32**, 9 (1940). — PORTERFIELD, J. S.: Classification of the streptococci of subacute bacterial endocarditis. J. Gen. Microbiol. **4**, 92 (1950). — POSTON, M. A., and E. ORGAIN: Immunologic studies on patients suffering from bacterial endocarditis. Proc. Soc. Exper. Biol. a. Med. **40**, 284 (1939). — POWERS, G. F., u. P. L. BOISVERT: Age as a factor in streptococcosis. J. Pediatry **15**, 481 (1944). — PRESSMANN, R. S., and I. B. BENDER: Effect of sulfonamide compounds on transient bacteriemia following extraction of the teeth. Arch. Int. Med. **74**, 346 (1944). — PRÉVOT, A. R.: Les streptococques anaérobies. Ann. Inst. Pasteur **39**, 417 (1925). — PRIBRAM, A.: Der akute Gelenkrheumatismus. Wien 1899. — PRIEST, W. S., and C. J. MCGEE: Streptomycin in the treatment of subacute bacterial endocarditis. J. Amer. Med. Assoc. **132**, 124 (1946). — PRIEST, W. S., J. M. SMITH and C. J. MCGEE: Penicillin therapy of bacterial endocarditis: a study of the end results in thirty-four cases with particular reference to dosage, methods of administration, criteria for judging adequacy of treatment, probable reasons for failures. Arch. Int. Med. **79**, 333 (1947). — PRIOR, J. T., and T. C. WYATT: Endocardial fibro-elastosis: a study of eight cases. Amer. J. Path. **26**, 969 (1950). — PÜSCHEL, E.: Über foetale Endokarditis. Arch. Kinderheilk. **114**, 1 (1938). — Endokarditis im Neugeborenenalter. Mschr. Kinderheilk. **72**, 340 (1938).

QUINN, R. W., and S. J. LIAO: A comparative study of antihyaluronidase, antistreptolysin „O", antistreptokinase and streptococcal agglutination titers in patients with rheumatic fever, acute hemolytic streptococcal infections, rheumatoid arthritis and non rheumatoid forms of arthritis. J. Clin. Invest. **29**, 1156 (1950).

RABL, R., u. M. SEELEMANN: Über das Vorkommen bestimmter „unvollständig haemolysierender“ Streptokokken- und Diplokokkenarten bei Mensch und Tier sowie über ihre Bedeutung als Infektionserreger. Zbl. Bakter. **154**, 186 (1949). — Die Biologie und pathogene Bedeutung der Streptokokken in den weiblichen Genitalorganen. Z. Hyg. **130**, 384 (1949). — Über typische und atypische Streptokokkenarten bei der Endokarditis des Menschen. Klin. Wschr. **1950**, 365; **1951**, 365. — Die Biologie und pathogene Bedeutung der Streptokokken bei Erkrankungen an den Zähnen. Z. Hyg. **132**, 394 (1951). — RABL, R., u. J. WÜSTENBERG: Bakteriologische und morphologische Untersuchungen an Tonsillen und Organen der Leiche. Ein Beitrag zur Frage der Herdinfektion. Dtsch. med. Wschr. **1941 II**, 1087. — RAMMELKAMP, C. H., and S. E. BRADLEY: Excretion of penicillin in man. Proc. Soc. Exper. Biol. a. Med. **53**, 30 (1943). — RAMMELKAMP, C. H., and T. MAXON: Resistance of staphylococcus aureus to action of penicillin. Proc. Soc. Exper. Biol. a. Med. **51**, 386 (1942). — RAMSAY, A. M., and M. GILLESPIE: Puerperal infection associated with haemolytic streptococci other than Lancefield's group A. J. Obstetr. **48**, 569 (1941). — RANDERATH: Über eine in Düsseldorf an Hand des Sektionsmaterials beobachtete Zunahme der Zahl leichter, ausgeheilter Entzündungen der Mitralsegel. Münch. med. Wschr. **1931**, 1689. — RANTZ, L. A., P. J. BOISVERT and W. W. SPINK: Etiology and pathogenesis of rheumatic fever. Arch. Int. Med. **76**, 131 (1945). — RAPPAPORT, F., and T. GLIKIN: Microtechnique for blood cultures. J. Clin. Path. **1950**, 74. — RATZENHOFER, M.: Morphologie und Bedeutung der Funktionsstörung des Mesenchyms nebst Beobachtungen über Veränderungen am Gefäß-Nervengewebe bei Karzinom. Wien. med. Wschr. **1950**, **646**. Ref. Dtsch. med. Wschr. **1950**, 1707. — RATZENHOFER, M., u. E. SCHAUENSTEIN: Zur Struktur von Präkollagen, Kollagen und Hyalin nebst Bemerkungen über die Hyalinentstehung in verschiedenen Organen und in Karzinomen. Verh. dtsch. path. Ges. (35. Tagg) **1951**. — RAUCHFUSS: Die angeborenen Entwicklungsfehler und die Foetalkrankheiten des Herzens und der großen Gefäße. In C. GERHARDT, Handbuch der Kinderkrankheiten, Bd. 4, Teil 1, S. 12. Tübingen: H. Laupp 1878. — REGAMEY, R.: Zur Verbesserung der bakteriologischen Blutuntersuchung. Z. exper. Med. **104**, 71 (1938). — REICHEL, H. A.: Removal of bacteria from the blood stream: Experiments pending to determine rate of removal of injected bacteria in blood. Proc. Staff. Meet. Mayo. Klin. **14**, 138 (1939). — REIMOLD, G., L. HEILMEYER u. A. WALTER: Kritische Betrachtungen zum Erregernachweis bei Endocarditis lenta. Med. Klin. **1950**, 475. — REIMOLD, G., u. A. WALTER: Bakteriologische Studien über 3 morphologisch und biochemisch abgrenzbare Streptokokkengruppen bei der Endocarditis lenta. Ihre Bedeutung für die Therapie. Z. Hyg. **129**, 168 (1949). — REINERS, H.: Enterokokken-Endokarditis. Klin. Wschr. **1936 II**, 1067. — REITH, A. F., and T. L. SQUIER: Blood cultures of apparently healthy persons. J. Inf. Dis. **51**, 336 (1932). — REYE, E.: Zur Frage der Endocarditis verrucosa. Münch. med. Wschr. **1914**, 2403; **1923**, Nr 14. — RHOADS, P. S.: Subacute bacterial endocarditis: Etiological considerations and prophylaxis. Med. Clin. N. Amer. **32**, 176 (1948). — RHOADS, P. S., and W. R. SCHRAM: Bacteremia following tooth extraction: Prevention with penicillin and a new sulfonamide gantrosan. 98. Ann. Meet. Amer. Med. Assoc. Atlantic City 1949. — RIBBERT, H.: Beiträge zur pathologischen Anatomie des Herzens. Virchows Arch. **147**, 193 (1897). — Die Erkrankungen des Endokards. In Handbuch der speziellen pathologischen Anatomie und Histologie, Bd. II, S. 184. 1924. — RICH, A. R.: The rôle of hypersensitivity in periarteriitis nodosa. Bull. Hopkins Hosp. **71**, 123 (1942). — Hypersensitivity to jodine as a cause of periarteriitis nodosa. Bull. Hopkins Hosp. **77**, 43 (1945). — Hypersensitivity in disease, with especial reference to periarteriitis nodosa, rheumatic fever, disseminated lupus erythematosus and rheumatoid arthritis. Harvey Lect. **1946**. — RICH, A. R., J. H. BUMSTEAD and M. FROBISHER jr.: Hemorrhagic glomerular lesions produced by filtrates of streptococcus viridans cultures. Proc. Soc. Exper. Biol. a. Med. **26**, 397 (1928/29). — RICH, A. R., and R. H. FOLLIS jr.: Studies on the site of sensitivity in the Arthus phenomenon. Bull. Hopkins Hosp. **66**, 106 (1940). — RICH, A. R., and J. R. GREGORY: The experimental demonstration that periarteriitis nodosa is a manifestation of hypersensitivity. Bull. Hopkins Hosp. **72**, 65 (1943). — Experimental evidence that lesions with the basic characteristics of rheumatic carditis result from anaphylactic hypersensitivity. Bull. Hopkins Hosp. **73**, 239 (1943). — On the anaphylactic nature of rheumatic pneumonitis. Bull. Hopkins Hosp. **73**, 465 (1943). — Further experimental cardiac lesions of the rheumatic type produced by anaphylactic hypersensitivity. Bull. Hopkins Hosp. **75**, 115 (1944). — Experimental anaphylactic lesions of the coronary arteries of the „sclerotic“ type, commonly associated with rheumatic fever and disseminated lupus erythematosus. Bull. Hopkins Hosp. 81, 312 (1947). — RICHARDS, J. H.: Bacteremia following irritation of foci of infection. J. Amer. Med. Assoc. **99**, 1496 (1932). — RICKER, G.: Die Verflüssigung der Bindegewebsfasern. Zugleich ein Beitrag zur Kenntnis der fibrinoiden Degeneration. Virchows Arch. **163**, **44** (1901). — RICKER, G., u. P. REGENDANZ: Beiträge zur Kenntnis der örtlichen Kreislaufstörungen. Nach Untersuchungen am Pankreas und seinem Bauchfell, an der Konjunktiva und dem Ohrlöffel des Kaninchens. Virchows Arch. **231**, 1 (1921). — RINEHART, J. F., and St. R. METTIER: The heart valves in experimental scurvy and in scurvy with superimposed infection. Amer. J. Path. 9, 932 (1933). — The heart valves and muscle in experimental scurvy with superimposed infection with notes on the similarity of the lesions to those of rheumatic fever. Amer. J. Path. 10, 61 (1934). — RITTER, A.: Die Bedeutung des Endothels für die Venenthrombose. Jena: Gustav Fischer 1927. — Endothel und Thrombenbildung. Dtsch. med. Wschr. 1928 II, 1963. — ROBBINS, W. C.: The summation of penicillin and streptomycin activity in vitro and in the treatment of subacute bacterial endocarditis. J. Clin. Invest. 28, 806 (1949). — ROBBINS, W. C., and R. TOMPSETT: Chronic recurrent nonhemolytic streptococcic endocarditis. Arch. Int. Med. 86, 578 (1950). — ROBERTSON, T. B.: Allelocatalytic effects in cultures of Colpidium in hay infusions and in synthetic media. Biochemic. J. 18, 1240 (1924). — ROEMER, G. B.: Über die biochemischen Eigenschaften menschenpathogener Streptokokken und ihre Beziehung zur serologischen Gruppenzugehörigkeit. Zbl. Bakter. 152, 463 (1948). — Die serologische Differenzierung von Streptokokken aus Krankheitsprozessen des Menschen. Zbl. Bakter. 152, 561 (1948). — Das serologische und biologische Verhalten der für den Menschen pathogenen Streptokokken. Erg. Hyg. 26, 139 (1949). — Präzipitine im Patientenserum bei Streptokokkeninfektionen. Zbl. Bakter. 154, 206 (1949). — RÖSSLE, R.: Allergie und Pathergie. Klin. Wschr. 1933, 574. — Zum Formenkreis der rheumatischen Gewebsveränderungen, mit besonderer Berücksichtigung der rheumatischen Gefäßentzündungen. Virchows Arch. 288, 780 (1933). — Die Veränderungen der Leber bei der BASEDOWschen Krankheit und ihre Bedeutung für die Entstehung anderer Organsklerosen. Virchows Arch. 291, 1 (1933). — Über wenig beachtete Formen der Entzündung von Parenchymen und ihre Beziehung zu Organsklerosen. Verh. dtsch. path. Ges. 27, 152 (1934). — Über Fokalinfektion. Anatomischer Bericht. Verh. dtsch. Ges. inn. Med. 51, 423 (1939). — Über die serösen Entzündungen der Organe. Virchows Arch. 311, 252 (1943). — Seröse Entzündung. Verh. dtsch. path. Ges. 1944, 1. — ROKITANSKY: Handbuch der pathologischen Anatomie, 1. Aufl., Bd. II, S. 20. 1844. — Über das Auswachsen der Bindegewebssubstanzen und die Beziehung derselben zur Entzündung. Sitzgsber. Akad. Wiss. Wien, Math.-naturwiss. Kl. 13, H. 1 (1854). — Handbuch der pathologischen Anatomie, 2. Aufl., Bd. I, S. 141. 1855. — ROMBERG, E.: Über die Erkrankungen des Herzmuskels bei Typhus abdominalis, Scharlach und Diphtherie. Dtsch. Arch. klin. Med. 48, 369 (1891). — ROMEIS, B.: Mikroskopische Technik. München: Leibniz vorm. Oldenbourg 1948. — ROSENBERG, G.: Der Enterococcus als Erreger von Endocarditis chronica. Zbl. Bakter. 121, 75 (1931). — Zur Kenntnis der Enterokokken-Endokarditiden. Klin. Wschr. 1932 I, 359. — ROSENBURG, M. J.: Subacute bacterial endocarditis. Report of a case of reinfection. J. Amer. Med. Assoc. 138, 956 (1948). — ROSENOW: Herdinfektion und elektive Lokalisation. Verh. dtsch. Ges. inn. Med. 1930. — ROSENTHAL, A. H., and F. M. STONE: Puerperal infection with vegetative endocarditis. Report of sulfanilamide therapy in 2 fatal cases due to streptococcus haemolyticus groups B and C. J. Amer. Med. Assoc. 114, 840 (1940). — ROSENTHAL, J., and I. FEIGEN: Pathology of the mitral valve in the older age groups. Amer. Heart J. 33, 346 (1947). — ROTH, O., A. L. CAVALLARO, R. H. PARROT and R. CELENTANO: Aureomycin in prevention of bacteremia following tooth extraction. Arch. Int. Med. 86, 498 (1950). — ROTHBARD, S.: Bacteriostatic effect of human sera on group A streptococci. I. II. III. J. of Exper. Med. 82, 93, 107, 119 (1945). — Protective effect of hyaluronidase and type-specific anti-serum on experimental group A streptococcus infections in mice. J. of Exper. Med. 88, 325 (1948). — ROTHBARD, S., and R. F. WATSON: Variation occuring in group A streptococci during human infection; progressive loss of M substance correlated with increasing susceptibility to bacteriostasis. J. of Exper. Med. 87, 521 (1948). — ROTHBARD, S., R. F. WATSON, H. F. SWIFT and A. T. WILSON: Bacteriologic and immunologic studies on patients with hemolytic streptococcic infections as related to rheumatic fever. Arch. Int. Med. 82, 229 (1948). — ROTHMANN, A.: BANGsche Erkrankung mit ulceröser Endokarditis. Verh. dtsch. path. Ges. (28. Tagg) 1935, 194. — ROULET, F.: Über das Verhalten der Bindegewebsfasern unter normalen und pathologischen Bedingungen. Erg. Path. 32, 1 (1937). — Methoden der Pathologischen Histologie. Wien: Springer 1948. — ROUND, H., H. J. R. KIRKPATRICK and C. G. HAILS: Further investigations on bacterial infections of the mouth. Proc. Roy. Soc. Med. 29, 1552 (1936). — RUDOLPH, W.: Wuchsstoffe und Antiwuchsstoffe. Beihefte zur Internat. Z. Vitaminforsch. 1948, Nr 5. — RUEGSEGGER, J. M.: Pneumococcic endocarditis. Arch. Int. Med. 62, 388 (1938). — RUSHTON, M. A.: Subacute bacterial endocarditis following the extraction of teeth. Guy's Hosp. Rep. 80, 39 (1930). — RUSSELL, W. O., and M. LAMB: Erysipelothrix endocarditis: A complication of erysipeloid: Report of a case with necropsy. J. Amer. Med. Assoc. 114, 1045 (1940).

SACHS, H.: Heterogenetic antibodies in subacute bacterial endocarditis. J. of Path. 54, 105 (1942). — SAFFORD, C. E., J. M. SHERMAN and H. M. HODGE: Streptococcus salivarius. J. Bacter. 33, 263 (1937). — SALTER, R. C.: Observations on the rate of growth of „B. coli“. J. Inf. Dis. 24, 260 (1919). — SALUS, G.: Streptococcus viridans bei Endocarditis lenta. Med. Klin. 1920, 1107. — SANTELIGES DE LA MORA: Arch. Benefic. Provinc. de Jaén 1947, 135. Ref. Exc. Med. Int. Med. 1, 49 (1949). — SAPHIR, O.: Endocardial pockets. Amer. J.

Path. 6, 733 (1930). — Myocardial granulomas in subacute bacterial endocarditis. Arch. of Path. 42, 574 (1946). — SAPHIR, O., and E. P. LEROY: True aneurysms of the mitral valve in subacute bacterial endocarditis. Amer. J. Path. 24, 83 (1948). — SAPHIR, O., and S. A. WILE: Rheumatic manifestations in subacute bacterial endocarditis in children. Amer. Heart J. 9, 29 (1933). — SAXE, P.: Über die „blanden Embolien" bei Endocarditis lenta. Med. Klin. 1928, 1436. — SCHADE, H.: Die physikalische Chemie in der inneren Medizin. Dresden u. Leipzig: Theodor Steinkopff 1923. — Die Methodik der H-Ionenmessung an offenen Wundflächen und ihre Ergebnisse. Münch. med. Wschr. 1926, 343. — Die Molekularpathologie der Entzündung. Dresden u. Leipzig 1935. — SCHAUB, I. G., and M. K. FOLEY: Diagnostic bacteriology, 3. Aufl. St. Louis: C. V. Mosby Comp. 1947. — SCHICHE, R., R. FONTAINE et J. KUNLIN: Étude expérimentale de la sensibilité du péricarde, de l'épicarde et de l'endocarde. C. r. Soc. Biol. Paris 110, 297 (1932). — SCHICK u. FISCHER: Anaerobe Bakterien des Wurzelkanals. Dtsch. Mschr. Zahnheilk. 47, 334 (1929). — SCHMID, D. O.: Natriumthioglycollat-Bouillon ein flüssiger Nährboden zur Züchtung obligater und fakultativer Anaerobier. Z. Hyg. 131, 631 (1951). — SCHMIDT, H.: Grundlagen der spezifischen Therapie und Prophylaxe bakterieller Infektionskrankheiten. Berlin-Grunewald: Bruno Schultz 1940. — SCHMIDT, H., u. W. LANG: Klinisch-bakteriologische Beobachtungen bei der De-Ma-Therapie der Endocarditis lenta. Z. inn. Med. 1948, 139. — SCHMIDT, M. B.: Der Transport von Neutralfett durch das Blutplasma. Virchows Arch. 313, 158 (1944). — SCHMIEDEBERG, O.: Über die chemische Zusammensetzung des Knorpels. Arch. exper. Path. u. Pharmakol. 28, 355 (1891). — SCHMORL, G.: Die pathologisch-histologischen Untersuchungsmethoden, 8. Aufl. Leipzig: F. C. W. Vogel 1918. — SCHNEIERSON, S. S.: Serological and biological characteristics and penicillin resistance of nonhemolytic streptococci isolated from subacute bacterial endocarditis. J. Bacter. 55, 393 (1948). — SCHNITZER, R., u. F. MUNTER: Über Zustandsänderungen der Streptokokken im Tierkörper. I. Mitt. Z. Hyg. 93, 96 (1921). — SCHOEN, R.: Erfahrungen über die Penicillinbehandlung der Endocarditis lenta. Verh. dtsch. Ges. inn. Med. 55, 419 (1949). — SCHOEN, R., u. E. FRITZE: Erfahrungen über die Endocarditis lenta und ihre Behandlung mit Penicillin. Dtsch. med. Wschr. 1949, 1060. — SCHÖNFELD, W., u. J. KIMMIG: Sulfonamide und Penicilline. Stuttgart: Ferdinand Enke 1948. — SCHØNE, R., E. STEEN u. W. KAPTEIN: Nord. Med. 1949, 1863. Ref. Exc. Med. Int. Med. 4, 610 (1950). — SCHOSNIG, F.: Das Gewebsbild des fieberhaften Rheumatismus. Das Verhalten der Fasern des kollagenen Bindegewebes bei Rheumatismus und anderen Entzündungen. Virchows Arch. 286, 291 (1932). — SCHOTTMÜLLER, H.: Die Artunterscheidung der für den Menschen pathogenen Streptokokken durch Blutagar. Münch. med. Wschr. 1903 I, 849. — Endocarditis lenta. Münch. med. Wschr. 1910, 617; 1933, 34. — Zur Ätiologie des febris puerperalis und febris in puerperio. Münch. med. Wschr. 58, 557 (1911). — Leitfaden für die klinisch-bakteriologischen Kulturmethoden. Berlin u. Wien 1923. — Die Staphylokokken- und Streptokokkenerkrankungen in der inneren Medizin. Verh. dtsch. Ges. inn. Med. 1925, 152. — Die Bedeutung der fokalen Infektion vom Standpunkt der inneren Medizin. Münch. med. Wschr. 1927, 1527. — Handbuch der Inneren Medizin von BERGMANN-STAEHELIN, Bd. I, Teil 2. 1928. Beitrag mit K. BINGOLD, S. 776. — Über das Wesen der Endokarditis. Med. Klin. 1928, 1430. — Zur Klinik der rheumatischen Infektion unter Berücksichtigung der Ätiologie und Therapie. Rheumaprobl. 3, 62 (1934). — SCHUBACK, A., u. W. SATTLER: Endocarditis ulcerosa durch Paradiphtheriebazillen. Dtsch. med. Wschr. 1949, 552. — SCHÜRMANN, P., u. H. E. MCMAHON: Die maligne Nephrosklerose, zugleich ein Beitrag zur Frage der Bedeutung der Blutgewebsschranke. Virchows Arch. 291, 47 (1933). — SCHULER, W.: Die Wirkung von „Penicillin" auf den Staphylokokkengaswechsel im Vergleich zur Wirkung anderer antibakterieller Stoffe. Schweiz. med. Wschr. 1945, Nr 2, 64. — SCHULTEN, H.: Hochprozentige Peptonbouillon als halbstarrer Nährboden zur Blutkultur. Münch. med. Wschr. 1924 II, 1362. — SCHULTZ, A.: Über die Chromotropie des Gefäßbindegewebes in ihrer physiologischen und pathologischen Bedeutung, insbesondere ihre Beziehungen zur Arteriosklerose. Virchows Arch. 239, 415 (1922). — SCHULZ, M., u. F. KLINGE: Das Gewebsbild des fieberhaften Rheumatismus. XIII. Mitt. Aortitis rheumatica und Arteriosklerose. Virchows Arch. 288, 717 (1933). — SCHUMACHER, P.: Vorkommen und Art der Endokarditis, insbesondere der Endocarditis lenta in den Jahren 1910—1945 an der Tübinger Medizinischen Klinik. Inaug.-Diss. Tübingen 1946. Zit. nach GERMER 1951. — SCHWALBE, G.: Wie ist der schnelle Verlauf der Endocarditis acuta durch Streptococcus viridans im Gegensatz zur Endocarditis lenta zu erklären? Dtsch. Arch. klin. Med. 177, 283 (1935). — SCHWIEGK, H.: Therapie der Endocarditis lenta. Verh. dtsch. Ges. inn. Med. (55. Kongr.) 1949. — SEELEMANN, M.: Über die sogenannten vergrünenden Streptokokken bei Mensch und Tier. Z. Hyg. 127, 372 (1947). — Biologie der bei Tieren und Menschen vorkommenden Streptokokken. Nürnberg: Hans Carl 1948. — SEELEMANN, M., u. O. CARSTENS: Weitere Untersuchungen über die Biologie und Serologie der Streptokokken (Gruppen A B C). Z. Hyg. 131, 56 (1950). — Die serologische Zugehörigkeit des Sc. bovis und sog. atypischer Enterokokken zur Gruppe D. Kiel. Milchwirtsch. Forsch.ber. 3, 431 (1951). — SEELEMANN,

M., u. H. NOTTBOHM: Untersuchungen über die Unterscheidung des Sc. lactis von den „Enterokokken". Zbl. Bakter. **146**, 142 (1940). — SEELEMANN, M., u. R. RABL: Über die sogenannten vergrünenden Streptokokken bei Mensch und Tier. II. Teil. Die Biologie der Streptokokken der Viridansgruppe. Z. Hyg. **127**, 381 (1947). — SEIFERT, E.: Bakteriämie nach Operationen. Arch. klin. Chir. **138**, 565 (1925). — SELBIE, F. R., R. D. SIMON and R. H. M. ROBINSON: Serological classification of viridans streptococci from subacute bacterial endocarditis, teeth and throats. Brit. Med. J. **1949 II**, 667. — SEMSROTH, K., and R. KOCH: Studies on the pathogenesis of bacterial endocarditis. Arch. of Path. 8, 921 (1929). — Studies on the pathogenesis of bacterial endocarditis. II. Arch. of Path. **10**, 869 (1930). — SGALITZER, G.: Beitrag zum Nachweis pathogener Keime im strömenden Blut. Zbl. Bakter. **134**, 393 (1935). — SHATTOCK: Serological position of Sc. bovis. Nature (Lond.) **161**, 318 (1948). — SHAW, C. C., W. P. BOGER, C. W. CROSSON, W. W. KLEMP, W. S. M. LING and G. G. DUNCAN: Amer. J. Med. Sci. **3**, 206 (1947). — SHERMAN, J. M.: The streptococci. Bacter. Rev. **1**, 1 (1937). — SHERMAN, J. M., G. E. HOLM and W. R. ALBUS: Salt effect in bacterial growth. III. J. Bacter. **7**, 583 (1922). — SHERMAN, J. M., C. F. NIVEN and K. L. SMILEY: Streptococcus salivarius and other non-hemolytic streptococci of the human throat. J. Bacter. **45**, 249 (1943). — SHERMAN, J. M., P. STARK and C. E. SAFFORD: Streptococcus salivarius, streptococcus bovis and the „Bargen streptococcus". J. Bacter. **35**, 64 (1938). — SHILING, M. S.: Bacteriology of endocarditis with report of two unusual cases. Ann. Int. Med. **13**, 476 (1939). — SIEBECK, R.: Die Beurteilung und Behandlung Herzkranker, 2. Aufl. München: J. F. Lehmann 1942. — SIEGMUND, H.: Speicherung durch Retikulo-Endothelien, zelluläre Reaktion und Immunität. Klin. Wschr. **1922/II**, 2566. — Die pathologische Anatomie der chronischen Streptokokkensepsis. Münch. med. Wschr. **1925 I**, 639. — Über einige Reaktionen der Gefäßwände und des Endokards. Verh. dtsch. path. Ges. **20**, 260 (1925). — Retikuloendothel und aktives Mesenchym. Beih. Med. Klin. **1927**. — Veränderungen des Herzens und der Gefäßwände bei septischem Scharlach. Verh. dtsch. path. Ges. **26**, 231 (1931). — Untersuchungen zur Pathogenese der Endokarditis, insbesondere der Frühveränderungen. Virchows Arch. **290**, 3 (1933). Glykogenspeicherungskrankheiten. Verh. dtsch. path. Ges. (31. Tagg) **1938**, 150. — Pathologisch-anatomische Befunde an dentalen Kieferherden bei pulpenlosen Zähnen (mit Bemerkungen zur Frage der chronischen Tonsillitis). Verh. dtsch. Ges. inn. Med. **1939**. — Diskussionsbemerkung. Verh. dtsch. path. Ges. (Kriegstagg) **1944**, 75. — Probleme der Fokalinfektion unter relationspathologischen Gesichtspunkten. Dtsch. med. Wschr. **1948**, Nr 33/34, 357. — ŠIKL, R., u. VL. WAGNER: Zur Einteilung der bei Endokarditis vorkommenden Streptokokken. Zbl. Bakter. **148**, 223 (1942). — SILBERBERG, M.: Das Verhalten des aleukozytären und vital gespeicherten Körpers gegenüber der septischen Allgemeininfektion als Beitrag zur Entzündungs- und Monozytenlehre. Virchows Arch. **267**, 483 (1928). — SLAUCK, A.: Anleitung zur klinischen Analyse des infektiösen Rheumatismus. Dresden u. Leipzig 1939. — SMALL, J. C.: The bacterium causing rheumatic fever and a preliminary account of the therapeutic action of its specific antiserum. Amer. J. Med. Sci. **173**, 101 (1927). — SMILEY, K. L., C. F. NIVEN jr. and J. M. SHERMAN: The nutrition of streptococcus salivarius. J. Bacter. **45**, 445 (1943). — SMITH, A. G.: Endocarditis due to Escherichia coli. New England J. Med. **243**, 129 (1950). — SMITH, C., H. C. SAULS and C. F. STONE: Subacute bacterial endocarditis due to streptococcus viridans. J. Amer. Med. Assoc. **119**, 478 (1942). — SMITH, F. R., C. F. NIVEN and J. M. SHERMAN: The serological identification of streptococcus zymogenes with the Lancefield group D. J. Bacter. **35**, 425 (1938). — SNYDER, M. L., and H. C. LICHSTEIN: Sodium azide as inhibiting substance for gramnegative bacteria. J. Inf. Dis. **67**, 113 (1940). — SOHNIUS, R.: Über die bakterielle Endokarditis unter besonderer Berücksichtigung der Fieberbehandlung mit Pyrifer und Echinacin. Diss. Heidelberg 1951. — SOKOLOFF, L., S. K. ELSTER and N. RIGHTHAND: Sclerosis of the chordae tendineae of the mitral valve. Circulation **1**, 782 (1950). — SOLOMON, D. H., J. W. GARELLA, H. FANGER, F. M. DETHIER u. J. W. FERREBEE: J. of Exper. Med. **90**, 267 (1949). Zit. nach STREHLER. — SOLOWEY, M.: A serological classification of viridans streptococci with special reference to those isolated from subacute bacterial endocarditis. J. of Exper. Med. **76**, 109 (1942). — SOUTHWORTH, H., and C. G. FLAKE: Blood cultures after tonsillectomy. Amer. J. Med. Sci. **195**, 667 (1938). — SPANG, K., u. A. GABELE: Die Nachkriegsendokarditis und ihre Begutachtung. Dtsch. med. Wschr. **1949**, 1453. — Über die Nachkriegsendokarditis, eine Sonderform der Endocarditis lenta. Z. Kreislaufforsch. **16**, 52 (1950). — SPICER, S.: Bacteriologic studies of the newer antibiotics: Effect of combined drugs on microorganisms. J. Labor. a. Clin. Med. **36**, 183 (1950). — SPICER, S., and D. BLITZ: A study of the response of bacterial populations to the action of penicillin; a quantitative determination of its effect on the organisms. J. Labor. a. Clin. Med. **33**, 417 (1948). — SPIEGL, A.: Histologische Untersuchungen über Endokarditis beim Hunde nebst einem Anhang über einige seltenere Veränderungen des Herzens und der großen Gefäße. Virchows Arch. **231**, 224 (1921). — SPRAGUE, H. R.: Subacute bacterial endocarditis. J. Amer. Med. Assoc. **94**, Nr 14 (1930). — SPRAGUE, H. R., and D. B. CARMICHAEL: Rheumatic valvular disease in the aged. Geriatrics **5**, 239 (1950). — SSOLOWJEW, A.: Über das

Verhalten der Zwischensubstanz der Arterienwand bei Atherosklerose. Virchows Arch. **250**, 359 (1924). — Experimentelle Untersuchungen über die chromotrope Grundsubstanz der Arterienwand. Virchows Arch. **261**, 252 (1926). — STAMP, T. C.: Bacteriostatic action of sulphanilamide in vitro. Lancet **1939 I**, 10. — STARLINGER, W., u. S. SAMATNIK: Über die Entstehungsbedingungen der spontanen Venenthrombose. Klin. Wschr. **1927 II**, 1269. — STATLAND, M., and G. GORR: Streptococcus viridans endarteriitis of an arterio-venous aneurysm. Cured by penicillin and surgical excision. J. Labor. a. Clin. Med. **34**, 221 (1949). — STEINBERG, W.: Zur Kenntnis des mykotischen Aneurysmas der Lungenschlagader. Virchows Arch. **290**, 527 (1933). — STEINMANN, B.: Das Herz beim Scharlach. Bern: Huber 1945. — STENGEL, A., and C. C. WOLFERTH: Mycotic (bacterial) aneurysma of intravascular origin. Arch. Int. Med. **31**, 527 (1923). — STEPHENSON, M.: Bacterial metabolism, 3. Aufl. (Neudruck). New York: Longmans 1950. — STERNBERG, C.: Zwei Fälle von angeborenen Herzfehlern. Zbl. Path. **20**, 498 (1909). — Beiträge zur Kenntnis der angeborenen Herzfehler. Verh. dtsch. path. Ges. (13. Tagg) **1909**, 198. — STEWART, H. J., and A. BRANCH: Rheumatic carditis with predominant involvement and calcification of the left auricle. Report of a case. Proc. N. Y. Path. Soc. **24**, 149 (1924). — STEWART, W. A., R. C. LANCEFIELD, A. T. WILSON and H. F. SWIFT: Studies on the antigenic composition of group A hemolytic streptococci. IV. J. of Exper. Med. **79**, 99 (1944). — STOEBER, E.: Über das „Schwielenherz" des Säuglings. Z. Kinderheilk. **65**, 114 (1947). — STÖRK, O., u. E. EPSTEIN: Über arterielle Gefäßveränderungen bei Grippe. Frankf. Z. Path. **23**, 163 (1920). — STOHR: Siehe P. GROSS 1941. — STRAUSS, E., F. C. LOWELL and M. FINLAND: Observations on the inhibition of sulfonamide action by para-aminobenzoic acid. J. Clin. Invest. **20**, 189 (1941). — STRAUSZ: Orvosok Lapja **1947**, 872. Ref. Exc. Med. Int. Med. **2**, 555 (1948). — STREHLER, E.: Glomerulonephritis und Endokarditis bei Kaninchen nach Injektion von Immunserum gegen Aorta. Verh. dtsch. Ges. inn. Med. **56**, 188 (1950). — STRUBLE, G. C., and J. G. BELLOWS: J. Amer. Med. Assoc. **125**, 685 (1944). Zit. nach BAEHR u. GERBER 1947. — STÜCKLE, H.: Vergleichende Untersuchungen an chemotherapeutisch behandelten und unbehandelten Fällen von Endocarditis ulcerosa lenta. Z. Kreislaufforsch. **38**, 214 (1949). — SUAREZ-LOPEZ, F.: Über das Verhalten der Bindegewebsfasern (kollagene Fasern und Gitterfasern) in den nekrotischen Herden bei verschiedenen pathologisch-anatomischen Zuständen. Frankf. Z. Path. **47**, 382 (1935). — Über die histologischen Veränderungen des Klappenendokards bei der Endokarditis. Ein Beitrag zur Kenntnis der Histologie der Endokarditiden. Virchows Arch. **305**, 315 (1940). — SURANYI, L., u. E. FORRO: Streptokokken im Blut mit besonderer Berücksichtigung der rheumatischen Gelenkentzündung. Klin. Wschr. **1928 I**, 453. — SUREAU, B., u. F. BOYER: Inhibition des agents chimiothérapeutiques par des substances anti. Applications pratiques au laboratoire clinique. Ann. Inst. Pasteur **1947**, 1167. — SUTER, E., u. W. A. VISCHER: Untersuchungen an in vitro gegen Penicillin und Streptomycin resistent gezüchteten Staphylokokken. Schweiz. Z. Path. u. Bakter. **11**, 428 (1948). — SUTHERLAND, J., and R. A. WILLIS: A case of endocarditis due to a diphtheroid bacillus structurally resembling the diphtheria bacillus. J. of Path. **43**, 127 (1936). — SWIFT, H. F.: The heart in infection. Amer. Heart J. **3**, 629 (1928). — Points of attack in the rheumatic fever. Frederick Stearns Med. Briefs **1944 I**, No 4. — The relationship of streptococcal infections to rheumatic fever. Amer. J. Med. Sci. **1947 II**, 168. — The streptococci. In R. DUBOS, Bacterial and mycotic infections of man. Philadelphia, London u. Montreal 1948. — The etiology of rheumatic fever. Ann. Int. Med. **31**, 715 (1949). — SWIFT, H. F., and R. A. KINSELLA: Arch. Int. Med. **19**, 381 (1917). — SYLVÉN, B.: Über die Elektivität und die Fehlerquellen der Schleimfärbung mit Mucicarmin im Vergleich mit metachromatischer Färbung. Virchows Arch. **303**, 280 (1939).

TALALAJEW, W. T.: Der akute Rheumatismus. Klinisch-anatomische Skizze. Klin. Wschr. **1929 I**, Nr 3, 124. — TARNOWSKY, C. E.: Cultivation of bacteria from the blood especially with employment of citrate venule. Acta path. scand. (København.) **21**, 248 (1944). — TEDESCHI, C. G.: Local tissue reactivity (Schwartzman phenomenon) in the heart and the femoral artery of the rabbit. Arch. of Path. **41**, 565 (1946). — TERADA, T.: Über die sog. L.E. der Herzklappen. Trans. Jap. path. Soc. **28**, 240 (1938). — TERASSE, J., CH. FOUGOUX et J. LÉRE: Sur onze cas d'endocardite maligne lente traités par la pénicilline. Presse méd. **53**, 600 (1947). — TERBRÜGGEN, A.: Über den Einfluß des Blutserums auf die Nekrobiose. Beitr. path. Anat. **98**, 264 (1937). — Untersuchungen über die Eiweißbilanz der Leber bei verschiedenen Allgemeinerkrankungen. Verh. dtsch. path. Ges. **1937**, 171. — Infektion und Sepsis. Med. Klin. **1947**, 221. — Über die seröse Entzündung, parenchymatöse Degeneration und Nekrose auf Grund von quantitativen Eiweißbestimmungen in der Leber. Z. inn. Med. **2**, 710 (1947). — TERBRÜGGEN, A., u. H. DENEKE: Experimenteller Beitrag zum Problem des Kollapses und der serösen Entzündung mit besonderer Berücksichtigung der Leber. Beitr. path. Anat. **109**, 491 (1947). — THAYER, W. S.: Studies on bacterial (infective) endocarditis. Bull. Hopkins Hosp. **22**, 1 (1926). — Observations on rheumatic pancarditis and infective endocarditis. Ann. Int. Med. **5**, 247 (1931). — Bacterial or infective endocarditis. Edinburgh

Med. J. 38, 307 (1931). — THILL, C. J., and O. O. MEYER: Experience with penicillin and dicoumarol in treatment of subacute bacterial endocarditis. Amer. J. Med. Sci. 213, 300 (1947). — THOMSON, J. G.: Experimentelle Versuche über Endokarditis. Beitr. path. Anat. 95, 316 (1935). — THOMSON, S., and J. INNES: Hemolytic streptococci in the cardiac lesions of acute rheumatism. Brit. Med. J. 1940 II, 723. — THOREL, CH.: Pathologie der Kreislauforgane. Erg. Path. 9, 559 (1903). — TILLET, W. S.: The bactericidal action of human serum on hemolytic streptococci. J. of Exper. Med. 65, 147 (1937). — TILLET, W. S., and R. L. GARNER: The fibrinolytic activity of hemolytic streptococci. J. of Exper. Med. 58, 485 (1933). — TINSLEY, C. M.: Pneumococcic endocarditis. Arch. Int. Med. 75, 82 (1945). — TODD, E. W.: J. of Exper. Med. 48, 493 (1928). Zit. nach LANCEFIELD 1940. — J. of Exper. Med. 55, 267 (1932). — Antihaemolysin titres in haemolytic streptococcal infections and their significance in rheumatic fever. Brit. J. Exper. Path. 13, 248 (1932). — The differentiation of two distinct serological varieties of streptolysin, streptolysin O and streptolysin S. J. of Path. 67, 423 (1938). — TODD, E. W., and L. F. HEWITT: A new culture medium for the production of antigenic streptococcal haemolysin. J. of Path. 35, 973 (1932). — TOMPSETT, R., and W. MCDERMOTT: Amer. J. Med. Sci. 7, 371 (1949). — TOUROFF, A. S. W.: Blood cultures from pulmonary artery and aorta in patients with infected patent ductus arteriosus. Proc. Soc. Exper. Biol. a. Med. 49, 568 (1942). — TRETJAKOFF: Das basophile Gallertgewebe. Z. mikrosk.-anat. Forsch. 12 (1927). — TRIAS DE BES, L.: A propos des endocardites lentes bactériemiques et abactériémiques. Praxis (Bern) 1948, 62. — TROITZKI-ANDREJEWA, A. M.: Die Lipoidablagerung im großen Mitralsegel. Zbl. Path. 38, 247 (1926). — Über die Lipoidablagerungen im großen Mitralsegel. Virchows Arch. 262, 81 (1926). — TSCHESCHE: Referat. 5. Tagg Dtsch. Hyg. u. Mikrobiologen, Münster 1951. — TSCHILIKIN, W. I.: Über Veränderungen im Gefäßsystem bei der kardiovaskulären Form von chronischer Sepsis (chronischen und nicht abklingenden oder rezidivierenden Endokarditiden, Myokarditiden, Periarteriitis nodosa usw.). Krkh.forsch. 8, 443 (1930). — TUMULTY, P. A., and A. M. HARVEY: Experiences in the management of subacute bacterial endocarditis treated with penicillin. Amer. J. Med. Sci. 1948, 37. — TUNNICLIFF, R., and C. I. WOOLSEY: The presence of „roughness" in streptococcus cultures from endocarditis. J. Inf. Dis. 56, 116 (1935).

UMEDA, K.: Morphologische Studien des Schleims. I. Mitt. Über die nicht glykogenen, durch BESTsches Karmin färbbaren Substanzen. Trans. Jap. Path. Soc. 26, 123 (1936). — UNGAR, J.: Synergistic effect of para-aminobenzoic acid and sulphapyridine on penicillin. Nature (Lond.) 152, 245 (1943). — Penicillinase from B. subtilis. Nature (Lond.) 154, 236 (1944).

VAUBEL, E.: Die Eiweißüberempfindlichkeit (Gewebshyperergie) des Bindegewebes. II. Teil. Beitr. path. Anat. 89, 374 (1932). — VECCHI, B. DE: The endocarditic process in childhood. Arch. of Path. 12, 49 (1930). — VEIL, W. H.: Der Rheumatismus und die streptomykotische Symbiose. Stuttgart: Ferdinand Enke 1939. — VERAGUTH, O.: Untersuchungen über normale und entzündete Herzklappen. Virchows Arch. 139, 59 (1895). — VILLARDO: Giorn. Batter. 20, 1201 (1938). Zit. nach HIRSH u. Mitarb. 1949. — VIRCHOW, R.: Gesammelte Abh. 1856, 136. — VOEGT, H.: Anatomische Befunde bei klinisch geheilter Endocarditis lenta. Z. klin. Med. 148, 170 (1951). — VOLHARD, F.: Handbuch der inneren Medizin, 2. Aufl. 1931. — Nierenerkrankungen und Hochdruck. Leipzig: Johann Ambrosius Barth 1942. — VONGLAHN, W. C.: Auricular endocarditis of rheumatic origin. Amer. J. Path. 2, 1 (1926). — VONGLAHN, W. C., and A. M. PAPPENHEIMER: Specific lesions of peripheral blood vessels in rheumatism. Amer. J. Path. 2, 235 (1926). — Relationship between rheumatic and subacute bacterial endocarditis. Arch. Int. Med. 55, 173 (1935).

WADSWORTH, A. B.: A study of the endocardial lesions developing during pneumococcus infection in horses. J. Med. Res. 39, 279 (1919). — WÄTJEN, I.: Endo-Myocarditis rheumatica mit rheumatischer Aortitis. Münch. med. Wschr. 1932, 2062. — WAGNER, VL.: Zur Kenntnis der Pathogenität des Streptococcus lactis. Schweiz. Z. Path. u. Bakter. 7, 163 (1944). — Nichthämolytische Varianten des Streptococcus pyogenes. Schweiz. Z. Path. u. Bakter. 8, 238 (1945). — Die Schwierigkeiten der biologischen Enterokokkendiagnose. Schweiz. Z. Path. u. Bakter. 13, 15 (1950). — WALDOW, H. J.: Endokardreaktionen bei Säuglingen und Kleinkindern an Mitral- und Tricuspidalklappen. Virchows Arch. 295, 21 (1935). — WALKER, H. H.: Carbon dioxide as a factor affecting lag in bacterial growth. Science (Lancaster, Pa.) 76, 602 (1932). — WALTER, A.: Verh. Kongr. inn. Med. 1949. — WALTER, A., G. REIMOLD u. L. HEILMEYER: Das Endocarditis-lenta-Problem. Dtsch. med. Wschr. 1948, 467, 518, 565. — WARD, G. E. S., R. J. MEANOCK, F. R. SELBIE and R. D. SIMON: Treatment of subacute bacterial endocarditis by penicillin. Brit. Med. J. 1946, 383. — WASHBURN, M. R., J. C. WHITE and C. F. NIVEN jr.: Streptococcus s.b.e.: immunological characteristics. J. Bacter. 51, 723 (1946). — WEARN, J. T., and A. R. MORITZ: The incidence and significance of blood vessels in normal and abnormal heart valves. Amer. Heart J. 13, 7 (1937). — WEDDING, E. S.: Actinomycotic endocarditis. Report of two cases with a review of the literature. Arch. Int. Med. 79, 203 (1947). — WEIDLICH, N.: Beitrag zur Biologie der Rotlaufserumtiere. Berl. u. Münch.

tierärztl. Wschr. **1943**, 135. — WEIL, A. J.: Zur Frage des Erregers der akuten Polyarthritis rheumatica. Dtsch. Arch. klin. Med. **170**, 614 (1941). — WEINBERG, T., and A. J. HIMELFARB: Endocardial fibroelastosis (so-called fetal endocarditis). Bull. Hopkins Hosp. **72**, 299 (1943). — WEINTRAUD, W.: Über die Pathogenese des akuten Gelenkrheumatismus. Berl. klin. Wschr. **1913**, 1381. — WEISS, H.: Relation of portals of entry to subacute bacterial endocarditis. Arch. Int. Med. **54**, 710 (1934). — WEISS, H., and R. OTTENBERG: Relation between bacteria and temperature in subacute bacterial endocarditis. J. Inf. Dis. **50**, 61 (1932). — WELCH, H., Ch. M. LEWIS and C. S. KEEFER: Antibiotic Therapy. The Arundel Press Inc. Washington D. C. 1951. — WELCH, H., TH. P. MURDOCK and J. A. FERGUSON: Subacute bacterial endocarditis produced in rabbits with streptococci that resemble diphtheroids. J. Labor. a. Clin. Med. **21**, 1264 (1936). — WELLS: Acute endocarditis produced by bac. paratyphus B. Arch. of Path. **23**, 270 (1937). — WERTHEMANN, A.: Todesfall bei Morbus Bang nach Unfall. Schweiz. med. Wschr. **1936**, 333. — WHITE, J. C., and C. F. NIVEN jr.: Streptococcus s.b.e.: A streptococcus associated with subacute bacterial endocarditis. J. Bacter. **51**, 717 (1946). — WHITE, P. D., and E. F. BLAND: Mitral stenosis after 80. J. Amer. Med. Assoc. **116**, 2001 (1941). — WIAME, J. M.: The metachromatic reaction of hexametaphosphate. J. Amer. Chem. Soc. **69**, 3146 (1947). — WIELE, G.: Klinische und bakteriologische Beobachtungen bei Endocarditis lenta. Münch. med. Wschr. **1938 II**, 1292. — WILLER, H.: Toxische Endokarditis. Zbl. Path. **56**, 1 (1932). — Über funktionelle Herzklappenveränderungen und chronische Endokarditis. Nebst kurzen Bemerkungen zur normalen Histologie der Herzklappen. Zbl. Path. **58**, 215 (1933). Festschr. für M. B. SCHMIDT. — WILLER, H., u. L. BECK: Über angeborene Stenosen der Aorta ascendens mit Atresie des Aortenostiums. Zugleich ein Beitrag zur Frage der fetalen Endokarditis. Z. Kreislaufforsch. **24**, 633 (1932). — WILLIAMS, R. H.: Gonococcic endocarditis. A study of twelve cases with ten portmortem examinations. Arch. Int. Med. **61**, 26 (1938). — WILSON, A. T.: Loss of group carbohydrate during mouse passages of group A hemolytic streptococci. J. of Exper. Med. **81**, 593 (1950). — WINBLAD, ST., H. MALMROS u. O. WILANDER: Studies on the pathogenesis of rheumatic fever. II. The antistreptolysin titre in acute tonsillitis. Acta med. scand. (Stockh.) **133**, 358 (1949). — WIRTH: Träger hämolytischer Streptokokken. Münch. med. Wschr. **1932**, 2076. — WISE, A. W., and W. A. MILLER: Subacute bacterial endocarditis due to B. tularense treated by streptomycin. Illinois Med. J. **92**, 182 (1947). — WISLOCKI, G. B., H. BUNTING and E. W. DEMPSEY: Metachromasia in mammalian tissues and its relationship to mucopolysaccharides. Amer. J. Anat. **81**, 1 (1947). — WOHLWILL: In KRAUS-BRUGSCH, Spezielle Pathologie und Therapie im Krankenhaus, S. 455. 1926. — WOLLHEIM, E., u. H. KLEINFELDER: Zur Streptomycinbehandlung der Endocarditis lenta. Dtsch. med. Wschr. **1950**, 1121. — WOLPERS, C.: Elektronenmikroskopische Untersuchungen bei der Degeneration kollagener Fasern. Verh. dtsch. path. Ges. **33**, 57 (1950). — WOODS, D. D.: The relation of p-aminobenzoic acid to the mechanism of the action of sulphanilamide. Brit. J. Exper. Path. **21**, 74 (1940). — WRIGHT, H. D.: The bacteriology of subacute infective endocarditis. J. of Path. **28**, 541 (1925). — The production of experimental endocarditis with pneumococci and streptococci in immunized animals. J. of Path. **29**, 5 (1926). —Experimental pneumococcal septicaemia and anti-pneumococcal immunity. J. of Path. **30**, 185 (1927). — WU, T. T.: Über Fibrinoidbildung der Haut nach unspezifischer Gewebsschädigung bei der Ratte. Virchows Arch. **300**, 373 (1937). — WULFF, F. Z.: On thermostabile bactericidal substances demonstrated in human serum, particularly during fever. J. of Immun. **27**, 451 (1934). — WYDRIN, A.: Bakteriämie, Wassermann-Reaktion und morphologisches Blutbild bei Endocarditis lenta. Wien. Arch. inn. Med. **25**, 231 (1934).

ZALKA, E. v.: Histologische Untersuchungen des Myokards bei kongenitalen Herzveränderungen. Frankf. Z. Path. **30**, 144 (1924). — ZEIGER, K.: Physiko-chemische Grundlagen der histologischen Methodik. Dresden: Theodor Steinkopff 1938. — ZEMAN, F. D.: Subacute bacterial endocarditis in the aged. Amer. Heart J. **29**, 661 (1945). — ZEMAN, F. D., and S. SIEGEL: Subacute bacterial endocarditis in the aged. Amer. Heart J. **29**, 597 (1945). — ZIEGLER, K.: Über die gonorrhoische Endokarditis der Pulmonalklappen. Münch. med. Wschr. **1933**, 2001. — ZINCK, K. H.: Pathologische Anatomie der Verbrennung. Veröff. Kriegs- u. Konstit.path. **46** (1940). — ZOLLINGER, H. V.: Die Dysorosen (sog. „seröse Entzündung Rößle-Eppinger"). Schweiz. med. Wschr. **1945**, 777. — ZSCHAU, H., u. H.-J. WICHMANN: Über endokarditische Veränderungen und gewisse Lebererkrankungen im Bilde der alimentären Dystrophie. Münch. med. Wschr. **1950**, 201.

Sachverzeichnis.